JOHANN GOTTFRIED

HERDER

Kritische Wälder
Erstes bis Drittes Wäldchen
Viertes Wäldchen
Paralipomena

AUFBAU-VERLAG

KRITISCHE WÄLDER

ERSTES BIS DRITTES WÄLDCHEN

Kritische Wälder
oder
Betrachtungen, die Wissenschaft und Kunst des Schönen betreffend, nach Maßgabe neuerer Schriften

Leser, wie gefall ich dir?
Leser, wie gefällst du mir?
Logau

ERSTES WÄLDCHEN,
Herrn Lessings „Laokoon" gewidmet

ANALYTISCHER INHALT

1. Es ist unbillig, Lessing auf Winckelmanns Kosten zu loben. Unterschied beider Schriftsteller in Materie, Denkart und Stil.
2. Sophokles' Philoktet leidet nicht mit brüllendem Geschrei. Die Helden Homers fallen nicht mit Geschrei zu Boden. Schreien kann nicht ein notwendiger Charakterzug einer Helden- und menschlichen Empfindung sein.
3. Die Empfindbarkeit der Griechen zu sanften Tränen zeigt sich ganz anders. Sie ist auch den Griechen nicht allein und ausschließend eigen. Proben und Charakter der alten hersischen Gesänge.
4. Eine philosophische Geschichte der elegischen Dichtkunst über Völker und Zeiten, oder Gründe der alten Heldenmenschlichkeit, aus ihrer Empfindung für Vaterland, Geschlecht, heroische Freundschaft, einfältige Liebe und die Menschlichkeit des Lebens hergeleitet, nicht aber, als ob sie einen Schlag mehr empfunden und besser geschrien hätten wie wir. Empfindbarkeit der Homerischen Helden zeigt sich würdiger.

5. Sophokles macht in seinem „Philoktet“ gewiß nicht Geschrei zum Hauptmittel der Rührung. Bessere Eindrücke des griechischen Drama. Ob körperlicher Schmerz je die Hauptidee eines Trauerspiels werden könne? Daß er's bei Sophokles nicht sei.
6. Die Behauptung, der griechische Künstler schilderte das Schöne, ist wahr. Grenzen und Erklärung dieses Satzes aus ihrem mythischen Zirkel und ihrer Heldengeschichte. Warum Timanthes seinen Agamemnon verhüllt gemalet?
7. Von den Hörnern des Bacchus. Von dem Einfluß der verschiednen mythologischen Zeitalter auf Poesie und Kunst.
8. Wen Virgil in Schilderung seines Laokoon nachgeahmet haben möge? Urteil über Quintus Calaber und Petron in ihren Schilderungen. Nach wem der Künstler gebildet haben könne?
9. Soll die Kunst nichts Vorübergehendes zu ihrem Anblicke wählen: so verliert sie ihr Leben. Soll sie für jede wiederholte Erblickung arbeiten: so ihr Wesen. Ursache, warum die Kunst ein Ideal der Schönheit habe und insonderheit die stille Ruhe liebe, aus dem Grundsatz, daß sie für *einen* ewigen Anblick arbeite.
10. Über Spences Erläuterungen der Alten aus Kunstwerken. Rettung seines herunterschwebenden Mars. Frage, ob die Kunst schwebende Körper vorstellen könne?
11. Dem Künstler sind Götter und geistige Wesen nicht bloß personifierte Abstrakta, sobald er sie in Handlung kann erscheinen lassen. Die Mythologie ist eigentlich poetisch und hat dichterische Gesetze. Dem Dichter geht Individualität seiner Götter weit über Charakter; so hat er sie dem Künstler übergeben.
12. Über die poetischen Attributen. Von Horaz, dem großen Liebhaber symbolischer Wesen, wird seine Ode an das Glück, sein Bild der Notwendigkeit usw. erklärt. Die Maschinen des epischen Dichters müssen nicht allegorische Abstrakta sein: bei Homer sind sie es nicht.
13. Homers Nebel und Unsichtbarwerden sind keine poeti-

sche Phrases: sondern gehören mit zum mythischen Wunderbaren seiner Epopee. Unsichtbar sein ist nicht der natürliche Zustand der Homerischen Götter.

14. Auch die Größe derselben ist bei ihm nicht solch ein Hauptzug als Macht und Schnelligkeit. Unter welchen Bedingungen und mit welcher Mäßigung er ihre Größe schildert? Erklärung des Helms der Minerva. Von wem er das Kolossalische seiner Götter entlehnet?

15. Ob Homer für uns Deutsche übersetzt werden solle? Das Fortschreitende seiner Manier und die beständig zirkelnden und wiederkommenden Züge in seinen Bildern sind kaum übersetzbar.

16. Das Sukzessive in den Tönen ist nicht das Wesen der Dichtkunst. Ganz und gar auch nicht mit dem Koexistenten der Farben zu vergleichen. Aus dem Sukzessiven der Poesie folgt nicht, daß sie Handlungen schildere. Das Sukzessive der Töne kommt jeder Rede zu.

17. Fehlschlüsse, wenn man die Sukzession der Töne für das Hauptmerkmal der Poesie annimmt. Homer wählt gar nicht das Fortschreitende seiner Schilderungen, um sie nicht koexistent zu schildern, sondern weil jedesmal in dem Fortschreiten seiner Bilder die Energie derselben und seiner Gedichtart liegt.

18. Homers Gedichtart kann nicht allen Dichtarten Gesetze und aus *ihrer* Manier ein oberstes Gesetz geben. Aus der Sukzession der Töne folgt keine Achtserklärung gegen die malende Poesie.

19. Energie ist das oberste Gesetz der Dichtkunst: sie malet also nie werkmäßig. Urteil über Harris' Vergleichung und Unterscheidung der schönen Künste.

20. Ob die Schilderung körperlicher Schönheit der Dichtkunst verboten sei? Ob sie jede Schönheit durch Reiz zeigen könne? Ob sie jemals an einer Schönheitsschilderung werkmäßig arbeite? Ob, wenn der Dichter häßliche Formen nützen kann, er nicht auch schöne nutzen könne?

21. Homer macht Thersites nicht häßlich, um ihn lächerlich zu machen. Häßlichkeit an Seele und Körper ist sein

Charakter, der bloß dadurch gemildert wird, daß er auf nichts Schädliches ausläuft. Es wird also der Person Thersites noch diesmal erlaubt, in Homer zu bleiben.

22. Wenn das Häßliche zum Lächerlichen hilft: so ist's zum Kontrast des Lächerlichen wesentlich. Zum Schrecklichen nicht so. Ja zum Schrecklichen tut es niemals nichts, sondern zum Abscheu. Ekel kommt eigentlich allein dem Geschmack und Geruch zu; andern Sinnen nur, sofern sie sich an deren Stelle setzen. Nicht alles Häßliche also ist ekelhaft.

23. Gebrauch des Lächerlichen, Schrecklichen, Ekelhaften in Poesie und Malerei. Abschied vom „Laokoon".

24. Einzelne Fehler der Winckelmannischen Schriften. Sein Tod — — — Beschluß.

1

Der „Laokoon" des Herrn Lessings, ein Werk, an welchem die drei Huldgöttinnen unter den menschlichen Wissenschaften, die Muse der Philosophie, der Poesie und der Kunst des Schönen, geschäftig gewesen, ist in unsrer jetzigen kritischen Pestilenz in Deutschland für mich eine der angenehmen Erscheinungen gewesen, um welche Demokritus die Götter bat, als um die Seligkeit seines Lebens. Ich würde dasselbe auch sehr wohlfeil mit der Bildsäule vergleichen können, von der es den Namen hat, wenn nicht die Miene des Vollendeten, des schriftstellerischen ἐποίησε eben die wäre, die dieser „Laokoon" am wenigsten annehmen will. Es mag also diese Sprache durch Kunstvergleichungen immer unsern Schönheitskünstlern des Stils bleiben: ich will den „Laokoon" als eine Sammlung von Materialien, als einen Zusammenschuß von Kollektaneen betrachten – auch als solcher allein verdient er Betrachtung gnug.

Die Kunstrichter unsrer Zeit, eine Herde der kleinen Geschöpfe, die Apollo Smintheus jetzt scheint auf unser liebes Vaterland gebannet zu haben, um auch die wenigen blumen- und fruchtreichen Auen zu verwüsten, die noch hie und da als Ländereien des Genies übriggeblieben – diese Boten Apollo haben meistens „Laokoon" nicht besser zu loben gewußt als auf Winckelmanns Kosten; denn welch ein Lob fließt von den Lippen großer Leute wohl glatter herunter als das auf Kosten eines Dritten? Lessing soll Winckelmannen so viel unverzeihliche Fehler gezeigt, ihn philosophieren gelehrt, ihn die Grenzen und das Wesen der Kunst gewiesen und insonderheit in seinen Schriften das aufgedeckt haben, daß seine Kenntnis der Alten ein schwankender Grund sei. Wäre das nicht viel? Einem Winckelmann, ihm, der sich so ganz nach den Alten gebildet, der in Griechenland lebet und webet, der in den Alten Kunstkenntnis, bis zum Erstaunen, zeiget, dem Homer, wie er selbst schreibet, täglich sein andächtiges Morgengebet gewesen — diesem Mann zeigen, daß er Homer nicht gelesen, daß er die Griechen nicht kenne: warum? weil sie Lessing kennet, weil Lessing Homer gelesen! Noch ärger, daß Winckelmann kein Philosoph sein soll, weil er nicht auf Lessings Art philosophiert, sondern lieber in der Akademie alter griechischen Weisen und insonderheit am heiligen Ilissus wandelt. Und denn am ärgsten, Winckelmannen das Wesen der Kunst lehren — o der unseligen Richter, die taub und blödsinnig, wie Claudius, über die größesten Schriftsteller unsrer Zeit nicht anders als im Schlafe, nicht anders als über Schüler urteilen, bei denen Examen zu halten sei über das, was sie wissen und nicht wissen, zeigen und nicht zeigen, insonderheit, was ihnen gegen diesen und jenen fehle?* — —

Auch Lessing wiederum hat, wie billig und recht ist, erleuchteten Kunstrichtern zum Vorwurf dienen müssen, die Schärfe ihrer Augen dem Publikum zu zeigen. Wenn der eine ihn zum größten Antiquar unsrer Zeiten, zum ersten Lehrer der Kunst machte: so war er dem andern, ach leider! ein witziger Kopf und einem dritten, einem frommen kritischen Christen**, ein Schulphilosoph, ein Ästhetiker aus Baumgartens Schule, der, nach der Sprache unsrer neuen Schöndenker, mit ein paar Unzen Baumgartenscher Philosophie den Weltweisen aller Zeiten trotzen wolle. Oh! mit verstopftem Ohr durch diese Chöre quäkender Frösche hindurch, wie Ulysses durch den Gesang der Sirenen!

* Ich führe aus diesen hohen Urteilen über Winckelmann nur eins an: Klotzii „Acta litteraria", vol. III, p. 319, lassen sich bei Gelegenheit des „Laokoon" also vernehmen: „Reddiderunt forte virum doctum nimiae laudes securiorem, quibus prima illius opuscula, multo meliora eo, quod de allegoria compilavit, extulerunt quidam, quibus si me quoque accensueris, nec miror, nec indignor. Utinam ne exemplo Winckelmannus suo aliquando doceat, saepe nocere auctorum famae et ingeniis praeconum et amicorum voces, plausus et laudes, minuere diligentiam, addere fastum et fiduciam!" Es sei denn, daß Herr Klotz dieses aus eigner Erfahrung sage, weiß ich nicht, ob die einzelnen Urteile, die Herr Klotz über Winckelmann zu fällen, und die manchen Verbesserungen, die er ihm anzudrehen beliebet hat, eben *ihn* berechtigen, ein so entscheidendes Haupturteil über Winckelmann zu fällen, ohne Beweise.

** Auch hier führe ich nur einen Zeugen an, Huch über die Satire Archilochus' [Huch, „Versuch über die Verdienste des Archilochus um die Satire", 1767], und kann zu jedem angeführten Zuge einen anführen, wenn es der Mühe wert wäre.

Für mich hat „Laokoon“ an sich selbst Schönheit gnug, als daß er bloß durch den Kontrast mit einem andern gewinnen dörfte. Vor und hinter demselben, was Lessing gegen Winckelmann habe, sind entweder nichts als Parerga, für die beide sie ansehen werden, oder wenigstens trifft nichts auf Winckelmanns Hauptzweck, die Kunst; und „Laokoon“ also, als Abhandlung über die Grenzen der Poesie und Malerei, hat Wert und Vortrefflichkeit; aber ihn als Streitschrift, als Prüfung der ganzen Winckelmannischen Werke betrachten zu wollen, ist meines Erachtens der falscheste Gesichtspunkt, und der Genius eines Lessings und Winckelmanns sind auch zu verschieden, als daß ich's von mir erlangen könnte, sie gegen einander abzumessen.

Wo Lessing in seinem „Laokoon“ am vortrefflichsten schreibt, spricht – der Kritikus, der Kunstrichter des *poetischen* Geschmacks, der Dichter. Wie Sophokles' Philoktet leide und die Helden Homers weinen und Virgils Laokoon den Mund öffnen und körperliche Schmerzen auf dem Theater winseln dörfen – wie Virgil, Petron und Sadolet den Laokoon bilden und der Dichter den Künstler und der Künstler [den Dichter] nachahmen könne – wer spricht hier überall als der Kunstrichter des Poeten? Dieser ist's, der dem Philoktet des Chateaubrun einen Streich gibt, der Spencen und Caylus ihre Fehler zeiget, der Homers poetische Wesen klassifiziert und poetische von der malerischen Schönheit unterscheidet – überall der Kunstrichter des Dichters: das ist sein Geschäft. Und sein Zweck derselbe. Dem falschen poetischen Geschmack entgegenzureden, die Grenzen zwoer Künste zu bestimmen, damit die eine der andern nicht vorgreifen, vorarbeiten, zu nahe treten wolle: das ist sein Zweck. Was er auf diesem Wege von dem Innern der Kunst findet, freilich nimmt er's auf; aber mir noch immer Lessing, der poetische Kunstrichter, der sich selbst Dichter fühlt.

Winckelmann aber ein Lehrer griechischer Kunst, der selbst in seiner Kunstgeschichte mehr darauf bedacht ist, eine historische Metaphysik des Schönen aus den Alten, absonderlich Griechen, zu liefern, als selbst auf eigentliche Geschichte. Und also auf eine Kritik des Kunstgeschmacks noch uneigentlicher. Um den falschen Geschmack andrer Zeiten und Völker ist ihm nie als um Hauptzweck zu tun; den züchtigt er bloß, wenn er neben oder unmittelbar vor den Alten ihm zu Gesicht kommt: denn sonst, wie oft hätte er nach seiner vornehmen griechischen Idee züchtigen und seine Hand in Nebenstreichen ermüden müssen! Und schreibt er also nicht als Kritikus des Kunstgeschmacks, wie weit entfernter vom Kunstrichter der Poesie? Als Künstler las er die Dichter, als Kunstlehrer brauchet er sie, und würde nicht so haben schreiben können, wenn er auch selbst die Dichter anders, und nicht als Künstler gelesen. Er, dem wie jenem griechischen Künstler die Schönheit selbst (aber die Kunstschönheit) erschienen war; bezaubert von ihr, suchte er ihre Gestalt also mit Feuer in seinen Geist gemalt, brennend in seinem Auge und sich in seinem Herzen regend – diese Gestalt der Kunstschönheit, dies Bild der Liebe, suchte er allenthalben, wollte sie auch im bloßen Abglanz sehen, vermutete sie selbst, wie Kleists Amynt seine geliebte Lalage, auch in Fußtritten, auch im Bilde des Wassers, auch im Hauche des Zephirs, der freilich von einer andern Lalage (der Schönheit des Dichters) kommen konnte. Im Gefühl also dieser *bildenden* und nicht *dichtenden* Schönheit stand er auch vor Virgils Laokoon wie vor dem Laokoon des Polydorus, und so muß er gelesen werden: denn das sind Schranken der menschlichen Natur, auf einmal nur eines sehen zu können, was man will und wie man will – Dies eine war bei Winckelmann die *Kunst.* Soll ich ihm also Kenntnis der Alten absprechen, weil er Homer nicht als Dichter, sondern als Künstler, nicht also des poetischen Wesens seiner Muse wegen, nicht wie Lessing gelesen? Soll ich ihm einen Seitenblick, den er auf die Poesie wirft, um seine Kunst zu erläutern, und gesetzt, dieser Seitenblick träfe auch nicht auf das Innere der Dichtkunst, zum Hauptverbrechen anrechnen? Und soll ich, weil Lessing wiederum alles aus dem Grunde der Seele holt, soll ich ihn für einen spekulativen Witzling und, wenn er einigemal mit seinen muntern Schlüssen zu weit käme, für einen ratenden Kopf halten? Warum können wir denn nicht zween so originale Denker, Winckelmann und Lessing, nehmen, wie jeder ist? Auch in der Schreibart sogar haben beide eine griechische Grazie zur Freundin; nur daß sie bei beiden nicht *eine* Grazie ist.

Winckelmanns Stil ist wie ein Kunstwerk der Alten. Gebildet in allen Teilen, tritt jeder Gedanke hervor, und stehet da, edel, einfältig, erhaben, vollendet: er *ist*. Geworden sei er, wo oder wie er wolle, mit Mühe oder von selbst, in einem Griechen oder in Winckelmann; genug, daß er durch diesen auf einmal, wie eine Minerva aus Jupiters Haupt, dastehet und ist. Wie also an dem Ufer eines Gedankenmeeres, wo auf der Höhe desselben der Blick sich in den Wolken verliert: so stehe ich an seinen Schriften und überschaue. Ein Feld voll Kriegsmänner, die, weit und breit zusammengeworben, die Aussicht erst lange ins Große führen; wenn aber endlich aus dieser Weite das Auge erhabner zurückkommt: so wird es sich an jeden einzelnen Kriegsmann heften und fragen, woher? und betrachten, wer er sei? und alsdenn von vielen den Lebenslauf eines Helden erfahren können.

Lessings Schreibart ist der Stil eines Poeten, d. i. eines Schriftstellers, nicht der gemacht hat, sondern der da machet, nicht der gedacht haben will, sondern uns vordenket, wir sehen sein Werk *werdend*, wie das Schild Achilles' bei Homer. Er scheint uns die Veranlassung jeder Reflexion gleichsam vor Augen zu führen, stückweise zu zerlegen, zusammenzusetzen; nun springt die Triebfeder, das Rad läuft, ein Gedanke, ein Schluß gibt den andern, der Folgesatz kommt näher, *da ist* das Produkt der Betrachtung. Jeder Abschnitt ein Ausgedachtes, das τεταγμένον eines vollendeten Gedanken; sein Buch ein fortlaufendes Poem, mit Einsprüngen und Episoden, aber immer unstet, immer in Arbeit, im Fortschritt, im Werden. Sogar bis auf einzelne Bilder, Schilderungen und Verzierungen des Stils erstrecket sich dieser Unterschied zwischen beiden; Winckelmann der Künstler, der gebildet hat, Lessing der schaffende Poet. Jener ein erhabner Lehrer der Kunst; dieser selbst in der Philosophie seiner Schriften ein muntrer Gesellschafter, sein Buch ein unterhaltender Dialog für unsern Geist.

So dörften beide sein: und wie unterschieden! wie vortrefflich bei dem Unterschiede! Weg also mit der Brille, durch die man von einem zum andern schielen will, um durch Kontrast zu loben! Wer Lessing und Winckelmann nicht lesen kann, wie jeder derselben ist, der soll keinen von beiden, der soll sich selbst lesen! – –

2

Winckelmann schildert seinen Laokoon mit dem Gefühl, als hätte er ihn selbst geschaffen: „Der Schmerz, welcher sich in allen Muskeln und Sehnen des Körpers entdecket und den man ganz allein, ohne das Gesicht und andre Teile zu betrachten, an dem schmerzlich eingezognen Unterleibe beinahe selbst zu empfinden glaubt; dieser Schmerz, sage ich, äußert sich dennoch mit keiner Wut im Gesicht und in der ganzen Stellung. Er erhebt kein schreckliches Geschrei, wie Virgil von seinem Laokoon singet; die Öffnung des Mundes gestattet es nicht: es ist vielmehr ein ängstliches und beklemmtes Seufzen, wie es Sadolet beschreibt. Der Schmerz des Körpers und die Größe der Seele sind durch den ganzen Bau der Figur mit gleicher Stärke ausgeteilet und gleichsam abgewogen. Laokoon leidet, aber er leidet wie des Sophokles Philoktet: sein Elend gehet uns bis an die Seele; aber wir wünschten, wie dieser große Mann das Elend ertragen zu können." *

„Laokoon leidet wie des Sophokles Philoktet." ** Von dieser Vergleichung gehet Herr Lessing aus und will, daß es keine Vergleichung sei: daß Sophokles' Philoktet nicht bloß ängstlich und beklemmt seufze, sondern klage, schreie, mit wilden Verwünschungen das öde Eiland schrecklich anfülle und auch das Theater von Tönen des Unmuts, des Jammers, der Verzweiflung durchhallen lasse. Winckelmann muß also zuerst wohl nicht recht gelesen haben und zweitens also übel vergleichen, übel folgern.

Der Philoktet Sophokles' mag entscheiden – wie leidet dieser? Es ist sonderbar, daß der Eindruck, den dieses Stück bei mir von lange her zurückgelassen, derselbe ist, den Winckelmann will: nämlich der Eindruck eines Helden, der mitten im

* „Von der Nachahmung griechischer Werke" [„Gedanken über die Nachahmung der griechischen Werke in der Malerei und der Bildhauerkunst", 1755, ^{2}1756], p. 21, 22.

** Lessing in „Laokoon", p. 3 [7].

Schmerz seinen Schmerz bekämpft, ihn mit hohlem Seufzen zurückhält, so lange, als er kann, und endlich, da ihn das Ach! das entsetzliche Weh! übermannet, noch immer nur einzelne, nur verstohlne Töne des Jammers ausstößt und das übrige in seine große Seele verbirgt. Lasset uns Sophokles aufschlagen, lasset uns lesen, als ob wir sähen, und ich glaube, wir werden den nämlichen Philoktet gewahr werden, den Sophokles schuf und Winckelmann anführt, wie er geschaffen ist.

Mit Anfange des dritten Aufzuges überraschet ihn der Schmerz; aber mit brüllendem Geschrei? Nein: mit einem plötzlichen Stillschweigen, mit einer stummen Bestürzung, und da diese sich endlich lösen, mit einem hohlen verzognen ἆ ἆ ἆ, das sich auch kaum vom Neoptolem will hören lassen.* „Was ist dir?" fährt dieser auf. „Nichts Böses, gehe nur, mein Sohn", antwortet Philoktet, und wie anders als mit einem Gesicht voll Liebe, voll Zurückhalten des Heldenmutes. So geht die Szene des stummen Schmerzes fort: der bekümmerte, der unruhige, der fragende Neoptolem, und Philoktet, der — nicht brüllet und tobet, der seinen Schmerz beklemmt, ihn eine große Zeit selbst dem Neoptolem verbergen will und nur immer zwischen inne mit einem bangen ἰὼ θεοί den Göttern klaget. Und eben diese stumme Szene des Schmerzes, von welcher Wirkung muß sie auf den Zuschauer gewesen sein? Er sieht Philoktet leiden, stumm, nur in einer verzognen Gebärde, nur mit einem beklemmten Ach! leiden; und wer fühlt dies beklemmte Ach! nicht mehr als das brüllende Geschrei eines Mars, der, in der Schlacht verwundet, wie zehntausend Mann, oder warum nicht lieber wie zehntausend Ochsen? aufbrüllet? Hier erschrickt, dort fühlet man: mit Philoktet mitleidend bestürzt, als Neoptolemus banget man, weiß nicht, woran man ist, was man tun, wie man helfen soll? Man tritt auf sein trauriges ἆ ἆ zu ihm: „Wie denn? du leidest! du redest nicht! Warum so verschlossen? du wirst gepeiniget? warum seufzest du zu den Göttern?" — Und ein Philoktet antwortet

* Νεο. ἕρπ' εἰ θέλεις· τί δή ποθ' ὧδ' ἐξ οὐδενὸς
λόγου σιωπᾷς κἀποπλήκτως ὧδ' ἔχῃ;
Φιλ. ἆ ἆ ἆ.
Νεο. τί ἔστιν; Φιλ. οὐδὲν δεινόν. ἀλλ' ἴθ', ὦ τέκνον.
κ.τ.λ.

mit verzognem Lächeln, mit einem Gesicht, in welchem sich Schmerz und Mut und Freundlichkeit mischen: „Ich? Nein! ich empfinde Erleichterung! ich flehe zu den Göttern um glückliche Schiffahrt.“ Welch ein griechischer Garrick gehöret dazu, den Schmerz und den Mut, die menschliche Empfindung und die Heldenseele hier abzuwiegen!

Übermannet endlich vom Schmerz, unterliegt er; er bricht aus – aber in Töne der brüllenden Verzweiflung, des wütenden Geschreies? Nichts! in ein trauriges ἄπόλωλα, τέκνον˙ βρύκομαι, τέκνον˙ παπαῖ, ἀπαππαπαῖ, παπαῖ, παπαῖ, παπαῖ, παπαῖ: das sind seine gezognen Klagetöne! Er bittet um die Heldenkur, seinen Fuß abzuhauen: er winselt. – Nichts mehr? Nein, nichts mehr! Er war ausgebrochen, wie Neoptolem sagt, nur in ἰυγὴν καὶ στόνον, in Ächzen und Seufzen, und Ach! wie muß dies rühren! Sein gekrümmter Fuß, sein verzognes Gesicht, seine vom Seufzer erhobene Brust, die vom Ächzen hohle Seite, sein halbes Ach! – – Weiter geht der Dichter nicht: und um zuvorzukommen dem Übertreiben des Ausdrucks, läßt er Philoktet vor Schmerz in Unsinn fallen! So sehr hat er gelitten, so sehr seine Kräfte zusammengefasset, daß er raset.

Er kommt wieder zu sich! er erholt sich! aber die Krankheit kommt wie ein verirrter Wandrer wieder: schwarzes Blut sprüht hervor: sein ἀπαππαπαῖ fängt an: er bittet, ächzet; ein Fluch auf Ulysses, ein Zorn mit den Göttern, ein Ruf an den Tod, aber alles nur ruckweise, nur Augenblicke! der Schmerz läßt nach; und siehe! den Augenblick der Erholung wendet er an, um den dritten Anfall zu erwarten. Er kommt, und da der theatralische Ausdruck nicht höher steigen kann, so läßt ihn Sophokles – alles, was er ihn tun lassen kann, um ihn nicht schreien zu lassen: schwärmen, ächzen, bitten, zürnen, atemlos zu sich kommen und – – einschlafen. Peinlicher Auftritt! der höchste am Ausdrucke, den vielleicht je ein tragisches Stück gefodert und nur ein griechischer Schauspieler erreichen konnte.

Aber in diesem peinlichen Auftritte, was ist da das Höchste am Ausdruck, was ist der Hauptton desselben? Etwa Geschrei? So wenig, daß Sophokles ja auf nichts sorgfältiger scheint, als zu vermeiden, daß dies nicht Hauptton würde. Wo sind „die Klagen, das Geschrei, die wilden Verwünschungen, mit welchen sein Schmerz das Lager erfüllte und alle Opfer, alle heilige Handlungen störte, die schrecklich durch das öde Eiland erschollen“ *; wo sind sie? auf dem Theater? Ja! aber in der Erzählung**, in der Erzählung seines Feindes Ulysses, der sich darüber rechtfertigen will, daß man ihn ausgesetzt und verlassen; nicht aber in der Aktion, nicht als ob dies Geschrei Hauptausdruck wäre. Ein andrer Dichter, ein Äschylus z.E., würde freilich hieraus mehr Hauptton gemacht und vielleicht, wie durch seine Eumeniden, eine Schwangere erschreckt haben zu mißgebären; bei einem übertriebenen neuen Tragikus würde Philoktets Gebrülle gewiß schon hinter den Szenen anfangen und er sich mit wüstem, wildem Geschrei aufs Theater stürzen, wie z.E. Hudemanns Kain durch den schönsten und neuesten coup de théâtre sich vor dem Eintritt mit seiner Keule meldet, sie vor sich hin wirft und ihr nach, längelang aufs Theater hineinfällt. Aber bei dem weisen Sophokles? – Wie hat er den Ton der Angst abgewogen? wie sorgfältig auf ihn bereitet! wie lange unterdrückt! wie oft unterbrochen! wie sehr durchgängig gemildert! Der ganze Auftritt kann ein Gemälde des Schmerzes heißen durch alle seine Grade vom stummen bis zum betäubenden Schmerze, der sich selbst gleichsam ertötet; aber im Ganzen doch das Gemälde des *zurückgehaltenen* und nicht des *ausgelassenen* Schmerzes, dies ist's unstreitig bei Sophokles vom Anfang zu Ende.

Und *daher* auch die Kürze des Akts, der kurz in Worten, aber lang in der Vorstellung ist. Käme es hier auf das Schreien, auf „die jammervollen Ausrufungen, auf das *ausgestoßne* und *abgebrochne* häufige ἆ ἆ an“, wie Herr Lessing will***: so weiß ich nichts, was entweder schneller auf einander folgen oder den Zuschauer unwillig machen muß. Aber das Zurückhalten, das peinliche Verschmerzen, die langen Kämpfe mit dem Weh im Stillen, die endlich mit einem verstohlnen ὤμοι! μοι! geschlossen werden; diese dehnen, diese

* „Laokoon“, p. 3 [7].

** Sophokles, „Philoktet“, Akt 1, Auftritt [1].

*** „Laokoon“, p. 4 [7].

schleichen, und sie sind der Hauptton des ganzen Auftritts. Nun setzen Sie noch den dämmerenden Chorus hinzu, der dem entschlafnen Philoktet sein Schlaf-, sein Ruhelied in sanften langsamen Zügen singet und hier nicht bloß den Akt beschließet, sondern selbst im Akte ist; denn der schlafende Philoktet lieget dem Zuschauer vor Augen; diesen, sage ich, setze man hinzu, und es ist ein langer, ganzer, vollendeter Akt, der meine Seele füllet: aber nicht durchs Ausstoßen, sondern eben durch das Rückhalten des Ach! Und so kann Winckelmann mit Recht sagen: Laokoon leidet wie Sophokles' Philoktet; nur jener als Bildsäule, bei welcher ein Seufzer ewig dauret, ewig die Brust beklemmet, und dieser als tragische Person, die den langen Seufzer endlich mit einem Ach! schließen und den wiederkommenden Schmerz mit einem Ach! empfangen muß, die zwar auf einer Saite des Jammers herumirret, aber mit abgesetzten, mit langsam wiederkommenden, mit etwas auf- und absteigenden, mit Zwischentönen des unterdrückten Schmerzes. Sophokles war also derselbe weise Meister in seinem „Philoktet" wie Polydorus in seinem „Laokoon", und bei beiden zeigt sich, nur nach der Verschiedenheit ihres Vorwurfs, einerlei Weisheit, den stillen, den prägnantsten Ausdruck zu suchen und dem übertriebnen Ausdruck zu entweichen. Und das sagt Winckelmann!

Allerdings ist Schreien der natürliche Ausdruck des körperlichen Schmerzes*; nur jede Kunst der Nachahmung, und so darf ich auch sagen, jede Gedichtart hat in Nachahmung dieses Ausdruckes ihre eigenen Grenzen. Wie abwechselnd ist Homer in der Art, wie seine Krieger, seine Helden niederfallen, und wie wiederholend in dem, was den Niederfallenden und Sterbenden gemein ist; aber weder jene Abwechselung noch diese Wiederholung macht mir das Lessingsche Wort verständlich: „Homers Krieger fallen nicht selten mit Geschrei zu Boden!"** *Sehr selten*, möchte ich sagen (wenn mich nicht mein Gedächtnis aus Homer trügt), und *fast gar nicht*, außer wenn eine nähere Bestimmung dieses Charakters es fodert. So gewöhnlich ihm ist, daß sein Krieger *mit klirrenden*

* „Laokoon", p. 4 [8].
** „Laokoon", p. 4 [8].

Waffen, mit *bebendem Boden* usw. fällt und stirbt, *indem ihm Dunkelheit die Augen deckt**, so ungewöhnlich fällt und stirbt einer mit *Geschrei*, mit *Heulen*; und alsdenn ist dies nicht „der natürliche Ausdruck des körperlichen Schmerzes", sondern ein Charakterzug seines Verwundeten. So *heult* z.E. bei seiner Verwundung ein Pherekles**; aber dieser Pherekles ist ein Trojaner, ein unkriegerischer Künstler, ein feiger Flüchtling, der auf der Flucht eingeholt wird; und freilich ein solcher kann sich durch ein Geheul auf seinen Knien unterscheiden; aber offenbar nicht „der leidenden Natur ihr Recht zu lassen", sondern vermöge seines Charakters. Vermöge dieses *schreiet* die Venus *laut****, denn sie ist die weichliche Göttin der Liebe: ihre zarte Haut ist kaum gestreift, kaum wird sie den roten Ichor, das Götterblut, gewahr, so entsinken ihr die Hände; sie verläßt die Schlacht, sie weint vor Bruder, Mutter, Vater und dem ganzen Himmel: sie ist untröstlich. Wer will nun sagen, daß mit diesem allen Homer sie charakterisiere, „nicht, um sie als die weichliche Göttin der Wollust zu schildern, sondern vielmehr, um der leidenden Natur ihr Recht zu geben"? Wäre dies, wie würde er so genau die Seite des Weichlichen**** mit jedem Bilde, mit jedem Worte, mit jeder Bewegung zeichnen? wie würde er sie noch obendrein von Pallas verspotten lassen, als hätte sie sich bei einem Liebeshandel vielleicht geritzt? wie würde selbst ihr lieber Vater Jupiter über sie lächeln? Lachet dieser, spottet jene, um der leidenden Natur ihr Recht zu geben? und welche leidende Natur ist ein Ritz der blendenden Haut? – Ebensowenig schreiet der eherne Mars+ aus einer andern Ursache, als eben – weil er der eherne, der eisenfressende Mars ist, der im Getümmel der Feldschlacht raset und ebensowild bei der Verwundung aufschreiet. Nichts ist ungezweifelter als dies, wenn wir Homer sagen lassen, was er sagt; denn wäre es ihm auch nur je eingefallen, das Schreien als „einen natürlichen Ausdruck des körperlichen Schmerzes" und nicht mit höhern Absichten zu ge-

* ἀμφὶ δ᾽ ὄσσε κελαινὴ νὺξ ἐκάλυψε.

** Iliade *E*, 68 [„Ilias" V, Vers 68]: ἔριπ᾽ οἰμώξας.

*** ἡ δὲ μέγ᾽ ἰάχουσα. (Iliade *E* [„Ilias" V], v. 343).

**** ἀβληχρήν (Iliade *E* [„Ilias" V], v. 337).

\+ Iliade *E* [„Ilias" V], v. 859[-863].

brauchen, so wäre der Ausdruck: „Er ward verwundet und schrie!“ ihm so geläufig als der: „Er fiel, und schwarze Nacht bedeckte seine Augen.“

So weit sind wir also, daß Homer „das Prädikat des Schreiens nicht als einen allgemeinen Ausdruck des körperlichen Schmerzes“, nicht als eine absolute Bezeichnung, „der leidenden Natur ihr Recht widerfahren zu lassen“, gebrauche; es muß in dem Charakter eben dessen, den er schreien läßt, eine nähere Bestimmung dazu liegen, daß eben dieser schreiet und kein andrer. Und da dünkt es mich jetzt unbestimmt, von seinen Helden allgemein zu reden*, was sie nach ihren Taten und Empfindungen sind; denn keiner derselben ist an Empfindungen sowenig als an Worten, Gebärden, Körper, Eigenschaften dem andern gleich; jeder ist *eine eigne* Menschenseele, die sich in keinem andern äußert.

Noch minder scheinet mir „das Schreien“ der wichtige unveränderliche Zug zu sein, der zu der unveränderlichen Äußerung eines Menschengefühls gehören müßte: denn einer kann seufzen, der andre ächzen, der dritte schreien und ein Hannibal in seinem äußersten Kummer lachen. Am mindesten aber ist's *notwendige* Bestimmung des *Helden*, als Mensch betrachtet: so daß er ein Unmensch sein müßte, wenn er nicht schrie. Wäre dies: so hätte Homer lauter Unmenschen besungen. Sein Agamemnon, ein König der Völker, der herrlichste der Griechen vor Troja, wird im tapfersten Gefecht verwundet: er fährt zusammen** – aber aufzuschreien, zu weinen vergißt er; er faßt sich und stürzt mit seinem Spieße desto schärfer in die Feinde: sollte er deswegen kein Mensch an Empfindung sein, weil er nicht wie Mars oder die Dame Venus aufschrie? Hektor, der tapferste Trojaner, wird von des Ajax großem Felsenstein niedergeworfen und auf der Brust gequetscht: Spieß und Schild und Helm entfallen, rings um ihn klingen die ehernen Waffen – aber aufzuschreien vergißt er.*** Man muntert ihn auf, gießt ihm Wasser ein: er kommt

* „Laokoon“, p. 5 [8].

** Iliade *Λ* [„Ilias“ XI], v. 254: ῥίγησέν τ' ἄρ' ἔπειτα ἄναξ ἀνδρῶν 'Αγαμέμνων.

*** Iliade *Ξ* [„Ilias“ XIV], v. 418[-420].

zu sich, blickt auf; aber er sinkt in die Knie, speiet schwarzes Blut – und doch denkt der Unmensch an eins nicht, über seine Brustschmerzen, über seine Seitenstiche zu schreien und zu weinen. – So mit allen Helden Homers, der auch in diesem Stücke Charakter beobachtet. Menelaus wird vom Pfeile Pandarus' unvermutet und im wichtigsten Zeitpunkte getroffen: sein Blut rinnt, Agamemnon fährt zusammen, Menelaus selbst*; aber nichts mehr! da er den Pfeil in der Wunde sieht, zieht er ihn aus und läßt seinen Bruder und seine Mitsoldaten um sich seufzen. Man weiß, daß Homer eine ordentliche Leiter der Tapferkeit habe, und er hat sie auch in dieser anscheinlichen Kleinigkeit sogar. Ulysses hält deswegen seinen Schmerz zurück, weil er die Wunde nicht tödlich fühlt**; Agamemnon und Menelaus fahren bei der Verwundung doch noch zusammen***; aber endlich der verwundete Diomedes *stand*, rief dem Sthenelus, ihm den Pfeil aus der Wunde zu ziehen; und da das Blut quoll, so strömte seine Empfindung, statt in Tränen und Geschrei, in feurige Gebete wider die Feinde aus****. Solche Unmenschen sind die Helden Homers, und je größerer Held, je größerer Unmensch: sein Achilles ist sogar am Körper unverletzlich.

Ist's also bei Homer, daß seine Helden schreien und weinen *müssen*, „um der menschlichen Natur treu zu bleiben, wenn es auf das Gefühl der Schmerzen, wenn es auf die Äußerung dieses Gefühls durch Schreien oder durch Tränen ankommt"?+ Ich wollte nicht, daß ein alter Grieche, dessen Heldenseele als ein seliger Dämon noch in der Welt unsichtbar wandelte, diese Behauptung läse. Was? würde er sagen, was ist wohl einem in die Schlacht ziehenden Helden natürlicher, als verwundet, getroffen werden; sich fürchten also kann er, wenn ihn ein unvermuteter Pfeil trifft; aber in der Schlacht schreien und weinen, das tut kein Homerischer Held der Griechen; selbst kein Held der Trojaner, die doch immer Homer in kleinen Zügen heruntersetzt. Einem Hektor in

* Iliade Δ [„Ilias" IV], v. 148.

** Iliade Λ [„Ilias" XI], v. 439.

*** Iliade Δ [„Ilias" IV], v. 148.

**** Iliade *E*, v. 95 etc. [„Ilias" V, Vers 95–121].

\+ „Laokoon", p. 5 [8].

seinem Tode entsinkt, selbst bei seiner letzten sterbenden Bitte, keine Träne, kein Ton des Geschreies*; ein Sarpedon knirscht, da er stirbt, und je tapferer, um so gefaßter bei dem Schmerze**. Nur die Feigen zittern und weinen und schreien: Pherekles, der feige Flüchtling, und die weichliche Venus und der eisenfressende trojanische Mars. So dichtet *mein* Homer.

Und so hält also die so einnehmende Lessingsche Betrachtung über die Empfindbarkeit der Griechen und den Kontrast derselben gegen rohe Barbarn und feine Europäer nicht stich?*** Die Empfindbarkeit zum Schmerzen bei einem körperlichen Schmerze nicht wohl, wenigstens nicht als Homerischer Heldenzug, nicht allgemein, nicht als notwendiges Kennzeichen der menschlichen Empfindung. Gibt's aber keine andre Empfindbarkeit zu Tränen, und auch zu lauten, zu klagenden Tränen, als körperlicher Schmerz? Ohne Zweifel, und eben diese Empfindbarkeit, wenn sie ein Vorzug der Griechen wäre, macht ihnen zwar mehr Ehre; allein die Abhandlung darüber wäre offenbar eine Ausschweifung von dem Satze, den Herr Lessing glaubt erwiesen zu haben, „daß das Schreien**** bei Empfindung körperlichen Schmerzes, besonders nach der alten griechischen Denkart, gar wohl mit einer großen Seele bestehen kann“+; ein seltner Satz, der im ersten Abschnitt, auch ebensoselten, mit einer Armee von weinenden Helden, die ich im Homer nicht kenne, bewiesen wird.++ Um also doch nicht leer auszugehen, lasset uns Lessingen auf seinem Abwege folgen.

* Iliade *X*, v. 330 etc. [„Ilias“ XXII, Vers 337–343].

** Iliade *Π*, v. 596 [„Ilias“ XVI, Vers 486].

*** „Laokoon“, p. 4–9 [8–10].

**** Daß Homers Helden nicht bei andrer Gelegenheit das Schreien, ein tapfres riesenmäßiges Geschrei, eigen gewesen, leugne ich nicht; wo gehört das aber hieher?

\+ „Laokoon“, p. 9 [10].

\++ Herr Klotz hat, wie *er* Homer kennet, Lessingen dies nachschreiben dörfen: clamor et eiulatus ex Graecorum opinione nihil detraxit magnitudini animi. *Homeri heroes clamantes cadunt.* Sunt quidem illi heroes Homeri natura mortali maiores, sed numquam tamen etc. („Acta litteraria“, vol. III, p. 286).

3

Die Empfindbarkeit der Griechen zu sanften Tränen ist zu sehr bekannt in Äußerungen, als daß man wie Herr Lessing ein einzelnes Beispiel und dazu aus einer bloßen Vermutung nehmen dörfte, die hier vielleicht nicht beweiset, was sie beweisen soll. Griechen und Trojaner sammlen ihre Toten. Beide vergießen heiße Tränen; aber den Trojanern verbietet dies Priamus. Warum verbietet er's ihnen? Er besorgt, sagt die Dacier, sie würden sich zu sehr erweichen und morgen mit wenigerm Mut an den Streit gehen. „Warum aber", fragt Herr Lessing, „muß nur Priamus dieses besorgen? Der Sinn des Dichters geht tiefer. Er will uns lehren, daß nur der gesittete Grieche zugleich weinen und tapfer sein könne; indem der ungesittete Trojaner, um es zu sein, alle Menschlichkeit vorher ersticken müsse."* Zu hart für die armen Trojaner! Kann Priamus nicht ihren Tränen Einhalt tun wollen, nicht aus ungesitteter Barbarei, sondern weil die Tränen der Trojaner, seiner Kinder, fressender waren als die Tränen der Griechen. Diese waren Angreifende und stritten der Ehre wegen; ihnen ward's also leichter, neuen Mut zu fassen, und Agamemnon brauchte deswegen keine Besorgnis. Die Trojaner aber litten: sie waren Angefallene, die nicht der Ehre sowohl als der Sicherheit, ihres Lebens wegen stritten**, die sich in Bedrängnis fühlten und halb in Verzweiflung, eines Räubers wegen, ihre Kinder und Männer verlieren, eines Räubers wegen die Ihrigen begraben mußten. Hier empörten sich die Empfindungen der Bedrängten, hier flossen heiße Tränen der murrenden Unschuld. Und Priamus ließ sie nicht weinen! Warum? weil er ein ungesitteter Barbar war und seine Trojaner als solche kannte, die nicht zugleich weinen und streiten könnten? Wie, wenn er sie zurückgehalten hätte als ein Vater seiner unglücklichen Stadt und seines unglückbringenden Sohns? damit sie nicht in einem Schicksale, das ihm selbst so zu Herzen ging, gar murren oder verzweifeln möchten? – Doch wenn das

* „Laokoon", p. 7 [9].

** χρειοῖ ἀναγκαίῃ, πρό τε παίδων καὶ πρὸ γυναικῶν (Iliade Θ, 57 [„Ilias" VIII, Vers 57]).

auch nicht: noch sind die Trojaner keine Lappländer, keine Skythen: denn sie weinen ja um die Ihrigen, und Priamus befürchtet eben ein zu weiches Herz, zu tief einfressende Tränen. Gerade also das Gegenteil! – Doch aus solchen Deutungen kann man immer machen, was man will, und eine bloße Allegorie, „der Sinn des Dichters geht tiefer", kann uns endlich so tief führen, daß der Boden sinkt.

Die ganze Dichtkunst der Griechen hat zu viel Spuren dieser Empfindbarkeit ihrer Nation zu Schmerz und Tränen, als daß man bloß mutmaßen dörfte, und sie ist einem großen Teile nach gleichsam ein ganzer lebender Abdruck dieses Gefühls, dieser weichen Seele. Lasset uns diesen Teil die elegische Poesie nennen; aber niemand verstehe hier unter diesem Namen jenen hinkenden Affen, der sich nach unsern weisen Lehrbüchern der Poesie bloß im Silbenmaß unterscheiden soll: sondern Elegie sei mir hier die klagende Dichtkunst, die versus querimoniae nach Horaz, sie mögen sich finden, wo sie wollen, in Epopee und Ode, in Trauerspiel oder Idylle; denn jede dieser Gattungen kann *elegisch* werden. In solchem Verstande hat die Elegie ein eignes Gebiet in der menschlichen Seele, nämlich die Empfindbarkeit des Schmerzes und der Betrübnis: man kann also aus ihr über Völker und Zeiten hinaussehen, und hier wird sich durch Vergleichungen auch die den Griechen eigne Stelle finden. Ich stecke einige Gesichtspunkte ab.

1. Nicht jedes Volk hat für milde Betrübnisse ein gleich zartes Herz; bei manchem haben selbst die Klagen eine rohe Festigkeit, ein heldenmäßiges Brausen, in welches sie verschlungen werden, und ein solches wird, bei sonst großen Dichtern, mit der Sprache dieser weichen Tränen sehr unbekannt sein können. So die nordischen Skandinavier, die, auch bei Trauerfällen vom Heroismus gestählt, kaum kurze Seufzer ausstießen und – schwiegen; wenn sie sangen, so war ihr Gesang kaum die milde elegische Träne.

Der König Regner Lodbrog stirbt: er stirbt unter den entsetzlichsten Schmerzen. Stirbt er in Elegien? Läßt er der gequälten sterbenden Menschheit, dem von seinen Söhnen entfernten brechenden Vaterherze sein Recht widerfahren? Eine einzige weiche Träne hätte den Nachfolger Odins entweihet. Er stirbt im Triumphsliede, im Andenken an seine Taten, voll Heldenfreude, voll Rache, voll Mut, voll himmlischer Hoffnung. „Wir haben mit Säbelstreichen gefochten", so endet sein Gesang, „o wüßten meine Söhne die Plagen, die ich erdulde; wüßten sie, daß giftige Nattern mir den Busen zerfleischen – wie heftig würden sie sich nach grausamen Schlachten sehnen! Denn die Mutter, die ich ihnen gab, hat ihnen ein männliches Herz hinterlassen.

Wir haben mit Säbelstreichen gefochten; doch jetzt – nahet sich mein letzter Augenblick. Bald wird das Schwert meiner Söhne ins Blut des Ella getaucht sein: ihr Zorn wird entflammen und diese mutige Jugend die Ruhe nicht weiter dulden.

Wir haben mit Säbelstreichen gefochten in einundfunfzig Schlachten, wo die Fahnen flogen. Von meiner Jugend an lernte ich, die Spitzen der Lanzen mit Blute färben, und nie hätte ich einen tapferern König, als ich bin, zu finden geglaubt. – Aber es ist Zeit, aufzuhören: Odin sendet schon die Göttinnen, mich in seinen Palast zu führen. Da werde ich auf dem erhabensten Platze sitzend Bier mit den Göttern trinken. Die Stunden meines Lebens sind verflossen, ich sterbe lächelnd!"* – Das beste Beispiel zu Herrn Lessings Bemerkung über den harten nordischen Heldenmut.

Ein anderes aus einer der besten kritischen Schriften unsrer Zeit**. Aßbiørn Prude, der heldenmütige Däne, in den Händen seines Feindes, der mit langsamer Wut in seinen Eingeweiden wühlet – wehklaget er, seufzet er? Er denkt an seine Mutter, an alle Freuden seiner Jugend und seines männlichen Alters; er fühlt seine ganze Pein, aber als Held: so stirbt er. – So stirbt der Eskimaux an seinem Marterpfahl***. Freund und Vaterland, Kinder und Mutter, alles, was ihm auf seiner Welt das liebste ist, rufet er in seinem Sterbegesange; aber um über sie zu weinen, um den Zoll der Menschlichkeit zu entrichten? Eine einzige weiche Träne würde den Helden,

* Mallets „Geschichte von Dänemark" [„Einführung in die Geschichte Dänemarks", deutsch 1765, Teil 1], p. 112, 113.

** „Briefe über die Merkwürdigkeiten der Literatur", [Teil 1, 1766], p. 112, 113.

*** [Schröter], „Geschichte von Amerika" [„Allgemeine Geschichte der Länder und Völker von Amerika"], Teil I, [1752], p. 404.

sein ganzes Geschlecht und seinen Freund und sein Vaterland entehren. Kein Ach also entwischt ihm, selbst unter den grausamsten Schmerzen: gesenget und gebrannt singt er seinen Martergesang. Er wird zum desto langsamern Tode losgebunden und – raucht mit Scherz und Spott seine Pfeife Tobak mit andern; die Martern fangen wieder an; er spottet, schweigt, wird ihr Lehrer in neuen Qualen, singt und stirbt im Triumphe. So der Eskimaux!

Wo also das Herz eines Volkes Kieselstein ist: da schlägt der heftigste Schmerz, er treffe nun Leib oder Seele, nichts als heroische Funken; denn woher sollte dem Kieselstein eine zarte elegische Träne kommen? Der Heldenmut, die Liebe zum Vaterlande und zum Ruhme seines Stammes, das heroische Bündnis mit seinem Freunde, der sein Rachengel sein soll: die ganze Bildung einer rohen und starken Natur zum unerschütterten Nachfolger Odins und anderer tränenlosen Helden, die ihrem Volk, ihrer Republik eben den Geist der Tapferkeit einflößen – dies alles betäubte Menschlichkeit und Gefühl und Tränen.

2. Nun laßt diesen Heldenmut, diese Liebe zum Vaterlande und zum Ruhme seines Stammes, dies Gefühl für Freundschaft und die unverhüllte Offenheit der Seele – laßt diese edle und große Gesinnungen sich alle ohne solche Verschanzung und Verhärtung äußern: die größte Tapferkeit wird sich alsdenn immer als die empfindbarste Menschheit zeigen. „Nach ihren Taten werden solche Leute Geschöpfe höherer Art sein; nach ihren Empfindungen Menschen."

Und sollte es nur unter den Griechen diese Doppelgeschöpfe höherer Art, diese Heldenmenschen, diese Semonen gegeben haben? Und unsre Ureltern wären Barbarn und alle nordische Barbarn in diesem Stück Unmenschen gewesen? Menschliches Gefühl muß jedem einwohnen, der ein Mensch ist; es muß, wo es erstickt, wo es in rohe Tapferkeit verschlungen werden soll, erst von tausend Beispielen, von einem großen unter einer Nation lebenden Vorbilde, von dem ganzen Geiste des Volks und durch alle Eindrücke der Erziehung von Jugend auf gewaltig bestürmt und dahin endlich gerissen werden, daß es mit diesen Beispielen wetteifre, daß es diesem großen Vorbilde, das den Geist dieses Volks bestimmet, folge. Wo dies nicht ist: da wird sich die unverhüllte Natur zeigen; die Empfindungen der Menschheit werden sich in ein Heldengewand kleiden und der Sinn des Helden sich wiederum der menschlichen Träne nicht schämen – es sei unter einem Volke, wo es wolle!

Und wie? wenn wir ein solches Volk auch mitten unter nordischen Gebirgen, mitten unter Barbarn, selbst unter dem Namen eines barbarischen Volks begriffen und mit nichts als Kriegen beschäftigt auffänden? und welches doch gleich fern von Griechenland als von seinen Sitten alle die menschliche Empfindbarkeit zeigte, die kaum ein Grieche gezeigt hat – bliebe da noch der Gegensatz so ganz fest: „Unsere nordische Urältern waren Barbarn. Alle Schmerzen verbeißen, dem Streiche des Todes mit unverwandtem Auge entgegensehen, weder seine Sünde noch den Verlust seines liebsten Freundes beweinen, sind Züge des *alten nordischen Heldenmuts.* Nicht so der Grieche!"* Wenn ich nun hier einfiele und fortführe: „Nicht so der Schotte, der Kelte, der Ire! er äußerte seine Schmerzen und Kummer; er schämte sich keiner der menschlichen Schwachheiten; keine mußte ihn aber auf dem Wege zur Ehre und von Erfüllung seiner Pflicht zurückhalten." So hätte ich für meine Barbarn alles gesagt, was Lessing von seinen Griechen, im Kontrast mit den nordischen Barbarn, und doch für meine nordische Barbarn noch nicht gnug.

Ich kenne kein poetisches Volk der Erde, welches große und sanfte Empfindungen so sehr in *eine* Gesinnung verbunden und in *einer* Seele den Heroismus des Helden- und Menschengefühls so ganz gehabt hätte als die – alten Schotten, nach Maßgabe ihrer jetzt aufgefundnen Gesänge. Eine sichere Maßgabe, da die Ursprünglichkeit dieser Lieder bewiesen und das ganze Leben der Nation bekannt ist als ein Leben, das unter Taten, Empfindungen und Gesängen verstrich und wo die Gesänge eben zu nichts bestimmt waren, als diese Taten und Empfindungen zu verewigen. Dies also vorausgesetzt: und in jedem Bardenliede zeigt sich ein Volk, dessen Seele ganz der Tapferkeit und einer feierlichen Liebe flammete; ein Volk,

* „Laokoon", p. 6 [8, 9].

dessen Denkart überhaupt von einem Heldenernst eine gewisse melancholische Farbe erhalten und diese auch auf seine weichen Empfindungen verbreitete. Die meisten Stücke der hersischen Dichtkunst kann ich nicht besser als *feierliche Trauergesänge* nennen, an die nichts im Altertume und, was diese Seite des Gefühls betrifft, selbst nichts im griechischen Altertume reicht.

Schilrick scheidet von seiner geliebten Vinvela; fern weg, fern weg in Fingals Kriege; er verläßt sie; sie bleibt allein; er wird vielleicht fallen; aber Vinvela wird sein gedenken.* Ich kenne kein Stück, das an Süßigkeit der Liebe und an Entschlossenheit des Scheidenden einen solchen Abschied, zwoer so edlen und so fühlbaren Personen, mit fünf Worten des Dialogs so rührend besänge. Ich nehme Lessingen seine Worte auf die Griechen: „Hier der Schotte! Er fühlte und furchte sich; er äußerte seine Schmerzen und seinen Kummer: er schämte sich keiner seiner menschlichen Schwachheiten; keine mußte ihn aber auf dem Wege nach Ehre und von Erfüllung seiner Pflicht zurückhalten." Und dieser Schotte war ein Barbar von einem nordischen Gebirge.

Schilrick trauret um seine entfernte Vinvela; sie erscheint, sie spricht im sausenden Lüftchen: „Ich hörte von deinem Tode: ich hörte und trauerte um dich, Schilrick. Vor Gram um dich gab ich den Geist auf. Schilrick, ich liege erblaßt im Grabe." Sie flieht, sie fährt davon wie der graue Nebel im Winde. Schilrick klagt sie: die sanfteste, feierlichste Elegie der Liebe!** – „Nur ein Schotte", würde ich im Lessingschen Enthusiasmus sagen, „nur ein Schotte kann zugleich weinen und tapfer sein!"

Was geht über das Gedicht „Colma", „Comala"***: an Wahrheit und Einfalt, an Süßigkeit und Hoheit, an Stärke und Zartheit der Gedanken, der Empfindungen, des Ausdrucks, an Inhalt und Einkleidung; was geht an allem diesem über die elegischen Liebesgesänge dieser Nation, die sich durch nichts als an Bardenliedern voll tragischer Heldentaten und voll tra-

* „Fragmente der alten hochschottländischen Dichtkunst" [1764], p. 1.
** Ebendaselbst, p. 4.
*** Ebendaselbst, p. 81.

gischer Heldenliebe ergötzten? Nichts, selbst aus dem griechischen Altertume nichts! Die Liebe der Griechen, ihre sanften Empfindungen und Klagen sind weicher und wortströmend, wenn ich sie mit diesen Barbarn vergleiche, bei denen die Liebe in stolzer, in heldenstolzer Seele wohnte, sich zu einer sanften Schwärmerei, zu einer erhabnen Heldenzärtlichkeit hob und auch in den Elegien der Liebe durch große Gesinnungen rühret und bezaubert. Die gewässerten Klagen unserer Elegisten ermüden mein Ohr; aber dort, in diesem feierlichen Altertume, dort tönet eine Melancholie der Liebe, die uns lehret, daß „nicht bloß der gesittete Grieche zugleich weinen und tapfer sein könne", der barbarische Schotte könne es besser.

Vielleicht aber war dies nur so mit *einer* Empfindung der Menschlichkeit, indes alle andre von Tapferkeit erstickt werden mußten? Wie kann doch *eine* stattfinden, ohne zugleich *allen* Raum zu machen? Die elegische Stimme der Schotten ist in der *Vater-*, in der *Geschlechtsliebe* ebenso süß und tapfer als in der *Weiberliebe.* Man weiß, was in den alten Zeiten der Ruhm des Stammes galt: eine Empfindung, die bis auf den dummen Ahnenstolz aus den Seelen unserer Zeiten weggeschwemmt zu sein scheinet. Wo fließen edlere Tränen, als wenn der Sohn Fingals, Ossian, das Andenken seiner Söhne und seines Vaters, ihrer Taten und ihres Todes erneuret – wo sind edlere Tränen als diese auf den Wangen des Greises, der „gleich einer alten Eiche dasteht: aber der Brand hat meine Zweige weggehauen, und ich bebe bei den Flügeln des Nords. Allein, allein soll ich an meinem Orte zu Staube werden"*. So klagt der tapfere Ossian, und so läßt derselbe den Arnim, so den grauhaarigen Carryl klagen: so klagen die Helden, die Väter ihrer Stämme. Alle Empfindungen der Helden und der Menschen, z.E. Vaterlands- und Geschlechter-, Freundes- und Weiber- und Menschenliebe – alle leben in den Gedichten dieses Volks, wie in Abdrücken ihrer Seele.

Und so war es wohl nicht der Grieche allein, der zugleich weinen und tapfer sein konnte**. So war nicht jeder, der Barbar heißt, der in einem rauhen Klima wohnte und die Bildung

* Ebendaselbst, p. 17, 21 u.f.

** „Laokoon", p. 6 [9].

der Griechen nicht kannte, von der Art, „daß er, um tapfer zu sein, alle Menschlichkeit ersticken müßte". So lag es also wohl nicht an der Nationalseele, am Temperament, am Klima, am Gesittetsein der Griechen, wenn sie beides verbanden: Und so müssen also andre Gründe sein, die diese Mischung von Heldentum und Menschlichkeit bei ihnen und bei den Barbaren hervorbrachten oder nicht hervorbrachten. Sollten uns diese Gründe nicht auf den Weg bringen: worin und woher auch die Griechen so empfindbar gewesen?

4

1. Wenn es eine Zeit gibt, da das Wort *Vaterland* noch nicht ein leerer Schall ist, sondern

> — — ein Silberton dem Ohr,
> Licht dem Verstand und hoher Flug zum Denken,
> Dem Herzen groß Gefühl —,

so muß der Name Vaterland so gut den Dichter zum Helden als den Helden zum Dichter und beide zu teilnehmenden Söhnen ihres Vaterlandes machen. Der Held wird dafür streiten, der Dichter singen, und wenn sie beide es nicht mehr retten können, beide noch als Söhne darum weinen; und ist nun Dichter und Held und Sohn des Vaterlandes *eine* Person — so ist dies die *Zeit der patriotischen Klagelieder.* Nicht aus einer sich übenden Schulfeder, aus dem vollen Herzen werden diese fließen; nicht bloß auf dem Papier, sondern im Gedächtnis, in der Seele leben; die Stimme der Überlieferung wird sie aufbehalten, der Mund des Volks sie singen; sie werden Tränen und Taten wecken: ein Schatz des Vaterlandes, und das Gefühl, das sie besingen und wirken, Gefühl des Volks, Nationalgeist. Es wird also *eine* Empfindung des Patriotismus sein, die jetzt zu Taten, jetzt zu Gesängen, jetzt zu Tränen fürs Vaterland gedeihet, nachdem die Ausbildung desselben die Empfindung da- oder dorthin lenket und keinen Absenker derselben ersticket. Bei den Skandinaviern erstickte das Beispiel Odins die eine Art des Ausbruchs, die Heldenträne, um die andre um so mehr zu verstärken: Heldentaten.

Nun aber ändere man diesen Geist der Zeit: die ganze Welt werde das Land des Weisen oder des tauglichen und angenehmen Narren; allmählich werden sich die Bande schwächen, die das Herz des Eingebornen an den Boden der Natur hefteten; ihm wird also auch das Unglück oder die Entfernung seines Vaterlandes nicht mehr so zu Gemüte dringen: und so ist auch die edle Träne um das Vaterland versiegt, die dort den Helden und den Weisen nicht verunzierte, sondern ehrte. Sie wird höchstens der eigennützigen oder üppigen Träne Raum machen, die ein Ovid mitten in seinem traurigen Geschwätz oder Bussy-Rabutin in seinem ächzenden Unsinn nach einem wohllüstigen Hofe fließen läßt. Und so ist eine Quelle dieses Heldengefühls ausgetrocknet: die Bildung, die Erziehung für das Vaterland.

2. Wenn noch ein jedes Geschlecht, eine jede Familie, unzertrennt und eins im Ganzen, einen Baum bildet, wo die Zweige und Früchte dem Stamme zur Ehre gereichen und durch das Abreißen derselben der Stamm selbst verwundet wird: wie bedeutend sind alsdenn die gefühlvollen Züge Homers bei seinen fallenden Helden: „Er fiel, ein blühender Jüngling; der Vater war's nicht, der ihm zum Kriege riet! – er stammt aus einem edeln Geschlechte; mit seinem Tode aber ist dies geendigt – er war aus fernem Lande gekommen; nie aber wird er in dasselbe rückkehren – die Söhne des Reichen fielen; der Vater hat alles für Fremde gesammlet.“ In diese Welt also gehören die Heldenklagen des Priamus um seinen Hektor, den Ruhm seines Geschlechts, die Mauer von Troja; in diese Welt die Klagen Ossians um seine abgeschiedenen Söhne; die ganze rührende Umarmung Hektors an seinen kleinen Astyanax; die Klagen der Elektra und andrer tragischen Heldinnen, der rührende Hingang der Morgenländer *zu ihren Vätern* usw. – eine Ader des Gefühls, die die besten Dichtungen und Geschichte, nicht bloß der Griechen, sondern aller Völker durchströmt, *bei denen diese Einigkeit der Geschlechter, dies Familiengefühl lebte.*

Nun ersticke man aber dasselbe: man gehe über die natürlichen Bedürfnisse der unverdorbnen menschlichen Seele und der einfachern Lebensart hinaus: man mache die Ehe zu einem Wirtschaftsvergleich, zu einem Stande der Mode, und Eheleute zu nichts als einander lästigen oder zeitkürzenden Personen; man erziehe die Brüder, daß sie schon an den Brüsten einer Fremden nicht mehr Brüder sind und anwachsend immer fremder werden; man knüpfe Personen, die schon am Hochzeittage getrennt waren, und lege Kinder in ihre Arme, die bloß ihren Namen haben dörfen – freilich so wird eine Nerve des Gefühls getötet: es erlischt der Ehrenname „Achilles war ein Sohn Peleus'" allmählich, die Sehnsucht des Ulysses zu seiner alten Penelope und seinem steinichten Ithaka dünkt uns abenteuerlich, der gefühlvolle Stolz der Morgenländer auf ihre Geschlechtswürde wird lächerlich in unsern Augen, und die Klagen eines Hallers, Klopstocks, Canitz, Oeders dünken vielen artigen Ehemännern so poetisch als eine Anrufung an die Muse.

Es war eine Zeit (sie ist noch jetzt unter den Wilden!), da es Freunde gab, in einem Verstande, der sonst kaum stattfindet: zwei unzertrennliche Gefährten in Glück und Unglück, durch die heiligsten Gesetze verbunden, wetteifernd in den strengsten Pflichten und in Erfüllung derselben Muster ihrer Vaterstadt und die Verehrung des Landes. Zu diesem Gefühl erzogen, besiegelten sie dasselbe also oft mit ihrem Tode und Blute: sie verließen ihren Freund nie, auch in Lebensgefahren, denen die damalige Tapferkeit mehr als unsre Üppigkeit ausgesetzt war; die kleinste Untreue gegen ihren Freund machte sie zum Spott ihres Geschlechts und zum Abscheu der Stadt; sie waren nach allen Gesetzen verbunden, seinen Tod zu rächen, und die letzte Stimme des *einen*, vielleicht gefangenen, vielleicht getöteten Freundes war – an seinen Freund, an den Begleiter seines Lebens. Da also gab es einen Herkules und Jolaus, einen Äneas und Achates, einen Orestes und Pylades, einen Theseus und Pirithous, einen David und Jonathan: mithin eine Quelle des Gefühls der Freundschaft für den *Helden*, die jetzt für den bloßen Bürger und Gesellschafter beinahe versiegen ist. Da also, da flossen, wenn der Tod, wenn ein Unglück die trennete, die das Leben nicht trennen konnte, so edle Heldentränen, die der Held Achilles um seinen Patroklus wie ein Pylades um seinen Orestes, wie der Held David um seinen Jonathan weinten.

Nun laßt die Welt zu einer solchen Freundschaft verschwinden: die Art des Lebens mache nicht mehr zween solche Begleiter im Leben und Tode nötig, das Feierliche bei solchen Verbindungen lasse nach, der Beruf der Menschen zu Arbeiten, zu Lebensarten werde verschiedner und gleichsam unsteter, der Zustand der Bürger und Mitbürger ruhiger, jeder sich selbst sein Gott in der Welt – wo wird alsdenn ein Kriegshaufen von Liebhabern, von männlichen Geliebten, ein Böotischer ἱερὸς λόχος noch stattfinden? Der Freund wird ein Gesellschafter und ein Ding sein, was man will, nur nicht, was er in der Welt der Helden und der Freundschaftsbündnisse war, es mochte diese Welt übrigens in Griechenland oder Schottland oder Amerika leben. Verstopft also eine neue Quelle zu Heldentränen, wenigstens ist das rührendste Bild zweener Freunde jetzt ein Cabinetstück bloß und nicht mehr ein Schauspiel der Welt, wie ehedem, und so anders, als Achilles, als *Held*, nach unsern Zeiten sein müßte: so fremde ist für sie „der um seinen Patroklus weinende und bis zum Unsinn betrübte und rasende Achilles".

Wenn es eine Zeit und ein Land gibt, da die Schönheit noch mehr Natur, noch minder Putz und Schminke, da die Liebe noch nicht Galanterie und die männliche Gabe zu gefallen etwas mehr als Artigkeit ist: da wird auch die Empfindung, die Sprache und selbst die Träne der Liebe Würde haben und selbst das Auge eines Helden nicht entehren. Freilich wird dieser nicht, wie Polyphem, der Zyklope Theokrits, elegisieren; aber gewiß noch weniger mit dem Philoktet des Chateaubrun und mit den verliebten griechischen Helden der französischen Bühne. Die wahre Empfindung und ein männlicher Wert hat seine Würde und Hoheit, ohne diese von ungeheuren Metaphern, von galanten Wortspielen oder von artigen Seufzern zu borgen: und auch hier sei die Liebessprache der alten, z. E. schottischen Helden Beispiel. – Sie handeln als Helden und fühlen als Menschen.

Da aber freilich keine Empfindung so gern das Reich der Phantasie zu seinem Gebiet haben mag als die Liebe: so kann auch keine so leicht von der Würde und Wahrheit ab- und in Phantasterei und Spielwerk hineingeraten als diese und also, aus mancherlei Ursachen, zwischen der Heldenträne der Liebe und zwischen der Verachtung nur immer ein schmaler Rand sein. Unter allen menschlichen Schwachheiten, deren sich ein Held nicht schämen dörfte, ist diese die delikateste; und daß sie es sei, kann ein großer Trupp verliebter Roman- und Theaterhelden beweisen. — — Hier indessen hatten die griechischen Dichter einen ziemlichen unerkannten Vorteil, nämlich den Zutritt zu einem ihnen nationellen Liebesreiche voll sehr poetischer Phantasien, die sie aus mancher Verlegenheit reißen mußten. Die Liebesbegebenheiten ihrer Götter und Göttinnen, das ganze Gefolge der Venus, der Grazien und Amors, hundert schöne und unterhaltende Anekdoten aus der Mythologie der Liebe, gaben ihrer Sprache der Liebe eine Süßigkeit und eine Würde, die unsre Zeit nur zu oft nachahmet, um — lächerlich zu werden. Wenn in unsern Elegien und Oden der Amor mit seinen Pfeilen umherflattert, wenn man den Griechen und Römern eine ganze Nomenklatur von Liebesausdrücken abgeborget hat und diese endlich sogar in Briefe zwischen Mannspersonen ausschüttet: so verliert sich das Spielwerk von der Würde, ich will nicht sagen, einer Heldenseele, sondern nur des gesunden Verstandes völlig ab und wird fader Unsinn. Oder wenn endlich gar der gotische Ton der Liebe aus den mittlern Zeiten der Ritter und Riesen mit der süßen Artigkeit unsrer Zeiten in eins zusammenfließt: so wird alsdenn der herzbrechende Parenthyrsus, die weinerliche Galanterie daraus, von der fürwahr! ein griechischer Held, mit aller seiner Empfindbarkeit für die Schwachheiten menschlicher Natur, ebensoviel wußte als der weise Sokrates von der Klosterheiligkeit der Kapuziner.

Überhaupt: da die Szene des menschlichen Lebens noch mehr ins offene Auge fiel; da die Geschäfte der Welt noch nicht so verwickelt und fein, aber um so verdienstvoller für die Menschheit sein mochten; da die Nutzbarkeit und Geschicklichkeit und Tugend noch nicht in so krummen Linien zu berechnen, sondern menschlich war: da zog das Menschengefühl auch die Gemüter noch mehr zusammen; und die Gräber der Guten des Landes foderten die Träne des Helden. Einfacher und mehr zum Augenschein war das Leben des andern und seine Tugenden und Verdienste auch also treffender an das Herz; denn ein Held, ein Staatskluger, ein Verdienstvoller, ein Weiser, so wie ihn die alte Zeit foderte und bildete, konnte doch eher eine *menschliche* Träne hervorlocken als z.E. ein General nach der Taktik, ein Minister, ein Zivilist, ein Literator der neuern Welt, wenn er nichts als dieses ist; denn bei dem Verlust aller seiner Geschicklichkeiten und Tugenden sind die wenigsten *menschlich*, und was ist imstande, menschliche Empfindungen zu erregen als — — Menschheit. Wo bleiben nun die Namen ohne Taten, die Rangstellen ohne wirkliche Verdienste, die Bemühungen und Ämter unsrer Zeit ohne Geist und Leben, die Religionen ohne menschliche Tugend — wo bleiben alle sämtliche gelehrte, reiche, vornehme, andächtige Narren unsrer bürgerlichen und feinen und allerchristlichsten Welt, sind die wohl einer *menschlichen* Träne wert?

Endlich, als man den wahren Gebrauch des menschlichen Lebens und der Glückseligkeit vielleicht besser, obgleich nicht aus Predigten und Moralen kannte und das Leben mehr genoß und menschlicher anwandte, natürlich waren da auch die bittern Zufälle des Lebens rührender. Der Tod eines Jünglinges, der sein Leben nicht genossen, der in der Blüte seiner Jahre dahinfällt wie ein junger schöner Pappelbaum — ein solcher Fall ist bei Homer die Veranlassung zu Bildern, die auch in dem Heldenauge eine zarte Träne der Menschlichkeit erwecken können, weil sie — menschlich sind: und ich würde kaum eine gute Idee von dem Jünglinge fassen, den bei Homer diese Bilder nicht rührten. Eine ebenso zarte Empfindung erregt der Tod eines Mannes, der sein Leben nur halb gebraucht, der z. E. wie der Protesilaus Homers halbgeendigte Paläste der Pracht, halbvollendete Entwürfe des männlichen Stolzes nachließ, der sich Anlagen und Geschicklichkeiten umsonst erworben, den Diana vergebens jagen und Pallas umsonst kriegen gelehret: rührende Bilder aus einer menschlichen Welt, in die uns Homer so gern versetzet und in der freilich die Helden leben müssen, die „an Taten den Göttern und an Empfindungen den Menschen gleich sind“.

Ich kann meine Materie nicht vollenden; allein zusammengenommen diese Einzelnheiten, wird man ein Zeitalter ge-

Menschheit und was sei, mithin unter diesen Empfindungen das weiche Gefühl des Schmerzes darüber verloren und den Verlust, den Mangel derselben mit Anstand und Artigkeit überdeckt haben, so läßt sich das erklären. Nun aber soll uns am körperlichen Schmerz ein größerer Grad von Empfindung beiwohnen und doch weniger, unendlich weniger Rechte der leidenden Natur? Ja noch dazu, was bei den Heldengriechen, bei minderm Anlasse des Gefühls, Ehre oder wenigstens erlaubt war, sollte bei uns Weichlichen Schande und durch den Anstand, der doch wenigstens den Schein der Stärke geben soll, verboten sein? und zwar als ein Zeichen der Schwäche verboten? — —

Und dies wäre je bei den Griechen ein Charakterzug Homerischer Helden gewesen? So kenne ich meinen Homer nicht; so will ich nicht meine Griechen kennen. Wenn ein Agamemnon in der Versammlung über den Verlust der Griechen, an dem er durch den Zank mit Achilles schuld war, weinet*: so liebe ich seine königlichen Zähren, sie fließen für Kinder, sie erleichtern in ihrem Strome, den Homer mit einem Bache vergleichen kann, sein trauriges väterliches Herz; dieser Agamemnon aber bei seiner Verwundung schreie und heule mir nicht. Wenn Achilles, vom Agamemnon öffentlich beleidigt, seine Ehre fühlt und vor seiner Mutter Thetis weinet**: so sehe ich seine ruhmliebende Tränen gern, ich weine mit, mit dem jungen Helden; aber bei einer Verwundung weine und schreie er nicht, sonst ist er Achilles nicht mehr. Um seinen Freund Patroklus heule und ächze und traure er***: ich fühle seine Tränen und sein edles Herz, ich würde ihn nicht verehren, wenn er ein stoischer Held wäre; so seufze Agamemnon über seinen verwundeten Bruder**** und Priamus über seinen erschlagenen Sohn: das sind Leiden der Seele und edle Tränen, mit denen ja das Geschrei und das Weinen über eine Wunde nicht in Vergleich kommt. Keiner von den Helden Homers schreiet und weinet über so etwas,

* Iliade *I* [„Ilias" IX], v. 15 [13–22].

** Iliade *A* [„Ilias" I], v. 349, 357, 360 etc.

*** Iliade *Σ*, v. 21 etc.; *Ψ*, v. 18 etc. [„Ilias" XVIII, Vers 22–35; XXIII, Vers 12–23].

**** Iliade *Δ* [„Ilias" IV], v. 148.

und sollte es lohnen, den ganzen Homer zu ändern, damit der Lessingsche Satz wahr werde: „So sehr auch Homer sonst seine Helden über die menschliche Natur erhebt, so treu bleiben sie ihr doch stets, wenn es auf das Gefühl der Schmerzen, wenn es auf die Äußerungen dieses Gefühls durch Schreien oder durch Tränen ankommt“*? Ich wollte, Herr Lessing hätte dies nicht geschrieben.

5

Aber Philoktet? – Herr Lessing hat einen großen Abschnitt darauf gewandt, Sophokles zu verteidigen, daß er körperliche Schmerzen aufs Theater gebracht und einen Helden in diesem Schmerze schreien lasse.** Die ganze Verteidigung ist von der Seite des Dramaturgs und verrät in der feinen Manier der Entwicklung den Verfasser der „Dramaturgie“; schade aber, daß sie ganz auf unrichtige Voraussetzung gebauet ist: bei Sophokles' Philoktet sei Geschrei der *Hauptton* des Ausdrucks seines Schmerzes und also das *Hauptmittel*, Teilnehmung zu wirken, das doch nicht ist. Und denn schade auch, daß sie bloß als Dramaturgie, als Anlage zum Drama abgefaßt ist; mich dünkt's besser, sich den Eindrücken der Vorstellung zu überlassen und nicht als Dramaturg zu rechtfertigen, sondern als ein griechischer Zuschauer auf unverstellte Eindrücke zu merken – –

Und welches sind diese Eindrücke ohngefähr? Wenn ein griechisches Stück geschrieben ist, um vorgestellt, und nicht, um gelesen zu werden, so ist's „Philoktet“: denn die ganze Wirkung des Trauerspiels beruhet auf dem Leben der Vorstellung. Hin also mit Auge und Geist in die atheniensische Bühne. Der Schauplatz öffnet sich***: ein Ufer ohne die Spur eines Menschen, eine einsame unbewohnte Insel mitten in den Wellen des Meers – wie sind diese Reisende dahin verschlagen? was wird in dieser wüsten Einöde vorgehen? – Hier, hören wir, ist Philoktet, der berühmte Sohn Pöans: Elen-

* „Laokoon“, p. 5 [8].
** „Laokoon“, p. 31–49 [23–33].
*** Sophokles, „Philoktet“, Actus I.

der Einsamer! der menschlichen Gesellschaft völlig beraubt, hier zur ewigen Einsamkeit verbannet – wie wird er seine Tage hinbringen? – Und er ist krank – krank am Fuße mit einem faulenden Geschwüre! – Noch ärmerer Einsiedler! wer wird dich hier pflegen, dir Speise schaffen, dich reinigen und verbinden? – und wie bist du hergekommen? ach! ausgesetzt – ohne Barmherzigkeit, ohne Hülfe – und wegen eines Verbrechens, wegen seines Eigensinns? Nein, wegen seines barmenden Geschreies! Ach! die Unmenschen, was kann der Kranke, der Elende anders als weinen, als schreien? und selbst diese Linderung ihm nicht zu gönnen, diese kleine Ungemächlichkeit nicht zu ertragen, ihn auszusetzen! Wer hat ihn ausgesetzt? die Griechen, sein Volk, seine Gefährten – vielleicht geschahe es durch *einen* Boshaften? Nein, auf Befehl der griechischen Heerführer vom – Ulysses selbst. Und eben dieser Ulysses kann uns so etwas, so kalt erzählen, so lau abbrechen, er darf noch die Insel sehen, er hat neue Anschläge wider ihn – o des Bösen! wer wollte nicht mit einem armen, einsamen, verlassenen Kranken, mit dem niemand Mitleiden gehabt, gegen den Treulosen Partei nehmen, der ein Werkzeug seines Unglücks war.

Nun fällt uns die Wohnung des Elenden näher in die Augen – eine unbewohnte Höhle! – Ist noch etwas Hausgerät und Speise darin? zertretenes Gras – ein elendes Lager der Tiere! – hier muß der Held liegen, ohne den Troja nicht kann erobert werden: ein Becher von Holze, etwas Feuergerät – ist der ganze Schatz des Königes – und o Götter! hier eitervolle Lappen, Zeugen seiner Krankheit! – Er ist fort – wie weit kann der Elende fort hinken? Ohne Zweifel mußte er's – nach Speise vielleicht! vielleicht nach einem lindernden Kraut! daß er's doch fände! daß man ihn doch sähe! Indessen geht die Szene des Betruges an, da Ulysses den Neoptolemus so weit bringt, daß dieser gutherzige Redliche, der Sohn des redlichen Achilles, einen Fremden, einen Elenden mit List durch Lügen und Ränke gefangennehmen soll.* Ich weiß es, daß die Griechen, zumal Sophokles, jene unmoralische Ungeheuer so hasset, als er nur die moralischen hassen mag, und

* [A. a. O.], Auftritt 2.

daß er auf seinem Theater nichts als Menschen, weder Engel noch Teufel vorstellet; allein Ulysses, wie er hier erscheint, ist nicht bloß der schlaue, der verschlagene Ulysses Homers: er ist ein Verführer, der offenbar Grundsätze der Treulosigkeit verrät, die alle Tugend übern Haufen werfen, und pfui des Bösewichts! bei dem das Laster schon zur Sprache durch *Grundsätze* geworden. Sophokles also will lieber die Vorwürfe der Moralitäts-Pedanten auf sich nehmen, die jeden Ausspruch von der Bühne zu einem Sittenspruche des Pythagoras haben wollen: er malt seinen Ulysses lieber schwärzer, als er sonst zu malen pflegt – um uns nur desto mehr für den armen Philoktet einzunehmen, der von ihm hintergangen ist und hintergangen werden soll.

Der Chor und Neoptolem sind nun beschäftigt, dieses Mitleid für Philoktet tiefer in uns zu prägen*; sie wiederholen die vorigen Jammerzüge, vermehren sie durch Vermutungen, und – – da läßt sich von weitem ein Ächzen hören! Daß es ein Ächzen und kein Gebrüll sei, zeigt das Betragen Neoptolems, der, überdem mit seinem Auftrage bestürzt, nicht weiß, woher es kommt. Das Ach kommt näher, es wird ein Wimmern, ein tiefes klägliches Ach – nun ist's erst vernehmlich! Sie haben sich nicht geirrt: Philoktet muß kommen, und ach! der Hirte kommt mit einem Tone der Schalmei, und Philoktet mit einem Tone des Jammers – er tritt auf! oder vielmehr er schleicht sich hinan, um –

Nun wird er sich mit Gebrüll aufs Theater werfen? zu schreien anfangen, daß Peter Squenz sagen möchte: „Lieber Löwe, brülle noch einmal!" Wer doch den Kunstrichtern einmal das Gebrüll ausreden könnte, von dem im Griechischen so wenig Spur ist! Einen langen Aufzug durch** spricht Philoktet mit dem Fremden, ohne daß er ans Schreien gedenkt: selbst das vorher von ferne tönende Ach hat Sophokles hinter den Szenen gelassen. Der weise Sophokles! wie wird mich der Mann weibisch dünken, wie wird mir sein Ach! verächtlich sein können, das er nur hinächzte, da er allein zu sein glaubte, das er vor den Fremden gleich verbirgt

* [A. a. O.], Auftritt 3.

** [Sophokles, „Philoktet"], Aufzug 2.

und im Gespräche immer bergen kann. Der Leidende ist ein Held.

Und für diesen Charakter sorgt Sophokles genau. Er muß sich erst mehr zum Freunde unsrer Seele machen*, ehe unser Körper sympathisieren könnte, und wie bekümmert ist der Arme um die Fremden? Nichts vermutet er weniger, als daß sie ihm nachstelleten; der Gutherzige hält sie für Verschlagne, für solche, die seines Teilnehmens wert wären — der Menschenfreund! Er sieht die griechischen Kleider, ein böses Erinnerungszeichen für ihn an die treulosen Griechen; aber dies hat er vergessen. Wie wünscht er, daß sie Griechen wären: wie verlangt er, wieder einen griechischen Laut zu hören! das ist ein ehrlicher Grieche, der kann Griechen interessieren. — Er hört Griechisch: der arme Philoktet hat für Freude all sein heftiges Weh vergessen. Er lernt den Sohn Achilles' kennen, den Sohn seines zärtlichen Freundes: er wird offner; er erzählt ihm seine Geschichte, rührend, wie wenn die Penia selbst erschiene. Er ist ein Freund seiner Freunde: dem toten Achilles opfert er seine Zähre der Freundschaft; er vergißt sich selbst und seufzet über einen Toten, der glücklicher ist als er. Er ist ein Freund seiner Freunde; der Sohn des Achilles sieht ihn herzlichen Anteil an sich nehmen, selbst da er ihn hintergeht. Er trauret um den Tod der Helden, und noch edler, er trauret bloß deswegen, weil sie brave Leute sind: die Nichtswürdigen verflucht er! Wie sehr hat uns nun Philoktet für sich interessiert, als Menschenfreund, als ein Grieche mit Leib und Seele, als ein Held. Und dieser Held soll hier, fern von dem Wetteifer mit andern Helden, auf einer wüsten Insel modern? Schmerzliche Abwesenheit, da jene Taten tun, da jene mit Lorbeern starben, so soll er an einer Wunde ächzen, die ja keine Heldenwunde ist. Er, eine so griechische Seele, muß fern von seinem Vaterlande, fern von seinem liebenden Vater, der vielleicht schon zu den Schatten gegangen, sein Leben verzehren: er, ein betrogner Redlicher — — o Neoptolem, du willst ihn verlassen! o daß ihn Philoktet anflehete! Er tut's, und so dringend: er bestürmt sein Herz von so vielen Seiten, daß die Fürbitte des Chors: „Erbarme dich seiner!" auch

* [A. a. O.], Aufzug 2, Auftritt 1.

unsre Einsprache wird. Wir ärgern uns über Neoptolem, daß ihm der Ekel seiner Krankheit noch Einwendung macht, und lieben ihn, da er — — es ihm verspricht; *er* wird ihn doch nicht betriegen! siehe! wie er ihm flehte, wie er ihm danket, wie er ihn noch zu guter Letzt in seine Höhle ladet und —

Nun kommt der verkleidete Kaufmann.* Er hört: er soll nach Troja, Ulysses habe dies dem Heere öffentlich versprochen, und — den Kaufmann hält er kaum seiner Antwort wert. Eine einzige heroische Verwunderung: „Götter! dieser Elende, dieser Treulose hat schwören dörfen, mich ins Lager zu bringen?" verrät die ganze Heldenseele Philoktets; diese redet fort**, diese will zu Schiffe, diese redliche Seele glaubt dem Neoptolem, vertraut ihm seine Waffen, vertraut sich ihm in seiner Krankheit. Wie fühle ich für Philoktet! Aber für ihn den Schreienden? Noch nichts! Für ihn den Helden, den Griechen, den Edlen — und denn den im höchsten Grade Elenden, und elender noch dadurch, was man mit ihm vorhat. Noch fühlen wir bloß mit seiner Seele durch die Phantasie, und jetzt erst soll die seltne Szene der Krankheit kommen. Der Chor bereitet auf sie, durch ein Lied auf den äußerst jammervollen Philoktetes***, und sie kommt****. Ich habe sie vorher durchgeführt und mag sie nicht wiederholen. Mich ärgert, wenn man sie auf der einen Seite zu einem bloßen Zetergeschrei macht und auf der andern Seite, wie z. E. Brumoi+, unter den löblichen Franzosen für nichts als einen Riegel, ein Einschiebsel, daß fünf Akte voll werden. Welch eine Stille muß auf dem Schauplatze zu Athen geherrschet haben, da dieser Akt vorging!

Die Auftritte des körperlichen Leidens sind vorbei, und weiter darf ich nicht. Ich kehre also von der Bühne zu Athen zurück, dahin, wo ich Lessingen gelassen — wie sehr sind wir aber in dem Eindrucke verschieden, den dieses Stück machen soll. Einer von beiden kann nur recht haben, und der andre hat sich nur nicht gnug idealisieren können, um nicht zu lesen,

* [A. a. O.], Aufzug 2, Auftritt 2.

** [A. a. O.], Auftritt 3.

*** [A. a. O.], Auftritt 3.

**** [A. a. O.], Dritte Szene.

+ [Brumoi], „Théâtre des Grecs", [1730], tome 2, p. 89.

sondern zu sehen. Damit dies *mich* nicht treffe, will ich auf guter Hut sein.

Herr Lessing macht „die Idee des körperlichen Schmerzes" zur Hauptidee des Stücks* und sucht die feinen Mittel auf**, womit der Dichter diese Idee zu verstärken, zu erweitern gewußt hat. Ich gestehe es, daß, wenn dies die Hauptidee der Tragödie wäre, einige von Herrn Lessing angegebene Mittel wenig auf mich gewirkt hätten. Der Eindruck des körperlichen Schmerzes ist viel zu verworren und körperlich gleichsam, als daß er z. E. der Frage Platz ließe***: wo sitzt der Schmerz? außen oder innen? wie sieht die Wunde aus? was für ein Gift wirkt darinnen? Wäre die Vorstellung des körperlichen Schmerzes so schwach, um durch solche Sachen verstärkt werden zu müssen, so ist die Wirkung des Theaters verloren: so ist's besser, daß ich hingehe, um die Wunde selbst chirurgisch zu besichtigen. Nein! theatralisch sei die Idee des Schmerzes, und ich mag also auch nichts als theatralische Verstärkung – von fern, aus den gezogenen Mienen, aus Tönen des Jammers will ich, wenn Schmerz die Hauptidee des Stücks ist, ihn kennenlernen, und denn ist's mir wohl beinahe gleich, worüber man schreie und sich gebärde, ob über einen lahmen Fuß oder über eine Wunde im Innern der Brust. Der Kunstrichter verliert alles, wenn er aus der theatralischen Anschauung weichet und uns zur Verstärkung, zur Glaubwürdigkeit derselben den Attest eines Wundarztes geben ließe – – was es für eine Krankheit, daß es eine wirkliche Wunde, daß es ein Gift sei, das wohl soviel Schmerzen erregen könne. Sophokles habe so etwas überdacht oder nicht überdacht: gnug, wenn so etwas auf mich wirken müsse, um meine Idee vom Schmerze zu verstärken – lebe wohl, Theater! so bin ich in der Lazarettstube.

Theatralische Rührung also! und wodurch kann ich, wenn die Hauptidee des Stücks körperlicher Schmerz ist, gerühret werden? welches sind alsdenn die Hauptmittel zur Erregung der Sympathie? Ich weiß nichts anders als die gewöhnlichen

* „Laokoon", p. 3, 4, 31, 32, [7, 8, 23, 24].
** [A. a. O.], p. 33–49 [24–33].
*** [A. a. O.], p. 33, 34 [24, 25].

Äußerungen, Geschrei, Tränen und Zückungen; diese gibt auch Herr Lessing dafür aus, und gibt sich viele Mühe*, bei ihnen den nicht beleidigten Anstand und ihre entschiedne Wirkung zu erklären**. Gut also! aber wenn das Wimmern, das Schreien, die gräßlichsten Zückungen das Mittel, das Hauptmittel sind, mir die Idee des körperlichen Schmerzes einzupflanzen und mein Herz zu treffen: was kann denn die beste Wirkung dieses treffenden Schlages sein? Mit körperlichem Schmerze kann ich nicht anders als körperlich sympathisieren: d.i., meine Fibern kommen durch die Teilnehmung in eine ähnliche Spannung des Schmerzes, ich leide körperlich mit. Und wäre dies Mitleid angenehm? Nichts weniger, das Zetergeschrei, die Zuckung fährt mir durch alle Glieder, ich fühle sie selbst; die nämlichen konvulsivischen Bewegungen melden sich bei mir, wie bei einer gleichgespanneten Saite. Ob der in Zuckung liegende, winselnde Mann Philoktet sei, geht mich nicht an: er ist ein Tier, wie ich, er ist ein Mensch: der menschliche Schmerz erschüttert mein Nervengebäude, wie wenn ich ein sterbendes Tier, einen röchelnden Toten, ein gemartertes Wesen sehe, das wie ich fühlet. Und wo ist nun dieser Eindruck auch nur im kleinsten Maße vergnügend, angenehm? Er ist peinlich, schon bei dem Anblicke, bei der Vorstellung, ganz peinlich. Hier ist im Augenblicke des Eindruckes an keinen künstlichen Betrug, an kein Vergnügen der Einbildungskraft zu gedenken: die Natur, das Tier leidet in mir, denn ich sehe, ich höre ein Tier meiner Art leiden.

Und welche Gladiatorseele gehörte dazu, um ein Stück auszuhalten, in welchem diese Idee, dies Gefühl des körperlichen Schmerzes Hauptidee, Hauptgefühl wäre? Ich weiß keinen dritten Fall außer diesen beiden: daß ich entweder illudieret werde oder nicht. Ist das erste, ist's auch nur ein Augenblick, daß ich den Schauspieler verkenne und einen zückenden, schreienden Gequälten sehe: wehe mir! es fährt mir durch die Nerven! Ich kann den künstlichen Betrüger, der sich mir zum Vergnügen, dem Augenscheine nach, aufhängen wollte, keinen Augenblick mehr sehen, sobald der Betrug schwindet, sobald

* [A. a. O.], p. 3, 32, 34 [7, 23–25].
** [A. a. O.], p. 41–49 [29–33].

er wirklich worget. Ich kann den Seiltänzer keinen Augenblick mehr sehen, sobald ich ihn fallen, in das unterliegende Schwert stürzen sehe, sobald er mit zerschlagnem Fuße daliegt. Der Anblick Philoktets ist meinem Gesichte unausstehlich, sobald ich es denke, daß er der leidende Philoktet ist. Bloß eine Fechterseele kann in dieser Illusion des körperlichen Schmerzes, wie an jenem sterbenden Fechter, studieren wollen: wieviel Seele noch in ihm sei? Bloß ein Unmensch kann, nach der Fabel von Michael Angelo, einen Menschen kreuzigen, um zu sehen, wie er stirbt.

Herr Lessing mag sagen, daß „nichts betrüglicher sei, als allgemeine Gesetze für die Empfindungen geben zu wollen“ *. Hier liegt das Gesetz in meinem unmittelbaren Gefühle selbst, und zwar in dem Gefühle, das am weitesten von allgemeinen Gründen abgehet, das mir, als einem sympathisierenden Tiere, beiwohnt. Sobald der leidende Körper Philoktets mein Hauptaugenmerk ist, so bleibt's, „daß, je näher der Schauspieler der Natur kommt, desto empfindlicher Augen und Ohren beleidigt werden müssen“ **. Ein Meer unangenehmer Empfindungen wird über mich ergehen, und kein angenehmer Tropfe mischt sich dazu. Die Vorstellung des künstlichen Betruges? – ist durch die Illusion gestört; ich habe nichts als den Anblick eines Zückenden, mit dem ich beinahe mitzücke, eines Wimmernden, dessen Ach! mir das Herz durchschneidet. Es ist kein Trauerspiel mehr, es ist eine grausame Pantomime, ein Anblick, Fechterseelen zu bilden: ich suche die Türe.

Nun aber lasset uns den zweiten Fall setzen, daß der griechische Schauspieler mit aller seiner Skävopoeie und Deklamation das Geschrei und die Verzuckungen des Schmerzes nicht bis zur Illusion bringen könne (etwas, das Herr Lessing nicht zu behaupten getrauet***), gesetzt also, daß ich ein kalter Zuschauer bleibe: so kann ich mir ja keine widerlichere Pantomime gedenken als nachgeäffte Zuckungen, brüllendes Geschrei und, wenn die Illusion vollkommen sein soll, ein übler Geruch der Wunde. Kaum würde also alsdenn der theatra-

* [A. a. O.], p. 42 [29].
** [A. a. O.], p. 32 [23].
*** [A. a. O.], p. 49 [33].

lische Affe Philoktets zum Zuschauer sagen können, was der wahre Philoktet zum Neoptolem: „Ich weiß! du hast es alles nichts geachtet; weder mein Geschrei noch der üble Geruch wird dir Ekel erregt haben.“ * Bei einer widerlichen und zum Unglücke nicht täuschenden Pantomime ist dies unvermeidlich.

Ich schlage die Literaturbriefe** auf und finde den Ersten ihrer Verfasser an gründlicher Philosophie in einem andern ähnlichen Falle meiner Meinung. Er untersucht, „warum die Nachahmung des Ekels uns nie gefallen könne“, und gibt zu Ursachen an, „weil diese widrige Empfindung nur unsre niedere Sinne trifft, Geschmack, Geruch und Gefühl: die dunkelsten Sinne, die nicht den geringsten Anteil an den Werken der schönen Künste haben; weil zweitens die Empfindung des Ekels widrig werde, nicht durch die Vorstellung der Wirklichkeit, wie bei andern unangenehmen Eindrücken, sondern unmittelbar durchs Anschauen; und weil endlich in dieser Empfindung die Seele keine merkliche Vermischung von Lust erkennet.“ Er schließt also das Ekelhafte ganz von Nachahmung der schönen Künste und den höchsten Grad des Entsetzlichen von der pantomimischen Vorstellung im Trauerspiele aus, „weil teils die Täuschung hierin schwer wäre, teils auch die Pantomime auf der tragischen Schaubühne nur in den Schranken einer Hülfskunst bleiben müßte“. Ich wollte, daß der philosophische D. sich über meinen Vorwurf erklären möchte: denn der körperliche Schmerz Philoktets hat mehr als einen dieser Gründe wider sich. Seine Täuschung kann nur den dunkelsten Sinn, das tierische Mitgefühl, erregen; die Empfindung darüber ist allemal Natur und niemals Nachahmung; sie hat nichts Angenehmes mit sich; sie ist kaum der Illusion fähig; sie macht die tragische Bühne zur Pantomime, die, je vollkommner sie wäre, um so mehr zerstreuete. Schlechthin kann also der körperliche Schmerz keine Hauptidee eines Trauerspiels sein.

Und ist's doch bei Sophokles' „Philoktet“, bei einem Meisterstücke der Bühne! „Wie manches“, sagt Herr Lessing, „würde in der Theorie unwidersprechlich scheinen, wenn es

* Sophokles, „Philoktet“, Akt 4, Szene 1 [Vers 875, 876].

** Literaturbriefe, Teil 5, 82.–84. Brief. – [Mendelssohn].

dem Genie nicht gelungen wäre, das Widerspiel durch die Tat zu erweisen."* Ich glaube, schwerlich. Was in der Theorie wahrhaftig unwidersprechlich ist und nicht bloß so scheint, wird nie von einem Genie widerlegt werden, zumal wenn die Theorie in unsern unerkünstelten Empfindungen läge. Mich dauert die Mühe, die sich Herr Lessing gibt, Sophokles zu rechtfertigen und den Engländer Smith zu widerlegen; beide brauchen es nicht; und wenn sie es brauchten, wenn Sophokles' Hauptzweck wäre, durch die Äußerungen des körperlichen Schmerzes seinen tragischen Endzweck zu erreichen: so hätte Lessing mit allem, was er Gutes sagt, wenig gesagt.

Aber Sophokles, das tragische Genie, fühlte nur gar zuviel dagegen, diesen Zweck zu erreichen, und ging ganz einen andern Weg, der ihm nicht mißraten konnte und den Herr Lessing, wie es scheint, von einer Nebenseite gesehen. Ich muß aus dem vorigen Eindrucke, den ich davon geliefert, einige Züge zurücknehmen:

1. Der erste Begriff von Philoktetes ist der Begriff eines Verlassenen, Kranken, Elenden, von Menschen verratenen Einsiedlers, eines Robinson Crusoe, dessen jammervolle Höhle uns gezeigt wird: diese Situation setzt Herr Lessing mit der ihm gewöhnlichen Stärke auseinander.

2. Der Elende soll noch einen neuen Streich von der List seines alten Feindes leiden: hier schwillt unsere Teilnehmung, und der Kontrast zwischen Ulysses und Neoptolemus macht die ganze Szene menschlich.

3. Der Chor und Neoptolem drücken die Pfeile des Mitleids tiefer in unser Herz: sie singen sein Elend in vollem Maße. Wie begierig sind wir nun, den Mann zu sehen, der hier in der wüsten Insel eine besondere Szene spielt und auf den neues Unglück lauert. In diesem ganzen Akt ist noch kein Philoktet zu sehen: noch weniger die Vorstellung von seinem körperlichen Schmerz Hauptidee. Sophokles hat in diesem Akt dreierlei Vorsicht, uns erst auf Philoktet lange vorzubereiten, ehe er auftritt: das Schwerste und Untheatralische in Erzählung und nicht in Handlung zu zeigen; unser Herz und unsre Phantasie ihm zu sichern, damit wir erst – auch nur seinen Anblick er-

* „Laokoon", p. 33 [24].

tragen lernen. Und gleich als ob dieser noch nicht gnug vorbereitet wäre, muß den wilden Mann ein fernher murmelndes Ach anmelden, das sich nähert, und –

1. Nun sind durch den Anblick der Fremden die Seufzer weg, völlig weg. Warum das? warum läßt sie Sophokles so ganz hinter der Szene? Erst muß er ihn nicht bloß vor Verachtung sichern, sondern seinem ganzen ersten Anblicke nach ist Philoktet ein leidender *Held.* Ich weiß nicht, warum Lessing diesen *ersten Eindruck*, in dem der Held erscheint, nicht verfolget; wimmern haben wir ihn kaum von fern gehört, jetzt sehen wir dulden. Mitten unter verbissenen Schmerzen steht und spricht der Menschenfreund, Grieche, Held – warum hat Herr Lessing das Interesse nicht mehr entwickelt, das er als Grieche, als ein teilnehmender Freund der Fremden, als der Verehrer griechischer Helden wirket? Man kann kaum mehr für ihn sympathisieren, als man schon gestimmet ist.

2. Und noch zeigt er eine große Seite. Der eben jetzt Flehende hört Ulysses' neuen Verrat, und wie ist der flehende Elende plötzlich in einen Helden verwandelt?

3. In einen Helden, der gegen seine Feinde noch der ungedemütigte Stolze bleibt: Originalzug der griechischen Größe, „Liebe gegen die Freunde, unwandelbarer Haß gegen die Feinde!"* Und wer anders als ein Redlicher kann Neoptolem seine Pfeile und sein Leben so großmütig anvertrauen? – ein solcher Mann ist nicht bloß auf alle Wege vor Verachtung gesichert: er hat unser ganzes Herz.

4. Das Chor bereitet uns auf die Szene des Elendes und ist offenbar in dem Tone der Ehrfurcht gegen einen Helden, der da duldet, der so lange geduldet hat, nicht, der da schreiet. – Wie wenig, wie wenig ist doch also der Philoktet Sophokles' seinem Hauptzuge nach auf der Bühne der, den Lessing gewohnt ist als den Gräßlichen zu charakterisieren; noch ist er immer der große duldende Held: und das in zween langen Auftritten!

Und beinahe fängt die Idee von seinem Elende und von dem Versprechen des Neoptolemus an zu schwinden: fast kann man uns von seinem Schmerz zuviel erzählt, fast kann derselbe sich in neun Jahren doch wohl verringert haben?

* „Laokoon", p. 43 [30].

könnten wir ihn also nicht selbst leiden sehen? Wenn nichts mehr ist, als was wir gesehen haben, so — und nun kommt der Anfall. Es ist bloß ein Anfall, und ich weiß nicht, wie Herr Lessing die Wahl einer *Wunde* rühmt*, die doch keinen andern Vorteil bringen konnte, als ein ekles Ach fünf Akte lang zu dehnen! Sophokles wußte was Bessers zu wählen — eine kurze Anwandlung. Sie legt er in die Mitte des Stücks zur Auszeichnung: sie kommt plötzlich; um so eindrücklicher wird das Gift, als eine Strafe der Götter, nicht bloß als eine schleichende Krankheit: sie kommt ruckweise, um durch ein Anhalten den Zuschauer nicht zu ermüden; sie schweift in Raserei aus, um den Zuschauer von der Pantomime mehr auf die leidende Seele zu wenden; sie wird lange von Philoktet unterdrückt und nur mitten unter Gesprächen mit einzelnen Tönen des Jammers begleitet; sie endet sich in einem ruhigen Schlafe, und der läßt uns erst Zeit zu überdenken, was Philoktet ausgestanden. Man kann den ganzen Auftritt nicht mehr verkennen, als wenn man ihn bloß für die Pantomime eines körperlichen Schmerzes, und das ganze Stück nicht mehr verkennen, als wenn Philoktet da sein sollte, um über eine Wunde zu schreien und zu heulen. Der Anfall ist vorüber, und nach so wenig als vor — — doch ich mag ja keinen Kommentar über Sophokles schreiben — wer urteilen will, lese!

So kann also Winckelmann seinen Laokoon mit Philoktet vergleichen! So kann das Schreien wohl nie, und am wenigstens bei Homer, der Charakterzug eines Helden gewesen sein! So ist wohl nie Schreien das Hauptwerk des Philoktets, um Teilnehmung zu wirken, und körperlicher Schmerz nie die Hauptidee eines Drama! So hat das Schauspiel gewiß seine eigne *schöne Natur* gleichsam und genaue Grenzen zwischen andern Dichtarten. So kann man es ohne Sünde eine Reihe *handelnder, dichterischer Gemälde* nennen! Wer könnte uns über diese Materie besser belehren als — der Verfasser des „Laokoon" und der „Dramaturgie" selbst, wenn er sich über das Maß der Pantomime in der Tragödie, über die eigne *schöne Natur* des Drama und über die besondern Grenzen zwischen Malerei und Schauspiel besonders erklärte?

* [A. a. O.], p. 33 [24, 25].

6

Der große Winckelmann hat uns die schöne griechische Natur so meisterhaft gezeiget, daß wohl keiner als ein Unwissender und Fühlloser es leugnen wird, „ihr Hauptgesetz in der bildenden Kunst sei Schönheit gewesen". Desohngeachtet dünkt mich noch die erste Quelle mit einigen ihrer Adern unentdeckt: *warum* die Griechen in Bildung des Schönen so hoch gekommen, um allen Völkern der Erde hierin den Preis abzulaufen? Herr Lessing gibt auch ein Supplement dazu, da er uns den Griechen, im Gegensatz mit dem Kunstgeschmack unserer Zeit, als einen Künstler zeiget, der der Kunst nur enge Grenzen gesetzt und sie bloß auf die Nachahmung schöner Körper eingeschränket: „sein Künstler schilderte nichts als das Schöne."*

Nichts als das Schöne? Nun ja! mein Leser, ich habe die weisen Erinnerungen und Einschränkungen gelesen, die man wider diesen Lessingschen Satz sehr gelehrt aufgeworfen; allein man muß Lessing erst verstehen, ehe man ihn widerlegt. Will er sagen, daß die Griechen nichts Häßliches gebildet? Ich glaube nicht und wünsche an einem andern Orte die Worte weg: „Die Griechen haben nie eine Furie gebildet."** Denn ginge sein Satz so weit: so hätte Herr Klotz noch in jedem seiner künftigen Schriften Gelegenheit, ein Beispiel anzubringen, daß die Alten auch Furien, Medusen usw. gebildet hätten — etwas, was wohl jeder weiß, der etwa ein Museum durchlaufen.

Oder hätten die Alten das Gesetz gehabt, häßliche Figuren auch schön zu bilden, weil, was gebildet werde, schön sein müsse? Ich weiß, daß man ihn auch so verstanden und alsdenn die liebe Meduse statt alles angeführt; allein auch dies ist nicht die Verbindung des Sinnes.

Ich verstehe ihn so: es sei bei den Griechen kein herrschender, kein Hauptgeschmack gewesen, das *erste beste* zu schildern und zu bilden, um bloß durch *die Nachahmung* Wert zu erhalten, bloß durch *Ähnlichkeit* sich als Künstler zu zeigen:

* „Laokoon", p. 9–22 [10–18].
** „Laokoon", p. 16 [14].

sondern hier habe ihr Geschmack das *Schöne* zum Hauptgegenstande gemacht, um nicht bloß mit leidigen Geschicklichkeiten zu prahlen. Und in diesem Verstande bleiben folgende Bestimmungen ja von selbst eingeschlossen.

Um von einem *herrschenden* Geschmacke zu urteilen, nehme man nicht jede einzelne Beispiele; denn die Pausons, Piraicus und andre Rhyparographen, solange sie nicht Schulen ziehen und diese mit andern, mit den Schilderern der Schönheit noch nicht um den Vorzug streiten dörfen, hindern nichts.

Um von einem herrschenden Geschmacke zu urteilen, muß man die Worte eines Gesetzgebers*, eines politischen Philosophen, nicht als Beweis des Gangbaren annehmen; denn sie sagen, was da sein sollte, nicht, was da ist.

Die besten Zeugen eines herrschenden Geschmacks sind die *öffentlichen Kunstwerke*, die Anordnungen der Obrigkeit: und da Herr Lessing auch vorzüglich auf diese gesehen, so lehrt man ihn ja nichts Neues, wenn man sich vernehmen läßt: „‚Der griechische Künstler schilderte nichts als das Schöne —' Entgegengesetzte Zeugnisse der Schriftsteller und Beispiele der Künstler *bestimmen mich*, dieser Beobachtung engere Grenzen zu setzen und sie bloß auf öffentliche Denkmäler *einzuschränken*."** Ich denke, daß das Herrn Lessings erste Quelle gewesen, und er sucht ja vielleicht Anordnungen, wo selbst keine sind.***

Um von einem herrschenden Geschmacke zu urteilen, nehme man ferner nicht Tempelwerke, wo Religion die Hauptabsicht gewesen oder der Geschmack der Religion nicht geändert werden konnte. Herr Lessing macht sich diese Einschränkung selbst****, und sie ist's, die seinen Satz so mildert, daß, ich gestehe es, er freilich durch ihn so viel oder so wenig bedeuten kann, als er will.

Um endlich vom herrschenden Geschmacke zu urteilen,

* „Laokoon", p. 11 [11, 12], nota bene wo Herr Lessing die Worte Aristoteles' anführet.

** Hern Klotz' „Geschichte der Münzen" [„Beitrag zur Geschichte des Geschmacks und der Kunst aus Münzen", 1767], p. 41, 42.

*** „Laokoon", p. 12, das Gesetz der Thebaner εἰς τὸ χεῖρον ist mir noch zweifelhaft.

**** „Laokoon", p. 103 [65].

nehme man freilich nicht alle Zeiten gleich, sondern die, da der Geschmack schon ausgebildet, da er durch keine Kakozelie verdorben erscheint: im ersten Fall ist noch kein Gesetz gegeben, im zweiten ist's eine Zeitlang unter die Bank gebracht, deswegen aber noch immer Landesgesetz. – Und nach diesen Bestimmungen kann Lessing allerdings festsetzen, „daß bei den Alten die Schönheit das höchste Gesetz der bildenden Künste gewesen".

Allein bei welchen Alten? seit wenn? wie lange? welche Unter-, welche Nebengesetze? Und woher ist's bei den Griechen so vorzüglich, vor allen Nationen, höchstes Gesetz geworden? Andre wichtige Fragen, wo bei der letzten mir Winckelmann selbst kaum ein Gnüge tut.

Herr Lessing kommt auf zwo Situationen, die hierin einschlagen: „daß bei den Alten auch die Künste bürgerlichen Gesetzen unterworfen gewesen, und was die bildenden Künste auf den Charakter einer Nation wirken können."* Allein, über beides konnte er sich nur im Vorbeigehen erklären. Es muß aus Gründen hergeleitet werden können: wie bei den Griechen Gesetze über die Kunst nicht bloß, wie weit es Herr Lessing nimmt, *erlaubt*, sondern *nötig* gewesen – wie bei ihnen Kunst und Poesie und Musik weit mehr zum Wesentlichen des Staats gehöret habe als jetzt – wie der Staat also nicht ohne sie, als seine damaligen Triebfedern, und sie nicht ohne den Staat haben sein können – wie also die Wirkung der Nation auf die Kunst und der Kunst auf die Nation nicht bloß physisch und psychologisch, sondern auch großenteils politisch gewesen – wie bei den Griechen also aus so manchen Ursachen, und nicht bloß ihres Nationalcharakters, sondern auch ihrer Erziehung, Lebensart, des Grades ihrer Kultur, ihrer Religion und ihres Staats wegen die Bildung der Schönheit mehr Eindrücke haben können und mehr Eindrücke habe annehmen müssen. Ein wichtiges Problem**, zu

* „Laokoon", p. 12–15 [12–14].

** Ein Programm des Herrn Professor Heyne, „[Programma, quo proluduntur nonnulla ad quaestionem] de causis fabularum seu mythorum veterum physicis" [1764], hat mir mehr Gnüge getan als die ganze Philosophie des Banier; wie überhaupt dieser würdige Kenner der Alten von seinen Griechen das Schwerste gelernt: stille Größe, ruhige Fülle, auch im Vortrage und Ausdrucke.

dessen Auflösung mehr als einige Kenntnis der Griechen von der Oberfläche her gehöret. Unsern gewöhnlichen Graeculis also, die jetzt nach dem Modegeschmacke von nichts so gern als von Kunst, von Schönheit der Griechen sprechen, ist ein Gedanke hieran so wenig eingefallen, daß sie alles glauben erklärt zu haben, wenn sie von nichts als einer gewissen feinen schönen Empfindung der Griechen für die Kunst und für die Schönheit schwatzen; von einer Empfindung, die sie gehabt, die Römer nicht gehabt, und die jetzt in unsern deutschen Neugriechen wieder auflebe. Alle Klotzische Schriften sind von diesem süßen Geschwätze voll*; denn freilich aus einer gewissen unnennbaren Empfindung, aus einem sechsten Sinne für die Schönheit kann man alles, was man will, ohne Kopfbrechen ausfinden. – Ein philosophischer Kopf wie Lessing konnte mit solcher qualitas occulta nicht zufrieden sein: und welcher halbphilosophische Kopf wird sich denn damit lächelnd begnügen können?

Doch nicht zu weit vom Laokoon. Wenn bei den Griechen Schönheit das höchste Gesetz der Kunst war: so mußten gewaltsame Stellungen, häßliche Verzerrungen vom Künstler entweder gemieden oder herabgesetzt werden, und Lessing gibt davon die besten Exempel. Indessen hat er Widerspruch gefunden, und einer seiner Widersprecher** ist, wenn er jetzt einen Stein findet, der dafür, jetzt einen, der dawider zu sein scheinet, auch im Wechselfieber bald für, bald gegen den Satz, daß der geneigte Leser endlich nicht weiß, wie ihm ist. Ob sich hier nicht ein fester Faden ziehen ließe?

Zuerst also: Der mythische Zirkel der alten Griechen war ohne Widerspruch der Schönheit gebildet; ihre Götter und Göttinnen waren nicht, wie die ägyptischen, allegorische Ungeheuer, noch, wie die persischen und indischen, beinahe ohne Bild, noch, wie die hetrurischen, traurige und unanständige Figuren, sondern an Bildung reizend dem Auge. In der ganzen Natur der Dinge fanden die Griechen keine bessere Vorstellung der göttlichen Natur, wie eines Inbegriffs der Vollkom-

* Siehe Klotz' „Geschichte der Münzen" [„Beitrag ... aus Münzen"], p. 106, 107.

** Klotz' „Acta litteraria" confer mit der „Geschichte der Münzen" und diese mit der Schrift über die geschnittenen Steine [„Über den Nutzen und Gebrauch der alten geschnittenen Steine und ihrer Abdrücke", 1768].

menheiten, als die menschliche Gestalt; und wiederum, welches zu beweisen wäre, keine der Gottheiten war so charakterisiert, daß sie *immer häßlich hätte gebildet werden müssen*, um das zu sein, was sie sein sollte. Die Götterbegriffe der Griechen waren von Dichtern bestimmet, und diese Dichter waren Dichter der Schönheit.

Die Griechen hatten z. E. einen Jupiter, der freilich nicht immer μειλίχιος, der auch oft der Zornige, der Grimmige war; und der Dichter konnte ihn seinem Zwecke gemäß schildern. Wie aber der Künstler? Wer will denn *immer* gern einen zornigen Jupiter sehen, da sein Zorn doch mit dem Ungewitter übergeht? Was also natürlicher, als daß er zu dem *ewigen* Anblicke seines Kunststückes den Anblick einer schönen Größe lieber wählte und ihm nur hohen Ernst in sein Gesicht schuf? – Nun kann es freilich, und insonderheit in der ältern Zeit der Religion, auch Abbildungen des Zorns gegeben haben; allein, was tut dies? der Hauptbegriff bei Jupiter, selbst wenn er den Donner wirft, bleibt doch – hoher Ernst, schöne Größe; dies ist seine bleibende Gestalt, jene geht vorüber.

Venus, wenn sie um den Adonis trauret, raset bei Moschus fürchterlich; auch Juno kann königlich zanken und Apollo tapfer zürnen – allein ist diese Raserei, dies zänkische Gesicht, dieser Zorn im Antlitze denn wohl ihre beständige Miene, ihr notwendiger Charakterzug? Nicht! er ist übergehend, er ist eine vorbeiziehende Wolke; nun soll der Künstler Venus, Apollo, Juno bilden – will er nicht Unsinn oder Eigensinn beweisen, so wird er die Miene nehmen, die Venus, Apollo, Juno eigen ist, in der sie sich zeigen würden, wenn sie ihm zur Bildung erschienen, und dies ist – eine Gestalt der Schönheit.

Doch immer aber gab es ja auch im mythischen Zirkel der Griechen Figuren, denen die Häßlichkeit ein Charakterzug war: z. E. Medusenköpfe, Bacchanten, Giganten, Silenen, Furien usw. Medusa gehe voraus, denn Pallas trägt sie auf ihrem mächtigen Schilde. Meduse, ist sie eine Gestalt, die notwendig häßlich gebildet werden muß, von der man nur eine Gestalt wüßte, die im höchsten Grade fürchterliche? Die so viel über die himmlische Bildung der Meduse als von einem Ich-weiß-nicht-warum und einer Paradoxie reden*, sollten wissen, daß Medusen diese Bildung eigentümlich, daß sie eine Reizende gewesen, die Neptun zur Liebe beweget und darüber von der jungfräulichen Minerve verwandelt worden.** Nun sollte sie der Künstler bilden: zwo Gestalten lagen vor ihm, und er wählte – die schöne vor ihrer Verwandlung; aber um sie als Meduse zu bezeichnen, flocht er Schlangen in ihre Haare.

Um diese Schlangen zu erklären, weiß ich da keinen andern Rückweg, als mich „auf das besondere Gefühl der Griechen und Römer für die Schlangen"*** zu berufen? ein besonderer Appetit, der – hier aber nichts erklärt. Eine schöne Meduse ohne Schlangen wäre nicht mehr kenntlich, nicht mehr Meduse – ein bloß schönes Gesicht gewesen; so und aus keinem Schlangenappetit mußte also der Künstler diesen Charakterzug brauchen. Und warum sollte er's nicht? Wann er die Schlangen in die Haare versteckt, so können sie zieren; und was an ihnen hervorblickt, ist das was Häßliches? Schrecklich und nicht häßlich; aber dies Schreckliche gemäßigt, mit einem schönen Antlitze kontrastiert, ist angenehm; es erweckt den Begriff des Außerordentlichen, von der Macht der Göttin, ist also hier als Charakterzug nötig und zum viel fassenden Eindrucke tauglich: es erhebt die Schönheit. Meduse also dorfte nicht notwendig ein Bild der Häßlichkeit sein.

Und die Furien ebensowenig. Die *Ehrwürdigen*: so nannten die Athenienser sie, und so konnten sie die Künstler bilden: „Weder an ihren Bildnissen", sagt Pausanias, „noch an den Abbildungen der unterirdischen Götter, die im Areopagus stehen, ist was Fürchterliches wahrzunehmen."**** Und wenn nicht an den Furien, an den eigentlichen Rach- und Plagegöttinnen; wenn nicht an den unterirdischen Göttern; wenn nicht selbst im Areopagus, dem ernsthaftesten Orte zu

* Klotz, „Geschichte der Münzen" [„Beitrag … aus Münzen"], p. 46, 47.

** Pausanias erzählt ihre Geschichte noch bequemer für die Kunst; vide „Korinthos", cap. 21.

*** Klotz, „Geschichte der Münzen" [„Beitrag … aus Münzen"], p. 47: „Es ist wahr, daß unser Gefühl über diesen Punkt ebenso verschieden von dem Gefühl der Griechen und Römer ist als von der Empfindung des Kannibalen" usw.

**** [Pausanias]. In „Attika", cap. 28.

Athen – wo und an welchen Bildungen hätte denn das Greuliche der Hauptcharakter sein *müssen*?

Ich darf also behaupten, daß alle mythische Figuren des Zirkels, die als Hauptfiguren, einzeln, ihrem innern und beständigen Charakter gemäß, haben erscheinen sollen, das Widerliche und Gräßliche nie zur notwendigen Bildung haben *dorften*. Selbst bis auf den Schlaf und den Tod * erstreckt sich dies, die beide als Knaben in den Armen der Nacht ruhend vorgestellt wurden, und sogar bis auf die höllischen Götter – schönes Feld von Vorstellungen für den Künstler, dem also seine Religion es wenigstens nicht auflegte, zur Schande des Geschmacks und zum Ekel der Empfindung arbeiten zu müssen. Da waren keine Bilder des Abscheues wie in der skandinavischen und andern nordischen Religionen; keine Fratzenvorstellungen wie in den Mythologien der heidnischen Mittagländer; kein Knochenmann, der den Tod, kein Ungeheuer, das den Teufel vorstellen sollte wie nach den Idolen unseres Pöbels; unter allen Völkern der Erde haben die Griechen, was den sinnlichen, den bildsamen Teil der Religion anbetrifft, die beste Mythologie gehabt, selbst die Kolonien ihrer Religion nicht ausgenommen.

Zweitens: Doch aber gab es ja so häufige Vorstellungsarten, Situationen und Geschichte ihrer Religion, die immer auch für den Künstler widerliche Gestalten liefern mußten, wenn nicht als Haupt-, so als Nebenideen. Wie nun? Als Nebenideen freilich, und eine Mythologie, die nichts als Gestalten in seliger Ruhe lieferte, wäre für den Dichter gewiß eine tote, einförmige Mythologie gewesen und hätte keine Griechen an Poesie hervorbringen können. Gnug aber, daß dies Nebenideen, untergeordnete Begriffe, wandelbare Vorstellungen waren; bei solchen befand sich der Dichter recht wohl und der Künstler auch noch so unbequem nicht.

Ein Jupiter z. E., der die Giganten unter seinem Wagen hat, kann und soll auf sie, als auf Ungeheuer, als auf widrige Ge-

* „Laokoon", p. 121 [76, 77]. Die Lessingsche Erklärung des διεστραμμένους τοὺς πόδας scheint dem Sprachgebrauche zu widersprechen; und wenn es aufs Mutmaßen ankäme, könnte ich ebenso sagen: Sie schliefen mit übereinandergeschlagnen Füßen, d. i., des einen Fuß streckte sich über den andern hin, um die Verwandtschaft des Schlafs und Todes anzuzeigen usw.

stalten seinen Blitz schleudern; aber diese Gestalten sind ja nicht der Hauptanblick: sie sind mit ihrem Gräßlichen dem Jupiter untergeordnet und also da, das Majestätische in ihm zu vermehren; nicht also wider das Hauptgesetz der Kunst. Ein schöner Bacchus unter taumelnden Mänaden und ausgelassenen, mit Pausbacken blasenden Bacchanten, unter Silenen und Satyrs wird um desto herrlicher und schöner erscheinen. Die fürchterliche Meduse auf dem Brustharnische der Pallas wird die männliche Schönheit ihrer Göttin noch mehr erheben; denn hier ist sie nicht Hauptfigur, sondern Zierat der Kleidung. So Perseus mit seiner Gorgone; Vulcanus, der hinkende, mitten im Saale der Götter; so Cerberus unter den Füßen des majestätischen Pluto – wie manches Papier wäre mit Einwendungen geschont, wenn man bedacht hätte, daß in einer Komposition von Figuren auf eine Nebengestalt ja nicht das Hauptgesetz fallen könne, ohne das Ganze zu verderben.

Drittens: Was ich von den griechischen Göttern gesagt, gilt auch von ihren Helden. Weder ihre Heroen noch menschliche Helden haben zu ihrem Hauptzuge eine Klosterheiligkeit, eine verzückte Andacht, eine bußfertige Verzerrung oder eine sich wegwerfende Demut. Allein also, für sich selbst genommen, läßt der Held hoher Schönheit Platz, insonderheit wenn er als Hauptperson in seiner bleibenden Fassung erschiene. Setzet ihn aber auch in ein Medium der Hindernis, seine Seele werde von Zorn, von Jammer, von Betrübnis erschüttert: freilich wird er nicht den stoischen Weisen machen; aber die empfindliche Natur seiner Menschheit, wird sie seiner höhern Natur widersprechen dörfen?

Hier stehe die Abschilderung Agamemnons in dem Opfer der Iphigenia. Timanthes verhüllte ihn; warum aber hat er ihn verhüllet? Er hat sich, sagt Plinius*, in den traurigen Physiognomien erschöpft, so daß er dem Vater eine noch traurigere geben zu können verzweifelte. Dies läßt Herr Lessing den Plinius sagen** und – – widerlegt also die von ihm gegebene Ursache mit Recht; denn es ist wahr, „daß mit dem Grade des Affekts sich auch die ihm entsprechenden Züge des Gesichts

* [Plinius, „Naturalis historia"], liber XXXV, sectio 15 [36, 73].

** „Laokoon", p. 18, 19 [16, 17].

verstärken; daß der höchste Grad die allerentschiedensten Züge habe, und nichts sei der Kunst leichter, als diese auszudrücken.“ Plinius hätte also unrecht, und der Schriftsteller* noch mehr unrecht, der, ohne diese von Lessing angegebne Ursache zu entkräften, Plinius glaubt, bloß weil er idoneus auctor ist. Aber wie, wenn Plinius dies nicht gesagt hätte?

Plinius' Stelle ist diese: „Timanthes cum moestos pinxisset omnes, praecipue patruum, et tristitiae omnem imaginem consumpsisset, patris ipsius vultum velavit, *quem digne non poterat ostendere.*“ Was sagt nun Plinius? daß Timanth sich an traurigen Physignomien erschöpft, daß er dem Vater keine *traurigere* hätte geben können? nicht! sondern daß diese noch *traurigere* seiner nicht würdig gewesen wäre, daß er ihn in derselben nicht *würdig* hätte zeigen können. Ich will dem Valerius Maximus folgen, wie er Timanths Gemälde angibt: Kalchas erscheint betrübt, Ulysses traurig, Ajax stößt eben ein Ach! aus, Menelaus windet die Hände** – Wie nun Agamemnon? nicht anders als starr, sinnlos, betäubt, die Züge des Gesichts eisern angeheftet oder – rasend; denn so äußert sich, dünkt mich, der höchste Affekt. Würde sich da nun Agamemnon würdig zeigen? der Anblick eines Starrsehenden, ist er würdig eines Vaters? kaum! Und der die Hände windende Menelaus, der ächzende Ajax, der traurige Ulysses, der betrübte Kalchas würden gerührter scheinen als der starre Vater selbst. So erscheine dieser rasend? ein unnütz rasender Held, ein knirschender Agamemnon ist ein unwürdiger Anblick. Wenn Menschen sein Kind ertöten, so rette er's: er winde Kalchas das Opfermesser aus der Hand und mache sich nicht durch sein Geschrei, durch seinen vergeblichen Schmerz unnütz. Wollen aber Götter das Opfer, fodert es das Wohl der Griechen, ist's einmal zugestanden, König, so wisse dich zu fassen: und wenn dein väterlich Herz bricht, so – wende dein Auge weg, verhülle dein Antlitz: so erscheinst du würdig des Vaters und des Königes und des empfindbaren Griechen und des patriotischen Helden.

* Klotz, „Acta litteraria“, vol. III, p. 291.

** Valerius Maximus, [„Factorum ac dictorum memorabilium libri IX“], liber VIII, cap. 11 [§ 6].

Auch würdig der Kunst des Malers? Mit dem vorigen zusammen; ob aber dieser letzte Zweck der *einige* und Hauptzweck gewesen? ob die schönen Raisonnements eintreffen, die Herr Lessing dem Timanthes schuld gibt: „daß er die Grenzen seiner Kunst gekannt, daß er das Häßliche, das Verzerrende im Gesicht Agamemnons gerne gelindert hätte; da es aber nicht anging — so habe er ihn verhüllet. Die Verhüllung sei eben ein Opfer, das der Künstler der Schönheit gebracht habe“ *, weiß ich nicht; wenigstens konnte ihm das Opfer nicht schwer werden, denn er brachte es aus fremden Mitteln. Mehr als ein Dichter** hatte schon im Schauspiele den Agamemnon *verhüllet*, und Timanth dorfte also nicht erst mit sich darüber vernünfteln. Er wäre frech gewesen, wenn er, was der Dichter verhüllt hatte, hätte entblößen wollen, zumal es auf seine Kunst so sehr zutraf. Warum ihn aber der Dichter verhüllt? ob etwa einem künftigen Timanthes zugut? ob etwa eine Figur zu verhüten, die sich nicht *malen* ließe? ob um der Kunst ein Opfer zu bringen? Der Kunst freilich; aber kaum dem Pinsel des Timanthes, sondern seinem eigenen Schauspiel und der Grazie desselben! Nicht, als wenn diese bei der Opferung eines Kindes einen stoischen Helden foderte; so unmenschlich ist die griechische Grazie nicht. Nicht, als wenn sie einen betrübten ächzenden Vater nicht duldete; warum nicht, wenn es damit getan wäre? Aber hier sollte er den höchsten Ton des väterlichen Schmerzes und des entsetzlichsten Jammers, ihn sollte ein Held anstimmen, der zugleich König war, der dadurch die Griechen rettete, der ihnen die Opferung versprochen hatte: dieser also sein Wort brechen, sein Volk nicht lieben, dafür auch nicht etwas Saures tun wollen? Er lasse sie opfern, er rase nicht wie ein Klageweib vergebens umher, er wende sein Auge ab und weine väterliche Tränen: so erscheint er — würdig dem Könige und dem Vater, mithin auch würdig der theatralischen Grazie. Nur da diese einer andern Person, einer Klytemnästra, einer Hekuba und andern Helden noch wahrscheinlicher manches hätte erlauben können, was sie in dieser Situation, diesem Agamemnon nicht erlaubte: so

* „Laokoon“, p. 19 [16, 17].

** Z. E. Euripides in seiner „Iphigenia“ usw.

sieht man, daß auch bei Euripides diese Verhüllung mehr ein Opfer für seinen Helden *in dieser Situation* als für den Helden absolut oder absolut für die Grazie der Schauspielkunst gewesen; und daß die Grazie einer fremden Kunst hier gewiß ganz beiseite trete.

Indessen, wie es sei: so bleibt Timanthes' Gemälde, selbst bis auf den schreienden Ajax desselben*, *für* Herrn Lessing, und selbst der rasende Ajax, die fürchterliche Medea, der leidende Herkules, der seufzende Laokoon; und immer zehn Beispiele gegen ein gegenseitiges bestätigen seinen Satz, „wie sehr die griechischen Künstler das Häßliche vermieden und wie sorgfältig auch in den schwersten Fällen Schönheit gesucht". Sollte man aber in der neuern Zeit, mit Ausdehnung der Kunst auch über die Grenzen des Schönen, *das Wesen* derselben haben ändern und ihr ein neues Obergesetz, „Wahrheit und Ausdruck", geben wollen?** Oder sollte diese Übertragung über die Grenzen des Schönen nicht auch zu unsrer Zeit bloß „Eigenschaft des Geschmacks in der und jener Schule" und also eine Kakozelie sein, an der es den Griechen bei ihrem Pauson und Piraicus auch nicht fehlte? Dic Frage wird sich im folgenden mehr ergeben. „Wenn man in einzelnen Fällen den Maler und Dichter" (und also auch die Kunst zwoer Zeiten) „miteinander vergleichen will, so muß man vor allen Dingen wohl zusehen, ob sie beide ihre völlige Freiheit gehabt haben, ob sie ohne allen Zwang auf die höchste Wirkung ihrer Kunst haben arbeiten können."*** Und wer hat hier in einer freiern Luft geatmet?

* Herr Lessing kann dem Valerius immer glauben; denn auf den schreienden Ajax fällt in dem Gemälde nicht das Hauptaugenmerk und also auch nicht der Mittelpunkt, die Nerve seines Satzes, der das Ganze der Komposition, nicht eine Nebenfigur treffen will.

** „Laokoon", p. 10, 23 [11, 18, 19].

*** [A. a. O.], p. 102 [65].

7

„Ein äußerlicher Zwang war bei dem alten Künstler öfters die Religion."* Bacchus mit Hörnern ist Lessingen hier das erste Beispiel, das ihn auch scheint auf diese so wahre Ausnahme gebracht zu haben. „Bacchus mit Hörnern! In der Tat", sagt Herr Lessing, „sind solche natürliche Hörner eine Schändung der menschlichen Gestalt und können nur Wesen geziemen, denen man eine Art von Mittelgestalt zwischen Menschen und Tier erteilte." Und sorgfältiger kann nicht ein Freund bedacht sein, seinem Freunde die Hörner von der Stirne wegzuschaffen, als Herr Lessing für seinen schönen Bacchus besorgt ist.

Er erklärt sie also zuerst für einen bloßen Stirnschmuck.** Und woher ein Stirnschmuck? Aus der Stelle des Dichters –

tibi cum sine cornibus adstas
Virgineum caput est:

„Er konnte sich also auch ohne Hörner zeigen", sagt Herr Lessing, „und so waren die Hörner ein Stirnschmuck, den er aufsetzen und ablegen konnte." Wie? folgt dies letzte Also wohl aus der Stelle Ovids, aus einer feierlichen Anrufung desselben? War Bacchus nicht ein Gott? der sich also auch, wie andere Götter, in mehr als einer Gestalt zeigen, der bald in jungfräulicher Schönheit, bald im fürchterlichen Schlachtgetümmel fürchterlich, bald als ein schöner Jüngling wie den Seeräubern Homers erscheinen konnte? Und hatte Bacchus dies nicht bloß mit andern Göttern gemein, sondern zu *einem ihm eigenen* Vorzuge, der Gott von tausend Gestalten (μυριόμορφος) zu sein und also auch die unzählig vielen Beinamen zu haben, die ihm Orpheus, die Epigrammatisten, Nonnus u.a. geben? Folgt's da wohl aus der Stelle Ovids, daß Bacchus – – dadurch δίμορφος, πολύμορφος, μυριόμορφος werden könne, wenn er – – seine Hörner ablege, wie ohngefähr eine alte Jungfer ihre falschen Zähne und Brüste? armes Lob! – Einem frommen christlichen Ehemann mögen seine Hörner einen bloßen Stirnschmuck und eine Krone der Ge-

* „Laokoon", p. 103 [65].
** „Laokoon", p. 95 [61].

duld von bewährtem Golde bedeuten, nicht dem mythologischen Bacchus.

So mögen es wohl keine Bacchus sein, die mit hervorsprießenden Hörnern dastehen, sondern lieber Faunen; denn „in der Tat sind solche natürliche Hörner eine Schändung der menschlichen Gestalt und können nur Wesen geziemen, denen man eine Art von Mittelgestalt zwischen Menschen und Tier erteilt".* Mit solchen geziemenden Schlüssen! als wenn Bacchus nicht oft gnug diesen und noch ungeziemendere Namen bekäme: als wenn er nicht oft gnug κεραός, δικέραος, χρυσοκέραος, ταυρωπός, ταυρομέτωπος, ταυροκέραος, κερασφόρος, gehörnt, zweigehörnt, goldgehörnt, stiergehörnt hieße. Kurz! die Hörner waren in gewissen Deutungen ihm *wesentlich* und gehörten mit zu seiner heiligen Allegorie, in der ihn die Griechen mit von andern Völkern, die die Allegorie noch über die Schönheit der menschlichen Gestalt liebten, bekommen hatten.

Ob aber Bacchus in *allen* seinen Tempeln nicht anders als gehörnt erschienen**, ist wieder auf der andern Seite zu weit und hat für Herrn Lessing keinen Vorteil, als nachher*** seine Erratungskunst zu üben, wo denn alle diese gehörnte Statuen Bacchus' geblieben sein mögen, da wir jetzt keine haben? Mir dünkt's gnug, daß der bei den Dichtern vielgestaltige Bacchus auch bei den Künstlern, auch in seinen Tempeln „*in mancherlei Gestalt*" gewesen sei; daß nach der ältern allegorisierenden Mythologie dem Bacchus die Hörner sehr *bedeutend* und oft also auch für den Werkmeister, der der Religion arbeitete, ein Attribut des Bacchus sein müssen; daß in den bessern Zeiten, da die Griechen selbst vieles von ihrer heiligen Allegorie der Schönheit aufgeopfert, auch die *ganz schönen* Statuen des Bacchus, insonderheit in seinen Kunstwerken, die besten geworden; und so zerstieben alle Widersprüche von selbst.

Überhaupt sollte das mehr auf Kunst und Dichtkunst angewandt werden, was *die zu verschiedenen Zeiten verschiedene*

* [A. a. O.], p. 104 [66].
** „Laokoon", p. 103 [66].
*** [A. a. O.], p. 104 [66].

Religion auf beide gewirket. In den ältesten Zeiten, da noch die fremden, von außen überbrachten Begriffe galten, waren freilich die Vorstellungen der Götter oft unwürdig, und Jupiter selbst schämte sich nicht, mit beiderlei Geschlecht, mit einem Beile und in Gestalt eines Mistkäfers zu erscheinen. Bald aber entwölkte sich dies allegorische Gehirn der Ägypter und Asiaten in der freien griechischen Luft: die unnützen Geheimnisse und Deutungen in Mythologie, Philosophie, Poesie und Kunst wurden unter den Griechen aus ihren verschlossenen Kammern auf offnen Markt getragen, und Schönheit fing an, das Hauptgesetz der Poesie und Kunst, nur bei jeder auf eigne Art, zu werden. Homer, der Sohn eines himmlischen Genius, ward der Vater schöner Dichter und schöner Künstler; und glücklich ist das Land, dem in der sinnlichen Poesie und der noch sinnlichern Kunst der Geist seiner Zeit in Religion und Sitten und Gelehrsamkeit und Kultur so wenig Zwang auflegt als Griechenland in seinen schönsten Zeiten. Ich wundre mich, daß Winckelmann in seinen Schriften diese Abstreifung fremder, alter, allegorischer Begriffe nicht mehr bemerkt und in ihrer Nutzbarkeit gezeiget hat; es ist ein Hauptknoten in dem Faden der Kunstgeschichte, „wie die Griechen so manche fremde drückende Ideen in die ihnen eigne schöne Natur verwandelt haben!"

Von hier aus ginge der sicherste Weg, um zwischen inne durch Bedeutung und Schönheit, durch Allegorie und Schönheit der Kunst und Poesie unbeschädigt durchzukommen: ich würde aber mit einmal zu tief in den Unterschied der dichtenden und bildenden Kunst tauchen müssen — also zurück zu unsern Prolegomenen.

8

Wenn Schönheit das höchste Gesetz der bildenden Kunst ist: freilich, so muß Laokoon nicht schreien, sondern lieber nur beklemmt seufzen; denn wenn schon Sophokles zu seinem theatralischen Auftritt einen brüllenden Philoktet ebenso ungereimt fand, als Lessing den stoischen Philoktet findet: wieviel mehr der Künstler, bei welchem ein Seufzer und ein Schrei des offnen Mundes ewig dauret.

Ohne es nun durch eine Handvoll Vermutungen ausmachen zu wollen, wer den andern nachgeahmet, ob der Künstler den Dichter oder der Dichter den Künstler? führe ich nur *eins* an, was Herrn Lessing in dem Augenblicke* nicht beigefallen, daß es außer Pisander**, der nur als eine Quelle Virgils im Unbestimmten angegeben wird, es Griechen gegeben, wo Virgil den nähern Gegenstand, die Geschichte Laokoons selbst, geschöpft haben könne. Daß unter Sophokles' verlornen Stücken auch ein „Laokoon" sei, hat Herr Lessing selbst angeführt***, und Servius meinet, daß Virgil die Geschichte Laokoons aus dem Griechischen des Euphormio geschöpfet – Vermutungen, die wenigstens weiter bringen können als der leere Name eines Pisanders oder ein Quintus Calaber, der es nicht verdiente, von Herrn Lessing auch nur als ein halber Gewährsmann angeführt zu werden****; denn was geht seine ganze Gigantenerzählung unsern Virgil oder Laokoon an?

Quintus Calaber ist ein später Schriftsteller, ein übertreibender Dichter, ein sein wollendes Original – mehr Umstände braucht es nicht, ihm bei dieser Sache den Zutritt eines Zeugen strittig zu machen. Er dichtet bei seinem Laokoon so weit in die Welt hinein, daß die dichterische Fabel kaum mehr Fabel bleibt: sie wird ein abenteuerliches Riesenmärchen. Warum muß unter dem warnenden Trojaner die Erde erbeben? Wenn Troja durch die List der Minerva fallen soll, was braucht's die ganze Macht Jupiters, Neptunus und Pluto? Warum müssen seine unschuldigen Augen verblinden? warum muß er rasen? Etwa um noch blind und verstockt fortzufahren in seinem Rate und also als ein trotzender Gigante gegen die Götter zu erscheinen? – Etwa weiter durch diesen verstockten Rat noch erst die neue Verbrecherstrafe der Drachen zu verdienen – Was braucht's den gutgesinneten Patrioten erst in einen Himmelsstürmer, in einen tollen Verbrecher umzuschaffen und nachher gar – Unschuldige für ihn leiden zu lassen? Laokoon selbst geschieht nichts von den Drachen: seine armen unschuldigen Kinder werden ergriffen und zer-

* „Laokoon", p. 50–67 [33–43].

** [A. a. O.], p. 51 [34, 35].

*** [A. a. O.], p. 8 [10].

**** [A. a. O.], p. 52 [35].

fleischt – abenteuerliche, abscheuliche Szene, ohne Wahl und Zweck, ohne Zusammenordnung und dichtenden Verstand!

Ich bleibe also bei Virgil und dem Künstler. Virgil mag aus Pisander, aus Euphormio und woher es sei geschöpft haben: so schöpfte er als Dichter, als epischer Dichter, als Homer der Römer. Er kleidete also auch diese Erzählung in ein episches Gewand: er goß sie in eine Art von neuhomerischer Form; und in solcher Gestalt tritt sie uns vor Augen. Wir haben einen Schriftsteller, der sich die Mühe gegeben, Virgil mit den Griechen zu vergleichen und ihn daher zu erläutern*; schade aber, daß ihm in seiner Vergleichung bloß Worte, Bilder und einzelne Lappen vor Augen sind. Die Manier seiner Poesie aus Homer und andern Griechen zu erklären, ist ihm nicht eingefallen, sonst müßte sich auch in dieser Erzählung von Laokoon der Dichter zeigen, der nach Homer zeichnen wollte. – Vielleicht wird meine Vermutung, welche Stelle Homers Virgil nachgeahmet, etwas zu unserm Zwecke tun.

Äneas, mitten im Erzählen, kommt auf die Geschichte Laokoons, und siehe! –

> hic aliud maius miseris multoque tremendum
> obiicitur magis atque improvida pectora turbat.
> Laocoon – –**

Wem fällt nun nicht gleich bei Eröffnung dieser Schlangenszene der Homerische Nestor ein, der auch eine solche Schlangenszene mit einem ähnlichen ἐνθ' ἐφάνη μέγα σῆμα eröffnet?*** Der Vorfall bei beiden ist verschieden; die Manier der Erzählung ist völlig dieselbe. Bei Homer erzählt der gesprächige Alte, wie vor ihrer Abfahrt die Griechen rings um eine Quelle den Unsterblichen Opfer gebracht, wie darauf nahe an einem Pappelbaume sich ein großes Wunderzeichen sehen lassen: ein rotgefleckter greulicher Drache, den Jupiter selbst gesandt, schoß unter dem Fuß des Altars plötzlich hervor, schlang sich zum Pappelbaume hinan, wo die Brut, die zarte Brut eines Sperlings auf dem Gipfel des Baums hinter

* „Virgilius collatione scriptorum graecorum illustratus opera et industria Fulvii Ursini", Antverp. 1567.

** Virgil, Aeneide, liber II, [Vers] 199 [198–200].

*** Homer, Iliade *B*, 305–326 [„Ilias" II, Vers 308–320].

Blättern versteckt nistete – acht an der Zahl, und die Mutter der Jungen war die neunte. Ohne Erbarmen würgte der Drache die winselnden Kleinen; die Mutter aber – zwar flatterte sie klagend um ihre geliebte Brut, allein auch sie ward am Flügel von ihm umschlungen, ergriffen und mitten in ihrem Geschrei erwürgt usw. – Mich dünkt, Virgil habe in der epischen Einkleidung des Laokoon Homer im Gedanken gehabt; nur daß er das Epische so verstärkte, daß aus Homers einfacher Erzählung ein völlig ausgemaltes Bild ward – gegen das ich doch lieber Homers einfache Erzählung zurückwünschte.

In Homer sind alle Griechen schon in Erwartung: rings um eine Quelle gelagert, mit dem Opfer an die Unsterblichen beschäftigt und also in der Fassung, auf ein himmlisches Zeichen zu merken, sobald es erschiene. Bei Virgil ist alles unstet, zerstreut, auf den griechischen Betrüger horchend und nicht auf Laokoons Opfer; die Schlangen erscheinen, und was für ein Geräusch, was für ein Plätschern im Meer müssen sie machen, ehe sie bemerkt werden. „Zwo Schlangen kommen von der Höhe des Meers herab: in ungeheure Ringe geschlungen (mich schaudert es zu sagen!), liegen sie auf der See und streben gemeinschaftlich ans Ufer. Mitten aus den Fluten hebt sich ihre Brust empor, über die Wasser ragen ihre blutroten Kämme, ihr übriger Körper ist mit der langen Oberfläche der See gleich und krümmt seinen unmäßlich langen Rücken in Ringen heran. Es entsteht ein Geräusch bei schäumender See, und schon sind sie am Ufer: ihre Augen funkeln, ihre Zungen züngeln, zischen“ – welch entsetzlich lange Vorbereitung, so episch, so malerisch, daß – ich nicht weiß, wie *ein* Grieche ihre Ankunft abwartet. Wie vieles wendet Virgil auf den Nebenzug eines Gemäldes, den Homer mit einem Worte vollendete! und wie ist die ganze Schilderung mit solchen ausgemalten Nebenzügen überladen – beinahe ein untrügliches Wahrzeichen, daß der Dichter nach der Hand eines andern gearbeitet, daß er nicht aus dem Feuer seiner Phantasie geschrieben. Wäre dies, wie würde er sich so lange bei ihrem Heranplätschern und noch länger bei ihren Ringen und Schlingen aufhalten? Diese sind ihm das Hauptaugenmerk: sie kommen ihm immer von neuem ins Gesicht, und er schaudert nie mehr, als wenn er an diese unermäßliche Windungen und Umschlingungen und Stellungen denkt. Virgil muß nachgeahmet haben, entweder nun einem Kunstwerke oder, welches mich wahrscheinlicher dünkt, dem Gemälde Homers. Das hat von jeher den Nachahmer verraten, wenn er mit gar zu künstlicher Hand klecket und Nebendinge am sorgfältigsten vollendet. Eben daher wage ich's, zu sagen, daß Virgils Schilderung mehr das Ohr füllet als die Seele. Mit allem Vorplätschern der Schlangen tut sie nichts, als uns zerstreuen und betäuben; mit allen Windungen derselben um Laokoon, die hier so genau angezeigt werden, wird unser Auge vom Laokoon auf die Schlangen gewandt: wir vergessen, auf sein Gesicht zu merken und auf die Seele, die in demselben spreche; endlich zeiget sich dieselbe – aber durch ein wüstes Geschrei, durch das Brüllen eines verwundeten Stiers, der vom Altar entlaufen:

clamores horrendos ad sidera tollit – –,

freilich, „ein erhabener Zug für das Gehör", wie ich Herrn Lessing gern zugebe*; aber ein leerer Schall für die Seele. Der Dichter hat sich so sehr in die Windungen seiner Schlangen verschlungen, daß er eins, und zum Unglücke das Hauptstück, vergißt: Laokoon selbst, und seine Angst und den Zustand seiner Seele; Züge, die Homer sogar bei seiner jungen Sperlingsbrut und bei ihrer armen Mutter nicht vergißt und uns also ein Bild nicht fürs Auge und noch minder bloß „erhabne Züge fürs Gehör", sondern ein Bild in die Seele malet. Ich weiß nicht, wie Herr Lessing sich im Lobe Virgils so lange bei den Nebenzügen, „Windungen der Schlangen" usw. aufhält**, die bei dem Maler und Bildhauer, gewiß aber nicht bei dem Dichter weites Lob verdienen. Ja wenn Virgil zum Vorbilde eines Künstlers gearbeitet hätte! Ist das aber nicht wider den Zweck des ganzen Lessingschen Werkes?

Und was er gegen Virgil zu nachsehend ist, wird er gegen Petron zu strenge***, da sich doch die meisten dieser Vorwürfe sicherer auf Virgil gegen Homer als auf Petron gegen

* „Laokoon", p. 30 [22].
** „Laokoon", p. 59–66 [39–43].
*** „Laokoon", p. 54, 55 [36–38].

Virgil betrachtet deuten ließen. Ich weiß Petrons gezwungene Art zu dichten und gestehe gern zu, daß aus seiner Beschreibung Laokoons kein Funke poetisches Genies hervorblitze; muß aber darum das Gemälde, das er beschreiben will, muß die ganze Galerie von Gemälden zu Neapel nur in seiner Einbildungskraft existiert haben? Warum das? Etwa weil ein Romanschreiber kein Historikus sein darf? sein darf! freilich nicht; aber auch nicht, daß er's nicht sein müßte, nicht sein könnte? zumal die schlechten Romanschreiber. Sie ersetzen uns das durch eingeschaltete Geschichte, was ihre Phantasie brüchig läßt; sie liefern uns halbhistorische Romane oder romanhafte Halbgeschichte: der Abt Terrasson, mit dem Diodor von Sizilien bei Hand, seinen „Séthos" und andre einen Roman voll Geographie oder wahrer Geschichte. Sollte sich nun nicht Petron auch zu dieser Klasse bekennen? Sehr wahrscheinlich, und eben von dieser Vermischung der Wahrheit und der Erdichtung, der Geschichte und Phantasie rührt auch die große Verschiedenheit des Urteils, welches die Kunstrichter über Petron von jeher gefällt. Seine Einbildungskraft ist spielend, trocken, gezwungen; und die Kinder, die sie hervorbringt, haben den Charakter ihrer Mutter; aber sein Urteil, die oft eingeschalteten historischen Züge über den verderbten Zeitgeschmack sind fein, sind lobwürdig. Mir wird's also sehr glaublich, daß Petron, der mit Gewalt ein Dichter sein wollte, seine Beschreibung Laokoons durch die Nachahmung eines wirklichen Gemäldes wohl habe aufstutzen wollen; daß das Gemälde von Laokoon wohl irgend wo anders als in der Phantasie Petrons existiert habe. Und wenn es existiert hätte? — Nun! so treffen auch Herrn Lessings kritische Streiche auf Petron diesmal einen Unrechten, und sein Arkanum, den Stil eines Nachahmers zu entdecken, kann ihm diesmal unzuverlässig werden. Hat Petron ein Gemälde geschildert: was eher, als daß sein Auge an Nebenideen hangenblieb, daß er diese Nebenideen auch übertreiben konnte? Ist's, daß er im Bilde das Geräusch der Schlangen gleichsam zu hören glaubte; ist's, daß er ein Gemälde der Kinder Laokoons, leidend und sich zu Tode ängstigend, antraf: so waren ihm, dem Versifikateur einer malerischen Schilderung, dem Nachahmer des Gemäldes, diese Figuren Augenmerk gnug, um mit dem Pinsel zu wetteifern, um diese Nebenideen der Phantasie, aber Hauptideen des Auges im Gemälde, bestmöglichst zu verschönern. Die Größe der Schlangen wiederum, in deren Schilderung sich Virgil verliebt hat, war nicht sein Hauptaugenmerk; denn sie konnte es nicht im Gemälde sein, wo man die Größe aus dem Geräusche in den Wellen gleichsam nur schließen mußte. Die ganze Schilderung Petrons ist eine Zusammenhäufung *sichtbarer* Ideen: warum also nicht die Nachahmung eines wirklichen Gemäldes? und alsdenn nicht so sicher ein Beispiel und eine Probe von der schülerhaften Nachahmung eines andern Dichters und noch unsichrer eine erste Probe, die auf alle gölte. So sklavisch sie ist: so bleibt doch gegen sie ein Quintus Calaber noch nicht eben der *beßre* Dichter und Kenner der Natur*; und so unendlich sie hinter Virgil zurückbleibt, so ist doch auch dieser in seiner Schilderung gewiß nicht ganz Dichter; er ist Nachahmer Homers und zeigt dies in den so weit verstärkten und verschönerten Nebenzügen, daß das Ganze verschwindet.

Was würde hieraus folgen? Dies, daß, wenn Virgil nach Homer gearbeitet, er immer seine Geschichte, er habe sie aus Pisander, Euphormio, Sophokles geschöpft, *nach seiner Art* verändert habe und daß also der Künstler neben ihm aus eben dieser Quelle habe schöpfen und *doch in der Vorstellung* von ihm abgehen können, wenn er auch bloß dem griechischen Buchstaben gefolget wäre.

Gesetzt also, er hätte den verlornen „Laokoon" des Sophokles vor sich gehabt: welche Idee hätte ihm die Sophokleische Muse geben müssen? Sophokles, ein so weiser Dichter des Theaters, der zuerst auf demselben gleichsam Sittlichkeit und Anstand festsetzte, der hierin vielleicht einzig und allein das rechte Maß traf; Sophokles, der bei seinem Philoktet die Leiden des Körpers so sehr in Leiden der Seele zu verwandeln wußte – wie wird er seinen Laokoon geschildert haben? Mit dem Hauptzuge des gräßlichen Geschreies? Ein vortreffliches Mittel, das Trommelfell des Ohres, aber nicht unser Herz zu rühren. Gewiß wird er bessere Wege an unser Herz gesucht

* [A. a. O.], p. 57 [38].

Den ersten Unterschied zwischen Poesie und der bildenden Kunst sucht Lessing in dem *Augenblicke* zu ertappen, in den die materiellen Schranken der Kunst alle ihre Nachahmungen binden.* Dieser Augenblick also könne nicht fruchtbar gnug gewählet werden und sei dann nur fruchtbar, wenn er der Einbildungskraft freien Raum läßt. – So weit nun sind schon alle Kunstrichter gekommen, die über die Grenzen der Künste nachdachten; aber der Gebrauch, den Herr Lessing macht, gehört ihm. Ist nämlich die Kunst an einen Augenblick gebunden, bleibt dieser Augenblick: so wähle sie nicht das Höchste in einem Affekt, sonst weiß die Einbildungskraft kein Höheres; sie drücke auch nichts Transitorisches aus, denn dies Transitorische wird durch sie verewigt.

Nichts hingegen nötige den Dichter, sein Gemälde in einen Augenblick zu konzentrieren. Er nehme jede seiner Handlungen, wenn er will, bei ihrem Ursprunge auf und führe sie durch alle mögliche Abänderungen bis zu ihrer Endschaft. Jede dieser Abänderungen, die dem Künstler ein ganzes besondres Stück kosten würde, koste ihm einen einzigen Zug usw. Das Kennzeichen selbst ist, wie gesagt, längst angegeben; Herr Lessing macht aber dies angegebne Kennzeichen praktisch.

Nichts Übergehendes also wähle die Kunst zum Augenblicke ihres Gegenstandes**; aber was ist denn eigentlich, was in der Natur nicht transitorisch, was in ihr völlig permanent wäre? Wir leben in einer Welt von Erscheinungen, wo eine auf die andre folgt und ein Augenblick den andern vernichtet; alles in der Welt ist an den Flügel der Zeit gebunden, und Bewegung, Abwechselung, Wirkung ist die Seele der Natur. Metaphysisch also – doch wir wollen hier nicht metaphysisch, sinnlich wollen wir reden: und im sinnlichen Verstande, nach der Erscheinung unsrer Augen, gibt es da nicht unablässige, daurende Gegenstände gnug, die also die Kunst nachahmen soll? Allerdings, es gibt solche; und dies sind gewissermaßen

* [A. a. O.], p. 24 [19].
** [A. a. O.], p. 25 [19].

alle Körper, und zwar sofern sie Körper sind. Diese, so abwechselnd ihre Zeitfolgen und Zustände auch sein mögen, so schnell auch jeder Augenblick ihres Seins sie ändere: so geht er doch nicht *unsern Augen* vorüber; für diese kann also der Künstler Erscheinungen liefern: er schildere Körper, er ahme nach die *bleibende* Natur.

Wenn aber diese bleibende Natur auch zugleich tote Natur wäre? wenn das Intransitorische eines Körpers eben von seiner Unbeseeltheit zeugte? Alsdenn, dies bleibende Intransitorische des Gegenstandes zum Augenmerke der Kunst ohne Einschränkung gemacht – was anders, als daß mit diesem Grundsatz der Kunst auch – *ihr bester Ausdruck* genommen würde? Denke dir, mein Leser, einen seelenvollen Ausdruck durch einen Körper, welchen du wollest, und er ist vorübergehend. Je mehr er eine menschliche Leidenschaft charakterisieret, um so mehr bezeichnet er einen veränderlichen Zustand der menschlichen Natur, und um so mehr „erhält er durch die Verlängerung der Kunst ein widernatürliches Ansehen, das mit jeder wiederholten Erblickung den Eindruck schwächet und uns endlich vor dem ganzen Gegenstande Ekel oder Grauen verursacht". Die Einbildungskraft habe noch so viel Spielraum, noch so viel Flug: so muß sie doch endlich einmal an eine Grenze stoßen und unwillig wieder zurückkommen; ja, je schneller sie gehet, je prägnanter der gewählte Augenblick sei, um so eher kommt sie zu Ziel. So gut als ich zu einem lachenden Lamettrie sagen kann, wenn ich ihn zum dritten, vierten Mal noch lachend sehe: Du bist ein Geck! so gut werde ich auch endlich zu Myrons Kuh sagen können: Nun so gehe doch fort, was stehest du? – Und so viel Ursache ich habe, einen schreienden, einen unablässig schreienden Laokoon endlich unleidlich zu finden, so viel Ursache werde ich, nur etwas später, finden, auch den seufzenden Laokoon überdrüssig zu werden, weil er noch immer seufzet. Endlich also auch den stehenden Laokoon, daß er immerhin stehet und sich noch nicht gesetzet hat; endlich auch eine Rose von Huysum, daß sie noch blühet, noch nicht verweset ist; endlich also jede Nachahmung der Natur durch Kunst. In der Natur ist *alles* übergehend, Leidenschaft der Seele und Empfindung des Körpers, Tätigkeit der Seele und Bewegung des Körpers, jeder Zustand der wandelbaren endlichen Natur. Hat nun die Kunst nur einen Augenblick, in den *alles* eingeschlossen werden soll: so wird jeder veränderliche Zustand der Natur durch sie unnatürlich verewigt, und so hört mit diesem Grundsatze alle Nachahmung der Natur durch Kunst auf.

Nichts ist gefährlicher, als eine Delikatesse unsres Geschmacks in einen allgemeinen Grundsatz zu bringen und sie in ein Gesetz zu schlagen: sie gibt alsdenn bei einer guten gewiß zehn mißliche Seiten. Herr Lessing wollte den höchsten Grad des Affekts von der Bildung einer Bildsäule ausschließen; gut! Er gab aber davon die Ursache, daß diese Leidenschaft transitorisch wäre*; nicht so gut! Er machte endlich aus dieser Ursache einen Grundsatz: Die Kunst drücke nichts aus, was sich nicht anders als transitorisch denken läßt; und dies verführt am weitesten. Mit ihm wird die Kunst tot und entseelt gemacht, sie wird in jene faule Ruhe versenket, die nur den Klosterheiligen der mittlern Zeit gefallen könnte: sie verliert alle Seele ihres Ausdrucks.

Und welches wäre denn die angebliche Ursache einer so grausamen kritischen Arznei? Weil eine transitorische Erscheinung, sie möge angenehm oder schrecklich sein, durch die Verlängerung der Kunst ein so widernatürliches Ansehen bekomme, daß *mit jeder wiederholten Erblickung*** – Ich mag nicht weiter! Wiederholte Erblickung! jede wiederholte Erblickung! wer wird auf diese rechnen? Wer wird sich in seiner Jugend ein Vergnügen versagen, weil es *endlich* mit *jedem* wiederholtem Genusse schwächer werden müßte? wer mit sich selbst hadern, mit seiner Empfindung zanken, statt sich ungestört dem angenehmen Jetzt zu überlassen, ohne an die Zukunft zu denken? ohne aus dieser sich selbst Schatten hervorzurufen, die die Freuden von uns scheuchen? Alle sinnliche Freuden sind bloß *für den ersten Anblick*, und für ihn allein sind auch die Erscheinungen der schönen Kunst. „Lamettrie, der sich als einen zweiten Demokrit malen lassen, lacht dir nur die ersten Male, da du ihn siehest; du betrachtest

* [A. a. O.], p. 25 [20].
** [A. a. O.], p. 25 [20].

ihn öfter, und er wird aus einem Philosophen ein Geck; aus seinem Lachen wird ein Grinsen." Es kann sein! aber wenn dieser lachende Demokrit auch nur für den ersten Anblick gebildet sein wollte? Wie nun? war bei diesem ersten Anblicke schon sein Lachen nicht anders als verächtlich und widerlich, ward sogleich dadurch der Philosoph ein respektiver Geck und seine Demokritmiene ein Grinsen: so ist's freilich schlimm für ihn und den Künstler. Das Lachen hätte unterbleiben sollen; aber – nicht seiner permanenten Dauer, sondern seines verächtlichen widerlichen Anblickes willen. War dies aber nicht, dünkt dir nur nach öfterm Besuche der lachende Philosoph ein Geck – delikater Freund! so bilde dir ein, du habest ihn noch nicht gesehen, oder – meide ihn. Aber uns verwehre darum nicht seinen ersten Anblick, und noch weniger forme ein Gesetz, daß hinkünftig kein Philosoph lachend gemalt werden solle. Warum? weil das Lachen was Transitorisches sei. Jeder Zustand in der Welt ist so mehr oder minder transitorisch. Sulzer hat sich mit gesenktem Haupte, mit einem vom Finger unterstützten Kinne und mit tiefer philosophischer Miene stechen lassen.* Nach Herrn Lessings Grundsatze müßte man ihn im Bilde anreden: Philosoph, wirst du bald deine Ästhetik ausgedacht haben? stirbt dir nicht dein gesenkter Kopf und dein erhabner Finger? Seufzender Laokoon, wie lange wirst du seufzen? So oft ich dich sehe, ist dir noch die Brust beklemmt, der Unterleib eingezogen? ein transitorischer Augenblick, ein Seufzer, ist bei dir widernatürlich verlängert. Der donnerwerfende Jupiter und die schreitende Diana, der den Atlas tragende Herkules und jede Figur in der mindsten Handlung und Bewegung, ja auch nur in jedem Zustande des Körpers ist alsdenn widernatürlich verlängert; denn keine derselben dauret ja ewig. So wird also, wenn die vorstehende Meinung Grundsatz würde, das Wesen der Kunst zerstört.

Es kann also auch nicht als Ursache gelten, warum die Kunst keine Höhe des Affekts ausdrücken müßte; es ist nicht Delikatesse, sondern Ekel des Geschmacks.

* [Sulzer], „Sammlung vermischter Schriften [zu Beförderung der schönen Wissenschaften und der freien Künste", hrsg. von Nicolai], Teil 5 [1762].

Jedes Werk der bildenden Kunst ist, wenn wir uns die Einteilung Aristoteles' gefallen lassen, ein *Werk* und keine Energie: es ist in allen seinen Teilen auf einmal da; sein Wesen besteht nicht in der Veränderung, in der Folge auf einander, sondern im Koexistieren neben einander. Hat also der Künstler es dem ersten, aber ganzen und genauesten Anblicke, der eine vollständige Idee liefern muß, vollkommen gemacht, so hat er seinen Zweck erreicht, die Wirkung bleibet ewig: es ist ein *Werk*. Es steht auf einmal da, und so werde es auch betrachtet: der erste Augenblick sei permanent, erschöpfend, ewig, und bloß die menschliche Schwachheit, die Schlaffheit unsrer Sinne und das Unangenehme des langen Anstrengens macht, bei tief zu erforschenden Werken, vielleicht das zweite, vielleicht hundertste Mal des Anblicks nötig; darum aber sind alle diese Male doch nur *ein* Anblick. Was ich gesehen habe, muß ich nicht wieder sehen, und was mir nicht durch das vollständige *Eine des Anblicks*, sondern nur die Abwechselung *durch die Wiederholung* desselben widerlich wird, liegt nicht in der Kunst, sondern in dem Überdruß meines Geschmacks. Kann dieser nun einen Grundsatz der Kunst bilden? kann er auch nur eine tüchtige Ursache eines andern Satzes abgeben?

So räume ich also bei Herrn Lessing diese Ursache als Ursache, als Gesetz weg und denke damit gnug zu haben, daß der höchste Affekt dem ersten Anblicke widerlich und der Einbildungskraft gleichsam zu enge sei, folglich in der Kunst müsse wenigstens als Hauptanblick vermieden werden. Wenn die Wirkung der Kunst ein *Werk* ist, zu *einem*, aber gleichsam ewigen Anschauen gebildet: so muß dieser *eine* Anblick auch so viel Schönes für das Auge und so viel Fruchtbares für die Einbildungskraft enthalten, als er enthalten kann. Daher kommt das Unendliche und Unermeßliche in dieser bildenden Kunst, das sie vor allen andern Künsten des Schönen voraus hat: nämlich ein höchstes Ideal der Schönheit für das Auge und für die Phantasie die stille Ruhe des griechischen Ausdrucks; denn beide sind die Mittel, uns in den Armen einer ewigen Entzückung und in dem Abgrunde eines langen seligen Anblicks zu erhalten.

„Wie kommt's", fragt ein Philosoph des Schönen, „daß es

nur in der Malerei und Bildhauerkunst eine Idealschönheit, ein aliquid immensum infinitumque gibt, das sich die Künstler in der Einbildung zum Muster vorstellen, und in der Dichtkunst nicht?" Ich glaube nicht, daß er sich diese Frage von seiten der Kunst durch die Bemerkung aufgelöset, „daß in den schönen Künsten das Idealschöne am schwersten zu erreichen sei"*; denn die Frage bleibt dieselbe: Warum muß denn ein so schweres Ziel erreichet sein? Aus keiner Ursache, glaube ich, als weil die Kunst nur *Werke* liefert, die *einen* Augenblick vorstellen und zu einem großen Anblicke gebildet sind: die also ihren Augenblick so annehmlich, so schön machen müssen, daß nichts drüber, daß die Seele, in Betrachtung desselben versunken, gleichsam ruhe und das Maß der vorübergehenden Zeit verliere. *Die* schönen Künste und Wissenschaften dagegen, die durch die Zeit und Abwechselung der Augenblicke wirken, die Energie zum Wesen haben, müssen keinen einzelnen Augenblick ein Höchstes liefern, nie auch unsere Seele in dies augenblickliche Höchste verschlingen wollen; denn sonst wird eben die Annehmlichkeit gestört, die in der Folge, in der Verbindung und Abwechselung dieser Augenblicke und Handlungen beruhet und jeden Augenblick nur also als ein Glied der Kette, nicht weiter nutzet. Wird einer dieser Augenblicke, Zustände und Handlungen eine Insel, ein abgetrenntes Höchstes, so geht das Wesen der energischen Kunst verloren. Ist aber wiederum der eine ewige Augenblick der bildenden Kunst nicht so, daß er auch einen ewigen Anblick gewähren könnte, so ist ihr Wesen auch nicht erreicht. Bei Körpern ist dieser einige ewige Anblick die vollkommene Schönheit; und sofern die Seele durch den Körper wirken soll, ist's die hohe griechische Ruhe. Diese ist zwischen der toten Untätigkeit und zwischen der aufgebrachten übertriebnen Wirkung mitten inne; die Einbildungskraft kann auf beide Seiten weiter hinschweben und hat also in diesem Anblicke der Seele die längste Unterhaltung. Tote Untätigkeit schneidet den Faden der Gedanken mit einem Schnitte ab; die Figur ist tot, wer will sie erwecken? Das Übertriebne im Ausdrucke kürzet wieder auf der andern Seite den Flug der

* Literaturbriefe, Teil 4, [66. Brief], p. 285[-286]. – [Mendelssohn].

Phantasie; denn wer kann sich über das Höchste noch etwas Höheres gedenken? Aber die selige Ruhe des griechischen Ausdrucks wieget unsre Seele nach beiden Seiten hin, und in ihrem Anblicke stellen wir uns zugleich das stille Meer vor, aus dem sich diese sanfte Welle der Bewegung und Leidenschaft erhoben; zugleich auch: wie, wenn die Welle sich mehr hübe? wie, wenn aus diesem hauchenden Zephyr ein reißender Sturm der Leidenschaft würde? wie würden sich alsdann die Fluten türmen und der Ausdruck aufschwellen! – Welch weites Feld der Gedanken liegt also in dem Anblicke der sanften Ruhe des griechischen Ausdrucks!

Ich glaube, von zweien Problemen den Grund in dem Wesen der Kunst gefunden zu haben. *Warum* ist bei der bildenden Kunst das höchste Gesetz Schönheit? Weil sie *neben einander* wirket, ihre Wirkung also *in einen Augenblick* einschließet und ihr Werk für *einen ewigen Anblick* erschaffet. Dieser einzige Anblick liefere also das Höchste, was ewig fest hält in seinen Armen – die *Schönheit.* – Körperliche Schönheit ist indessen noch nicht befriedigend: durch unser Auge blickt eine Seele, und durch die uns vorgestellte Schönheit blicke also auch eine Seele durch. In welchem Zustande diese? Ohne Zweifel in dem, der meinen Anblick ewig erhalten, der mir das längste Anschauen verschaffen kann. Und welches ist der? Kein Zustand der faulen Ruhe, der gibt mir nichts zu denken; kein Übertriebnes im Ausdrucke, dies schneidet meiner Einbildungskraft die Flügel; sondern die sich gleichsam ankündigende Bewegung, die aufgehende Morgenröte, die uns zu beiden Seiten hinschauen läßt und also einzig und allein ewigen Anblick gewähret.

Auf die Art generalisieren sich die Begriffe des Unterschiedes von selbst, und wir reden nicht mehr von Bildhauerei und Poesie, sondern von Künsten überhaupt, die *Werke* liefern oder durch eine ununterbrochne *Energie* wirken. Was von der Poesie gilt, wird in diesem Betrachte auch von Musik und Tanze gelten; denn auch diese wirken nicht für *einen Anblick*, sondern für eine Folge von Augenblicken, deren Verbindung eben die Wirkung der Kunst macht: sie haben also durchaus andre Gesetze. Es heißt also auch nicht, den römischen Dichter Laokoons erklärt, wenn ich anführe, daß sein clamores horrendos ad sidera tollit kein schiefes schreiendes Maul und keinen häßlichen Anblick vorweise*; denn freilich arbeitete er nicht fürs Auge, und noch minder ward dieser Zug seines Gemäldes *ewiger Anblick*, im malerischen Verstande. Aber wie? wenn seine ganze Schilderung, die ich als ein Gemälde *für meine Seele* betrachte, mir keinen andern innern Zustand des Laokoon zeigte, als der in diesem Schreie liegt: bleibt alsdenn nicht auch im Gemälde des Dichters dieser Zug Hauptfigur? Wenn ich mich an den Virgilianischen Laokoon erinnere, erinnere ich mich nicht jedesmal an einen Schreienden? denn auf andre Art hat er bei *seinem* Schmerze seine Seele nicht gezeigt. Nun ändert sich der Gesichtspunkt. Es muß aus dem Wesen der Poesie, aus dem energischen Zwecke des Dichters erklärt werden, ob dieser Zug von Laokoon, diese *einzige* Äußerung seiner Empfindung in meiner Einbildungskraft Hauptfigur, bleibender Eindruck werden sollte? Nicht gnug, daß clamores horrendos ad sidera tollit ein erhabner Zug für das Gehör sei (wenn ich einen Zug für das Gehör verstehe); es muß auch dem Dichter daran gelegen sein, ihn zum Hauptzuge Laokoons in meiner Phantasie zu machen. Ist dies nicht, so hat der Dichter, wenn ich gleich kein schönes Bild verlange, doch auf mich seinen ganzen Eindruck verfehlt —

Es ist nicht mein Zweck, dies bei Virgil zu untersuchen. Ich habe Winckelmann gerechtfertigt, der (vielleicht nur gar historisch) sagen kann: „Der Laokoon des Künstlers schreiet nicht wie der Laokoon des Virgils." Ich habe die Ursache, die Herr Lessing gibt vom Unterschiede beider Künste, geprüft und auf das *Eine des Anblicks* zurückgeführt, in dem sich die bildende und keine andre Kunst zeige. Ich wollte, daß Herr Lessing in seinem ganzen Werke diesen Unterschied des Aristoteles zwischen *Werk und Energie* zum Grunde gelegt hätte; denn alle seine Teilunterschiede, die er angibt, laufen doch endlich auf diesen Hauptunterschied hinaus.

* „Laokoon", p. 30 [22].

Wie kann der Dichter dem Künstler und der Künstler dem Dichter nachahmen? Ich glaube, daß der Unterschied, den Herr Lessing bei den Gattungen ihrer Nachahmung macht*, schon in unsrer Sprache liege und also auch in der Auseinandersetzung alles gleich durch ein Wort deutlich mache. *Einen nachahmen* heißt, wie ich glaube, den Gegenstand, das Werk des andern nachmachen; *einem* nachahmen aber, die Art und Weise von dem andern entlehnen, diesen oder einen ähnlichen Gegenstand zu behandeln.

Um in diesen Unterschied einzudringen, sucht Herr Lessing einen Gegner auf, mit dem er streite, und dies ist Spence.** Spence war freilich ein ratender Kopf voll Allusionen und Ähnlichkeiten: ein Wort, ein Zug des Bildes war ihm gnug, Anspielung und Nachahmung zu finden, und ich gestehe gern, daß sich sein Werk selten über ein Verzeichnis von Parallelstellen der Dichter (zwar leider! nur der römischen Dichter) und der Künstler (und doch meistens griechischer Künstler) erhebe. Indessen spielt ihm Herr Lessing einen bösen Streich, daß er im Texte *nützliche Erläuterungen* anführt, die alten Schriftstellen aus der Vergleichung mit Kunstwerken zuwüchsen, und in seinen Noten diese nützlichen Erläuterungen fast sämtlich widerlegt. Sind also nützliche Erläuterungen bei Spence von dieser Art oder sind dies gar die einzigen: so danke ich für Spence.

Und ich weiß nicht, ob Herr Lessing in *allem*, was er gegen diese Erläuterungen sagt, so ungeteilt recht habe. Juvenal redet von einem Soldatenhelme, wo unter andern Sinnbildern er auch

— nudam effigiem clypeo fulgentis et hasta
Pendentisque Dei perituro ostenderet hosti,

und Addison glaubte die Stellung des Dei pendentis nicht besser als durch Werke erklären zu können, wo Mars zu der Rhea *herunterschwebet* und also über ihr gleichsam *hanget.*

* [A. a. O.], p. 78, 79 [50, 51].
** [A. a. O.], p. 80 [51, 52].

Noch bin ich für die Addisonsche und Spencische Erläuterung nicht eingenommen: was hat aber Herr Lessing dagegen? daß es ein Hysteron proteron von Juvenal sein würde, von der Wölfin und den jungen Knaben zu reden und dann erst von dem Abenteuer, dem sie ihr Dasein zu danken haben.* Bei einem Dichter, bei einem satirischen Dichter zumal, wieviel hat da wohl ein Hysteron proteron auf sich? Doch so mag ich nicht reden: das hieße nicht den Dichter erklären, sondern unsre ihm angepaßte Erklärung retten. Erst zeige man mir, wo das Hysteron proteron stecke! „In den ersten rauhen Zeiten der Republik zerbrach der Soldat die kostbarsten Becher, die Meisterstücke griechischer Künstler, um eine Wölfin, einen kleinen Romulus und Remus, einen hangenden Mars auf seinen Helm zu setzen.“ Dies ist Juvenals Gedanke, und wo das Hysteron proteron in ihm? Der römische Soldat ist ein sammlender Name, ein nomen collectivum, und sein Helm steht für alle römische Helme; auf einen konnte dies, auf einen das gesetzt werden; und so gut die Wölfin und die beiden Kleinen am Felsen als der hangende Mars wäre an sich ein Emblem des römischen Ursprunges und des rauhen Soldaten, dem das aus solchem Ursprunge entstandene Rom alles war. Alsdann hätte Juvenal ein paar Beispiele angeführt, die, aus *einer* Geschichte hergenommen, zu dem *Emblem einer* Sache nebeneinander stehen, ja aber unter sich kein Ganzes ausmachen sollen. Wieso aber zu dem Emblem einer Sache? „Man sage“, fragt Herr Lessing, „ob eine Schäferstunde wohl ein schickliches Emblema auf dem Helme eines römischen Soldaten gewesen?“** Warum nicht? Es war nicht mehr das Bild einer Schäferstunde allein, sondern das Bild des göttlichen Ursprunges der Römer, des Ursprunges, auf welchen der Soldat stolz war als ein Römer. Es war nicht die Überraschung der Rhea, sondern die Stunde, die dem Stifter Roms das Leben gab: also so unpassend nicht auf den Helm eines *Römers*, der seinen Mars auch in dieser pendenten Stellung nicht verabscheute und auch in ihr so ungerne nicht sein Abkömmling sein mochte, den sie eben zum Römer machte. — —

* [A. a. O.], p. 83 [53].
** [A. a. O.], p. 83 [53].

Ich habe gesagt, die Bilder Juvenals haben einzeln auf den Helmen der Soldaten sein können; warum aber müßte es ein Hysteron proteron sein, wenn sie auch nebeneinander auf einem Helme gewesen wären, nur in verschiedne Gruppen geteilt, wovon der Dichter ein paar anführt? Haben mehr Denkbilder des römischen Ursprungs darauf Raum gefunden: so schnitze sie der Künstler, mir und dem Sinne Juvenals nicht zuwider.

Aber *schwebt* auch Mars, fährt Herr Lessing fort, wirklich?* Und es ist viel, wie weit sein grübelndes Zweifeln geht. Mag auch Spence recht gesehen, recht haben stechen lassen und — — die Münze auch gehabt haben? „Es ist hart", muß ich Herrn Lessing nachsagen, „es ist hart, in einer solchen Kleinigkeit die Aufrichtigkeit eines Mannes in Zweifel zu ziehen": zumal es mehr bekannte Münzen von dieser Art gibt.

Der Zweifel tritt weiter und wird zur allgemeinen Verneinung. „Ein schwebender Körper ohne eine scheinbare Ursache, durch welche die Wirkung seiner Schwere verhindert wird, ist eine Ungereimtheit, von der man in den alten Kunstwerken kein Exempel findet."** Nun! so weit hätte man es doch nicht führen dörfen! Mars in dem gegenwärtigen Falle ist ja nichts minder als ein schwebender Körper, ein ohne scheinbare Ursache schwebender Körper, der ungereimt wäre, der das Auge beleidigte, der die Regeln der Bewegung, der Schwere, des körperlichen Gleichgewichts aufhübe — wo ist dies alles unser Mars? Es ist ein sich herabsenkender Körper, der eben nach den Regeln der Bewegung und Schwere und des Gleichgewichts die Erde sucht oder, mit Shakespeares schönem Ausdrucke vom Merkur, der mit seinem Fuße den Hügel küsset. Auf einem Kunstwerke von so wenigem Umfange denkt ja niemand, daß dieser herabschwebende Mars vom Himmel gekommen, daß er sich durch die Luft gestürzt, daß er in ihr ohne Flügel und Leitband gehangen: wie es also sei, daß er noch so glücklich herabkomme — hieran denkt niemand, denn er sieht Mars nur sofern, als er die Erde betritt. Es ist das Niedersenken wie von einem sanften Sprunge, und

* „Laokoon", p. 84 [54].

** [A. a. O.], p. 85 [54].

dazu braucht man kein Gott zu sein oder sich einen Gott von ganz andern Regeln der Bewegung, der Schwere, des Gleichgewichts denken zu müssen: die sanfte Stellung kann jeder dem Mars nachtun und der Künstler sie ohne Ungereimtheit wählen. – Der ganze Allgemeinsatz ist also hier kaum an seiner Stelle, und in der Weite, die ihm Herr Lessing gibt, leidet er Einschränkung. Es muß ein Körper sehr augenscheinlich nicht schweben, sondern hangen, und zwar in der allweiten Luft hangen, wenn sein Anblick die Wahrscheinlichkeit der Augen beleidigen soll; und wie selten ist dies auf einer Münze, auf einem geschnittenen Steine, und auch wohl noch selten in Gemälden, und der Wahrscheinlichkeit der Augen wird da immer ohne Lehrsätze der Bewegung abgeholfen. Was sollen doch, wenn man so genau rechnen wollte, die kleinen Flügelchen an den Füßen Merkurs bei dem gewaltigen Schwunge, in welchem er sich z. E. in einem Farnesischen Gemälde von Carracci zeigt? Machen sie denn den Abschwung wahrscheinlicher als ein Mars, der auf die Erde hinschwebet? Was sollen alsdann die Homerischen Götterpferde, die zwischen der Erde und dem sternbesäeten Himmel mit einem Sprunge so viel beschreiten, als der Hirt absieht, der vom Gipfel des höchsten Gebirges in den schwarzen Ozean ausschauet – was sollen diese, wenn man ihnen auch ein Paar Flügelchen gäbe, die ihnen überdem Homer nicht gibt, wenn man nach der Mechanik bestimmen wollte? Nun aber lasset Apollo, Diana, Luna, Juno, Minerva und wer von den Himmlischen mehr Gesellschaft machen wolle, in ihrem Luftwagen sich fortschwingen: zeiget sie uns der Künstler nur in einer Stellung nahe an oder über der Erde im Absenken: so vergessen wir gern das Ungeheuere der Luft, die wir überdem hier nicht in ihrem Umfange sehen können. Wir brauchen keinen Leitband, der die sich absenkende Figur an ein Gestirn hefte, wir brauchen kein Fahrzeug der Kaklogallinier, welches bei Swifts Reise in den Mond auf der ersten Wolke übernachtete – –

Noch minder tut mir die verbesserte Lesart Lessings zu dieser Stelle Gnüge: – – sie ist gesuchter und metaphysischer als alle vorige Lesarten*; und kurz! sollte in Spence nicht

* [A. a. O.], p. 87 [56].

mehr Vorrat zu Erläuterung der Alten sein, insonderheit wenn ein besserer Kopf die Spencischen Kompilationen von Parallelstellen nutzte? Aber freilich bleibe ihm die Grille, daß die Dichter bei jeder kleinen Ähnlichkeit ein Kunstwerk kopieret haben müssen. Herr Lessing widerlegt sie in einigen Beispielen*, und bei manchen hätte auch *aus dem innern Baue* der dichterischen Schilderungen erwiesen werden können, daß sie aus der Phantasie des Dichters und nicht von der Arbeit des Künstlers geflossen, weil sie sich sonst dem Dichter anders hätten vorstellen *müssen.*

11

Es können kritische Betrachtungen nicht leicht nutzbarer sein, als wenn Lessing gegen Spence über den Unterschied disputiert, in welchem dem Künstler und Dichter Götter, geistige und moralische Wesen erscheinen**: hiegegen wird in und außerhalb der Mauern von Troja, ich meine in Poesie und Kunst, gesündigt.

Götter und geistige Wesen. „Dem Künstler sind sie nichts als personifierte Abstrakta, die beständig die ähnliche Charakterisierung behalten müssen, wenn sie erkenntlich sein sollen; dem Dichter sind sie handelnde Wesen."*** Ich weiß nicht, ob dieser Unterschied so fest und beiden Künsten so wesentlich wäre, als er hier angegeben wird – und mich dünkt, daß ein Ich-weiß-nicht von dieser Art, das nichts minder als den Gebrauch der ganzen Mythologie in allen schönen Künsten und Wissenschaften betrifft, wohl eine kleine Aufmerksamkeit verdiene.

Also sind die Götter und geistigen Wesen dem Künstler nichts als personifierte Abstrakte? Freilich, solange eine einzelne Figur nichts als ein kenntliches Bild eines himmlischen Wesens sein soll, so sind die dasselbe charakterisierenden Kennzeichen das Augenmerk. Nun aber trete diese Figur z. E.

* [A. a. O.], p. 90, 91 [58–60].
** [A. a. O.], p. 113–118 [71–74].
*** [A. a. O.], p. 99, 100 [63].

bei einem Gemälde in Handlung, gesetzt, die Handlung flösse auch nicht aus ihrem Charakter: sobald tritt die historische Mythologie in die Stelle der emblematischen, und die Gestalt ist nicht mehr durch das, was sie *ist*, sondern *was sie tut*, kenntlich. Herr Lessing gibt dies zu; nur meint er, die Handlungen müssen nicht ihrem Charakter widersprechen; und aus dem Beispiele, das er gibt, sehe ich, daß er in Untersuchung dieses Widerspruchs sehr fein ist. Eine Venus, meint er, die ihrem Sohne die Waffen gibt, könne freilich gebildet werden; denn hier bliebe sie noch eine Göttin der Liebe, ihr könne noch alle Anmut und Schönheit gegeben werden, die ihr als Göttin der Liebe zukomme; sie werde vielmehr als solche durch diese Handlung noch kennbarer; aber eine zürnende, eine verachtende Venus ganz und gar nicht.* – Ich bin in der Ausdehnung dieses Unterschiedes nicht Herrn Lessings Meinung.

Götter und geistige Wesen sind dem Künstler freilich personifierte Abstrakta und Charakterfiguren, solange er sie allein, bloß in einem ihnen gemäßen Anstande, oder höchstens in einer intransitiven Handlung bilden soll; aber alsdann sind sie es nur aus Not, aus Muß, *um kenntlich zu sein.* Venus, Juno, Minerva haben *diese und keine andre* Bildung der Schönheit, nicht als wenn diese immer ein innerer Charakterzug ihres abstrakten Wesens wäre; gnug, daß sie ein von Dichtern einmal beliebtes und festgesetztes *äußeres Kennzeichen* dieser Gottheit ist. Ich verstehe mich nicht gnug auf den abstrakten Begriff der Liebe, als daß ich wissen könnte, ob jede Kleinigkeit bei der Bildung der Venus und keiner andern göttlichen Schönheit da sei, weil sie notwendig das Abstraktum der Liebe charakterisiere? ob z. E. das ὑγρόν ihrer Augen und das Lächeln ihrer Wangen und das Grübchen ihres Kinnes zu diesem Begriffe so unentbehrlich sei, als auf der andern Seite die majestätische Brust der Juno und die schlanke Taille der Diana und die unschuldige Miene der Hebe zu diesem Begriffe eben hinderlich sein müßte. Ich habe nie die Mythologie als ein solch Register allgemeiner Begriffe studiert und bin allemal in die Enge geraten, wenn ich gesehen, wie andre sie am liebsten auf solche Art angesehen.

* [A. a. O.], p. 100, 101 [64].

Soviel ist einmal gewiß, daß Dichter, und kein anderer, die Mythologie erfunden und bestimmt und, da wette ich, fürwahr nicht als eine Galerie abstrakter Ideen, die sie etwa in Figuren zeigten. Wo bleibe ich mit den allerdichterischten Geschichten Homers, wenn ich mir seine Götter, nach Damms Lehrart, nur als handelnde Abstrakte betrachten wollte? Es sind himmlische *Individua*, die freilich durch ihre Handlungen sich einen Charakter festsetzen, aber nicht da sind, diese und jene Idee in Figur zu zeigen: ein ausnehmender Unterschied. Venus kann immer die Göttin der Liebe sein; nicht aber alles, was sie bei Homer tut, geschieht deswegen, um die Idee der Liebe in Figur zu repräsentieren; Vulkan mag sein, was er will; wenn er den Göttern ihren Nektarbecher umreicht, ist er nichts als – ihr Mundschenke.

Ich schließe also: daß Götter und geistige Wesen „bei dem Dichter nicht bloß handelnde Wesen sind, die *über ihren allgemeinen Charakter noch andre Eigenschaften und Affekten haben*, welche *nach Gelegenheit der Umstände* vor jenen vorstechen können", wie Herr Lessing sagt*, sondern daß *diese andre Eigenschaften und Affekten*, kurz! eine gewisse eigne Individualität ihr wahres Wesen und der *allgemeine Charakter*, der etwa aus dieser Individualität abgezogen, nur ein späterer, unvollkommener Begriff sei, der immer *untergeordnet* bleiben mußte, ja bei Dichtern oft in gar keinen Betracht komme.

Nun schließe ich weiter. Wenn also in der Mythologie und Geisterlehre der ältesten Dichter der individuelle oder historisch handelnde Teil vor dem charakteristisch handelnden das Übergewicht behält und eben diese Dichter doch die ursprünglichen Stifter und Väter dieser Mythologie und Geisterlehre gewesen, so sei die bildende Kunst, sofern sie mythologisch ist, bloß ihre Dienerin. Sie entlehnt ihre Geschöpfe und Vorstellungen, sofern sie sie brauchen und ausdrücken kann.

Bei jeder einzelnen Figur also, und mithin meistens bei den Werken der Bildhauer, die einzelne Gestalten bilden, fodert es *der Mangel, die Grenzen*, nicht aber *das Wesen* der Kunst, die Personen mehr charakteristisch als individuell auszudrük-

* [A. a. O.], p. 99 [63].

ken: denn sonst verirren sie sich in die Menge historischer Personen und laufen Gefahr, unkenntlich zu werden.

Sobald es aber dem Künstler die Grenzen seiner Kunst verstatten, dem Dichter zu folgen, sogleich nimmt der Dichter, dem eigentlich die Mythologie gehört, sein Recht wieder, und die Anordnung des Kunstwerks wird, dem Ursprunge mythologischer Ideen gemäß, dichterisch. Bloß um das Unkenntliche zu vermeiden, schränkte er sich auf die abstrakte Idee ein; Not und Dürftigkeit war sein Gesetz: ist aber dies Gesetz – diese Furcht gehoben; kann er auf andere Art hoffen, kenntlich zu werden, als durch die einförmige Charaktervorstellung; verbeut *das Wesen* seiner Kunst diese andre Art der Kenntlichkeit nicht; erreicht er durch dieselbe gar einen Zweck, den er durch die abstrakte Idee nicht erlangen konnte: so hat er mit dem Dichter einerlei Rechte. Die ganze Mythologie ist eigentlich ein Land *dichterischer* Ideen, und auch wenn sie der Künstler bildet, wird er Dichter.

Und bei diesem ganzen Privilegium des Künstlers, worauf kommt sein unumschränkter Gebrauch an? Auf das Wort *Handlung.* Kann der Künstler, z. E. Maler, scinem Werke *Handlung* geben, kann er mehrere Personen gruppieren, die gemeinschaftlich eine poetische oder historische Situation vorstellen, kenntlich und schön vorstellen können, o so vergesse er sicher die innere und äußere Charakteristik sciner Götter, die ihm sonst einzeln notwendig waren. Immerhin lasse er auch seine Handlung dem abstrakten Charakter *sichtlich* widersprechen, immerhin male er uns auch eine auf ihren Cupido zürnende Venus; denn wenn sie auch in diesem Augenblick nicht *die Liebe* selbst bliebe, so bleibt sie doch, was sie ursprünglich ist, *die Göttin der Liebe*, die Mutter des Cupido. Kann er Venus und den getöteten Adonis in malerische Handlung bringen, so rufen wir der Venus mit dem Dichter zu: „Was schläfst du, Kytherea, auf purpurnen Decken! Stehe auf, Unglückselige, zeuch Trauerkleider an, und schlage an deine Brust, und klage der ganzen Welt: Er ist nicht mehr, der schöne Adonis!" Und immerhin wollen wir auch Adonis sehen, wie ihn der Dichter sieht: „Er liegt, der schöne Adonis liegt ausgestreckt auf dem Gebirge. Ein mörderischer Zahn hat seine zarte Hüfte verletzt. Noch einen letzten Seufzer atmet er: schwarzes Blut rinnt über den Leib, der blendender ist als Schnee. Das Licht seiner Augen verlischt, die Lippen erblassen, Adonis stirbt.“ Stirbt Adonis etwa als die Idee ehelicher Liebe und Glückseligkeit und Schönheit? Trauret Venus, um die Idee der Liebe in Maske zu zeigen? Wird die letztere jedem gesunden mythologischen Auge *deswegen* hier kenntlich werden, weil sie das Abstraktum der Liebe macht? Nein, das Sujet des Gemäldes ist dichterisch, ist historisch: so auch die Figuren des Künstlers? Jedesmal, daß er sie dazu machen kann: wohl! so vergesse ich die abstrakte Idee, die er in einer einzigen Figur nur aus Not vorstellen mußte. Cupido, der die Psyche plaget, und Jupiter, der den Ganymed entführet, Diane, die den Endymion besucht, und Venus, die ihre geritzte Haut beweinet – ich verspreche dem Künstler, in diesem Augenblicke keine personifierten Abstrakta zu suchen, im Jupiter keinen Präsidenten der Götter, in Dianens Gesichte keine jungfräuliche Keuschheit, in Venus kein schmachtendes Liebäugeln und in Cupido keinen spielenden Verführer. Alle diese Wesen gehören dem Dichter, und der Künstler läßt sie ihm, wo er sie ihm lassen kann. –

Ich weiß nicht, wie enge dem Künstler der mythische Zyklus werden müßte, wenn Herr Lessing ihm alle historische und dichterische Situationen untersagte, ihm nur zuließe, in ihm personifierte Abstrakta zu suchen, und jeden kleinen Widerspruch, der in der Handlung gegen die abstrakte Idee des Charakters (ein Idol der neuern Mythologisten!) vorkäme, verböte. Lebe alsdenn wohl, handlungsvolle Kunst! du bist in der Mythologie eine Galerie einförmiger Ideen, abstrakter Charakter!

„Wenn der Dichter Abstrakta personifieret: so sind sie durch den Namen und durch das, was er sie tun läßt, gnugsam charakterisiert. Dem Künstler fehlen diese Mittel. Er muß also seinen personifierten Abstraktis Sinnbilder zugeben, durch welche sie kenntlich werden. Diese Sinnbilder hat bei dem Künstler die Not erfunden; wozu aber den Künstler die Not treibet, warum soll sich das der Dichter aufdringen lassen, der von dieser Not nichts weiß? Es sei ihm also Regel, die Bedürfnisse der Malerei nicht zu seinem Reichtume zu machen und seine Wesen mit Sinnbildern der Kunst auszustaffieren. Er lasse sein Wesen handeln und bediene sich auch poetischer Attribute"* – usw. Wie gerne, wie unermüdet hört man Herrn Lessing sprechen, wenn er – doch ich will nicht loben. Sollte alles dies nicht auch auf den vorbetrachteten Fall der Kunstkomposition gelten? Der Maler findet im Lande des Dichters personifierte Abstrakte, die auch in seinem Gemälde, durch das, was er sie tun läßt, gnugsam charakterisiert sind. Dem Künstler *einer Figur* fehlt dies Mittel: er muß also seinen personifierten Abstraktis Sinnbilder geben, durch welche sie kenntlich werden; aber diese Sinnbilder erfand bei ihm die Not? Wozu also den Künstler *ohne Handlung* die Not trieb, warum sollte sich das der Künstler *mit Handlung* aufdringen lassen, wenn er von dieser Not nicht weiß? Es sei ihm also Regel, auch das, was seiner Kunst *Bedürfnis* ist im andern Fall, nicht zu seinem Reichtume zu machen, seine Wesen nicht mit Sinnbildern zu überhäufen, sie, wo sie als höhere Individua in Handlung erscheinen, nicht zu Puppen auszustaffieren und am mindsten es gar zum Hauptsatze seiner Kunst zu machen: „Mir sind die Personen der Mythologie nichts als personifierte Abstrakta, die beständig die ähnliche Charakterisierung beibehalten müssen, wenn sie erkenntlich sein sollen." Bei diesem Grundsatze, was wird aus der Kunst, die Kompositionen liefern soll? Eine Maskerade symbolischer und allegorischer Puppen!

Es gibt also selbst unter den Künsten, die sich auf Zeichnung gründen, noch immer beträchtliche Unterschiede, die eine oder die andere mehr dem Dichterischen nähern. Die Bildhauerkunst entsteht ihr am weitesten; die Malerei aber, in ihrer Komposition zumal, zumal in der Komposition dichterischer Geschöpfe, die ursprünglich Wesen der Einbildungskraft und nicht des Anschauens sind, tritt der Poesie weit näher. Sie hat ein Drama ihrer Figuren; sie stellt alle bloß in der Absicht zusammen, um eine Handlung zu repräsentieren; sie läßt also so viel möglich weg, was zur Handlung nicht gehört oder ihr gar widerspräche. Sollte in jedem Kunstwerke von

* [A. a. O.], p. 115, 116 [72, 73].

Komposition jede mythologische Person mit allem dem Zubehör überladen werden, der ihr zukommen mag, aber zu dieser Handlung nicht gehört; sollte sie der historische und dichterische Maler nur als personifierte Abstrakta behandeln sollen, die beständig die ähnliche Charakterisierung beibehalten müssen: welch ein verwirrendes und zerstreuendes Geschleppe von symbolischen Zeichen und charakterisierenden Prädikaten! Soll Venus in einem Gemälde von Komposition nie anders als *die Liebe selbst* (und nicht bloß als die Göttin der Liebe) erscheinen und *als die Liebe selbst* jedesmal charakterisiert werden und alle teilnehmende Personen ebenfalls so, jede nach ihrer Art – weg mit dem Ball in Maske. Der Maler war hier in der Komposition eines dichterischen Sujets Dichter; seine Figuren sollen sich durch *Handlung* kenntlich machen; auf diese Handlung sollen sich die Attribute beziehen, die er ihnen gibt; solche, die zu dieser Vorstellung nicht gehören, solange nur die Person noch kenntlich bleibet, lasse er weg; er opfere dem Mangel, der Notwendigkeit seiner Kunst so wenig auf, als er darf, und am allerwenigsten mache er diesen Mangel, dies Gesetz der Not zu seiner allgemeinen, wesentlichen Regel: bei dem Künstler sind Götter und geistige Wesen personifierte Abstrakta, „die beständig die ähnliche Charakterisierung behalten müssen"*. Ich sage umgekehrt: Auch bei ihm sollen Götter und geistige Wesen sich durch Handlung charakterisieren, wo sie es können; und bloß im Fall, wo sie es nicht können, sich als personifierte Abstrakte durch die ihnen beigelegte Symbole kenntlich machen. Im Grunde also einerlei Gesetz, einerlei Freiheit.

12

Von seiten der Dichtkunst kann es keine nötigere Lehre geben als die**: der Dichter mache sich die Bedürfnisse der Malerei nicht zu seinem Reichtume; er staffiere die Wesen seiner Einbildungskraft nicht malerisch aus, lasse sie handeln, und auch

* [A. a. O.], p. 99 [63].
** [A. a. O], p. 116 [73].

die Attribute, womit er sie bezeichnet, müssen handelnd, poetisch, nicht malerisch sein. So dichten die alten Dichter: die neuern malen.

Unter den Römern in ihrer besten poetischen Zeit ist vor allen Horaz ein Liebhaber von moralischen Wesen, von personifierten Abstraktis; diese Personendichtung ist mit ein Hauptstrich seines Genies und hat seine Oden sehr verschönert. Da eine solche moralische Person bei ihm gemeiniglich schnell, mit wenigen, aber lebendigen Attributen und recht in die Handlung der Ode auf einmal hineintritt: so lieben wir den angenehmen Sylphen, die schöne Sylphide, die uns so gelegen vorüberrauschet. Wie süß ist sein Bild der lächelnden Venus, die *der Scherz* und die Amors umflattern:

— Erycina ridens
quam Jocus circumvolat et Cupido —

Welch ein Bild! wenn *Furcht und Sorge* ihren Herrn auch zu Schiffe verfolgen, auch hinter ihm zu Pferde sitzen, auch des Nachts um die Dächer der Reichen flattern; wenn *der Tod* mit seinem Fuß an die Hütten der Armen und an die Paläste der Mächtigen mit gleichen Schlägen anpochet; wenn *das Glück* —

Ich komme jetzt auf die Ode Horazens, die an solchen Personendichtungen die reichste ist und wo die personificrten Abstrakta den Auslegern manche saure Viertelstunde gemacht haben. *Das Glück* selbst, die *Notwendigkeit*, die *Hoffnung*, die *Treue* usw. sind als moralische Wesen in diese Ode zusammengruppiert, und das Ganze des Gesanges selbst ist einem personifierten Abstrakto gewidmet. — Man errät es, daß ich von der *Ode ans Glück** rede. Baxter sucht hier, wie gewöhnlich, in ihr seine lieben Dilogien**, und Gesner geht vielleicht auf der andern Seite zu weit, daß er sie für eine Abhandlung über den Artikel *Glück* erklärt***; doch wir wollen ohne vorgefaßte Meinung lesen.

* [Horaz, Oden], liber I, oda 35.

** Horatius, ed. Baxter [„Horatii Eclogae, una cum scholis veteribus ed. Baxter. Editionem secundam curavit M. Gesner", 1752], p. 49.

*** Eclogae Horatii, ed. Gesner, [a. a. O.], p. 71.

Gleich zu Anfange ruft Horaz nicht eigentlich *das Glück* als ein Abstraktum an, um nach Gesners Meinung einen locum darüber durchzuhandeln; sondern *die Göttin des Glücks*, und zwar zunächst die, so zu Antium verehret wurde. Die ganze Ode tritt also gleich aus dem Lichte eines *allgemeinen Begriffes* weg und wird ein römisches, ein Familienstück der Stadt Anzo, ein Altarstück in dem Tempel dieser Stadtgöttin. Ein Einwohner von Anzo sollte aufleben, um uns diese Ode aus seiner Vaterstadt zu erklären, und wie würde der uns mit manchem ehrlichen locus communis auslachen, den wir dem Glücke überhaupt aus dieser Ode andichten, weil wir nicht die Ehre haben, die Göttin zu kennen, der die Ode als ein Individualstück gewidmet ist.

Welches sind nun die Attribute dieser Göttin? „Sie kann erniedrigen und erhöhen!" So gesagt, wäre dies Attribut freilich nichts als locus communis; allein wie es Horaz sagt, wird es römisch. Dies Glück in Antium ist eine Römergöttin: sie beschäftigt sich mit den Revolutionen des Staats, die Horaz vielleicht eben damals vor sich sahe, sie gibt und stürzet Triumphe um. Sowenig der afrikanische Jupiter eben der römische Jupiter und die Madonna in Loretto völlig die Madonna in Parma ist, so ist nicht so ganz diese Fortuna jedwede andere: sie ist Antium eigen und römisch gesinnet.

„Rings um ihr Bild geht der flehende Landmann und der Schiffer des karpatischen Meers mit seiner Bitte." Ich weiß nicht, warum Baxter hierüber bis in den Mond reiset und da sortem fortunae sucht; auch ist mir die Gesnersche Erklärung, daß die Stürme des Meers aus unbekannten Ursachen kommen, nicht vorausgesehen werden können, also dem Glücke zuzuschreiben sind usw., zu allgemein; und endlich die Klotzische Erläuterung, daß das Glück auf Münzen mit Kornähren, mit Schiffankern, und wer weiß womit mehr? gebildet werde, ist für mich und für Horaz noch gelehrter.* Vermutlich hat Horaz, der Einfältige! an nichts gedacht, als daß Antium, die Wohnung der Fortuna, Landeinwohner habe und nahe an der See liege, der Tempel des Glücks also von beiderlei Art Leuten Besuch erhalte.

* [Klotz], „Vindiciae [Quinti] Horatii [Flacci]", [1764], p. 152 [153].

„Dich fürchtet der rauhe Dacier und die flüchtigen Skythen, Städte und Völker und das wilde Latium, die Mütter der barbarischen Könige und die bepurpurten Tyrannen." Allein genommen, wäre nichts leichter zu erklären als diese Strophe; sie schilderte nämlich die Göttin des Glücks römisch gesinnet: vor ihr müssen die Feinde, die Rebellen, die Tyrannen Roms zittern; aber nun der Zusatz:

> iniurioso ne pede proruas
> stantem columnam; neu populus frequens
> ad arma cessantes ad arma
> concitet imperiumque frangat.

So sind über nichts so leicht artigere Dinge gesagt worden als über diese *stehende Säule*: Baxtern dünkte sie sehr emphatisch August zu sein, ohne zu bedenken, ob auch die Feinde, die rebellischen Vasallen Roms, vor dem Sturze Augusts so bange sein würden.* Gesner verstand, dem locus communis de Fortuna, den er in dieser Ode fand, gemäß, „jeden Menschen, auf den sich andere wie auf eine Säule stützen", ohne uns zu sagen, wie sich dieser Allgemeinsatz zwischen Dacier und Skythen, Barbarn und Tyrannen schicke. Meine Wenigkeit findet in dieser stehenden Säule — nun? nichts als eine stehende Säule: eine Säule, die vielleicht in Anzo, mit dem Namen Roms bezeichnet, vor der Fortuna stand, wie ja sonst dem Glücke, der Ruhe, der Sicherheit solche Säulen pflegen hingestellt zu werden.** Nun fiel Horazen das Bild ihres Unwillens ein: Wie, wenn sie ihren Fuß ausstreckte und die Säule stürzte? So wäre dieser Sturz, ein Sinnbild, dem Poeten ein Losungszeichen von dem Sturze Roms. In Haufen würde das Volk zu Waffen eilen, zu Waffen auch die noch Säumenden rufen und das Reich, diese ungeheure Weltsäule, zerbrechen. Die ganze Ode läßt mutmaßen, daß manche zur Zeit Horaz' sich regende Welle ihm diesen Sturm prophezeiet oder, mit seinem Bilde, daß Fortuna schon damals ihren großen Zeh zu regen schien, um an die Säule zu treffen. — Wie

* Baxter, Horatius [„Horatii Eclogae, una cum scholis veteribus ed. Baxter. Editionem secundam curavit M. Gesner"], p. 50.

** Addisons „Dialogue upon the Usefullness of ancient Medals" [1726], p. 47.

aber fürchten sich davor Dacier und Skythen, Barbarn und Tyrannen – keine Römer, keine Patrioten? Horaz sagt nicht, daß jene sich *davor*, vor diesem Umsturze fürchten, sondern daß sie die Göttin des Glücks fürchten und scheuen: sie, die über Rom wache und die Säule desselben vor sich habe, die aber auch mit einem Fußstoße dasselbe stürzen könne, diese Allmächtige fürchten und scheuen Skythen und Barbarn (denn was könnten ihr diese für ein anderes Opfer bringen als Furcht?) und warten auf den Augenblick ihres Entschlusses, der damals sich schien zu nähern.

Bisher ist die Ode ein römisches National- und ein antiatisches Familienstück gewesen; sie fängt an, symbolischer zu werden:

> – te semper anteit serva (saeva) necessitas
> Clavos trabales et cuneos manu
> Gestans ahena; nec severus
> Uncus abest, liquidumque plumbum.

Seitdem es Kunstrichter von Geschmacke gibt, ist mehr als einer mit diesem Bilde Horaz' nicht zufrieden gewesen. Sanadon zuerst unterstand sich zu sagen, daß dies Gemälde, in seinem Detail genommen, schöner auf der Leinwand als in einer heroischen Ode wäre. Ich weiß nicht, ob Sanadons Gefühl hierin nicht fein und richtig bleibe, ob ich gleich den Spott über ihn gelesen: „Quod haec imago non placuit bono Sanadonio, sui ingenii homo est, delicatus mehercle! et venustulus." Ich weiß nicht, ob dieser sui ingenii homo, delicatus mehercle et venustulus mit der mächtigen Widerlegung zufrieden sein könnte: „Neque enim intellexisse videtur, quam divina sint: ahena manus, severus uncus."* Ich, der nicht fein gnug ist, das Göttliche in einem ahena manus, in einem severus uncus zu erblicken, fühle mit Sanadon gleich und glaube, daß jeder, der die Ode in einem Strome fortlieset, bei diesem Bilde es fühlen werde, daß er festgehalten wird, daß er vor einer bemalten Leinwand stehenbleibe: und das will niemand in der Ode.

Mögen also alle diese Werkzeuge attirail patibulaire oder Befestigungswerke oder Symbole der höchsten Macht Fortu-

* Klotz, „Vindiciae [Quinti] Horatii [Flacci]", p. 154.

nens sein, die eherne Hand und der severus uncus mögen Herrn Klotz so göttlich scheinen, als sie wollen: die Stelle bleibt eine der frostigsten im Horaz.

Ob aber deswegen, weil „diese Attribute für das Auge und nicht für das Gehör gemacht sind und alle Begriffe, die wir durch das Auge erhalten sollten, wenn man sie uns durch das Gehör beibringen will, eine größere Anstrengung erfodern und einer geringern Klarheit fähig sind“*? Herr Lessing tut mir mit diesem Grunde, wenigstens so, wie er ihn ausdrückt, so wenig ein Gnügen als Sanadon oder Klotz; denn wäre ein Begriff, den man ursprünglich durch das Auge erhält, deswegen nicht für das Gehör, weil sich mit dem Ohre nicht sehen läßt, so verlöre die Poesie ihren ganzen Anteil an sinnlichen Gegenständen des Auges: und was bleibt ihr da übrig? Nicht also, weil die Attribute, Nägel, Klammern, Blei, sich sehen und nicht hören lassen, nicht deswegen machen sie die Stelle frostig; denn wer wird nicht gleich, wenn er uncus, plumbum, clavos höret, nicht sogleich mit seiner Einbildungskraft uncum, plumbum, clavos *sehen*? wem wird Anstrengung nötig sein, sich diese Dinge, wenn er sie durch das Gehör empfängt, so klar zu denken, als wenn er sie sähe? Wegen der Attribute selbst also kann wohl die Stelle Horaz' nicht frostig werden; aber wohl wegen der *Komposition dieser Attribute zu einem Bilde. Die Necessitas geht vor der Fortuna voraus* – wohl! und wir erwarten, wozu sie gehen, was sie ausrichten wolle? Sie trägt Keule und Nagel – wohl! wozu trägt sie sie? – *Es fehlt ihr auch nicht Klammer und fließend Blei* – hier wird der poetische Leser ungeduldig – was brauche ich alles das zu wissen, *was ihr fehlt oder nicht fehlt?* was sie hat oder nicht hat? ich höre ja nicht, was sie damit will oder soll? ich stehe vor einem toten Gemälde. Was sie damit soll, antwortet Herr Klotz: „Sie soll damit die Macht des Glücks anzeigen, die Göttin anzeigen, der nichts widerstehet, der alles weichen muß, die Göttin von unwandelbarem Willen. Wie schön alles passet! Das Gemälde muß allen gefallen, die poetischen Geist haben.“** Hätte Herr Klotz gesagt, *die malerischen Geist ha-*

* „Laokoon“, p. 118 [74].

** [Klotz], „Vindiciae [Quinti] Horatii [Flacci], p. 154, 155.

ben, so recht! – aber die poetischen Geist haben? ich wüßte nicht, was in der Wirkung des Gemäldes Poetisches wäre. Der Dichter hat einen andern Pinsel, die Göttin zu charakterisieren, der nichts widersteht, der alles weichen muß, die von unwandelbarem Willen ist, als daß er ihr ein Stück Blei und Eisen in die Hand gebe und sie damit traben lasse; die mindeste Handlung, ja das bloße Wort „Sie ist die Göttin, der nichts widersteht, der alles weichen muß" ist besser als eine mit Mordgewehren wandelnde Figur. Kurz: nicht die Beschaffenheit der Attribute selbst, daß sie fürs Auge sind, auch nicht eben die Gehäuftheit der Attribute ist der Fehler des Bildes, sondern die Komposition derselben zu einer bloßen Symbole: zu einer Symbole, die nichts tut, die mit ihrem prosaischen nec abest bloß dasteht, damit ihr nichts an ihrem Umgehänge fehle, damit sie als eine völlige Symbole in einem Gemälde paradiere – dies beleidigt den Leser, insonderheit in einer Horazischen Ode. Er ruft ihr gleichsam zu, an der Handlung der Ode mit teilzunehmen oder sich wegzumachen, auf eine Leinwand, an eine Wand, in ein Gemälde der Fortuna.

Und wie kam Horaz zu der toten Figur? Wahrscheinlich, daß er sie von einem solchen Gemälde kopierte, daß er sie mit den Zügen kopierte, mit denen sie vielleicht im Tempel zu Antium anzutreffen war. Was also in einer Ode Horaz' auf den locus communis des Glücks ein befremdender Fehler sein würde, das findet in einer Ode auf die Fortuna von Anzo wenigstens eine entschuldigende Deutung. Es verewigte ein Gemälde, ein schönes symbolisches Gemälde, das ein Schatz des Tempels sein konnte, in welchen diese Ode, als ein Schatz, auch hingehörte. Man kritisiere Horazen nicht als Dichter, sondern hier als Dichter für Anzo.

Ich glaube hiemit auch den folgenden moralischen Wesen Licht und Deutung gegeben zu haben, die man so sehr verkannt hat:

> Te Spes et albo rara Fides colit
> Velata panno –

Spence hat unrecht, daß er in dieser Stelle eine dünngekleidete Figur findet*, allein er hat recht, daß es eine malerische

* [Spence, „Polymetis", 1747], Dialogue X.

Figur sei, wie aus dem Zusatze „weiß gekleidet“ erhellet, und die Ursache „weiß gekleidet“ darf ich nicht erst mit dem Scholiasten in der alten Gewohnheit suchen, daß die Priester der Treue ihr Opfer mit weißverhülltem Haupte brachten; ich habe sie näher: welche Kleidung käme in einem Gemälde der Treue zu als die Kleidung der Unschuld? Ist aber die Figur aus einem Gemälde: wie unnütz zerbricht sich Bentley den Kopf darüber, daß Hoffnung und Treue dem Glücke als Begleiterinnen beigegeben werden? Wenn dies Gemälde des Glücks in Anzo war: wie reich und schön wäre die Vorstellung desselben!

Nun fängt Horaz an, über diese reiche Deutung zu allegorisieren: *Hoffnung* und *Treue* sind dem Glücke zu Begleiterinnen gegeben – zu Begleiterinnen? „So werden sie dasselbe auch immer begleiten! auch wenn es sein Kleid ändern, auch wenn es die Paläste der Großen feindlich verlassen sollte. Das ist nur der treulose Pöbel, das ist nur eine meineidige Hure, die alsdenn zurücktritt; nur hinterlistige Freunde zerstieben, wenn die Weinbecher leer sind; so sind nicht *Hoffnung* und *Treue*.“ Ich sehe hier so wenig Widerspruch* als bei einer erbaulichen allegorischen Deutung, und zwar einer Figur, die ihrem Namen nach doppelsinnig ist, nur immer sein kann.

Und mit dieser Deutung eben bahnet sich Horaz den Weg, seinen August und den damaligen Zustand des Römischen Reichs der Glücksgöttin zu empfehlen – eine Materie, die seine Ode schließet. Ich finde also nichts minder als ein Abstraktum, das Glück, in ihr abgehandelt, wie man etwa, wenn man sich die Überschrift aus einem Wörterbuche erklärt, meinen könnte; es ist die Glücksgöttin in Anzo, eine römischgesinnte Glücksgöttin, die auch *nach den damaligen Umständen* sich Roms annehmen soll. Aus Antium also, aus Rom und aus der damaligen Zeit müssen auch die personifierten Ideen dieser Ode Licht nehmen, oder man schielet. Auch Herr Klotz scheint mit seinen Erläuterungen aus Steinen und Münzen** wohl nicht den Endzweck gehabt zu haben, sich selbst von

* Den größten hat Bentley gefunden. Siehe seinen Horaz über diese Ode [„Quintus Horatius Flaccus“, ed. Richard Bentley, [2]1713, p. 82–87].

** [Klotz], „Vindiciae [Quinti] Horatii [Flacci]“, [p. 151–155].

dem *poetischen Baue* dieser Horazischen Ode Rechenschaft zu geben, wie es doch bei ihr vorzüglich anginge. Wenn überhaupt der Gebrauch personifierter Geschöpfe aus einem lyrischen Dichter erklärt werden sollte, so ist der Erste dazu — Horaz, *er*, der diese schönen Gespenster ungemein liebt und in Einführung derselben sehr charakteristisch ist; ein Kenner Horaz' zeige uns diese Seite!

Aber auch der epische Dichter hat personifierte Ideen nötig, die man gemeiniglich Maschinen zu nennen gewohnt ist — wie soll er sie erschaffen? Als symbolische Wesen des Künstlers, als Allegorien, oder als handelnde Subjekte? Wenn ein Dichter es nötig hat, sich vom Künstler zu unterscheiden, so ist's der Dichter der Epopee, insonderheit in seinen Maschinen — ich wollte, daß Herr Lessing darauf gekommen wäre!

Ich weiß, daß manche sich Leidenschaften, Tugenden und Laster und ein ganzes Heer moralischer Personen zu Maschinen personifiert haben; allein, ich weiß auch, wie frostig, wie überflüssig diese Maschinen oft ganze Gedichte herunter erschienen sind, bloß weil sie als personifierte Abstrakta erschienen, weil ihnen Individualität fehlte. Ein wirkliches Abstraktum in Person zu malen, ihm äußere Gestalt zu geben, um es dichterisch bekanntzumachen, geht ohne Symbole nicht an; denn im Innern, im Wesen eines abstrakten Begriffes liegen nicht Farben und Gestalten. Der Dichter läuft also Gefahr, daß, wenn er uns eine lange Seite herab die Unschuld, den Neid, die Naturlehre usw. symbolisch gemalt hat, wir hinterher fragen: Wie sah das Ding aus? Alle einzelne charakterisierende Züge sind vergessen; wie kann ich sie zusammennehmen, daß ein ganzes Bild vor mir stehe? Er hat die Arbeit der Danaiden gehabt, immer neue Züge zu schöpfen, die aber augenblicklich wieder wegschlüpfen, und jetzt stehe ich und habe in meinem löcherichten Siebe — nichts.

Nun soll diese abstrakte Person als Maschine handeln; natürlich nicht anders als aus *ihrem Wesen*, wie die Unschuld, der Neid, der Zorn handeln muß. So sehe ich ja jeden ihrer Tritte voraus, jede ihrer Reden verrate ich schon aus ihrem Namen; nur diesen brauche ich, nur die Idee selbst, und das Übrige wird poetische Einkleidung, ein Redezierat. Das ganze

Wesen ist aus einem Begriffe geschaffen und in ein Wort eingehüllt: kann es mich also rühren? epische Bewunderung in mir erregen? mir einen ungewohnten großen Anblick gewähren? Eine solche Schöpfung durch ein Wort, das jeder nachsagen, das jeder voraus ausdenken kann, ist — Spielwerk.

Nein! Homers Maschinen sind keine abstrakten Begriffe: es sind Subjekte, die aus sich handeln, vollstimmige Individua. Nicht kann ich es aus einer willkürlichen Idee erraten, wie hier und da Jupiter und Juno und Minerva handeln werden, weil sie Einkleidungen dieser Idee sind. Alle seine Götter sind erdichtete Personen, aber *Personen*, mit vollständig bestimmter Denkart, mit Schwachheiten und Stärke, mit Fehlern und Tugenden, mit allem, was zu einem daseienden Wesen gehört. Sie zeigen nicht bloß Gedanken, Worte, Handlungen, sondern ich sehe auch aus der Art, aus dem Zusammenhange dieser Gedanken, Worte, Handlungen, daß sie aus dem Innersten eines Individuums fließen; der Poet bezaubert mich, daß, solange ich lese, ich ein solches Wesen glaube. Ihr Herren Allegoristen, ihr Namenschöpfer von Maschinen, ihr Ideenbildhauer der epischen Dichtkunst — das tut ihr nicht! ihr malet, ihr schildert; und so lese ich euch auch, als Maler, als Schilderer, nicht als Dichter, nicht als zweite Prometheus, nicht als Schöpfer unsterblicher Götter und sterblicher Menschen.

Auch die kleinen Wesen der Einbildung, welche die Bahn des Homerischen Gedichts gleichsam nur einmal querüber durchgehen, Furcht, Schrecken und die unersättlich wütende Zwietracht, erscheinen bei ihm *persönlicher*, als Allegorien erscheinen: die letzte z.E. als die Schwester und Gesellin Mars', des Menschenwürgers, mit ihm in Gesellschaft, mitten im Schlachtgetümmel.* Dies alles dämpfet das Allegorische in der hohen Idee, „daß sie, anfangs klein, sich erhebe und, indem sie auf dem Boden der Erde einhergeht, ihr Haupt in den Wolken habe"; wir sehen immer doch mehr eine Person als einen Begriff, unter einer Person vorgestellt.

Für personifierte Abstrakta, für allegorische Maschinen, als solche betrachtet, hat Homer keinen Platz; nur den Reden sei-

* Iliade Δ [„Ilias" IV], v. 441, 442; Iliade *I* [„Ilias" IX], v. 2.

ner Helden* läßt er's, die *Gebete* usw. zu allegorisieren, die also aus ihrem Munde, nicht aber eigentlich aus seiner Schöpferhand kamen, die also gesprochen und gedacht, nicht aber dichterisch gebildet, gleichsam im Gedichte gesehen werden sollten. Aber auch selbst da sucht er sie, wo er kann, in das Licht eines bestehenden Wesens zu kleiden; er flicht sie in die Genealogie der Götter; er gibt ihnen einen historischen Zug zu; er malt das Allegorische nicht aus mit Prädikaten, sondern läßt es kaum durch den Namen, durch die historischen Züge, durch die dichterischen Attribute *durchblicken*. So wenig ist's bei Homer Hauptzweck zu allegorisieren, und am mindesten zu allegorisieren für Künstler. — —

Hier Winckelmanns Werk von der Allegorie; ich bleibe aber bei zween andern Gefährten auf dem Wege: wie der Künstler den Dichter, insonderheit der griechische Künstler Homer nachahmen könne? Diese Gefährten sind Caylus und Lessing.

13

Und dünke mich jetzt im besten Teile des Lessingschen Werks, wo es die Vorschriften des Grafen einschränkt, wo es die Art der Vorstellung Homers und eines Künstlers unterscheidet, wo es ein Muster von praktischem Scharfsinne ist.** Mit Verwunderung also muß jeder Leser, der Lessingen verstehet, die verwirrenden Widersprüche gelesen haben, die*** — — doch hierüber darf ich die Verteidigung des Verfassers selbst als bekannt voraussetzen.****

Ich gehe also ins Detail. „Homer bearbeitet sichtbare und unsichtbare Wesen; diesen Unterschied kann die Malerei nicht angeben, bei ihr ist alles sichtbar, und auf einerlei Art sichtbar."+

* Z.E. Agamemnons Rede von der Göttin Ate, *T*, 78 etc. [„Ilias" XIX, Vers 78–144]; Phönix' Rede von den Gebeten, Iliade *I* [„Ilias" IX], v. 498 [499–514].

** [„Laokoon"], p. 119–149 [75–92].

*** Klotz, „Geschnittene Steine" [„Über den Nutzen und Gebrauch der alten geschnittenen Steine und ihrer Abdrücke", 1768], hin und wieder.

**** „Hamburgische [Neue] Zeitung" 1765, No. 100 [1768, No. 97].

\+ „Laokoon", p. 130 [81].

„Das Mittel also, dessen sich die Malerei bedienet, uns zu verstehen zu geben, daß in ihren Kompositionen dieses oder jenes als unsichtbar betrachtet werden müsse, ist eine dünne Wolke."*

„Diese Wolke scheint aus Homer selbst entlehnt zu sein."**

„Wer sieht aber nicht, daß bei dem Dichter das Einhüllen in Nebel und Nacht weiter nichts *als eine poetische Redensart*, für Unsichtbarmachen, sein soll? Es hat mich daher jederzeit befremdet, diesen poetischen Ausdruck *realisiert* und eine wirkliche Wolke in dem Gemälde angebracht zu finden."***

Mit dem Unterschiede, den Herr Lessing angibt, bin ich zufrieden; nur der Grund des Unterschiedes, den er angibt, ist nicht der meine.

Wozu soll die Wolke bei dem Dichter und Maler? zur *Verhüllung*. Wo sie also nicht *verhüllen* kann, da ist sie nicht Wolke mehr, da bleibe sie weg. So bei dem Maler. Sie soll verhüllen und verhüllet nicht; sie läßt den verhüllten Helden noch sichtbar; er steht hinter einer spanischen Wand und ruft uns zu: „Ich bin unsichtbar, ich soll nicht gesehen werden, ich bin nicht zu Hause." Diese Ursache, dünkt mich, ist die wahre.

Aber die, daß die Wolke aus einem Dichter entlehnt, bei ihm nichts als eine poetische Redensart, bei dem Künstler hingegen eine wirkliche Wolke und also ein poetischer Ausdruck auf eine befremdende Weise realisiert sei: die Ursache scheint minder Stich zu halten.

Homers Nebel ist ein poetischer Nebel; ist er aber damit eine poetische Redensart, ein künstlicher Ausdruck statt „unsichtbar werden"?**** Wenn Achilles nach dem in die Wolke verborgnen und schnell entrückten Hektor noch dreimal mit der Lanze zustößt: soll dies „in der Sprache des Dichters weiter nichts heißen, als daß Achilles so wütend gewesen, daß er noch dreimal gestoßen, ehe er gemerkt, daß er keinen Feind vor sich habe"? Ich darf sagen, daß ich bei Homer „eine

* [A. a.O.], p. 137 [85].
** [A. a. O.], p. 137 [85].
*** [A. a. O.], p. 137, 138 [85].
**** [A. a. O.], p. 137 [85].

solche Phrasessprache des Dichters" nicht kenne und nicht kennen mag. Homer, ein Feind aller künstlichen Figuren der Einkleidung, die nichts als solche, nichts als poetischer Zierat sein sollen (nach Herrn Lessings Erklärung, was ist diese Wolke, diese poetische Redensart anders als eine solche *Wortblume*?), Homer wird auf solchem Wege einer der nüchternen Dichter unsrer Zeiten, die prosaisch denken und poetisch sprechen, deren Gradus ad Parnassum die Zauberkammer ist, ihre Gedanken der Prose in eine Sprache des Dichters, in poetische Redarten zu verwandeln. Bei solchen mag alsdenn eine prosaisierende Schulexposition stattfinden: „Er ward mit einer Wolke bedeckt, *das ist*: er ward aus den Augen des Feindes weggebracht; Achill stieß dreimal nach dem dicken Nebel, *das ist*: er war so wütend, daß er noch nicht merkte, sein Feind sei weg." Was käme aber heraus, wenn man so bei Homer läse und auch seine Götter, ihren Himmel, ihre Geräte usw. durch ein solches „das ist" prosaisierte und alles zu poetischen Phrasibus machte.

Nein! Homer weiß von Redarten nichts, die nichts als solche wären. Der Nebel, in den die Götter hüllen, ist bei ihm wirklicher Nebel, eine verhüllende Wolke, die mit zum Wunderbaren seiner Fiktion, mit zum epischen μῦθος seiner Götter gehört. Solange er mich in dieser poetischen Welt, in welcher Götter und Helden kämpfen, wie bezaubert festhält, solange mich seine Minerva durch diese wunderbaren und schrecklichen Auftritte führt und mir die Augen erhöht hat, nicht bloß streitende Menschen, sondern auch kämpfende und verwundete Götter zu erblicken, solange sehe ich auch diesen Nebel ebenso gläubig als den Gott selbst, der die Wolke um seinen Liebling webt. Beide, der Gott und seine Wolke, haben ein gleich poetisches Wesen; wenn ich das eine prosaisiere, muß auch hinter den andern ein grammatisches „das ist" kommen, und dann verliere ich die ganze *mythische* Schöpfung in Homer. Ich bin nicht mehr in dem epischen Treffen eines Dichters, sondern in einer historischen Feldschlacht: ich lese nach der Taktik, ich sehe nach dem gewöhnlichen Augenmaße.

Herr Lessing scheint darnach gesehen zu haben; wenigstens überredet er uns, darnach sehen zu können. „Keinen wirklichen Nebel sahe Achilles nicht, und das ganze Kunststück, womit die Götter unsichtbar machten, bestand auch nicht in dem Nebel – sondern in der schnellen Entrückung. Nur um zugleich mit anzuzeigen, daß die Entrückung so schnell geschehen, daß kein menschliches Auge dem entrückten Körper nachfolgen könne, hüllet ihn der Dichter vorher in Nebel ein; nicht weil man anstatt des entrückten Körpers einen Nebel gesehen, sondern weil wir das, was in einem Nebel ist, unsichtbar denken."* Welche Unterscheidungen! welche Amphibolien! „Keinen wirklichen Nebel sahe Achilles nicht." Ja! der poetische Held sahe ihn, und dreimal stieß er noch mit seinem Spieße nach dem Nebel. „Das Kunststück, womit die Götter unsichtbar machten, bestand in der schnellen Entrückung!" Wunderbar! wo ich mir schon wirksame Götter, eine wunderbare Entrückung denken kann und denke, bin ich da nicht ein Scrupler, am Nebel abdingen zu wollen? „Nur weil die Entrückung schnell vorging, hüllt ihn der Dichter ein; nicht weil man einen Nebel gesehen, sondern weil wir das, was in einem Nebel ist, unsichtbar denken." So! und deswegen stößt Achilles dreimal nach dem Nebel, nicht weil er einen Nebel sahe, sondern weil er das, was in einem Nebel ist, sich als unsichtbar dachte! O der homerische Don Quixote! o der cervantische Homer!

„Neptun verfinstert die Augen Achilles'; in der Tat aber sind des Achilles Augen nicht verfinstert, sondern – –" Was man uns doch sagen will! Neptun gießt dem Achilles Dunkel um die Augen, er rückt Äneas fort, er hat ihn in Sicherheit gebracht, ihn ermahnt, nicht wider Achilles zu streiten, ihn verlassen – nun muß er *erst zurückkommen, um dem Achilles den Nebel von seinen Augen zu nehmen***, und Achilles – hat keinen Nebel vor Augen gehabt! es ist nur *so so* gesagt, daß seine Augen verdunkelt worden? – – Achilles bekommt das Licht seiner Augen wieder, er erseufzet, er stutzt über das Wunder: er sieht den Spieß auf der Erde, den Mann hinweg! er erstaunt, er spricht mit sich, mit seiner großen Seele, mutmaßet auf die Götter – – „Wie?" wird ein Ho-

* [A. a. O.], p. 138, 139 [86].

** Iliade *Y* [„Ilias" XX], v. 341, 342 etc.

merischer Orthodox sagen, „ist es nicht ein sträflicher Unglaube, an dem Nebel der Götter zu zweifeln, wenn man ein so augenscheinliches Wunder der Verblendung, eine so feierliche Szene sieht! Wer Homerische Götter glaubt, muß auch die Wolke ihrer Hand glauben!" — —

Die Wolkendogmatik der griechischen Götter muß Herrn Lessing anders bekannt sein als mir, denn er fährt fort, Dinge zu behaupten, die wider alle schöne Sichtbarkeit Homerischer Erscheinungen laufen. „Unsichtbar sein", sagt er, „ist der natürliche Zustand der Götter Homers; es bedarf keiner Blendung, keiner Abschneidung der Lichtstrahlen, daß sie nicht gesehen werden, sondern es bedarf einer Erleuchtung, einer Erhöhung des sterblichen Gesichts, wenn sie gesehen werden sollen. Zwar läßt Homer auch Gottheiten sich dann und wann in eine Wolke hüllen, aber nur alsdenn, wenn sie von andern Göttern nicht wollen gesehen werden."* Folgendes wird zeigen, daß Herr Lessing in seiner Wolkentheorie der griechischen Götter — — ein Ketzer sei.

„Unsichtbar sein ist der natürliche Zustand der Götter"; wie kommt es denn, wenn ich fragen darf, daß Götter *wider Willen* können gesehen werden? daß man sie *unvermutet* überraschen darf, wenn sie nicht gesehen sein wollen? Es war ein Glaubensartikel bei den Griechen, daß nichts gefährlicher sei als ein solcher überraschender Anblick**, und mancher unglücklicher Unschuldige hatte darüber ein Opfer werden müssen. Pallas, die keuscheste der Göttinnen, die vor Keuschheit sich selbst kaum nackt zu sehen wagte, die wohl am mindesten unter allen Göttinnen jene *falsche* Jungfernscheu besaß, sich zu verstecken und doch wollen gesehen zu werden, diese jungfräuliche Pallas wählet sich den sichersten, den geheimsten Ort, um ihre Gorgone abzulegen: sie badet sich, und ein ebenso ehrlicher Tiresias überrascht sie, siehet sie *wider seinen Willen*, erblindet. Indessen um den Unschuldigen einigermaßen schadlos zu halten, gibt Pallas — ihm nicht das Gesicht wieder, denn dies ließe ihre Jungfräulichkeit nicht zu, sondern die Gabe der Weissagung. Wie hätte Pallas wider ihren und

* „Laokoon", p. 140, 141 [87].

** Callimachi hymni in Palladis, Dianam etc.

Nach diesem Axiom scheint Homer in seiner ganzen Götterdichtung zu verfahren. Sind die Götter *unter sich*, so sind sie auch unter sich sichtbar; sollen sie aber unter Menschen wirken – unerkannt oder erkannt, darnach richtet sich das Schema ihrer Erscheinung. Phöbus Apollo steigt vom Himmel herab in seiner ganzen göttlichen Gestalt: Köcher und Bogen ruhen auf seiner Schulter; auf seiner Schulter klingen die Pfeile, bei seinem zornigen Gange.* Nun hatte er sich schon von den Höhen des Himmels herabgelassen und ging *der Nacht gleich*, bis er sich weit von den Schiffen niedersetzen und seine pestbringenden Pfeile auslassen konnte. Warum muß er sich der Nacht gleich, das ist: mit Dunkel bedeckt, bei den Griechen vorbeischleichen und nur seine Gestalt annehmen, da er fern vom Anblicke der Schiffe und Menschen ist? – Wenn die Homerischen Götter schon an sich menschlichen Augen unsichtbar sind, wenn es keiner Abschneidung der Lichtstrahlen bedarf, um *nicht*, sondern einer Erhöhung des Gesichts, *um* gesehen zu werden? Will ich nicht wieder zur heiligen Allegorie fliehen, so ist die Wolke vergebens.

Und wie oft hätte sie alsdenn Homer vergebens! In einem Nebel steigt Thetis aus dem Meere hervor, bis sie vor ihrem Sohn hinsaß und sich ihm in Gestalt zu erkennen gab.** In einer Wolke steigt sie zum Jupiter hinauf; eine dichte Wolke warf Jupiter um sich, da er auf Ida saß, die Schlacht übersehen und nicht gesehen sein wollte.*** Eine Wolke ist bei Homer mehr als einmal die Kleidung der Götter, wenn sie in einer Situation, die nicht auf andre wirkt, in einer intransitiven Stellung erscheinen. Ihr Körper ist zwar nur *wie* ein Körper, der Lebenssaft ihrer Adern ist nur *gleichsam wie* Blut, das ist: nicht so grob und irdisch als ein menschlicher Körper; doch aber immer *Blut*, das zu vergießen, ein *Körper*, der zu verwunden, wie weit mehr zu sehen ist.**** So wird Venus von Diomedes verwundet, ob er sie gleich als Göttin erkennet+; und um sie zu trösten, erzählt ihre Mutter Dione, was schon

* Iliade *A* [„Ilias“ I], v. 47 (νυκτὶ ἐοικώς).

** Iliade *A* [„Ilias“ I], v. 359 (ἠΰτ' ὀμίχλη).

*** Iliade *Θ* [„Ilias“ VIII], v. 50.

**** Iliade *E* [„Ilias“ V], v. 140–142 [340–342].

+ Ibidem, v. 330, 331.

von jeher die Himmlischen von den Sterblichen haben erleiden müssen, wie Mars von zween seiner tapferen Feinde gebunden, ins Gefängnis geworfen, dreizehen Monate lang gefangengehalten und mit genauer Not vom Merkur heimlich gerettet sei; wie Juno verwundet, Pluto verwundet — —* was darf's, die mythologischen Geschichte herzuerzählen, die alle wenigstens so viel zeigen, daß nach der Homerischen Göttertheorie der Satz zu hoch klinge: „Unsichtbar sein ist der Zustand der Götter; einer Erhöhung des Gesichts bedarf's, um nur von Menschen gesehen zu werden, nicht aber einer Abbrechung der Lichtstrahlen, um nicht gesehen zu sein." Braucht's dieses nicht einmal, wie unmöglich, daß ein Gott wider Willen erkannt, gebunden, verwundet werde? Wenn er den menschlichen Augen seiner Natur nach nicht bloß entgeht, sondern dieselben durch ein Wunder erst erhöhet werden sollen, wie sinnlos alsdenn, seiner Natur nach, verwundbar, für den Helden überwindlich zu sein? Man wird mir antworten: Um einen Gott, um eine Göttin zu erkennen, mußten dem Diomedes erst von einer andern Göttin die Augen eröffnet werden. Allein, hier rede ich nur von dem *Verwundbarsein durch seine Natur*** und schließe geradehin: Ein verwundbarer Körper muß auch ein durch seine Natur nicht unsichtbarer Körper sein; wenn unser Auge ihn der Natur desselben nach nicht treffen könnte, wie könnte *nach der Natur des Götterleibes* meine Hand ihn treffen?

Warum aber Minerva dem Diomedes erst den Nebel von den Augen nehmen mußte, um Götter und Menschen in der Schlacht zu unterscheiden?*** Ich kann geradeweg sagen: weil er poetisch einen Nebel vor den Augen hatte; allein ich will Homer prosaisch erklären. Wenn die Homerischen Götter unmittelbar auf Menschen und mit Menschen wirken, z. E. streiten, kämpfen, Pferde lenken, kurz, menschliche Taten tun wollen: so nehmen sie durchgängig bei Homer auch bloß menschliche Gestalten an; es heißt alsdenn jedesmal bei Ho-

* Ibidem, v. 381[–402].

** Auch Götter gegen Götter sind verwundbar, und Jupiter läßt der Juno und Minerva drohen, daß, wenn sie nicht zurückwichen, er sie *auf zehn Jahre* lang unheilbar verwunden wolle [„Ilias"], Θ [VIII, Vers] 464, 475 [400–408].

*** Iliade E [„Ilias" V], v. 116–130.

mer: „Er gleichte sich diesem oder jenem Helden.“ * Und freilich in dieser Gleichung war der Gott nicht zu erkennen, denn er war menschlich eingekleidet; nur aus den übermenschlichen Taten, aus völlig wunderbaren Begebenheiten *schlossen* die Helden, daß hie oder da ein Gott seine Hand mit im Spiele haben müsse. Sie fürchteten sich also, einem so verkleideten Gotte zu begegnen, weil es bei ihnen eine Maxime geworden: „Keiner lebt lange, der einem Gotte widersteht oder schadet.“ Mit griechischer Ehrlichkeit fragt ein Held den andern, so offen zu sein und zu sagen: ob er ein Gott oder ein Sterblicher sei? damit er wisse, mit wem er zu tun habe. Und mit himmlischer Offenherzigkeit entdeckt sich der Gott, wenn er ins Gedränge gerät, daß man ihm aus dem Wege weichen sollte. — — Kurzum! weil das ganze Homerische Treffen voll verkleidet wandelnder Götter ist, weil der Dichter diese Hypothese wissentlich allen Helden und Streitern voraussetzt: freilich so gehört eine Minerva dazu, um diese eingekörperten Wesen vor andern Menschen kennbar zu machen. Aber nicht also, daß sie *das Gesicht Diomedes' erhöhen* dorfte, um Unsterbliche zu sehen, denn die Unsterblichen glichen hier Menschen, sondern um ihm diese und jene mordende Figur *kennbar* zu machen, daß sie etwas mehr sei, als wofür er sie ansehe, daß sie kein Mensch, sondern ein wandelnder Gott sei**, und so fort, kurz! hier erscheinen die Götter in einem hindernden Vehikulum gleichsam, und in diesem Vehikulum sollen sie *kennbar*, nicht sichtbar werden.

Nun aber falle das Vehikulum weg, lasset sie bloß Götter sein: die Wunde, der Schmerz bleibt ihnen, er ist nicht mit der Gestalt weggefallen, in der sie sich menschlich verkörpert. Mars schreit auf — verläßt die Schlacht und geht himmelauf: die Gestalt des Akamas ist also weg, und sehet da! die Wolkenhülle ist um ihn, mit Wolken gehet er zum Himmel.*** Und noch in seiner himmlischen Gestalt fühlt er den Schmerz, den ihm ein Mensch zufügen konnte? ist die Wunde nicht der

* Neptun (Iliade *N* [„Ilias“ XIII, Vers] 45) εἰσάμενος Κάλχαντι – Minerva (Iliade *X* [„Ilias“ XXII, Vers] 227) Δηϊφόβῳ ἐΐκυῖα – (Iliade *Δ* [„Ilias“ IV, Vers] 86, 87) ἡ δ' ἀνδρὶ ἰκέλη … Λαοδόκῳ etc.

** Iliade *E* [„Ilias“ V, Vers] 126 [127]–130.

*** Iliade *E* [„Ilias“ V, Vers] 867.

Gestalt Akamas' geblieben? Sie gehört Mars: der himmlische Arzt muß sie heilen; sein göttlicher Körper war seiner Natur nach also verwundbar, wie also eben seiner Natur nach nicht sichtbar? oder gar nicht anders als unsichtbar?

Nein! mein Homer ist viel zu sinnlich, als daß er sein ganzes Gedicht durch von so geistigen Göttern und von so feinen Allegorien, was die Wolke hie und da bedeutet, wissen sollte. Einem persischen Epopöisten würde eine solche innere Unsichtbarkeit der Götter gefallen haben; allein ein griechisches Auge will in der Epopee auch an Gottheiten schöne Körper und himmlische Gestalten erblicken, es will sie schon *ihrer Natur nach* in dieser schönen Sichtbarkeit sehen und nicht erst durch ein Wunder oder durch die außerordentliche Gnade des Dichters eine Erleuchtung, eine Erhöhung des sterblichen Gesichts nötig haben, sie anzuschauen. Für solch ein Auge sind die griechischen Götter geschaffen. Hat aber der Dichter es nötig, sie nicht sehenzulassen: so kleide er sie in eine Wolke, er werfe Nebel vor unsere Augen. Eine solche Wolke, in der sie erschienen, hat außerdem ja so manche hohe Nebenbegriffe: den Begriff des Himmlischen und Erhabenen, der einem himmlischen Wesen zukommt; ist sie glänzend, so der prächtigste Thron eines überirdischen Regenten; dunkel, so das Gewand des Zornigen und Fürchterlichen; schön düftend, so die Verkündigerin einer lieblichen angenehmen Gottheit – alle diese Nebenideen liegen schon in unserm sinnlichen Verstande, sie haben den Dichtern aller Zeiten die vortrefflichsten Bilder geschaffen, und Homer sollte diesen edlen Gebrauch der Wolke unterlassen, nicht eingesehen haben? Er allein hätte damit uns bloß ein *Hokuspokus* einer poetischen Redensart machen wollen, um hier eine Entrükkung, dort eine innere Unsichtbarkeit doch nicht so gerade heraus zu sagen – ich sage nochmals, so kenne ich Homer nicht.

Freilich in den spätern Zeiten, da man die Homerische Mythologie quintessenziierte und aus ihr ein paar Tropfen metaphysischen Geist abzog: da wußte man nicht gnug von der innern Unsichtbarkeit der Götter, von ihren mystischen Erscheinungen, von dem Überirdischen ihrer Epiphanien usw. zu vernünfteln; allein solche Theophanien, solche feine Metaphysik über die Natur der Götter gehört in den Kreis der spätern Platonisten und Pythagoreer und in das heilige Murmeln ihrer Geheimnisse. Ich denke doch aber, daß wir hier nicht über Jamblichus, sondern Homer reden.

— Kurz! ich bin mit der Ursache zufrieden, daß, wenn der Maler mit seiner Wolke nicht unsichtbar machen kann, er auch dem Dichter die Wolke nicht nachäffen darf; und was braucht's da weitere Allegorien und Deutungen über den Dichter, unter denen der Dichter verlorengeht? Nach meinem Gefühle gebührt den griechischen Göttern die schönste Sichtbarkeit und Jugend als ein Prädikat ihres Wesens; und ohne solche sich einen Apollo, einen Bacchus, einen Jupiter denken zu sollen, sich die Unsichtbarkeit als den natürlichen Zustand der Götter vorstellen zu müssen — das kann keine griechische Seele, kein griechischer Dichter und Künstler, ja selbst kein weiser Epikur. Mit dem Begriffe schöner Sichtbarkeit geht das Wesen der Götter, das Leben ihrer Geschichte und Taten, die so genau bestimmten Stufen ihrer Idealgestalten, das Anziehliche ihres Umganges mit Menschenkindern, das ganze Kraftvolle der Mythologie verloren. Ich sehe nicht mehr die schönen sinnlichen griechischen Götter: ich sehe sichtbar sein wollende Phantome! Mit einer solchen Hypothese ist meine beste mythologische und poetische und Kunstentzückung getötet! Ich mag die ketzerische Neuigkeit nicht, ich bleibe bei der alten griechischen Rechtgläubigkeit.

14

„Auch die Größe der Homerischen Götter kann der Maler nicht nachahmen!" Und was Herr Lessing darüber sagt*, läuft auf die drei Ursachen hinaus: daß in der Malerei weniger das Wunderbare der poetischen Einbildung, sondern mehr die Gewohnheit zu sehen, die anschauliche Wahrheit des Auges herrsche; zweitens daß, da die Malerei innerhalb einem Raume arbeitet, auch mehr die Proportion und Disproportion

* p. 131–136, „Laokoon" [82–85].

in Betracht komme als bei dem Dichter, dessen Einbildungskraft in allen Welten des Möglichen und Wirklichen, nicht bloß also zwischen Himmel und Erde und am wenigsten zwischen vier engen Seiten wirket; drittens daß, wo die Größe durch Kraft, Stärke, Schnelligkeit vom Dichter ausgedrückt werden konnte, der Maler in diesem Ausdrucke ihm ganz nachbleibe, da er, der für *den Raum* arbeitet, nicht eben *Kraft*, und der, der für *seinen Anblick* arbeitet, nicht eben Schnelligkeit der Bewegung zum Mittelpunkte seiner Wirksamkeit machen kann. – Es könnte diesen Ursachen ein sehr philosophischer Mantel umgeworfen werden, wenn er des Macherlohns wert wäre.

Ich bleibe gar zu gerne bei Homer, insonderheit wenn Herr Lessing den Ausleger desselben machet. – „Größe, Stärke, Schnelligkeit", sagt Herr Lessing – „Homer hat davon noch immer einen höhern wunderbaren Grad für seine Götter im Vorrat, als er seinen vorzüglichsten Helden beilegt. In Ansehung der Stärke und Schnelligkeit wird niemand diese Assertion in Abrede sein; nur dörfte er sich vielleicht der Exempel nicht gleich erinnern, aus welchen es erhellet, daß der Dichter seinen Göttern auch eine körperliche Größe gegeben, *die alle natürliche Maße weit übersteiget.* Selbst Ausleger des Homers, alte sowohl als neue, scheinen sich nicht allezeit dieser wunderbaren Statur seiner Götter gnugsam erinnert zu haben; welches aus den lindernden Erklärungen abzunehmen, die sie über den großen Helm der Minerva geben zu müssen glauben." *

Herr Lessing hat die Clarkisch-Ernestinische Ausgabe des Homer hiebei angezogen, und so sind leicht die Ausleger des Homers, alte sowohl als neue, gnugsam zu erkennen, die sich der wunderbaren Statur der Götter Homers nicht gnug erinnert; sie sind Eustathius, Clarke, der durch seine Anführung Eustathius genehmigt, und Ernesti, welcher letztere die Homerische Beschreibung des Helms der Minerva mehr auf die Festigkeit als Größe desselben will gezogen wissen.** Wie nun? ist die alle natürliche Maße weit übersteigende körperliche

* „Laokoon", p. 135 [84].

** [„Ilias"] *E* [V, Vers] 744 [742–744], ed. Clarke-Ernesti.

Größe ein Charakter der Homerischen Götter? ein ebenso offenbarer, kenntlicher und notwendiger Charakterzug als Schnelligkeit und Stärke? und denn noch zum Überfluß haben die alten Meister der Bildhauerei, wie Herr Lessing überzeugt ist, das Kolossalische, das sie öfters ihren Statuen erteilten, aus dem Homer entlehnet?

So viel ist leicht zu denken, daß, wenn der Dichter seinen Göttern eine mehr als Helden- und Riesenstärke gibt, er diese Stärke auch nicht in einen Pygmäenkörper werde eingeschlossen haben: etwas, das wider alle poetische und menschliche Wahrscheinlichkeit liefe. Es wäre dem Anschaulichen des Dichters völlig entgegen, menschenähnliche Götter mit unermeßlicher Stärke wirken und unter dem gewöhnlichen Grade von Menschengestalt sehen zu lassen. In mystischen Geheimnissen wären solche Götter willkommen, weil man um so mehr seine Geschicklichkeit zeigen kann, Knoten aufzulösen, je mehr Knoten und Widersprüche man geschlungen: aber im Felde der offenbaren Poesie sind solche Wesen Mikromegas.

Daß also die Statur des Körpers der geäußerten Stärke nicht durchaus und schon dem sinnlichen Anblicke nach widerspreche! Nun aber weiter: Wo kein übermenschlicher Grad der Stärke geäußert wird, da ist auch keine übermenschliche Größe nötig, wären es auch Götter oder Göttinnen. Ja, wo es gegenteils zum Charakter dieser und jener Gottheit gehört, diese übermenschliche Stärke nicht zu besitzen, da wäre die hypergigantische Statur in dem Anschaulichen der Dichtkunst ein unleidlicher Widerspruch. Ich denke, meine Folgerungen sind wahrscheinlich, und sie sollen gewiß werden. Homer sei Zeuge: sein Jupiter, sein Neptun, seine Minerve mögen so groß sein, als sie wollen; eine Juno von königlicher Schönheit schon nicht völlig so. Sie mag so viel Großes in ihrem Anblicke haben, daß er sie kuhäugicht* nenne; so viel Erhabenes in ihrem Gliederbaue, als dem Weibe gebührt, das in Jupiters Armen ruhet; sie mag, wenn sie sich zornig auf ihrem himmlischen Throne reget, den großen Olymp erschüttern** – Ideen von ihrer Hoheit und Größe! Nur daß diese

* βοῶπις πότνια Ἥρη.

** Iliade Θ [„Ilias" VIII, Vers] 198, 199.

im eigentlichen Verstande mir nicht zuerst durch die körperliche Statur vorgestellt werde; daß sich nicht auf diese, als auf den Hauptanblick, mein Auge heften dörfe; sonst verliere ich die Königin der Götter, die herrlichste der Göttinnen aus den Augen: ich sehe ein Riesenweib. Wo hat sie alsdenn, die Langstreckige, wo hat sie alsdenn im Himmel Raum? wie groß muß ihr himmlisches Brautgemach* sein, das ihr Vulkan erbauet? wie groß der Schlüssel und das Schloß zu diesem Gemache**, das kein Gott eröffnen kann als sie? wieviel Zentner Ambrosia wird sie brauchen, um ihren Körper zu säubern?*** wieviel Tonnen Öl, um ihn zu salben? wie groß wird ihr Kamm, ihr Gürtel, ihr Schmuck sein? wo wird sie mit Jupiter auf dem Berge Ida in ihrer süßen Umarmung Raum haben?**** wie, wenn er sie in seine Arme faßt, an seine königliche Brust drückt, wie wird Ida und die Erde beben? — — Ich mag nicht weiter, gnug! alles Süße und Große in dem Gemälde Homers von ihrer Ankleidung, Auszierung und Umarmung+ verschwindet mit der unermeßlichen Gestalt. Sobald auch nur mit einem *einigen* kenntlichen Zuge die gigantische Statur zum Hauptaugenmerke würde: so schwinden die Grenzen der Schönheit oder, wenn man lieber will, der höchsten Vollkommenheit im weiblichen Gliederbaue. Mein Auge erliegt, wenn es ins Ungeheure soll, und die Bewunderung, die ich jetzt fühle, verwandelt sich in eine Art von grauenvollem Selbstgefühle und Schauder und Ekel. Hat Homer nicht also gut getan, daß er „seiner Göttin nicht so offenbar eine körperliche Größe gab, die alle natürliche Maße weit überstiege"?

Bei seiner Venus wäre diese noch von üblerer Wirkung. Wenn sie ihm die das süße Lachen liebende Göttin++ ist: wo bleibt das süße Lachen im Riesengesichte eines Weibes? Der Mund möge sich auch nur zum Lächeln verziehen wollen, die Lippen sich auch nur von fern dazu regen: der sich verzie-

* Iliade Ξ [„Ilias" XIV, Vers] 163 etc. [–168].

** [A. a. O.], v. 168.

*** ἀμβροσίῃ μὲν πρῶτον ἀπὸ χροὸς ἱμερόεντος
λύματα πάντα κάθηρεν, ἀλείφατο δὲ λίτ' ἐλαίῳ (Iliade Ξ [„Ilias" XIV, Vers] 171, 172 [170, 171]).

**** [„Ilias"] Ξ [XIV, Vers] 345 etc. [346–353].

\+ Iliade Ξ [„Ilias" XIV], v. 153 etc. [–186; 312–353].

++ φιλομμειδὴς Ἀφροδίτη.

hende Mund dünkt mich Verzerrung, das sich meldende Lachen wird Grimasse und das ausbrechende Lachen ungeheures Gelächter. Und wie ungereimt dünkt mich alsdenn diese Riesengestalt, wenn sie über eine Ritzung ihrer Haut am Finger schreiet, klaget, weinet und den ganzen Himmel erreget!

Kurz! wo *Größe und Stärke* nicht das *Hauptstück im Charakter einer Gottheit ausmacht, da ist die übermenschliche Natur auch nicht ein notwendiges Augenmerk.* Wo der *Charakter der Gottheit damit aber gar nicht bestehen kann*, z. E. die höchste Vollkommenheit eines weiblichen Gliederbaues in der Juno und die liebreizendste Schönheit in der Tochter Dionens: *da bleibe sie unsern Augen weg.* Diese können, als menschliche Augen, das Ideal der hohen sowohl als der lieblichen Schönheit eines menschlich scheinenden Körpers nicht anders als mit natürlichem Maße bestimmen; zwar mit dem Unterschiede, daß in der Malerei dies Maß in den Grenzen der Kunst bleibt, in der Poesie aber sich zu der Stufe erheben kann, die für die Phantasie des Menschen die höchste ist; daß aber auch dies Höchste für die Phantasie *überschaulich*, in seinem natürlichen Maße bleibe. Geht dies Anschauliche, Ganze verloren, übersteigt die Statur der Juno und Venus, auch nur in einer Linie, die Größe, in welcher ich mir körperliche Vollkommenheit und Schönheit gedenke: so hat der Dichter seinen Eindruck verfehlt. Nach einmal angenommenem Charakter läßt sich nicht, wie er will, den Göttern eine Größe geben, die alle natürliche Maße übersteigt; in dem natürlichen Maße, da sich körperliche Schönheit für meine Phantasie hält, muß sich auch seine Größe der Venus und Juno halten — —

Nun selbst die Gottheiten, deren Charakter und Individualität einmal eine Äußerung *vorzüglicher Stärke* will: Minerva, der gewaltige Erdumfasser Neptun und denn der mächtigste aller Götter, Jupiter. Und ich wiederhole aufs neue: daß bei ihnen *die körperliche Größe ihren Wirkungen nur nicht widerspreche; nicht aber, daß von Größe auf Stärke bei Homer der Schluß gemacht werden dörfe*!

Homer gab uns keinen einzigen der Götter gemalet, so auch

nicht ihre „alles natürliche Maß übersteigende Größe“; er zeigt uns ihre Natur in Wirkung, in Bewegung.

Der große Jupiter! Aber ist er bei Homer deswegen groß, weil er, wie jener Engel des Korans, von einer seiner Augenbranen bis zur andern sieben Tagereisen hätte? Das würde uns Jupiter der Ungeheure, nicht aber der Große dünken: Homer weiß also bessern Weg. Er winkt mit seinem schwärzlichen Augenbranen der Thetis sein höchstes Zeichen zu, das ambrosische Haar auf dem unsterblichen Haupte des Königes wallet, und der große Olympus bebt* — das ist der große Jupiter! Nicht wie lang, sondern wie machtvoll seine Augenbrane und sein Haar sei; nicht wie geräumig, sondern wie gebietend das Haupt des unsterblichen Königs: das ist das Augenmerk des Dichters. Das ist Jupiter, der Mächtige! Zeus, der Städteverwüster.

Einmal will dieser Jupiter seine überwiegende Macht vor allen Göttern recht ausdrücken: er misset sich also mit ihnen — aber an körperlicher Größe? an Länge der Arme? an Stärke der Sehnen? unwürdiger, ungeheurer Anblick! Jupiter hat einen bessern Vorschlag an seine Götter und Göttinnen. Alle sollten sich an die himmelherab hangende goldene Kette hängen und mit allen Kräften ziehen: den Jupiter würden sie damit nicht vom Himmel zur Erde reißen können. „Ich aber“, fährt er fort, „wenn ich ziehen wollte, mit Erde und Meer würde ich sie aufziehen, alsdenn die Kette um den Gipfel des Olympus schlingen: da hingen sie alle in der Höhe. So weit mächtiger bin ich als Götter und Menschen.“** Es kann kein erhabener und einfältiger Bild gefunden werden als dies von der Übermacht des höchsten Gottes; allein ein Bild von der Übergröße dieses Gottes über Götter und Menschen findet sich nicht.

So wird die Größe Neptunus’ durch seine Schritte mehr erraten und angedeutet als geschildert***; denn eine Ausmes-

* Iliade A [„Ilias“ I, Vers] 528[—530].

** Iliade Θ [„Ilias“ VIII, Vers] 17—27.

*** Welch ein Bild gibt der auf Ida die Waage des Schicksals haltende Jupiter! Die Schale der Griechen sinkt zur Erde, die Schale der Trojaner steigt zum Himmel — wie stark ist der wägende Arm des Gottes! [„Ilias“] Θ [VIII, Vers] 339 [69—75]. Solche Bilder liefert Homer, und keine Maßstäbe!

sung seiner ganzen Gestalt, nach Maßgabe dieser Schritte, wäre ungeheuer und nicht Homerisch. Vielmehr hat der weise Dichter auch hier in Äußerung der Größe durch die Stärke und der Stärke durch Bewegung eine Leiter gesetzt, um nach der Stufe seiner Götter auch ihnen die Würde zuzuwiegen, die die größeste Kraft mit der größesten Sparsamkeit des Ausdrucks äußert. So wie der höchste der Götter seine Größe *durch einen Wink*, so zeigt der nächste nach ihm an Hoheit, Neptun, die seinige eine Stufe tiefer – *schreitend.** Die Größe Minervens wird wieder durch ihre Stärke gemessen, da sie einen ungeheuren Stein ergreift und den langstreckigen Mars zu Boden wirft.** Vielleicht aber legt Herr Lessing mehr Gewicht in diesen Stein, als Homer in ihn legen wollte. „Er war ein schwarzer, rauher, großer Stein, der zum Grenzstein dahingewälzet war von Männern voriger Zeiten." Ob nun mit diesem Homer den Maßstab machen wollen, daß ein Held seiner Zeit gleich zween Männern und ein Held alter Zeit gleich zween Helden und dieser Stein also gleich so viel vierfach zusammengesetzten Mannskräften berechnet werden müsse, als Männer ihn gelegt hatten, weiß ich so genau nicht. Homer kann vielleicht bloß sagen: es war ein uralter Grenzstein. –

Auch die Größe des Helms der Minerva ist mir noch strittig, ob sie nach Maß oder Gewichte zu berechnen sei. „Um ihre Schultern legt Pallas die fürchterliche Aegis: die ringsum von Furcht umgeben, in der die Zwietracht und die Stärke und die wilde Mordlust, in der auch das Haupt der Gorgone, des abscheulichen Ungeheuers, eingegraben war, fürchterlich, greulich, das Schreckbild des donnernden Zeus – aufs Haupt setzte sie den goldnen Helm – –

ἑκατὸν πολέων πρυλέεσσ' ἀραρυῖαν.***

Was ist nun das letzte, „der den Fußvölkern aus hundert Städten gnug war"? Es sei, wie Ernesti will, „der den Anfall einer Armee aus hundert Städten, geschweige denn aus einer, aushalten könnte", oder, wie der Scholiast will, der „die Bilder

* Iliade *N* [„Ilias" XIII, Vers] 10–45.
** Iliade *Φ* [„Ilias" XXI, Vers] 403[–406].
*** Iliade *E* [„Ilias" V, Vers] 737 [738–744].

von Fußvölkern aus hundert Städten auf sich hätte eingegraben haben können": alsdenn stimmt diese Erklärung in den Zusammenhang der Beschreibung von der fürchterlichen Aegis. Oder wie andre wollen, „der Helm, den die Fußvölker aus hundert Städten zu heben, zu tragen kaum hinreichten": diese Erklärung dünkt mir nach dem Tone Homers die beste; denn sie gibt das stärkste Bild von der innern Macht der Göttin, die sich hier in dem Tragen eines Helms auf eine stille erhabne Weise äußert. – Es sei indessen welche von diesen Erklärungen es wolle: keine ist erdacht, um die Stelle zu lindern, sondern nur den Sinn Homers zu erklären, und nach allen dünkt mir doch die, obgleich uralte, die Herr Lessing annimmt: „der Helm, unter welchem sich so viel Streiter, als hundert Städte in das Feld zu stellen vermögen, verbergen können"*, diese dünkt mir unter allen die letzte. Wo ist je ein Helm dazu gewesen, um zu sehen, wieviel Streiter unter ihm Raum haben? wie müssen die Helden stehen, wenn sie mit dem Helme wie mit einem Scheffel sollen gemessen werden? wie wäre also Homer auf dies kindische oder romantische Bild gekommen, die Streiter von hundert Städten sich in einem allgemeinen Blindekuhspiele hierunter verkriechen zu lassen? usw. Kurzum! Homer gibt doch kein Maß der Minerve an ihrer Statur des Körpers geradehin, sondern läßt uns den Schluß von ihrem Helme auf ihre Größe oder, wenn die mir schicklichste Erklärung gölte, vielmehr auf ihre innere Stärke; „sie setzte den Helm aufs Haupt, der den Kräften eines Fußvolks aus hundert Städten zu schaffen geben könnte" – welch ein stilles Bild ihrer göttlichen Stärke!

Mars, der Menschenwürger, in allem roh und ungeheuer, in seinem Anfalle und in seinem Geschreie – warum sollte er's nicht auch in seinem Hinsturze sein? Und da erlaubt sich Homer das Bild, daß er, so wie er zehntausend Menschen gleich aufschreien, auch im Falle sieben Hufen Landes bedecken kann**: ein gigantischer Kerl! aber das ist auch Mars! Würde Homer jeden andern Gott ihm nachschreien und im Falle nachstrecken lassen? Wie würde wohl der hohen Juno oder der

* „Laokoon", p. 135 [84].

** Iliade Φ [„Ilias" XXI, Vers] 407.

lieblichen Venus eine so seltene Stellung lassen? – Zudem mißt Homer seinen Kolossus, da er liegt: aufrecht wagte er's nicht, uns den ungeheuren Aufblick abzuzwingen. Zudem ist's bloß im Kampfe der Götter mit Göttern, wo Homer alle Kräfte zusammennimmt, einen Gigantenkampf, der sich von einem menschlichen Gefechte unterschiede, zu schildern. In Schlachtordnung mit Menschen zusammengestellt, Führer menschlicher Heere, ist die übermenschliche Statur, „die alle natürliche Maße weit übersteiget", ganz verschwunden. Mars und Minerve, da sie ein Heer auf dem Schilde anführen, können sich durch goldene Kleider, durch Schönheit, durch eine ansehnliche und auszeichnende Statur in ihrer Rüstung unterscheiden; denn sie sollen ja Götter auf dem Schilde vorstellen – sie können in dieser ansehnlichen Gestalt vorragen und die Menschenvölker etwas niedriger sein*; aber an einen sieben Hufen langen Mars ist ja hier nicht zu gedenken, und ich weiß nicht, wie Herr Lessing eine Stelle für sich anführet, die nur sehr wenig von seiner Assertion beweiset.** Homer lindert die Größe der unter Menschen wandelnden Götter hier so, als sie Clarke und Ernesti am vorigen Orte nicht lindern wollten, und überhaupt gehört die Vorstellung auf dem Schilde hier nicht zur Sache.

Es ist Zeit, daß ich ein Ende mache. Größe, Stärke, Schnelligkeit sind bei Homer nicht gleichwichtige Prädikate, um seine Götter von seinen vorzüglichsten Helden zu unterscheiden.*** Selbst von Stärke und Schnelligkeit wird niemand, der den Homer auch nur ein einziges Mal flüchtig durchlaufen, diese Assertion zugeben. Diomedes überwältigt die unkriegerische Venus, und Diomedes war doch nicht einmal Achilles. Er überwältigt Mars, und hier mag Dione für mich das Wort führen.****

Der *Individualcharakter* der Homerischen Götter und Göttinnen ist also das Hauptaugenmerk, nach welchem sich auch ihre Größe und Stärke richtet. Hier kommt kein Allgemeinsatz in Betrachtung, Charakter ist hier über Gottheit.

* Iliade Σ [„Ilias" XVIII, Vers] 516–519.
** „Laokoon", p. 136 [84].
*** „Laokoon", p. 135 [84].
**** Iliade *E* [„Ilias" V, Vers] 381 etc. [–415].

Es gibt also bei ihm Göttinnen, die an Stärke *unter* den Helden bleiben; Göttinnen also auch, die an Größe den Menschen *gleich* sein *müssen*; Götter, die eben nicht größer sein dörfen. Für das erste zeuge Venus, für das zweite Juno, Venus und vielleicht alle Göttinnen, für das dritte Apollo.

Ferner: Größe ist niemals Hauptzweck des Dichters, um aus ihr Stärke zu folgern, sondern nur immer da, um dem Bilde der Macht und Hoheit nicht zu widersprechen.

Kann diese also durch andre Merkmale erkannt werden, um so gefälliger dem Dichter; und welches ist ein besseres Kennzeichen von Hoheit als Macht in der Wirkung, Schnelligkeit in der Bewegung?

Aus dieser also läßt Homer auf jene schließen, nicht aber umgekehrt. Aus dem Winke Zeus', aus dem Schritt Neptuns, aus dem Wurfe der Minerva auf ihre Größe, nicht aber im Gegenteil.

So wie *er* gerne in seiner Schöpfung zwischen Himmel und Erde bleibt*, so überspannet er auch nie gern die Phantasie in dem Maße der Größe. Wo ein Zug hierüber nötig war, ward er eingestreuet und gelindert.

Insonderheit unter Menschen gelindert: denn zu einem Göttertreffen** und einem Götterhimmel ist schon eine kleine Überspannung zum Wunderbaren μῶρον seiner Götter notwendig. Wer kann etwas schildern, das er nie gesehen, das er bloß durch Menschenerhöhung trifft?

Und auch hier ist's für mich kein Axiom, „daß der Dichter seinen Göttern eine Größe gegeben, die alle natürliche Maße weit übersteiget". Denn Homer hat bei dem Unendlichen selbst lauter natürliche Maße, und auch deswegen unter tausend andern Ursachen ist er mein Dichter.

Ob endlich die Bildhauer das Kolossalische, das sie ihren Götterstatuen öfters erteilten, aus Homer entlehnt?*** – Diese Frage dünkt mich so als jene indianische: worauf ruht die Erde? auf einem Elefanten! und worauf der Elefant? – Von wem nämlich mag denn Homer das Kolossalische ent-

* Iliade Θ [„Ilias" VIII, Vers] 13–16.
** Iliade Γ [Φ; „Ilias" XXI, Vers] 385[–408].
*** „Laokoon", p. 136 [85].

lehnt haben, das er, hie und da, diesem und jenem Gotte gibt? Mich dünkt, man könne in Ägypten den Ursprung von diesen und mehreren Homerischen Ideen finden, insonderheit an Orten, wo *das Alte* der Göttererzählung, wo die Tradition von mythologischen Anekdoten herrschet, die statt des Schönen, nach welchem er sonst seine Götter schaffet, ins wüste Große gehen. Ich habe Lust, über ein paar Proben dieser Behauptung einige fliegende Schriftchen* zu lesen, die zu gut scheinen, um unter Schriften ihrer Art zu verfliegen, insonderheit, da mir die Aufgabe im Ganzen betrachtet: „was hat Homer von den Ägyptern entlehnet? wie hat er die alten Sagen voriger Zeiten in das Schöne seiner Kunst verändert?" groß und noch ungenutzt vorkommt.

15

Einige Bilder, die Herr Lessing aus Homer anführt**, sind nicht übersetzt, nur indirekte und nach einzelnen Zügen vorgestellt – sie enthalten aber noch in dieser Vorstellung so viel Leben, daß ich an der Übersetzung Homers, durch einen Originalgeist, in unsere Sprache nicht verzweifle. Ich lese Gottlob! meinen Homer in *seiner* Sprache; noch immer aber würde ich ihn mit Entzücken in der meinigen haben lesen wollen, wenn ein Meinhard davon auch nur einen Versuch geliefert hätte. Dieser würdige Mann besaß so viel Gabe des Ausdrucks, die Poesie einer fremden Sprache in die unsere zu prosaisieren oder, wenn man lieber will, die Prose unsrer Sprache so geschickt zum einfältigen Adel der Poesie eines fremden Ausdrucks zu erheben, daß ihn die Muse unsres Vaterlandes bestimmt zu haben schien, der Mund fremder Nationen unter uns zu werden. Dies ist, wie ich glaube, der Hauptzug seiner Verdienste; und wie hätte er diese durch eine Übersetzung Homers nicht gesteigert! Grieche muß ich überdem schon werden, wenn ich Homer lese, ich lese ihn, wo ich wolle: warum denn nicht in meiner Muttersprache? Insgeheim muß ich ihn doch *in dieser* schon jetzo lesen; insgeheim über-

* Harles, „De Jove Homeri" [1763], etc.
** „Laokoon", p. 143, 151 [88, 92, 93].

setzt ihn sich die Seele des Lesers, wo sie kann, selbst wenn sie ihn griechisch hört; und ich sinnlicher Leser! ich kann mir ohne diese geheime Gedankenübersetzung sogar kein wahrhaftig nutzbares und lebendiges Lesen Homers denken. Nur denn erst lese ich, als hörte ich ihn, wenn ich mir ihn übersetze: er singet mir griechisch vor, und ebenso schnell, so harmonisch, so edel suchen ihn meine deutschen Gedanken nachzufliegen; alsdenn und alsdenn nur vermag ich mir und andern von Homer lebendige bestimmte Rechenschaft zu geben und ihn mit ganzer Seele zu fühlen. In jedem andern Falle, glaube ich, lieset man ihn als Kommentator, als Scholiast, als Schulgelehrter oder Sprachlehrling, und dies Lesen ist unbestimmt oder tot. Ein anderes ist, sagt Winckelmann, Homer verstehen, ein anderes, sich denselben erklären können; und dies geschieht in meiner Seele nicht anders als durch eine geheime Übersetzung, durch eine schnelle Umwandlung in meine Denkart und Sprache.

Überdem ist diese, in Betracht, die Übersetzerin Homers zu werden, weit über die französische und englische hinaus; sie allein kann vielleicht einen Mittelweg zwischen Umschreibung und Schulversion, wie die meisten lateinischen sind, finden; und dieser Mittelweg heiße mit einem altdeutschen Worte, dessen starker Gebrauch uns durch so manche schlechte Ausübung verächtlich und lächerlich geworden: *Verdeutschung*. Freilich werde ich meinen Homer, auch wenn Meinhard ihn übersetzt hätte, in seiner Urschrift immerfort studieren; nur würde ich mich auch nicht schämen, die Übersetzung nebenan liegen zu haben, bei jedem starken Bilde, das ich in meiner Muttersprache ganz fühlen will, in sie hineinzublicken, mit ihr zu wetteifern — so lese ich Homer.

Bedürfnis ist's also nicht, wenn ich mir einen Meinhardschen Homer wünsche: es ist *Patriotismus*, Gefühl für seine wahre Lesemethode, Gefühl für meine Muttersprache, gegen so manche süßlateinische Übersetzung von Hektor und Andromache z. E. usw. betrachtet*; Gefühl endlich gegen die unwichtigen Gründe, womit man ein Genie, das zu interpretieren

* Klotzii „Epistolae Homericae" [1764], variis locis.

da ist, vom Homer abschrecken und hinwegsegnen will.* Wie? wenn Pope auch so gedacht hätte: wo wäre der englische Homer geblieben? und wird wohl ein vernünftiger Engländer, der Homer griechisch lesen kann, ihn nicht lesen wollen — weil ihn Pope englisch geliefert? — —

Wenn dies gute Wort über Homer hier nicht völlig an seiner Stelle steht: so hätte es doch irgendwo anders eine Stelle verdient, und ich fahre fort. „Es ist unmöglich", sagt Herr Lessing, „die musikalische Malerei, welche die Worte des Dichters mit hören lassen, in eine andre Sprache überzutragen"**, und an einem andern Orte, wo er die fortschreitende Manier Homers vortrefflich entwickelt, entgeht ihm auch nicht der Vorteil, den ihm seine Sprache gewährte, „die ihm nicht allein alle mögliche Freiheit in Häufung und Zusammensetzung der Beiwörter läßt, sondern auch für diese gehäuften Beiwörter eine so glückliche Ordnung hat, daß der nachteiligen Suspension ihrer Beziehung dadurch abgeholfen wird. An einer oder mehrern dieser Bequemlichkeiten fehlt es den neuern Sprachen durchgängig. Auch unsre Sprache hat sie nicht, oder, welches einerlei ist, sie kann sie nur selten ohne Zweideutigkeit nutzen."*** Mir haben diese Bemerkungen einen alten Gedanken wieder in die Seele gebracht, den ich bei Homer immer empfunden und zu dem diese einige Züge mit enthalten.

Homer sang, ehe schriftstellerische Prose da war: er weiß also von keinen geschlossenen Perioden. Nicht, als ob in ihm kein einiges Punkt wäre; die hat er, mein Leser, und hat er nicht gnug, so klecke ihm noch mehrere zu. Ich rede von keinen Unterscheidungszeichen, in welche unsre Sprachlehrer das Wesentliche des Perioden setzen, sondern von der Zusammenordnung vieler einzelnen Züge, zu einem ganzen Gemälde, das *daher* anfängt, wo uns die Sache in die Augen fiel, Zug vor Zug uns weiterführt, aber diese Züge *verschränket*, so umkehret, daß der Sinn des Ganzen aufgehalten, daß er nicht eher vollendet ist, bis wir zu Ende sind. Und dies Kunst-

* Riedels „Leben Meinhards" [„Denkmal des Herrn Johann Nikolaus Meinhard", 1768], p. 60, 61.

** „Laokoon", p. 143 [89].

*** „Laokoon", p. 180 [110].

stück des prosaischen Perioden, behaupte ich, hat Homer nicht. Bei ihm fällt gleichsam Zug nach Zug auseinander; er schreitet mit jedem Beiworte weiter: von keiner Verschränkung, von einer künstlichen Suspension des Sinnes weiß er nichts. „Der Grieche verbindet das Subjekt gleich mit dem Prädikate und läßt die andern nachfolgen; er sagt: ‚runde Räder, eherne, achtspeichichte.' So wissen wir mit eins, wovon er redet, und werden, der natürlichen Ordnung des Denkens gemäß, erst mit dem Dinge und dann mit seinen Zufälligkeiten bekannt. Diesen Vorteil hat unsre Sprache nicht."* Keine neuere Sprache hat ihn, die zur Prose ursprünglich gebildet worden.

Und wenn in diesem *Fortschreitenden* eben Homers Manier bestehet und seine Sprache (er pflanzte sie auf seine Dichter fort) und nur *seine* Sprache dies Fortschreitende zur Manier, zum Gesetze ihrer Zusammenordnung macht: wie in einer Übersetzung? So wird Homer in einer Übersetzung nach dieser neuen Konstruktionsmanier, die einmal ein Gesetz unsrer Sprachen geworden, *seine Manier*, das Wesen seiner Poesie, das mit jedem Zuge Fortschreitende verlieren: er wird prosaisiert werden. Prosaisiert nicht in den Farben, in den Figuren seiner Bilder, sondern in der Art ihrer Stellung, in Komposition und Manier, und da, denke ich, hat er mehr verloren als durch jedes andere! Ein solcher Verlust geht die Art des Ausdrucks in seinem ganzen Werke durch, er ist der größte, denn er hindert den Gang seiner Muse.

Ich nehme sein Bild vom herabsteigenden Apollo und sage: So weit das Leben über das Gemälde geht, so weit ist hier der Dichter über den Prosaisten einer neuern Sprache. Apollo steigt von den Höhen des Olympus, ergrimmt, Bogen und Köcher auf der Schulter. Ich sehe ihn nicht allein herabsteigen, ich höre ihn. Mit jedem Schritte erklingen die Pfeile um die Schulter des Zornigen. Er geht einher gleich der Nacht. Nun sitzt er gegen den Schiffen über und schnellet – fürchterlich erklingt der silberne Bogen – den ersten Pfeil auf die Maultiere und Hunde. Sodann faßt er mit dem giftigern Pfeile die Menschen selbst; und überall lodern unaufhörlich Holzstöße

* „Laokoon", p. 181 [110].

mit Leichnamen. „Es ist unmöglich", sagt Herr Lessing, dessen Worte ich mich meistens bedient, „die musikalische Malerei, welche die Worte des Dichters mit hören lassen, in eine andere Sprache mit überzutragen." Und ebenso unmöglich, fahre ich fort, ist's, dem Fortschreitenden des Bildes, das mit jedem Zuge weitertritt, in einer neuern Sprache Fuß vor Fuß nachzufolgen. Mit jedem neuen Worte ist ein Gemälde.

Nun laßt uns Homer in einer neuern Sprache hören, es sei in Pope selbst, der gewiß das Maß seiner Sprache so verstand als kein Dichter vielleicht vor und nach ihm. Umwerfen muß er die Worte, er muß umschreiben.* Ein Wort bei Homer wird ihm ein abgetrenntes Komma, ein fortlaufender Zug steht in ihm einzeln da, wie eine Erklärung. Hier nimmt er einen Umstand voraus, dort erklärt er ihn, warum er sei? kurz, die fortschreitende Manier Homers ist weg. Homers Bild ist eine ausgemalte Schilderei, ein historisches Gemälde, stillstehend, nur mit poetischen Farben. Die Poesie Homers, auch in Popes Sprache, ist poetische, schöngereimte Prose.

Um die Schwierigkeit einer Homerischen Übersetzung zu zeigen, führe ich noch eine Eigenheit in Homer an, die ich seiner Sprachmanier abgemerket und von unsern Sprachen noch weiter abgehet. Sie ist ein gewisses Wiederkommen auf einen Hauptzug, der schon da war und jetzt das Band sein soll, um das Bild *weiterzuführen* und die auseinanderfallenden Züge zu einem Ganzen zu verknüpfen. Exempel mögen mich erklären. Der zornige Apollo steigt vom Olympus, ergrimmt, Köcher und Bogen auf der Schulter – ist das Bild aus? Nein! es rollt fort, aber um die schon gelieferten Züge uns im Auge zu erhalten, scheint es die folgenden bloß aus den vorigen zu entwickeln. Köcher und Bogen auf der Schulter? Ja! die Pfeile *erklangen* auf der Schulter. *Ergrimmt* stieg Apollo nieder? Ja! sie erklangen auf der Schulter des *Zornigen*! Er *stieg nieder* – er *ging*? sie klangen also mit jedem Tritte des *Ganges*. Nun ist Homer da, wo er ausging: er schritt fort, indem er zurücktrat, er hat jeden vergangnen Zug erneuert, noch haben wir das Ganze vor Augen. Auf eben die Art rollet er sein Bild weiter. Der letzte Zug erinnerte uns an die Tritte des Schrei-

* „The Iliade", translated by Pope [1715–1725], book I, v. 61–72.

tenden und wird weitergeführt: der Schreitende *ging* der Nacht gleich. Weswegen Apollo Nacht um sich geworfen? hat der Dichter nicht Zeit zu sagen, er läßt es erraten, es war ein fremder Zug in seinem Gemälde hier, an die zu denken, die er jetzt, mit Nacht umdeckt, vorbeistrich: er störet sich nicht im Bilde des gehenden Gottes. Nun ist der Gehende die Schiffe vorbei, weit vorbei, er sitzt, er schnellet einen Pfeil — *trifft* er, so ist das Bild zu Ende; aber noch muß es nicht zu Ende sein. Das Bild des klingenden Bogens wäre alsdenn verloren, es wird erst wiedererweckt — *fürchterlich also erklingt der silberne Bogen*; nun faßt der Pfeil, der erste, der andre, Tiere, Hunde, Menschen, Scheiterhaufen flammen: so flogen die Pfeile des Gottes neun Tage durch das Heer — — Jetzt ist das Gemälde zu Ende: der Gott, Bogen, Pfeil, die Wirkung derselben, alles ist vor Augen, kein Zug verloren, keine Farbe mit einem vorbeifliegenden Worte weggestorben; er weckte jede zu rechter Zeit wiederholend wieder auf, das Bild rollet zirkelnd weiter.

So machen es nicht unsre poetischen Schilderer: sie malen mit jedem Worte, und mit jedem Worte ist auch die Farbe weg, der Zug verschwunden, am Ende haben wir nur eben das letzte, nichts mehr. So aber nicht der Erste der Dichter: er webt wiederholende Züge ein, die zum zweitenmal das Bild tiefer einprägen, eindrücken und einen Stachel in der Seele zurücklassen, wie Eupolis, der Komödienschreiber, von dem größten Redner Griechenlandes, dem Perikles, sagte. Die Manier der Komposition seiner Bilder gleicht der Sprechart des Ulysses, dessen Worte wie die Schneeflocken flogen, das ist, wie Plinius sagt, crebre, assidue, large. Er läßt keinen Stein unbewegt, um zum Ziele zu treffen, und seine Pfeile sind wie die des Philoktets *wiederkommend.*

Menelaus wird den Räubern seiner Ehre und seiner Gattin vor dem Heere ansichtig und „freuet sich wie ein Löwe, der auf einen großen Raub fällt". Nun wäre das Bild zu Ende, aber für Homer ist's noch nicht tief gnug in der Seele. Was ist das: „der auf einen großen Körper fällt"? Homer fährt wiederholend fort: *wenn er einen hörnichten Hirsch oder eine wilde Ziege gefunden.* Nun wäre uns wieder das Bild seiner Freude zu weit vom Auge entfernet, es rollt also weiter: *hungrig war er, gierig verschlingt er's*! Und um den letzten Stachel in der Seele zu lassen von seinem gierigen Schlingen, von seiner erhaschenden Freude, so erweckt Homer hinter ihm eine laute kommende Jagd: schnelle Hunde, blühende junge Jäger verfolgen ihn. Nun ist das Bild ganz; ich sehe den gierigen Löwen, den Raub, sein Erhaschen und was der Raub sei, seine Freude und seine die Gefahr vergessende Gierigkeit. So freute sich Menelaus usw.* Sein Gemälde ist ein Kreisbild, wo ein Zug in den andern fällt, wo das vorige zurückkehrt, um das folgende zu entwickeln.

Ich müßte alle Bilder, alle Gleichnisse Homers abschreiben, wenn ich alle Beispiele geben wollte; denn sie sind alle nach einer Manier. Nicht immer strömen neue Züge herzu: die vorigen kommen wieder, malen weiter, der Tanz der Figuren kehrt in sich zurück und bricht plötzlich ab. Handlung und Empfindung, Zustand und Bewegung wechseln, und gemeiniglich nimmt sich das Wort, das die Handlung wieder erneuern, das ein Band voriger Züge sein soll, auch dadurch aus, daß es einen Vers anfängt und also die Rede auf sich stützet. Jedes Bild Homers ist eine musikalische Malerei: der gegebene Ton zittert noch eine Weile in unserm Ohre; will er ersterben, so tönt dieselbe Saite, der vorige Ton kommt verstärkt wieder; alle vereinigen sich zum Vollstimmigen des Bildes. So überwindet Homer das Hindernis seiner Kunst, daß ihre Wirkung gleichsam jeden Augenblick verschwindet; so macht er jeden Zug seines Bildes daurend.

Ich habe ein paar Proben von der feinen Kunst Homers in seiner Bilderkomposition von seiten der Sprache gegeben, um zu zeigen, daß ich zu einer Übersetzung vielleicht Schwierigkeiten finde, von denen manche nichts wissen, die recht viel von Homers Übersetzung sprechen können; indessen bringen mich auch diese Schwierigkeiten noch nicht zur Verzweiflung. Auch hier wird das Genie Rat finden: es wird zerstücken und wiederholen – sterben lassen und wieder vors Auge bringen und dem Homer wenigstens nacheifern. – Ich wollte, daß Herr Lessing sich über dies Wiederkommende in Homers Bil-

* Iliade Γ [„Ilias“ III, Vers] 21[–26].

dern erklären möchte. Homer schildert nicht; wo er aber muß, da braucht er das angezeigte Kunststück, um mittelst jeden Augenblick schwindender, aber wiederkommender Töne das Ganze eines Eindrucks zu liefern. — — Aus der Tonkunst könnte diese Energie seiner Manier am besten erläutert werden.

16

Überhaupt muß man nicht denken, daß ein Philosoph, der den Unterschied zwischen Poesie und einer schönen Kunst zu entwickeln unternimmt, damit das ganze Wesen der Dichtkunst vollständig erklären wolle. Herr Lessing zeigt, was die Dichtkunst, gegen Malerei gehalten, nicht sei; um aber zu sehen, was sie denn an sich in ihrem ganzen Wesen völlig sei, müßte sie mit *allen* schwesterlichen Künsten und Wissenschaften, z. E. Musik, Tanzkunst und Redekunst, verglichen und philosophisch unterschieden werden.

„Malerei wirkt im Raume, Poesie durch Zeitfolge. Jene durch Figuren und Farben, diese durch artikulierte Töne. Jene hat also Körper, diese Handlungen zu eigentlichen Gegenständen." So weit ist Herr Lessing in seiner Entwicklung gekommen. Nun nehme ein philosophischer Tonkünstler sein Werk auf: Wiefern haben Poesie und Tonkunst gemeine Regeln, da sie beide durch die Zeitfolge wirken? Wie geht jene ab, da sie *Handlung* singet? Der Redekünstler fahre fort: Jede Rede kann *Handlung* schildern; wie denn die Poesie? wie in ihren verschiednen Gattungen und Arten? — Endlich diese Theorien zusammen: so hat man das Wesen der Poesie.

Auch bei der jetzigen einen Seite der Vergleichung ist's indessen, als ob mir an dem Wesen der Poesie immer etwas zur Berechnung fehle. — — Ich nehme Lessingen da das Wort auf, wo er die Sache aus ihren ersten Gründen herzuleiten verspricht.

Er schließet so: „Wenn es wahr ist, daß die Malerei zu ihren Nachahmungen ganz andre Mittel oder Zeichen gebrauchet als die Poesie, jene nämlich Figuren und Farben in dem Raume, diese artikulierte Töne aber in der Zeit; wenn unstreitig die Zeichen ein bequemes Verhältnis zu dem Bezeichneten haben müssen, so können nebeneinandergeordnete Zeichen auch nur Gegenstände, die nebeneinander oder deren Teile nebeneinander existieren, aufeinanderfolgende Zeichen aber auch nur Gegenstände ausdrücken, die aufeinander oder deren Teile aufeinander folgen.

Gegenstände, die nebeneinander oder deren Teile nebeneinander existieren, heißen Körper. Folglich sind Körper mit ihren sichtbaren Eigenschaften die eigentlichen Gegenstände der Malerei.

Gegenstände, die aufeinander oder deren Teile aufeinander folgen, heißen überhaupt Handlungen. Folglich sind Handlungen der eigentliche Gegenstand der Poesie."*

Vielleicht würde die ganze Schlußkette untrüglich sein, wenn sie von einem festen Punkte anfinge; nun aber lasset uns zu ihm hinan. „Wenn es wahr ist, daß die Malerei zu ihren Nachahmungen ganz andre Mittel oder Zeichen gebraucht als die Poesie" – allerdings wahr!

„Jene nämlich Figuren und Farben in dem Raume, diese aber artikulierte Töne in der Zeit" – schon nicht so bestimmt! denn der Poesie sind die artikulierten Töne nicht das, was Farben und Figuren der Malerei sind!

„Wenn unstreitig die Zeichen ein bequemes Verhältnis zu dem Bezeichneten haben müssen" – eben damit fällt alle Vergleichung weg. Die artikulierten Töne haben in der Poesie nicht eben dasselbe Verhältnis zu ihrem Bezeichneten, was in der Malerei Figuren und Farben zu dem ihrigen haben. Können also zwei so verschiedne Dinge ein Drittes, einen ersten Grundsatz zum Unterschiede, zum Wesen beider Künste geben?

Die Zeichen der Malerei sind *natürlich*: die Verbindung der Zeichen mit der bezeichneten Sache ist in den Eigenschaften des Bezeichneten selbst gegründet. Die Zeichen der Poesie sind *willkürlich*: die artikulierten Töne haben mit der Sache nichts gemein, die sie ausdrücken sollen, sondern sind nur durch eine allgemeine Konvention für Zeichen *angenommen*. Ihre Natur ist also sich völlig ungleich, und das tertium comparationis schwindet.

* „Laokoon", p. 153 [94, 95].

Malerei wirkt ganz im Raume, nebeneinander, durch Zeichen, die die Sache *natürlich* zeigen. Poesie aber nicht so *durch die Sukzession* wie jene durch den Raum. *Auf der Folge* ihrer artikulierten Töne beruhet das nicht, was in der Malerei auf dem Nebeneinandersein der Teile beruhete. Das Sukzessive ihrer Zeichen ist nichts als conditio, sine qua non, und also bloß einige Einschränkung: das Koexistieren der Zeichen in der Malerei aber ist Natur der Kunst und der Grund der malerischen Schönheit. Poesie, wenn sie freilich durch aufeinanderfolgende Töne, das ist Worte, wirkt: so ist doch das Aufeinanderfolgen der Töne, die Sukzession der Worte nicht der Mittelpunkt ihrer Wirkung.

Um diesen Unterschied deutlicher zu machen, muß eine Vergleichung zwischen zweien durch natürliche Mittel wirkenden Künsten gemacht werden, zwischen Malerei und Tonkunst. Hier kann ich sagen: Malerei wirkt ganz *durch den Raum*, so wie Musik *durch die Zeitfolge.* Was bei jener das Nebeneinandersein der Farben und Figuren ist, der Grund der Schönheit, das ist bei dieser das Aufeinanderfolgen der Töne, der Grund des Wohlklanges. Wie bei jener auf dem Anblicke des Koexistierenden das Wohlgefallen, die Wirkung der Kunst beruhet, so ist in dieser das Sukzessive, die Verknüpfung und Abwechselung der Töne das Mittel der musikalischen Wirkung. Wie also, kann ich fortfahren, jene, die Malerei, bloß durch ein Blendwerk den Begriff der Zeitfolge in uns erwecken kann, so mache sie dies Nebenwerk nie zu ihrer Hauptsache, nämlich: als Malerei durch Farben und doch in der Zeitfolge zu wirken, sonst gehet das Wesen und alle Wirkung der Kunst verloren. Hierüber ist das Farbenklavier Zeuge. Und also im Gegenteile die Musik, die ganz durch Zeitfolge wirkt, mache es nie zum Hauptzwecke, Gegenstände des Raums musikalisch zu schildern, wie unerfahrne Stümper tun. Jene verliere sich nie aus dem Koexistenten, diese nie aus der Sukzession; denn beide sind die *natürlichen* Mittel ihrer Wirkung.

Bei der Poesie aber ist der Auftritt geändert. Hier ist das Natürliche in den Zeichen, z.E. Buchstaben, Klang, Tonfolge, zur Wirkung der Poesie wenig oder nichts: der Sinn, der durch eine willkürliche Übereinstimmung in den Worten liegt, die Seele, die den artikulierten Tönen einwohnet, ist alles. Die Sukzession der Töne kann der Poesie nicht so wesentlich berechnet werden als der Malerei das Koexistieren der Farben; „denn die Zeichen haben gar nicht einerlei Verhältnis zu der bezeichneten Sache.“*

Der Grund ist wankend: wie wird das Gebäude sein? Ehe wir dieses sehen, lasset uns jenen erst auf andre Art sichern. Malerei wirkt im *Raume* und durch eine künstliche Vorstellung des Raums. Musik und alle energische Künste wirken nicht bloß *in*, sondern auch durch die Zeitfolge, durch einen künstlichen Zeitwechsel der Töne. Ließe sich nicht das Wesen der Poesie auch auf einen solchen Hauptbegriff bringen, da sie durch willkürliche Zeichen, durch den Sinn der Worte auf die Seele wirkt? Wir wollen das Mittel dieser Wirkung *Kraft* nennen; und so, wie in der Metaphysik *Raum*, *Zeit* und *Kraft* drei Grundbegriffe sind, wie die mathematischen Wissenschaften sich alle auf einen dieser Begriffe zurückführen lassen, so wollen wir auch in der Theorie der schönen Wissenschaften und Künste sagen: Die Künste, die *Werke* liefern, wirken im Raume; die Künste, die durch Energie wirken, in der Zeitfolge; die schönen Wissenschaften, oder vielmehr die einzige schöne Wissenschaft, die Poesie, wirkt durch *Kraft*. – Durch *Kraft*, die einmal den Worten beiwohnt, durch Kraft, die zwar durch das Ohr geht, aber unmittelbar auf die Seele wirket. Diese *Kraft* ist das Wesen der Poesie, nicht aber das Koexistente oder die Sukzession.

Nun wird die Frage: welche Gegenstände kann diese poetische Kraft besser an die Seele bringen, Gegenstände des Raums, koexistierende Gegenstände, oder Gegenstände der Zeitsukzessionen? Und um wieder sinnlich zu reden: in welchem Medium wirkt die poetische Kraft freier, im Raume oder in der Zeit? –

Sie wirkt *im Raume*: dadurch, daß sie ihre ganze Rede *sinnlich* macht. Bei keinem Zeichen muß das Zeichen selbst, sondern der Sinn des Zeichens empfunden werden; die Seele muß nicht das Vehikulum der Kraft, die Worte, sondern die

* „Laokoon“, p. 153 [94].

Kraft selbst, *den Sinn*, empfinden: erste Art der anschauenden Erkenntnis. Sie bringt aber auch jeden Gegenstand gleichsam sichtlich vor die Seele, das ist, sie nimmt so viel Merkmale zusammen, um mit einmal den Eindruck zu machen, der Phantasie ihn vor Augen zu führen, sie mit dem Anblicke zu täuschen: zweite Art der anschauenden Kenntnis und das Wesen der Poesie. Jene Art kann jeder lebhaften Rede, die nicht Wortklauberei oder Philosophie ist, diese Art der Poesie allein zukommen und macht ihr Wesen, *das sinnlich Vollkommene in der Rede.* Man kann also sagen, daß das erste Wesentliche der Poesie wirklich eine *Art von Malerei, sinnliche Vorstellung* sei.

Sie wirkt *in der Zeit*, denn sie ist *Rede.* Nicht bloß *erstlich*, sofern die Rede *natürlicher* Ausdruck ist, z. E. der Leidenschaften, der Bewegungen, denn dies ist der Rand der Poesie; sondern vorzüglich, indem sie durch die Schnelligkeit, durch das Gehen und Kommen ihrer Vorstellungen, auf die Seele wirkt und in der Abwechselung teils, teils in dem Ganzen, das sie durch die Zeitfolge erbauet, energisch wirket. Das erste hat sie auch mit einer andern Gattung der Rede gemein; das letzte aber, daß sie einer Abwechselung und gleichsam Melodie der Vorstellungen und *eines* Ganzen fähig sei, dessen Teile sich nach und nach äußern, dessen Vollkommenheit also energesieret – dies macht sie zu einer Musik der Seele, wie sie die Griechen nannten; und diese zweite Sukzession hat Herr Lessing nie berühret.

Keines von beiden, allein genommen, ist ihr ganzes Wesen. Nicht die Energie, das Musikalische in ihr; denn dies kann nicht stattfinden, wenn nicht das Sinnliche ihrer Vorstellungen, das sie der Seele *vormalet*, vorausgesetzt wird. Nicht aber das Malerische in ihr; denn sie wirkt energisch, eben in dem Nacheinander bauet sie den Begriff vom sinnlich vollkommnen *Ganzen* in die Seele. Nur beides zusammengenommen, kann ich sagen, das Wesen der Poesie ist Kraft, die *aus dem Raum* (Gegenstände, die sie sinnlich macht) *in der Zeit* (durch eine Folge vieler Teile zu *einem* poetischen Ganzen) wirkt, kurz also: *sinnlich vollkommene Rede.*

Nach diesen Voraussetzungen wollen wir zu Herrn Lessing

zurück. Bei ihm ist der vornehmste Gegenstand der Poesie *Handlungen*; nur aber *er* kann aus seinem Begriffe der Sukzession diesen Begriff ausfinden; ich gestehe es gerne, ich nicht.

„Gegenstände, die aufeinander oder deren Teile aufeinander folgen, sind Handlungen."* Wie? ich lasse soviel ich will aufeinander folgen, jedes soll ein Körper, ein toter Anblick sein; vermöge der Sukzession ist keines noch Handlung. Ich sehe die Zeit fliehen, jeden Augenblick den andern jagen – sehe ich damit Handlung? Verschiedene Auftritte der Natur kommen mir vor Augen, einzeln, tote, einander nachfolgend: sehe ich Handlung? Nie wird Pater Castels Farbenklavier mit seinem sukzessiven Vorspielen der Farben, und wenn es auch Wellen- und Schlangenlinien wären, Handlungen liefern; nie wird eine melodische Kette von Tönen eine Kette von Handlungen heißen. Ich leugne es also, daß Gegenstände, die aufeinander oder deren Teile aufeinander folgen, deswegen überhaupt *Handlungen* heißen; und ebenso leugne ich, daß, weil die Dichtkunst Sukzessionen liefre, sie deswegen Handlungen zum Gegenstande habe.

Der Begriff des Sukzessiven ist zu einer Handlung nur die halbe Idee; es muß *ein Sukzessives durch Kraft* sein: so wird Handlung. Ich denke mir ein in der Zeitfolge wirkendes Wesen, ich denke mir Veränderungen, die durch die Kraft einer Substanz aufeinander folgen: so wird *Handlung*. Und sind Handlungen der Gegenstand der Dichtkunst, so wette ich, wird dieser Gegenstand nie aus dem trocknen Begriff der Sukzession bestimmt werden können: *Kraft* ist der Mittelpunkt ihrer Sphäre.

Und dies ist die Kraft, die dem Innern der Worte anklebt, die Zauberkraft, die auf meine Seele durch die Phantasie und Erinnerung wirkt: sie ist das Wesen der Poesie. – Der Leser sieht, daß wir sind, wo wir waren, daß nämlich die Poesie durch willkürliche Zeichen wirke; daß in diesem Willkürlichen, in dem Sinne der Worte ganz und gar die Kraft der Poesie liege, nicht aber *in der Folge der Töne und Worte*, in den Lauten, sofern sie natürliche Laute sind. –

* „Laokoon", p. 154 [94, 95].

Herr Lessing indessen schließt aus dieser Folge von Tönen und Worten alles; nur sehr spät fällt es ihm ein, daß die Zeichen der Poesie *willkürlich* wären: allein auch denn ponderiert er nicht, was der Einwurf „Poesie wirkt durch willkürliche Zeichen" sagen wolle.*

Denn wie löset er diesen Einwurf? „Dadurch, daß mit der Schilderung körperlicher Gegenstände die Täuschung, das Hauptwerk der Poesie, verlorengehe, daß also zwar Rede an sich, aber nicht die sinnlich vollkommenste Rede, die Poesie, Körper schildern könne." Die Sache scheint jetzt an besserm Orte. Eben weil die Poesie *nicht malerisch gnug* sein kann bei Schilderung körperlicher Gegenstände: so muß sie sie nicht schildern. Nicht, damit sie *nicht Malerei* sei; nicht weil sie in sukzessiven Tönen schildert; nicht weil der Raum das Gebiet des Malers und bloß Zeitfolge das Gebiet des Dichters sei – ich sehe bei allem keine Ursache. Das Sukzessive in den Tönen ist, wie gesagt, dem Poeten wenig: er wirkt nicht durch sie als natürliche Zeichen. Aber wenn ihn seine *Kraft* verläßt, wenn er mit seinen Vorstellungen unabhängig von seinen Tönen die Seele nicht *täuschen* kann: ja, dann geht der Poet verloren, dann bleibt nichts als ein Wortmaler, als ein symbolischer Namenerklärer. Aber daß sie hier noch nicht am besten Orte sei, mag – sein eignes Beispiel zeugen**: Wenn es Hallers Endzweck ist, uns in seinen „Alpen" den Enzian und seinen blauen Bruder und die ihm ähnlichen oder unähnlichen Kräuter versmäßig kennen zu lehren, allerdings verliert er alsdenn den Zweck des Dichters, mich zu täuschen, und ich, als Leser, meinen Zweck, mich täuschen zu lassen: Dies ist alsdenn der Grund und kein andrer. Aber wenn ich nun von Hallers Gedichte zu einem botanischen Lehrbuche gehe: wie werde ich da den Enzian und seine Brüder kennenlernen? Wie anders, als wieder durch sukzessive Töne, durch Rede? Der Botanist wird mich von einem Teile zum andern führen; er wird mir die Verbindung dieser Teile klarmachen; er wird das Kraut meiner Einbildungskraft teilweise und im Ganzen vorzuzählen suchen, was freilich das Auge mit einmal übersie-

* [A. a. O.], p. 165 [101].
** [A. a. O.], p. 168 [102–104].

het: er wird alles tun, was bei Herrn Lessing der Dichter nicht tun soll. Wird er mir verständlich werden? Darum ist nicht die Frage, wenn ich seine Worte verstehe: er muß mir klar werden, er muß mich auf gewisse Art täuschen. Kann er dies nicht, sehe ich die Sache bloß im einzelnen, deutlich, nicht aber im Ganzen, anschauend, ein: so werde ich alsdann alle Regeln, die Herr Lessing dem Dichter gibt, auch dem Verfasser eines botanischen Lehrbuchs geben können. Ich werde zu ihm sehr ernsthaft sagen: „Wie gelangen wir zu der deutlichen Vorstellung eines Dinges im Raume, eines Krauts? Erst betrachten wir die Teile desselben einzeln, hierauf die Verbindung dieser Teile und endlich das Ganze. Unsre Sinne verrichten diese verschiedenen Operationen mit einer so erstaunlichen Schnelligkeit, daß sie uns nur eine einige zu sein bedünken, und diese Schnelligkeit ist unumgänglich notwendig — Gesetzt nun also auch, der schriftliche Kräuterlehrer führe uns in der schönsten Ordnung von einem Teile des Gegenstandes zu dem andern; gesetzt, er wisse uns die Verbindung dieser Teile auch noch so klar zu machen: wieviel Zeit gebraucht er dazu? Was das Auge mit einmal übersiehet, zählt er uns merklich langsam nach und nach zu, und oft geschieht es, daß wir bei dem letzten Zuge den ersten schon vergessen haben. Jedennoch sollen wir uns aus diesen Zügen ein Ganzes bilden: dem Auge bleiben die betrachteten Teile beständig gegenwärtig, es kann sie abermals und abermals überlaufen; für das Ohr hingegen sind die vernommenen Teile verloren, wenn sie nicht in dem Gedächtnisse zurückbleiben. Und bleiben sie schon da zurück: welche Mühe, welche Anstrengung kostet es, ihre Eindrücke alle in ebender Ordnung so lebhaft zu erneuren, sie nur mit einer mäßigen Geschwindigkeit auf einmal zu überdenken, um zu einem etwanigen Begriffe des Ganzen zu gelangen! — Solche Beschreibungen mögen sich, wenn man die Blume selbst in der Hand hat, sehr schön dagegen rezitieren lassen; nur für sich allein sagen sie wenig oder nichts." * —

So spricht Herr Lessing zum Dichter, und warum soll ich nicht ebenso zum Kräuterlehrer sprechen, der mich bloß

* [A. a. O.], p. 166, 167 [101, 102, 104].

durch Worte lehren will? Ich sehe keine Veränderung des Falles, ebendenselben Gegenstand, einen Körper, ebendasselbe Mittel, ihn zu schildern, Rede, ebendieselbe Hinderung in diesem Mittel, das Sukzessive der Rede, Worte. Folglich muß die Lektion sich so gut auf ihn als auf jeden Wortschilderer passen.

Folglich muß die Ursache: „Sukzession verhindert, Körper zu schildern", da sie auf jede Rede trifft, da jede Rede in solchem Falle nicht das Definitum als ein Wort verständlich, sondern als eine Sache anschauend machen will – eigentlich *außer* dem Gebiete der Poesie liegen.

Folglich auch in demselben kein eigentliches, wenigstens kein höchstes Gesetz geben können, sondern nur ein Nebenbegriff bleiben, aus dem wenig oder nichts gefolgert werden kann. – Meine ganze Schlußkette fängt von dem doppelten Grunde an: daß das Sukzessive in den Tönen der Poesie kein *Haupt-*, kein *natürliches* Mittel ihrer Wirkung sei, sondern die Kraft, die diesen Tönen willkürlich anhängt und nach andern Gesetzen als der Sukzession der Töne auf die Seele wirkt. Zweitens: daß das Sukzessive der Töne ja nicht *der Poesie allein*, vielmehr *jeder Rede* zukommt und also wenig in ihrem innern Wesen bestimmen oder unterscheiden könne. Wenn nun Herr Lessing Sukzession in seinem Buche zum Hauptgrunde des Unterschiedes zwischen Poesie und Malerei macht, ist da wohl die richtigste Grenzscheidung zu erwarten? –

17

Um auf einen fruchtbarern Weg zu kommen, als dieser trockne Nebenbegriff gewähret, macht Herr Lessing einen Sprung, den ich ihm nicht nachtue. „Die Poesie schildert durch sukzessive Töne; folglich schildert sie auch Sukzessionen, folglich hat sie auch Sukzessionen und eigentlich nichts als Sukzessionen zum Gegenstande. Sukzessionen sind Handlungen: folglich"* – und folglich hat Herr Lessing, was er will; aber woher kann er's haben? Den Begriff der Handlung

* [A. a. O.], p. 152, 154 [94, 95].

fand er in der Sukzession; und daß sie nur fortschreitende Gegenstände schildere, schloß er, weil sie in sukzessiven Tönen schildert – wo bleibt hier die Kette? Gesetzt, daß das Aufeinanderfolgen der Töne in der Dichtkunst das wäre, was das Nebeneinandersein der Farben in der Malerei: Welche Proportion ist in dem Sukzessiven der Töne und in dem Sukzessiven der Gegenstände, die sie schildert? Wieweit halten diese einen Schritt? Wie kann man auch nur an Vergleichung denken? Und wie weit weniger eins aus dem andern zu schließen? – Und wenn sie auch denn Sukzessionen schilderte, warum müssen diese Sukzessionen Handlungen sein? usw. Die Grenzscheidung nach solch einem Risse kann kaum richtig sein.

Kaum richtig von seiten der Malerei, „ihr Wesen sei, Körper zu schildern"; wenigstens bin ich mir fortschreitenderer Handlungen der Malerei bewußt, als wovon Herr Lessing ein Beispiel gibt*: nämlich eine Draperie, die in ihrem Wurfe zwei Augenblicke vereinige.

Noch minder aber von seiten der Dichtkunst, wo aus dem Sukzessiven der Töne wenig oder nichts folgt. Nicht, daß sie keine Körper schildern solle; denn können keine sukzessiven Töne Begriffe von koexistierenden Dingen erwecken, so sehe ich nicht, wie irgend die Rede, die bloß hörbare Rede *anschauende* Erkenntnis wirken könnte: denn *Bilder*, würde ich sagen, sind nicht hörbar. So sehe ich nicht, wie irgend die Rede *zusammenhangende* Bilderbegriffe erwecken könne: denn die sukzessiven Töne hangen nicht zusammen. So sehe ich endlich auch nicht, wie in der Seele *aus vielen Teilbegriffen* ein Ganzes, z.E. der Ode, des Beweises, des Trauerspiels entstehen könnte: denn die ganze Sukzession der Töne macht kein solches Ganzes, „für das Ohr sind die vernommenen Teile jedesmal verloren". Es läßt sich also hieraus alles oder nichts folgern.

Noch weniger folgt *hieraus* „die Untauglichkeit der ganzen descriptive poetry"**, das Unpoetische aller malenden Poesie.

Noch weniger *hieraus*, daß das Wesen der Dichtkunst Fort-

* [A.a.O.], p. 178, 179 [108, 109].
** [A.a.O.], p. 174, 175 [105, 106].

schreitung sei*, daß die Dichtkunst nur eine einzige Eigenschaft der Körper nutzen müsse, daß Einheit der malerischen Beiwörter ihr Regel sei** –

Ja nicht einmal, daß sich „nur aus diesen Grundsätzen die große Manier Homers bestimmen und erklären ließe". Ich leugne Herrn Lessing viel, und in seinem Grunde alles, aber darum leugne ich nicht alle Sachen, die nur *er* auf diesen Grund bauet. – Darf ich von Homer anfangen? –

„Homer malet nichts als fortschreitende Handlungen: alle Körper, alle einzelne Körper malet er nur durch ihren Anteil an den Handlungen, gemeiniglich nur mit *einem* Zuge. Zwingen ihn ja besondere Umstände, unsern Blick auf einen einzelnen körperlichen Gegenstand länger zu heften: so weist er durch unzählige Kunstgriffe diesen einzelnen Gegenstand in einer Folge von Augenblicken, in deren jedem er anders erscheint"*** – Schön! vortrefflich! die wahre Manier Homers! – Nur ob Homer diese Manier gewählt, weil er *mit sukzessiven Tönen schildern* wollte****, weil er körperliche Gegenstände anders zu schildern verzweifelte, weil er besorgen mußte, daß, wenn er uns in der schönsten Ordnung von einem Teile des Gegenstandes [zum andern] führte, daß, wenn er uns auch die Verbindung dieser Teile noch so klar zu machen wüßte+, dem Auge zwar die betrachteten Teile in der Natur beständig gegenwärtig blieben, für das Ohr hingegen die vernommenen Teile, folglich die Mühe des Dichters, verloren wäre – ob deswegen Homer seine Gegenstände in eine Folge von Augenblicken gesetzt, ist mir nie bei Homer beigefallen.

Wenn seine Hebe z. E. uns den Wagen der Juno Stück vor Stück *zusammensetzt*++, entkommt da der Dichter dem Versuche, ein Koexistentes nicht mit Folgetönen zu schildern? Ich sehe Räder, Achsen, Sitz, Deichsel, Riemen, Stränge, nicht, wie es beisammen ist, sondern *erst langsam zusammenkommt.* Erst werden mir die Räder, nicht bloß die Räder, son-

* [A. a. O.], p. 154, 155 [94, 95].
** [A. a. O.], p. 155 [95].
*** [A. a.O.], p. 155 [95, 96].
**** [A. a. O.], p. 153 [91].
\+ [A. a. O.], p. 167 [102].
\++ Iliade *E* [„Ilias" V], v. 722–731.

dern die Teile derselben, die ehernen Speichen und die goldnen Felgen und die Schienen von Erzt und die silberne Nabe usw. langsam vorgezählt, denn erst Achsen, denn erst der Sitz, alles in seinen Teilen; und ehe das letzte Stück dran ist, habe ich sicherlich das erste vergessen. Der Wagen steht zusammen: und trotz der Phantasie, die sich jetzt das Bild des Wagens mit *einem* Blicke und doch in allen seinen Teilen, z. E. die ehernen Speichen und die goldnen Felgen und die Schienen von Erzt usw., auf *einmal* anschauend denken könne! Ich sehe also kaum, was Homer getan hätte, um gleichsam die Wirkung sukzessiver Töne zu schwächen, um *durch unzählige Kunstgriffe* uns das Koexistente gegenwärtig zu machen? Liegt es hier einmal am klaren Begriffe des Koexistenten in allen seinen Teilen, „welche größere Mühe, welche schärfere Anstrengung kostet es, diese langsamen Eindrücke alle in ebender Ordnung so lebhaft zu erneuren, sie nur mit einer mäßigen Geschwindigkeit auf einmal zu überdenken, um zu einem etwanigen Begriffe des Ganzen zu gelangen". Arbeitete der Dichter auf diesen Begriff des Ganzen, da er uns seine Teile zerlegte, um ihn nachher in allen diesen Teilen zusammengesetzt darzustellen, so, sage ich, hat er ebenso vergebens gearbeitet als Brockes, wenn er uns Kräuter malet. Das *Zusammensetzen*, die Handlung der Hebe kommt gar nicht in Rechnung; das *nacheinander* zusammensetzen, was mit *einmal* gezeigt, gedacht werden sollte, ist Augenmerk: dies ist bei beiden gleich, ja bei Homer durch das Zusammensetzen noch langsamer. „Doch nicht bloß da, wo Homer mit seinen Beschreibungen weitere Absichten verbindet, sondern auch da, wo es ihm um das bloße Bild zu tun ist, wird er dieses Bild in eine Art von Geschichte des Gegenstandes verstreuen, um die Teile desselben, die wir in der Natur nebeneinander sehen, in seinem Gemälde *ebenso natürlich* aufeinanderfolgen *und mit dem Flusse der Rede gleichsam Schritt halten zu lassen.* Der Bogen des Pandarus z. E."* — aber wie kann Herr Lessing hier in Homers Beschreibung eine Parallele der Folge in den Tönen mit dem Koexistieren der Teile und der Teile des Objekts mit den Teilen der Rede finden? Wenn Homer uns den

* „Laokoon", p. 163, 164 [100].

schnell aufeinanderfolgen lasse, *damit wir sie alle auf einmal zu hören glauben sollen*?“ ob es mit dem Werden des Schildes sein Zweck gewesen, den Raum in die Zeitfolge zu verwandeln und uns durch diese den Anblick *eines* Ganzen zu geben, den wir nur durch jenen fassen konnten?* – Sollen diese Fragen ihr Ja bekommen: so bekenne ich die Schwäche meines Gedächtnisses, diesen Zweck an mir nicht erreichen zu können. Mögen zehen oder noch weniger Gemälde auf dem Schilde sein, möge ich sie auch werdend gesehen haben, ich erstaune über das Werk, aber nicht mit dem gläubigen Erstaunen eines Augenzeugen, dem jetzt der ganze Schild vor Augen, bei dem das Konsekutive in ein Koexistierendes verwandelt wäre. Nur in dem Haupte des göttlichen Künstlers kann der Schild mit allen seinen Figuren ein malerisches Ganzes gebildet haben; ich muß aufs neue das Schild herum, wenn ich die mit jedem sukzessiven Wortzuge verlorne Figur wieder sehen soll, und doch wo sind sie, wenn ich sie zu einem ganzen Schilde ordnen soll? Das *Werdensehen* hat hiezu nichts getan und kann hiezu nichts tun, es sei denn, um mich noch weiter zu zerstreuen; das *Nacheinander*werden ist und bleibt der Knoten.

Homers Sprache sei so vortrefflich, als sie sein kann – jedes Wort liefre ein Bild – ohne alle Suspension der Beziehungen – so schnell fortschreitend als Diane in ihrem Gange**; soll dies schnelle Fortschreitende da sein, um gleichsam das Hindernis des Raums zu mindern, zu vernichten, um dadurch den täuschenden Anblick eines *räumlichen* Gegenstandes, eines Körpers im Raume zu erwecken – dies kann keine Rede. *Dazu* wohl kaum wird Homer seiner schreitenden Manier so treu geblieben sein, *dazu* eben nicht für jedes Ding nur *einen* Zug gehabt, *dazu* am wenigsten das konsekutive Werden gewählt haben, „um die Teile seines Gegenstandes mit dem Flusse der Rede einerlei Schritt halten zu lassen“. Dies *kann* keine Rede, noch minder *will's* die Rede des Dichters, am mindsten wollte es der Erste der Dichter. Seine ganze Manier zeigt, daß er nicht fortschreite, um uns, es sei, wovon

* [A. a. O.], p. 166 [101, 102].
** „Laokoon“, p. 180, 181 [109, 110].

es sei, *ein Bild des Ganzen* durch Sukzession zu geben, sondern er schreitet *durch die Teile*, weil ihm an dem Bilde des Ganzen ganz und gar nicht lag.

Ich wollte um alles nicht, Herrn Lessing einen falschen Sinn angedichtet zu haben: in der Sache selbst mit ihm eins, machen mich nur in dem Grunde der Sache seine Schlüsse und Verbindungen verlegen. Dünkt jemand dieser Unterschied unbeträchtlich – so liegt mir nichts daran; andern wird er beträchtlich scheinen.

Homer ist immer fortschreitend in Handlungen, weil er *damit fortschreiten muß*, weil alle diese Teilhandlungen Stücke seiner ganzen Handlung sind, weil er ein epischer Dichter ist. Ich brauche also den Wagen der Juno und den Zepter des Agamemnon und den Bogen des Pandarus *nicht weiter* kennenzulernen, als sie, in die Handlung mit eingeflochten, *mitwirken sollen* auf meine Seele. Darum also höre ich die Geschichte des Bogens, nicht damit mir diese *statt* Gemälde sei, sondern um einen Begriff von seiner Stärke, von der Macht seiner Arme, mithin von der Kraft seiner Sehne, seines Pfeils, seines Schusses zum voraus in mich zu pflanzen. Wenn nun Pandarus den Bogen vornimmt, die Sehne anlegt, den Pfeil ansetzt – abdrückt! – wehe dem Menelaus, den der Pfeil eines solchen Bogens trifft, wir kennen seine Stärke. Herr Lessing kann also nicht sagen, es sei Homeren mit seiner Geschichte des Bogens um sein Bild und bloß um sein Bild zu tun gewesen. Um nichts·minder als hierum; die Stärke, die Kraft des Bogens war seine Sache; sie, und nicht die Gestalt des Bogens, gehört zum Gedichte; sie, und keine andre Eigenschaft, soll hier energisch mitwirken, daß wir, wenn nachher Pandarus abdrückt, wenn nachher die Senne schwirrt, der Pfeil trifft – um so mehr den Pfeil empfinden. Dieser Energie zufolge, die in einem Gedichte das Hauptwerk ist, erlaubt sich Homer, aus der Schlacht auf die Jagd zu spazieren und die Geschichte des Bogens zu dichten; denn ich sehe keine andre Art, diesen Begriff in aller Stärke zu schildern als durch Geschichte. Durch ein Bild können wir eigentlich nur Gestalt lernen: aus der Gestalt müssen wir Größe, aus dieser Stärke erst schließen; durch eine Geschichte lernen wir diese unmittelbar – und wenn es dem energischen Künstler, dem Dichter, bloß um diese Stärke zu tun ist, was soll er sich andre Arbeiten aufbürden? Der Maler male Bild, Gestalt; er aber wirke Stärke, Energie. – Die wirkt auch Homer von Anfange zu Ende der Beschreibung; nur freilich nicht, wenn ich ihn in der Umkleidung lese, die Herr Lessing mit dem Schusse Pandarus' macht; aus ihr ist bloß ein sukzessives, nicht aber (der Hauptzweck des Dichters!) ein energisches Bild zu hören, wobei wir nicht durch sukzessive Töne malerisch, sondern in jedem Tone *energisch* getäuscht werden, daß wir *zusammenfahren* sollen, wenn endlich ein solcher Bogen trifft.

Ein gleiches gilt vom Zepter Agamemnons: Ich betrachte die Geschichte desselben gar nicht „als einen Kunstgriff, uns bei einem einzelnen Dinge verweilen zu machen, ohne sich in die frostige Beschreibung seiner Teile einzulassen."* Sein Zepter ist ein uraltes, königliches, göttliches Zepter! Der Begriff soll wirken; um alle andre Kunstgriffe und Allegorien bleibe ich unbekümmert.

Der Wagen der Juno wird beschrieben**: warum? Natürlich, weil ich ohne den Dichter diesen Wagen nicht gesehen, weil ich ihn erst kennenlernen muß, um einen himmlischen Wagen zu kennen. Warum wird er zusammengesetzt? Natürlich, weil wir einen himmlischen Wagen nie so gut kennenlernen, als wenn er erst in seinen Teilen daliegt und zusammengesetzt wird. Um also die Vortrefflichkeit dieses Götterwagens, um den innern Wert aller seiner Teile, um seinen künstlichen Bau zu schildern, wird er zusammengesetzt; nicht aber, um diese Teile sukzessiv zu sammlen, da man sie koexistent nicht sehen kann. Das Zusammensetzen ist hier kein Kunstgriff, kein quid pro quo, um uns so das Ganze zu geben: den ganzen Anblick zu sammlen, ist kein Zweck des Dichters; im *Zusammensetzen* selbst liegt die Energie der Rede, nichts mehr. Bei jedem Teile sollen wir ausrufen: Prächtig! Göttlich! Königlich! – Ist dies: ist dieser Begriff sinnlich vollkommen in der Seele – das Ganze mit seinen Teilen war nicht mein Bild, das mag ein Kutscher lernen. – Der Wagen ist zusammen, die

* „Laokoon", p. 159–163 [97–100].
** Iliade *E* [„Ilias" V], v. 722–731.

Energie also vollendet, ich rufe nochmals aus: Prächtig! Göttlich! Königlich! und lasse Juno und Minerva kutschieren.

Der Schild Achilles' *wird* unter der Hand Vulkans*: warum wird er? Natürlich, weil er werden soll! Achilles hat Waffen nötig, Thetis flehet Vulkan darum an, er verspricht's, steht auf, arbeitet – warum soll er nicht arbeiten? Im ganzen Homerischen Gedichte sind Götter wirksam, ihre Auftritte wechseln mit den Auftritten der Menschen ab; nun ist Nacht, die Handlung steht, Vulkan haben wir solange nicht gesehen, seitdem er als hinkender Mundschenke der Götter erschien; Achilles hat seine Waffen mit Patroklus verloren; nun gehe Thetis zum Vulkan, nun kann Vulkan schmieden: der Schild ist werdend. – Die ganze Szene gehört zur Handlung des Gedichts, zum Gange der Epopee und ist keine Figur, die aus seinem Poem vorrufe, keine Besonderheit der Homerischen Manier. Im Werden, in der Schöpfung des Schildes liegt ja hier alle Kraft der Energie, der ganze Zweck des Dichters. Bei jeder Figur, die Vulkan aufgräbt, bewundere ich den schaffenden Gott, bei jeder Beschreibung der Maße und der Fläche erkenne ich *die Macht* des Schildes, das dem Achilles *wird*, auf welches der in das Interesse der Handlung verflochtne Leser so sehnlich als Thetis wartet. –

Kurz: ich kenne keine Sukzessionen in Homer, die als Kunstgriffe, als Kunstgriffe der Not, eines Bildes, einer Schilderung wegen da sein sollten: sie sind das Wesen seines Gedichts, sie sind der Körper der epischen Handlung. In jedem Zuge ihres Werdens muß Energie, der Zweck Homers liegen; mit jeder andern Hypothese von Kunstgriffen, von Einkleidungen, um das Koexistente der Schilderung zu vermeiden, komme ich aus dem Tone Homers. Ich weiß, daß dieser Vorwurf groß sei, daß kein größers Hindernis der Kraft eines Dichters gelegt werden könne, als nicht in seinem Tone zu lesen; allein deswegen nehme ich meinen Vorwurf nicht zurück. Wer in dem Zusammensetzen des Wagens der Juno und in der Geschichte des Bogens und des Zepters und in dem Werden des Schildes nichts als einen Kunstgriff bemerken will, um einem körperlichen Bilde zu entkommen: der weiß nicht,

* Iliade Σ [„Ilias" XVIII, Vers] 497 etc. [468–608].

was Handlung des Gedichts sei, an dem hat Homer seine Energie verfehlet. Wenn Homer ein körperliches Bild braucht, so schildert er's, wenn es auch ein Thersites sein sollte; er weiß von keinen Kunstgriffen, von keiner poetischen List und Gefährde: Fortschreitung ist die Seele seines Epos.

18

Nun aber ist Homer auch nicht der einzige Dichter; es gab bald nach ihm einen Tyrtäus, Anakreon, Pindarus, Äschylus usw. Sein ἔπος, seine fortgehende Erzählung, verwandelte sich mehr und mehr in ein μέλος, in ein Gesangartiges, und drauf in ein εἶδος, in ein Gemälde; Gattungen, die noch aber immer Poesie blieben. Ein Sänger (μελόποιος) und ein lyrischer Maler (εἰδόποιος), Anakreon und Pindar, stehe also gegen den Geschichtsdichter (ἐπόποιος) Homer.

Homer dichtet erzählend: „Es geschah! es ward!" Bei ihm kann also alles Handlung sein und muß zur Handlung eilen. Hierhin strebt die Energie seiner Muse; wunderbare, rührende *Begebenheiten* sind seine Welt; er hat das Schöpfungswort „Es ward!" Anakreon schwebt zwischen Gesang und Erzählung, seine Erzählung wird ein Liedchen, sein Liedchen ein ἔπος des Liebesgottes. Er kann also seine Wendung „Es war!" oder „Ich will!" oder „Du sollst!" haben – gnug, wenn sein μέλος von Lust und Freude schallet: eine frohe Empfindung ist die Energie, die Muse jedes seiner Gesänge.

Pindar hat ein großes lyrisches Gemälde, ein labyrinthisches Odengebäude im Sinne, das eben durch anscheinende Ausschweifungen, durch Nebenfiguren in mancherlei Licht ein energisches Ganzes werden, wo kein Teil für sich, wo jeder auf das Ganze geordnet erscheinen soll: ein εἶδος, ein poetisches Gemälde, bei dem überall schon der Künstler, nicht die Kunst, sichtbar ist. „Ich singe!"

Wo mag nun Vergleichung stattfinden? Das Idealganze Homers, Anakreons, Pindars, wie verschieden! wie ungleich das Werk, worauf sie arbeiten! Der eine will nichts als dichten: er erzählet, er bezaubert, das Ganze der Begebenheit ist sein

Werk, er ist ein Dichter voriger Zeiten. Der andre will nicht sprechen: aus ihm singet die Freude, der Ausdruck einer lieblichen Empfindung ist sein Ganzes. Der dritte spricht selbst, damit man ihn höre: das Ganze seiner Ode ist ein Gebäude mit Symmetrie und hoher Kunst. – Kann jeder seinen Zweck auf seine Art erreichen, mir sein Ganzes vollkommen darstellen, mich *in dieser Anschauung* täuschen – was will ich mehr?

Es ist eine längst angenommene und an sich unschuldige Hypothese, das Ganze jeder Gedichtart als eine Art von Gemälde, von Gebäude, von Kunstwerke zu betrachten, wo alle Teile zu ihrem Hauptzwecke, dem Ganzen, mitwirken sollen. Bei allen ist der Hauptzweck poetische Täuschung; bei allen aber auf verschiedne Art. Die hohe wunderbare Illusion, zu der mich die Epopee bezaubert, ist nicht die kleine süße Empfindung, mit der mich das anakreontische Lied beseelen will, noch der tragische Affekt, in den mich ein Trauerspiel versetzet – indessen arbeitet jedes auf *seine* Täuschung, nach *seiner* Art, mit *seinen* Mitteln, etwas im vollkommensten Grade anschauend vorzustellen; es sei nun dies Etwas epische Handlung oder tragische Handlung oder eine einige anakreontische Empfindung oder ein vollendetes Ganze pindarischer Bilder oder – alles muß indessen innerhalb seiner Grenzen, aus seinen Mitteln und seinem Zwecke beurteilt werden.

Keine pindarische Ode also als eine Epopee, der das Fortschreitende fehle; kein Lied als ein Bild, dem der Umriß mangele; kein Lehrgedicht als eine Fabel und kein Fabelgedicht als beschreibende Poesie. Sobald wir nicht um ein Wort „Poesie, Poem" streiten wollen, so hat jede eingeführte Gedichtart ihr eignes Ideal – eine ein höheres, schwereres, größeres als eine andre; jede aber ihr eigenes. Aus einer muß ich nicht auf die andre oder gar auf die ganze Dichtkunst Gesetze bringen.

Wenn also „Homer nichts als fortschreitende Handlungen malet und für jeden Körper, für jedes einzelnes Ding nur einen Zug hätte, sofern es an der Handlung Teil nimmt"*, so mag damit *seinem* epischen Ideal eine Gnüge geschehen. Vielleicht aber, daß ein Ossian, ein Milton, ein Klopstock schon

* „Laokoon", p. 155 [95, 96].

ein anderes Ideal hätten, wo sie nicht mit jedem Zuge fortschreiten, wo sich ihre Muse einen andern Gang wählte? Vielleicht also, daß dies Fortschreitende bloß *Homers* epische *Manier*, nicht einmal die Manier *seiner Dichtart* überhaupt sei? – Der Kunstrichter soll hier ein furchtsames Vielleicht sagen; das Genie entscheidet mit der starken Stimme des Beispiels.

Noch minder darf ich, wenn mich die Praxis Homers auf die Bemerkung führet: „*Homer* schildert nichts als fortschreitende Handlungen", sogleich den Hauptsatz draufschlagen: „*die Poesie* schildert nichts als fortschreitende Handlungen – folglich sind Handlungen der eigentliche Gegenstand der Poesie". Wenn ich's bei Homer bemerke, daß „er alle einzelne Dinge nur durch ihren Anteil an diesen Handlungen, gemeiniglich nur mit einem Zuge, male"*, so darf nicht gleich der Stempel drauf: „folglich schildert auch *die Poesie* nur Körper andeutungsweise durch Handlungen; folglich kann *auch die Poesie* in ihren fortschreitenden Nachahmungen nur eine einige Eigenschaft der Körper nutzen", und was daraus mehr folgen soll an Regeln von der Einheit der malerischen Beiwörter, von der Sparsamkeit in den Schilderungen körperlicher Gegenstände – – usw. Daß diese Grundsätze nicht aus einer Haupteigenschaft der Poesie fließen, z. E. aus dem Sukzessiven ihrer Töne, woraus sie Herr Lessing hergeleitet, ist bewiesen. Daß sie auch, und wenn sie alle in Homers Praxis so stattfänden, wie Herr Lessing glaubt, doch auch nicht aus dem Sukzessiven der Poesie überhaupt, sondern aus seinem nähern *epischen* Zwecke fließen, ist auch gezeigt. Warum soll nun dieser epische Ton Homers der ganzen Dichtkunst Ton und Grundsatz und Gesetz so gar ohne Einschließung geben, als er sich bei Herrn Lessing meldet?

Ich zittre vor dem Blutbade, den die Sätze „Handlungen

* Alle Körper, die in Homers Gedichte mitwirken sollen, werden mit *so viel* Zügen geschildert, als mitwirken sollen. Auf einen schränket sich Homer selten ein; wenn es auch nur ein Stein, Gerät, Bogen usw. wäre – er nimmt sich immer Zeit, so viel Eigenschaften seines Körpers anzuführen, als hier episch energisieren sollen. Schildert er eine Sache nur mit einem Zuge: so ist dieser meistens allgemein und für diesen Ort unbedeutend; es sind die gewöhnlichen Beinamen, die er zu jeder Sache hat, die ihm oft wiederkommt.

sind die eigentlichen Gegenstände der Poesie; Poesie schildert Körper, aber nur andeutungsweise durch Handlungen; jede Sache nur mit einem Zuge"* usw. unter alten und neuen Poeten anrichten müssen. Herr Lessing hätte nicht bekennen dörfen, daß ihn die Praxis Homers darauf gebracht; man sieht es einem jeden beinahe an, und kaum – kaum bleibt der einige Homer alsdenn Dichter. Von Tyrtäus bis Gleim und von Gleim wieder nach Anakreon zurück, von Ossian zu Milton und von Klopstock zu Virgil wird aufgeräumt – erschreckliche Lücke. Der dogmatischen, der malenden, der Idyllendichter nicht zu gedenken.

Herr Lessing hat sich gegen einige derselben erklärt und aus seinen Grundsätzen sich noch gegen mehrere erklären müssen. „Die ausführlichen Gemälde körperlicher Gegenstände sind ohne den oben erwähnten Kunstgriff Homers, das Koexistierende derselben in ein wirkliches Sukzessives zu verwandeln" (es ist oben erwähnt, daß Homer von solchem Kunstgriffe nichts weiß, und ein Kunstgriff, was könnte der zu einem so großen Zwecke als Kunstgriff wohl tun?) – „sind jederzeit von den feinsten Richtern für ein frostiges Spielwerk erkannt worden, zu welchem wenig oder gar kein Genie gehört."** Von diesen feinsten Richtern werden angeführt: Horaz, Pope, Kleist, Marmontel; mich dünkt aber, daß sie für Herrn Lessing nicht so ins Unbestimmte hin beweisen. Horaz am angeführten Orte schilt nicht die für poetische Stümper, die einen Hain, Altar, Bach, Strom usw. malen, sondern *am unrechten Orte malen*:

– Inceptis gravibus plerumque et magna professis
Purpureus, late qui splendeat, unus et alter
Assuitur pannus, cum lucus et ara Diane etc.
Aut flumen Rhenum, aut pluvius describitur arcus.
Sed nunc non erat his locus – –***

Pope erklärte ein *bloß malendes* Gedicht für ein Gastgebot auf lauter Brühen; damit aber hat er ja nicht „jedes ausführli-

* „Laokoon", p. 154, 155 [94–96].
** [A. a. O.], p. 173, 174 [105].
*** [Horaz], „De arte poetica", v. 14[–19].

ches Gemälde körperlicher Gegenstände", das nur ohne den homerischen Kunstgriff erschiene, für ein frostiges Spielwerk ohne Genie erklärt. Der Herr von Kleist, dünkt mich, wollte in seinen „Frühling" eine Art von Fabel legen (ein Plan ist sofern schon drin, daß sein Gedicht nicht eine Menge von Bildern, die er aus dem unendlichen Raume der verjüngten Schöpfung bloß auf geratewohl, bald hie, bald da, gerissen, sondern, nach der Angabe einer kritischen Schrift, ein Spaziergang ist, der die Gegenstände in der natürlichen Ordnung schildert, in der sie sich seinen Augen dargeboten), er wollte, sage ich, eine Fabel hineinlegen; ja nicht aber jede ausführliche Schilderung körperlicher Gegenstände, als ein frostiges Spielwerk, hinauswerfen. Und Marmontel endlich will zwar aus der Idylle mehr Moral und weniger physische Bilder haben; ob aber dadurch die Idylle eine mit Bildern nur sparsam durchflochtene Folge von Empfindungen und, wenn dies, eben dadurch auch „eine fortschreitende Folge von Handlungen werde, wo Körper nur mit einem Zuge geschildert werden sollen", weiß ich nicht, und nach Herrn Lessing ist sie im andern Falle nicht Poesie.

Handlung, Leidenschaft, Empfindung! — auch ich liebe sie in Gedichten über alles, auch ich hasse nichts so sehr als tote stillstehende Schilderungssucht, insonderheit, wenn sie Seiten, Blätter, Gedichte einnimmt; aber nicht mit dem tödlichen Hasse, um jedes einzelne ausführliche Gemälde, wenn es auch koexistent geschildert würde, zu verbannen, nicht mit dem tödlichen Hasse, um jeden Körper nur mit einem Beiworte an der Handlung teilnehmen zu lassen, und denn auch nicht aus dem nämlichen Grunde, weil die Poesie in sukzessiven Tönen schildert oder weil Homer dies und jenes macht und nicht macht — — um deswillen nicht.

Wenn ich *eins* von Homer lerne, so ist's, daß Poesie energisch wirke: nie in der Absicht, um bei dem letzten Zuge ein Werk, Bild, Gemälde (obwohl sukzessive) zu liefern, sondern, daß schon während der Energie die ganze Kraft empfunden und werden müsse. Ich lerne von Homer, daß die Wirkung der Poesie nie aufs Ohr, durch Töne, nicht aufs Gedächtnis, wie lange ich einen Zug aus der Sukzession behalte, sondern auf meine Phantasie wirke, von hieraus also, sonst nirgendsher, berechnet werden müsse. So stelle ich sie gegen die Malerei und beklage, daß Herr Lessing diesen Mittelpunkt des Wesens der Poesie, „Wirkung auf unsre Seele, Energie", nicht zum Augenmerke genommen.

19

Malerei wirkt nicht aus dem Raume allein, das ist Körper: sondern auch im Raume, durch Eigenschaften desselben, die sie zu ihrem Zwecke anrichtet. Nicht bloß also, daß kein Gegenstand der Malerei ohne Sichtbarkeit und Gestalt stattfinde, sondern Sichtbarkeit und Gestalt sind auch die Eigenschaften der Körper, durch die sie wirket. Poesie aber, wenn sie nicht durch den Raum wirket, das ist, koexistent, durch Farben und Figuren, so folgt noch nicht, daß sie nicht *aus dem Raume* wirken, das ist, Körper von seiten der Sichtbarkeit und Gestalt schildern könne. Aus dem Mittel ihrer Wirkung folgt dies nicht; denn sie wirkt durch den Geist und nicht durch den sukzessiven Ton der Worte.

Malerei wirket durch Farben und Figuren fürs Auge, Poesie durch den Sinn der Worte auf die untern Seelenkräfte, vorzüglich die Phantasie. Da nun die Handlung der Phantasie immer ein Anschauen genannt werden mag, so kann auch die Poesie, sofern sie derselben einen Begriff, ein Bild anschauend macht, füglich eine Malerin für die Phantasie genannt werden: und jedes Ganze *eines* Gedichts ist das Ganze *eines* Kunstwerks.

Nur da die Malerei *ein Werk* hervorbringt, das während der Arbeit noch nichts, nach der Vollendung alles ist, und zwar in dem Ganzen des Anblicks alles: so ist die Poesie *energisch*, das ist, während ihrer Arbeit muß die Seele schon alles empfinden, nicht, wenn die Energie geendigt ist, erst zu empfinden anfangen und erst durch Rekapitulation der Sukzessionen empfinden wollen. Habe ich also eine ganze Schilderung der Schönheit hindurch nichts empfunden: so wird mir der letzte Anblick nichts gewähren. –

Malerei will das Auge täuschen, Poesie aber die Phantasie – nur wieder nicht werkmäßig, daß ich in der Beschreibung das Ding erkenne, sondern bei jeder Vorstellung es *zu dem Zwecke* sehe, zu dem es mir der Dichter vorführet. Die Art der Täuschung ist also bei jeder Gedichtart verschieden, bei allen Gemälden nur zwiefach: entweder täuschende Schönheit oder täuschende Wahrheit. Aus diesem Zwecke muß also das Werk der Kunst und die Energie des Dichters geschätzt werden.

Der Künstler also wirkt durch Gestalten für das Ganze *eines* Anblicks, bis zur Täuschung des Auges, der Dichter durch die geistige Kraft der Worte *während* der Sukzession, bis zur vollkommensten Täuschung auf die Seele. Wer also Farbe und Wort, Zeitfolge und Augenblick, Gestalt und Kraft miteinander vergleichen kann, vergleiche. –

Manches zu dieser Aufgabe hat ein scharfsinniger Engländer vorgezeichnet, der im Geschmacke des Shaftesbury ein Gespräch über die Kunst und ein andres über die Tonkunst, Malerei und Dichtkunst gegeben.* – Schade nur! daß er im letzten, statt bloß den *Unterschied* zwischen diesen dreien Künsten zu entwickeln, auf die leere Grille gerät, den *Vorzug* zu bestimmen, den eine vor der andern habe. Zwischen völlig ungleichartigen Dingen läuft eine bloße Rangordnung auf einen so schülerhaften Wettstreit hinaus, als vor einigen Jahren die Malerei, Musik, Poesie und Schauspielkunst, unter der Aufsicht eines Magisters der Weltweisheit, förmlich und feierlich haben eingehen müssen.**

Lasset uns sehen, was Harris für Seiten des Unterschiedes findet. Zuerst macht er die sehr deutliche Einteilung zwischen Künsten, die ein *Werk* liefern, und Künsten, die durch *Energie* wirken. Jene sind, deren Wirkung koexistierende Teile hat, wie eine Bildsäule, ein Gemälde; diese, die sukzessive wirken, z. E. Tanz, Musik. Der Mittelpunkt des Lessingschen Werkes, in welchen alle Strahlen fallen, ist also schon von Ari-

* James Harris, „Gespräche über die Kunst; über die Musik, Malerei und Poesie; über die Glückseligkeit" [„Three treatises, the first concerning art, the second concerning music, painting and poetry, the third corncerning happiness", 1744; deutsch 1756].

** „Wettstreit der Malerei, Musik, Poesie und Schauspielkunst: Reden – gehalten unter der Aufsicht Wolfgang Ludwig Gräfenhahns, der Weltweisheit Magisters", Bayreuth 1746.

stoteles angegeben. Wenn die Wirkung einer Kunst *Energie* ist: so kann die Vollkommenheit solcher Kunst nur *während der Dauer* wahrgenommen werden; ist sie ein *Werk*: so ist die Vollkommenheit nicht während der Energie, sondern erst nachher sichtbar.

Malerei, Musik und *Dichtkunst* sind alle *mimisch, nachahmend*, verschieden aber durch die *Mittel* der Nachahmung; die *Malerei* mimisieret durch *Figur* und *Farbe*, die *Tonkunst* durch *Bewegung* und *Töne* – Malerei und Tonkunst durch *natürliche*, die *Poesie* durch ein *künstliches* und *willkürliches* Mittel. – Diesen Unterschied hat der Verfasser der „Philosophischen Schriften“ aufs gründlichste auseinandergesetzt.

Jede Kunst hat ihre *Gegenstände*. Die *Malerei* Dinge und Begebenheiten, die sich durch Figur und Farbe ausdrücken lassen; Körper; Kräfte der Seele, die sich im Körper äußern; Handlungen und Begebenheiten, deren Vollständigkeit auf einer kurzen und augenscheinlichen Folge von Veränderungen beruhet; Handlungen, deren Veränderungen alle die ganze Dauer der Folge hindurch sich stets gleichförmig sind; Handlungen, die in *einen* Zeitpunkt zusammenlaufen; viel mehr bekannte als unbekannte Handlungen – Man sieht, daß, von dieser Seite betrachtet, Lessings „Laokoon“ nicht vollendet sei, da er überhaupt mehr für den Dichter als Maler geschrieben. –

Gegenstände der Tonkunst: Dinge und Vorfallenheiten, die vorzüglich durch Bewegung und Töne ausgedrückt werden können; diese sind allerlei Bewegungen, Töne, Stimmen, Leidenschaften durch Töne usw.

Gegenstände der Poesie sind die Objekte beider vorigen Künste. Zuerst, sofern sie durch *natürliche* Mittel nachgeahmet werden. Hier war leicht zu erachten, daß die Poesie der Malerei nachbleiben müsse; denn alles lief dahinaus, daß Worte keine Farben und der Mund kein Pinsel sei. Auch das ist mir befremdend, wie hier die Poesie der Tonkunst an natürlichen Tönen *gleichkommen* könne. Kurz! die Vergleichung ist übel geraten. Durch *bedeutende Worte* als durch *willkürliche verabredete Zeichen*, und dies sollte eigentlich der Punkt der Lessingschen Vergleichung sein.

In den eigentlichen Gegenständen der Malerei (das ist, die durch Farben, Figuren und Stellungen charakterisiert sind — deren vollständige Einsicht nicht von einer Folge der Begebenheiten abhängt — wenigstens von einer kurzen und in die Augen fallenden Folge — wo alle mannigfaltige Nebenumstände in einen unteilbaren Zeitpunkt zusammenlaufen), in allen diesen Gegenständen bleibt der Dichter dem Maler nach: denn *erstlich* jener ahmt durch willkürliche Zeichen, dieser durch die Natur nach; dieser zeigt alles in dem nämlichen Augenblicke, wie in der Natur, jener nur teilweise, zergliedernd, und also langweilig oder dunkel.

Es gibt auch Gegenstände, die der Dichtkunst eigen sind: Handlungen, die in die Länge dauern und die kein für die Malerei prägnanter Augenblick in *eins* bringt; Sitten, Leidenschaften, Empfindungen und Charakter an sich, die sich am meisten durch Rede zeigen. Hier bleibt die Malerei völlig nach, leidet keine Vergleichung — —

Harris geht nachher in die Grenzen der Poesie und Tonkunst, wo ich ihm nicht nachfolgen mag. Hier wünsche ich der Dichtkunst noch einen Lessing. Er betrachtet genauer den sittlichen, den geistigen Eindruck der Poesie: eine wieder unberührte Saite, die ich auch nicht berühren mag. Ich wollte meine Leser bloß auf einen Schriftsteller aufmerksam machen, der mit Lessingen einerlei Gegenstand bearbeitet, in manchem weiter gekommen und scharfsinnig gnug war, seinen Gegenstand kurz und bündig zu erschöpfen, wenn er statt des leeren Rangstreites auf nichts als auf Unterschied, hiernach auf Grenzen, denn auf Gesetze hätte sehen wollen.

20

Ich will nicht sagen, daß Herr Lessing nicht, dem Hauptzwecke seines Buchs nach, gegen Caylus und gegen Caylus' Affen an Unterscheidung recht behalte: nur nicht immer an Gründen der Unterscheidung, und am wenigsten im Hauptgrunde. Er dünkt mich immer noch auf dem halben Wege, als wenn die Poesie *durch Sukzession auf ein Werk* arbeiten sollte und nicht schon eben *in der Sukzession* ihr Werk liefere.

Der Dichter z. E., der uns Schönheit malen wollte, es sei nun ein Constantinus Manasses oder Ariost, ging nicht darauf aus, um hintennach zu fragen: Wie sahe Helena, wie sahe Alcina aus?*, uns mit seiner Beschreibung ein vollständiges Bild zu hinterlassen usw. Er führt uns durch die Teile, um jeden derselben als schön anschauend zu machen, um, wenn wir alle Teile vergessen hätten, soviel anscheinend zu wissen: Helena, Alcina war reizend. Hat Ariost auf Herrn Lessing damit keine Wirkung gemacht, so wird er vielleicht auf diejenigen seiner Landesleute Eindrücke machen, die die Schönheit in einer Alcina wie in einer gehauenen Venus teilweise anzuerkennen gewöhnt sind; oder *wenn* Ariost selbst eine Alcina sähe, würde er vielleicht auf solchem Wege — Und überhaupt kann man hier aus einer Vergleichung wenig folgern. Homer malt seine Helena nicht**; warum? weil sie ihn nicht angehet, weil er von Anfange bis zu Ende seines Gedichts nicht zu der Frage Zeit hat: wie sahe sie aus? sondern immer: was trug sich hier und damit zu? Helena kommt, die Greise sehen sie: wie anders, als daß sie fühlen und sagen mußten, was sie fühlen und sagten; nicht aber läßt Homer sie das fühlen und sagen, um „durch Wirkung anzuzeigen, daß Helena schön sei" — Ariost hingegen, der Homer Italiens, der aber vom griechischen Homer alles eher als dies beständige Fortschreiten der Handlung hat, Ariost, der sein ganzes Gedicht durch nicht das Wort zu seiner Manier macht: „Es ward, es ward, es ward", sondern auch: „Es war" und „Wie war es?", Ariost hätte entweder so nicht fragen sollen, oder er mußte uns *durch die Teile* führen. — Nicht, daß wir nachher die Teile sammlen, zusammensetzen; nicht, daß nachher die Phantasie streben soll, sich das Ganze *eines* Kunstwerks zu denken; im Schildern selbst, im Durchführen durch seine Teile hat er seinen Zweck erreichen wollen — Ob er ihn erreicht? Davon mag jeder denken, was er will; gnug, er wollte ihn *während der Energie* erreichen.

Wenn der Dichter die Schönheit lieber in Wirkung, in Be-

* „Laokoon", p. 204 [123, 124].

** [A. a. O.], p. 201, 215 [121, 129, 130].

wegung, das ist reizend vorstellet, so tut er's nicht, damit diese sich bewegende Schönheit dem sich bewegenden Verse entspreche; nicht als wenn jeder Zug der Schilderung, der Form, Gestalt und nicht Wirkung, nicht Bewegung ist, deswegen unpoetisch würde*, sondern ich generalisiere den Satz lediglich so: „Jede Schilderung der Schönheit wirke energisch", das ist, zu dem Zwecke des Dichters, zu dem sie da ist, und denn während jedem Zuge, den sie liefert. Hiernach möge sich Ariost verantworten; aber das Lessingsche Gebot, Schönheit des Körpers zeige sich bei dem Dichter bloß durch Wirkung, bloß durch Bewegung**, räumt zu viel auf.

Zu viel selbst in Homer; denn ich weiß wohl nicht, ob bei der ganzen Juno, wenn er sie nicht körperlich, wenn er sie nur durch ein Beiwort schildern wollte, kein wirksamerer, kein reizenderer Zug sei als der: die weißellbogichte Juno (man erlaube mir das ungeheure Wort!), ob dieser eine Zug der sei, durch den sie an der Handlung teilnehme, der durch ihren Körper Handlung bezeichne und so fort. So seine schönkniechte Briseis und seine blauäugichte Pallas und sein breitschulterichter Ajax und sein geschwindfüßiger Achilles und seine schönhaarige Helena – wo ist hier Wirkung, Bewegung, Reiz, Handlung? – Immer ein schöner Zuruf an die Dichter: „Malet uns das Wohlgefallen, die Zuneigung, die Liebe, das Entzücken, welches die Schönheit verursachet" – (wenn dies nämlich die Energie eures Gedichts will!), so habt ihr die Schönheit selbst geschildert*** (nämlich sofern ihr sie nach der vorigen Parenthese schildern müsset). Nicht aber umgekehrt: Ihr Dichter, schildert keine körperliche Schönheit, könnet ihr sie nicht durchgängig in Reiz, in Wirkung schildern; der Form nach müsse euch kein Zug entwischen, der Gestalt nach schildert sie nicht. – So umgekehrt habe ich auf den Satz wenig Zutrauen.

Wer kann leugnen, daß in mancher Gedichtart der erotischen Poesie körperliche Schönheit geschildert werden *müsse*, und wer muß nicht alsdenn auch zugeben, daß man-

* [A. a. O.], p. 217 [130, 131].
** „Laokoon", p. 214 [130].
*** „Laokoon", p. 215 [130].

che Teile dieser körperlichen Schönheit in Reiz, in Bewegung nicht geschildert werden *können*? Einmal vorausgesetzt, daß Ariost ein Gemälde seiner Alcine liefern sollte und wollte: wie konnte er wohl ihre Nase, Hals, Zähne, Arme in *Wirkung* schildern? Herr Lessing fragte, was eine Nase sei, an welcher der Neid nichts zu bessern findet*, und ich frage, was eine Nase sei, die sich in Reiz, in schöner Bewegung zeige? – Ariost mußte also entweder solche Teile auslassen, und da er's nun einmal auf Schilderung angesetzt: so würde die Auslassung einem Italiener so geschienen haben als jene seine Lobsatire auf ein schönes, aber großnasichtes Mädchen, die alle Teile ihres Gesichts zum Himmel erhob und bei Schilderung der Nase ohnmächtig aufhörte. Oder er mußte solche Züge, die sich nicht anders als durch die Form anschauend machen ließen, schon so schildern und sich desto mehr an andern reizvollen geistigen Zügen erholen. Ich halte diese Vermischung auch zu sehr nach dem Geschmacke der Italiener, als daß sie sich durch die vorstehende Lessingsche Kritik diese und dergleichen Schilderungen, von denen ihre Dichter voll sind, würden rauben lassen. Noch minder gilt die Ursache, warum Ariost mit seiner Schilderung Unrecht haben soll: „Was für ein Bild geben diese allgemeinen Formeln? In dem Munde eines Zeichenmeisters, der seine Schüler auf die Schönheiten des akademischen Modells aufmerksam machen will, möchten sie noch etwas sagen; denn ein Blick auf dieses Modell, und sie sehen Stirn, Nase, Hand usw. Aber bei dem Dichter sehe ich nichts."** Eben als wenn der Dichter die Figuren, die er schildert, auch im Kupfer müßte vorstechen lassen? Wer hat nicht eine Nase, Hand, Stirn gesehen, und wem kostet es Anstrengung, sich eine Stirn in den besten Schranken, den schönsten Schnitt einer Nase, die schmale Breite einer niedlichen Hand zu denken, jedesmal, da sie der Dichter nennet. Ich empfinde hierbei nicht so wie Herr Lessing mit Verdrusse die Vergeblichkeit meiner besten Anstrengung, so etwas *einzeln* sehen zu wollen; nachher aber jedes zusammenzusetzen, mir alles in einem und eins in allem zu denken, die Alcina mir

* [A. a. O.], p. 210 [127].
** [A. a. O.], p. 211 [127].

mit jedem dieser Teile im *ganzen*, deutlich, wie ein Zeichenmeister, zu denken – o die Anstrengung fodert ja nicht der Dichter von mir! Er führte mich teilweise, zeigte mir in jedem Teile die Schönheit: da energisierte seine Muse, und warum nicht? da sie kein akademisches Modell von Schönheit, das man auf einmal in allen seinen Teilen sehen sollte, zu liefern unternahm.

Und soll die Dichtkunst keine schöne Gestalt schildern, weil ihre Teile koexistent sind, so sollte Homer auch keine häßliche Gestalt, keinen Thersites geschildert haben, weil ihre Mißteile ebenso koexistent sind und auch koexistent gedacht werden müssen, wenn ein Bild der Häßlichkeit werden soll. Lessing hat Homer durch sein Gewebe von kritischen Regeln selbst verwickelt, und nun will er mit ihm hinaus, wo er kaum durchkommt. „Eben weil die Häßlichkeit in der Schilderung des Dichters zu einer minder widerwärtigen Erscheinung körperlicher Unvollkommenheiten wird und gleichsam von der Seite ihrer Wirkung Häßlichkeit zu sein aufhöret, wird sie dem Dichter brauchbar."* Mich dünkt, Herr Lessing tue einen Fehlstreich, um die Verlegenheit zu zerstücken. Wäre die Frage: wie kann der griechische Dichter einen Häßlichen schildern, da ihn doch der griechische Künstler nicht schildern mochte? so mag die Antwort gelten: die Figur tritt uns nicht mit einmal vors Auge, in der Schilderung des Dichters ist sie minder widrig, sie höret von der Seite der Wirkung auf unsern Anblick auf, häßlich zu sein. Aber was soll das hier? Es wird einmal eine körperliche Gestalt geschildert, sukzessive geschildert, da ihre Teile und Mißteile doch zusammen existieren, da sie doch in Verbindung gedacht werden müssen, wenn der Begriff der Häßlichkeit aufkommen soll – weg also mit dem Thersites, nach Lessings Grundsätzen, nicht weil er häßlich, sondern weil er ein Körper ist, weil er als körperliche Gestalt, und doch sukzessiv, geschildert werden muß.

„Aber der Dichter kann ihn nutzen! er nutzt ihn zu – –"** – so kann er doch also Formen, körperliche

* [A. a. O.], p. 232 [139].
** „Laokoon", p. 232 [139].

Schilderungen nutzen? und wenn er sie nutzen kann, sind sie ihm erlaubt? worüber streiten wir denn? Kann er häßliche Formen nutzen, wie weit eher schöne? und sind ihm jene erlaubt, wie weit eher diese? So kann er doch also, wenn er Energie in sie legt, auch körperliche Gegenstände schildern – was wollen wir mehr? Die Schärfe des Bogens hat nachgelassen: erschlaffet liegt er da! Mit einer solchen Zugabe hat Herr Lessing den größten Teil seines Buches widerlegt.

21

Und wozu nutzet denn Homer den Thersites? Die Frage wird wieder Homerisch, und in Homerischen Fragen antworte ich so selten mit Herrn Lessing gleich. „Homer macht den Thersites häßlich, um ihn lächerlich machen zu können. Durch seine bloße Häßlichkeit wird er nicht lächerlich, aber auch ohne dieselbe nicht sein."* Auf diese Assertion bauet Herr Lessing einen Teil seiner Theorie des Lächerlichen, der ich lieber einen andern Ort und Grundlage wünschte als hier.

In meinem Homer ist der Hauptcharakter Thersites' nicht lächerlich, sondern häßlich; er ist kein lächerlich, sondern boshaft knurrender Kerl, er hat die *schwarzeste Seele unter allen vor Troja.*** Alle sitzen ruhig, der einige Thersites lärmt noch umher***; er fängt, wahrhaftig nicht zum Spaße, sondern mit der bittersten Galle, an zu zanken; er schmähet die Könige, aber gewiß nicht als Hofnarr, sondern als Feind, als Todfeind. Wie derb und empfindlich schmälet er auf Agamemnon! auf seinen Geiz, auf seine Feigheit, auf seine Ungerechtigkeit!**** Und das alles, vor der Armee, verleumdend und lügenhaft, im dreustesten Tone, als ein Richter der Könige! und dazu, als wäre es im Namen aller Griechen+, als hät-

* „Laokoon", p. 233 [139, 140].

** So machte ihn Ulysses:

οὐ γὰρ ἐγὼ σέο φημὶ χερειότερον βροτὸν ἄλλον
ἔμμεναι, ὅσσοι ἅμ' Ἀτρεΐδῃσ' ὑπὸ Ἴλιον ἦλθον.

(Iliade *B* [„Ilias" II], v. 248, 249.)

*** Iliade *B* [„Ilias" II, Vers] 212.

**** [„Ilias" II], v. 221 etc. [221–242].

+ [A. a. O., Vers] 227: – –ἅς τοι Ἀχαιοὶ/… δίδομεν κ.τ.λ.

ten ihn alle dazu gedungen! und in ebendemselben Atem schimpft er die ganze Nation selbst, schilt alle Griechen für Feige und Nichtswürdige, spricht in einem Tone, als hätte er mehr als alle getan, müsse für alle sorgen, könne allen gebieten, könne über alle urteilen!* Und noch nicht gnug! er muß noch einen Abwesenden, den Tapfersten der Griechen, den Achilles schmähen, und zwar mit der greulichsten Lüge schmähen, daß Achilles kein Herz habe** — O der nichtswürdige, häßliche Kerl! Nach griechischen Begriffen konnte kein Nichtswürdigerer vor Troja gefunden werden.

Und wenn er noch das alles aus Dummdreustigkeit sagte! Aber nun kennet ihn Homer besser: er war schon von jeher gewohnt, so pöbelhaft sich gegen die Könige zu setzen, um — den Griechen eine Freude zu erwecken, einen Gefallen zu tun*** — und nun wird der Kerl noch niederträchtiger, noch häßlicher. Nach griechischen Begriffen der Ehre kann es keine häßlichere Seele geben.

Daher hassen ihn auch alle Griechen****; daher auch mitten in ihrer Betrübnis das Freudengelächter[+], da sich Ulysses seiner erbarmet und ihn mit seinem Zepter zum Schweigen bringt; daher die allgemeine Stimme: „Ulysses hat nie eine herrlichere Tat getan als jetzt, da er diesen bösartigen Schwätzer gezüchtigt."

So schildert ihn Homer mit jedem Zuge, so zeigt er sich selbst mit jedem Worte, so begegnet ihm Ulysses mit Auge und Mund und Hand. Er wirft ihm den verächtlichsten Blick zu[++], spricht und handelt mit ihm en canaille; so beträgt er sich hintennach selbst: er hängt die Nase, krümmt den Rücken und weint — verächtlichste, häßlichste Seele vor Troja! Nach griechischen Begriffen war der Wert eines Mannes, eines Soldaten, eines Helden auf edlen Stolz gegen sich selbst, auf Ehrerbietung gegen die, so Ruhm verdienten, auf männliche Wahrheitliebe, auf Achtung gegen das Publikum, auf freien

* [A. a. O.], v. 232 [235].

** [A. a. O.], v. 241.

*** [A. a. O.], v. 215[—216]: — ὅ, τι οἱ εἴσαιτο γελοίϊον Ἀργείοισιν/ἔμμεναι.

**** Iliade *B* [„Ilias" II], v. 222, 223.

[+] [„Ilias" II], v. 270 etc. [270—277].

[++] [A. a. O.], v. 245: ὑπόδρα ἰδών.

Gehorsam gegen die Obern, auf Ehre gebauet – in jedem Verstande war dies ein Ideal einer häßlichen Seele.

Und nach griechischen Begriffen muß auch eine so häßliche Seele keinen andern als den häßlichsten Körper bewohnen; so schildert ihn Homer: „Am Gemüte der Bösartigste, am Körper der Häßlichste aller Griechen vor Troja."*

Wo ist nun, daß Homer den Thersites häßlich macht, um ihn lächerlich zu machen? Ihn als Possenreißer vorführen, will er wahrlich nicht: bloß ein Mißverstand des griechischen Ausdrucks** hat Herrn Lessing und andre dazu verleitet. „Er war so niederträchtig", sagt Homer, „daß er seine Pflicht vergaß, mit den Königen zankte, sich Prügel verschaffte, bloß, um den Griechen mit seinen Reden eine Freude zu machen" – nichtswürdige Seele! die alle für so mißvergnügt, so häßlich knurrend hält als sich selbst, die allen durch ihre Bosheit einen Gefallen zu tun glaubt. So erkläre ich Homer und finde diesen Zug dem ganzen Gemälde seiner Reden, seiner Handlungen gleich, niederträchtig, häßlich. So nimmt ihn Ulysses: er schilt seine Bosheit, verachtet seine Feigheit, straft seinen Trotz; so nehmen ihn die Griechen: sie hassen ihn, hören ihn mit Unwillen und freuen sich, da sein Rücken blutet; so tritt er vor, so wird er abgefertigt.

Ich sehe also nicht, daß das γελοῖον sein Hauptcharakter ist, noch minder, daß dieser Charakter ohne Häßlichkeit nicht sein könnte, wie Herr Lessing philosophiert.*** Ein häßlicher Körper und eine häßliche Seele, was gibt dann das für einen Kontrast des Lächerlichen! Nach griechischen Begriffen gehört nichts besser zusammen, und auch Homer gibt ihm den häßlichen Körper, eben um den Unwillen gegen ihn zu bestärken, um seine häßliche Seele uns sichtbar vor Augen zu stellen, um uns den Kerl durchaus verächtlich zu machen. Das Lächerliche ist so wenig die Hauptfarbe im Thersites, daß selbst die Züge, die man dahin zu ziehen pflegt, sein unendli-

* αἴσχιστος δ' ἀνὴρ ὑπὸ Ἴλιον ἦλθεν ([„Ilias" II], v. 216).
– – οὐ χερειότερος βροτὸς ἄλλος ([„Ilias" II], v. 248).

** [...] τι οἱ εἴσαιτο γελοίϊον Ἀργείοισιν
ἔμμεναι – – – ([„Ilias" II], v. 215[–216]).

*** „Laokoon", p. 233, 234 [139, 140].

ches Geschwätz*, sein vieles Geräusch**, sein Pöbelausdruck***, sein Zweck****, um den Griechen einen Gefallen zu tun – nicht den Lustigmacher, sondern nach griechischen Begriffen den in allem nichtswürdigen Menschen schildern. Selbst daß die Griechen über ihn lachen, ist Schadenfreude, ist ein Gelächter des Hasses, nicht die unschuldige Freude über eine lustige Prise, die unschuldig lächerlich wird. Wäre Thersit ein solcher, er sei auch dumm, er sei auch häßlich am Körper, wenn er nicht boshaft handelte – o so vergebe ich es Ulysses nicht, daß er so mit ihm umgehet. Laß den Häßlichen, der sich schön, den Dummen, der sich klug, den Feigen, der sich tapfer dünkt, nur immer ohne blutige Schwiele auf dem Rücken laufen! Laß, o Ulysses, nur immer deinen Zepter ruhen, und wenn du nach deiner Klugheit dich selbst kennest, so sprich zu dem, der dir *bloß lächerlich* auf der Nase spielt, was Onkel Tobias Shandy zu jener Fliege: „Geh, armer Teufel! warum sollte ich dir was tun? Die Welt ist gewiß weit gnug, mich und dich zu fassen." Tust du das nicht, willst du einen Häßlichlächerlichen dafür abprügeln, daß er häßlich und lächerlich ist? Ulysses, so – –

Doch so ist der Homerische Thersites nicht; er verdient, was er bekam; wir sagen mit den Griechen im Homer: „Nie hat Ulysses edler gehandelt als jetzt!" Wir gönnen ihm gern seine Tracht Schläge. Wo bleibt also das Unschädliche, das οὐ φθαρτικόν, das Aristoteles zum Lächerlichen fodert? Dem Ulysses und Agamemnon schadet freilich sein bösartiges Verleumden nicht; aber für seinen eignen Rücken geht es nicht so gut ab; denn wem wird ein blutiger schwielenvoller Rücken als ein οὐ φθαρτικόν τι oder als ein gutes Unterkleid dünken. Auch den Griechen konnten Schläge, als Schläge, kein Schauspiel des Lächerlichen scheinen, wenn ihr schadenfroher Haß gegen Thersites ihnen nicht in dieser Strafe das „Nicht zuviel!", das „Viel mehr verdient!" hätte fühlen lassen. Der erste Strich vom Lächerlichen, das *Unschädliche*, ist also

* ἀμετροεπής [„Ilias" II, Vers 212].
** ἐκολῴα [a. a. O.].
*** ἔπεα ἄκοσμα, οὐ κατὰ κόσμον [„Ilias" II, Vers 213, 214].
**** τι οἱ εἴσαιτο γελοΐιον Ἀργείοισιν [„Ilias" II, Vers 215].

ziemlich zweifelhaft; und der andre, *der Kontrast zwischen Vollkommenheiten* und *Unvollkommenheiten*, erliegt bei Thersites unter dem Eindrucke des *Unvollkommenen*, des an sich selbst *Häßlichen.* Auch wer ein Grieche werden kann, wird Thersites in diesem Lichte sehen.

Nur weil Homer keine einzige Person seiner Welt zum Ideal des höchst Vollkommnen oder Unvollkommnen machet: so vertreibet er auch hier die übermäßige Farbe des Häßlichen *etwas*, *daß* sein Thersites nicht vor allen Figuren seines Gedichts vorrufe. Hat er kein Gutes, so hat er doch noch das Gute an sich, daß er auf sich selbst einen Wert setzt, daß er, seine Beredsamkeit, seine Klugheit und Ehrlichkeit mag so leidig sein, wie sie will, sich doch diese Häßlichkeit nicht zutrauet: so wird der sonst ganz und gar Verachtens-Hassenswürdige doch etwas leidlicher; es geht auf ein Lächerliches hinaus. Nur ist dieses letzte so sehr Nebenzug, es liegt so wenig in seinem Charakter, daß es sich, als ein fremder Zug, nur vorübergehend, nur hintennach einmischet. Homer läßt seine Häßlichkeit auf etwas Unschädliches auslaufen, um sein *ganz Häßliches, ganz Verabscheuungswürdiges* zu lindern; nicht aber umgekehrt: „Homer macht den Thersites häßlich, um ihn lächerlich zu machen; nicht seine bloße Häßlichkeit macht ihn lächerlich, aber auch ohne Häßlichkeit wäre er nicht lächerlich geworden“ usw. Schöne Unterscheidungen! nur schade, daß Homer an ihnen so unschuldig ist als ich. Sein Thersit ist ganz häßlich, nur es nimmt mit ihm ein lächerliches Ende. Gesetzt indessen, Thersites wäre der, für den ihn Herr Lessing erkennet: so sind seine Beobachtungen überhaupt philosophisch und richtig.

Nun aber hat eben dieser lächerliche Thersites unschuldigerweise zu einem andern Buche von 284 Seiten Gelegenheit geben müssen, in welchem er s. v. die Hauptfigur ausmacht. Herr Klotz hat ihn würdig geachtet, meistens über ihn ein Bändchen „Epistolarum Homericarum“ (vielleicht ein zweiter Riccius) zu schreiben und ihn darin feierlich in die Acht zu erklären, in den Bann zu tun, ins Feuer zu werfen — kurz, aus Homer auszurotten. Ich habe gesagt, daß *über Thersites* die „Homerischen Briefe“ geschrieben; denn außer dem, daß er ihnen den meisten Inhalt, das ist die meiste Gelegenheit, umherzuschwärmen, verschaffet, so würde ich, wenn ich Verfasser der Briefe wäre, es meinem Leser danken, wenn er die übrigen Malereien so ohne Prüfung vorbeischleichen lässet.

Herr Klotz also macht nach einem Eingange von achtzehen Seiten, in denen er uns, nach seiner Gewohnheit, nichts mehr sagt als „ich bin auf dem Lande und lese“, die sehr neue Bemerkung, daß ein großer Geist auch Fehler habe* — daß Homer selbst zuweilen schlummere, daß man diese Stellen des Schlummers bemerken dörfe — daß *er* — — und nach aller gesteigerter Erwartung kommt das große und breite Beispiel: „Daß Homer geschlummert, *glaube ich*, erhelle an den Orten, wo er — *es sei nun*, daß er sich damit nach den Sitten seines Zeitalters bequemet, die noch nicht gnug gefeilt waren und bei ihrer Einfalt etwas Bäurisches und Rauhes haben, oder *weil es schwer ist, zurückzuhalten, wovon wir glauben, es werde den Lesern Lachen erwecken*, oder durch einen Fehltritt seiner Beurteilungskraft — kurz! wo er sich zu dem herabläßt, *wovon ich halte*, es schicke sich zu der Würde und Ernsthaftigkeit des epischen Gedichtes *ganz und gar nicht. Ich meine aber*, daß Homer dadurch, daß er zuweilen, an einem sehr unschicklichen Orte, seine Leser lachend machen will, daß er dadurch sein göttliches Gedicht *mit nicht leichten* Flecken besudele, die ihm (dem Gedichte nämlich) *eine nicht geringe* Verunstaltung, dem Leser aber — Verdruß erwecken. Die Sache wird aus dem zweiten Buche erhellen — —“** Ob ich gleich meinen ernsthaften Autor sehr ehrerbietig wie ein Dekret der Sorbonne übersetze und seinen Stil, der im vollen Monde gebildet worden,

— — for scull
That's empty, when the Moon is full,

mit allen seinen Gelenken und Gliedern gern ganz liefre, so kann ich doch ein paar Seiten überspringen, in denen er Homers Auftritt des Thersites vorbringt.*** Was Homer gesagt,

* Klotzii „Epistolae Homericae“, p. 24.
** [A. a. O.], p. 24.
*** [A. a.O.], p. 25, 26.

ist mir was Altes, aber was darüber gesagt wird, etwas Neues. „*Nun will ich nicht leugnen*, daß Homer alles gesammlet, was den Anblick des Menschen häßlich und *lächerlich* machen kann; und auch das *sehe ich leicht* ein, warum Claudius Belurgerius (vice Nicii Erythraei ‚Pinacotheca', p. 205, et Vincentii Paravicini ‚Singularia eruditorum', cent. III, n. 12, p. 150) sich an diesem Bilde des Thersites, von der Hand eines geschickten Künstlers gemalt, so sehr ergötzet. Immer aber wollen wir den Spruch Quintiliani betrachten: ‚Nihil potest placere, quod non decet', zu deutsch: Nichts kann gefallen, was nicht anständig ist. Wenn dieser Mensch etwa in einer Satire oder in einem andern Possengedichte aufträte: so würde er *mich* nicht wenig ergötzen, und *ich* würde dem Dichter gern das Lob des Witzes und der Erfindung *erteilen*.

Sed nunc non erat his locus" etc. etc.

Mit Erlaubnis des Herrn Christoph Adolf Klotzius und Claudius Belurgerius will ich hier eine lange Stelle aus Horaz und Beispiele aus Virgil, Tasso und wer weiß woher* übergehen, die von der Belesenheit des Herrn Briefstellers zeigen und den Satz hier *durch sich selbst* am besten bestätigen: daß manches zu sehr unrechter Zeit kommen könne. Ich will bei Thersites bleiben. „So wie es unschicklich ist, in einer Scherzsache Trauerspiele zu erwecken, so auch in einer ernsthaften Sache zu lachen, *wer würde* das für anständig halten? Hier *wollen wir* nicht lachen, *wir* sind voll Erwartung, die uns der Poet selbst eingeflößet, was die Sache für einen Ausgang nehmen wird. Wir sehen das ganze Kriegsheer erregt, zusammenlaufend; wir wollen wissen, ob die Griechen wieder die Waffen ergreifen oder nach Hause gehen werden: und siehe! da stößt uns jenes Fratzengesicht (zu griechisch μορμολύκειον!) auf und hält uns Eilende bei der Schleppe zurück. *Wir widerstreben, wir sind auf den unwillig*, der uns das Ungeheuer zuschickte, und da, wo *wir* ernsthaft nicht *bloß sein wollten*, sondern auch *mußten*, lachen wir leider." Alle Hochachtung für des Herrn Klotzius Ernsthaftigkeit und seine Schleppe!

* [A. a. O.], p. 28–30.

wollte ich hier nur ein paar Kleinigkeiten fragen: ob nämlich Homer uns mit einer Bürgermeister- oder Scholiastenperucke vorsinge? ob sein Thersites denn als eine Possenfigur, als ein Ding zum Lachen auftrete? Ist dies nicht, tritt er jetzt in diesem kritischen Zeitpunkte als ein Redner im Namen der ganzen griechischen Canaille auf, alles abzusagen, was solche Thersites in der griechischen Armee auf ihren Herzen hatten: gewiß! so kann Homer keinen gelegenern Zeitpunkt finden als diesen, und das Kolorit, in dem Thersites erscheint, ist so dem epischen Tone gemäß, daß ich mir ihn in keinem andern denken kann. Nicht häßlicher, sonst verdient er den Augenblick totgeschlagen zu werden; nicht frömmer, sonst würde er schweigen, und so würde kein Herold sein, der auch die Stimme des Pöbels einmal hören ließe. Ich bin also vor meiner Schleppe und vor einem unanständigen Lachen sicher! Der ernsthafte Homerist aber, der seinen Thersites ganz anders, nämlich als ein unnützes Fratzengesicht, als ein Ungeheuer, das sich zum Lachen vordrängt, kennet und davor sehr bange ist, fährt fort:

„*Wenn wir* hingegen den Menschen *wegwerfen*, wenn wir alle die Verse *wegschneiden*, laßt sehen, ob *wir nicht eine ernste Miene behalten werden*? Ich sage es noch einmal, Homers Thersites gefällt mir nicht und wird mir nie gefallen, wenn ihn auch Medea wieder verjüngte. Wegjagen wollen wir den Menschen oder, wenn er sich widersetzte und sich erkühnte, *uns* auch, so wie die griechischen Feldherren, zu schmähen, so soll er mit umgedrehetem Genicke heraus. Zwar zweifeln wir nicht, daß auch *er* seine Verteidiger finden, daß sich *einige* finden werden, die an den artigen Jungen nicht wollen Hand angelegt haben. Denn es gibt Leute, die mit den Musen und mit der Philosophia in keinem Umgange, in keiner Bekanntschaft stehen, die die Wissenschaften bloß als Handwerk gelernt, die da schreien" usw. – Wehe mir! dieser scheltende sehr ernsthafte Ton geht eilf Seiten durch, und wie sollte ich's nun wagen, einen Thersites Homers zu retten, der ohne Grund und Ursache verurteilt ist. Wehe mir! so gehöre auch *ich* alsdenn unter die Leute, die mit den alten Jungfern, den Musen, und mit der ehrbaren Dame Philosophia in keinem Umgange stehen, denn ich hätte geglaubt, Thersit wäre zuviel geschehen. Ich lege also voll ernsthafter Ehrerbietung die Hand auf den Mund und reiche bloß mit geziemender Achtung dem h.t. größten Kenner Homers in Deutschland diesen alten Dichter zum nochmaligen Durchlesen dar; denn aus diesen und andern Urteilen, die er über Homer hie und dort gefället, haben viele Leser mit Recht gemutmaßet, er kenne denselben vielleicht nur noch aus dem ersten flüchtigen Durchlaufe, den er, wie er uns selbst mit der liebenswürdigsten Offenherzigkeit erzählt, einmal mit seinem Stubenburschen in 24 Tagen durch den ganzen Homer hin angestellet, um nur ohngefähr etwas von der Form des ganzen Werks zu wissen und sich eine copiam vocabulorum anzuschaffen.* Nun kann dies freilich noch nicht heißen, *Homer in Homers Sinne* lesen, und es scheint aus diesem flüchtigen Durchzuge ihm manches aus Homer entwischet zu sein, manches aber sich in ihm angeklebet zu haben, was nur *er* so bemerket. Künftig kann ich davon mehr Proben geben; jetzt wiederhole ich's von Thersites. Wie ich ihn kenne, ist er nicht da, um lächerlich zu sein, um uns die Schleppe zu zerreißen, um uns zum ungeziemenden unartigen Lachen zu bringen. Noch ist er da, um bloß häßlich zu sein, damit doch nicht lauter schöne Leute vor Troja sein mögen. Noch ist er am unrechten Orte da, daß man ihm das Genick umdrehen dörfte. Er gehört mit zur Handlung des Gedichts und ist der Mund des griechischen Pöbels, der sich *jetzt* erklären soll oder gar nicht. Er ist nicht lächerlich, sondern häßlich, und um nur dies Häßliche einigermaßen zu lindern, so läßt es Homer auf *einen* verkleinernden Zug hinauslaufen: statt ihn als Kronverbrecher zu töten, ihn nur gelinder strafen; statt ihn ganz zum Abscheue zu machen, versöhnt er ihn durch einen Nebenzug zuletzt mit dem Herrn. Ihm einen andern Charakter zu geben, heißt aus der lateinischen Übersetzung urteilen, und in „Homerischen

* Hortabatur vero idem (Baumeisterus) me inprimis ad studium graecarum litterarum, quarum in me erat *levis cognitio.* Hinc una cum Neomanno, aequali et familiari meo, divina Homeri carmina non tam legi, quam deuoraui, ut intra viginti circiter quatuor dierum spatium omnia perlegeremus. Fuit enim tum nobis illud tantum modo propositum, ut formam *aliquam* magni operis et *speciem* animo informaremus atque *verborum nobis compararemus copiam.* In praefatione Elegiarum, p. 8.

Briefen“ dieses an Tag zu legen, ist* – Doch ich kehre lieber zu meinem lieben Lessing, bei dem ich überall unterhaltende Gründe finde –

22

Und zwar jetzt zu ihm als Psychologen. „Der Dichter nutzt die Häßlichkeit, um die vermischten Empfindungen des Lächerlichen und Schrecklichen hervorzubringen.“**

Zuerst bemerke ich, daß, so verschieden an sich diese zwo Gattungen vermischter Empfindungen Schreckliches und Lächerliches sein mögen, so bald können sie sich in einander verwandeln. Das Schreckliche, als unschädlich erkannt, wird eben, weil es uns schrecklich dünkte, lächerlich; das Lächerliche, als schädlich erkannt, eben weil es uns *nur* lächerlich dünkte, schrecklich. Vielleicht werden beide also das Häßliche aus *einer* Ursache, ihrer verwandten Natur nach, nutzen? Wir wollen forschen:

Nicht alles *Lächerliche* darf häßlich sein. Unter der großen Menge unschädlicher Kontraste zwischen Vollkommenheiten und Unvollkommenheiten gibt's zwar auch einen, der – *häßlich-schön* heißt und sich auf mancherlei Weise äußert, z. E. häßlich sein und sich schön dünken, häßlich sein und für schön erkannt werden, häßlich sein und durch Auszierung schön sein wollen usw. Allein, diese eigne Gattung lächerlicher Kontraste macht noch nicht alle Gattungen, die ganze Art aus. Der Schwach-Starke, der Klein-Große, der Unwichtig-Wichtige in jeder Art sind ebensolche lächerliche Geschöpfe als der Häßlich-Schöne.

So darf auch nicht alles *Schreckliche* häßlich sein. Wenn ein Wesen seiner höhern Natur, seiner größern Übermacht wegen uns *Schrecken**** gebietet, so darf dies Schreckliche

* Die lateinische Übersetzung freilich spricht von verbis *scurrilibus*, von dem *non prout decebat*, von dem quodcuncque videtur *ridiculum* Argiuis; und aus ihr kann man also sicher den Thersites so in lateinische Phrases übersetzen: hic homo *scurram agere, risum reliquorum Graecorum* captare solebat, *dedecet* carminis gravitatem etc. Alles nach der lateinischen Übersetzung gut und richtig; wer wird aber Homer in einer lateinischen Übersetzung lesen?

** „Laokoon“, p. 232, 233 [139].

*** Die meisten Homerischen Götter sind schrecklich; aber deswegen auch häßlich?

weder in dem Gegenstande mit Formen, noch in unsrer Seele mit Empfindungen des Häßlichen vergesellschaftet sein. Ein Ungewitter z. E. oder, wenn ich's in ein Bild verwandele, ein donnerwerfender Jupiter kann fürchterlich, schrecklich sein, aber ohne Verzerrung des Gesichts, ohne häßliche Formen. Ein brüllender Löwe z. E. kann selbst, wenn ich mich in Sicherheit fühle, mir ein schrecklicher, ein schaudervoller, keinesweges aber deswegen ein häßlicher Anblick sein.

Es folgt also, daß, um die vermischten Empfindungen des Lächerlichen oder Schrecklichen hervorzubringen, Häßlichkeit nicht jedesmal, nicht schlechthin als Ingrediens gebraucht werden dörfe. Es wird daher dem Wesen einer Kunst anheimgestellt werden können, ob sie das, was sie nicht brauchen *darf*, brauchen könne, was sie nicht *schlechterdings* brauchen *darf*, *hie und dort* brauchen *wolle*. Ich fahre fort:

Unter den unschädlichen Kontrasten, die das Lächerliche machen, gibt's namentlich auch den Kontrast des Häßlich-Schönen; zum Lächerlichen also kann Häßlichkeit wirklich ein wesentliches Ingrediens sein, um es *hervorzubringen*. In schrecklichen Gegenständen gehört die Form der Häßlichkeit eigentlich gar nicht mit zu der Idee des Schädlichen, des Furchterregenden selbst; Schauder und Unwille am Häßlichen sind zwo Empfindungen, die in ihrer Natur verschieden sind, folglich kann zum Schrecklichen das Häßliche nie eigentlich als wesentliches Ingrediens wirken, nie es also *hervorbringen*. In Parallelen läßt sich daher kaum ihr beiderseitiger Gebrauch behandeln.

Wo das Häßliche zum Lächerlichen zutrifft, da treffe es wesentlich zu, es gehöre mit zum Kontrast, es kann nicht wegbleiben. Wo es wegbleiben kann, ist's auch ein Kennzeichen, daß es wegbleiben muß – So erklärt Herr Lessing mit Recht es für eine alberne Mönchsfratze, daß der weise und rechtschaffene Äsop in der häßlichen Gestalt Thersites' durch dieselbe im Kontrast seiner schönen Seele lächerlich werden solle.

Träfe aber das Häßliche zum Schrecklichen, so könnte es bloß als Nebenidee zutreffen; es gehörte nicht in die Empfindung des Schauders. Es muß also nicht anders als wie ein Nebeningrediens *zugemischt* werden, damit es die Hauptempfindung ja nicht schwäche, damit der *Schauder* nicht *Unwille* werde, wenn er's nicht werden soll.

Wo ein Gegenstand durch das Ingrediens des Häßlichen *lächerlich* werden soll, da kann er, solange er in den Grenzen der Wahrscheinlichkeit bleibt und den Kontrast abwieget, nie *zu häßlich* sein. Aber das Häßliche zum Schrecklichen kann allerdings, zu sehr verstärkt und als Hauptingrediens behandelt, das Schreckliche wirklich hindern. Einen Gegenstand ganz häßlich fühlen, so daß die Idee des Unwillens, des Ekels jede andere verdunkelt, heißt gewiß nicht, ihn ganz fürchterlich empfinden. Das Gefühl des Schrecklichen ist Schauder der Furcht: das Blut tritt zum Herzen zurück. Blässe bedeckt das Gesicht, Kälte läuft den Körper herab; bald aber nimmt sich die Natur zur Selbstverteidigung zusammen: das Blut tritt verstärkt in seinen vorigen Gang, die Wangen röten sich, das Feuer breitet sich wieder aus, die Furcht ist vorbei: der Schrecken ist in Zorn verwandelt. So erzeugte, gebar und tötete sich die Empfindung des Schrecklichen. – Aber die Empfindung des Häßlichen, wie weit anders: der Mißton, die widerwärtige Erscheinung, die wir häßlich nennen, wirkt auch in meinem Nervengebäude Mißton, Widerwärtigkeit; es bringt meine Saiten der Empfindung widrig aneinander, es krallet in meiner Natur. Die Empfindung des Häßlichen durchläuft also meinen Körper ganz anders als das Gefühl des Schrecklichen: sie gehören nicht in *eins*.

Und auch zusammengeschlagen vermischen sie sich kaum. Der *grausame* Richard der Dritte* erregt mir *Schrecken*, der an Seele und Körper *häßliche* Richard *Abscheu*. Die Häßlichkeit seiner Seele, den Abscheu meiner Empfindung gegen ihn kann wohl die Häßlichkeit seines Körpers verstärken; mit meinem Schrecken aber, mit seinem Charakter des Fürchterlichen hat sie nichts zu tun. Wenn ich die *abscheuliche* Seele *Edmunds*** aus einem wohlgebildeten Körper sprechen höre: so kann ich den schönen Körper noch beklagen, der einer so schwarzen Seele zur Wohnung dienen muß; ich kann ihn lieben, wenn ich seinen Einwohner hasse: der Abscheu an der

* „Laokoon", p. 238 [142].
** „Laokoon", p. 237 [142].

Seele wird also durch den Körper nicht verstärkt oder, ich will noch mehr sagen, geschwächet. Aber der *Schrecken*, welchen die schwarzen fürchterlichen Anschläge Edmunds erregen, ist ganz etwas anders, er wirkt, ohngeachtet seines schönen Körpers, ebenso in vollem Maße. Edmund, der Bösewicht, ist mir abscheulich; Edmund, der schädliche Bösewicht, schrecklich.

Wenn ich es also Herrn Lessing zugebe, „daß schädliche Häßlichkeit allezeit schrecklich sei"*, so wird Herr Lessing es mir zugeben, daß sie es nicht wegen ihrer Häßlichkeit, sondern bloß wegen ihrer Schädlichkeit sei, daß also der Dichter durch das Häßliche nie die Empfindung des Schrecklichen *hervorbringen*, daß er sie, eigentlich gesprochen, nie *verstärken* könne: kurz, daß Schreckliches und Häßliches zwo ganz verschiedene Arten der Gegenstände, Furcht und Abscheu zwo ganz verschiedene Arten der Empfindung sein. Herr Lessing hat vielleicht sagen wollen: „Abscheu gegen die häßliche Seele des andern wird durch Abscheu an seinem häßlichen Körper verstärkt; der Dichter könne sich also der Formen des Häßlichen bedienen, um *Abscheu* zu verstärken." Alsdenn hat er recht, aber auch keine Verschwisterung der Empfindungen angegeben; denn Abscheu bleibt Abscheu, das Häßliche, das Abscheuliche sei in Seele oder Körper.

Ich habe die Empfindung am Häßlichen der Formen *Abscheu* genannt; Herr Lessing glaubt, sie *Ekel* nennen zu können**, und gehet darin von Herrn Mendelssohn ab, der Ekel nur in den niedrigen Sinnen Geschmack, Geruch und Gefühl, nicht aber in Gegenständen des Gesichts und kaum des Gehörs finden will.*** Der Sprachgebrauch, der in Sachen, wo es auf nichts als Gefühl ankommt, immer gehört werden kann, scheint auf der Seite des letztern Philosophen; nur, wenn ich nicht irre, mit folgenden Unterscheidungen:

Im eigentlichen Verstande scheint Ekel dem Sinne des Geschmacks zuzukommen; nicht aber bloß übermäßige Süßigkeit****, sondern jede widrige Berührung unserer Ge-

* [A. a. O.], p. 236 [141].

** „Laokoon", p. 247 [147].

*** Literaturbriefe, Teil 5, [82. Brief], p. 107 [101]. – [Mendelssohn].

**** Literaturbriefe, ebendaselbst.

schmacksnerven verursachet Ekel. Daher die große Verschiedenheit des Geschmacks auf verschiedenen Zungen, nachdem ihre Fibern so und nicht anders gestimmt sind, so und nicht anders angenehm oder widrig werden können. Hier ist also Ekel eine Haupteigenschaft des Übelgeschmacks, der nicht von der zu langen Dauer einförmiger Berührungen unsrer Geschmacksfibern, wie Herr Mendelssohn meinet: sondern, wie ich glaube, von jeder unserer Natur widrigen Berührung derselben herrühret. Gewisse Geschmacksarten sind ekelhaft nach der allgemeinen Empfindung, andere nach dem Eigensinne *einer* Natur, das ist, nach der besondern Spannung der Fibern in diesem einzelnen Subjekte. Gewisse Arten des Ekels sind angeboren, wenn die Werkzeuge des Geschmacks ursprünglich so und nicht anders gebildet sind; andre sind angewohnet und durch lange Assoziationen der Ideen zur Natur geworden. Einiges ist ekelhaft, wenn wir's kosten, ein anderes, wenn wir's gekostet haben, nachdem die widrige Berührung schnell oder langsam geschahe usw. Das Ekelhafte, was in Gegenständen des Geschmacks das Auge präokkupiert, ist nichts als Wiederholung voriger Sensationen, aber eine so starke Wiederholung, daß sie selbst Sensation erregt und also mit derselben vermischt wird. – In Gegenständen des Geschmacks hat also das Auge nichts Ekelhaftes.

Geschmack und Geruch sind in unsrer Natur durch ein geheimes Band der Organisation vereinigt: die Stärke des einen pflegt nicht ohne die Stärke des andern zu sein und der Verlust des einen den Verlust des andern nach sich zu ziehen. Zunächst also kommt der Ekel dem *Geruche* zu, durch eine widrige Bewegung der Geruchsfibern; darf ich aber sagen, daß er ihm bloß zukomme durch das Band der ähnlichen Organisation mit dem Geschmacke? Ich glaube fast, auch ein ekelhafter Geruch erregt Erbrechen, das ist, widrige Berührung der Geschmacksorgane. Er äußert sich also durch den Geschmack; er kommt dem Geruche zu, bloß als einem mit dem Geschmacke verbundnen Sinne; jeder andere unangenehme, z. E. zu starke, zu betäubende Geruch heißt nicht ekelhaft.

Dem *Gefühle* kommt Ekel schon sehr uneigentlich zu. „Eine zu große Weichheit der Körper, die den berührenden

Fibern nicht gnug widerstehen"*, z. E. ein Antasten des Sammets, feiner Haare etc., kann im eigentlichen Verstande ebensowenig *ekelhaft* heißen als das sogenannte Kitzeln: es ist *Widrigkeit*, ein heterogenes Gefühl, eine heterogene Berührung, als ich mag, und zwar *Widrigkeit* durch das *zu Sanfte.* Nun gibt's eine andere Widrigkeit, das Gefühl einer heterogenen Nervenspannung, durch das *zu Heftige, zu Gewaltsame.* So kreischt uns ein Griffel ins Ohr, der einen Stein hinunter krallet: wir fühlen unser ganzes Nervengebäude widrig erschüttert, wir wollen aus der Haut fahren, aber erbrechen wollen wir uns nicht. Widrig ist der Gegenstand für unser fühlendes Ohr, nicht aber ekelhaft.

Dem *Gehöre* als solchem kommt *Ekel* noch minder zu; denn „eine unmittelbare Folge von vollkommenen Konsonanzen"** kann *Überdruß*, aber eigentlich nur dem Ekel erwekken, bei dem Geschmack der Hauptsinn wäre und die Süßigkeit der Töne nur empfände, sofern sie mit der Süßigkeit in Ansehung des Geschmacks Ähnlichkeit hätte. Ein solcher allein würde in der übermäßigen Konsonanz auch eine Ähnlichkeit mit übermäßiger Süßigkeit, folglich an Tönen Ekel *empfinden*; kein andrer! Ich sage mit Fleiße, empfinden, dunkel empfinden; denn von dem klaren Hinzudenken ist hier nicht die Rede.

Endlich: *ekelhafte* Gegenstände fürs Auge. Herr Lessing glaubt, „daß ein Feuermal in dem Gesichte, eine Hasenscharte, eine gepletschte Nase mit vorragenden Löchern, ein gänzlicher Mangel der Augenbraunen sich wohl so nennen ließen: daß wir etwas dabei empfinden, was dem Ekel nahe komme, daß, je zärtlicher das Temperament ist, wir desto mehr von den Bewegungen im Körper fühlen werden, die vor dem Erbrechen vorhergehen."*** Ich mag bei so unsichern Sachen des dunkelsten Gefühls über Namen nicht streiten; indessen dünkt mich, daß das zärtlichste Temperament, und dazu im zartesten Zustande der Empfindung, z. E. eine schwangere Frau, solche Gegenstände eher widrig als ekelhaft

* Literaturbriefe, ebendaselbst, [p. 100].
** Literaturbriefe, [a. a. O., p. 101].
*** „Laokoon", p. 247, 248 [148].

nennen, eher davor zurückschaudern und in Ohnmacht fallen als sich drüber erbrechen werde; daß die unangenehme Empfindung immer also eher Widrigkeit des Gefühls, Abscheu des Anblicks als Ekel zu nennen sei. Es sei indessen darum, daß ein solcher Anblick Bewegungen erregen kann, die vor dem Erbrechen vorausgehen; gibt Herr Lessing eben damit das Erbrechen nicht für die sicherste Wirkung des Ekels an? Und da das Erbrechen eigentlich nur dem Sinne des Geschmacks zukommt: so muß, wenn das Auge Ekel empfände, es bloß durch eine Assoziation von Geschmacksideen solchen empfinden, und über die Zärtlichkeit des Temperaments mag ich nicht streiten.

Gnug für mich, daß Ekel eigentlich nur dem Geschmacke und dem Geruche, als einem mit dem Geschmacke verbundnen Sinne, zukomme. Das grobe Gefühl der übrigen Sinne empfindet Widrigkeit und nicht Ekel; es sei denn, daß in diesem und jenem Subjekte das Gefühl eines Sinnes in der körperlichen Organisation oder in dem zur Natur gewordnen Laufe der Begriffe mit dem Geschmacke und dem Geruche gleichsam in näherm Bande stehen. Es gibt nämlich Menschen, bei denen der Geschmack, mithin auch der Geruch unter den groben Sinnen gleichsam die herrschendsten sind und den sinnlichen Empfindungen insgesamt also Ton zu geben vermögen; bei solchen kann sich ein widerlicher Anblick, ein widriger Schall, ein widriges Gefühl mehr dem Ekel nähern, das ist, Bewegungen erregen, die vor dem Erbrechen vorauszugehen pflegen. Allein, diese Besonderheit in der Stimmung des Nervengebäudes hindert nicht, daß auch in ihnen unmittelbare Widrigkeit des Gefühls, Gesichts, Gehörs von der mittelbaren Widrigkeit in diesen Sinnen durch Hülfe eines fremden Sinnes, des Geschmacks, unterschieden sein sollte. Das Ekelhafte kann sich mehr oder weniger, nachdem die Organisation gestimmt ist, in jede unangenehme sinnliche Empfindung einmischen; nicht aber jede unangenehme sinnliche Empfindung, jede Widrigkeit in einem Sinne ist deshalb Ekel.

Kommt also der Ekel vorzüglich dem Geschmacke und andern Sinnen nur sofern zu, als sie mit ihm verbunden sind oder sich an seine Stelle setzen können: so –

abscheuliche, bösartige, grimmige Seele an sich schon wird sich durch häßliche Verzerrungen äußern. Soll der Abscheu verstärkt werden, so gebe er ihr ganz einen häßlichen Körper; denn wie anders kann wohl das Wohnhaus sein, das sie sich gebauet, in dem sie so lange gewirket? Soll der Abscheu sich in Mitleid brechen, will der Dichter in Entfernung eine Seele zeigen, die besser sein könnte: so mildre er ihren Abscheu wenigstens durch Strahlen ihrer guten Anlage, durch einen nicht häßlichen Körper. Der Maler hat hier Schranken seiner Kunst; denn wie selten will diese wohl Abscheu, höchsten Abscheu erregen? und wenn sich mit dem Häßlichen kein Schrecken, sondern nichts als Abscheu erreichen läßt: wie frei geht der Künstler aus?

Das Ekelhafte endlich – hier bin ich mit Herrn Lessing gar nicht einig. Das Wiesel, das Sokrates unterbrach, ist an sich kein ekelhafter Gegenstand, und die ekelhaften Züge, die Aristophanes sonst einmischt, sind ein Geschenk an den griechischen Pöbel, das wir demselben auch lassen können. Alle hottentottische Erzählungen, sobald sie den Ekel zur Hauptwirkung haben, so dünken sie mir Ausgeburten des britischen Überwitzes und *bösen* Humours. In Hesiods Abbildung der Traurigkeit bin ich mit Longin von einerlei Empfindung: es sei, aus welcher Ursache es sei – ich mag die fließende Nase nicht sehen; ich mag nichts sehen, was wirklich Ekel erwekket. Ekel als solcher läßt sich schlechthin mit keiner andern, gefälligen Empfindung verschmelzen; und wenn das Gräßliche nichts als ein ekelhaftes Schreckliche ist: so ist in diesem Gräßlichen, was sich vom Ekel darein mischet, allemal unangenehm, widrig.

Nur muß man auch freilich nichts für Ekel erregend halten, was nur einen Nebenbegriff des Ekels durch weite Zurückerinnerung haben möchte; nichts für Ekel erregend, was, ohne dem Geschmacke und Geruche zuzugehören, bloß widrig genannt werden könnte; nicht alles endlich in einer künstlichen Nachahmung für ekelhaft, was kaum in der Natur selbst, die keiner unangenehmen Empfindung solch eine enge Sphäre gegeben als dem wahren Ekel – –

Doch ich vergesse aus meinem kritischen Wäldchen beinahe gänzlich den Rückweg. Wie habe ich in demselben umhergeirret! Wie verschiedne Aussichten boten sich mir dar! Wie manchen richtigen und irrigen Gedanken mag ich auf meinem träumerischen Pfade gedacht haben! Es sei! Lessings „Laokoon“ hat mir Materie zum Nachdenken verschaffet; Homer und die menschliche Seele waren die Quellen, aus denen ich dachte. „Wenn mein Raisonnement nicht so bündig ist als das Lessingsche, so werden vielleicht meine kritischen Erörterungen mehr nach der Quelle schmecken.“*

Übrigens sei jedes Wort und jede Wendung verbannet, die *wider* Herrn Lessing geschrieben schiene. Ich habe *über* seine Materien gedacht, und wo ich insonderheit nach Leitung der Alten davon abgehen mußte, sprach ich offenherzig und wollte in Form eines Sendschreibens sprechen, wenn es die Abwechselung und der Inhalt der Materien zugelassen hätte. Wenn meine Zweifel und Widersprüche die Leser des „Laokoons“ dahin vermögen, ihn nochmals, ihn so sorgfältig als ich zu lesen und ihn aus meinen Zweifeln oder meine Zweifel aus ihm zu verbessern: so habe ich der Sache des „Laokoons“ weit mehr gevorteilet als durch ein kaltes Lob, hinter welchem jeder Leser so wie sein Urheber und Besitzer gähnet. Meine Schrift selbst: wie würdig mir „Laokoon“ geschienen, um darüber zu denken! sei ein Opfer meiner Achtung an den Verfasser desselben: Lobworte darzubringen habe ich nicht.

24

Der Rest** beschäftigt sich mit einigen Fehlern der Winckelmannischen Schriften; ich wollte, daß die Aufmerksamkeit Herrn Lessings lieber auf das Wesentliche derselben und auf das ganze Gebäude seiner Geschichte gefallen wäre, das noch so mancher Schwierigkeit unterworfen ist. — —

Da ich Jahre her täglich zu den Alten als zu der Erstgeburt des menschlichen Geistes wallfahrte und Winckelmann als einen würdigen Griechen betrachte, der aus der Asche seines

* Lessing, Vorrede zu „Laokoon“, [p. 5].
** „Laokoon“, p. 261–298 [156–177].

Volkes aufgelebt ist, um unser Jahrhundert zu erleuchten, so kann ich Winckelmannen nicht anders lesen, als ich einen Homer, Plato und Baco lese und er seinen Apollo siehet.

Indessen haben sich bei einem siebenmaligen Lesen freilich auch Zweifel bei mir zu Papier gefunden, die, was insonderheit sein Geschichtgebäude aus den Materialien der griechischen Literatur anbetrifft, die Alten selbst zu Zeugen, zu Gewährsleuten haben dörften. Da ich also das Glück hatte, von Winckelmann einen ermunternden Blick des Beifalls zu erhalten: so war ich beschäftigt, mit mir selbst nochmals über seine Werke zu sprechen und alsdenn in dem würdigen Tone vor ihn zu treten, in dem sich sein Geist offenbaret. Wie erhebend wäre der Gedanke gewesen, von ihm, dem Griechen unsrer Zeit, gebilligt zu werden, zur Vollkommenheit seiner unsterblichen Werke etwas beizutragen! –

Und ach! Winckelmann ist nicht mehr! durch die Hand eines Mörders, auf die entsetzlichste Weise der Welt, Rom und seinem Deutschlande entrissen! O wenn du, Göttlicher, noch wie ein seliger Dämon umherwandelst: so sieh die Bestürzung, mit der mich die Nachricht von deinem Verluste traf, die ungläubige Unruhe, die dich noch immer lebend sah, und endlich die Tränen der Wehmut, die ich deinem Tode schenkte! Wie mancher Literator und Altertumskenner hätte statt seiner nicht bloß sterben können, sondern auch vielleicht sterben sollen, damit die Welt nicht einst nichts als verführende Spuren von ihm aufzuzeigen habe!

BESCHLUSS

Ich bin Herrn Lessing auf seinem Pfade gefolget, und wenn sein „Laokoon" „mehr unordentliche Kollektaneen zu einem Buche als ein Buch selbst"* ist, was sind denn meine „Kritischen Wälder"? Sie sind zufälligerweise entstanden und mehr durch die Folge meiner Lektüre als durch die methodische Entwicklung allgemeiner Grundsätze angewachsen. Sie zeigen indessen, daß sich auch unsystematisch irren lasse, daß nicht

* Vorrede zum „Laokoon", [p. 5].

bloß, wenn man aus ein paar angenommenen Worterklärungen, in der schönsten Ordnung, sondern auch, wenn man aus einigen ausgerißnen Stellen in der schönsten Unordnung alles, was man will, folgert, man dem Fehltritte gleich ausgesetzt bleibe. Ich bin übrigens zu sehr ein Deutscher, daß ich nicht, wenn sich ein Machtwunsch tun ließe, gleich lieber in meine „Kritischen Wälder" Ordnung und System hineinwünschen wollte; und noch mehr wünsche ich ihnen „das Vorrecht der Alten, keiner Sache weder zuviel noch zuwenig getan zu haben"*. Ich habe jetzt in der Materie, die „Laokoon" abhandelt, den Grund gesichert; die Folge wird zeigen, was sich darüber aufführen lasse?

Vorderhand verbitte ich mir nur *eins*, den Titel meines Buchs nicht zu einem Gegenstande artiger Wortspiele zu machen, an denen manche Witzige unsrer Kunstrichter nicht arm zu sein pflegen. In mehr als einer Sprache hat das Wort „Wälder" den Begriff von gesammelten Materien ohne Plan und Ordnung; ich wünschte nur, daß meine Leser die etwas trocknen und verschlossenen Pfade dieses ersten Teils überstehen möchten, um hinter denselben zu freiern Aussichten zu gelangen.

* Ebendaselbst, [p. 4].

Kritische Wälder
oder
Betrachtungen über die Wissenschaft und Kunst des Schönen

ZWEITES WÄLDCHEN,
über einige Klotzische Schriften

ANALYTISCHER INHALT

I. ÜBER HERRN KLOTZ' „HOMERISCHE BRIEFE"

1. Warum es nicht so leicht sei, in unsrer Zeit Homer, in Absicht auf seine Sprache und seine Menschen, zu beurteilen? Ob Homer das Maß des menschlichen Geistes? und ob es aus seinem Zeitalter wahrscheinlich sei, daß er das Lächerliche affektieren wollen?
2. Herrn Klotzens Tadel auf Homer ist längst bekannt, und kein Tadel. Ekphrase der Episode Vulkans, zum Beweise, daß er kein Possenreißer sein wolle.
3. Ein Blick auf Thersites und Irus in Homer. Rettung des Lope di Vega und Milton, in Absicht auf ihre Lachsucht. Kann eine epische Hauptperson lächerlich sein? Nein! Rettung des Homerischen Ulysses. Darf sie lachen? Warum nicht?
4. Unterschiede, die Herr Klotz übersehen. *An sich* ist lächerlich und belachenswert, Haupt- und Nebenpersonen, die Teile eines Gedichts und das Ganze, eine sich in andre auflösende Empfindung und das Hauptgefühl der Epopee nicht einerlei.
5. Kann man Mythologie in Religionsgedichte mischen? Zuerst: merkliche Schwierigkeiten in der lateinischen Sprache. Zeiten und Länder unterscheiden noch mehr. Sonderbarkeit der Dichter, die in Italien bei Wiederauflebung der Wissenschaften sangen. Der poetische Ge-

brauch der Mythologie muß alles entscheiden. Rettung der Mythologie in Milton.

6. Einschränkung und Auseinandersetzung der ganzen Materie. Poetische Grenzen der Mythologie in Religionsgedichten. Ob ein geistlicher Dichter der Dogmatik zugut schreibe?
7. Proben der großen Wirkung heidnischer Ideen in Gedichten unsrer Religion. Prüfung der neuen Vorschläge, auf was Art die Mythologie für unsre Religion zu brauchen sei?
8. Und für unsre Kunst. Über die Strahlen, die Flügel und den Donnerstrahl in der Kunstvorstellung unsres Gottes. Prüfung der Vorschläge hierüber nach Altertums- und Religionsbegriffen. Ist's was Unerhörtes, daß christliche Dichter Gott auf einem Donnerwagen schildern?
9. Von der Mythologie in Profangedichten unsrer Zeit. Ob sie durch Entdeckungen der Naturlehre und der Geographie oder gar durch Allegorie ersetzt werde? Über Ramlers Liebe zur poetischen Allegorie.
10. Kritik über den Rest und Urteil über das Ganze der „Homerische Briefe".

II. ÜBER DIE SCHAMHAFTIGKEIT VIRGILS

1. Ist die Keuschheitsvisitation eines Dichters der poetische Zweck desselben? Muß man die bona fama eines Poeten nach seinen Versen beurteilen? Ungereimtheiten hieraus, und ein Wink auf die wahre Grenzscheidung darüber.
2. Grund der Schamhaftigkeit in der menschlichen Natur. Daß das κακόφατον ein schlechter Zeuge derselben sei. Rettung der Homerischen Episode des Paris.
3. Untersuchung der mancherlei Schambegriffe, bei der Liebe, bei dem Nackenden, bei gesellschaftlichen Ehrbarkeiten. Unterschied zwischen der natürlichen, gesellschaftlichen und moralischen Schamhaftigkeit.
4. Unterschied dieser Empfindungen bei verschiednen Nationen, Morgenländern, Griechen und Römern gezeiget. Rettung der griechischen Freiheiten hierin.

5. Darlegung des Plans im ganzen Klotzischen libello. Voll Allgemeinörter, ohne philosophische Bestimmung, ohne nationelle Unterscheidung.
6. Und ohne charakteristische Beleuchtung Virgils. Wie ungewiß ihn Herr Klotz rette und wie unpassend mit Homer vergleiche?
7. Über die persönliche Schamhaftigkeit Virgils. Ob und wie sie gerettet werden könne? Abhörung des Donatus, Servius, Martialis und Apuleius darüber. Lob der Heynischen Ausgabe Virgils.

III. ÜBER EINIGE HORAZISCHE RETTUNGEN UND ERLÄUTERUNGEN

1. Seltne Art Herrn Klotzens, mit Hardouin Krieg zu führen. Wie Hardouin widerlegt werden sollte?
2. Vom Klotzischen Kommentar über Horaz. Wie sehr er den Ton der Horazischen Poesie verfehle? an der ersten Ode Horaz' gezeigt. Auch andre haben den Ton dieser Ode nicht getroffen. Von dem poetischen Wortbaue des Choriamben.
3. Auch aus dem Tone der zweiten Ode erläutert uns Herr Klotz sicher weg. Prüfung einiger andrer sogenannter neuer Erläuterungen Horazens.
4. Wie wenig Herr Klotz bisher zum horazischen Geschmacke beigetragen? Zweifel gegen die Erläuterungsmethode Horazens, nach Batteux' Manier. Wie sehr diese die Horazische Ode zerstücke und zerlege? Klotzens Begriff von den Digressionen und dem Charakter Pindars.
5. Über die Parallelenmacherei bei einem Dichter. Über den Gemmengeschmack bei Lesung desselben. Über den Mißbrauch gelehrter Kommentare. Gesners schätzbares Zeugnis darüber.
6. Meine Art, Horaz und neue Horaze zu lesen.
7. Nachschrift und Enderklärung.

I

[ÜBER HERRN KLOTZ' „HOMERISCHE BRIEFE"]

[1]

Ich habe mich anheischig gemacht, auf *mehrere Klotzische Anmerkungen über Homer* zu merken, und ich muß mein Wort erfüllen. Der Tadel sowohl als das Lob, das auf den Ersten der Dichter fällt, trifft auf den Mittelpunkt der griechischen Literatur und hat immer auch auf entferntere Punkte im Kreise der Gelehrsamkeit einen Einfluß. Es wird also lohnen, mit den „Homerischen Briefen"* in der Hand ein Lustwäldchen der alten griechischen Musen zu besuchen.

Wie muß ich mich aber durch süße Freundschaftsbezeigungen und lange Vorbereitungen durchwinden und durchdrängen**, um nur erst auf eine Materie zu kommen. Herr Klotz irret in diesen Briefen so herum, daß seine Muse wohl nichts minder als eine Schwester der Homerischen Muse sein kann, die, statt vom Trojanischen Kriege und vom Ei der Leda anzufangen, lieber gleich mitten in die Handlung hineingreift — μῆνιν ἄειδε θεά, κ.τ.λ. — Der Homerische Briefsteller nimmt sich zuerst recht sehr Zeit, seinen Freund und Gönner zu umarmen***, die sehr mittelmäßigen Verse desselben, die von ganz Deutschland für mittelmäßig erkannt sind, himmelhoch zu erheben****, uns auf dem Landgute desselben+ (wie Boileau von gewissen Wortmalern sagt) von Terrasse zu Terrasse zu führen, das Landleben und die unehelichen Kinder zu loben, über die Härte der Regina Pecunia und über die Undankbarkeit unsers Jahrhunderts gegen Poeten zu klagen, einen großen Minister, der fast durch *ein solches* Lob erniedrigt wird, *deswegen* zu rühmen, weil er ihm erlaubt, auf dem Lande einige Zeit zuzubringen. Er fährt fort, alle selige Ver-

* „Epistolae Homericae", Altenburg 1764.

** [A. a. O.], p. 5–24.

*** [A. a. O.], p. 5, 6.

**** [A. a. O.], p. 6, 7 [5–10]; confer „Acta litteraria", vol. I [1764], p. 245–249.

\+ [A. a. O.], p. 8, 9.

gnügungen daselbst uns liebkosend vorzuzeigen: die Bücher, die er mit sich genommen, und endlich – „Wie aber die Dichter vom Zeus, so will ich vom Homer beginnen.“ *

Noch sind wir nicht in der Materie. Herr Klotz zeigt erst, daß er mit seinem Homerischen Tadel nicht zu ungelehrten Verächtern Homers gehöre, daß niemand in der Welt die alten Schriftsteller mit mehr Bewunderung und Entzücken lese als er, daß Homer bei allen diesen Fehlern, die Herr Klotz ihm zeigen will, noch immer groß bleibe**, daß – und dies alles in so erregendem Tone, mit so viel, obgleich längst bekannten, Beispielen und Allgemeinsätzen, daß man keinen andern als jenen zyklischen Dichter*** liest und jedes Blatt mit der bewundernden Frage umschlägt: was will aus dem Männlein werden? Was hat dieser große Mann dem fehlerhaften Homer Unerhörtes zu zeigen, das so viel Vorbereitung und Aufmerksamkeit verdiente?

Vielleicht ist mein Leser so ungeduldig als ich und auf mich unwillig, daß ich den neuen *Homeromastix* noch nicht selbst reden lasse; allein, wenn Herr Klotz zween Bogen lang vorbereitet, wie würde es denn dem Tone meines Werks entsprechen, nicht auch vorzubereiten? Ich muß also Schritt halten: sonst kommen wir alle drei, Herr Klotz, der Leser und ich, aus dem Takte.

Wie nun? Ist's wohl so leicht, Homer *zu tadeln*? ich meine, so leicht *für uns*, in unsrer Zeit, Denkart und Sprache? Es sollte scheinen. Denn sind wir nicht in Gelehrsamkeit und Wissenschaft und Stufe der Kultur ungleich höher als das Zeitalter Homers? Ist die Welt nicht dreitausend Jahr älter und also auch vielleicht dreitausendmal erfahrner und klüger geworden? Kniet also nicht der Altvater Homer vor dem Geschmacke und Urteile unsers Zeitalters, wie vor dem Tribunal des Jüngsten Gerichts? Und wie denn nicht vor einem Vorsitzer und geheimen Rate desselben? Ich sollte fast glauben! oder beinahe nicht glauben: denn unser Jahrhundert mag in allem, was Gelehrsamkeit heißt, so hoch gekommen sein, als

* [A. a.O.], p. 10–18.
** [A.a. O.], p. 19–23.
*** „Fortunam Priami cantabo“ (Horatius, „Ars poetica“, [Vers 137]).

es will und ist; so ist's doch in allem, was zur poetischen *Beurteilung Homers* gehört, nicht höher; ja ich behaupte, daß es hierin dem Jahrhunderte geborner Griechen, die Homers Zeitgenossen oder wenigstens Landsleute und Brüder einer Sprache mit ihm waren, weit hintennach sei. Wir sind nicht nur nicht höher hinauf, wir sind gewissermaßen *aus der Welt hinaus* gerückt, in der Homer dichtete, schilderte und sang.

Homers Sprache ist nicht die unsre. Er sang, da dieselbe noch bloß in dem Munde der artikuliert sprechenden Menschen, wie er sie nennet, lebte, noch keine Bücher-, noch keine grammatische und am wenigsten eine wissenschaftliche Sprache war. Er bequemte sich also den Artikulationen der Zunge seiner Menschen, den Beugungen und dem Wortgebrauche der lebenden Welt, in aller Unschuld und Einfalt seines Zeitalters. Wer kann ihn nun hören, als ob er spräche? Tausend Wörter haben ihren Sinn allmählich umwandeln oder sich in ihrem Gebrauche seitwärts biegen und verfeinern *müssen. Müssen*, ohne daß es jemand wollte und bemerkte; denn der Geist der Zeit veränderte sich. Man behielt immer das Wort, man glaubte auch immer, denselben Begriff zu haben; denn in der gemeinen Sprache des Umganges wechselt man klare und nicht deutliche Ideen: und doch so, wie sich Lebensart und der Geist des Jahrhunderts änderte, so hatte sich auch der inwohnende Geist vieler Wörter verändert. Sehr spät endlich ward die Sprache wissenschaftlich. Der Wörtersammler, der die Begriffe auseinandersetzen, deutlich machen sollte, fand einige vielleicht schon gar nicht in seiner lebenden Sprache; er mußte raten, und die Muse gebe, daß er unter Hunderten nur einmal übel geraten hätte. Bei einem andern definierte er nach dem Begriffe *seiner* Zeit: wie aber, wenn dieser bloß ein jüngerer, ein abstammender Begriff gewesen wäre? Bei einem dritten nahm er vielleicht gar nur eine verfeinernde Bedeutung des Philosophen, eine Nebenbestimmung dieser und jener Schule, Provinz, Sekte, Menschengattung und trug sie ein. Nun komme nach dreitausend Jahren ein Mensch aus einer fremden Sprache, aus einer ganz andern Welt, urteile und richte und mäkle Wörter, sicherer würde er die Bücher der Cumäischen Sibylle in Ordnung bringen!

Wer mir nicht glaubt, lese hierüber die Vorrede des arbeitsamen Johnsons zu seinem englischen Wörterbuche, und er wird vor einer Kritik zittern, die ihn dreitausend Jahre zurück, in einen so frühen Zeitpunkt der griechischen Sprache, als in welchem der Dichter ihrer Jugend Homer sang, werfen will. Wenn schon zur Zeit Aristoteles' geborne Griechen über einzelne Wörter Homers zweifelhaft waren: werden wir alsdenn nicht weit öfter, wenn es insonderheit auf Würde der Wörter ankommt, in der Sprache des ehrlichen Sancho Pansa sagen müssen: Gott weiß, wie Homer hätte dichten sollen. Ich rede nicht von dem *Sinne desselben*, sondern von dem Gefühle seiner epischen Würde in der Sprache: und zum Behufe des letztern, reichen die vielen Hülfsmittel unter den Griechen selbst da zu, Homer beurteilen zu wollen?

Ich gebe ein Beispiel, das ich brauchen werde. Das Wort γελοῖον hieß in den Zeiten der alten griechischen Einfalt überhaupt, was Freude, was Lachen erwecket, ohne daß dies Lachen der Freude noch ein Gelächter des Spottes sein dorfte. Das γελοῖον in einem Menschen war der Charakter eines süßen innigen Gefallens; das γελοῖον in einer Sache, in einer Rede, in einem Auftritte war Annehmlichkeit. Je mehr die Zeiten von dieser unschuldigen Einfalt abwichen, desto mehr wurde der Begriff des „Lächerlichen" daraus. Das γελοῖον in einem menschlichen Charakter ward das „Piquante" des Witzlinges und endlich ganz die Narrenkappe eines Gekken; das γελοῖον in einem Auftritte ward das „Lächerliche" und endlich das „Belachenswürdige". Welche Umwandlung von Ideen! Wer nun in einem alten Dichter der Einfalt das γελοῖον allemal für eine Possenreißerei nehmen will, weil etwa in der lateinischen Übersetzung „ridiculum" steht, und darnach einen Menschencharakter in Homer längelang beurteilen und tadeln und verdammen wollte, der könnte freilich sein Wörterbuch und seine Übersetzung und die Meinung einiger alten Grammatiker auf seiner Seite haben, nicht aber darum auch den ursprünglichen Homer. Über den muß man nicht aus Übersetzung und Wörterbuche, sondern aus dem lebendigen Gebrauche seiner Zeit urteilen oder das sicherste Wort wählen: οὐχ οἶδα!

Zweitens. Wenn die tote, die körperliche Natur, die Homer malet, sich seit ihm schon sehr verändert hat, wieviel mehr die Natur der Menschen, die Manier der Charaktere, die Nuancen, in denen sich Leidenschaften äußern! Eine griechische Seele war gewiß von andrer Gestalt und Bauart als eine Seele, die unsre Zeit bildet. Wie verschieden die Eindrücke der Erziehung, die Triebfedern des Staats, die Begriffe der Religion, die Einrichtung des Lebens, der Anstrich des Umganges! Wie verschieden also das Urteil über die Würde der Menschheit, über die Beschaffenheit des Patrioten, über die Natur der Götter, über die Erlaubnisse des Vergnügens, über Anstand und Zucht – wie verschieden damals und jetzt! So weit Athen von Berlin, so weit müssen sich die Jugendeindrücke Homers hierüber von dem Urteile eines seiner heutigen Kunstrichter entfernen. Wer die Geschichte des menschlichen Geistes in allen Zwischenzeiten zwischen Homer und uns kennet, wer den Umwandlungen und Vermischungen der Begriffe von menschlicher Natur, Religion, Gelehrsamkeit, bürgerlichem Interesse, Sittsamkeit und Wohlstande in allen diesen Zeiten nachgespüret, wer Augen hat, um den Ort zu sehen, auf welchen ihn die zusammengesetzten Kräfte so vieler Zwischenjahrhunderte geworfen haben, der wird in allem, was Charakter einer Menschenseele ist, ungemein rückhaltend sein. Er wird Homer, den Schöpfer menschlicher Charaktere, studieren; er wird in den Zeiten desselben nach der damaligen Gestalt dieser so wichtigen Begriffe forschen: aber wie ein Areopagit im Finstern urteilen? Kaum!

Der Verfolg wird Beispiele liefern, wie schielend es sei, über den Übelstand Homerischer Götter und Helden und Menschen nach den Begriffen unsrer Zeit zu urteilen. – Jetzt will ich nur fragen: ob Homer habe fehlen können, daß er sich nach den Sitten seiner Zeit bequemete? und nach welchen er sich denn hätte richten sollen?*

Homer mußte sich nach den Sitten der Zeit *vor ihm* bequemen: denn aus dieser schilderte er seine Helden, und was er also in derselben für Begriffe von Heldengröße, Heldenklugheit und Wohlstand fand, ward die Basis seines Gedichts.

* „Epistolae Homericae", p. 24.

Wenn diese Heldengröße ohne Leibesstärke, ohne Schnelligkeit, ohne Wildigkeit der Leidenschaft, ohne eine edle Einfalt in klugen Anschlägen, ohne eine kühne Rauhigkeit nicht bestehen konnte: so wurden auch alle diese Charaktere seinem Gedichte eigen.

Auf solcher Grundlage stand sein Gebäude: *Ein Gedicht für seine Zeit.* Die Vorstellungen der verflossenen Jahrhunderte sollten in der Sprache seines Zeitalters, nach dem Gefühle eines Sängers, der in diesem Zeitalter gebildet war, nach dem Augenmerke einer Welt von Zuhörern, die nach ihrer Zeit dachten, vorgestellet werden: so sang Homer, und anders konnte er nicht singen – *Ein Barde voriger Zeiten für seine Zeit.* Wer sich in diese zurücksetzen kann, in Erziehung und Sitten, und Leidenschaften und Charaktere, und Sprache und Religion – für den singt Homer, für keinen andern.

Es ist lächerlich, vom Homer fodern, daß er sich nach den Sitten einer künftigen Zeit hätte richten sollen. Dazu gehört Gabe der Weissagung und noch was mehr, die Gabe, unmögliche Dinge zu tun. Wenn wir fodern, daß Homer für unsre Zeit und Denkart hätte schreiben sollen, so hätte es ein alter Indianer und Perser, der auch Homeren in seiner Sprache las, fodern können! So auch ein scholastischer Mönch des funfzehenten Jahrhunderts, wenn er über Homer kam! so auch ein hottentottischer Kunstrichter, wenn einmal der Genius der Wissenschaften Europa verlassen und mit Homeren in der Hand nach dem Vorgebirge der Guten Hoffnung ziehen wird! so auch ein jeder Tor von Einsiedler, der auf einer Säule, wie Simon der Stylite, alt und grau wurde! Alle werden alsdenn im vereinigtem Chore mit unserm lateinischen Perrault anstimmen können: „Homerum dormitasse aliquoties, appare[a]t. Quod iis in locis inprimis patere existimo, ubi ... suae aetatis moribus inservit nondum politis satis, et cum simplicitate rusticum aliquid et asperum habentibus.“* Und was würde aus Homer, wenn er sich nach jedem Kunstrichter hätte richten wollen?

Nein! mein Homer soll sich nicht nach meinem Zeitalter gerichtet haben, die Sitten des seinigen mögen so weit abgehen, als sie wollen. Ich bin zu bescheiden, ihn „summam vim et

* „Epistolae Homericae“, p. 24.

mensuram ingenii humani" zu nennen*: denn wer bin ich, daß ich die gesamten Kräfte der Natur wägen und das Maß erfassen wollte, das die Mensur des menschlichen Geistes enthält? Wer bin ich, daß ich die Linie ziehen könnte: so hoch reicht Homer, und so hoch kann der menschliche Geist reichen! So sehr ich ihn als die edle Erstgeburt der schönen dichterischen Natur in Griechenland liebe; so gern ich ihn als den Vater aller griechischen Dichter verehre: so blöde bin ich, ihn als den Umfang, als das Maß des menschlichen Geistes zu betrachten; so blöde, es abwägen zu wollen, wie auch *nur die dichterische* Natur ihre Kräfte in ihm erschöpfet. Solange mir Apollo nicht den Wunsch erfüllet, die Metamorphosen des menschlichen Geistes auch in einer solchen Metamorphose *meines* Geistes durchwandeln und durchleben zu können; solange ich nicht mit den Ebräern ein Ebräer, mit den Arabern ein Araber, mit den Skalden ein Skalde, mit den Barden ein Barde, wesentlich und durch eine Umwandlung meiner selbst geworden bin, um Moses und Hiob und Ossian in ihrer Zeit und Natur zu fühlen, solange zittere ich vor dem Urteile: „Homer ist die höchste Masse gesammelter Kräfte des poetischen Geistes, das höchste Maß der dichterischen Natur." Und ist schon bei *einer* einzigen Seite der Natur und des menschlichen Geistes, als dichterisches Genie ist, ist da dies Urteil schon so schwer: wie kann ich den Umfang gesamter Geisteskräfte, das Maß der ganzen Menschennatur in ihm berechnen! Wo weiß ich, ob die Natur bei Bildung eines Alkibiades und Perikles und Demosthenes, als Geschöpfe ihrer Zeit betrachtet, sich nicht mehr erschöpft als bei Homer? Wo weiß ich, ob ein Plato, ein Baco, ein Newton,

— — das Ziel erschaffner Geister,

dieser bildenden Mutter nicht mehr in ihrer Art gekostet als Homer in der seinigen? Ein solcher Lobspruch geht ins Ungeheure; und wenn Homer summa vis et quasi mensura ingenii humani ist, so wird der, so ihn noch beurteilen und tadeln

* [A. a. O.], p. 19. Ich weiß diesen Ausdruck, als gewöhnliche lateinische Phrasis; allein ich mag keine Phrasis, die es ursprünglich nicht war, die keine Wahrheit hinter sich hat.

kann, ein völliger Übermensch! hervorragend über die Schranken des menschlichen Geistes. Da trete ich zurück, um den kritischen Gott anzubeten.

Ich betrachte Homer bloß als den glücklichsten poetischen Kopf seines Jahrhunderts, seiner Nation, dem keiner von allen, die ihn nachahmen *wollten*, gleichkommen *konnte*; aber die Anlagen zu seinem glücklichen Genie suche ich nicht außer seiner Natur und dem Zeitalter, das ihn bildete. Je mehr ich dieses kennenlerne, desto mehr lerne ich mir Homer erklären, und desto mehr schwindet der Gedanke, ihn, „als einen Dichter aller Zeiten und Völker", nach dem Bürgerrechte meiner Zeit und Nation zu beurteilen. Nur gar zu sehr habe ich's gelernt, wie weit wir in einem Zeitraume zweier Jahrtausende von der poetischen Natur abgekommen, eine gleichsam bürgerliche Seele erhalten, wie wenig, nach den Eindrücken unsrer Erziehung, griechische Natur in uns wirke! wie weit Juden und Christen uns umgebildet haben, um nicht aus eingepflanzten Begriffen der Mythologie auch über Homers Götter zu denken! wie weit Morgenländer, Römer, Franzosen, Briten, Italiener und Deutsche, wenn ich den Rousseauschen Ausdruck wagen darf, unser Gehirn von der griechischen Denkart weggebildet haben mögen, wenn wir über die Würde der menschlichen Natur, über Heldengröße, über die Ernsthaftigkeit der Epopee, über Zucht und Anstand denken! Wie gelehrt muß also ein Auge sein, um Homer ganz in der Tracht seines Zeitalters sehen, wie gelehrt ein Ohr, ihn in der Sprache seiner Nation so ganz hören, und wie biegsam eine Seele, um ihn in seiner griechischen Natur durchaus fühlen zu können. Am sichersten, mein Urteil über ihn sei nicht voreilend, damit ich ihm das nicht für einen Fehler anrechne, was Tugend seiner Zeit war.

Nun mag Herr Klotz die unten gesetzte Einleitung zu seinem Homerischen Tadel* rechtfertigen; ich finde den einen Teil derselben am unrechten Orte, den andern Teil sehr zweifelhaft. Am unrechten Orte steht die Betrachtung, daß Homer ein Mensch sei, Fehler habe, daß die Fehler der größesten Genies, eines Homer und Shakespeare, ihrer Größe nichts be-

* [A. a.O.], p. 24 etc.

nehmen usw.* Für unsern Zweck wäre die Betrachtung gewesen: ob Homers Fehler (als griechischer Dichter seiner Zeit und nicht als Mensch betrachtet) von uns und zu allererst von uns eingesehen und diktatorisch beurteilt werden können? Und so zweifelhaft dies, so ungewiß wird mir das Folgende: „daß Homer sein Gedicht mit nicht leichten Flecken besudelt, weil er sich entweder nach den Sitten seiner Zeit gerichtet" (das mußte er tun, und wenn er's tut, ist's kein Fehler), „oder weil es schwer fällt, zurückzuhalten, was dem Leser Lachen erwecken könnte, oder aus einem Fehler seiner Beurteilungskraft; kurz also, daß er sich zu dem herabläßt, wovon ich, Chr. Ad. Kl., achte, es schicke sich für die Würde und den Ernst des epischen Gedichts ganz und gar nicht."** Die erste Ursache ist unpassend, die zweite sehr unwahrscheinlich, die dritte zweifelhaft, und die Folge selbst, wie ich zu beweisen hoffe, falsch.

Unpassend die erste Ursache: „daß Homer mit nicht leichten Flecken sein Gedicht besudelt, weil er sich den Sitten seiner Zeit bequemt." Homer mußte sich ihnen und der Zeit seiner Helden bequemen; nicht aber der Zeit der Kapuziner oder dem Jahrhunderte Ludwigs des Vierzehenten oder dem kritischen Jahrhunderte, das Herr Klotz in Deutschland schaffen will. Es ist keine Sünde, zu behaupten, daß Homer an dies und an die seligen Mohren in Afrika mit seinen Göttern und mit seinem Unanständigen gar nicht gedacht habe.

Höchst unwahrscheinlich die zweite Ursache: „Homer habe sich zu dem herabgelassen, wovon ich halte, daß es sich für die Würde und den Ernst des epischen Gedichts ganz und gar nicht schicke, weil es schwer wird, das zurückzuhalten, wovon wir glauben, daß es dem Leser Lachen erwecken werde." Denn wenn Herr Klotz das Zeitalter Homers und seiner Helden kennet, wird er hoffentlich zugeben, daß demselben nichts fremder sei als *eine Sucht des Lächerlichen.* Die Verfasser gewisser „Bibliotheken" mögen mit dem Marktausrufe vortreten:

Iocos ridiculos vendo: agite licitemini!,

* [A. a. O], p. 21–23.
** [A. a. O.], p. 24, 25.

der epische Dichter Homer weiß von solchen lächerlichen Grazien nichts. Das Zeitalter, *das* er besingt, war „die Zeit der Heldengröße, eines hohen Ernstes nach griechischer Natur"; und die Zeit, *in der* er lebte und sang, „der Anfang des bürgerlichen Jahrhunderts" und also eines gesitteten Ernstes in edler Einfalt. So wie in der ersten der Held, der Tapfre der größeste Mann war, so in der zweiten der Weise und Gute – in beiden war an den lachenden oder Lachen erregenden Witzling nicht wohl zu gedenken; sonst wäre statt homerischer Epopeen nichts als crebillonsche Romane oder komische Epopeen die Erstgeburt der griechischen Muse geworden. Bei Homer also, wenn er keinen Margites, sondern eine Helden-Iliade schreibt, bin ich vor dem unzeitigen, unwürdigen Lachen so sicher, als ich's bei den schönen und artigen Schriftstellern unsrer Tage wohl nicht bin: und das *vermöge des Homerischen Zeitalters.*

Drittens endlich dünkt mich *die* Ursache des *beschwerlich Lächerlichen* in Homer ebenso *ungewiß*, daß er aus einem Fehltritte seiner Beurteilungskraft so unzeitig lächerlich, so lachsüchtig geworden: denn wer Homers Zeit kennet, wird zehn andre Fehltritte für wahrscheinlicher halten als – doch warum so viel wahrscheinliche oder unwahrscheinliche Ursachen? Herr Klotz komme nach vierundzwanzig Seiten einmal zum Beweise.

2

„Meine Meinung ist, daß Homer manchmal an einem sehr ungeschickten Orte den Leser zum Lachen bringen wollen und damit seinem göttlichen Gedichte nicht leichte Flecken angesprützt, die demselben eine nicht kleine Unförmlichkeit und dem Leser Verdruß erwecken. Hieher kann man in der ‚Odyssee' den Streit des Irus mit Ulysses und im ersten Buche der Iliade den Ort rechnen, wo er den Gott Vulkan einen Gaukler (histrionem) spielen läßt – denn was spielt er anders als einen Gaukler, da er den Göttern Wein einschenket und diese den hinkenden Mundschenken mit großem Gelächter begleiten."* Noch mehr aber wird die Sache aus dem zweiten Buche erhel-

* [A. a. O.], p. 24, 25 etc.

len – und nun kommt weit und breit die Geschichte von Thersites, die Herr Klotz Mal über Mal für unanständig, unschicklich, ungereimt, unwürdig erklärt und mit einem recht thersitischen Geräusche völlig aus Homer verwirft.

Nun wundre ich mich zuerst über die Verwunderung, „daß unter allen Feinden Homers noch niemand auf diese Geschichte gefallen, daß, so sehr man alles zu seinem Tadel gesammlet, man nicht diesen Ort angeklaget." Ich wundre mich, daß sich Herr Klotz soviel Mühe gibt, es zu untersuchen, woher sich alle hätten betriegen lassen, diese Stelle nicht zu tadeln; daß er selbst eine Gedankenzitation von Vida anführet, wo dieser wohl Thersites könne im Sinne gehabt haben, und – bei allem nicht den Franzosen, dem er, Herr Klotz, so manches Maleranekdotchen und zehen gegen eins auch diesen ganzen Tadel schuldig ist, den er so unerhört, so weitläuftig, so wichtig vorzeiget. Herr Klotz wird doch seinen Leibautor, wenn es auf Malergeschichtchen ankommt, den berühmten d'Argenson*, nicht verkennen?

Der Franzose sagt bei Gelegenheit seines Julius Romanus und des lächerlichen Zwerges im Gemälde Konstantins: „Es ist wahr, daß sich eine solche lächerliche Figur zu einem so ernsthaften Gegenstande gar nicht schicket; man müßte denn diesen Maler mit dem Homer entschuldigen wollen, *der in der Iliade einen Vulkan, worüber die Götter spotten, und einen von aller Welt verachteten Thersites* anbringt, um den Helden seines Gedichts einen Kontrast zu geben." Der Deutsche, oder vielmehr der Deutschlateiner, braucht diese Worte eben in der nämlichen Absicht, in demselben Zusammenhange wie der Franzose, schmückt sie mit ebendemselben Beispiele von Julius Romanus und andern bekannten Malern aus, die meistens d'Argenson selbst an ihrem Orte anführt – und doch wird unter seinen Händen alles *neu* und *unerhört*. Ja endlich trübet er sogar d'Argensons bessere Anführung Homers. Dieser gibt dem Thersites einen „von aller Welt verachteten Cha-

* [d' Argenville, „Nachrichten aus dem] Leben der [berühmtesten] Maler" [deutsch von Volkmann], Teil 1 [1767], p. 81. Eben der Tadel, nur verändert, ist Voltairen und andern Franzosen eigen, und Herr Lessing hat zu verschiednen Malen die Sache von der Seite des Drama in Beleuchtung genommen; siehe „[Hamburgische] Dramaturgie", 1. und 2. Band [1767–1768], hin und wieder.

rakter", den ihm auch Homer gibt; Herr Klotz macht ihn zum Possenreißer, was ein d'Argenson sich nicht einmal zu behaupten getrauete und wovon Homer nichts weiß. Der Franzose läßt ihn und Vulkan vom Homer charakterisieren, um *den Helden seines Gedichts einen Kontrast zu geben*; der Deutsche fährt über Homer her, daß er aus Ungeschliffenheit seines Zeitalters, aus der eitlen Sucht, dem Leser ein Lachen am unrechten Orte abzujagen, oder gar aus Mangel der Beurteilungskraft dem Gedichte so häßliche Flecken einbrenne, dem Leser zur Last wäre, ihm an unrechtem Orte ein unanständiges Lachen abzwinge, die Würde seines Epos aufopfere – Mit wem von beiden ließe sich also vernünftiger Homer untersuchen, mit dem vernünftig tadelnden Franzosen oder mit dem sich brüstenden Deutschen? Leider muß ich mit dem letzten!

Was also Vulkan betrifft, wird jeder Kenner Homers wissen, daß das Ideal seiner Götter nichts weniger als das Ideal höchstvollkommener, geistiger, allerhöchster Wesen sei. Sie haben alle ihren Charakter, der nach Körper und Seele, nach Stärke und Denkart, nach Würde und Neigungen, nach Ansehen und Verrichtungen so bestimmt ist als die Namen, die sie führen, oder die Partei, die sie im Homerischen Gedichte nehmen. Wie also bei den alten Künstlern die Bildung jedes Gottes ihr eigentliches Ideal, ihre Gestalt bis auf Bart und Haupthaar hatte: so sind auch in Homer ihre Charaktere gleichsam eine Reihe von eigentümlichen Brustbildern, von Wesen, wo jedes aus sich, wo keins wie ein drittes handeln muß. Gegen Menschen gerechnet haben freilich alle Homerischen Götter ihr eigenes Anständige; aber unter sich selbst ist wieder ihre Würde, ihr Anstand, ihre Art zu handeln so eigen bestimmt, so sonderbar als eines jeden Körper und Name. Man streiche in der ganzen Iliade alle Namen der Götter und Göttinnen aus; ich will jedes von ihnen aus ihren Reden und Handlungen erraten: und es kann aus Homer eine solche Galerie von dichterischen Idealen seiner Götter erbauet werden, als Winckelmann seine Ideale derselben aus der Kunst aufstellet.*

* „Geschichte der Kunst [des Altertums]", [1764; I, 4, 2/I], und „Anmerkungen" [1767] dazu, p. 142 etc.

Hier also an unserm so unanständig lächerlichen Orte* – was war geschehen? Jupiter erscheint mit aller Ehrfurcht der Götter im Olymp, und die gebieterische Juno fängt über seine geheimen Ratschläge zu zanken an. Der oberste der Götter antwortet zuerst groß und unabhängig, und als Juno fortfährt und seine Ratschläge offenbaret, zornig und mächtig drohend. Verstummt vor Furcht, gebeugt in ihrem Herzen, sitzt die hohe Juno da, und alle Himmlischen, im Hause des Gottes versammlet, erseufzen. Eine schauderhafte Stille, eine unruhige stumme Szene, wie vor einem Ungewitter, herrscht im Olymp!

Wer soll sie brechen? Soll Homer seinen Gesang schließen und den Leser in einer bangen Besorgnis lassen, ob nicht auf dies schaudervolle Verstummen nachher wirklich ein Ungewitter erfolget? ob nicht etwa die gebietende Juno den Streit erneuret und also der mächtige Zeus seine Drohungen erfüllet? Unwürdige Besorgnis! der Hoheit des epischen Gedichts und dem Zwecke der Homerischen Handlung entgegen! Homer, der nirgend seine Handlung abbricht, sie mit jedem Worte weiter fortführt, täte doppelt Unrecht, in seinem ersten Gesange, bei der ersten Versammlung der alles lenkenden Götter uns nicht das Ende ihres Rats wissen zu lassen, und noch ärger, uns auf sein ganzes Gedicht hin eine Idee von seinen seligen Göttern beizubringen, die uns wohl nicht den Zustand derselben sehr beneidenswert vorstellte. –

Vollendet muß also der Auftritt werden, aber wie? und durch wen? Soll Juno ihren Zank erneuren und vor unsern Augen unglücklich werden? Unwürdiger Anblick! Soll sie fußfällig abbitten? Ein niedriger Weg zum Frieden des Himmels, dazu ganz *unjunonisch*! Eher ließe sie sich auf die gedrohete Art strafen, lieber wollte sie einer höhern Tyrannei unterliegen, als so ihre weibliche Hoheit verleugnen. Auf solche Bedingungen wird also kein Friede im Himmel!

Und wie denn? Es trete ein Friedensstifter auf zwischen beiden! Doch wer? Einer, der durch sein Ansehen rechte und durch die Würde seiner Person, als ein himmlischer Nestor, Jupiter und Juno zum Stillschweigen bringe? Solch einer ist nicht im ganzen Olympus! Der Streit ist zwischen den höch-

* Iliade *A* [„Ilias“ I], v. 595.

sten Göttern: er betrifft die Anschläge Jupiters und die rechtmäßigen Drohungen seiner Macht; seine ganze Klugheit, sein obergöttliches Recht, seine Gewalt – alles ist mit im Spiele. Wer soll nun auftreten, ihm zu widersprechen, ihn ein Beßres belehren zu wollen? Alle Anwesende sind Unterordnungen, Untertanen, Kinder! Selbst die Göttin der Ratschläge, Minerve, ist die Tochter seines Haupts und kennet ihren Vater zu gut, als daß er sich widersprechen, belehren lasse. Alle also, und ohne Ausnahme alle Götter von Würde, von Ernst handeln am besten, wie sie bei Homer handeln, stille sitzen und schweigen.

Anders also, anders wird die Zwietracht im Himmel nicht gestillt, als daß jemand Juno, die schwächere und noch dazu die unbillige Partei des Streites, besänftige – Wer soll dies tun? Etwa einer, der Jupiter und Juno kenne, vielleicht beiden angehe, nicht zu erhaben sei, um beiden gute Worte zu geben, nicht zu ansehnlich sei, um seine Würde dabei in Gefahr zu setzen – Ein solcher sei's, und hat er etwa in seiner Geschichte, in seinem Charakter, in seiner Gestalt etwas, was Juno warne und besänftige, was die Macht Jupiters gleichsam redend, sichtbar zeige, *ihm* also auch recht gebe, ihn damit auch besänftige – ist ein solcher da, so trete er auf und gebe den Göttern heitern Tag wieder!

Und siehe da! *ein Gott von minderm Ansehen*, ein himmlischer Handwerker; *ein Gott, der Jupiter und Juno wohl gute Worte gäbe*: ein Sohn beider; *der in seiner Geschichte Beispiel gnug von der Macht Jupiters sein kann*: Zeus hat ihn vom Himmel geworfen; *der in seiner Gestalt Warnendes gnug für Juno habe*: sein noch hinkender und ewig hinkender Fuß – kurz! da ist *der ehrliche Vulkan.* Vulkan also fängt an, im Namen aller himmlischen Untermächte zu reden, daß ein solcher Krieg die Ruhe der seligen Götter störe, daß die Sache der Menschen die besten Gastmahle der Himmlischen verderbe. Vulkan spricht als ein ehrlicher Handwerker, der seine Gründe nicht weit herholet; aber seine Vorstellungen sind bündig, der Zeit und dem Orte angemessen und so stark als der Amboß, den er zu führen pflegt. Er und alle Götter sind ja zum Schmause erschienen!

Er wendet sich gegen die Mutter, ob er gleich wüßte, daß auch sie verständig wäre – der Ehrliche, in dessen Munde diese Worte so glaubwürdig werden, als sie es sein sollen: in dessen Munde also auch die kindliche Anmahnung kein sich brüstender überhobner Rat sein wird.

Er erinnert sie an die Macht des Donnergottes, der, wenn er wollte, alles vom Himmel werfen könne – der gute Vulkan redete aus Erfahrung und wie sein hinkender Fuß ihn nicht anders reden läßt. Sein Rat ist also, Zeus abzubitten und dem ganzen Himmel Heiterkeit wiederzugeben. – Wo ist bisher der Possenreißer, der hinkende Gaukler?

Aber abzubitten? dem Himmel Heiterkeit wiederzugeben? Und Juno selbst soll leiden, soll unrecht behalten? – O daß sie nur nicht am Dornstrauche des letzten Worts hangen bleibe und von neuem zürne! Siehe da, Vulkan! den Becher voll himmlischer Freude, die Schale voll Nektar! Tritt zur Juno, daß sie diesen letzten Zug nicht fühle, tröste sie über ihre Traurigkeit und ihre Unterdrückung, führe deine eigne unglückliche Geschichte an! – Vulkan tut's, und siehe! da lächelt die Königin der Götter: lächelnd nimmt sie den Becher der Freude von der Hand ihres Sohnes.

Ihr hohes Lächeln hat den Olymp aufgeklärt: die Wolken sind vorüber. Die Ruhe, die himmlische Freude besucht die Wohnung der seligen Götter wieder; der süße Nektar fließt für alle; bei allen findet sich das unzerstörbare Vergnügen, die unauslöschlich ewige Seligkeit wieder ein und fängt an, da sie Vulkan so geschäftig zu ihrem Vergnügen sehen:

ἄσβεστος δ'ἄρ ἐνῶρτο γέλως μακάρεσσι θεοῖσιν,
ὡς ἴδον Ἥφαιστον διὰ δώματα ποιπνύοντα.

So schmausen sie den ganzen Tag hinab bis zur untergehenden Sonne; ihr Herz begehrt nichts; sie speisen Ambrosia des Himmels, sie hören die Zither des Apollo und den Wechselgesang der Musen; sie gehen endlich vergnügt jeder in das himmlische Gemach, das ihm der künstliche arbeitsame Vulkan erbauet; Jupiter selbst besteigt sein hohes königliches Bette, und neben ihm die auf goldnem Throne prangende Juno! – Selige Götter! selige Wohnungen des Olympus!

Wie hat nun Vulkan seine Sache ausgerichtet? Stand er auf, um einen lahmen Gaukler zu machen und nichts mehr? Unwürdige Vorstellung: Homer erweckte ihn, um die Götter auseinander zu bringen, um dem Olymp den Frieden zu geben. Erreichte er diesen Zweck durch Possen, durch Gaukeleien? Noch unwürdigere Vorstellung: er spricht so anständig, so charakteristisch, als ein Vulkan nur sprechen kann und hier nur sprechen sollte. Läuft drittens der Auftritt auf ein pöbelhaftes Gelächter hinaus, das sich Bauch und Seiten stemmet und so fortwähret? Noch unwürdigere Idee, nicht wert, die seligen Freuden des Olymps auch nur von fern zu sehen. Und endlich: war gar dies Pöbelgelächter Homers Endzweck? — — Ich werde unwillig: wer die ganze Episode durch an nichts als an Vulkans hinkendem Fuße und an den artigen Grimassen des Mundschenken seine Augen weidet, wer nichts bei Homer als dies sieht, wer alle Götter hierin nach sich beurteilt, dem könnte es in diesem Himmel wie vormals dem Vulkan selbst gehen: der lache lieber in den Busen!

Homerus loco admodum inepto, dum risum lectorum captare voluit, non levibus carmen divinum maculis adspersit, quae illi non exiguam deformitatem, lectorique molestiam concilient. Huc referre potes locum, *ubi deum Vulcanum histrionem agere iubet. Quid enim aliud agit, quando diis vinum infundit, qui claudum hunc pincernam magno risu prosequuntur*? etc.* Herr Klotz gestehe bei dieser Stelle entweder, daß er d'Argenson oder der lateinischen Übersetzung Homers gefolget oder wenigstens Homer nicht in seinem ganzen Sinne nehme. Die gemeine lateinische Übersetzung freilich, die weiß von einem immenso risu excitato, und einem Bitaubé ist's auch zu vergeben, wenn er den ganzen Himmelssaal von Gelächter der Götter über das Laufen und Rennen Vulkans erschallen läßt („tous les Dieux, qui le voyant s'agiter et courir de tous côtés, font retentir d'un rire éclatant la voûte céleste"). In der Sprache Homers aber und insonderheit in der einfältigen Sprache seines Zeitalters ist „der ἄσβεστος γέλως der seligen Götter" kein unwürdiger, unanständiger Ausdruck: er bezeichnet die ewige Heiterkeit, die unzerstörbare Freude, die

* [„Epistolae Homericae"], p. 25.

ihre Stirn wieder einnahm, das selige Lächeln, das bei dem Anblicke des nektarschenkenden Gottes auf ihrem Antlitze schwebte. Allerdings zugleich ein kleiner Zug von Lustigkeit über seine Gestalt und daß er seine Sache so wohl gemacht mischet sich ein; durchaus aber kein unendliches Pöbelgelächter über einen hinkenden, wackelnden Gaukler; durchaus *tritt* Vulkan *nicht auf*, einen solchen Narren vorzustellen, an dem man sich sattlachen solle. Wer ist der Homerist, im Geiste Homers, der ihn und seinen Vulkan und seine Götter zu solchem Pöbel erniedrigen kann!*

Ich wenigstens nicht. Bei mir erreicht das Geschäfte Vulkans, die Juno und den Jupiter und den Himmel zu besänftigen, seine Wirkung mit jedem neuen Verse. Mit jedem fühle ich gleichsam einen gelindern Grad von der Bewegung des Sturmes, mit jedem einen neuen sanften Abfall zur Ruhe des Olympus: bis durch alle Stufen des geminderten Schwunges die selige Freude, das himmlische Lachen der Götter hervorbricht und nun das frohe ambrosische Fest anfängt. Vulkan war der Friedensstifter, Vulkan der Geber des Festes, und Homer erneuret noch das gute Andenken, das er sich diesen Tag gestiftet, dadurch, daß bei dem Schlusse desselben jeder der Gäste in das Gemach geht, „das ihnen Vulkan erbauet". – Niemand kann sich eine Seele geben, die er nicht hat: aber mich dünkt, daß von jedem besänftigenden Verse Homers (nach Lukians Ausdrucke bei seinem Ebenbilde der Schönheit**) eine honigsüße Spur in mir zurückbleibe, daß mit jedem Worte sich der Aufruhr der himmlischen Unruhe mehr bändige, und endlich bei dem Ausbruche der seligen unzerstörbaren Freude bleibet ein Echo zurück, das mich die Zither des Apollo und den Gesang der Musen hören läßt, und so schließe ich Homers ersten Gesang.

* Ich hoffe doch nicht, daß man mir *Platos* Urteil („De Republica", liber 3 [„Politeia" III. 388 E, 389 A]) dagegen anführen werde: denn Plato will hier, wie er oder Sokrates in andern Stellen, keinen Ausleger Homers, sondern den Moralisten, den Staatslehrer seiner Zeit aus Homer machen. Und schlimm gnug, wenn der Pöbel der Griechen diese Stelle so nahm, wenn er die Götter sich hieraus als φιλογέλωτες dachte und ihnen wenigstens im Gelächter nachstreben wollte!

** Τι λείφανον ἐνδιατρίβειν καὶ περιβομβεῖν τὰ ὦτα, καθάπερ ἠχώ τινα παρατείνουσαν τὴν ἀκρόασιν καὶ ἴχνη τῶν λόγων μελιχρὰ ἄττα κ.τ.λ. (Lucian. εἴκονες).

Und so begleite ich ihn auch bei der Szene Thersites'. Wenn Herr Klotz dieselbe nicht aus der lateinischen Übersetzung beurteilte, so würde er kaum das γελοῖον, sondern das αἰσχρόν zu ihrem Hauptcharakter machen; wenn er sie nicht aus dem Zusammenhange risse, so würde er finden, daß sie nicht bloß an ihrem Orte stehe*, sondern auch, welches noch kühner ist, nirgends anders stehen könne; und wenn Herr Klotz sich auf die Zeiten Achills und Homers erinnerte: so würde er finden**, daß das Kolorit des Niederträchtigen, Pöbelhaften, Häßlichen im Thersites original griechisch sei, nach den Sitten der damaligen Zeit nicht anders und nach dem epischen Zwecke Homers nicht schwärzer und nicht weißer sein könne. Hier muß ich also Herrn Klotzen verlassen; denn er redet mir bogenlang von einem Possenreißer, von einem unleidlichen Gaukler, von einem beschwerlichen unanständigen Lachenerwecker vor, den ich nicht kenne.

Beinahe ebenso tief ist's, wenn er den Zank Ulysses' und Irus' tadelt.*** Was dieses Gezänk in der Odyssee ist****, das sind die Zänkereien zwischen Achilles und Agamemnon in der Helden-Iliade+, nur nach Verschiedenheit des Stoffes und der Menschengattung: Zank bleibt an sich Zank. Und was dieser Hader unter Menschen, ist der Zank unter den Göttern, der sich noch mehr und öfter auszeichnet. — Und was dieser, das sind hundert Szenen, die alsdenn aus Homer wegmüssen, wenn eine solche ehrbar feine Kritik unsres Zeitgenossen gelten sollte; kein Held der Iliade, die wenigsten Auftritte der Odyssee sind alsdann für unsern Zoilus; denn heißt es aufs neue:

— ibis, Homere, foras.

Wenn es darauf ankäme, könnte ich Herrn Klotz selbst noch eine Reihe unwürdiger, unanständiger, unartiger Züge in Homer anführen, „wo Homer geschlummert, als welches, ich

* [„Epistolae Homericae"], p. 31.

** [A. a. O.], p. 32.

*** [A. a. O.], p. 25.

**** „Odyssee", liber 18 [XVIII, Vers 1–110].

\+ Iliade *A* [„Ilias" I, Vers 121–305].

glaube, aus den Örtern erhellet, wo er sich den Sitten seiner Zeit bequemet, die noch nicht gnug gefeilt, bei ihrer Einfalt etwas Bäurisches und Rauhes haben; wo er sich zu dem herabläßt, was der Würde und Erhabenheit des epischen Gedichts, wie ich achte, gar nicht geziemet; wo er demselben nicht leichte Flecken angespritzt, wo er es nicht auf eine geringe Art verunstaltet, wo er dem Leser einen nicht kleinen Verdruß erwecket." Über alles könnte ich mit vielen Beispielen aufwarten und alsdenn im würdigen Ton auf Homer schmähen; ob aber daraus *Homerische Briefe* oder eine *Satire* würde: mag der Kenner Homers urteilen, und Gott Lob! daß Deutschland wahre Kenner Homers besitzet!

Jetzt muß ich Homer verlassen, denn ich sehe, daß Herr Klotz, zornig wie die Göttin Ate bei Homer, auf den Köpfen der größesten Genies aller Zeiten und Völker wandelt. „Lächerliches mit dem Ernsthaften, mit dem Nachdrucke Scherz und das Große mit dem Niedrigen vermischen, hat zu aller Zeit für unanständig angesehen werden sollen, muß von jedem getadelt werden, es sei denn, wer mit Lopez di Vega *glaubt, es stehe ihm frei*, mit Vernachlässigung aller Regeln, was und wie er's wolle vorzubringen und das Wahre mit der Fabel, die Komödie mit dem Trauerspiele, das Lächerliche mit dem Ernsthaften so zu vermischen, *daß aller Unterschied zwischen dem Soccus und Kothurn* aufhöre."* Und das sollte Lopez di Vega geglaubt haben? Das kann Herr Klotz von einem Manne schreiben, dessen Namen ihm Ehrfurcht erwekken sollte? Der spanische Dichter mag selbst reden, er wird doch besser wissen, was er glaube oder nicht glaube, als Herr Klotz. „*Dem Himmel sei gedankt, noch ehe ich völlig zehn Jahre gewesen bin, habe ich die Bücher durchgelesen, die von den Regeln der dramatischen Dichtkunst handeln.* Als ich aber zu schreiben anfing, fand ich die Komödie bei uns beschaffen, nicht wie die Alten gedacht haben, daß man sie nach ihnen einrichten würde; sondern wie sie viele Unwissende verunstaltet, die dem Volke diesen *groben* Geschmack beigebracht haben. *Dieser schlechte* Geschmack ist so sehr eingerissen, daß *derjenige, der es wagt, nach den Regeln zu arbei-*

* [„Epistolae Homericae"], p. 32, 33.

ten, in Gefahr steht, ohne Ruhm und Belohnung zu sterben; denn unter Leuten, die sich *der Vernunft nicht bedienen wollen*, vermag die Gewohnheit mehr als *alle Vorstellungen.* Es ist wahr, daß ich zuweilen *den Regeln der Kunst, die so wenige kennen*, gefolgt bin; sobald ich aber, auf der andern Seite, jene blendenden Ungeheuer, wozu das Volk scharenweise läuft und welche das Frauenzimmer vergöttert, sobald ich diese auftreten sehe, so kehre ich sogleich zu meiner *barbarischen* Gewohnheit zurück, und wenn ich eine Komödie schreiben soll, *verschließe ich geschwinde den Aristoteles und Horaz unter fünf Schlössern und lege den Terenz und Plautus aus meiner Studierstube weg, damit sie nicht zu klagen anfangen: denn die Wahrheit schreit aus vielen Büchern laut hervor*" usw.* Nur ein Herr Klotz kann also schreiben: „Lupum Felicem de Vega, Carpionem *persuasum habuisse, licere sibi, omnibus praeceptis neglectis, quascunque res, quocunque* modo in scenam producere etc. ut omne socci et cothurni discrimen tollatur."**

Von einem Herkules geht's zum andern, vom spanischen Homer zum britischen: von Lopez zum Milton. „So wie in großen Vorzügen, so ist auch hierin Milton dem Homer gleich: ich sehe ihn scherzen und spotten, wo er ernsthaft und nachdrücklich sein sollte."*** Nun werden Stellen angeführt, die längst in England selbst bessere Tadler und zugleich ihre Verteidiger gefunden, der Streit Gabriels mit dem Satan, der bittre Spott im Munde Satans, der Limbus der Eitelkeit usw. Herr Klotz schlage Addison oder die erste beste englische Ausgabe Miltons mit Anmerkungen oder auch nur unsere ältere gute Schweizerübersetzung auf: – er wird finden, daß seine Vorwürfe wiederholt, mit Gründen vorgetragen und mit Gründen widerlegt – veraltet sind.

Mit Gründen veraltet: und er hat geglaubt, Gründe nicht anführen zu dürfen. Der Satz selbst, „in einem epischen Gedichte will man ernsthaft sein, folglich soll man nicht lachen, folglich soll sich auch keine Spur des Lächerlichen einsteh-

* „Neue Bibliothek der schönen Wissenschaften", 1. Band, 2. Stück [1767], p. 213.
** „Epistolae Homericae", p. 33.
*** [A. a. O.], p. 34, 35.

len", dünkte ihm Grund gnug: er wiederholt ihn also als ein Axiom, das wohl gar ein Hauptgesetz der Epopee werden könnte. Ein solches furchtbares Hauptgesetz über die höchste Dichtungsart des menschlichen Geistes verdient doch, ehe es so unbestimmt eingeführt würde, eine Beratschlagung.

Deutlich unterschieden hat das Problem verschiedne Seiten. Fodert es die *Proprietät* des epischen Gedichts und die Kongruenz aller Teile desselben, daß kein Zug des Lächerlichen erscheine? Oder fodert es meine Empfindung, jede Bewegung meiner Seele, die sich zum Lachen neiget, zu unterdrücken, um nicht die epische Wirkung in mir zu schwächen? Fodert es die Würde epischer Personen, daß sie nicht lachen oder daß ich nicht über sie lache? — Mir scheint die letzte Frage die faßlichste: Lasset uns also die Sache am leichtesten Ende angreifen.

Fodert es die Würde epischer Personen, daß ich nicht über sie lache? durchweg lache, so lache, daß dies der Ton meiner Empfindung bleibe — wer kann noch fragen? Aus der Epopee wird alsdenn eine Burleske, ein komisches Gedicht; oder wenn der Dichter es eigentlich nicht einmal zum Zwecke hatte, Lachen zu erregen, und erregt es doch: so schafft er Ekel, Verachtung, Mißvergnügen. Würdig sei der epische Held; nicht aber seinem Hauptcharakter nach lächerlich.

Davon also war die Rede nicht; aber kann der Held nicht hie und da eine Blöße verraten, die lächerlich sei? Ich bitte hier den Unterschied zwischen *lächerlich* und *belachenswert* zu beobachten. Sobald der Held auch nur in einer Handlung eine Seite gibt, die nicht anders als *belachenswert* sein kann, aber belachenswert nach Grundsätzen und mit Rechte: freilich so hat sich der Dichter mit diesem Zuge selbst geschadet; denn nichts hebt die Würde seiner Person so sehr auf als dieser Anstrich. Den Belachenswerten verachten wir zugleich; er dünkt uns niedrig; und wieviel verliert ein episches Subjekt, eine epische Handlung, die dies wäre?

Hieher der Vorfall Ulysses' mit Irus* — wäre er wirklich niederträchtig und unwürdig von seiten Ulysses', verminderte er die Hochachtung, die wir für den alten, weit gereiseten, ab-

* „Odyssee" σ [XVIII],v. 1–106 [110].

gehärteten Mann haben, müßten wir in der Folge verwünschen, ihn in dieser Situation gekannt zu haben; allerdings unterschreibe ich alsdenn: „Iri cum Ulysse concertatio epici carminis gravitatem minime decet." Wer aber, der Homer auch nur aus der Übersetzung kennet, wird dies finden? Der arme Ulysses, so weit heruntergekommen, daß er vor seiner eignen Türe in Ithaka endlich als ein elender zerlumpter Bettler anlanget: und siehe da! stößt ihm ein andrer Bettler in den Weg; ein Bettler von einer ganz andern Art, der fräßige, nichtswürdige Irus. Dieser Lüderliche will jenen ehrwürdigen Greis von der Türe wegdrängen, wegstoßen, wegschrecken; und Ulysses, jetzt nichts als ein Bettler, antwortet ihm so ruhig, so unneidisch, aber auch mit solcher gesetzten Fassung, daß der andre, wie es auch bei gelehrten Bettlern gewöhnlich ist, nur zu Schimpf- und Scheltworten seine Zuflucht nimmt. Der anwesende Antinous hört den Bettlergoliath, freut sich nach seinem Charakter darüber, erzählt's den Freiern der Penelope und hat den lustigen Einfall: der Junge und Alte sollten kämpfen – freilich ein Einfall, den nur die Seele eines Antinous für schön halten und nur Schwelger, wie seine Mitgenossen, billigen konnten. Der unerkannte Greis redet wider die Unbilligkeit des Vorschlages, den man ihm, einem alten Manne, tue; aber, da hier die Sache seiner Ehre, als Bettler betrachtet, und als ein Hungriger die Sache seines Magens im Spiele ist: so fasset er Entschluß. Er gürtet sich, und selbst die üppigen Zuschauer bewundern den Bau seines Heldenkörpers. Er erwäget, ob *ein* Schlag seinem zitternden, schwachen und aus Fräßigkeit entnervten Gegner den Tod geben solle; und seine Großmut spricht das mildere Urteil. Er schont des Elenden: ein Backenstreich ist zu seinem Siege, zu der Entwaffnung seines unwürdigen Feindes gnug: da liegt der jämmerliche Mensch blutend und ohnmächtig. Ulysses richtet ihn an die Wand auf und gibt ihm seinen Bettlerstab in die Hand, um Hunde wegzuwehren, nicht um über Bettler den Herrn spielen zu wollen.

Was ist nun in der Geschichte Unwürdiges, Unanständiges für den Ulysses? Daß er zum Bettler heruntergekommen? So muß man den ganzen Lauf der Odyssee, das Subjekt des ganzen Gedichts ändern. So muß die Muse Homers gar nicht den besingen, den sie besingen wollte:

Ἄνδϱα – – πολύτϱοπον, ὅς μάλα πολλὰ
πλάγχϑη – – –
πολλῶν δ' ἀνϑϱώπον ἴδεν ἄστεα καὶ νόον ἔγνω,
πολλὰ δ' ὅ γ' ἐν πόντῳ πάϑεν ἄλγεα ὃν κατὰ ϑυμόν,
ἀϱνύμενος ἥν τε φυχὴν – – –

So schreibe man eine bessere, anständigere, artigere Odyssee, die ihren Helden im Wohlstande lasse, ihn in dem Arme einer Göttin nach Ithaka trage, auf ein weiches Polster setze, und was man mehr für Dezenz hineinzubringen wisse. Ich mag sie nicht lesen, kein Grieche wird sie lesen wollen.

Oder ist's unanständig, daß Ulysses sich dem unverschämten Bettler nicht gleich als Herr des Hauses, als Ulysses, als König entdecket – wahrlich! eine würdige, sehr gelegene, sehr glaubwürdige, sehr epische Entdeckung!

Oder daß Ulysses *den Freiern* bei seiner Penelope sich nach ihrem Zumuten mit einmal verrate? Wieder ein würdiger Verrat, der nichts mehr als den ganzen Lauf der Odyssee stört.

Oder daß er keinem Bettler begegne? So wird aber in der sich nähernden Entdeckung eine Lücke; und ein Hauptaugenmerk Homers verschwindet, daß der ἀνὴϱ πολύτϱοπος sich auch in dieser tiefsten Situation als ein Ulysses πολύτϱοπος zeigen sollte.

In dem sich zubereitenden Ausgange geschieht ein Sprung – und ich mag diesen Sprung nicht. Ich will gerne den Ulysses als einen Bettler sehen, wenn er auch nur in diesen Kleidern meine Achtung, als Ulysses, sich zu erwerben weiß; und wie sehr weiß er dieses? So, wie bei seiner Gürtung und Entblößung seine Heldenhüfte, seine erhabne Brust, seine starken Arme, sein fester Rücken den Helden auch im Bettlersrocke verraten*: so soll dieser Sieg vor der Schwelle und vor den Augen seiner schwelgerischen Feinde das Vorzeichen sein von größern Taten im Hause, von unerwartetern Entwickelungen. Nichts ist, was den großmütigen und tapfern Ulysses auch hier erniedrigt; vielmehr würde mit Auslassung

* „Odyssee" σ [XVIII], v. 65 etc. [66–69].

dieses Auftrittes die Steigerung seiner Enthüllung und der sanfte allmähliche Fortfluß der ganzen Odyssee gehemmet.

Wo ist nun das Belachenswerte, das Unanständige? wo ist's insonderheit nach den Sitten Ulysses', nach den Zeiten, nach dem Zwecke Homers? Ich wollte, daß es Herr Klotz zeige.

Ebensowenig finde ich die Reden in dem Munde Gabriels, auch nur einem Zuge nach, belachenswert und unwürdig seiner Größe: denn eben die verächtliche Begegnung gegen den dumm spottenden Satan ist die Miene seiner Hoheit –

– the warlike Angel mov'd,
Disdainfully half smiling thus reply'd etc.

Ich fühle in seinem Betragen so wenig Hervorspringendes und so viel charakteristischen Gegensatz zwischen ihm und seinem Gegenparte, daß ich mit Addison gern diesen Wortwechsel für einen der charakteristischten im ganzen Milton halte.

Der Charakter Achilles' sei so groß in seinen Fehlern als in seinen Tugenden; diese Fehler gehören zu einer griechischen Heldenseele, zu einem Achilles; aber wahrhaftig *belachenswert, unwürdig, unanständig* sei er nicht, und wo ist er's? Nur nehme man ihn und jeden Helden einer Epopee nach den Begriffen seines Landes und seiner Zeit; sonst kann freilich ein ehrbarer, feiner und ernsthafter Kunstrichter einen höhern Äther zum Atemholen nötig haben, um einen Ulysses wie einen aus der Canaille in Bettlerskleidern und nicht in einem ansehnlichen Carosselle etwa oder mit prächtiger Equipage zu sehen – –

Doch ich kehre um: wenn eine würdige epische Person nicht belachenswert sein muß, darf sie auch selbst nicht lachen? Welche Frage! welche Verwirrung der Begriffe! Muß ein Held die Würde seines epischen Charakters dadurch behaupten, daß er, wie ein Kartäuser, nur sein Memento mori! ernsthaft und sauertöpfisch grunze? Vergeben die Götter dadurch ihrer himmlischen Hoheit, daß sie lachen? Stört Homer damit die feierliche Harmonie seines Gedichts, daß seine Griechen über den häßlichen Thersites nach seiner Züchtigung lachen? O die abenteuerliche Mönchsfeierlichkeit! So wollen wir das Wort γελάειν, mit allen seinen Abkömmlingen, aus Homer ausstreichen; so wollen wir die Miene des Disdainfully halfsmiling von dem Antlitze des herrlichen Miltonischen Engels wegwischen und in tiefe kritische Runzeln verwandeln; so soll aus der ganzen Iliade ein gotisches Kloster und aus seinen Helden eine Reihe feierlicher Prälaten werden, denen der Ernst häßliche Falten in die Stirne gekniffen und die wie der vortreffliche Hudibras —

a Knight he was, whose very Sight wou'd
Entitle him Mirrour of Knighthood
That never bow'd his stubborn Knee
To any Thing but Chivalry
His tawny Beard was th' equal Grace
Both of his Wisdom and his Face — —

Alsdenn, alsdenn wollen wir diese hochansehnlichen Personen, die Geschöpfe unsrer Ehrbarkeit, mit dem zufriednen Blicke ansehen als unser Homerist, da er den Thersites aus Homer, in einer glücklichen Stunde seines Kopfs, auswerfen wollte und zu sich selbst sprach: „Wie aber, wenn wir diesen Menschen hinauswürfen und alle Verse wegschnitten, die von ihm handeln; laß sehen, ob wir nicht ernsthaft bleiben werden? nonne retinebimus animi gravitatem?" — Herrlicher Einfall! „Wer lachen will, soll in einer Satire und Komödie auftreten, nicht in einer Epopee — in gravi ridere, quis decere existimat"?* Herrlicher Einfall!

Ich tue es ungern, daß ich Herrn Klotz' epischen Verboten so etwas schuld geben muß; aber wie kann ich anders? Er führt ja Beispiele, wo kaum das Wort Lachen im Texte Homers steht, ohne zu untersuchen, ob *wir*, ob *der Leser* lache? ob eine Person sei, mit der wir *teilnehmend* lachen? ob wir uns nicht vielmehr über das Lachen desselben ärgern? ob dieser Unwille nicht eben die Absicht des Dichters gewesen? Nichts von allem! Die Schwelger bei der Penelope *lachen*; Ulysses und Irus geben dazu Anlaß — in der Epopee soll keiner lachen: — Ulysses und Irus aus der Odyssee hinweg! Die Teufel in Milton spotten und lachen: sie beweisen zwar da-

* [„Epistolae Homericae"], p. 31.

durch nichts anders, als daß sie Teufel, dumme Bösewichter sind, und lachen so charakteristisch, als sie nicht reden könnten – aber doch lachen sie, und in der Epopee soll keiner lachen – weg damit!

Ehe nun ein so feierliches Gebot gegeben wird, soll voraus ausgemacht werden: ob das Lachen ein wirklich entehrender Zug eines Menschen-, eines Helden-, eines Götterantlitzes sei? Ob es nicht Fälle geben könne, da das Hohnlächeln sowohl als das Hohnlachen und das Lächeln der Freude sowohl als das Freudengelächter den epischen Zweck mit befördern muß? Ob nicht ein hohnlachender Satan und ein erhaben lächelnder Engel, selig lächelnde Götter und närrisch lachende Wollüstlinge und schadenfroh lachende Griechen zum ganzen epischen Gemälde unentbehrliche Gruppen ausmachen können? Ob der Ton jeder Epopee gleich hoch gestimmet sei und auch die Concente des Ernsts in gleichem Maße haben müssen? Ob alle Personen, die im Epos erscheinen, wie in der Iliade, bis auf einen Thersites, wie im Paradiese Miltons, bis auf den Satan, wie in der Odyssee, bis auf die Freier, wie im Olymp, bis auf Vulkan, wie auf dem Theater, bis auf den Lichterputzer, gleich ernsthaft, groß, heldenmäßig, wunderwürdig sein sollen? Sind diese Fragen ausgemacht, so kann das obige Gebot gegeben werden; solange will ich mich indessen mit *Tristram Shandy* erholen und fest versichert sein, „daß dies kurze Leben nur dadurch etwas verlängert wird, wenn man beständig aufgeräumt ist; und noch mehr, wenn man lachet". Wenigstens lache ich solange für mich und für keine epische Person im Heiden-, Christen- und Judentume.

4

Doch ich sollte ernsthaft reden: wohlan also! wir wollen ernsthaftern Überschlag machen.

Kann die epische Würde mit einem belachenswerten Charakter bestehen, wenn dieser Hauptcharakter der Epopee sein soll? Nein, und wenn er auch nur einige Unwürde in einzelnen Fällen hätte, noch nein! Aber kann ein würdiger epischer

dern entwickelt und andere vorbringet, so, daß sie nichts als *eine* Tonreihe zur Symphonie des Ganzen bleibet. Ein Thersites an sich sei, was er wolle; was ist er zum Ganzen der Iliade? Was ist er in seinem Verfolge? Mischen sich in ihm Homers Sukzessionen der Auftritte, daß ihre Farben schneidend werden, daß der poetische Maler sie nicht verschmolzen, daß sie in ihrer Sukzession nicht Ton halten, daß das Auge des Lesers keine Ruhestatt finde, nicht weitergehen wolle? Wer kann das sagen?

Drittens endlich: Die sicherste Kritik eines Gedichts ist die Reihe meiner Empfindungen; und in Absicht auf diese ist das Lächerliche sehr verschieden. Entweder so, daß *ich* lache und es der Endzweck des Dichters war, mein Lachen zu erregen, er tue es ernsthaft oder scherzhaft; oder daß ich etwas *Belachenswertes* erblicke und *verächtlich* lache, mich ärgere. So sind mir die üppig lächelnden Zuschauer bei dem vorgedachten Auftritte zwischen Ulysses und Irus *zuwider*: sie lachen; aber kaum lache ich mit ihnen. So wird der häßliche Thersites den Griechen *belachenswert*; drum aber ist er nicht, um *ihnen lächerlich* zu sein. So freuen sich die Götter im Olymp, und der sympathetische Leser soll sich mit ihnen freuen. – Auf die Art wechseln die Empfindungen unsrer Seele die Länge eines Gedichts herab, und nur der kann das Ganze beurteilen, der die ganze Reihe dieser Sukzessionen sich auf einmal anschauend machen könnte. Da dies aber unmöglich ist: so schwimme ich sanft den Strom herab und folge dem Dichter, der ein Gefühl nach dem andern in mir aufruft, jedes mit dem andern verschmelzet und die Mißklänge in einander auflöset: so wird der harmonische Einklang des Ganzen.

Ist diese Harmonie bei einer Epopee aber nicht Bewunderung? Freilich! Niemand aber denke, daß diese Hauptempfindung die *einzige*, eine ganze Epopee hin, sein müsse: denn wer kann einen langen starren Blick in die Höhe ertragen? Mitleiden und Schrecken, und Abscheu und Zorn, und Verdruß und Verachtung, alles kann nacheinander, an seinem Orte, erreget werden, wenn sich nur jede Empfindung so aus einer andern in eine dritte ergießet und verlieret, daß zuletzt ein Echo, wie die Stimme der Musen in meiner Seele, bleibe, das Bewunderung sei. Diesen Hauptunterschied hat Herr Klotz nicht beobachtet: ob ich lache oder mich über ein Lachen ärgere; freudig oder höhnisch lache – ob ich etwas lächerlich oder belachenswert fühle – alles ist ihm einerlei, wenn nur vom Lachen die Rede ist.

Und wer ist's wohl, der die Empfindungen der Seele besser und natürlicher aufeinander folgen lasse als Homer? Kann denn ein Leser von griechischem Gefühle, der Musik der Seele hat, es bei Homer unempfunden gelassen haben, wie er einen Ton der Seele aus dem andern entwickelt und in einen andern auflöset – wie keine Stimmung bei ihm über die andern vorschreien, mehr als sie zum Ganzen Eindruck nachlassen soll. – Wer dies empfunden, wer dies als eine stetige Kraft der Homerischen Muse gefühlt, wie sollte der nicht zittern, den Tadel niederzuschreiben: „Homer weicht oft aus der Gravität und Dignität des epischen Gesanges; Homer wird's schwer, zurückzuhalten, was Lachen erregen könnte, und bringt's am ungeschicktesten Orte an; Homer hat, durch solche Unartigkeit, sein Gedicht nicht wenig entstellt; er macht den Leser unwillig, verdrüßlich; man muß Stellen, Seiten aus ihm wegwerfen, um im Tone seines Gedichts zu bleiben." O göttlicher Sänger! wenn du auflebest, so gib doch erst deinen Lesern Ohr, gib ihnen Musik der Seele!

Die Kritik über den ehrwürdig lächerlichen Pater Ceva mit seinem Jesuskindlein* kann ich übergehen; sie gehört nicht hieher, denn Ceva wollte schon so ein heroischkomisches Gedicht, oder lieber ein Narrengemische, schreiben: und welche Ehre! wenn ein Ceva zwischen Homer und Lope di Vega und Milton stehet! – So kann ich auch die lange Schuldeklamation wider die geschmacklosen Kenner der Alten** überschlagen: die Gelegenheit, die sie an diesen Ort gebracht, scheint sie – – doch wer will deuten? – Ein Glück ist's, in einem Buche wie die „Homerischen Briefe" wieder zwölf Seiten wegschlagen können; und siehe! es war nichts! Nichts für Homer; für Wissenschaft, für Geschmack nichts! –

* [A. a. O.], p. 36 etc.
** [A. a. O.], p. 44–55.

5

Statt uns homerische Betrachtungen mitzuteilen, schüttet Herr Klotz einen locum communem aus seinem Kollektaneenbuche: ob es uns freistehe, heidnische Mythologien in Gedichten zu adoptieren? und nach seinen Vorbereitungen zu achten, ist diese Abhandlung sehr wichtig.*

Zuerst von der Mythologie in *geistlichen* Gedichten. Nonnus, Sannazaro, Claudian (wie der nach Ordnung und Zusammenhang hieher kommt, wisse die allsehende Muse**), Camoens, Dante, Petrarca, Ariosto, Marino, Tasso, Milton, Frischlin, Heinsius – welch Gemenge von Namen! – werden über der profanen Mythologie in ihren Gedichten scharf und nach der Reihe hin getadelt. Ich glaube nicht, daß eine Kritik, die auf Dichter so verschiedner Zeiten und Gegenden mit einerlei Machtspruche fällt, so gründlich, so prüfend sei, als sie über Männer von so verschiedner Zeit und so verschiednem Werte sein sollte.

Einige von diesen haben *lateinisch* gedichtet: ein Punkt, der die Sache sehr verändert; denn wer kann genau ein Haar zwischenziehen, wo die lateinische Sprache aufhöre und die Usurpation der römischen Denkart anfange. Ich weiß, Herr Klotz hat die Sache bei Gelegenheit der Rezension eines gründlich lateinischen Buches sehr leicht entschieden: eine spaßhafte Verwunderung über furcifer, ein paar Unterscheidungen und einige Gegenzitationen – so ist der Knoten gelöset, und Alexander ist Sieger des Orients.*** Aber nachdenkende Liebhaber der lateinischen Sprache werden bei manchen Worten und Ausdrücken noch sehr zweifelhaft bleiben; sie werden mit einem Goldgewichte abwägen, wieweit manche nichts als lateinische Phrases, andere schon Vehicula

* [A. a. O.], p. 55.

** Ich weiß, ohne die allsehende Muse nötig zu haben, daß Herr Klotz Parenthesen liebt, in einer wieder eine und in dieser noch eine und in der dritten zur Not noch eine vierte machen kann; ist das aber Anordnung? – Zudem, damit ich auch eine Parenthese mache, gebe ich dem seligen Gesner vor Herrn Klotz, wenigstens bei mir, recht, daß Ovids Proserpine *zu nahe dem Kindischen* sei (nimis puella), ohne daß darüber ein überladnes Gericht Claudianscher Mythologie gelobt werde.

*** „Acta litteraria", vol. I [1764], pars III, p. 250 etc., „Funccii de lectione auctorum classicorum", pars II [1763].

der römischen Denkart sind: sie werden also auf die jetzige lateinische Poesie ein Mißtrauen setzen, daß sie uns nicht, statt römischgroßer Gedanken, einen Teppich von römischen Wortblumen sticke, daß man also vielleicht von mehrern neulateinischen Versmachern das Urteil fällen könne, was Herr Klotz über Sannazaro fället: Praeter sermonis Latini elegantiam, nihil in iis carminibus, quod multa laude dignum sit, invenio. Parum aut nihil potius finxit: complures versus Horatio surripuit: similis Horatio, sed ut simia homini etc.*

Und allerdings ist auch bei der Mythologie für mich der Unterschied oft zweifelhaft gnug, wo die Redart aufhöre und ein Gedanke anfange? Es hat Herrn Klotz gefallen, bei Vida sogar zu billigen, daß das heilige Brot Ceres heißen könne, und daß, der poetischen Phrasis wegen, zu billigen, daß Christus dem Volke liba Cerealia ausgeteilet, bloß der Nachahmung Virgils wegen**; und gilt das, was sollte nicht gelten? So wird mich immer die unmythologische Sprache platt, gemein, unpoetisch dünken können; und so wird endlich ein lateinisches Gedicht eine Seifenblase, wo viel schöne Farben in der Sonne mir vorspielen; ich greife darnach, und sie sind nichts! – Es waren lateinische Phrases.

Auch Herrn Klotz' sogenannte horazische Oden*** sind nicht ohne Mythologie: sie reden vom Gradivus und von der Venus, von Musis und Camoenis, vom Pater Lyaeus, dem ein ganzer Dithyrambe mythologisch gesungen wird, von Faunen und Dryaden, von Nymphen und Najaden, von Pierinnen, von Diis und Deabus, vom Phoebus und vom Pindus, von Mavors und Bellona, von Cynthia und Flora, ein ganzes Heer allegorischer Personen ungerechnet. Fragt man mich, was alle diese Namen hier sollen? nach der Manier Herrn Klotz' in seinen „Homerischen Briefen" muß ich entweder sagen: unschicklich, eitle Gelehrsamkeit, verdrüßliches, fremdes Geschwätz; oder ich sage: schöne poetische Phrases! Nun danke, mein lieber Leser!

Als die schöne lateinische Poesie nach jener langen Barbarei wieder erwachte, als die Sannazars und Vidas und Bembos

* „Epistolae Homericae", p. 58.

** Ibidem, p. 83, 84.

*** Klotz, „Opuscula poetica" [1761] – „Carmina omnia" und bei welchem Titel ihrer Titel man sie sonst nennen will.

und Fracastors, geweckt vom Geiste der wieder aufgelebten Römer, sangen: welcher Phöbus Apollo hätte ihnen damals das Ohr zupfen können? „Dieser Ausdruck ist zu mythologisch, dieses römische Bild hat noch nicht gnug durch den Gebrauch und durch die Gewohnheit seine mythologische Natur abgelegt – weg damit! Aber hier, mein lieber Vida! stehe Ceres statt panis, dort Musa statt poetica facultas, Neptunus pro mari, Vulcanus pro igne, Lyaeus pro vino. In his licet originem suam superstitioni debeant, tamen *amissa fere est*, ut ita dicam, *prima vis et abolita*: carmini vero Latino non exiguam elegantiam eadem conciliant!"* O der artige Phöbus Apollo! Wenn diese abergläubischen Wörter ihre erste Kraft verloren haben, wenn sie ihre Natur ausgezogen, wenn ihr Gewicht weg ist: so mögen alle solche elegantiae non exiguae in den Orkus! Sie sind ein elender Flitterstaat, eine poetische Sprache ohne poetischen Sinn, ein Schulgeschwätz. Ist nur *dann* ein mythologischer Ausdruck brauchbar, wenn ihm die Gewohnheit, der alltägliche Gebrauch seine ursprüngliche bildvolle Bedeutung entnommen: so ist er ein Redezierat ohne Wesen; und vor solcher Poesie behüt uns, liebe himmlische Muse!

Nein! für schulmäßige Phrasesjäger will ich die Erwecker der lateinischen Dichtkunst nicht nehmen; aber um so schwerer wird mir die Entscheidung: Wie weit kann eine wirklich poetische und in ihren Horaz und Virgil verzuckte Seele, in ihrer poetischen Begeisterung, auch gleichsam an seine Götter und geistigen Wesen gläubig werden? Wie weit kann sich die Horazische Laune, der Virgilianische Geist, insonderheit, wenn ich in ihrer Sprache singe, einstellen, daß ich Mythologie von ihrer Dichtungsart unabgetrennet und unabtrennlich erblicke, daß ich, indem ich *wie* sie singen will, auch *mit* ihrer Mythologie singe? Wer kann hier aus dem Stegreife antworten? wer kann in der Seele derer, die wirklich mit Enthusiasmus dichteten, Grenzen ziehen, wie römische Begeisterung, Begeisterung, aus den Römern geschöpft, Begeisterung, die sich selbst in römische Sprache ergoß, hie und da einen Schritt weiter im Ausdrucke zurückbleiben, hie und da etwas

* „Epistolae Homericae", p. 82, 83.

vorsichtiger in der Mythologie sein sollten: denn sie dichteten doch *heilig.* Nun ja denn! immerhin *heilig*; aber Vida und seine Mitgefährten dichteten auch *lateinisch*, und zum Unglücke wollten sie auch *römisch* dichten; nun stehen wir vor einer dreifachen Wegescheidung – wer kann alle drei mit einmal gehen, ohne auf keiner zu weit hin zu wanken?

Ich sehe keinen andern Rat, als daß man über ein *heiliges* Sujet niemals Latein, ich meine römisch Latein, gedichtet hätte! denn immer ist eine Mischung von Sprach- und Denkarten unvermeidlich. Der Orient soll sich in den Okzident stürzen, Geist der Religion und der altrömischen Poesie sollen sich umarmen; ein seltnes Paar! aus Cicero soll ein Kompendium der Theologie geschöpft und doch kein römischer Begriff dahin übertragen und keinem Begriffe der Orthodoxie etwas von seiner systematischen Strenge benommen werden – schwere Verbindung! Sannazaro will de partu Virginis schreiben und zugleich nie seinen Virgil verlassen; Buchanan einen „Baptistes“ schreiben und doch seine Juden römisch sprechen lassen – widrige Vermischung! Überläßt sich der Dichter dem Geiste seiner Religion, so wird er Jüdisch-, so wird er Christlichlatein zu sprechen in Gefahr kommen; folgt er dem Geiste der römischen Poesie, Denkart und Sprache, wie weit von Judäa ab wird der ihn hinführen! Will er, als ein Helleniste, auf beiden Wegen gehen und Gleichgewicht halten – unwürdige, ermattende Wachsamkeit! drückendes Joch des Geistes, der in der Poesie nichts so sehr als Freiheit liebet. Der furchtsame matte Dichter wird an der Erde kriechen und nie sich aufschwingen können: denn er schrieb für die Zensur zweier Inquisitionen, eine christliche (oder jüdische) und eine römische! – Mein Rat also, daß man nie den Bogen der römischen Poesie nach so weit von Rom entlegnen Gegenständen spannen wollte; wenn man auch pindarische Pfeile hätte: man trifft nicht!

Es versteht sich, daß die Dichtungsarten nicht alle gleiche Schwierigkeiten haben. Eine Hymne, ein Lehrgedicht, eine Kantate ist eher *geistlich* und doch *lateinisch* zu liefern als ein Trauerspiel, eine Dichtung, ein Lustspiel, eine Epopee. Buchanans Juden treten als *Juden* auf; lateinische, römische

Juden in Galiläa! Frischlins Ismael in Mesopotamien, und daselbst mit Klassenlatein! Sannazars Cerberus, Kentauren, Hydern, Proteus im Stalle zu Bethlehem! bei einem Trauerspiele, Lustspiele, Heldengedichte, welche Disharmonie, und doch fast wie unvermeidlich! Herr Klotz also hätte über alle diese Dichter nicht bloß sein kritisches Urteil vom Throne hinunter sprechen, das von andern schon so oft gesprochen ist, sondern lieber auf die Ursachen dringen sollen, die diesen Männern Zwang auflegten. Ohne dieses ist seine Kritik eine gute lange Klassenlektion*, und wem ist damit gedient?

Zweitens: Auch die Zeiten und Länder muß man unterscheiden, in denen ein Dichter lebte, in denen und für welche er schrieb. Die meisten der gerügten Poeten sind Italiener, aus dem Lande der Altertümer also, aus oder vor den Zeiten, da der Geschmack des alten Gräciens und Latiums wieder auflebte: Wer wird nun einen Dante, Petrarca, Sannazar, Vida, Ariosto, Tasso, Marino aus allen diesen Zeitverbindungen rükken und so schlechthin vor das Gericht einer fremden Zeit, eines fremden Landes fodern, daß sie das Heilige mit dem Unheiligen vermischet? Der Geist der alten griechischen Mythologie, aus seinem Vaterlande vertrieben, floh nach Italien, Italien gab er die Denkmale seiner Größe in Poesie und Kunst und Weisheit, in Italien erwachte er wieder; erwachend aber fand er ein Land, mit einer fremden, der christlichen Religion bedeckt. Indessen strebte er in die Höhe, schaffte sich Bewunderer, Anbeter und Nachahmer; Nachahmer, die in den Begriffen einer andern Religion, Denkart und Sprache erzogen waren: was anders also, als eine Vermischung zweener fremder Ströme, die gegeneinanderbrauseten und endlich zusammenflossen. Der christliche Künstler, dem Apollo profan war, fiel doch vor ihm, als vor dem höchsten Denkmale der Kunst, nieder; die Statuen der Götter waren Geschöpfe des Aberglaubens, aber auch Geschöpfe der schönsten griechischen Kunst; Horaz und Virgil waren Dichter einer fremden Religion, zugleich aber Dichter der edelsten Natur, der vortrefflichsten Sprache; die Mythologie eine Sammlung von Fratzenmärchen, aber auch eine Welt voll sehr poetischer Ideen. Unter solchen

* [A. a. O.], p. 58–86.

also lebten damals Dichter und Künstler, sie wandelten unter heidnischen Statuen und heidnischen Dichtern und heidnischen Sprachen, das Neue, die Morgenröte des Geschmacks, hatte dreifach stärkere Wirkung auf sie: sie wurden selbst römische Dichter und neugriechische Künstler und christliche Heiden. Der Kardinal der Römischen Kirche war ein heidnischer Bembo, der neue Horaz Vida Bischof von Cremona; das Kind, mit christlichem Wasser getauft, ward mit heidnischen Begriffen des Schönen genähret; die Vermischung ward Geschmack der Zeit und des Landes. Leo der Zehnte vergab christliche Sünden und wandte die heiligen Summen auf das unheilige Schöne der Heiden: in die Tempel Italiens kam David und Apollo, Christus und Belial nebeneinander und die Geschichte Jupiters und Leda auf die Türe des heiligen römischkatholischen Peters.

Wer kann nun ohne Rücksicht auf Zeit, Land und Sprache Sannazar und Vida, Dante und Petrarca, Ariosto und Tasso, und wen weiß ich mehr? tadeln*, ohne sie zu erklären, ohne uns auf ihre Jahrhunderte aufmerksam zu machen, da die scholastische Wortgrüblerei und die Sprache der Mönchsandacht der Geist der Religion war, da das Land von dieser Seite unter Nacht und Dunkel lag, oder da der hellere Geschmack an den Antiken in Poesie, Kunst und Sprache überwand, sich in alles hineindrängen und dem Ganzen der schönen Literatur seine neue Bildung geben *mußte*. Da also konnte Dante in seiner „Göttlichen Komödie" Christen, Juden und Heiden, Götter, Engel und Teufel durcheinandermischen; da konnte Ariost

le Donne, i Cavalier, l' arme, gli amori
le cortesie, l' audaci imprese — — —
che furo al tempo, che passaro i Mori
d' Africa il mare usw.

besingen und mitten inne auch des Styx und Acherons erwähnen. So unbillig die britischen Prose-Critics dem Spenser seine Feen und Shakespeare seine Hexen vorgerückt: so unbillig alte Italiener und Portugiesen und Engländer nach dem

* [A. a. O.], p. 73—75 etc.

Zeitbegriffe meiner Religion und Wissenschaft beurteilen – auf die Weise wird alles ein Chaos.

Klopstock (ich weiß keine höhere Instanz!), Klopstock sang dem Messias seinen ewigen Gesang im Geiste der Religion *seiner Zeit*, nach den Gesichtspunkten seines Horizonts, nach den Eindrücken seines Herzens; wer einerlei Natur, einerlei Mittel der Bildung, Seiten der Anschauung, *ein* Herz und *eine* Seele mit ihm hat, wird ihn aus ganzer Seele lesen. Einem Oest, z. E., werden schon viele Vorstellungsarten *talmudisch* dünken; einem christlichen Schüler des Korans werden manche aus Arabien entlehnt vorkommen; einem Foster oder Sterne in England, und auch das sind Christen! werden manche noch weit befremdender erscheinen; und endlich einem orthodoxen Christen des zwölften oder zwanzigsten Jahrhunderts? – dessen Urteil über den „Messias" möchte ich lesen. Wie? wenn nun ein solcher nach seiner Zeit fromm und selig urteilte? Unbilliger Richter! er sollte sich in unsre Zeit zurücksetzen, aus ihr denken und sprechen: er sollte mehr als des Nikomachus Auge haben, um Helena anzuschauen. So wie der oberste Richter allwissend sein muß, um gleichsam die eigentümliche Moralität eines jeden Herzens zu kennen: so sei (man erlaube mir die kleine Blasphemie vom Gleichnisse!), so sei der Richter über Zeiten und Völker auch des Geschmacks dieser Zeiten und Völker kundig, oder er greift blind in den Lostopf der Jahrhunderte, um nichts als ein mageres kritisches Regelchen herauszulangen.

Und Milton! –Wer Milton mit allen vorigen Mischern der Religionen in einen glühenden Ofen zusammenwerfen will*, hat nicht bedacht, daß bei ihm diese mythologischen Vorstellungsarten nicht wesentlich zum Baue seines Gedichts, sondern nur zur Auszierung desselben gehören. Er bringt sie nicht (wenigstens nie offenbar!) in die Zeit, *aus welcher*, sondern *in die Zeit*, *für welche* er singet: und so werden sie *Gleichnisse*, *Schmuck*, *Verzierung* seiner Gegenstände; nicht eigentlich Gegenstände selbst. Er singt für seine Zeit; dieser schweben unter andern auch aus heidnischen Schriftstellern Vorstellungen im Gedächtnisse, die seine heilige Vorstellung

* „Epistolae Homericae", p. 79.

zehnfach verstärken und einprägen — einprägen, daß es kaum in seiner heiligen Geschichte solche starke und nachdrucksvolle Hülfvorstellungen gäbe — warum also sollte er jene wartende Ideen in der Seele seiner Leser nicht wecken? warum sie nicht aufrufen, um seinen heiligen Gedanken desto tiefer in die Seele zu prägen? Und das tut Milton!

Er tut's an weit mehr Stellen, als mein lateinischer Autor anführet; doppelt aber ärgert's mich, daß er eben die süßesten im ganzen Milton tadelt, aus einem Buche*, das die größesten Gegner desselben mit Lobsprüchen haben überhäufen müssen; nämlich „die selige Liebe der Stammväter des Menschengeschlechts in Eden". Auch Winckelmann, der, in griechische Schönheiten entzückt, die Miltonischen Beschreibungen für schöngemalte Gorgonen erklärte, nimmt diese Szene von seinem zu griechischen Urteil aus**, und in der Sprache Miltons insonderheit selbst herrschet hier eine Süßigkeit, eine Anmut, die uns in das Paradies selbst versetzet — und siehe! in diesem Paradiese eben zeigt sich eine kalte Hand des Kritikus, um uns einige der schönsten Früchte todbringend zu berühren.

Milton hat sein Eden mit aller Pracht und Schönheit geschildert: Bäume, Flüsse, Quellen, Lustwälder, murmelnde Wasserfälle, das Chor der Vögel, der Hauch der Frühlingslüfte, der Geruch der Wiesen und Wälder — eins nach dem andern fließt wie Balsam in unsre Seele; meine Phantasie ist erfüllet; mein Auge, Ohr und alle Sinne gesättigt; ich schwimme im Traume der Wollust. Und Milton will mich in diesem Traum erhalten! Da meine Sinne gesättigt sind, so spricht er zu meiner Seele: er ruft alle Ideen schöner Gegenden und Lustörter, die in meiner Einbildungskraft schlafen, auf; und wo gibt es mehr als aus Griechenland und seinen Dichtern des Vergnügens? Diese sollen mich in meinem Traume fortwiegen, ich soll die Freude der Wiedersehung genießen, und so, nachdem auf sanften und unmerklichen Stufen meine Seele von dem Leblosen sich immer *lebender* hin, aufgeschwungen und jetzt in dem musikalischen Chore der

* „Paradise Lost", book IV.

** „Geschichte der Kunst [des Altertums]", [1764], p. 28.

Vögel und der Lüfte und der zitternden Wälder schwebet: so fängt sie, wie aus einem sanften Schlaf erwacht, an, die holden Bilder voriger Zeiten, die Erinnerungen der Jugend zu sammlen:

— — while *universal Pan*
Knit with the Graces and the Hours in dance
Led on th' eternal spring. Not that fair field
Of Enna, where Proserpin gathering flowers
Herself a fairer flowr etc. — — —
— — — — — nor that sweet grove
Of Daphne by Orontes, and th' inspir'd
Castalian spring, might with this Paradise
Of Eden strive; nor that Nyscian ile
Girt with the river Triton etc. — — *

So schwebt unsre berauschte Einbildungskraft weiter und kommt endlich vom Berge Amara aus Äthiopien zurück, um im Paradiese unendlich mehr als in allen diesen Zaubergegenden zu finden. Ist dies eine Entheiligung des Gedichts? so ist's eine Entheiligung des Höchsten unter den Propheten, des poetischen Jesajas, Jehova einen Gott der Götter zu nennen und ihn Gesänge lang mit diesen heidnischen Klötzen zu vergleichen! aber wie erhaben!

Milton hat uns das erste Paar bis zum Entzücken geschildert, den Bau ihrer Glieder und ihre vergnügte Mahlzeit und ihre Liebkosungen und die holde Umarmung der Eva und — das Lieblächeln Adams

— — as Jupiter
On Juno smiles, when he impregns the clouds
That shed May flow'rs — —**

Welch ein Bild! Ist's Erniedrigung für Adam, in ihm den küssenden Jupiter zu sehen? Adam führt Eva zur Brautlaube, und da unsre Seele durch den sichtbaren Anblick derselben mit Freude und Ehrfurcht gleichsam erfüllet worden, da das Auge nicht mehr sprechen kann: siehe! so spricht die Phantasie, gleichsam in einen Traum voriger Zeiten versenket:

* „Paradise Lost", book IV, v. 266[–270, 272–276].
** [A. a. O.], book IV, v. 499[–501].

— — in shadier bower
More sacred and sequester'd, though but feign'd
Pan or Sylvanus never slept, nor Nymph
Nor Faunus haunted. — — *

So dichtet Milton: seine profanen Gleichnisse sind nichts als Hülfsvorstellungen zum Dienste seiner heiligen Vorstellungen; er nimmt zu ihnen seine Zuflucht, wenn Worte innerhalb dem Kreise seiner Religion nicht Triebfedern geben, seine Idee so hoch zu spielen, als er sie haben will; und nur dann irret seine Phantasie in diese Zaubergegenden der griechischen Dichtung, wenn er schon unsre Sinne erfüllet und jetzt der Seele Zeit läßt, die Bilder ihrer Jugend zu sammlen. Konnte er dies nicht tun, als Dichter? Eben dadurch schlägt er ja an unsern Geist, daß er gleichsam sich selbst dichte. Oder etwa nicht als Dichter der Religion? Was ist der Religion würdiger als solche Vergleichungen zu ihrer Erhöhung? Die Bibel, ja Jehova selbst in ihr spricht also.

Nichts, nichts wundert mich so sehr, als daß ein kompilierter Tadel, der in Britannien längst verlacht und verachtet ist, den nur die Lawders und Magnys und Voltaires gegen Milton haben aufbringen können und längst damit zur Ruhe gegangen, daß dieser, ohne Gründe und Ursachen, wieder aufgewärmt, in Deutschland angehört werden könne! Einem Kritikus, der Milton bloß aus ausgerissenen Allegationen kennen mag, kann so etwas erwartet kommen, dem aber mag ich keinen bessern Lohn für seinen Tadel wünschen, als daß er ihn nie im Zusammenhange kennenlerne! ** — —

Schade, daß unserm lateinischen Homeristen die biblischen Epopeen, die wir in unsrer Sprache haben, z. E. ein „Noah", „Jakob" usf., unbekannt oder nicht in seiner Kompilation angeführt gewesen: welch ein gelehrtes Register mythologischer Herrlichkeiten würde er da exzerpiert haben, zur Freude aller frommen Christen und zur Lehre der Männer in Zürich!

* [A. a. O.], book IV, v. 705 [706, 707].

** Daß Herr Klotz ihn schwerlich so gekannt, könnte ich aus der offenbar ungerechten Anschuldigung beweisen: Milton sage hier nicht einmal sein Salva venia: „Ut est in fabulis, ut poetae aiunt, aut alia eiusmodi [addit], quibus excusari illa possunt." Zwar, wenn er's auch nicht sagte? Nun aber muß ja Herr Klotz v. 705 das „though but feign'd" nicht gelesen haben, und wer wird eine Stelle anführen, die man nicht gelesen hat?

6

Man siehet, wie wenig Überzeugung das kahle Verbot ins Allgemeine hin: „kein mythologischer Name komme in ein geistliches Gedicht!" für mich habe; ich muß mich also schon selbst nach Grenzen der Mythologie und eines christlichen Gedichts umsehen.

Zuerst rechne ich, wie gesagt, die lateinische Sprache nicht mit: denn schwer ist's, zu bestimmen, wo der lateinische Ausdruck aufhöre und der nationalrömische, der mythologische z. E. anfange. Noch schwerer ist's, über so fremde Gegenstände, als ein heiliger Gesang liefert, lateinisch und im Geiste der Römer zu dichten; denn entweder wird der Jude und Christ romanisieren oder der Nachfolger Virgils und Horaz' judaisieren, hellenisieren müssen.

Zweitens rechne ich die Zeiten nicht mit, da die Mythologie gleichsam die zweite Mutter des poetischen Geistes war: und dies ist die Wiederauflebung derselben in Italien. In der Kunst sprachen die schönsten mythologischen Ideen dem Auge, in der wiedererstandnen Poesie dem Ohre; statt des trocknen Aristoteles ward der mythologische, allegorische Plato der Lieblingsweise Italiens: solche Begriffe füllten die Seele. Entweder wählte man die lateinische Sprache dazu, und in ihr schien gleichsam die Mythologie schon eingewebt und unabtrennlich, oder man wählte doch mythologische Dichter zum *einzigen* Vorbilde; wie konnte sich nun der begeisterte Nachahmer sagen: Siehe! hier hört die Manier des Dichters auf, und da fängt seine Religion an! Und wer sich dies auch hätte sagen können, der wollte sich's nicht sagen, denn echt Latein, echt römisch zu dichten war ja nach dem Zeitbegriffe der einzige, der höchste Zweck seiner Muse.– Solche Zeiten also soll man erklären, ein allgemeiner Tadel kostet wenig.

Drittens schreibe ich auch nicht von den Zeiten, da die Religion, so wie sie damals herrschend war, kein reines heiliges Gedicht geben konnte: da die Begriffe von ihr viel zu dunkel, unbestimmt, gebrochen und abergläubisch waren, als daß ein Gedicht, das für den herrschenden Verstand geschrieben wäre, für uns orthodox, wie ein Gebetbuch, sein könne. So

z. E. die Zeiten des Dante, Ariosts, Tasso, Camoens usw. Wenn diese Dichter in dem elenden Geschmacke ihrer Zeit poetisches Gerät oder wenigstens Freiheit fanden, mit diesem und jenem Stabe des Aberglaubens poetische Wunder zu tun, warum nicht? Das Heldengedicht eines Mönchs aus Padua auf seinen heiligen Antonius oder eines Mailänders auf seinen heiligen Karl Borromäus sei immer den Legenden seines Ordens, seiner Stadt, seiner Zeit, seiner eignen Erziehung angemessen: denn anders kann der ehrwürdige Pater nicht dichten. Und wo werde ich an einen Riesen, an ein Geschöpf seines Jahrhunderts, mit einem Zwergmaße meiner Zeit, mit einem kritischen Regelchen hinzutreten, ohne daß mich seine Größe nicht beschäme!

Also bloß von einem *in der Religion erleuchteten Zeitpunkte*: Und wo weiß der Kritikus, wenn dieser Zeitpunkt voll Licht oder nur voll Blendeschein des Lichts ist? wo soll er's, als Kritikus, wissen? Das mag der Gottesgelehrte, der Polemikus entscheiden, nicht der poetische Kunstrichter. Der Dichter nimmt den herrschenden Religionsgeschmack oder besser sein eignes Religionsgefühl, wie er dazu gebildet worden, seinen eignen Horizont von Religionsaussichten und dichtet. Und so muß der Kritikus ihn richten. Nicht daß er absolute Wahrheit suche, nicht daß er frage, ob diese und jene Religionsvorstellung auch rechtgläubig genau, exegetisch richtig, philosophisch erwiesen; sondern ob sie wahrscheinlich sei, ob sie könne poetisch geglaubt, gefühlt, beherzigt werden. Das ist bei einem jüdischchristlichen Gedichte nicht schlechthin die Frage: ob historisch genau der Jude seine Affekten so gemalt oder nicht; auf den Fuß wäre vielleicht kein „Tod Adams" und kein „Tod Abels" möglich; sondern ob sie, *nach gewissen allgemein angenommenen Voraussetzungen*, so haben sprechen können. – Ich folge also dem Religionsbegriffe *meiner Zeit*, ohne weitere Umwege: *wiefern verträgt er sich mit mythologischen Ideen*?

1. In jedem Poem, wo Dichtung herrscht, wo Personen der Dichtung auftreten, können freilich nicht Wesen der heidnischen und christlichen Religion nebeneinander *handelnd* vorgestellet werden; nicht miteinander gleich wesentliche Sub-

stanzen zur Handlung des Gedichts sein. Wenn die Muse und der Heilige Geist, ein Gabriel und ein Apollo, eine Maria aus den Gegenden des Himmels und eine Diane zugleich, auf einerlei Art poetische Existenz, poetische Handlung auf dem Schauplatze eines heiligen Gedichtes bekommen, so stoßen sie sich in unserer Seele. Ihre poetischen Substanzen heben einander auf: mein Auge fährt über ihre beiderseitige Gegenwart zurück, die Täuschung geht verloren und mit ihr der ganze Zweck ihrer poetischen Erscheinung. Ein Trauerspiel solcher Art mag vielleicht noch in einem Winkel von Italien, Spanien oder von Böhmen und Bayern ausstehlich sein; eine Epopee von solcher Mischung mag der christlichen Barbarei gefallen; rings um uns scheint das Licht einer geläuterten Religion zu stark, als daß nicht *eine* solche Dichtung die andre in den Schatten drängen müßte.

Nur setze ich gleich eine Einschränkung hinzu. Nicht deswegen können beiderlei Geschöpfe nicht auf *einem* Schauplatze, in gleich starkem Licht erscheinen, weil die eine Art *wahre*, die andere *Lügenwesen* oder, nach Herrn Klotzens Sprache, inepta, ridicula, falsa, impia, uno verbo superstitionis propria sind, quae a veri Dei cultoribus usurpari non possunt.* Denn ein solcher Dichter schreibt nicht eigentlich als ein frommer rechtgläubiger Christ, als ein Diener des einzig wahren Gottes, der vor aller Mythologie als vor einem ungereimten, lächerlichen, gottlosen, abergläubischen Krame soviel Abscheu hat wie vor dem bösen Feinde der Hölle; sondern — als Dichter. Er schreibt nicht eines seligen Todes und des Himmelreichs wegen, sondern nur (der gottlose Mensch!), um poetisch seine Leser zu täuschen. Er verabscheuet also die Mythologie nicht als ein ungöttliches Wesen und als eine Geschichte weltlicher Lüste, sondern weil sie in seinem heiligen Poem *seinem Zwecke*, seiner Laufbahn der Gedanken fremde und dem poetisch anschauenden Leser widrig sein muß. Auf einem andern Schauplatze könnte ebenderselbe Leser diese unchristlichen, gottlosen Geschöpfe der Lügen ganz behaglich sehen und vielleicht ebender Dichter, wenn er ein Wieland ist, mit Feuer bearbeiten; aber auf diesen gehören sie nicht, *„der*

* [„Epistolae Homericae“], p. 56—86 auf jeder Seite.

poetischen Wahrscheinlichkeit halben". Denn wenn die Maschinen der heidnischen Religion bis zur Täuschung geglaubt werden sollen, wie denn aus ebender Maschine christliche Wesen? Sie wirken dem anschauenden Auge gegeneinander, sie heben an Wahrscheinlichkeit einander auf.

2. Auch wenn der Dichter *allein* spricht: so spreche er in *einem* Gedichte von beiden nicht ganz auf *eine* Art; als wenn er *an beide* gleich *glaubte* und sie beide mit *einerlei Wahrheit behandelte*. Eine Anrufung an den Heiligen Geist und an die Kalliope zugleich ist ungereimt; nicht wieder als Gottlosigkeit, als Sünde wider den Heiligen Geist, sondern der poetischen Täuschung halben. Entweder sind beide dem Dichter alsdenn Wesen von gleicher poetischen Existenz: dies widerspricht sich – oder beide nur Redezierat, nur poetische Figuren: dies beleidigt den Leser noch mehr, denn er kommt dadurch zu sich zurück, um den Wortkünstler ohne inneres Wesen und Leben gewahr zu werden – oder eins von beiden hat nur poetische Wahrheit: und warum steht alsdenn das andere da? Es hindert die Wirkung des ersten. In diesem Stücke hat freilich niemand so gesündigt als Sannazar; ich wiederhole es aber nochmals – gesündigt nicht wider den Heiligen Geist, sondern wider die poetische Wahrheit und Illusion.

3. Wo dies nicht ist, wo die poetische Wahrheit und Wahrscheinlichkeit nicht darunter leidet, wo es der Kongruität des Gedichts nicht entgegen ist, an mythologische Namen, an erdichtete Gegenden zu denken – immerhin! Die Mythologie ist einem guten Teile nach historisch oder allegorisch; selbst das Fabelhafte in ihr mischet sich mit Geschichte und Allegorie; warum sollte sie als solche nicht auftreten? Wenn sie bekannt gnug, anschauend und eine Schöpferin großer Begriffe zur Würde eben des christlichen Objekts ist: so kniet sie als ein Opfer vor dem Altare der Religion. *Selbst* Religion wollte sie hier nicht sein, sie ward als Geschichte, als Allegorie, als alte Sage oder als bekannte Dichtung gebraucht: und da oft mit einer Wirkung, die anderswoher nicht ersetzt werden konnte – vortrefflich! So Milton, so Young, so oft die Dichter der Offenbarung!

Es kann nichts als ein Rest der Lieblingssekte seiner Jugend gewesen sein, wenn Herr Klotz jeden mythologischen Namen, jedes fabelhafte Gleichnis aus christlichen Gedichten als gottlos, falsch, ungereimt, lächerlich, abergläubisch auskratzen will.* *Abergläubisch?* Muß ich denn einen Pluto glauben, wenn ich mich mit Milton an die schöne Flur (und an nichts mehr als an die schöne Flur) erinnere, wo er seine Proserpine entführt haben *soll*? *Lächerlich?* Nun warum denn, wenn ich mit einer Erinnerung an den küssenden Jupiter große Ideen erwecke? Lasset Jupiter vorjetzt nur der höchste Held sein, den ein Dichter denken konnte; wie erhöht das Miltons Adam! *Ungereimt? Falsch?* An sich selbst immer! aber der historische oder allegorische Sinn, in dem ich sie anziehe, *der* ist nicht *ungereimt*, der ist nicht *falsch*! Und endlich *gottlos*? Nun ja doch, ja! und ich glaube es Herrn Klotzen so, als wenn ich ihn noch in der Vorstadt zu Görlitz** predigen hörte; allein Herr Klotz wird alsdenn seinen Kollegen kennen, der Abbten auch der Sünde wider den Heiligen Geist beschuldigte, weil er eine nichtswürdige Satire verdeutschet hatte? Ich sehe in Milton, Young und im vierzigsten Kapitel Jesaja, was mich anbetrifft, nichts Gottloses.

4. Aber viertens: Wo in einem christlichen Gedichte die Mythologie keinen poetischen Nutzen schaffet, allerdings, da bleibe sie weg, denn jedes Müßige, jedes der poetischen Wirkung Widrige muß wegbleiben. Ich danke also im Namen aller *wahren* Poeten eines h[eiligen] Sujets Herrn Klotzen freundlich für die Erlaubnis, „doch Neptun für das Meer und Ceres statt Brot und Vulkan statt Feuer und Lyäus statt Wein auch im geistlichen Gedichte sagen zu können; denn diese Worte hätten schon ihre mythologische Kraft verloren, sie brächten aber eine nicht geringe Eleganz in das Gedicht". Elende Eleganz! eben wo sie ihre alte Kraft abgelegt haben und bloß als Wortschmuck gelten, da wird's gerade das erste Gesetz des wahren Dichters, zumal des *heiligen* Dichters, den Bettel wegzuwerfen.

* „Pro ingenii sui – favebat maxime Zinzendorfianorum partibus, nihilque aliquoties propius abfuit, quam ut eorum sodalitari nomen daret." Harlesii „Vitae philologorum [nostra aetate clarissimorum]", [1764–1772], in vita Klotzii, p. 184, pars I.

** „Gorlitii cum esset, dixit saepius in villis suburbanis pro sacris rostris ad populum, quod etiam aliquoties in patria (Ei ja!) ab illo factum est." Harlesii „Vitae philologorum", ibidem.

Ich sammle das Herausgebrachte, und da zeige ich ja doch beinahe ein Facit mit Herrn Klotzen auf? Nicht völlig; und am meisten ist die Rechnungsart verschieden, wie wir unser Facit herausbringen. Herr Klotz tut einen Machtspruch: kein Zug der Mythologie komme in ein geistliches Gedicht! Ich nehme mir die Freiheit, den Satz so einzuschränken, daß er bei jedem Unwahrscheinlichen in der Poesie gelten muß. Herr Klotz gibt statt Gründe die Namen: heidnisch, gottlos, falsch, abergläubisch, dumm, lächerlich, ungereimt; ich darf sagen: immerhin! wenn es nur hier nicht unwahrscheinlich, unpoetisch, der Illusion entgegen ist; befördert es diese — vortrefflich! Herr Klotz tadelt die größesten Dichter; ich entschuldige einige und rette sie aus ihrer Zeit; andre lobe ich und könnte eine Abhandlung geben: „Von der vortrefflichen Wirkung fremder Religionsideen in einem christlichen Gedichte!" Herr Klotz erlaubt die Mythologie nirgends, als wo sie aus dem Gradu ad Parnassum geborgt, eine Blumenlese poetischer Phrases ohne mythologischen Sinn sei; ich warne vor nichts so sehr als vor solcher sinnlosen Mythologie, vor solchem mythologischen Unsinne! Herr Klotz hat fromm und christlich geschrieben; ich wünschte als Kunstrichter der Poesie, gründlich und nach dem Gefühle poetischer Leser geurteilt zu haben. So gehe ich über diese Materie mit Herrn Klotz auseinander.

7

War sie aber so langer Untersuchung wert? Ich glaube: denn welchen Bethlehemitischen Kindermord würde Herrn Klotz' Verbot in dem Erhabensten unsrer geistlichen Dichter stiften! und *unsre* geistlichen Dichter (eine Gattung Poesie, in welcher wir Deutsche nur den Briten nachstehen) sind die Ehre unsrer Nation.

Der Heiligste unter allen, Klopstock, und das heiligste Gedicht desselben, der „Messias"! Aber von welcher Wirkung ist die heidnische, die mythologische Römerin in demselben, Portia!* Wie, wenn sie zu beten anfängt:

* „Der Messias", Gesang VI [Vers 520–525, 529, 530].

— — — Mit aufgehobnen ringenden Händen
Stand sie mit Augen, die starr zum dämmernden Himmel hinaufsahn,
Und so zweifelt' ihr Herz: O du, der Erste der Götter!
Der die Welt aus Nächten erschuf, und Menschen ein Herz gab!
Wie dein Namen auch heißt, Gott! Jupiter! oder Jehova!
Romulus' oder Abrahams Gott! — — —
Ist er dir so festlich, der Anblick, die leidende Tugend,
Gott! von deinem Olympus zu sehn? Er ist es, den Menschen! usw.

Sie fährt mit diesem hohen Gefühle zu beten fort, und ich bin über das Herz der christlichen Leser des „Messias" gewiß, daß dasselbe nur selten eine so hohe Stufe der Bewunderung Jesu erreicht haben wird als mit diesem heidnischen Gebete.

Portia erzählt ihren Traum: die Erscheinung des Sokrates!* — — Himmel! wo gehört Sokrates, der heidnische Sokrates, in einen „Messias"? Und doch weiß ich, daß dieser Traum, um mit Klopstock zu reden, sich, vor vielen Episoden des „Messias", in die Seele des Lesers *gießen* und immer aus den Lieblingsgedanken, die er am feurigsten denket, neue Gedanken entwickeln wird,

— — in seinem Herzen die feinsten
Zartesten Saiten gewisser zu treffen, und ganz ihn zu rühren.
Schon wenn Portia anhebt: — —
Sokrates ... zwar du kennest ihn nicht; aber ich schaure vor Freuden,
Wenn ich ihn nenne! das edelste Leben, das jemals gelebt ward,
Krönt' er mit einem Tode, der selbst dies Leben erhöhte!
Sokrates ... immer hab ich den Weisen bewundert! sein Bildnis
Unaufhörlich betrachtet, ihn sah ich im Traume. Da nennt' er
Seinen unsterblichen Namen: Ich, Sokrates usw.

* [A. a. O.], Gesang VII [Vers 400–447].

Wenn Herrn Klotz' einzige Ursache gelten soll: „das Heilige soll nicht mit dem Unheiligen vermischt werden!“, so müßten diese Episoden aus „Messias“ weg, und mir sind sie unter den teuersten.

Klopstocks „Salomo!“ Ein biblisches Sujet, und alle Leser haben mit mir den Kontrast der heidnischen Szenen für das Rührendste im ganzen Trauerspiele gehalten. Wenn Salomo rühren soll: wie anders als durch seine heidnischen Zweifel. Wie, wenn der Trostlose klaget:

Hülfe! Selber meine Freunde
Vermögen's nicht. –
Ein Rauch, dem Feind ein süßer Opferdampf,
Mag dieses Haus verfliegen! meine Kinder
Zerschmettert werden – – –
– – ich will es leichter tragen,
Als was mir unter deiner Flügel Schatten,
O Friede! dies mein Herz verzehrt – das Leben
Zum Tode macht! und kaum des Müden Zuflucht
Den Tod noch bleiben läßt! Sie ist dahin,
Die Herrlichkeit, die mir gegeben ward!
Dahin ist meine Weisheit, samt der Ruh,
Die sie mir gab! – *Wenn du es bist, o Moloch*!
Vor allen Geistern Moloch du!
Der mir dies alles nahm; womit erzürnt ich dich?
Und hab ich dich erzürnt, so laß doch endlich
Durchs Blut so vieler Knaben dich versöhnen!

Und bald kommen Sängerinnen Molochs! und Priester Molochs! und Opfer Molochs! ja selbst wagt es Klopstock, zween Götzen redend einzuführen. Ich mag über die letzte Szene nicht urteilen; aber die rührendsten Auftritte bleiben in „Salomo“ immer die heidnischen. Wie rührt z.E. die unmenschliche abgöttische Wut im Opfergesange Molochs!

Ich mag die Bodmerschen Epopeen nicht durchgehen. Wären in ihnen die mythologischen Dichtungen nur oft etwas wahrscheinlicher für die Zeit und für den Ort ihres Schauplatzes; am Heiligen und Unheiligen, an Wahrheit und Erdichtung, an jüdisch und heidnisch liegt, wenn ich nichts anders dagegen hätte, nichts!

Ich fühle es, ein so unbestimmt gesagter Einfall ist zu strohern, als daß ich soviel Miene mache, ihn wegzuheben; Dichter, die gewiß keines überspannten Enthusiasmus beschuldigt werden können, widerlegen ihn. Machtvoll ist z. E. in der Ramlerschen Rhapsodie von einem Gebete – machtvoll in ihrer Verbindung für den, der den persischen Nachdruck kennet, die kühne Anrede:

– Und Oromazes und Gott! –,

ohne doch eine hübsche Wortphrasis sein zu sollen. Stark ist in Kleists christlichem Gedichte von der Unzufriedenheit der mythologische Vorwurf:

– Denkst du, wie Riesen der Fabel,
Auf Felsen Felsen zu häufen und, durch den Unsinn bewaffnet,
Den Sitz der Gottheit zu stürmen!

Und endlich in den vortrefflichen Grenadiersliedern: von welcher Wirkung ist die harte Vermischung des Christentums und der Mythologie in dem Munde eines harten Soldaten. Sein *Gott* ist ihm jederzeit und in jedem Gesange alles: vor und nach der Schlacht, im Treffen und im Siege.

– – – wär ihrer noch soviel,
So schlag ich sie mit Gott!
– – – was kann wider unsern Gott
Theresia und Brühl – –

Mit rechtem *Christenmute* streitet er; und mit rechter Christendemut, Gott dankend, preiset er Gott nach dem Siege; wie aber? hat der Grenadier darum an gehörigem Orte auch nicht seinen Mars und Apoll? kann er nicht darum auch von seinem Friedrich sagen:

Frei, wie ein Gott, von Furcht und Graus
Steht er – – du hoher Paschkopoll
Sahst ihn, im Heldenangesicht
Den Mars und den Apoll.

Und sollte deswegen mein Grenadier kein echter, guter Christenmann bleiben?

Der, wenn er stirbt, bekommt zum Lohn
Im Himmel hohen Sitz! –

Und deshalb sollten seine Lieder nicht immer der Würde wert sein, die ihnen Abbt anwünscht, vor der Schlacht gesungen zu sein? Entweder muß überall die Mythologie hier nicht mehr Mythologie, eine liebe Wörterblume sein, oder weg damit!

Indessen will Herr Klotz uns auch in geistlichen Gedichten nicht ganz leer vom Nutzen der Mythologie ausgehen lassen und schlägt vor: „Beschreibungen der göttlichen Weisheit und Macht, hohe Bilder der göttlichen Majestät, oft so vortrefflich, so erhaben, daß man sich kaum vorstellen kann, wie sie in den Geist ungläubiger Sterblichen haben kommen können, und durch deren geschickte Nachahmung der Poet seinem Gedichte die größeste Würde geben könnte."* Der Vorschlag ist fromm, aber auch wenig mehr. Wenn Herr Klotz nicht glaubt, daß Gott selbst in die Seele des christlichen Poeten Bilder einschiebe, so kann er's nicht fremde finden, daß große Geister unter den Heiden auch große Dinge haben denken können, sie auch von ihren Göttern denken müssen. Ich mag keine Vergleichungen, insonderheit in Sachen, die gewisse Leser so gern umzukehren pflegen; allein wer wandelte unter edlern Bildern: der alte oder der heutige Grieche? Jener zwischen seinen Göttern; dieser zwischen seinen gemalten Heiligen, der Papist zwischen seinen gehauenen Märtrern. Und bei wem war (ich rede bloß von poetischen Bildern) ein solcher Anblick gelegner, um große Gedanken zu wecken?

Zudem: Beschreibungen der Weisheit, Macht, Majestät sind eigentlich keine Mythologie mehr; es sind dichterische Bilder über mythologische Gegenstände; mit ihnen hat also Herr Klotz keinen Gebrauch der eigentlichen Götterlehre vorgeschlagen. Dazu ist dieser Vorschlag so gemein, so bekannt, so gebraucht –

Ja, wenn ich sagen soll, nicht einmal *so hochnötig*. Ich gebe

* „Epistolae Homericae", p. 86.

es gern zu, daß an Abbildungen der Schönheit, der Milde und einer gewissen *menschlichen* Würde der Gottheit man von Griechen und Römern lernen könne, insonderheit, was die *schöne* Kürze, das *unübertrieben* Prächtige, das *Angemessene* im Ausdrucke solcher Beschreibungen betrifft. Aber *Weisheit, Macht, Majestät*, alles *Hohe* und gleichsam *Unbegreifliche* in der Gottheit – darin sind die Dichter des Morgenlandes, und die Ersten derselben, die Dichter des Alten Bundes, eine weit reichere, unerschöpfliche Quelle. In solchen Bildern sind ein Silius Italicus, Ovid, Virgil und Claudian gegen einen Hiob, Moses, Jesajas und auch David wie ein Tropfen gegen einen Ozean: und Schande ist's, an einem Tropfen zu lecken, wenn ein Abgrund von Größe, Hoheit, Majestät vor uns ist. Nur eine gefühllose kritische Seele, die hierin einen Milton und Klopstock hinter einen Silius Italicus und Claudian anführen, die verschossenen Purpurlappen aus einem Ovid und Silius den geistlichen Dichtern unsrer Religion als Raritäten, als teuere Vorbilder vorhalten darf und in unsern heiligen Büchern und in unsern hohen Nachahmern derselben das Sonnenmeer von Majestät, den Regenbogen von prächtigen Farben nicht erblicken will, in welchem „die *Größe* und *Macht* Gottes“ gemalet wird.

Ich gebe es zu, daß diese morgenländischen Bilder auch oft ein morgenländisches Auge fodern; daß sie oft in einer Hülle des Orients erscheinen, die uns dieselben fremde, oder in einem Glanze, der uns dieselben betäubend macht. Ein geistlicher Dichter aber, und der Kritikus dieses Dichters, sollte dem die Hülle unüberwündlich sein? Sollte er nicht, den Spuren eines großen Michaelis folgend, sich solche Bilder gleichsam in die Sprache und Denkart seines Okzidents *übersetzen* und sie *alsdenn* mit orientalischer Wärme fühlen! Die Proben, die dieser verdienstvolle Mann gegeben, liegen in ihrer Entwickelung da, und wir verstäuben gegen sie die Schlacken eines Claudians! Bloß das Leichte, das unsrer Denkart Nähere, die für uns faßlichere Evidenz dieser römischen Bilder ist's, die uns dieselben empfiehlt. Wären die orientalischen nach unserm Augenmaße: so wäre der Vorschlag unleidlich. Kann man sie nicht aber nach seinem Augenmaße stellen? nicht seinen Blick zu ihnen erheben? gewöhnen? und kannst du das nicht, so siehe die Sonne in diesem ihrem strahlenden Wasserbilde! Siehe den Abglanz orientalischer Hoheit in einem Klopstock; von Erde bist du, wenn du an einen Silius Italicus hierin als Vorbild zurückeilest.

8

„Auch Künstler sollen Gott und Christus würdig bilden!" * Wie tot ist, was Herr Klotz hierüber sagt, gegen das, was andre gesagt haben. Hier ist Klopstock, da er Winckelmann beurteilet, und wem ist es nicht ein sehenswerter Anblick, zween *solche* Männer, zwei Enden des menschlichen Geistes, zwei Extreme deutscher Originale, von denen der eine unter, der andre über Deutschland seinen Ort fand – ich sage, ist's nicht ein merkwürdiger Anblick, solche zween Markgrafen deutscher Hoheit von ihren Grenzsteinen zusammentreten zu sehen, zusammen sprechen zu hören. Das Stück ihres Gesprächs im „Nordischen Aufseher" ist mir eine Art von Phänomenon! „Der einzige Weg für uns, unnachahmlich zu werden", sagt Winckelmann, „ist die Nachahmung der Alten." – „Ich würde", versetzt Klopstock, „diese Einschränkung hinzusetzen: in den Arten der Schönheiten, die sie erschöpft haben. Denn welches Genie würde nicht erschrecken müssen, wenn es sich nicht erlauben dürfte, an der Allgemeinheit jenes Satzes zu zweifeln? Haben z. E. die Griechen die Vorstellungen ausdrücken können, die wir uns von Engeln machen müssen? Aber wie vortrefflich haben sie oft nicht die Götter vorgestellt! Sollten wir nicht die Engel so machen? Gewiß nicht völlig so! Wir sollten jene Vorstellungen der Götter übertreffen. Bisher zwar sind wir von diesem Übertreffen sehr weit entfernt gewesen. Wir malen Kinderchen, Frauenzimmer, und wenn wir uns recht hoch schwingen, schöne Jünglinge; geben diesen Figuren Flügel und bilden uns ein, Engel vorgestellt zu haben. Sogar Raffaels Michael ist ein Jüngling; und er sollte doch wenigstens ein Jupiter sein, der eben gedonnert hat. Wenn nun Raffael vollends einen Todesengel hätte ma-

* [A. a.O.), p. 97, 98.

chen sollen; z.E. einen, durch dessen bloßen Anblick der erstgeborne Sohn Pharaos niedersinkt. Michael Angelo also, wird man sagen. Nein, der auch nicht: denn er übertrieb zu oft. Der Contour des wahren Großen ist sehr fein! Wenn die Hand nur ein wenig ruckt: so kann es übertrieben werden. Wer also? Vielleicht ein noch ungeborner Künstler, dem es aufbehalten ist, die heilige Geschichte würdig vorzustellen, nämlich die meisten schon oft wiederholten neu und denn viele sehr erhabene, die noch niemals gemacht worden sind. Wie würde ich mich freuen, wenn er schon lebte und dies läse. Er ist es, der noch viel was anders sagen würde, als die Griechen haben sagen können. Gott vorzustellen, würde er sich niemals unterfangen; niemals! Aber den Versöhner der Menschen einigermaßen würdig abzubilden, würde er alle Kräfte seines Genies anstrengen und sich den großen Empfindungen, welche die Religion gibt, ganz überlassen." *

Ich lasse über diese Klopstockschen Gedanken gerne einem jeden seine Gedanken; aber wenn ich sie und die beiden Aufsätze desselben Verfassers über die poetische Komposition einiger biblischen Gemälde** und einige stille Winke Winckelmanns in den Schriften desselben und verschiedene offenbarere Anmerkungen Webbs über die Gemälde der Religion zusammensetze: so dünkt mich dies Klotzische Gemische darüber

— — Staub, den der Wind zerstreut.

Herr Klotz findet unter allen, die über den Glanz um das Haupt der Heiligen geschrieben, keinen, der die Maler darüber getadelt hätte: er tut's und siehet nicht, was ein solcher Bogen zur Majestät Gottes tun sollte? Als Kreisbogen freilich nichts, aber wenn sich nur seitwärts einige rückbleibende Strahlen verlieren: so sehe ich nicht, wie diese hinderlich wären. Bei Gestalten der Heiligen sind sie eine einmal angenommene Symbole und der Gestalt Gottes (wenn Gott anders menschlich gestaltet werden soll) ein Zeichen der Majestät, sofern als der Dichter singet:

* „[Der] Nordische Aufseher", 3. Band [1760], Stück 150, [p. 259–261].

** Stücke 173, 174, 186; „[Der] Nordische Aufseher", 3. Teil [1760].

— et avertens rosea cervice refulsit,
Ambrosiaeque comaedivinum vertice odorem
Spiravere — —

oder sofern die biblischen Dichter auch hierin große Gemälde vom Glanze des Herrn geben. Diesen kann der Dichter innerhalb der Grenzen seiner Kunst so bescheiden folgen, als die Griechen den poetischen Symbolen ihrer Religion folgten.

Ferner hat Herr Klotz den Einfall, auch Flügel könnten aus den göttlichen Bildungen der Alten beibehalten werden.* Ich will glauben, er meine nur etwa Engel oder den geflügelten Blitz in der Hand Gottes: denn der Gottheit selbst Flügel zu geben, halte ich (Herr Klotz führe mir noch ein so langes Register von Göttern an, die bekannterweise geflügelt gebildet wurden), unserm höchsten Gotte halte ich ein Paar Flügel ganz unwürdig. Kaum würdig der Engel, nach den edlen Begriffen unsrer Religion; wenn nicht, als unterscheidende Symbole, wenn nicht etwa im Fluge, um denselben dem Auge wahrscheinlich zu machen. Selbst die Griechen, nachdem sie die Allegorie nach und nach abgestreift hatten, in ihren schönsten und edelsten Bildungen, warfen dem Jupiter die Flügel ab, damit er nicht wie ein Ikaromenippus des Lukians erscheine, und gaben sie seinem Adler. In der Tat, den Allerhöchsten mit einem Paar Gänseflügeln vor mir zu sehen, ist unleidlicher, als ihn graubärtig und als Greis zu erblicken. Dies gibt noch eine leidliche Allegorie von ihm, dem ewigen Vater; aber was soll jenes zu der Idee des Allgegenwärtigen? —

„Die Griechen bildeten Jupiter auf einem Donnerwagen." Nun hat es Herr Michaelis längst gezeigt, daß die Cherubim, die Donnerpferde der Juden, wahrscheinlich Geschöpfe der ägyptischen Einbildungskraft sind, und daß die Griechen ihre Donnerpferde Jupiters ebenfalls daher ursprünglich entlehnet, könnte auch gezeigt werden. Hier fließen also aus *einer* Quelle zween Flüsse, und die Poeten beiderlei Religionen scheinen nicht anders verschieden zu sein, als daß sie sich *eine* Vorstellung, jeder nach der Art seiner Nation, gedacht haben. Warum sollte also der christliche Künstler nicht diese

* [„Epistolae Homericae"], p. 108, 109.

Bildung der verschwisterten griechischen Vorstellungsart ablernen? warum sollte er nicht auch den *wahren* Gott wie einen donnernden Jupiter bilden, der seinen Donnerwagen und Donnerpferde mit dem Schalle des Schreckens durch den weiten Himmel jaget?

Herr Klotz hat für gut befunden, diese Vorstellungsart anzupreisen*; und ich fände es beinahe gut, davor zu warnen. Der Begriff der Gottheit, der jetzt, als Hauptcharakter, den Gemütern der Menschen beiwohnet, ist erhabner und gereinigter, als daß er ein solches Bild ertrüge. In den sinnlichen Zeiten der jüdischen Dichter war „furchtbare Macht" gleichsam der Hauptanblick, mit dem man sich den Herrn dachte; man schrieb nach einem Idol der Erziehung und nach einem herrschenden Zeitbegriffe dem Wagen Gottes die gewaltigen Donner zu, die über das jüdische Land hinzogen, und dahinaus, auf diesen sinnlichen Begriff, gehen auch die höchsten Bilder der Propheten. Irre ich nicht, so ist die gemeine Vorstellungsart unsrer christlichen Zeiten darin sanfter. Das erste Bild, das wir uns von unserm Gotte machen, ist viel mehr das Bild von dem *vollkommensten*, *weisesten*, *gütigsten* Wesen, dem Vater und unsichtbaren Erhalter der Welt als von einem zornigen Donnerer, von einem allmächtigen Weltverwüster. Soll also ja der Höchste gebildet werden, so zeige man ihn in dieser, für uns der würdigsten Stellung oder gar nicht. Die Propheten des Alten Bundes schufen Bilder für ihre Zeit, und auch in dieser nicht für *den bildenden Künstler*: nicht für den Anblick des Schönen, sondern für poetische Seelen, und in diesen nichts als der Religionsbegriffe halben. Der Künstler unsrer Zeit täte also unrecht, wenn er sich solchenfalls damit, als mit biblischen Vorstellungen, rechtfertigen wollte; denn der Kunst hat die Bibel wohl keine Bildergalerie liefern *wollen*.

Es bleibt also nur das Vorbild der alten Kunst übrig, die ihren Jupiter donnerfahrend bildete — aber ich antworte: das war auch ihr Jupiter und nicht unser Gott! Jener seinem Charakter nach der Donnerer, der

* [A. a. O.], p. 115–122. „Ostendi *uno, eoque satis illustri* exemplo, quomodo imitari possint nostri artifices veterum monimenta" — ist das nicht viel?

'Ελατὴρ ὑπέρτατος βροντᾶς ἀκαμαντόποδος
Ζεύς – –,

wie ihn Pindar nennt, erhabner als die spätern Dichter, die Herr Klotz anführt. Jupiter hatte einmal nach altem guten Herkommen die Funktion, der ὑψιβρεμέτης, καταιβάτης, fulminans zu sein, und wie man ihn mehr nennen will; als solcher konnte er Pferde jagen und Rosse lenken: das war Jovialisch. Ein solcher aber ist nicht unser Gott dem Hauptcharakter nach, und eine solche Kunstvorstellung nicht göttlich. Die Kunst arbeitet für *einen* ewigen Anblick; welch ein Anblick aber, Gott vor meinen Augen verewigt zu sehen als – einen zornigen Fuhrmann!

Dazu muß Herr Klotz aus Homer, Pindar und allen Griechen wissen, daß in denen Zeiten, da sich Mythologie erzeugte und die Kunst galt, ein Pferd, wie noch bei den Arabern und Ägyptern, ein sehr würdiges Geschöpf und Pferdeverrichtungen sehr edle Hantierungen waren – bei uns nicht mehr. Was sagt mir also dies Bild Gottes? Nichts oder etwas Unwürdiges. – Der Künstler brauche es also nicht und lasse den Klotzischen Einfall immer lieber wieder verunglücken.

Überhaupt weiß ich noch keinen Durchweg, um zwischen den höchsten Foderungen der Religion und der Kunst mit einer Bildung Gottes, insonderheit für sich selbst, mit Gnugtuung meiner selbst, durchzukommen. Die Religion zeigt mir den Vollkommensten, den Allgnugsamen, den Geist: die Kunst bildet Körper; Geister geben keine Figur, das Vollkommenste hat kein Bild. Herr Klotz wende nicht ein: „Gott schreibe sich ja selbst Hände, Hals, Füße, Nase zu.“* Bekannt! aber jedes von diesen teilweise, nichts mit dem andern zusammenhangend, daß es ein Ganzes bilden sollte, jedes Glied als ein sinnliches Bild *einer* seiner Eigenschaften. Die ganze Anthropomorphie Gottes im Alten Bunde ist also nicht bildend, sondern andeutend, symbolisch: und in weitem Verstande der Alten also Allegorie. Dazu ist diese Allegorie nur poetisch: das sichtbare Bild wird von dem geistigen Glanze,

* [A. a. O.], p. 98. „Ipse Deus sibi manus tribuit, dorsum, nasum, pedes“ etc., ist der Grund nicht bündig?

den es bedeuten soll, verschlungen; es verschwindet mit dem Worte, und die Idee, die zurückbleibt, ist eine Eigenschaft der Gottheit.

Wenn kann nun der Künstler die Beschreibung der Bibel für eine Erlaubnis halten, Gott nachzubilden? Wenn er seine Bildung der Gottheit in jedem Gliede derselben auch so andeutend, so allegorisch machen kann, daß das Zeichen verschwindet und nichts als der bezeichnete Begriff zurückbleibt – in keinem andern Falle sehe ich Erlaubnis. Kann ich Gott so zeichnen, daß mir bei seiner Hand der Allmächtige einfällt, der Welten wägt und Erden anrühret, daß sie vergehen, außer dieser Bedeutung der Allmacht aber das Zeichen, die *Hand* selbst, nichts sei; kann ich Gottes Ohr und Auge bloß als Sinnbilder seiner Allwissenheit darstellen, daß sie weiter keinen Eindruck lassen; Gottes Fuß nicht an sich, sondern als den, dessen Schemel der Erdball ist, nicht als den Teil eines menschlichen Körpers – kann ich so den Geist malen und bilden, daß der Körper nichts als Sinnbild des Geistes, und zwar des vollkommensten Geistes, ist: so kann ich ein Bildnis des Höchsten machen aus Autorität der Schrift.

Da dies nicht ist: so lasse ich ihr Beispiel weg und vergleiche bloß Foderung der Religion und Bedürfnis der Kunst – und siehe! fast überall Gegensatz. Gott der Unmeßliche – das Wesen der Kunst im Großen und Schönen sind Schranken. Gott der Ewige – und siehe einen erzeugten Körper. Gott der Allmächtige, der da will und es geschieht – die Kunst kann keine Macht ausdrücken ohne Ankündigung einer Bewegung. Gott der Wirksame – die Kunst kennt keine Wirksamkeit ohne Bewegung. Gott der Unwandelbare, und siehe! jeder Ausdruck der Kunst wandelbar und wegeilend! Wer kann ihn fassen? wer kann ihn bilden!

Der einzige würdige Ausdruck für ihn wäre die seligste, allgnugsame Ruhe; allein auch da erscheint er nur als der seligste, allgnugsame Mensch: und weil die menschliche Ruhe nur bei einer Feier von transitiven Handlungen möglich ist, so ist auch alsdenn bei der gebildeten Gottheit der Begriff von Unwirksamkeit beinahe unvermeidlich: der Begriff von Allmacht, Allwissenheit, Allweisheit, Einwirkung wird in seinen Ausdruck der Ruhe verschlungen, das Bild ist kein Gott mehr. Raffaels schaffender Gott steht mit gesenktem Auge, mit zeigendem Finger:

Kann der bewundern, *er*, der die Sterne gemacht hat!

Raffaels ewiger Vater steht wie ein grauer Greis: ist das der Gott, der da bleibet, wie er ist? Gott sehe z.E. auf die Erde herab: ist das der Allwissende, was siehet er ewig auf die Kugel herunter? Siehet er auch, was neben ihm ist? Gott wäge die Erde; sie hat ein Maß gegen Gott, und muß dazu ein proportioniertes Maß haben: was hat das Bild für einen Ball in der Hand, um damit zu spielen? – Nun setze man noch gar unwürdigere Vorstellungen: einen Klotzischen Postillon mit einem Brande in einer Hand auf einen Wagen – Blasphemien! „Wie wollet ihr mich bilden? und wem wollet ihr mich vergleichen?" spricht Jehova.

„*Christus als einen Apollo* im Belvedere"*, eben als wenn Christus einen Python *im Zorne* getötet – doch hierüber mag ein Klopstock in der vorangezognen Stelle und ein Mann von der entgegengesetztesten Denkart, Webb, sprechen. Der Vatikanische Apollo wenigstens scheint nicht dem Charakter des Erlösers dem Hauptanblicke nach und in der Bestimmung seines Lebens zu entsprechen, sonst – – Doch ich werde theologisch, da ich doch in der Schule eines poetischen und Kunstkritikus bin – –

Und ei! da lerne ich wieder etwas Neues! Gott auf einem Donnerwagen fahrend! „Von christlichen Poeten erinnere ich mich keinen, der dieses Bild brauche, als Milton"** – Keinen von christlichen Dichtern? Herrn Klotz' Gedächtnis muß ihm den ärgsten Streich gespielt haben; denn das meinige erinnert sich bei allen christlichen Dichtern keines häufigern, gemeinern, bekanntern Bildes. Denn ist Gleim, der Kriegssänger, kein Christ?

Wer hat [...] dich, Pandur,
in Angst gesetzt, in Flucht gebracht?
Gott, der auf Wolken fuhr.

* [A. a. O.], p. 111, 112. Herr Klotz hat für gut gefunden, bei der Gelegenheit die Winckelmannische Beschreibung Apollos in sein Latein hinzugießen.

** [A. a. O.], p. 120.

Ist Kleist kein Christ?

> Groß ist der Herr! Die Himmel ohne Zahl
> sind seine Wohnungen,
> *sein Wagen sind die donnernde Gewölk*,
> *und Blitze sein Gespann*;

und wie der prächtige Ton weiter das Bild malet. Cramer kein Christ?

> Wenn nun dein Wagen, Gott der Götter,
> Messias, donnert, und im Wetter
> Dahin fährt – –

Ramler bei der Krippe Jesu kein Christ?

> Jehova fähret durch den Himmel,
> und sieht sein seliges Geschlecht.
> Wir sehen Majestät! – –

Und so glaube ich, denn ich habe aus dem Gedächtnisse geschrieben, so Wieland, Bodmer und jeder christliche Poet; ich kenne kein bekannteres Bild des donnernden Gottes. Nur Klopstock, wenn ich mich recht erinnere, braucht dies Bild nicht: sein Gott *steigt herunter*, den Messias zu richten; er rollt nicht auf einem Donnerwagen, er ist selbst zu erhaben, *um zu donnern*. Sein Seraph Eloa schon kann tausend Donner fassen, und auch der steht nur auf einer Wolke. Ohne Zweifel schien Klopstocken das Bild zu niedrig selbst in *der Poesie*, für den –

> Der Welten geheim und still den Untergang zuwinkt –

und Klotz darf's sehr vornehm für *die Kunst* empfehlen? So ist's nach jenem Gemälde Galatons: was Homer ausspie, war dem andern Ambrosia!

9

Die Frage wird weltlicher.* Können Dichter, die nicht über Sachen der Religion dichten, die Mythologie brauchen? Ich täte am besten, bloß zu übersetzen; aber auch das wird mir

* „Epistolae Homericae", p. 124–135.

schwer. Wer kann einen Mann ertragen, der die Mythologie nicht anders kennet, als daß es „Griechen und Römern *so beliebt*, Neptun einen Gott des Meeres zu nennen", als daß es „den Wiederherstellern der Wissenschaft *so beliebt*, auch die Mythologie der Alten (ohne weitere Gründe) beizubehalten", als daß sie „auf dem *Irrtum* und dem *Aberglauben* der Alten beruhe", als daß sie „nichts als ein Namenregister, *Schälle ohne Gedanken* enthalte", als daß sie „ein bloßer Flitterstaat mittelmäßiger Köpfe sei, um ihre Gedichte mit hundertmal gebrauchten Gleichnissen aufzustützen" *: wer die Mythologie in Gedichten bloß als so etwas kennet, wie ist der eines Bessern zu belehren? Man müßte von Anfange anfangen, daß von Homer bis zu Virgil noch etwas anders in dem Gebrauch ihrer Mythologie liege als böse Irrtümer und unchristlicher Aberglauben – nämlich sehr poetische Ideen. Und so hätte man erst eine *Voraussetzung*!

Darauf wäre zu zeigen, daß von den Wiederherstellern der Wissenschaften die Mythologie noch etwa anders woher habe können beibehalten werden, nicht als ein *beliebiges Gutachten*. Vielleicht nämlich der Sprache, der Kunst, der Poesie und alten Einkleidungen der Platonischen Weisheit wegen. Ob sie sie *übel* nachgeahmet: davon ist die Rede nicht, sondern ob sie sie nachahmen *dörfen*? Und wer weiß es da nicht, daß wir notwendig mit der bösen irrigen Mythologie zugleich alles hätten verlieren müssen: Sprache, Poesie, Wissenschaft, Kunst der Alten – eine schwere Verbannung! Wir wollen den irrigen, abergläubischen Ketzer dulden; denn mit ihm hätten wir, wie die Christen zu Julians des Abtrünnigen Zeiten, zu viel verloren! Das wäre die zweite Voraussetzung.

Hieraus würde auch die erstaunensvolle Frage beantwortet: warum dies böse Ding, das doch bloß auf dem Irrtum und Aberglauben der Alten beruhet, habe beibehalten werden können? eine Blindheit, die Jahrhunderte durch gedauret! Es wäre also unmaßgeblich zu zeigen: daß die Mythologie in ihrem Gebrauche wohl etwas mehr als Schall ohne Sinn, Worte ohne Bedeutung, unnützer Flitterstaat, Gottlosigkeit und Aberglauben gewesen sei und sein könne. Wie tief muß

* [A. a. O.], p. 124–127.

eine solche Deduktion anfangen! Und was hat unser christliches Taufwasser mit dem ganz andern Werke zu tun, in einer sehr bekannten, sehr ideen- und bilderreichen Sprache poetische Zwecke zu erreichen?

Freilich könnte es eine feine Aufgabe bleiben: wie weit wir im Gebrauche mancherlei mythologischer Ideen den Griechen und Römern nur bescheiden nachtreten müssen? Allein hieran ist bei meinem Autor und bei dem berühmten Vorredner Apollodors nicht zu gedenken; hier kommt auch nichts weniger als Irrtum und Aberglaube in Betracht, die bei ihm alles sind. Gnug! daß es ihm beliebt, in allen neuern Dichtern die Mythologie für schallenden Unsinn, für hundertmal gebrauchten Flitterstaat zu erkennen; und nun frage ich jeden guten Dichter unsres Vaterlandes: ist so etwas nicht unter der Kritik?

Wie aber, wenn Herr Klotz uns einen ganz neuen Ersatz der Mythologie gäbe? – Ehe wir sein neues Geschenk preisen, so lasset uns erst sehen, ob es der Annahme wert sei, und denn erst, ob es als Äquivalent gelten könne? „Was einige befürchten, daß, wenn sie die alte Mythologie verlören, ihre Verse kalt und matt werden dörften – die Furcht ist vergebens. Liefert uns doch unsere heutige Welt solch eine Menge neuer Gedanken und Bilder, daß es einem glücklichen Kopfe nie an Zierate seiner Gedichte fehlen kann" (eben als wenn ein glücklicher Kopf den Bettel wollte und brauchte!). „Bedenke, wie manches in der Naturlehre durch die Bemühung der Menschen jetzt entwickelt ist, was vormals entweder unbekannt oder sehr dunkel sein mußte. Bemerke ferner, daß der Kreis der Erde in neuern Zeiten gleichsam erweitert sei, durch Entdeckung der Länder, die vormals unbekannt waren, und erwäge, welch eine Menge Zieraten dem Poeten daraus erwachse, weit besser als die Namen einer Juno, Pluto, Cerberus, Rhadamantus und Charon."* Ich weiß, daß dieser Rat in die Köpfe mehrerer ingeniosorum gekommen: denn Ratgeben, sagt Plato, ist doch eine göttliche Sache; und gegebene Ratschläge prüfen, dächte ich, noch eine göttlichere.

Ich setze voraus, daß hier die Frage nichts weniger als *Wortzierat, dichterischen Schmuck* betreffe, denn jeder Zie-

* [A. a. O.], p. 126.

mit der hohen und schönen Natur, mit der charakteristischen Bestandheit, mit der bekannten Anschaulichkeit, mit der Täuschungsgabe handeln können, als in Homer die Götter der Mythologie handeln — wohlan! so treten Gnomen und Sylphen und Nymphen und Salamanders, die ganze Schöpfung des Theophrastus Paracelsus und Cornelius Agrippa, die personifiierte ganze Naturkunde in die Stelle mythologischer Wesen. Kann sie dem Drama, der pindarischen und horazischen Ode, der Fabel, der Erzählung, der Idylle so viele, so schöne und so reiche Dichtung schaffen, als die Mythologie der alten Dichter dieser Gattungen schuf, so trete sie auf. Hier lasse ich meine Leser mit aller Gemächlichkeit alle Dichter des Altertums in allen Arten der Dichtkunst und in jeder ihre glücklichen Fiktionen aus dem Vorrate der Mythologie — nachzählen: alle neuere Dichter, die aus dieser Quelle, es sei auf was Art es wolle, glücklich geschöpft, bis auf unsern lieben warmen Wieland zu — alsdenn überschlage er, ob ihm *das alles* Naturkunde ersetzen könne, und tue den Ausspruch. Meines Wissens gibt diese einzelne Begriffe, Kenntnisse, Wissenschaft; die Poesie will Geschichte, handlungsvolle Begebenheiten, täuschende Fabeln — welche beide Ende!

Ich sage nicht, daß nicht aus der Naturkunde unsre Dichtkunst noch sehr mit Wahrheiten und Bildern bereichert werden könne, daß aus diesen Wahrheiten und Bildern von einem poetischen Kopfe nicht so glückliche Fiktionen geschaffen werden müßten, als ein Fontenelle über die Wirbel des Descartes witzige Einfälle dichten konnte — aber daß diese mögliche Ausbeute dem unzählbaren Reichtume mythologischer Dichtungen und Geschichte und Fabeln je gleichkommen, daß sie denselben völlig überlei machen könnte, das leugne ich völlig! Aus der Mythologie eben lerne man, die Naturkunde dichterisch zu bilden, nicht aber aus der Naturkunde, die Mythologie zu verbannen.

Zweitens: „neuere Entdeckungen neuer Länder und Welten!“ Und was haben uns diese für die Dichtkunst entdecken lassen, das der Mythologie gleich gölte? Bäume und Pflanzen? Soviel ein indianischer Plinius, ein Rumph, ein Merian u. a. die Welt des Kräuterkenners und den Begriff der Schöpfung

Gottes erweitern; soviel Vergnügen und Nutzen man in einem malabarischen Garten finde: so doch das wenigste zum Gebrauche der wahren Dichtung. Die Namen der neuen Kräuter sind unpoetisch; ihre Gestalt und Unterschied nicht durchgängig bekannt, nur der Zeichner, nicht der Wortmaler, kann sie anschauend sinnlich machen. Zudem sind solche Brockessche Malereien ja nicht Hauptzwecke der Dichtkunst, und was z.E. der Verfasser des „Zuckerrohrs" Poetisches in sein Poem gebracht, ist dem mindsten Teile nach aus der Pflanze selbst gepreßt; es ist Ausschweifung.

So *Gegenden*? Außerordentlich wilde Gegenden, Wüsten, Gebirge, Wasserfälle sind rührend, aber nur sofern sie bekannte Ideen wecken, die uns schon *beiwohnen*. Ich würde Niagarens Wasserfall in Creuz nicht so fühlen, wenn ich nicht schon rauschende Wasserfälle kennete und hier bloß meine Begriffe steigen dörften. Schlechthin neue Beschreibungen gewähren also diese Entdeckungen kaum; denn ob der alte Grieche und Römer die Wasserfälle des Nils, den Euripus, den Olympus, die Scylla und Charybdis mir über *historische* Wahrheit erhoben, ist nicht die Frage, nur ob er sie mir täuschend gedichtet? und von ihm also lerne man auch die neuerlicher bekannten Gegenden – Grainger seinen amerikanischen Platzregen und andre ihre feurigen Luftmeteore *dichten* (denn nach historischen Bildern suche ich in Reisebeschreibungen); und fänden da die meisten solcher Szenendichtungen in den Alten, nur nach Beschaffenheit ihres Landes, nicht schon Vorbilder? Wie feierlich ward aus dem Ätna die Werkstatt der Zyklopen, aus der Gegend bei Pozzuolo der Acheron, aus den thessalischen Gegenden die Berge der Musen, aus den Inseln des Möris die elysäischen Felder usw. In Landgemälden mögen wir also neu sein, im Geiste des poetischen Landmalens, in Dichtungen darüber müssen wir von den Alten lernen. Dazu ist ihre Mythologie: ich sehe sie also nicht entbehrlich, ich sehe nicht einmal, recht genommen, einen Gegensatz.

Vielleicht also neue Tier- und Menschengattungen? Gut! aber in die Naturgeschichte gehören diese besser als in die Poesie; und wenn auch für diese, als Gegenstände, Bildergleichnisse – was trifft dieses die Mythologie zum Gegensatze? Eine Fabel, eine poetische Dichtungslehre ist ja kein Bildersaal griechischer Tiere, Menschen, Pflanzen, Gegenden – beide heben sich noch nicht auf; vielmehr kann die Mythologie Muster bleiben, in dieser neuern Tierwelt zu *dichten.*

Soll es Gegensatz werden, so muß die neuentdeckte Welt uns statt der griechischen eine Galerie solcher und besserer Fabeln, Geschichte, Dichtungen liefern. Die hottentottische Götterlehre, Kunstbegriffe, Historien, Gedankeneinkleidungen müssen an die Stelle der griechischen treten. Der Pachakamai der Peruaner wird Zeus, der Chemiin der Caraiben wird der große Pan und der Areskovi der Huronen der schöne Apollo. Statt der schönen Genien der Griechen wollen wir die Hondatkonsonas der Iroquoisen und statt der edlen, poetischreichen und schönen Fabelverrichtungen der alten Homerischen Götter, ihrer Einwirkung in die Welt und ihrer Taten unter den Menschen wollen wir Fratzengeschichte der afrikanischen Negern – welch ein Tausch! Und Tausch soll doch sein? die neuentdeckte Welt soll uns doch das reichlich und überreichlich geben können, was uns die elende griechische Mythologie gibt? Und was gibt diese für die Poesie anders als *Dichtungen, Geschichte, Fabeln,* in die poetische Komposition gelegt wird, uns zu täuschen, zu vergnügen.

Hätten unserm Verfasser richtige und genaue Begriffe vom Wesen der Poesie und vom wesentlichen Gebrauche der Mythologie in der Dichtkunst der Alten beigewohnt: so würde er sich sein Edikt gegen diese und seine Vorschläge zur Schadloshaltung jener selbst erlassen haben. Jetzt rächt sich an ihm Kalliope, wie dort Bacchus am Lykurgus, da dieser seinen Wein ausrotten wollte; sie läßt ihn nämlich die Linie passieren und schickt ihn nach Mohren und Malabaren, um wie ein Orpheus und Homer aus Ägypten zurückzukommen – *der Vater einer neuen Poesie*, die seit Griechen und Römer Zeiten nicht gewesen.

Non usitata, nec tenui ferar
Penna biformis per liquidum aethera
Vates, neque in terris morabor
Longius, invidiaque maior

Urbes relinquam: non ego pauperum
Sanguis parentum, non ego — —
— — — —
— Stygia cohibebor unda.

Iam iam residunt cruribus asperae
Pelles et album mutor in alitem
Superne: nascunturque leves
Per digitos humerosque *plumae.*

Iam Daedaleo ocyor [notior] Icaro
Visam gementis littora Bospori
Syrtesque Gaetulas canorus
Ales, Hyperboreosque campos.

Me Colchus etc. c. — Heil zur glücklichen Reise!

Drittens und endlich „*Allegorie*: Tugenden und Laster, diese und andre Gemütsaffekten — wenn ihnen der Dichter Körper beileget, so wird er teils auf allen Münzen und Edelsteinen, teils in Gedichten welche finden, die er bequem gebrauchen kann“*; und nun geht's in ein Register.

„*Bequem* gebrauchen kann?“ Herr Klotz beliebe zu sagen in welcher Gedichtart? In Epopeen? Nie können da Mesdames Pudicitia, Fertilitas, Fides, Securitas, Copia, Justitia, Veritas, Voluptas, Ira, Discordia, Impudentia, Invidia usw. das ausrichten, was Homers Götter und Göttinnen wirken. Es sind Larven allgemeiner Begriffe, denen persönliche Bestandheit, individuelle Bezeichnung, historischer Charakter fehlt, bei denen man jeden Tritt aus dem Namen voraussieht, die aus einem Worte, wie jene Prophetinnen aus hohlem Bauche, sprechen, Wortgespenster. Sie geben kein persönliches Interesse, keine individuelle Handlung, keine einzelne Charakterprobe: sie rühren nicht, sie täuschen nicht; sie zerspringen wie Wasserblasen.

The earth hath bubbles, as the water has,
And these are of them. Whither are them vanished?

* [A. a. O.], p. 127, 128 etc.

Also in *Idyllen, Fabeln, Erzählungen*, überall, wo es auf *vorgestellte Fiktion* ankommt? Kaum! und eine lange allegorische Dichtung, ein allegorischer Traum macht mir in sonst vortrefflichen Wochenblättern*, wenn er nicht außerordentlich kurz ist, Kopfschmerzen. Wenn Allegorie Wahrheit einkleiden soll, damit sie mehr einnehme und stärkern Eindruck mache, so muß sie dieselbe nicht verdecken und den Augen wegstehlen. Das Frappante, das Außerordentliche im *ersten* Anblicke der Entwickelung gefällt und läßt dauerhafte Spuren in der Seele; wird mir aber seitenlang die Mühe des Entwikkelns zum ordentlichen Geschäfte gemacht, soll ich nicht die Frucht hinter den Blättern unvermutet erhaschen, sondern zum Tagwerke Blätter klauben, eine ganze Fiktion hindurch die allegorischen Masken entkleiden und bei jedem Zuge neu entkleiden — warum ließ mich, da es hier bloß auf Wahrheit und Mühe ankommt, der Dichter die Wahrheit nicht nackt sehen? ohne Mühe der Entkleidung? ohne langes Gesuch? Mitten im allegorischen Traume unsrer Wochenblätter schlafe ich ein, und vielleicht viele Leser mit mir.

Nichts bleibt übrig als kleine Gedichte oder Einfälle in Gedichten: Bilder, Gleichnisse, Epigramme, Lieder, Oden — Bilder und Gleichnisse? wohl! und die alte Mythologie ist voll schöner Allegorien! Epigramme? Ein Epigramm ist ein Bonmot in der Dichtkunst, es gefalle durch seinen Stachel oder seine außerordentliche Simplizität. Aber *Lieder*? *Oden*? Selten können lange *durchaus allegorische Lieder und Oden* gefallen! Ich danke es Uzen, daß er mir seinen schönen Morpheus als einen Traumgott, nicht als ein allegorisches Gespenst der Träume vorstellt. Ich danke es den Dichtern der Freude und des Amors, daß sie diesem Gotte, dieser Göttin nicht als Gespenstern eines abstrakten Begriffes zugut allegorisieren, sondern lieber einem Gotte der Liebe, einer Göttin der Freude zu Ehren singen. Jenes wird ein trockner Eichenkranz von symbolischen Prädikaten, dies eine Reihe von Empfindungen, die einem solchen gedichteten Wesen überhaupt geziemen — ein merklicher Unterschied!

* Ich führe nur eins an, den „Rambler" [hrsg. von Samuel Johnson, 1750—1752], eine Schrift voll Menschenkenntnis und voll schläfriger Allegorien.

Wenn Hagedorn der Freude singet, bleibet er freilich nicht mit jedem Zuge der Allegorie treu und wollte es auch nicht bleiben. Seine Freude ist ihm eine Göttin, der das Vergnügen gefällt, nicht ein allegorisches Gerippe derselben. Er kann sich also denken, daß sein Lied »dieselbe vergrößere, daß sie das Glück der Welt, die Kraft der Seele, das halbe Leben sei; daß sie die Vernunft erheitere« usw. – Prädikate, die der Freude überhaupt zukommen, nicht aber dem personifiierten Begriffe derselben, der Freudengöttin, der Hagedorn frohe Empfindungen opfert, nicht dem allegorischen Wortgemälde – –

Ramler hat sein Lied in ein solches Gemälde verändern wollen. Er löschte die Striche aus, die bei der allegorischen Figur nicht Statt fanden; er tat neue hinzu, die sie sichtbarer machten. Er gab der Freude *Kinder*, er machte sie selbst zum Kinde des Himmels, er verwandelte die Kenner personeller in Dichter der Freude; er machte lieber eine lange Parenthese, ehe er diese mit einer andern allegorischen Person, dem Glücke, hätte vermischen lassen; er gebot ihr, die Gesellschaft unvernünftiger Bacchanten zu fliehen; – kurz! er blieb, in jedem Zuge, dem Bilde einer allegorischen Person treu. Hat er das Lied verbessert? Als ein allegorisches Poem freilich; aber als cin Gcsang der Empfindungen, der Freudengöttin gesungen, ohne dieselbe ins Stamm- und Wappenbuch zu malen? – kaum! alle, wie mich dünkt, haben Ramlern getadelt und keiner den Grund berührt, der ihn verführt habe, und ein Ramler wird nie ohne Grund irren. Will ich ein allegorisches Lehrlied auf die Freude, so wähle ich Ramlern – will ich einen Freudengesang, der Freudengöttin gesungen, so Hagedorn!

Nur gar zu sehr ist Ramler ein Freund solcher Allegorien und zerstört dadurch oft die Harmonie des Liedes. Gefühl ist der Ton der Lieder und nicht eine Charakteristik allegorischer Wesen, die, wenn sie einmal eine tote Symbole mitten in die Reihe lyrischer Empfindungen hineinstößt, alles wie Eis erkältet. Hagedorn singt im Tone des sanftesten Abendvergnügens seinen Morpheus, die Wünsche, das Verlangen seines Herzens: Ramler nimmt eine ägyptische Kohle und reißt eine Hieroglyphe daraus. Die schwarze Hieroglyphe aber schreckt das Chor aller Abendfreuden auseinander: – –

Gott der Träume, Kind der Nacht,
Das mit Mohn in Händen
Gaukelnde Gestalten macht — —

Gnug! schön zu einer Devise auf ein Bild des Schlafes, nicht zum lyrischen Gesange, nicht zu einem Hagedornschen Liede.

Sollte, in Gedichten der Liebe, Amor nichts als die personifizierte Liebe, das Abstraktum dieses Begriffes in allegorische Gestalt eingekleidet sein — arme Dichter der Liebe! das Reich eurer Phantasie ist verwüstet. Nicht mehr der mythologische Amor mit allen seinen Geschichtchen, eine metaphysische Maske ist euer Gesang. Alsdenn z. E. sind die Jacobischen Tändeleien von *einem* Amor, von diesem und jenem Amor, vom Amor, der Lerchen fängt, der jetzt verschwindet, jetzt uns eine Stunde Friede läßt, jetzt unvermutet unter Schmiedeknechten beim Vorbeipassieren gefunden wird, jetzt wie ein fliegendes Jucken in der Haut wiederkommt, fade. Alsdenn schrumpft das Reich erotischer Wesen in die wenigen steifen Herrlichkeiten ein, die Herr Klotz von seinen Gemmen uns vorzählt, und auch die sind nicht ohne mythologische Züge. — — Kurz! wenn Herr Klotz seine Behauptungen nur halb überdacht, kaum hätte er's sich selbst verantwortet, den mythologischen Achtsbann niederzuschreiben, der alle unsre Dichter aus seiner poetischen Republik treibet. Ich hoffe, die Muse werde dem neuen Plato für einen so bündigen Reichsschluß sanfte Ruhe verliehen haben!

10

Der Rest der „Homerischen Briefe" wird uns, wie ich glaube, den Weg verkürzen.

Herr Klotz lobt Homer über seine genaue Charakteristik der Helden*; längst, längst bemerkt, bekannt, und besser ins Licht gesetzt.

Herr Klotz verteidigt Homer, daß er sich in Kleinigkeiten

* [„Epistolae Homericae"], p. 136–144.

wiederhole.* Längst verteidigt, und sonst schon genauer auf die „*Ruhepunkte seiner epischen Muse*“ und auf eine *kleine süße Geschwätzigkeit* der *Griechen* zurückgeführt.

Herr Klotz schweift weit aus über die Nachlässigkeit der Künstler in Nebensachen.** Nichts Neues!

Über die edle Nachlässigkeit der Schriftsteller.*** Ein Gemische ohne Grundsätze und Bestimmung, das uns erst die weise Simplizität und die strenge Schönheit im Ernestischen Aufsatze dieses Inhalts**** um zehnmal mehr fühlen läßt. Ernesti, in dem Geiste des Cicero, bestimmt, beweiset, schränket ein, macht die edle Nachlässigkeit, die er empfiehlt, liebenswürdig; und da er zu ebender Zeit mit der abgemessensten Sorgfalt spricht: so kommt er dem Mißbrauche seiner Lehre zuvor. Unter den Händen unsers Autors wird die liebenswürdige Nachlässigkeit zu einer regellosen und unsteten Franchezza, so in seiner Lehre und so in seinem Beispiele. Vergebens gab ihm die Muse die Gabe des leichten Vortrages, wenn dieser unüberdacht, ohne Plan, Gründe und Ordnung umherschweifet. Keinem prüfenden Leser wird diese leichte Freiheit „schöne Nachlässigkeit der Alten“ dünken; dem Halbkenner aber und dem lässigen Schüler, der nur auf solche Lehren wartet, wird sie sowohl im Unterrichte als Beispiele verderblich.

Herr Klotz vergleicht das Homerische Bild der Zwietracht mit den Gemälden andrer Dichter.+ Ich würde nicht vergleichen wollen, wenn ich die andern Dichter nicht gelesen. Das Bild der Zwietracht in Ariost, in Tasso, und wo weiß ich mehr? insonderheit das Klopstocksche große Bild der Religionszwietracht++ sollte nicht vergessen sein: denn das letzte übertrifft Homer.

Herr Klotz gibt die Szene von Hektors Tode und den Klagen über ihn aus Homer.+++ Ich weiß nicht, wie ich die Gabe

* [A. a. O.], p. 144–147.
** [A. a. O.], p. 148–158.
*** [A. a. O.], p. 158–188.
**** Ernesti, „Opuscula philologica critica“ [Teil 2, 1764], p. 126[–134: „De grata negligentia orationis“]. Die Zitation dieses Stücks im Indice des genannten Buchs [a. a. O., p. 356] ist zu korrigieren.
+ [„Epistolae Homericae“], p. 188–223.
++ [„Der Messias“], IV. Gesang, p. 120, [Vers 457–465].
+++ [„Epistolae Homericae“], p. 224–232.

nennen soll. Nicht Übersetzung, nicht freie Ekphrase: weder lateinische Periodenprose noch homerische Kadenzen; ein widriges, und insonderheit *„in den Bindungen der Rede“* widriges Mittelding, in dem Homer, ohne Stärke und Leben, zerrissen daliegt.

Herr Klotz gibt uns zu diesen menschlich rührenden Klagen Parallelen und die bekannte Geschichte des Ugolino in lateinischen Versen.* Nach dem Gradu ad Parnassum sind die Verse schön; mit der Meinhardschen Prose verglichen, matt und kraftlos. Die Macht der Simplizität des Italieners; die kurze Wut des Schmerzes in demselben, bei jedem neuen Anfalle; die rührenden Einschiebsel desselben, die, wie ein einsilbiges Ach!, die Rede stören, ist hier in schöne lateinische Verse verflossen, ganz verflossen.

Herr Klotz gibt den Auftritt der Andromache und des Astyanax mit Parallelen rührender Kinderszenen.** Ich weiß nicht, wer ein Deutscher ist und die Szene des Benoni im „Messias“ auslassen, ich weiß nicht, wer Kinderszenen parallelisieren und nichts aus den Trauerspielen der Briten nennen darf. Nicht mit Homers Astyanax, aber wohl mit Shakespeareschen Szenen konnte Lessings Arabelle verglichen werden, wenn es verglichen sein sollte.

Herr Klotz zeigt, daß die Römer oft griechische Dichter und Künstler nachgeahmet.*** Zu bekannt!

Daß Homer oft das Stillschweigen sehr glücklich gebraucht.**** Die angeführten Beispiele sind nicht gesondert. In einigen ist's ein Stillschweigen der Weisheit, in andern der Hoheit, in andern des Affekts; gar nicht alle und jede zu einem und dem nämlichen Zwecke. In einigen ist's ein eilfertiges, in andern ein betäubendes, in dritten ein schmerzliches, unaussprechlich schmerzliches Stillschweigen; und endlich ein Zug des Erhabnen. Den letzten hat Moses Mendelssohn entwickelt, und die ersten hätte Herr Klotz so entwickeln sollen. — —

Das Ende der „Homerischen Briefe“ verliert sich völlig im

* [A. a. O.], p. 233–251.
** [A. a. O.], p. 251–267.
*** [A. a. O.], p. 274 etc.
**** [A. a. O], p. 271–281.

Sande. Der Verfasser bekennet, er „habe geschrieben, was ihm in die Gedanken und in die Feder gekommen, daß er ein gutes Gewissen dem Ruhme gelehrter Verdienste vorziehe, daß ein andrer Ausleger Homers freilich auch andre Dinge über denselben sagen könne: Ego vero quid habeo, quo me extollam? Voluntas atque ardor nunquam defuit, sed defuere alia — —"* Nur wie? wenn Herr Klotz „Homerische Briefe" schreiben wollte, warum, daß er nichts Würdigers *schrieb*? wenn er das Andenken Homers erneuern wollte, warum tat er nicht, wie jener Thersagoras bei Lukian, an Homer ein Gebet, ihn würdig schreiben zu lassen? Warum übergab er der Welt seine Scherbensammlung von Meinungen für „Homerische Briefe"?

Als „Homerische Briefe" hat sein Buch, dem Inhalte nach, der einesteils nicht tief gnug überdacht, andernteils gar zu gemein und auf allen Scheidwegen bekannt ist, und dem Vortrage nach, der aus einer Parenthese von Materie, levissimus transfuga! in eine andre fällt und keine erschöpft; in beiden haben die „Homerischen Briefe" vielleicht nur den sicheren Nutzen, Homer durch eine feine Figur, die man Ironie nennt, zu loben. Sie klagen ihn als einen unzeitigen Lacher an, damit man es desto tiefer bei ihm fühle, alles sei bei ihm an seinem Orte. Sie beschuldigen ihn der Ungeschliffenheit der Sitten seiner Zeit, damit man in diesen die edle Einfalt so mehr bewundere, liebe und kennenlerne. Sie fodern ihn vor, daß er dem Leser manchmal beschwerlich falle; und um so fleißiger übe ich mich, die Musik in ihm zu empfinden, die eine Empfindung wie eine Welle aus der andern hebt und in eine dritte fortwälzet. Sie loben nur πάρεργα an Homer, daß ich das eigentliche Wesen seiner Muse desto inniger verehren lerne. Sie scheinen ihn nur aus Parallelen fühlen zu wollen; ich liebe *die* Schönheiten in ihm, die sich nicht plenis buccis vergleichen, die sich kaum in Augenschein setzen, kaum in Worte einfassen, aber desto mehr, an ihrem Orte, Homerisch empfinden lassen. Sie nehmen seinetwegen Gelegenheit, die Mythologie zu verbannen und zu verkleinern; ich, die Schönheit und poetische Kongruität der Homerischen Mythologie zu be-

* [A. a. O.], p. 282.

herzigen. Sie halten es für die schönste Nachlässigkeit, vom Hundertsten aufs Tausendste zu kommen; mein Homer, immer bei der Stange zu bleiben – – So will ich sie zuerst, alsdenn den Griechen selbst lesen und ihm nachher jedesmal ein Stück dieser „Homerischen Briefe" opfern!

– – animamque poetae
His saltem accumulem donis, et fungar inani
Munere – –

II
ÜBER DIE SCHAMHAFTIGKEIT VIRGILS

1

Der Verfasser „Homerischer Briefe“ bietet mir seine Hand dar*, mich von der Bildsäule des griechischen zur Statue des römischen Homers zu führen und mir denselben in aller Größe und Liebenswürdigkeit zu zeigen. Daß dies sein Zweck sei, bezeuget der lange Eingang von Klagen**, daß man die Alten nicht recht lese, treibe, sie also auch nicht so lieben könne, als — als Herr Klotz uns vermutlich an Virgil zeigen will.

Dazu aber, dazu dünkt mich das Klotzische Thema wohl nicht das gewählteste. Noch so genau ausgeführt, kann es uns Virgil als einen schamhaften, keuschen, züchtigen Dichter vorstellen, es kann ihn uns als einen moralisch reinen Gesellschafter empfehlen; ob aber deswegen als einen unterhaltenden, liebenswürdigen Gesellschafter? ob als einen vortrefflichen Poeten, dessen Genie begeistern, dessen poetische Kunst lehren könne? Das sehe ich im Thema nicht unmittelbar enthalten. Anmerkungen hierüber werden Ausschweifungen sein müssen oder — kurz! die lange Klagenvorrede vom unwürdigen, genielosen, unpoetischen, unangenehmen Gebrauche der Alten steht nicht an ihrem Orte. Auch das selbst ist ein unpoetischer Gebrauch Virgils, wenn ich in ihm darauf ausgehe, Zucht und Keuschheit aufzusuchen, nicht sein Genie, seine Kunst, seine poetische Ader. Statt die Schönheiten, die entzükkenden Schönheiten seiner Muse zu betrachten, ist’s wohl eine würdigere Okularinspektion, ob Virgils Muse auch — eine reine, keusche Jungfer sei? Würdige Bemühung, aber für fromme Großtanten und für kunsterfahrne Hebammen würdig, nicht für den entzückten Liebhaber in der ersten Umarmung.

* „De verecundia Virgilii“; vice Klotzii „Opuscula varii argumenti“ [1766], p. 242 etc. [–302].

** [A. a. O.], p. 242–244.

Um aller keuschen Musen und Grazien willen! will ich der Schamlosigkeit der Dichter nicht das Wort reden und die Schamhaftigkeit der Schriftsteller überhaupt heruntersetzen. Ich wünsche, daß der Geist der feinern Lebensart, oder warum darf ich nicht sagen des züchtigen Christentums, sich auch in Schriften zeige und daß man minder die Ehrfurcht verleugne, die man der Würde des Publikums schuldig ist – ein Name, der den Meß-Schriftstellern unsrer Zeit beinahe so fremde, utopisch und lächerlich geworden, als er den Griechen, insonderheit die für Athen, für die Welt und Nachwelt schrieben, ehrwürdig war. Der moralische Geist, mit welchem unser Jahrhundert durchdrungen sein *könnte*, sollte uns einen moralischen Verderb, den unsre Schrift stiften könne, wichtiger und gewissenhafter machen als zehn poetische Schönheiten. – – Dies gilt auch und noch mehr von Poeten; denn ihr Gift ist *süßer*, fließt leichter ein, wirkt länger und stärker. – –

Auch will ich das nicht gesagt haben, daß man in Bildung der Jugend über die moralischen Beschaffenheiten eines Dichters völlig hinweg- und nur die poetischen Schönheiten ansehen solle; daß ein Virgil und Catull gleich gute Autoren der Jugend sein und die Priapea etwa die Goldenen Sprüche Pythagoras' abwechseln könnten. Vor wem soll man mehr Ehrfurcht haben als vor einer unverdorbnen Jugendseele! Unter einer Menge beobachtender Jünglinge ist man vor den Schranken des schärfsten Publikums. – –

Dies alles an seinen Ort gestellt, ist hier die Frage: ob man bei Dichtern, als Dichtern, vorzüglich auf Bemerkung ihrer Scham und Reinigkeit ausgehen? ob der poetische Kunstrichter *zuerst* ein Zuchtrichter sein solle? Und das, glaube ich, soll er, vermöge poetischer Zwecke und des poetischen Gefühls halben, nicht. Ich verstehe Herrn Klotz nicht, wenn er sagt: „Quanta enim stultitia est, ea de se commemorare facinora, quae si quisquam alius a nobis patrata esse diceret, coelum commoveremus et terram, iniuriamque nobis fieri clamaremus, gravi poena expiandam, maculamque omni modo delendam nostrae famae inuri? Huius tamen bonae famae cur ipsi negligentes sumus?"* Denn Herr Klotz wird doch nicht die bona fama eines Poeten für den Inhalt halten, den er besinget? Er wird doch nicht Lessings bona fama darnach beurteilen, wenn er singt:

> *Es donnert.* Ja es donnert sehr.
> *Weg mit dem Weine!* Was? nicht trinken?
> Nein, Bruder! nein! der Heuchler Heer
> Mag knechtisch auf die Knie sinken usw.

Nicht seine bona fama daraus beurteilen, wenn er an seiner Angelika nichts auszusetzen findet als — —

> — — Einen Fehler treff ich an,
> Der alles nichtig macht.
> *Sie liebet ihren Mann.*

Nicht seine bona fama daraus beurteilen, wenn er mit dem Tode kapitulieret, ein und kein Türke sein möchte, Alexanders Wunsch nachahmet, der Faulheit Loblieder singet usw. Denn sonst, wenn Lessing Klotz wäre, certe coelum commoveret et terram, iniuriamque sibi fieri clamaret, gravi poena expiandam, maculamque omni modo delendam suae famae inuri: quod quisquam alius a nobis patrata esse diceret, quae de nobis facinora ipsi commemorabamus. Unglück gnug aber, daß Lessing, Gleim, Uz, Weiße, Gerstenberg, Wieland auf solche bonam famam nicht achteten.

Es wäre doch recht artig, wenn künftig ein Lobredner unsres deutschen Anakreons der bonae famae desselben ein solches Ehrendenkmal aus seinen anakreontischen Liederchen erbauen wollte, als Herr Harles aus einigen sehr charakteristischen Stellen der Klotzischen Gedichte, da er sich selbst als Held, als Freund, als Gelehrter, als Weiser, als Dichter etc. mit dichterischer Offenherzigkeit preiset, sehr ernsthaft und bündig hat errichten wollen** — — armer Gleim! wehe alsdenn deiner bonae famae!

* [A. a. O.], p. 249.

** [Harlesius, „Vitae philologorum nostra aetate clarissimorum", pars I, 1764:] „Quod ad animum quidem attinet, aliquoties illius imaginem carminibus intexuit. Nam et in ‚Opuscula poetica' *Humana* inquit *fortis subiiciam mihi*" etc. (p. 172–178).

„Schon in seiner Jugend", wird der Biograph desselben sehr authentik erzählen, „schon in seiner Jugend zeigte sich in Gleimen der üppige Hang zum weiblichen Geschlechte, der ihm seine meisten Gedichte nachher eingegeben. Als sein Vater ihn die edle Rechenkunst nach Pfunden und Talern und Winspeln und Zentnern und die güldene Regeldetri lehren wollte, dachte der unartige Knabe schon an nichts als Mädchen.* Nichts so bald lernte er als spielen, küssen, und war nachher schamlos gnug, andre in diese Schule einzuladen und ihnen dies als die erste Lektion anzupreisen.** Seine Eltern wollten, nach christlicher Zucht und Ermahnung***, ihn zu etwas Nützlichem anhalten: seine fromme und christliche Mutter bestimmte ihn zum ehrwürdigen Seelsorger, sein Vater zum Mediziner; aber nichts lernte der Knabe. Er bestimmte ihn zum Advokaten; auch da waren ihm nur die Händel der Verliebten sein Kram, und wer weiß, wie manche ungerechte Verteidigung, um eines schnöden Lohnes willen — — doch ein Christ soll nicht lieblos urteilen. Nur dauret mich das eigne Geständnis dessen, das er an sich selbst zu rühmen waget. Sein ganzes Geschäfte, schlafend, träumend, wachend, ist an Mädchen denken****; ja oft, bekennet er, habe das Rauschen der Küsse ihn zum Schlafe einwiegen müssen — wer weiß, was vorhergegangen? Selbst nicht die schönste Gegend und die schöne Gesellschaft eines Kleists war dem Verwöhnten zum Vergnügen nicht gnug ohne seine Doris+: denn an dieser und am Weine hing sein Herz und seine Seele. In solcher Denkart ist es nicht zu bewundern, daß ihm insonderheit die Diener Gottes im Wege sind++: denn die werden zu seiner Üppigkeit nicht stille geschwiegen haben; aber der Wohllüstige suchte sich lieber zu verhärten. Sein böses Gewissen mag ihm wohl zuweilen zugesetzt haben; aber er entschlägt sich dem Geschrei desselben; er spottet über Hölle und Teufel+++,

* Gleims „Lieder" [„Versuch in scherzhaften Liedern"], Teil 1 [1744], p. 2 [„Der Rechenschüler"].

** [A. a. O.], p. 23 [„Die Schule"].

*** [A. a. O.], p. 29 [„An die Eltern"].

**** [A. a. O.], p. 16 [15, „Geschäfte"].

\+ [A. a. O.], p. 3[—4, „An Herrn von Kleist"].

++ [A. a. O.], p. 3 [„An Herrn von Kleist"].

+++ [A. a. O.], p. 3 [4, „An Herrn von Kleist"].

er scherzt mit dem Tode*, wird aber seinen Spott unter den Händen desselben teuer gnug haben bezahlen müssen. Er verlacht den Eifer der Gottesgelehrten und hat sich eine Moral von Lebenspflichten gezimmert, die atheistisch, gottlos und der ganzen menschlichen Gesellschaft schädlich ist, und die wir anführen wollten, wenn wir es nicht für unsre Christenpflicht hielten, uns fremder Sünden nicht teilhaftig zu machen.** Ja, wenn doch nur die blühenden Jahre unsers gefährlichen Schriftstellers mit solchen Tändeleien fortgegangen wären; nun aber wählt er sich noch" usw. — —

BONAE FAMAE POETAE
FRIDERICI GUILIELMI GLEIMI
HOC MONUMENTUM
AD REGULAM POETICO CRITICAM
VIRI PERILLUSTRIS
CHRISTIANI ADOLPHI KLOTZI
POSUIT, A.

Gewiß, so wenig sich Bruder Yorick auf die kasuistischen Streitfragen seines Didius und auf die Subtilitäten des alten Grüblers Shandy verstehen wollte: so unlieb will ich bei meinem Worte gehalten sein, um jeder kleinen Schnurre von Gedichte ihre Moral und Keuschheit vorzuzeichnen, es bei dem frommen Wieland auszumessen und auszuwägen, wieviel Grade christliche Zucht in seinen „Komischen Erzählungen" oder wieviel Quentchen unschuldige Einfalt in Rosts Schäferstunden enthalten sein mögen. Der letzte ist gestorben, aber den bösen Wieland, Uz, Gleim und Lessing empfehle ich zur frühzeitigen Büßung und Bekehrung, bei Herrn Klotz die Todesangst und die reuige Palinodie eines Campans, den bußfertigen letzten Wunsch des La Fontaine, das schreckliche Ende der lüderlichen Leute Regnier und Grécourt und die scharfe

* [A. a. O.], p. 19[—20, „Bitte um ein längeres Leben"].

** [A. a. O.], p. 39. Im Ernste weiß ich, daß ein sehr erbaulicher Schriftsteller sich über die Worte:

Soll ich mir den Himmel wünschen?
Nein! dann wünscht ich ja zu sterben!

recht fromm geärgert und sich gegen die Neckereien mit dem Tode auch in seinen bloßen Todesschriften oft gnug erkläret.

Epanorthose des Beichtvaters Young zu lesen* und tränendwäßrige Bußlieder oder bis zum Gähnen erbauliche Kirchengesänge als Opfer — doch ich bin ja kein Kasuiste.

Alle rührende Todesfälle und Bußgedanken übergangen, nehme ich bei Herr Klotzen nur *eins* in Anspruch, daß die bona fama ehrlicher Dichter nicht nach ihren Gesängen beurteilt werden müsse; daß sie seit ewiger Zeit das Privilegium von ihrem Lügengott Apollo empfangen, Dinge *von sich selbst* sagen zu können, die ihnen kein andrer, der bonae famae wegen, nachsagen darf; und daß man ihnen, diesen leichtsinnigen Schleuderern von Einfällen, eben nicht durchaus den Rücksprung wehren dörfe, den Teucer hinter den Schild Ajax' nahm: castum decet esse poetam, versus etc.; daß es wenigstens immer einen wesentlichen Unterschied zwischen der Sittlichkeit der Verse und des Lebens gebe usw. Wer mit diesen Rettungen nicht zufrieden ist, wende sich an das Archiv des Apollo, wo er das Original des Privilegiums findet.

Ich rede als Privatleser fort. Dichter, als Dichter, macht sich anheischig, uns auf eine oder die andre Art mit einer Fiktion zu täuschen, täuschend zu vergnügen, dies ist sein Gesetz: und dahin streben auch seine Zwecke, er mag Charaktere schildern oder die Fabel dichten oder die Rede bestimmen oder selbst reden: und dahinaus soll er auch beurteilet und gelesen werden. Nehmet ihr denn, kann er sagen, mein Gedicht zur Hand, um Beichtväter meines Lebens abzugeben, um meine Zucht- und Ehrenwärter oder um meine poetischen Leser zu sein? Wie, wenn ihr das erste wollet, warum blättert ihr lieber nicht in Henkels „Letzten Stunden“ und traget dahin, außer andern Beispielen, auch das Ende bußfertiger Schriftsteller, eines an Leib und Seele kranken Campanus, eines Fontaine, aus dem seine Pflegerin, geschweige sein letzter Gewissensrat machen konnte, was er wollte? Woher, daß ich euer Erbauungsstifter sein soll, da ich mich gegen euch zu nichts verstanden, als euch durch meine Fabel, durch mein Drama, durch die Sitten meiner Personen, durch meine eigne Reden zu — täuschen? Wollet ihr eure Seele diesem illusorischen Reize nicht öffnen, so schlaget mein Buch zu; wir sind

* [„De verecundia Virgilii“], p. 151—153 [251—253].

keine Leute für einander; an *mich* habt ihr kein mehreres Recht, als ich euch gebe, nämlich daß ich euch mit Dichtungen in Traum setzen, nicht daß ich euch wachend lehren wollte. Auf unmittelbare Moralen, trocken und schläfrig, wie ihr selbst, kommt bei mir nicht zu Tische: wenn ihr euch meine lasterhaften Charaktere, meine Tändeleien moralisch merken wollt, so tut's nicht, um darnach zu handeln, sondern um sie zu erkennen. Gewöhnet euch aus meinem leichtsinnigen und scherzhaften Geschwätze nur immer dazu, auch in schwatzhaften Auftritten dieser Art, wo sie euch wirklich im Leben erscheinen, Geschmack zu beweisen, sie auch hinter ihren Masken nicht zu verkennen und euer Urteil schon längsther darüber sicher zu haben – Nutzen gnug von meinem Geschwätze. In meinem Buche könnt ihr immer ohne Kosten der Unschuld lachen; nur müsset ihr mich weder im Bösen noch im Guten zuerst und vorzüglich für etwas nehmen wollen, was ich nicht bin – Sittenlehrer durch Vorschrift oder Beispiele. Virgil ist ein epischer Dichter, kein Custos des Sechsten Gebots.

Ich will nicht sagen, daß ich die Sorgfalt der Dichter für Ehrbarkeit und Zucht etwa verspotten oder geringschätzig machen wollte: sie bleibt schätzbar und nachahmenswürdig. Aber auf sie als auf Hauptaugenmerk ausgehen, kann keine poetische Leser desselben bilden, zeigt keinen poetischen Leser desselben an, verrückt vielmehr die Sphäre eines bloß poetischen Lesens völlig. Fromm mag sie sein, aber auch nichts weiter; ich will das Auge meines Jünglings nicht verwöhnen, bei Dichtern dergestalt einen Kundschafter der Ehrbarkeit abzugeben, sonst wird er kein poetischer Jüngling. Ein tugendhafter Jüngling aber? Recht gut! „Die Tugend", sagt der Landpriester von Wakefield, „die immer und immer eine Schildwache nötig hat, ist kaum der Schildwache wert!" – –

2

Jener frug: „Was ist Wahrheit?" Und ich werde wohl sehr weitläuftig, was Schamhaftigkeit sei, fragen müssen, da Herr Klotz nicht etwa über die persönliche Schamhaftigkeit Virgils allein, sondern auch und insonderheit über die Schamhaftigkeit, die in seinen Gedichten herrscht, spricht und mit Allgemeinsätzen auf so viel andre schamhafte und schamlose Griechen und Römer beian zieht, daß mir über das weite Thema angst und bange wird. Man erlaube mir also, mich auf eine Besichtigung der Schamglieder so vieler Schriftsteller aus verschiedenen Zeiten und Völkern und Gattungen zum voraus mit der Frage zu wappnen, worin die Schamhaftigkeit überhaupt bestehe? wie sich einzeln äußere?

In keiner Äußerung ist die Scham wohl menschlicher und in unserm Wesen profunder, als wenn sie ein Schleier wird, die Neigungen der Liebe zu bedecken. Rousseau mag untersuchen, wenn der Mensch aus einem vierfüßigen Tiere ein aufrechtgehender Mensch geworden; seitdem er ein aufrechtgehender Mensch ist, so scheint dem Triebe der Liebe ein andrer Trieb zum Gesellschafter gegeben zu sein, der heißt *Scham*; insonderheit beim schwächern Geschlechte. Selbst an Tieren will man etwas Ähnliches mit ihm bemerkt haben; wo aber auch nicht, so ist doch selbst bei menschlichen Tieren, den Wilden, die natürlichste Handlung des Geschlechts nicht ohne diese Hülle; und man könnte vielleicht Wahrscheinlichkeiten angeben, warum sie darohne nicht sein dorfte? Vielleicht ist bei Menschen der erste Trieb weniger Instinkt, weniger Naturzug als bei Tieren; daß er also durch den Reiz eines Triumphs, durch kleine zu übersteigende Schwierigkeiten, durch die begleitende Scham verstärkt werden mußte. Vielleicht war, insonderheit beim schwächern Geschlechte, dieser Schleier nötig, weil in ihm, wie im Schleier der Venus bei Homer, die Liebe, der Reiz und das Verlangen wohneten, weil er ein Band sein sollte, Jupiter so an den Willen der Juno zu knüpfen, als Juno sonst, wenn es auf Gewalt ankam, an der güldnen Kette Jupiters hing; vielleicht würde ohne diesen Vorhang wiederum der Trieb des andern Geschlechts, so wie die übrigen, nicht in den Schranken des Bedürfnisses bleiben und denn, mehr als alle übrige, das Menschengeschlecht zugrunde richten – Vielleicht sei Vielleicht, die Folge selbst ist gewiß: die Natur gab aus weisen Ursachen der Göttin Genetyllis eine Vorgängerin:

— — die wohlbewachte Scham,
Die Jüngste der Charitinnen.

Worte eines Weltweisen (dergleichen wir jetzt nicht so gar viele haben) dünken mich hierüber so neugesagt und doch so altmenschlich empfunden, daß meine Leser ihn gerne statt meiner hören werden. „Die Schamhaftigkeit ist ein Geheimnis der Natur, sowohl einer Neigung Schranken zu setzen, die sehr unbändig ist und, indem sie den Ruf der Natur vor sich hat, sich immer mit guten sittlichen Eigenschaften zu vertragen scheint, wenn sie gleich ausschweift. Sie ist demnach als ein Supplement der Grundsätze höchst nötig; denn es gibt keinen Fall, da die Neigung so leicht zum Sophisten wird, gefällige Grundsätze zu erklügeln, als hier. Sie dient aber auch zugleich, um einen geheimnisvollen Vorhang selbst vor die geziemendsten und nötigsten Zwecke der Natur zu ziehen, damit die gar zu gemeine Bekanntschaft mit denselben nicht Ekel oder zum mindesten Gleichgültigkeit veranlasse, in Ansehung der Endabsichten eines Triebes, worauf die feinsten und lebhaftesten Neigungen der menschlichen Natur gepfropft sind. Diese Eigenschaft ist dem schönen Geschlecht vorzüglich eigen und ihm sehr anständig. Es ist auch eine plumpe und verächtliche Ungezogenheit, durch die Art pöbelhafter Scherze, welche man *Zoten* nennet, die zärtliche Sittsamkeit desselben in Verlegenheit oder Unwillen zu setzen. Weil indessen, man mag nun um das Geheimnis so weit herumgehen, als man immer will, die Geschlechterneigung doch allen übrigen Reizen endlich zum Grunde liegt und ein Frauenzimmer immer als ein Frauenzimmer der angenehme Gegenstand einer wohlgesitteten Unterhaltung ist, so möchte daraus vielleicht zu erklären sein, warum sonst artige Mannspersonen sich bisweilen die Freiheit nehmen, durch den kleinen Mutwillen ihrer Scherze einige feine Anspielungen durchscheinen zu lassen, welche machen, daß man sie *lose* oder *schalkhaft* nennet, und wo, indem sie weder durch ausspähende Blicke beleidigen noch die Achtung zu verletzen gedenken, sie glauben, berechtigt zu sein, die Person, die es mit unwilliger und spröder Miene aufnimmt, eine *Ehrbarkeitspedantin* zu nennen. Ich führe dieses nur an, weil es gemeiniglich als ein etwas kühner Zug vom schönen Umgange angesehen wird, auch in der Tat von jeher viel Witz ist darauf verschwendet worden; was aber das Urteil nach moralischer Strenge anlangt, so gehöret das nicht hieher, da ich in der Empfindung des Schönen nur die Erscheinungen zu beobachten und zu erläutern habe." *

Ich finde die Beobachtungen meines Philosophen so genau und unterscheidend, daß ich sie auf der Bahn meines Zweckes als ein würdiges Vorbild nachzuahmen und zu erreichen wünsche. – Es gibt sich also die Frage, wiefern und worin die Schamhaftigkeit eines Schriftstellers sich äußern solle?

Herr Klotz antwortet für seinen epischen Poeten: darin, daß der Inhalt seines Gedichts sorgfältig ausgewählt; daß, wenn in demselben Dinge vorkommen, die, nackt gesagt, das Ohr beleidigen, er der Schamhaftigkeit seiner Leser schone; daß er das κακόφατον, das ist Ausdrücke, die zweideutig scheinen können, vermeide – man sieht, daß mit diesem Fachwerke noch nichts gesagt ist, daß dahinein erst Realien kommen müssen, ehe man urteilen könnte. Da fängt Herr Klotz zum Unglück am unrechten Ende, vom κακόφατον an.**

Das κακόφατον ist nach Quintilians Beschreibung „si mala consuetudine in obscoenum intellectum sermo detortus est" ***, und nun sage man, wie es ein Kennzeichen der wahren Schamhaftigkeit eines Volks, wie es die erste Probe von der Schamhaftigkeit eines Schriftstellers, eines Poeten sein könne? Ein Volk, das in den Grenzen der wahren Schamhaftigkeit bleibt, wird sich nicht einfallen lassen, diesen und jenen Ausdruck auf einen obszönen Sinn mit den Haaren herbeizureißen, es wird nicht aus Worten, „quae longissime ab obscoenitate absunt, occasionem turpitudinis rapere", es wird nichts vom κακόφατον wissen. So z. E. die biblischen Dichter in ihren Zeiten der unschuldigen Einfalt; so die alten Griechen; so, nach den Beispielen eben des Quintilians, die alten Römer. Ihr Sallustius dachte daran nicht, daß eine spätere üppige Zeit sein „ductare exercitus" und „patrare bellum" obszön verste-

* Kants „Betrachtungen über das Schöne und Erhabene" [„Beobachtungen über das Gefühl des Schönen und Erhabenen", 1764], p. 61–65.

** [„De verecundia Virgilii"], p. 254.

*** [Quintilian], „Institutio oratoria" VIII, 3 [44].

hen würde: er sagte es sancte et religiose; er beging also ein κακόφατον. Wer war nun ehrbarer, der es beging, ohne daß er's wollte, oder der es zuerst zum κακόφατον machte, der die Bedeutung desselben obszön verdrehete, der den Ausdruck notzüchtigte? Ohne Bedenken, der letzte! und eben das Volk, der Schriftsteller ist der ehrbarste, der von keinem κακόφατον *weiß* – gerade das Widerspiel, als was Herr Klotz behauptet.

Wie gutherzig ist nun die Bewunderung unsres Schriftstellers, der hinter allen Proben, die Quintilian von dem verderbten Witze seiner Zeit, Lüderlichkeiten zu finden, selbst nicht ohne Widerwillen gibt, ausruft: „Tantum in Romanis verecundiae studium! tam diligenter castis auribus pepercerunt!" – Scilicet! Als wenn deswegen die französische Nation und Sprache die züchtigste Matrone wäre, weil sie einen Überfluß solcher Anständigkeiten hat, daß, wenn nicht jeder Ausdruck sehr sorgfältig und nach der neuesten Modebedeutung gewählt würde, der ehrbarste, ernsthafteste Mensch jeden Augenblick in Verlegenheit kommt, eine Gesellschaft Zweideutigkeitenkrämer lachen zu machen! Als wenn sich diese Sprache an Zucht und Ehrbarkeit so hoch heraufgeschwungen, als jetzt ein junger Witzling nach der Mode keinen ihrer alten Schriftsteller mehr ohne Lächeln und Verlachen, ohne hundert anstößige und niedrige Ausdrücke zu finden, lesen kann! O die züchtige Nation! die züchtige Sprache! „Tantum fuit in Gallis verecundiae studium! tam diligenter castis auribus pepercerunt!" wird einst ein künftiger Klotz des neunzehnten Jahrhunderts sagen können.

Ich will den Unterschied ins Licht setzen. Zur Zeit einer einfältigen Unschuld hat jede Sache, die genannt werden soll, einen Namen, und das ist ihr Name. *Darf* die Sache nicht genannt werden: gut! so wird von selbst der Name auch nicht genannt werden; muß jene, warum nicht auch dieser? Michaelis, dieser Philolog von sehr richtigem Gefühle, hat Stellen aus Morgenländern angeführt, aus denen ihre Freiheit in Liebesausdrücken erhellet; er hat aber nicht den Urteilsspruch über sie gefället, daß sie deswegen Leute ohne Ehrbarkeit und Scham wären; denn bei ihnen waren einmal solche Redarten,

Gleichnisse, Worte, insonderheit in der Sprache des Affekts, des Zorns, der Eifersucht, nichts Schändliches. Schlimm gnug! wird man sagen; meinetwegen! schlimm gnug! aber wenn eine solche freie Offenheit keinen weitern Nutzen hätte, so wäre es der, daß neben ihr keine feine Zweideutigkeiten in der Sprache stattfänden. Wie sollte ein Volk schmeichelnde Feinde, verlarvte Freunde, listige Diebe brauchen, das sich aus einem Raube, aus Gewalttätigkeit nichts machet? und wie sollte eine Sprache ein geheimes feines κακόφατον sorgfältig zu verhüten haben, da es kein offenbares κακόφατον hat, da es in den Schranken seiner Naturbedürfnisse jedes nennet, was es nennen muß, und nichts weiter nennen will? Wer wird mehr verstehen wollen, als was der andre sagt; er hätte ja, wenn dieser mehr hätte sagen wollen, es geradeaus gesagt!

Es versteht sich, daß ein solcher Zeitpunkt der offnen Natursprache Freiheiten haben müsse, die eine spätere Zeit „Unanständigkeiten" nennen kann. Sie nenne sie so; nur sie nenne sie nicht so in ältern unverhohlnern Zeiten, wo man von der Regelnscham des Dekorum noch nicht so viel wußte. Ich bleibe bei einem mißbrauchten Beispiele meines Autors. Er vergleicht Homer und Virgil in Ansehung des Anständigen; und wie anders, wenn er aus seinem Kopf urteilen wollte, als daß er für diesen sprechen mußte.*

Ihm gefällt in Homer der Liebesantrag nicht, den Paris an seine Helena tut; und mir, wenn ich eine Iliade schreiben sollte, mißfällt die Stelle so wenig, daß ich dem Griechen die unschuldige Einfalt seiner Zeit beneide. Als ein feiger Flüchtling ist Paris dem Zweikampf entronnen; unrühmlich ward er unsichtbar; seine Beschützerin Venus mußte ihn den Händen seines streitbaren Gegners, Menelaus, entnehmen. Nicht gnug! sie muß ihm für seine Stunde der feigen Angst im Zweigefechte sogleich auch eine Stunde der Erholung in den Armen der Helena schenken: Helena muß sich zu einer so ungelegnen Zeit zu einer Schäferstunde mit dem bequemen, der sie ihrem rechtmäßigen Gemahl entwandt und jetzt der Tapferkeit desselben nicht hatte standhalten können, den sie in Absicht auf männliche Streitbarkeit verachten mußte. Ein solcher

* [„De verecundia Virgilii"], p. 264.

macht ihr jetzt den Liebesantrag – wie charakteristisch! wie malend! * – Der wohllüstige Ehebrecher steht uns vor Augen, der Menelaus sein schönes Weib entwenden, der aus dem Zweikampfe unrühmlich fliehen, der sogleich wieder in den Armen der Helena seinen Ort suchen konnte – das ist Paris! Wir lassen den weichlichen Diener der Venus in den Armen der geraubten Gattin und kehren mit Verachtung seiner zu der Armee zurück, wo man ihn sucht und nicht findet! wo Menelaus wohl nicht glaubt, daß er da sei, wo er ist. Homer schließt seinen Gesang.

Wenn Homer für unsre Zeiten gesungen, freilich! so hätte er sich aus dem anständigen „non probo!" eines ehrbaren Kunstrichters was machen oder nicht machen sollen; was geht es mich an? Aber jetzt, zu seiner Zeit auf eine so simple unschuldige Art, als er's erzählet: nein! da finde ich keine Spur von Anstößigen, Unehrbaren, Schamlosen; nichts, was die Ehrbarkeit seiner Zuhörer verletzt und die Wangen seiner epischen Muse mit Schamröte färben darf; nichts als einen sehr charakterisierenden Zug des Paris. Soll ich ihn in galante Busenversuche eines französischen Abbé, soll ich das Betragen der Helena in züchtige Agacerien einer spröden Schönen verwandeln? Soll die fromme unschuldige Erzählung Homers ein sinnreiches „ich sage wohl nichts; aber ich will es sagen: ich merke!" werden? Der ganze Zweck Homers, Paris und Helena uns im fortgehenden Strome seiner Epopee zu schildern, ist weg; nun ist's ein artiges κακόφατον geworden. Bei Homer aber in einer Zeit, wo es kein κακόφατον war, die Sache selbst anständig zu nennen, bedorfte man kein κακόφατον, etwas anders dagegen zu nennen und doch das Unehrbare zu verstehen: kurz! der ungalante Paris hat wenigstens keine züchtige Zweideutigkeiten nötig. Ich sage statt eines anständigen „non probo!" ein wahrhaftig ehrbares „haud equidem miror, invideo magis!"

Lasset sich aber die Zeiten ändern; es fange das ganz andre Ding zu wirken an, was wir Ehrbarkeit, Anstand nennen, ohne

* Daß ich nicht der erste bin, der das in Homer findet, mag Maximus Tyrius zeigen, der in seiner zweiten Rede von der sokratischen Liebe die Liebesepisoden in Homer genau und charaktermäßig klassifiziert.

doch eben Tugend darunter zu verstehen: Dinge, die man auch ohne Neckerei und Zoten sagen wollte, wird man oft nicht nennen wollen, nicht nennen dörfen und endlich nicht zu nennen wissen. Durch einen allgemeinen Reichsschluß auf dem Reichstage der Ehrbarkeit wurden solche Benennungen für unzüchtig erklärt, aus der Sprache geworfen; nicht aber darum auch die Sachen selbst für unzüchtig erklärt, nicht darum die Begierde weggeschaffet, solche namenlose Sachen um so lieber nennen und, da man sie nicht nennen darf, artig andeuten zu wollen. Das ist der Ursprung galanter Zweideutigkeiten! Zween, drei Ausdrücke wurden aus der Sprache des Anstandes weggebannet und dem Pöbel überlassen; zwanzig Umschreibungen aber, funfzig verblümte Redarten und hundert Zweideutigkeiten, wobei nur der feine Kopf etwas merkt, dagegen eingenommen, und das hieß gesittete, übliche, züchtige Sprache des Jahrhunderts. *Züchtig!* meinetwegen! so züchtig, daß Crebillonsche Romane alle mögliche Unzüchtigkeiten mit aller feinen Zucht vortragen, mit allen lüsternen Täuschungen, durch die, wie durch einen leichten Flor, die üppigen Reize bloß durchschimmern, uns alle Szenen und Akte der Unehrbarkeit sehr ehrbar malen können. *Üblich?* allerdings so üblich, daß, wer die neueste Verdrehung dieses oder des Ausdrucks das Unglück hat nicht zu verstehen, nach allen Gesetzen des Üblichen, nach der neuesten Bedeutung des artigen Wörterbuchs in Gefahr gerät, der ernsthafteste Zotenreißer zu werden. *Gesittet?* so gesittet, daß man mit dem Sittsamen der artigen Welt alle Sitten der Tugend beschämen, alle Musen und Grazien der wahren Sittsamkeit errötend machen kann! Das sind die artigen Früchte des löblichen κακόφατον! „Tantum fuit in Romanis verecundiae studium! tam diligenter castis auribus pepercerunt!"

Quintilian selbst redet in der angezogenen Stelle gegen die Sucht, κακόφατα zu finden, offenbar. Er nennet sie ein Verdrehen, ein Verderben der Rede; er setzt, wenn die üppigen Römer seiner Zeit das, was ein alter Schriftsteller sancte et religiose gesagt hatte, auf einen unehrbaren Sinn zogen, sein spottendes „si diis placet!" dazu; er wirft die Schuld auf die Lesenden solcher Art, daß sie die Rede verdürben, mißbrauchten, daß bei solcher schamlosen Schamhaftigkeit endlich kein ehrbares Wort mehr ehrbar sein werde; er hält es für ein verderbtes Zeitalter, dem er bloß aus Not nachgeben müsse, „quatenus verba honesta moribus perdidimus et evincentibus vitiis cedendum est." Er hat also wahrlich nicht daran gedacht, daß hinter sein scheltendes „quod si recipias, nil loqui tutum est!" ein ehrbarer Klotz des achtzehnten Jahrhunderts die frommen Seufzer „tantum fuit in Romanis verecundiae studium! tam diligenter castis auribus pepercerunt!" im Ernste nachseufzen und solche verecundia mit allem Ernste zum ersten Stücke der Virgilianischen Keuschheit machen werde. Keusche Römerohren! artiges Jungfernlob auf Virgil! Das wenigste, das Herr Klotz gestehen wird, ist, daß er Quintilian nicht verstanden und das wahre Wesen der Schamhaftigkeit wohl nicht überdacht habe.

3

Von Worten fange ich die Ehrbarkeit nicht an, sondern von Gedanken; und von welchen? Ich sehe, daß Herr Klotz mich in zu tiefe Gelehrsamkeit, in zu bunte Philosophie führe; ich will lieber auf dem ebnen Stege der Natur bleiben. Nur gebe die Göttin, deren Wesen ich untersuche, daß, indem ich's untersuche, ich nicht selbst ihren Altar entweihe!

Zuerst: Womit ist die Schamhaftigkeit natürlicher gesellet als mit den Neigungen der Liebe? Der Liebe ward sie von der Natur, als Schwester, als Gesellin, als Aufseherin, mitgegeben, an deren Hand sie auch die Wirkungen, die Macht, die Reize derselben so sehr befördert. Nichts ziert die Liebesgöttin so sehr als die Farbe der Unschuld, sanfte Schamröte, die in sich geschmiegete Miene der bescheidenen Einfalt. Wenn also unter allen Tugenden *eine* das Anrecht hätte, in der Allegorie als ein Frauenzimmer vorgestellt zu werden: so ist die Schamhaftigkeit dazu die erste. Sie ist der Reiz der Liebe und die Tugend des Geschlechts, das die Natur zum liebenswürdigen Teile der Menschheit bestimmte: sie also eine weibliche Tugend. Ein Weib ohne Zucht, sagt das arabische Sprichwort, ist eine Speise ohne Salz; und noch füglicher könnte dies Sprichwort von der Liebe selbst gelten. Eine Liebe ohne Scham ist nicht Liebe mehr: sie ist Ekel. Nichts Ekelhafters in der Welt als eine förmliche Exposition der Liebe.

Wenn dies in der Natur, bei einer so notwendigen und für das menschliche Geschlecht unentbehrlichen Neigung stattfindet: wie weit mehr in Worten! in Worten an die Welt und Nachwelt! in Worten zum Vergnügen! Alle Empfindungen des Vergnügens zerfließen bei einem schamlosen Bilde; sie verwandeln sich in Ekel! Homer, in seiner Beschreibung der zweiten Brautnacht zwischen Jupiter und Juno, mag alle Annehmlichkeiten, die sich vor Augen legen lassen, zeigen: die hohe Gestalt, den Schmuck, die Pracht der Königin des Himmels; alle Grazien und Reize im Gürtel der Venus; alle Empfindungen der Liebe und des Verlangens im Herzen Jupiters – aber nun? decke sie die himmlische Wolke! * Da liegt sie in den Armen des höchsten Gottes, und unter ihnen blühen Kräuter und Blumen aus dem Schoße der Erde hervor; das himmlische Paar selbst aber umschattet die goldne Wolke, daß selbst die allsehende Sonne sie nicht erblicke! – So dichtet Homer; und ich sehe keinen Weg, weiter zu dichten, als die artigen Zweideutigkeiten, von denen er nichts weiß – –

Zunächst äußert sich die Naturempfindung, von der ich rede, in Nennung der verborgenen Teile unsres Körpers, die unsre Sprache, zum Teile, schon mit dem Namen der Tugend selbst bezeichnet. Ich sage: *zunächst*; aber absteigend zunächst; denn es ist unstreitig, daß diese Gattung von Schamhaftigkeit nicht schon allein von der Natur, sondern auch von der Politesse Gesetze erhält. In einem Wörterbuche, in einer Naturlehre mag dieses und jenes Wort recht gelegentlich und schamlos stehen; nur aber nicht so gelegentlich in offenbarer Rede, in Schriften, wo es nicht hingehören muß, in Werken des Vergnügens und der Gesellschaft. Seitdem Kleider die Hüllen der Schönheit und Häßlichkeit geworden: seitdem haben auch einige Namen, gleichsam verdeckt, selten werden müssen; und mit der Zeit sind sie gar unsichtbar geworden. Mit dem Unterschiede, daß, wo sie unsichtbar sein konnten,

* Iliade Ξ [„Ilias" XIV], v. 346[–351].

weil sie nicht genannt werden *dorften*: da war ihr Verschwinden eine Folge einer Naturempfindung; wo sie aber genannt werden müssen und doch nicht genannt werden dorften: da war ihre Unehrbarkeit eine gesellschaftliche Verabredung, ein Vertrag der höchsten Politesse.

Noch offenbarer sind andre Verabredungen, die immer heißen könnten, wie sie wollten; nur Naturempfindungen der Schamhaftigkeit sollten sie eigentlich nicht heißen. Dies sind alle Beleidigungen des gesellschaftlichen Wohlstandes, wo man eine Art von Verweise befürchtet oder sich selbst gibt. Ein Kind hält seine Kleider schmutzig, seine Strümpfe nachlässig, seine Haare unordentlich. „Schäme dich!" ist der allgemeine Zuruf der Mutter; und das Kind, insonderheit das Mädchen, lernt sich im Ernste schämen. Es *lernt*, sich schämen, und mußte es lernen; denn als Naturempfindung lag solche Scham nicht in ihm. Sie lernte sie bloß aus dem Worte: von da stieg sie ins Ohr, in die Seele und zur Gesellschaft auch auf die Wangen; mit dem Worte ward endlich auch der Begriff, mit dem Begriffe die Empfindung selbst geläufig. An sich immer ein gesellschaftlich notwendiger Begriff, eine gesellschaftlich vortreffliche Empfindung; nur nenne man sie immer lieber ein erworbnes Gefühl des geselligen Anstandes, oder soll sie ja Scham heißen, so mag man sie als eine gesellschaftlich formierte Schamempfindung betrachten, mit dem Gefühle in uns, so wie es aus den Händen der Natur kam, eigentlich nicht einerlei.

Unser Sprachgebrauch und, was noch ärger ist, unsre gemeine Erziehung verwechselt sie: man lernt, sich von Jugend auf über eine widrige Wahl der Kleidungsfarben, über unmodische Stücke des Anputzes, über mißratne Komplimente schämen, bis zur Röte schämen, sich schämen, als ob uns die Steine auszulachen schienen; aber wie lange hat man schon die Kunst in die Stelle der Natur gesetzt und menschliche Verabredungen zu Naturtrieben erhoben? Wie lange aber, frage ich weiter, hat es nicht auch halbkluge Spötter gegeben, die, da sie etwas in solchen Sachen menschlich verabredet, gesellschaftlich eingerichtet fanden, endlich alles im Menschen für menschlich verabredet, für willkürlich eingepflanzet hielten.

Sie bestürmten also auch die heiligen Gesetze der Natur, sie entweiheten also auch den Altar der liebenswürdigsten Tugend Schamhaftigkeit, ja sie, die frechsten Zyniker, und der Pöbel der Epikureer baueten endlich der Unverschämtheit selbst Altäre. Wenn die Vermischung des Angenommenen mit dem Natürlichen in dieser Empfindung also weit abführen kann: ich dächte, so könnte doch der Philosoph frei unterscheiden dörfen und das Gesetz des Aristoteles anwenden: den Jünglingen macht Schamhaftigkeit Ehre, den lehrenden Alten aber Schande. Ich fahre also fort.

Die künstliche gesellschaftliche Schamhaftigkeit kann sich verschieden äußern: in der Sorgfalt, seinen Körper zu produzieren; „Reinlichkeit, Anstand“ usw., in hundert Gebärden, Worten, Stellungen, Taten, die als artig, als schön verabredet sind; da wollen wir sie „Anständigkeiten, Artigkeiten“ nennen: gnug! sie sind gesellschaftlich gebildet. Die Empfindung darüber stieg nicht aus dem Herzen auf die Wangen, sondern erst aus eingepflanzten Begriffen ins Herz hinein: sie richtet sich also nach diesen eingepflanzten Begriffen. Da sie von der Kunst, man nenne diese Erziehung oder Lebensart oder Stufe der Kultur oder Geschmack, sich zu betragen, oder Politesse oder Galanterie oder wie man wolle – Ich sage, da sie von der Kunst einer Gesellschaft Gesetze empfängt, so hat sie sich auch immer nach der Beschaffenheit, nach dem Tone der Gesellschaft, nach Zeitalter, Nation usw. gestimmet. Sie ist ein Kind der Mode und also veränderlich wie der Geist ihrer Mutter. Jetzt wird sie in dieser Kleidertracht, in diesem Ausdrucke, in dieser Stellung beschämt, in welcher sie kurz voraus nicht beschämt ward und bald hernach nicht mehr beschämt sein wird. In dieser Gesellschaft wird die deutsche Sprache, in jener die deutsche Ehrlichkeit, in dieser der französische Wind, in jener die französische Sprache wechselsweise lächerlich und beschämend oder anständig. Wer sich in solchen Sachen mit Anständigkeiten brüsten kann, wird sich auch über solche Unanständigkeiten beschämen lassen. Die Scham ist hier ein Geschöpf des Wahns der Menschen und muß sich also durchaus nach ihrem Schöpfer richten.

Ich habe nur noch eine Unterscheidung nötig. Wie diese gesellschaftlich formierte Scham nicht eigentlich ein Geschöpf der Natur ist, so ist sie auch nicht notwendig mit *Tugend* einerlei: sie ist von der moralischen Scham völlig verschieden. Als jener Spötter vom Parterr heraufrief: „An diesen Damen ist nichts so keusch als die Ohren!“, so mag man ihn immer unverschämt, sündigend gegen die Gesetze des gesellschaftlichen Anstandes haben erkennen können: so unwahr, so gerade gegen moralische Schamhaftigkeit redete er eben nicht. Wenn man ihn gefragt hätte: „Wie? Unverschämter! muß denn an einer Dame das Ohr nicht keusch sein? und das der Anständigkeit wegen!“, so hätte er erwidern dörfen: „Und eben der Anständigkeit wegen, darf da an ebenderselben Dame wohl notwendig alles so keusch sein als das Ohr?“ – Nicht, als wenn es nicht sein könnte, sondern sein müßte; als wenn die bürgerliche schon die moralische Schamhaftigkeit wäre, und das ist sie nicht! Die moralische Schamhaftigkeit vor einem Laster, als Laster, ist ganz etwas anders!

Oft scheinen sie sich nahezukommen; aber oft zu nahe, so, daß die eine die andre unnötig zu machen glaubt. Da die politische Tugend oft als der Schein der wahren Tugend gilt: so läßt man sich oft mit dem Scheine begnügen, und natürlich, daß man alsdenn um so mehr auf den Schein erpicht sein wird, je weniger man das Wesen hat. Wer mit gefärbtem Glase wie mit Edelgesteinen prangen darf, wird diese um so mehr aufputzen, sie um so mehr zur Schau stellen, und wehe dem! der alsdenn nicht auch gefärbtes Glas hat. Je weniger man vielleicht eine Tugend innehat, desto mehr wird man sich vielleicht im Kanzleistile dieser Tugend üben; je unzüchtiger man denkt, desto mehr vielleicht die Keuschheit seines Ohrs schonen, desto ekler, desto wähliger und üppiger in der Wortwürde werden, desto eher nach Zweideutigkeiten haschen. Wer diese am besten kennet, wer diese in einer Gesellschaft zuerst, und vielleicht einzig und allein, aufmerkt und darüber anständig errötet und artig darüber in Unwillen gerät – artig, freilich artig und anständig ist dieser schamhafte Unwille, ob aber auch deswegen wirklich und notwendig eine Schamröte der unwissenden Unschuld, der unwilligen Tugend? Nicht notwendig!

Ich habe bloß den Unterschied der Begriffe zwischen Naturempfindung, gesellschaftlicher und moralischer Scham entwickelt und verhülle, wie Sokrates, da er von der Liebe dithyrambisierte, mein Gesicht, um keiner von dreien zu nahe zu treten. Nur eben aus Verehrung will ich die Naturempfindung nicht mit Coquetterie und die schönste der Tugenden nicht mit ihrer Nachäfferin, der unzüchtigen Ehrbarkeitspedantin, verwechselt haben. Vielleicht sind Leser, die auch die erste von dreien für einen Gesellschaftstrieb halten, denen widerspreche ich nicht; sie ist aber alsdenn wenigstens ein Zögling der menschlichen, nicht bloß bürgerlichen, nicht bloß artigen Gesellschaft: sie ist näher unsrer Natur; und das nur habe ich sagen wollen.

4

Wie? wenn wir nun jetzt, da wir diese Göttinnen der Schamhaftigkeit einigermaßen von Gesichte oder nach ihren Hüllen wenigstens haben unterscheiden gelernet, uns nach ihnen unter verschiednen Völkern, in verschiednen Zeitaltern umsehen würden: wie sie da erschienen? – Mich dünkt, ohne Voraussetzungen hierüber läßt sich kaum von der Schamhaftigkeit eines fremden Volks, einer abgestorbnen Zeit oder gar fremder Völker, abgestorbner Zeiten reden; noch weniger lassen sie sich vergleichen, noch weniger aus einer fremden Schamzeit beurteilen. – Ich wage mich also an einen historischen und geographischen Blick über Zeiten und Völker – nicht aber an eine Geographie der Zucht oder an eine Schamhistorie aller Zeiten.

Wenn bei einem Weibe die wohlbewachte Scham die Führerin ihrer Tugenden ist, wie Diana bei Virgil ihrer Oreaden; wenn nach der weiblichen Moral Scham und Zucht vorzüglich Tugend heißet und bei manchen auch beinahe die Stelle aller übrigen Tugenden vertritt: so wird man diese Empfindung auch eigentlich da wirken sehen, wo in den Neigungen der Liebe das zarte Geschlecht mit uns einerlei Gewicht in die Schale legt, um den Ton der Liebe zu bestimmen. Dies ist in den despotischen Morgenländern, wo die Weiberharems Behältnisse von Sklavinnen sind, nicht. Hier ist nur der Schleier und das Schloß das Siegel der Schamhaftigkeit, nur die schwarzen Verschnittenen die eigentlichen *Zuchtmeister* und Zuchtbewahrer, nur die Mauer des Serails die Grenze der Keuschheit. Da mit dieser Extremität so gut der Keuschheit als der Unkeuschheit ihre Sphäre zu wirken benommen wird, da der Schleier und das Schloß nur die Gemüter der Weiber um so mehr erhitzen, so muß natürlich auch die Scham, je mehr sie äußerlich bewacht wird, um so mehr vor dem entfliehen, der sie bewachen ließ, und so kann es kommen, daß oft das schamhafte Geschlecht das schamlose heißen könnte. Da es vermöge seiner Natur zuerst und am stärksten und am längsten die Neigungen der Liebe fühlt: was wird aus ihm, wenn man diesen Begierden die Decke, die Hülle wegnimmt, die ihnen die wohltätige Natur gab?

Doch ich sage nur so viel. In einem Publikum, wo das Frauenzimmer nicht mit zum Publikum gehört: da kann auch ihre weibliche Sittlichkeit keine Einflüsse in den Ton des Lebens äußern, da wird nur der männliche Charakter die Denkart des Ganzen bezeichnen. Und da nun die Schamhaftigkeit, ich sage damit eben nicht, die innere Zucht, vorzüglich eine weibliche Tugend sein sollte, um vielleicht (doch was geht mich dies Vielleicht an) — so wird man sich in einer bloßen Mannsgesellschaft eine gewisse Offenheit nicht verübeln, die immer Unbescheidenheit hieße, wenn beide Geschlechter in gleichem Maße ihre Stimme zum Tone des Ganzen geben. Die Grenzen des züchtigen Anstandes werden etwas weiter hinausgerückt, die Schamhaftigkeit wird nicht mehr als eine wahrhafte männliche Bescheidung sein dürfen und also auch keine Grazie der Weiblichkeit sein wollen. Das ist der erste Unterschied, der sich eräugen kann.

Ein englischer Weltweiser erklärt hierüber, ob er gleich eigentlich nur von der eigentlich gesellschaftlichen, bürgerlichen Scham redet, meine Gedanken: „Unter den Alten“, sagt Hume, „ward der Charakter des schönen Geschlechts für durchhin häuslich gehalten: sie wurden nicht als ein Teil der politen Welt oder der guten Gesellschaft gehalten. Dies vielleicht ist die wahre Ursache, warum die Alten uns kein einziges Stück der Plaisanterie hinterlassen, das vortrefflich wäre“ * usw. Ich nehme hier seine Worte noch allgemeiner, als daß sie für oder gegen die Galanterie entscheiden sollten; sie sollen nur für die Schamhaftigkeit entscheiden.

Nicht alle Climata und Nationen setzten also selbst den Vorstellungen und Ausdrücken der Liebe einerlei Schranken. Die hitzigen Morgenländer, die in ihren Gesetzen fast eine Belohnung auf den setzen, der in den ersten Zeiten der Wildheit ein einsames Frauenzimmer ehrbar gelassen, waren auch in Bildern dieser Art beinahe unbändig. Je mehr sie ihre Schönheiten verschlossen und überschleierten: desto unerrötender, Werke und Glieder der Liebe, insonderheit in der Sprache der Leidenschaft, der Eifersucht, des strafenden Zornes zu nennen. Man nenne ihre Freiheiten aber nicht Freiheiten der Natur, sondern einer entarteten Natur, eines despotisch-orientalischen Weiberumganges. Michaelis hat bei den Morgenländern dies nicht bloß angezeigt, sondern auch zum Teile erklärt.** Er war zu sehr Kenner der orientalischen Natur, als daß er sie bloß christlich hätte verdammen oder artig und wohlanständig darüber verunglimpfen sollen: er entwickelte den Grund ihrer Lizenz.

Bei den Römern findet sich nur, auf eine andre Weise, eine Unterdrückung dieser Sittlichkeit, die ich aus ihrem, von jeher, rohem Charakter erkläre: aus dem Kriegerischen, das ihnen zur Natur ward, aus der männlichen Härte, die eine so zarte Empfindung leicht etwas ersticken konnte. In den meisten ihrer Dichter und fast auch ihrer Schriftsteller überhaupt herrscht eine solche männliche Schamlosigkeit: wo wollte ich mir aber aufgeben, alle Proben davon aus ihrem Lukrez, Plautus, Horaz, Ovid, Petron, Juvenal, Martial, Catull, Tibull, Properz usw. zu sammlen und ein wahres Fest der Priapeen anzustellen. Hume mag also für mich reden: „The scurrility of the ancients, in many instances, is quite shocking, and exceeds all belief. Their vanity too is often not a little offensive; as well as the common licentiousness and immodesty of their style. ‚Qui-

* „Essays and Treatises of [on] several Subjects“ [1764], vol. I, Essay XVII [XIV, „Of the Rise and Progress of the Arts and Sciences“], p. 192 [150].

** Lowth, „De sacra poesi Hebraeorum [praelectiones academicae Oxonii habitae]“, [1758], Praelectio VIII, p. 135.

dörften: „Atque etiam fateor ipse, mihi non omnino probari hunc locum, quem reliquae epici carminis maiestati detrahere puto“* (der gewöhnliche Lieblingstadel unsers Verfassers), aber vielleicht auch, daß die Kenner der Griechen insonderheit in ihren poetischen Zeiten auf meiner Seite sein dörften: Atque etiam fateor contra, mihi, tanquam Graeco, et Graece sentienti, omnino probari hunc locum, quem molli Graecorum de venustate iudicio optime respondere puto. Und in der Tat, wenn die feine ionische Wohllust nicht dem poetischen Geiste der Griechen Charakter gegeben hätte: wieviel schöne Kinder der Poesie, von Homer und Anakreon und Sappho an bis auf Theokrit und Moschus zu, würden Embryonen der idealischen Wohllust geblieben sein! Und wer, nach dem Klosterzwange unsrer Zeit, eine beurteilen, uns eine rauben will, der raube uns lieber die Mutter mit allen Kindern! alle üppige Bilder griechischer Wohllust! – Das ist ein würdiger, züchtiger, schamhafter Kunstrichter unsrer Zeit.

Der zweite Punkt griechischer Freiheit betrifft das Nakkende ihrer Bilder und so auch ihrer Ausdrücke des Nackenden in der Sprache. Wer kennet hier nicht die griechische Freiheit? allein, wer sie kennet, wird sie verdammen? Einem Lehrer der Kunst müssen Worte erlaubt sein, die keinem andern, und einem Griechen, die keinem Deutschen erlaubt sind. Nicht nur, daß die herrlichsten Denkmale der Kunst vor ihren Augen nackend, bloß standen und ihre Kunst überhaupt mehr das schöne Nackte als das züchtig Verhüllte liebte: auch in der Natur selbst bildete sich hier eine Art von eigner nationalgriechischer Schamhaftigkeit des Auges, die niemanden fremde dünken kann, als wer unter ihnen noch kein Grieche geworden. Nackte Ringer, nackte Kämpfer, nackte olympische Sieger, nackte badende Schönen, nackte Tänze, nackte Spiele, nackte Feste, halbnackte Trachten – und ihre Dichtkunst sollte einpressende Klosterlumpen dulden? Ihre besten Schriftsteller sollten eine Nonnenehrbarkeit sich einander eingestehen, die das Auge des ganzen Griechenlandes und die Zunge der Ältesten, Ehrwürdigsten und Feinsten des Publikum sich nicht eingestand? die sich selbst die Philosophen in

* „De verecundia Virgilii“, p. 264.

ihren Sittenstunden nicht eingestanden? In einem Punkte, wo es so sehr *auf Gewohnheit der Augen* ankommt, sollte man, denke ich, eben diese Augengewohnheit doch wohl bei einem Volke zu Rate ziehen, das sich in ihr so sehr auszeichnet. Noch jetzt ist das Gefühl der Italiener über diesen Punkt von dem Gefühle nordlicher Europäer sehr verschieden: und sie sind doch, dem einen Teile nach, selbst ja nordliche Europäer; und sie sind doch, dem andern Teile nach, noch keine Griechen an Natur; und sie wohnen doch nur unter zertrümmerten Resten griechischer Kunst; und sie haben doch eine Religion, die so sehr die Verhüllung liebet; und sie sind schon in einer Lebensart, die schon vom bürgerlichen Wohlstande und der Politesse gebildet worden – Wie? und die Griechen, zum Gefühle der Wohllust geboren, von Jugend auf unter den Schönheiten der offnen Natur erwachsen, zur Lust und Freude bei ihren Spielen eingeweihet und noch nicht zum sklavischen Puppenwohlstande verdammt, sie sollten nicht eine eigne Sittlichkeit des Nackenden haben dörfen? sie wollten wir verdammen, wenn sie nicht nach Nonnentrachten ihre Zeit schildern? sie sollen sich nicht der Jugend der Welt, der Unschuld ihres Zeitalters erfreuen dörfen, von unsern züchtigen Verhüllungen frei zu sein? sie sollen verschleierte persianische Figuren, Chineserschönheiten mit verhüllten Fingerspitzen werden? und ihre Dichter eine Briseis mit schönen Knien, eine Spartanerin mit schönen Hüften, eine Venus Anadyomene, einen Bacchus mit schönem Bauche, einen Bathyllus, wie ihn Anakreon sehen will:

ἁπαλῶν δ'ὕπερθε μηρῶν,
μηρῶν τὸ πῦρ ἐχόντων,
ἀφελῆ ποίησον αἰδῶ,
Παφίην θέλουσαν ἤδη,

nicht unschuldig züchtig nennen dörfen, da ganz Griechenland sie so siehet? So wenig ich diese Freiheiten zum Privilegium unsrer Zeit, statt einer uralten deutschen Bescheidenheit, haben will; so wenig will ich's den Griechen in der Morgenröte ihrer Sittlichkeit angestritten haben. Ich will vielmehr mit der Unschuld, mit der Plato seinen Greisen erlaubt, die Spiele der muntern Jugend anzusehen, aus meinem greisen Zeitalter hinaustreten und die Freuden griechischer Jugend und die Natursprache griechischer Dichter und nackte Schöne der griechischen Kunst und die Philosophie der Liebe bei einem Sokrates so betrachten, als wenn ich mich selbst in die muntere Unschuld dieser Weltjugend zurücksetzen und zu einem griechischen Gefühle zurück verjünget würde — dann kann ich Griechen lesen.

Ein dritter Punkt griechischer Freiheit kann eigentlich nicht Schamhaftigkeit heißen, er betrifft den Anstand der Reinigkeit, der Zierde, der Würde, und wer kennet da nicht die Taubenreinheit der Griechen? Mich freuet's, wie ernsthaft mein Autor über den Unterschied der Wortwürde zwischen ὄνθος und κόπρος, zwischen κόπρος und κόνις disputiert, wie offenherzig er eine Stelle Homers mit seinem Kopfschütteln begleitet: „me offendit fere, ut libere sententiam dicam, haec imago"* — wie er bei solcher Kleinigkeit Gelegenheit nimmt, auch der Ernestischen Ausgabe Homers einen Liebesstreich zu versetzen, daß sie das ὄνθος, das dem derben Ajax um Mund und Nase fliegt, und den κόπρος, in welchem sich Priamus wälzet, nicht in ein artiges „quidni potius per *pulverem*" verdolmetschet und *verhöflichet* hat. Mich freuet die würdige Dispüte, und ich empfehle nächstens den Unterschied zwischen ὄνθος und κόπρος einem bündigen Concilio κοπρωνύμῳ, ut libere sententiam dicat.

Was gölte es aber, wenn wir auch einen ehrlichen Skythen mit dahin schickten, der sich schon einmal mit Solon über eine solche Kotmaterie besprochen, der sich nicht gnug wundern konnte, da er die wettringenden Jünglinge sich im Staube wälzen sah, der über diesen mit solchem bösen Übergusse gypsierten Figuren seltsame Augen macht, immer wieder darauf zurückkommt und sich endlich von dem griechischen Gesetzgeber schwer, schwer diese Kotübungen erklären läßt. Es ist der Anacharsis des Lukians. Dieser gute Kahlkopf mag lehren, daß die öftern freien Leibesübungen der alten Griechen von Jugend auf, auf Erde, Staub und Kot, ihnen einen solchen Anblick des Ajax oder Priamus, den ihnen Homer vorlegt,

* [A. a. O.], p. 269, 270.

wohl nicht so ekel gemacht haben dörften als uns, die wir auf Pflaster und Polster treten. – –

Von der eigentlichen Anständigkeit unsrer Zeit, von der Hofpolitesse unsres Wohlstandes haben die Griechen mit allem ihrem ἀστεισμός an der Hand der attischen Venus nichts gewußt; ganz nichts gewußt. „Schade gnug für sie!" Immerhin schade! nur noch mehr schade um den ehrbaren Tadel unsrer Kunstrichter, die etwas in Griechenland suchen, worauf kein Grieche Anspruch machen will, und das nicht zu schätzen wissen, was sich an freiem edlen Gefühle unter den Griechen findet! O daß eine Muse, eine der Charitinnen selbst aus Griechenland auflebte, um uns ihre Lieblingsfreundin, die griechische Schamhaftigkeit, zu zeigen, nur daß diese keine Kloster- oder Hofpuppe sei!

5

Ich darf nicht weiter: denn ich habe nur den Unterschied, der zwischen Nationen und Zeiten sein könne, anzeigen und es merklich machen wollen, daß, wer über die Schamhaftigkeit griechischer und römischer Autoren urteilen wolle, aus einem Nationalgefühle derselben urteilen müsse. Herr Klotz hat das erste gewollt und das letzte nicht gewollt; in seiner Abhandlung also sind die wahren und falschen Gattungen von Schamhaftigkeit, die natürlichen und künstlichen Arten derselben, der griechische und römische Geschmack hierüber, alle Zeiten und allerlei Schriftsteller beider Nationen auf eine so seltne Weise vermischet, daß der denkende Leser nach allen Gemeinsätzen hintennach Lust bekommt, zu fragen: weiß dieser Redner auch, was Schamhaftigkeit sei?

Ein paarmal habe ich meinem Verfasser schon Gemeinsätze, die er ausschüttet, schuld gegeben, und in allen seinen Abhandlungen liegen gnug Beispiele davon vor Augen. Jede derselben ist damit so beladen als ein gotisches Gebäude mit Nebenwerken, daß man recht suchen muß, wo die Chrie selbst anfange. In der Tat, wenn ich die herzliche Liebe eines Autors zu solchen Kollektaneenbrocken und Gemeinsätzen betrachte: so stehet mir in seiner bepackten Muse der leibhafte Junker Hudibras vor Augen:

His back, or rather burthen, show'd
As if it stoop'd with it's own load.
For as Aeneas bore his sire
Upon his shoulders thro' the fire;
Our knight did bear no less a pack
Of his own buttocks on his back
Which now had almost got the upper-
hand of his head, for want his crupper.

Und wenn ich nun diese liebe Muse umkehre und die herzliche Liebe derselben zu gelehrten Zitationen noch zu Gesichte nehmen muß! siehe, da steht auch der umgekehrte Ritter nach seinem Vorderteile:

To poise this equally he bore
A pounch of the same bulk before
Which still he had a special care
To keep well-cramm'd with thrifty fare;
As *White-pot*, *buttermilk* and *curds*
Such as a country-house affords usw.

Welch ein schönes Bild!

Bekannte Gemeinörter an unrechter Stelle; gelehrte Zitationen, die nichts zur Sache tun; Maschinen von tausend Büchern, um eine Kleinigkeit fortzuspielen, die kaum einen Fingerdruck verdient –; andre so viel *überhaupt* denken lassen, daß man *besonders* für seine einzelne Materie selbst zu denken vergißt; aus Wüsten in Moräste geraten; wie anders? als daß dies endlich die verdrüßliche Frage dem Leser abzwingt: Wo ist denn der Weg? wo sind wir? wie weit sind wir gekommen? – Ich mag nicht gern eine Beschuldigung ohne Beweis vorbringen; ich muß also die Schulchrie zergliedern.

Initium: „Parum recte tractari a multis veteres scriptores." * Prächtiger Eintritt! nur daß er, wie ich bewiesen, nicht für diese Schamuntersuchung gehört. Lessing, da er Horaz in

* „Opuscula varii argumenti", p. 242–244.

einem ähnlichen Falle verteidigen will, schwingt sich freilich nicht so hoch: sein Eingang gehört aber zum Gebäude.

Dictum: „Verecundiam tribui Virgilio, sed mire."* Welche verecundia? die persönliche oder die schriftstellerische verecundia des Virgils? Doch was brauchen wir das zu wissen, über ein unbestimmtes Thema läßt sich am besten rhetorisieren. Jetzt also noch

Exordium: „Verecundia poetae copiosius exponitur."** Man verstehe dies copiosius nicht so, daß es bestimmter, reicher an Gründen heiße: Denn wie wenig Herr Klotz dies in seinem ganzen libello beobachtet, wird der Verfolg geben. Dies Exordium ist, wie billig ein exordium sein muß – ein vorläufiges Nichts!

Locus communis I: „Stoicorum de turpitudine verborum opinio."*** Was soll der allgemeine Tröster hier? soll man, um Schamhaftigkeit zu bestimmen, von Worten anfangen? von der Lehrmeinung einer Sekte anfangen, die nicht hieher gehört: nicht für Virgil, nicht fürs epische Gedicht, nicht für Virgils Sitten – können ausgerissene Zitationen gelten, da wir, was turpia verba sind? wie sie beurteilt werden sollen? noch nicht wissen – noch nicht wissen, wer recht gehabt, ob der Stoiker oder der Zyniker oder der homo sui iudicii, Peter Bayle, oder der Herr Gatakerus und Rittershusius und Petitus und Balzacius und Arnaldus und Bergerus oder der kahle Ausspruch des Herrn Klotzius hintennach: „*Atque etiam*, si *accuratius* rem considero, homines quasi consensisse inter se et firme statuisse videntur, unam eandemque rem certis verbis expressam laedere pudorem, eandemque aliis enunciatam aequis auribus audiri et salva verecundia."**** Wie? wenn das der ganze Ursprung der Schamhaftigkeit ist, daß eine und dieselbe Sache, mit gewissen Worten gesagt, schamhaft, mit gewissen, schamlos sei – welche Luftblase von Schamhaftigkeit? Welche Torheit, mit solcher Luftblase kämpfen zu wollen? Welch ein würdiger Vertrag, solche Augenblende

* [A. a. O.], p. 244, 245.
** [A. a. O.], p. 245, 246.
*** [A. a. O.], p. 247, 248.
**** [A. a. O.], p. 248, 249.

zum heiligsten Verbündnisse zu machen? O wenn man auf einer so weitläuftigen Reise von Belesenheit im gelehrten Utopien nichts mehr erlernet – meine Kondolenz zur Wiederkunft mit allen gelehrten Zitationen!

Locus communis II: „Poetas inprimis decere pudorem!"* Wer hat an dem Regelchen je gezweifelt? Wer hat es aber auch je *deswegen* geglaubt, weil die Poesie das vortrefflichste Geschenk der Götter, weil es eine Narrheit ist, das selbst von sich zu erwähnen, was kein andrer, ohne unsre bona fama zu beleidigen, von uns erwähnen könnte usw. Elende Sachen!

Consecutio: „Plinii opinio non probatur."** Die zitierte Stelle, bei welcher dieser Randtitel steht, gehört meines Wissens dem Catull. Plinius hat mit seinen Briefen, als Römer, als ein Römer seiner Zeit, recht. Was soll der consularis vir bei einigen muntern Zeilen? was soll die levitas Pliniana bei Verteidigung solcher Zeilen? Plinius war ja kein Allonge-Bürgermeister in und einige lose Verse von ihm kein Ratschluß der Stadt Rom.

Locus communis III: „Concedenda videtur aliqua libertas."*** Gnädige Freiheit! huldreichste Erlaubnis! für die alle Poeten von Anakreon zu Gleim und von Ovid bis zu Wieland untertänig danken sollen. Daß man ja aber das Privilegium nicht mißbrauche, so ist aus der poetischen Freiheit wieder nichts als ein elendes moralisches Regelchen geworden, ohne poetische Bestimmtheit, ohne genaue Eingrenzung in die Gattungen der Gedichte, ohne hiesige Abzweckung. Und siehe! das Kollektaneenbuch wird redender:

Illustratio I: „a Campani Palinodia
II: a voto Fontanii
III: a morte Addisoni
IV: a Regnierii et Grecurtii levitate."****

Schöne Gesellschaft! der Papist Campanus, in seiner Religion, nach seiner Zeit, nach seinen Schriften, nach seiner damaligen Fassung – und der von jeher reifbesonnene Lafontaine in sei-

* [A. a. O.], p. 249.
** [A. a. O.], p. 250.
*** [A. a. O.], p. 250, 251.
**** [A. a. O.], p. 252, 253.

nem letzten Wunsche! — ehrwürdige Bußprediger! Welch ein Uz und Wieland wird vor ihnen [nicht] die Hände falten, seine Liederchen nicht gleich verbrennen! — Man tut uns einen Gefallen, wenn man uns religiös, nicht aber, daß man uns übergläubisch und eine gute Sache durch den unüberdachten Beweggrund lächerlich machen will. —

Überdem, was soll Addison hier? Ich verehre den seligen Young in diesem Zeugnisse von ihm: vielleicht hat er auch seine Absicht erreicht, um vom Andenken an denselben einige schwarze Züge mit Pope usw. wegzuwischen und eine im Untergehen glänzende Sonne in seinem Namen darzustellen — was soll das aber hier? — Und denn überhaupt täte Herr Klotz am besten, wenn er mit dem gottlosen Fontanio, Regnierio, Grecurtio und andern schamlosen französischen Dichtern, unter denen wohl Voltarius obenan stehen wird, ein christliches Autodafé vornähme. Die Flamme würde weit zünden und die schamlosen Boccaccios, Aretinos, Wielandios usw. auch als einen Bann der Erde wegtun. Zum Notfalle dörfte sich auch bei einigen dieser, die schon verstorben, ihr letzter Wille als Bußspiegel zur Berechtigung eines solchen Vertilgens von der Erde vorfinden, wie etwa Virgil ein Testament über seine Aeneide gab; und wo es sich nicht fände, dörfte man nur die noch lebenden schamlosen Dichter christlich töten und ihnen den Letzten Willen erzwingen: so ist das Autodafé gerichtlich und testamentarisch fertig, und —

Doch ich spotte, und wer kann wohl über so etwas anders als spotten. Reuig indessen finde ich mich zu meinem gelehrten libello zurück: und gottlob! endlich am Thema.

Thema: „Virgilii verecundia triplex."* Um Virgil mag ich mich nicht bekümmern, sondern nur erst über die Klotzischen Begriffe von Schamhaftigkeit, und siehe! da ist wieder Crispin! sein liebes κακόφατον vor der Stirn.

I. κακόφατον.** Es sei gnug, gezeigt zu haben, daß Herr Klotz Quintilian nur halb verstanden, daß es nur ein sehr unzuverlässiges Jungfernlob über die Keuschheit eines Zeitalters, einer Nation, einer Sprache, eines Schriftstellers sei, über

* [A. a. O.], p. 254.
** [A. a. O.], p. 254.

das κακόφατον sich zu wählig, zu ekel beweisen. Wer zur Satire Lust hätte, könnte diese erste Jungfernprobe unsers Autors sehr ehrbar, als das Wesen der Schamhaftigkeit, und eben damit schon lächerlich darstellen.

II. „Ab omni obscenitate per totum carmen et per partes abhorret."* Hier werden Griechen und Römer, wahre und falsche Obszönitäten, wahre und falsche Anständigkeiten durcheinandergeworfen; ohne Grundsätze und Bestimmungen liegen sie da: wer will den zusammengeflossenen Unrat sondern?

III. „Verecundia in verbis et formulis."** Der vorige Klumpe! obscena, sordida, humilia etc., alles in einer Grube! ohne einigen bestimmten Begriff und Unterscheidung! Ob Vorstellungen oder nur ihre Ausdrücke beleidigen? ob diese Beleidigung Ekel oder Scham oder nur galanter Unwille sei, den sie erregen? ob es wider das Reine des Auges im Begriffe selbst oder wider die Zucht des Ohrs im Ausdrucke? ob wider die natürliche Scham oder die gesellschaftliche Anständigkeit oder nur wider die Sprachwürde sei? ob diese unter allen Völkern, zu allen Zeiten, in allen Gattungen der Schriftstellerei dieselbe sei? – Alles einerlei und unerwogen; so getadelt, so gelobt – wozu kann das Gemische dienen?

6

Um Virgils Schamhaftigkeit zu beweisen. Wozu das aber ohne Bestimmung der Begriffe, ohne Ort und Ordnung? Es ist immer ein falscher Geschmack, ein Überbleibsel der alten philologischen Notenmacher, Stellen und Sachen zusammenzuhäufen, die so gut anderswo als hier stehen können, die hier nichts zur Sache tun, sondern die Hauptfigur vielmehr auslöschen. Und das ist doch der Klotzische Geschmack in allen eignen Schriftchen desselben. Hier trete ich in einen so großen Wald kahler fremder kompilierter Stellen, daß mein Schriftsteller Virgil fast darunter verschwindet.

Um die Schamhaftigkeit Virgils zu beweisen? hat unser

* [A. a. O.], p. 255–266.
** [A. a. O.], p. 266–283.

Autor da gewußt, was er beweisen soll, und hat er, was er zu beweisen scheint, bewiesen? Virgils Schamhaftigkeit kann zweierlei bedeuten: die Züchtigkeit seines persönlichen Charakters oder seine Ehrbarkeit als Schriftsteller. Beide sind ganz verschiedne Sachen; Herr Klotz hat sie nicht unterschieden; er beweiset auf alle beide los, und beweiset keine.

Nicht recht die Schamhaftigkeit Virgils als Schriftsteller: Denn wodurch beweiset er sie? Durch das κακόφατον? Er das κακόφατον eines Römers, eines antiksprechenden Dichters, eines gräzisierenden epischen Dichters kennen, aufzählen, beurteilen? Wer weiß es nicht, daß die feinsten Zweideutigkeiten bloß auf dem schlüpfrigen Witze einiger Zeitgenossen, auf dem wandelbaren Eigensinne eines üppigen Sprachgebrauchs oder Sprachmißbrauchs beruhen? Wer weiß nicht, daß es am wenigstens zum κακόφατον gehöre, wie ein Wort ausgesprochen werde („quomodo veteres *pronuncia[ve]rint* verba“*, sondern wie diese und jene Gesellschaft, dieser und der Wortmäkler sie verstanden oder mißverstanden („mala consuetudine in obscenum intellectum detorserint“). Wer weiß nicht, daß eben ein *archaisierender* Schriftsteller, wofür Virgil bekannt ist, am ersten Gefahr läuft, den Neulingen der Sprache obszön zu werden? daß ein epischer Dichter, insonderheit der dem Genie einer fremden hohen Sprache nacheifert, der erste sei, unschuldige κακόφατα zu machen, wie sie ja für unsre verblichene Gottschedianer keiner mehr als Klopstock gemacht hat? Wer weiß nicht, daß ein epischer Dichter immer lieber einen hohen alten starken Ausdruck sancte et religiose setzen als für die Ohren einiger Zuchtkrämer auslassen wird? Und wer weiß nicht, daß nach der Auslegung des Servius und nach der Tortur, die Celsus dem Virgilischen

incipiunt agitata tumescere

antun konnte, kein Dichter vielleicht unschuldigerweise für die Witzlinge jüngerer Römer mehr κακόφατα gemacht haben kann als eben Virgil? Und wenn solche Stellen nicht vor Mißdeutungen sicher geblieben, welche wären's denn? Und

* [A. a. O.], p. 255.

welch ein unwürdiger Begriff, einen epischen Dichter *zuerst* und vornehmlich zu solchem Ehrbarkeitspedanten zu machen? Und wie vergeblich, jetzt in Virgil Proben des κακόφατον oder des vermiedenen κακόφατον auffinden zu wollen? — — O des Schutzredners für Virgil! Er ist imstande, ihn mit seiner Schutzrede selbst in Verdacht zu bringen, selbst schamrot zu machen! — — Am besten, daß er hinter das ganze Non-sense dieses Hauptstücks hintennach sagt: Vom Virgil wußte ich hierüber nichts zu sagen!

Oder soll es die Schamhaftigkeit Virgils ausmachen, daß man ihn gegen die Auslegungen eines Servius rettet?* So hat man ihn längst, und wir werden sehen, wiefern, gerettet.

Oder soll es die Schamhaftigkeit Virgils ausmachen, daß er die Umarmung der Dido nicht malen wollen?** Und wer wird sie malen wollen? Hat denn Homer seine Umarmung der Helena gemalet? Ohngeachtet des höflichen „non probo!" unsers Autors finde ich Homeren in seiner unschuldig einfältigen Erzählung keuscher als Virgilen in seinem Shandyschen „Macht die Tür zu!", und des kahlen „non decet talis pictura carminis epici dignitatem!" bin ich, wenn nichts weiter ist, herzlich müde.

Bei Homer ist bloß das Charakteristische im Antrage des Paris der Zweck der Muse; wenn der Antrag, und zwar zu der Zeit, in der Situation wegfällt: so falle die ganze Stelle weg, so braucht die Muse diesen Schritt nicht. Bei Virgilen ist's die Umarmung seines Paares selbst, die in das Wesen des Gedichts verflochten ist: diese Schäferstunde, dieser Eingang in die Höhle ist ein Hauptknoten seiner Epopee:

> Ille dies primus leti, primusque malorum
> Causa fuit.

Wer ist nun schamhafter, der eine solche Sache nur beiläufig, nur ihrem Antrage nach, nur als Charakterzug, mitnahm, oder der sie in das Wesen seiner Epopee mit einknüpfte, der von ihr so viel abhangen läßt, der auf sie, als auf eine Haupthandlung, unser Auge richtet? — Jenes tut Homer, dies Virgil — wessen Muse verdient eher ein „non probo"?

* [A. a. O.], p. 256.
** [A. a. O.], p. 261–263.

Überdem ist's unpassend, die Junonische Liebesszene in Homer mit der Didonischen auch nur von weitem in Vergleich zu setzen*; sie sind so wenig zu parallelisieren als Götter und Menschen überhaupt. So in Homer als in Virgil haben die Götter ihr eigenes Etiquette: und beiden setze man also Götter in Vergleichung oder nichts. Da stehe also gegen den Homerischen Jupiter und Juno** ein Virgilianischer Vulkan und Venus***, und wer malet schamhafter, der Grieche oder der Römer? Der Grieche, der, uns bei den schönen Vorbereitungen zu ergötzen, seine Kunst anleget, oder der Römer, der sein Werk darauf setzet, um die erregten Empfindungen selbst auszumalen? Der Grieche, der mit seiner poetischen Schilderung von Pracht und Schönheit der Juno, mit seiner schönen allegorischen Dichtung vom Gürtel der Venus unser Auge stiehlt, oder der Römer, der es recht eigentlich auf die Liebesumarmung selbst richtet? Der Grieche, bei dem wir die edle Bildung der Juno in einer ganz unschuldigen Gelegenheit antreffen, da sie sich schmückt, oder der Römer, der uns die schneeweißen Venusarme nur alsdenn zeigt, wenn sie sich um Vulkan schlingen, wenn sie ihm den elektrischen Funken der Liebe durch Leib und Seele jagen? Der Grieche, der uns die himmlische Königin in ihrem Brautgemache nur bei verschlossenen Türen entkleidet, sie nur badend, salbend, zierend zeigt und das Übrige unter den Gürtel der Venus verhüllet; der sie auf Ida um nichts so lange, so angelegentlich besorgt sein läßt als um Verborgenheit, um nicht gesehen zu werden: beschämt zeigt sie Zeus den ringsum offnen Ida; schamhaft bezeuget sie, wie, wenn sie von andern belauschet würden, sie keinem Gotte unter die Augen würde treten können; züchtig schlägt sie ihm sein Ehebette, seine Schlafkammer vor; sie läßt sich nicht anders als durch die dickste goldene Wolke sicher machen; der Römer überhebt seine Venus aller dieser Besorglichkeiten: ungestört fängt sie ihr Liebesspiel selbst an. Bei Homer muß Juno in einer ganz andern Absicht den Ida vorbeiziehen, ganz, wie es scheint, ohne Absicht, ihm das Herz

* [A. a. O.], p. 264.
** Iliade Ξ [„Ilias" XIV, Vers 312–351].
*** Aeneide VIII, [Vers 370–406].

entwenden, sich anhalten und durch ein außerordentliches Verlangen ihres Ehegemahls, durch das offne Liebesbekenntnis, daß diese Schäferstunde alle, alle seine Schäferstunden nach Namen und Zahl übertreffe usw., sich weigernd in die goldne Wolke ziehen lassen; bei Virgil setzt es Venus mit ihren Umarmungen offenbar darauf an. Bei Homer ist die Schäferstunde nur ein Mittel, die Augen des Jupiters durch den Schlaf zu fesseln; bei Virgil ist sie der Marktpreis, daß Venus ihre Absichten erreiche – Wer ist schamhafter, anständiger, edler? Gewiß! soweit Juno die Venus an Hoheit und Adel, soweit übertrifft Homer seinen römischen Nachahmer an innerer Würde und Schamhaftigkeit. Jener erzählet unschuldig, offenherzig und, wenn man will, langweilig: der Römer versteckt, verkürzet; er hat sein: „Ich könnte mehr sagen!" Jener erzählt episch, übergehend: dieser malet, damit er Funken errege – wer verliert bei der Vergleichung?

Es bleibt Virgils Zucht in Worten und Formeln über.* In Worten und Formeln? Darüber sollte Maecenas urteilen; wir, jetzt, nach der Analogie unsrer Sprache, nach den wenigen Hülfsmitteln zu einem Lexikon der Wortwürde damaliger Zeit, kaum! Kein Teil der Sprache hängt so sehr von Nebenbegriffen des Gebrauchs, vom Eigensinne der Mode ab als dieser: und in meinem Autor finde ich sowenig Materialien zu einem Wörterbuche der Sprachwürde *über Virgil*, sowenig Virgil ein Lexikon der Liebe geben wollen. Überdem, was tut's zur Schamhaftigkeit Virgils, ob er stercus oder fimus gesagt**, ob er das vomere genannt oder noch ekler umschrieben. Was tut's zur Schamhaftigkeit Virgils, wie fein und schlüpfrig er hier und da das Wort Liebe verhöflichet, wenn nicht bewiesen wird, daß in den Vorstellungen selbst hier nichts als Züchtiges enthalten sei, und das alles in Virgil als dem Römer.

In Virgil als dem Römer. Denn hätte dessen Bescheidenheit nicht darnach bestimmt werden sollen, was für ein Geist der Schamhaftigkeit, nach Sprache, Verfassung, Lebensart und Empfindung, sich einmal unter den Römern formiert und gebildet? was für Eindrücke besonders dem Schriftstellerpubli-

* [„De verecundia Virgilii"], p. 266.
** [A. a. O.], p. 268, 269.

kum der Römer ihre erste Schriftsteller und Dichter gegeben? wie weit diese Dezenz den Griechen gefolget oder sich von ihnen abgelenket? wie hoch sie zur Zeit Virgils gewesen? wo er das Muster der Griechen befolget oder verlassen? wo mutmaßlich verlassen müssen, wo nachzufolgen zu blöde gewesen? Wieweit wir jetzt über diesen Punkt urteilen können oder schweigen müssen? – So hätte der römische Virgil erscheinen sollen: der Römer seiner Zeit, der Dichter, der epische Dichter: Virgil.

Und der erscheint in unserm lateinischen libello nirgends. Nichts, was seinen ursprünglichen, nationellen, zeitgemäßen, lateinischen, poetischen, epischen Charakter *von dieser Seite aus* entwickelte; uns von ihr aus in die Welt der Römer führte; diese uns in *abstechendem* Lichte gegen die Sittsamkeit der Griechen und der Neuern zeigte und uns alles andere vergessen lehrte – davon nichts. Man hätte uns mehr gesagt, wenn der erste beste Schultröster, wo Blumen und loci communes aus Virgil gesammlet sind, wie er z.E. amare, amor, amicitia, Venus etc. poetisch ausdrückt, etwa ein andrer dazu, wo er mit den Griechen gegeneinander gehalten ist, zur Hand genommen und in Reflexion gezogen wäre. Wenn ich alles Fremde, Unnütze wegwerfe, was bleibt mir über die Bescheidenheit Virgils übrig? Der Flitterstaat ist der Puppe abgezogen; da steht die Stange Holz mit ihrem bemalten Kopfe! die dürre Abhandlung mit ihrem lockenden Thema!

7

Und das betraf nur die Schamhaftigkeit Virgils als eines Schriftstellers; nun war aber diese, wie mich dünkt, eben nicht das, was ich suchte. Herr Klotz legt die Stellen Donatus' und Servius' zum Grunde*, und was könnte also der Leser erwarten, als daß er sich über diese Stellen, über die Anschuldigungen derselben, kurz! über die persönliche Charakterschamhaftigkeit Virgils erklären möchte; vielleicht aber, daß ihn seine Kollektaneen über diesen Punkt verlassen haben; denn er len-

* [A. a. O.], p. 244.

ket fein artig ab. Donatus sagt: Virgil soll schöne Knaben geliebet, er soll die Plotia Hieria gekannt, er soll in diesem Punkte nicht die Jungfer gewesen sein, für die er galt. Servius sagt beinahe ebendas; und Herr Klotz hätte wissen können, daß schon lange vorher auch Martial und Apuleius auch so etwas gesagt hatten, daß es eine allgemeine Sage von Virgil gewesen, daß – kurz! alles das sagt das Gerücht, und Herr Klotz beweiset, daß seine Aeneide und die Gedichte seines Namens keine Hurenlieder sind – wer will das bewiesen haben?

Herr Klotz meinet zwar, daß eins das andre aufhebe, daß es ebenso sei, als wenn ihn jemand für einen gelehrten Grammaticus hielte und ihm doch zeige, daß er weder Griechisch noch Lateinisch recht verstanden*; allein das meine ich nicht. Virgil kann immer ein schamhaftes Gesicht gehabt, anständig gesprochen (ore probus), immer eine fromme, edle Seele (animo probus) und eine anständige Lebensart bewiesen (caetera vita probus) und doch schöne Knaben geliebt und doch die Plotia Hieria gekannt haben. Ich sehe nichts, das sich aufhebe und insonderheit zu den Zeiten Maecenas' hätte aufheben dörfen. Ist's denn so widersprechend, daß ein Mensch, zur sanften Wohllust geboren, auch dies Sanfte in seiner Miene zeige; daß das, was in der weiblichen Miene schmachtend, ein Liebreiz der Venus wäre, in einem männlichen Gesichte eine Art von Unschuld, von jungfräulicher Bescheidenheit, von schamhafter Frömmigkeit werde? Ohne die Physiognomien der Liebe studiert zu haben, sehe ich beides nicht zusammenhangend, und da also ore probus Virgilius. Muß ferner der, der schöne Knaben liebt, denn damit aller bürgerlichen Ehrbarkeit, und der sie unschuldig liebt, aller Tugend der Seele entsagen? Und siehe! da ist animo, caetera vita probus Virgilius – wo ist der ungereimte Widerspruch, insonderheit zu den Zeiten Maecenas'?

Es sei indessen oder nicht; was will Herr Klotz mit seinem ganzen Büchlein? Ein Heldengedicht, ein Gedicht von der Feldwirtschaft, Schäferpoesien können Virgilen immer als Dichter und, wenn man will, als bescheidnen Dichter zeigen; aber auf sein Leben, auf seinen Charakter und insonderheit

* [A. a. O.], p. 245.

auf die fromme Miene seines Gesichts können sie weniger beweisen, als Swifts Predigt über die Dreieinigkeit beweisen kann, daß er in die Biergesellschaften als ein verkleideter Satyr gegangen, daß er sein Märchen von der Tonne geschrieben. Wenn diese Abhandlung beweisen soll, daß er im Verstande Donatus' ore probus gewesen, beweiset sie nichts. Wer wird sagen, daß deswegen Dr. Luther züchtig ausgesehen oder daß er in seinen Tischreden jedes Wort auf die Goldwaage gelegt, weil sich nichts von solcher Art in seinem Gesangbuche befindet? Wenn Virgil scriptis probus ist: muß er darum auch ore probus gewesen sein? Ich weiß nicht, wie durch solchen Weg etwas auf Virgils persönlichen Charakter folge.

Für uns ist's schwer, etwas auf ihn auszumachen; ob es aber ganz unmöglich sei, ob Virgils persönlicher Charakter ganz zweideutig bleiben müsse, sehe ich auch nicht so helle, daß ich Herrn Klotzens „non licet aliquid certi hac de re statuere"* unterschreiben dörfte. Mir fehlet die Kunst Lessings, Virgil, seinem gewöhnlichen Charakter nach, so zu retten, als er seinen Horaz gerettet hat; und außerdem fehlet mir der Ort dazu. Ich will also wenigstens einige Materialien anführen, die ein andrer vermehren und ordnen könnte, um Virgils Schamhaftigkeit zu retten oder wenigstens genauer des Gegenteils überzeugt zu werden.

Der Hauptzeuge über Virgils Unmäßigkeit pflegt Donatus zu sein: aber wer ist Donatus? Aller Wahrscheinlichkeit nach ist das Leben Virgils, das unter seinem Namen geht, von jüngerer Hand und kann kaum den Grundzügen nach dem Grammatiker selbst zugehören.** Der Autor der Anklage ist also ungewiß, und so, wie er sie vorträgt, die Anklage selbst. „Fama est, eum libidinis pronioris in pueros fuisse", und von wem rührt diese Fama her? Das liebe „Soll", das gewöhnliche „Man sagt" hat, wie Lessing sich munter ausdrückt, schon manchen ehrlichen Mann um seinen ehrlichen Namen gebracht. — — Kurz! als Hauptzeuge, als erster Ankläger kann dieser Donatus ohne Kopf und Mund nicht gelten: er trete zurück, bis die Reihe an ihn kommt.

* [A. a. O.], p. 245.

** Vice Heinii [Heynes] „Virgil[ii opera" I; 1767], p. CXVII.

Servius tritt auf: aber Servius ist ein Ausleger, ein Grübler über Virgil; und was läßt sich nicht ausgrübeln? Seine spätere Sage gilt noch weniger als die erste; denn was ließ sich zwischen Virgil und Servius nicht alles sagen und wieder sagen? ohne daß es jemand zuletzt bekräftigen, ohne daß es jemand widerlegen konnte? Ein Zeugnis also, Jahrhunderte nachher, aus einer so trüben Quelle oder vielmehr aus dem so weit abgeleiteten Abflusse einer so trüben Quelle, gilt nicht. Es müssen frühere Zeugen gegen Virgil auftreten, von denen etwa die Sage kam, die der Begebenheit näher waren und da sind: Herr Klotz hat sie nicht für gut befunden anzuführen oder abzuhören, Martial und Apuleius.

Und was sagt denn Martial aus? Er singt das alte Lied, daß ein Maecenas einen Maro mit seinen Geschenken hervorgebracht; daß es gut sei, ein Virgil zu werden, wenn man sein Landgut zurück, wenn man Reichtümer oben darüber, wenn man alles bekommt, was unser Herz wünschet; z. E. einen schönen Alexis –

Accipe divitias et vatum maximus esto
  Tu, licet et nostrum, dixit, Alexin ames.
Adstabat domini mensis pulcherrimus ille,
  Marmorea fundens nigra Falerna manu;
Et libata dabat roseis carchesia labris,
  Quae poterant ipsum sollicitare Jovem.
Excidit attonito pinguis Galathea poetae
  Thestylis, et rubras messibus usta genas.
Protinus Italiam concepit, et *arma*, *virumque* –*

Was hat nun Martial Böses ausgesagt? Ungründliches, seichten Halbwitz, der ihm nicht viel Ehre macht, wohl; aber Böses, das Virgils Namen befleckte? Nichts. Ich lerne Virgil aus diesem Epigramm bloß als einen glücklichen Dichter, als einen ungemessenen Günstling seines Herrn und, wenn man will, als einen feinen Wohllüstling kennen; anders nicht. Seine geraubten Güter hat er zurück; reiche Geschenke nach reichen Geschenken; ihm steht der schöne junge Alexis bei Maecen kaum an, und sogleich ist er sein eigen. Da sitzt nun Virgil

* [Martial, Epigramme], liber VIII, 56 [Vers 11–19].

an seiner Göttertafel und sein schöner Ganymedes vor ihm! bei solchem Ganymedes läßt sich freilich seine vorige feiste Landschöne, Galathea, wohl vergessen; da läßt sich wohl ein arma virumque anstimmen — — Man siehet, wo Martial mit seinem hinkenden Schlusse hinauswill; aber im mindesten nicht auf Virgils Ehre. War es denn Schamlosigkeit, einen Alexis vom Maecenas zum Geschenke annehmen, ihn lieben, sich an ihm, als Mundschenken, bei Tafel erfreuen, schöne Leute und, nach römischer Wirtschaft, schöne Knaben um sich zu sehen? Ich weiß nicht, welcher Ehrbare nicht in der Stelle Virgils, in seiner Gunst Maecenas', in seiner feinen Art, diese Gunst zu genießen, sein könnte. Von bösartiger Anspielung sehe ich im Epigramm nichts, ganz und gar nichts. Und ist Martial wohl der Mann, so etwas zu verschweigen, wenn er's hätte sagen können? Ist er nicht eben der, der gewiß zuerst die berüchtigte Virgilianische Ekloge angezogen hätte, wenn sie ihm unter einer bösartigen Allegorie und nicht anders hätte bekannt sein müssen? Wer den witzigen menschenfreundlichen Martial kennet, wird in solchem Falle solch Betragen sehr epigrammatisch, sehr Martialistisch finden. Da er gegenteils nichts darüber äußert, an mehr als einem Orte nichts äußert: so ist Martial nicht bloß kein Zeuge gegen Virgil, sondern durch sein Stillschweigen fast auch ein Zeuge für ihn. Ein böser Witzling wie er hätte Virgilen gewiß nicht so höflich durchwischen lassen, wenn er Schamlosigkeit als Virgils Hauptvergnügen gekannt hätte. Wie? er hätte Virgils Glück und Vergnügen beschreien wollen und so etwas sich können entwischen lassen?

„Schon aber Apuleius deutet ja die berüchtigte Ekloge auf seine Liebeshändel mit dem Alexis."* Gut! ich nehme sein Wort für etwas mehr als Deutung, für Zeugnis an; und wofür mehr kann ich's nehmen? Virgil also habe sein Schäfergedicht auf den Knaben seines Freundes gemacht; er sei's, der unter dem Namen Korydons spreche und fühle und seufze, weil es Apuleius sagt — wozu aber sagt es Apuleius? Etwa um Virgils Unmäßigkeit zu tadeln und seine bösen Sitten zu schelten? Umgekehrt! mitten unter Apologien für die Liebhaber der

* Apuleii „Apologia", [10, 3]

Schönheit führt er ihn noch mit einem Lobe der Bescheidenheit an, daß er der Namen seiner Günstlinge im Gedichte geschonet. Schlechtes Lob! wird man sagen, über eine tadelswerte Handlung; elende Bekleidung eines Fehlers, ihn namenlos zu begehen! Aber wo mag der Fehler, die tadelswerte Handlung denn bei Apulei wohnen?

Ich mag keine neue Verteidigung der sokratischen Liebe übernehmen, da schon mehr als einer sie verteidiget hat: ich betrachte Virgil nicht mehr als sokratischen Liebhaber seines Alexis, sondern als den Liebessänger desselben; und welch ein brennender Liebesgesang? wer könnte *die* Flamme noch entschuldigen? – Ich bin's, der sie entschuldigt; und eben der Apuleius, der meinen Eklogisten für einen Liebessänger in seinem, obgleich verdeckten Namen angibt, mag ihn auch rechtfertigen. Er rede: „Quanto modestius Mantuanus Poeta, qui *itidem, ut ego*, puerum amici sui Pollionis Bucolico *ludicro laudans* –" – Wie? so ist Virgils Ekloge, nach Apuleius' Zeugnis, bloß ein *scherzhaftes Lob-*, ein *scherzhaftes* Hirtengedicht gewesen? so unschuldig, daß Apulei sich nicht sicherer stellen kann, als mit ihm in eine Klasse? so unschuldig, daß es zu Apuleis Zeiten offenbar nur für einen Spaß, für eine scherzhafte Tändelei galt? – Was soll denn Apulei gegen ihn; er ist der beste Freund für ihn.

Und was ist wahrscheinlicher als Apuleius' Nachricht? Ich stelle mir den hübschen Jungen des Pollio und das schamhafte Jungfrauengesicht, den züchtigen Virgil, vor, wie er nach ihm schielet; wie er sein Auge an ihm weidet, ihn lobet, ihm liebkoset. Pollio macht die Sache zum Spaße: sein Freund soll erst ein Korydon werden, soll erst um Alexis werben. Virgil wird Korydon: er verwandelt sich in einen poetischen Schäfer, ahmt Theokriten nach und setzt sich nach Sizilien mit seinem Alexis. Da klaget er den Wäldern ungefühlte Leiden, da ächzt er über seine unempfundne Verzweiflung, da seufzt er über seine Verachtung, über die Sprödigkeit seines Lieblinges – da wird seine zweite Ekloge. Ein feines Lobgedicht auf Alexis! eine schöne poetische Liebeswerbung – wert eines schönen Knaben, wert eines Alexis. Virgil hat ihn sich ersungen: da steht er nun, wie Martial dichtete, vor dem Tische seines neuen

Herrn, ein irdischer Ganymedes, und gießt mit weißer Marmorhand Falernerwein; da kostet er mit Rosenlippen den Trank, den ein Jupiter selbst beneiden könnte. Da kann der im Schauen gesättigte Dichter wohl seine alte gesunde Landgalathee, seine verbrannte Thestylis vergessen: der feine Wohllüstling, der enthaltsame Virgil, hat bessere Freuden, die ihm – sein *ludicrum* βουκολικόν, sein *feines Lobgedicht* brachte.

So sprach das Altertum vom Virgil: aber von jeher hat es auch nicht an Klotziis gefehlt, die die bona fama eines Dichters aus seinen Gedichten beurteilen, die den feinen Schluß machen konnten: „Quid? ea de se ipse commemorat facinora poeta, cur non alius quisque ab illo patrata esse diceret?“ * Von jeher hat es nicht an Leuten gefehlet, die, nicht nach den Schriften, sondern nach den Anekdotchen eines Autors begierig, solche Personalien halb aufhörten und halb dichteten und sie denn, wenn sie bescheiden waren, mit einem ungebetnen „Er soll!“ der Welt empfahlen oder, wenn sie die Bescheidenheit nicht brauchten, mit einem gewissenhaften „Er hat!“ aufdrangen. Und das ist das Unglück Virgils, das ist das Unglück so mancher Unschuldigen gewesen.

Zuerst Donatus – doch nein! wie gesagt, Donatus nicht selbst, sondern sein Zusammenstoppler, sein Ergänzer – dieser Pseudo-Donatus also, was konnte er besser, als den biographischen Grundriß, den er vorfand, mit Anekdotchen zu ergänzen, mit personellen Lügen zusammenzustoppeln? Und zu dieser so angenehmen, den Lesern so belustigenden Sache, wie gelegen war ihm der Brocke, den Apulei entfallen lassen! Apuleius erzählt: Virgil habe seine Lieblinge nach Sokrates' Art gehabt – freilich, das unleugbar! aber bilde es aus; sage, wen Sokrates so geliebet, und setze den höflichen locus communis voraus: „eum libidinis pronioris in pueros fuisse“ – Freilich ein ungereimter Widerspruch! eine unerhörte, sich selbst strafende Lüge: denn wo hat Sokrates so geliebt? Aber was schadet das? ein „man sagt“, ein „fama est!“ kann schon etwas bei dem Pöbelleser zur Not zudecken; und für wen andern werden Anekdoten fabriziert? So war eine Lüge, eine widersinnige Lüge fertig: widersinnig, denn welcher Mensch, der

* „Opuscula varii argumenti“, p. 249.

bei sich selbst ist, wird ohne Rücksicht beides glauben können, „eum libidinis pronioris in pueros fuisse“ und doch „eum amasse ut Socrates“ — und doch „vita et animo probum fuisse“. Sowenig ich mir von der Sittlichkeit der damaligen Römerwelt große Begriffe mache: so kann der Widerspruch doch in sich selbst nicht stattfinden. Er ist Chikane, er ist Verleumdung, Verdrehung eines alten gutherzigen Autors.

Woher aber die Knaben, die man ihm unterschob? Was weiß ich das? Gnug! Apuleius hatte den Namen Alexis für einen erdichteten Namen angegeben, und nun konnte unter ihm was eher als ein Alexander verborgen liegen, der nur ins Silbenmaß nicht konnte? Nur noch ein Cebes, eine Plotia Hieria oder Leria oder Aleria oder wie man die Aelia Laelia Crispis nennen wolle, dazu, und die Tradition ist zum völligen Märchen geworden. Wie anders, als daß jetzt jeder gründliche Ausleger der Korydons-Ekloge solche artige Erläuterung nicht auslassen kann? Er lasse lieber, um derselben noch mehr Gewißheit, um seinem Texte mehr Anschaulichkeit zu geben, noch gar das „fama est, vulgatum est“ weg: denn wer will hier Geschichte? das Märchen erläutert ja so schön! — armer Virgil! der Stab ist über dich gebrochen! deine schamlose Ekloge liegt ja der Welt vor Augen! Da ist dein Servius!

Nun sage mir ein poetischer Leser, wie, wenn die Ekloge eine historischwahre Liebesflamme sein soll, die besten Stellen erklärt werden sollen. Wo waren denn die dunkeln Wälder, die Korydon mit seinen Klagen erfüllte? Wo ist die Wahrheit des Schäferreichtums, den er preiset? Wo sind seine Herden in Sizilien, seine Amaryllis, Thestylis, Menalkas? Wo der Bach, in dem er neulich zuerst sich gesehen? Wo seine ganze Schäferwelt, in der die Ekloge lebet? Ist sie poetisch, ist sie dichterisch — wie? und der Inhalt soll nicht dichterisch sein? Ihr wollet, was ihr nicht deuten *könnet*, der Muse, und was ihr nicht deuten *sollet*, dem Virgil als Menschen aufbürden? Ihr wollet das Gedicht zu einem Ungeheuer von historischer Ekloge, von allegorischer Geschichte verdammen? Wie? wenn ich jedem Dichter das auf seine bona fama anrechnen wollte, was seine Muse singt — Tyrannische Verstümmelung! wer wollte noch Dichter sein?

„Ja aber, alte Sage, historische Tradition!“ Was Tradition? Sie hat sich aus Martial, aus Apuleius, und wo weiß ich mehr her? entsponnen, und Martial und Apuleius strafen die Tradition selbst Lügen. Der eine schweigt, der eine nennt es ein *„scherzhaftes Lobgedicht“*: ich habe Zeugen, die älter sind als die Tradition.

Aber das ist schade, daß man auf der andern Seite rettend fast immer zu weit gegangen und damit Virgils guter Sache selbst geschadet. Die Ekloge soll bloß poetisches Exerzitium, soll ganz ohne die geringste lebendige Anspielung, Korydon und Alexis sollen ganz romantische Wesen sein, und dies ist freilich, nach dem, was Martial und Apuleius sagen, zu viel verneinet. Virgil kann immer der verkleidete Korydon, Alexis immer der schöne Junge des Pollio, die Ekloge immer ein Individualgedicht sein: nur es ist eine poetische Maskerade, ein feines Lobgedicht, ein ludicrum, nach Theokrits Manier.

Man tut also am besten, wenn man *diese* entwickelt, wenn man die dem Griechen nachgeahmten Stellen anmerket, wenn man zeigt, daß der ganze Bau des Gedichts keine Halbgeschichte und keine Halbpoesie zulasse, daß der Poet nach seinem Plane einmal so habe dichten müssen, daß — doch was zähle ich das her, das in der letzten, schönsten Ausgabe Virgils* so fein und genau erfüllet worden. Es ist keine Parteilichkeit, wenn ich bekenne, daß die Heynische Ausgabe Virgils die Erste in ihrer Art sei, und daß sie in dem bisher so sehr versäumten Geschäfte, einen Schriftsteller des Altertums in dem eigenen Geschmacke desselben, jedes Wort und jede Note an ihrer Stelle, neu und unentbehrlich, ohne den Dunst unendlicher Parallelstellen und unbrauchbarer Zitationen, mit dem stillen Fleiße und dem ruhigen Gefühle der Schönheit — ich sage, einen schönen Schriftsteller des Altertums so zu kommentieren, dazu macht die Heynische Ausgabe Virgils Epoche.

* [Heyne, „Virgilii opera“ I, 1767], ecloga II, p. 14 etc.

III

ÜBER EINIGE HORAZISCHE RETTUNGEN UND ERLÄUTERUNGEN

1

Von Rettungen des schamhaften Virgils auf Rettungen meines Horaz. „Vindiciae Horatii Flacci"*. — —

Ich Endesunterschriebener bekenne, gelobe und schwöre vor dem hochgelahrten Apollo, vor seinen lieben Töchtern und vor allen echten und unechten Söhnen des- und derselben, daß ich glaube und für wahr halte, wasmaßen ein Horatius Flaccus, sage Horazius Flaccus, auf der Welt gewesen und die Oden, Satiren und Briefe verfertigt, die von ihm verfertigt sind, die ich also demselben auf keinerlei Art absprechen und entwenden, noch nach meinem besten Wissen und Gewissen andern nicht zuerkennen, noch den heillosen Behauptungen des Hardouins und aller Hardouine beitreten, sondern vor aller Welt behaupten will, daß Horaz kein andrer in der Welt als Horaz gewesen: so wahr — —

Nun! wie komme ich an eine so schreckliche Eidesformel? Ach! mein lieber lesender Freund! wozu kann man nicht im ersten feierlichen Gefühle kommen, wenn man aus einem ängstlichen Traume von Morast, von Sandwüste mit Ehren hinaus ist? — Wisse also, daß ich [mich] eben, dem großen Apollo sei Dank! durch ein Buch oder vielmehr durch ein Gewimmel von Zitationen durchgearbeitet, das auf 280 Seiten, sage zweihundertundachtzig Seiten, mit einem Schatten aus Swifts Monde, mit einem Narren ficht und nichts beweiset, als daß Horaz Horaz gewesen — dies aber mit so vielen Zitationen rück- und vorwärts beweiset, daß, wenn ich die Hälfte davon aufschlagen müßte, mich vielleicht der Jüngste Tag mit allen heiligen Engeln überraschen könnte. Gottlob also, daß ich durch bin, und kaum will ich wieder zurück.

Bedächtlich schreibe ich's nieder: kaum wieder zurück; denn so gerne ich in vortrefflichen Schriften die zweite Reise

* Klotzii „Vindiciae [Quinti] Horatii Flacii" [1764].

tue; so sehr ich's mir zum Gesetze gemacht, kein vortreffliches Buch nur einmal hinzulesen; so erfreulich mir der erste beste Wink ist, die Schriften unsrer Winckelmanns und Lessings, Hagedorne und Mendelssohne noch- und nochmals zu durchwandern: so schwer wird mir die Rückkehr hier; und ich glaube, meinen Lesern einen wahren Liebesdienst zu tun, wenn ich sie durch Vorzeigung meines Reisejournals auf den sandigen, morästigen und immer ausschweifenden Weg vorbereite.

Man kennet Hardouin und seine, es sei nun aberwitzigen oder leichtsinnigen Behauptungen, daß das meiste Altertum kein Altertum sei. Mag aber hinter seinen gelehrten Narrheiten auch so viel Jesuiterei stecken, als da will – ich glaube, man hätte nur immer summarisch gegen ihn verfahren, auf einzelne Einwürfe sich denn nur einlassen dörfen, wo diese durch Sonderbarkeit und falschen Anstrich blenden könnten. Viele von ihnen sind völlig unter einer Widerlegung: keiner Aufmerksamkeit, keiner Antwort wert. Viele sind Bäche, die sich von selbst im Sande verlieren, wenn man die Quelle verstopft. Viele fallen auf die Erde, wenn man nur den statum causae, den Punkt der Frage, nicht aus der Acht lässet: und das letzte muß keiner, der einigermaßen gegen einen Hardouin würdig schreiben will. Bei einem lebenden, noch schreibenden Autor kann man es nötig haben, auf einzelne nugas sich kritisch herablassen zu müssen, wenn er nämlich eine Zunft hat, die solche nugas anbetet: aber über Hardouin ist schon gerichtet. Die Nachwelt, so viele würdige Männer, die über einen unsinnigen Toten urteilten, haben das Urteil schon gegen ihn gesprochen; das Urteil ist allgemein angenommen; der Zustand unsrer Literatur macht, wenn auch hier und da noch eine neue Pilze, ein junger Hardouin, aufschösse, eine lange formelle Widerlegung in allen Nichtswürdigkeiten langweilig, nichtswürdig, ekelhaft. Ich sehe ein kleines kindisches Mädchen, das, nachdem einmal der Saal aufgeräumt worden, sich hintennach damit abgibt, in einem Winkel unnützen Staub wegzuwischen, und glaubt, sie habe den Saal aufgeräumet.

Ich kann nicht verhehlen, daß bei den „Vindiciis", die vor mir liegen, dies mehr als einmal mir eingefallen. Hardouins

Behauptungen in ihrer Quelle kaum angesehen; jede seiner einzelnen Verdrehungen und widersinnigen Einfälle langsam mitgenommen, mit gelehrten Zitationen bis zum Überdrusse widerlegt; dabei immer so entfernte Umschweife, so schöne Auswege, daß man oft nicht weiß, wo man sei? wie das hieherkomme? — Denke man sich einmal solche vindicias und urteile. Oft ist's zum Lachen, wenn ein törichter Einfall, ein Einwurf der Unwissenheit oder Kühnheit so ernsthaft, so gelehrt, so gründlich widerlegt wird, ohne daß man dabei etwas als zitierte Büchertitel lerne. Noch öfter aber ist's zum Ärgern, wenn man alles Notwendige und Nutzbare vorbei-, so weit abgeführt wird, daß man den aus dem lieben Kollektaneentröster ausgeschütteten locus communis wohl überall anders, nur nicht hier suchen und finden wollte.

Hardouin z. E. schießt den stumpfen Pfeil gegen Horaz ab: daß, da die Satiren desselben so ganz anders als seine Oden sein, Horaz die Oden nicht geschrieben habe, solche Oden kaum habe schreiben können. Hardouin also weiß so sicher zu schließen, als in unsern Zeiten Herr Dusch, der es Lessingen in die Augen demonstriert hat, daß er, Lessing, der Catull in Kleinigkeiten, durchaus kein tragisches Genie sein könne. Was soll nun der Retter Horaz'? Den Hardouinschen Anfall als töricht zeigen, und dazu sind für Vernünftige ein paar Worte gnug! — Ja! mein Leser! so wohlfeil kommen wir bei unserm *vindex* nicht ab! Auf sechs langen Seiten* schüttet er uns den locus communis aus, den er, etwa als Knabe, vormals in seine Kollektaneen zusammengetragen: non omnia possumus omnes; sunt autem, quibus etiam plura tentare licuit! Und so treten wider das Luftspiel des tollen Hardouins nicht weniger als zweiundfunfzig bewaffnete Männer auf, Beispiele, die zuerst, nach Kriegslist, mit ihm gemeinschaftliche Sache zu machen scheinen. Plötzlich aber bricht der Hinterhalt hervor, und Hardouin! du bist verloren! — Nun sage man: soll diese Exempelarmee gegen Hardouin streiten? Nichts Kleingrößers! nichts Lächerlichers! oder soll sie eine Auseinandersetzung des Satzes sein: wiefern ein Genie sich an einerlei und an mehrerlei wagen dörfe? so kenne ich nichts Armseligers. Es

* [A. a. O.], p. 18—23.

ist ein zusammengetragnes Register bekannter Maler- und Dichternamen, das ich sogleich aus dem Gedächtnisse vermehren könnte; es ist eine gelehrte Übung, die ich nirgends als im Tageregister der Lektüre eines Jünglinges lesen mag: ohne Grundsätze und Grenzscheidung, ohne Kopf und Fuß – rudis indigestaque moles.

Hardouin führt eine Münze von Horaz an, der Hardouin selbst das Altertum abspricht, die nichts zur Streitfrage tut. Herr Klotz also hätte den spanischen Reuter stehenlassen oder still wegschieben können; er steht ihm ja nicht im Wege. Nicht doch! so würden ja neunzehn Seiten leer bleiben, daß uns allerdings alte Münzen auf Gelehrte übrig sind! auf welche? zu welcher Zeit gepräget? ein Verzeichnis der Bücher hierüber etc.* War der Hardouinsche Nebeneinfall: „nur auf Fürsten hat das Altertum vorzüglich Münzen gepräget", diesen großen Umsprung wert? Ich nenne ihn Umsprung: Abhandlung, vollständige Abhandlung über die beregte Materie ist er nicht; in den Horazischen Zwist gehöret er nicht; er ist ein locus communis, in einer müßigen Stunde aus dem Münzenfache einer Bibliothek zusammengetragen.

Der Jesuit will das Wort ales carminis nicht verdauen, und der weise Gesner, der Maß wußte, hat in einer kleinen Note gegen ihn gnug gesagt. Klotz ist gelehrter und gründlicher: ausführlich zeigt er, daß Poeten, daß Gedichte mit Vögeln verglichen werden; ausführlich setzt er nach Schmids Register zum Pindar eine Reihe von Stellen her, da er sich mit einem Adler, wer weiß, womit mehr? – vergleiche; ausführlich die Stellen, auf die ihn wieder Pindar brachte – –** Der Mann ist sehr gelehrt! Welche Belesenheit! welche Zitationen! Nun aber schlage, mein lieber bewundernder Knabe! deinen Uz, deinen Gleim, deinen Gerstenberg, deinen Ramler, deinen Cramer, deinen Creuz, und wen du wollest, auf: du wirst einen Uz hören:

Wohin, wohin reißt ungewohnte Wut
Mich auf der Ode *kühnen Flügeln* usw.

* [A. a. O.], p. 33 etc.
** [A. a. O.], p. 95 etc.

und nicht bloß das Gleichnis, die hohe pindarische Allegorie selbst in dieser und andern Uzischen Oden; in Gleims „Kriegsliedern“ oft einen Gesang,

Hoch wie des *Adlers Sonnenflug*,

im Ramler den Anfang

Zu dir *entfliegt* mein Gesang usw.

und in den dir so lieben „Tändeleien“ gar eine ganze mehr als horazische Verwandlung in einen Vogel finden. Nun sage! kannst du nicht mit deiner Belesenheit eben das, was Herr Klotz mit der seinigen?

Gesner will bei dem bekannten „animae magnae prodigum Paullum“ einen Gegensatz finden und findet freilich damit nur ein frostiges Wortspiel. Herr Klotz nimmt Gesnern sein Wort so hoch auf, als hätte er selbst das greulichste Wortspiel begangen, und in eben dem Othem führt er eine Reihe von Wortspielen an, die man bei den Alten, den Griechen, den Römern, die doch auch der aulae Augusti gefallen wollten, fände.* Wider wen redet der vindex, wider Hardouin, wider Gesner oder wider sich selbst? Und für wen ist er so gelehrt?

Er findet ein Bild des Cupido.** Siehe da! in Alkiphron, in Aristaenet, in Musaeus, in Uz, in Tasso auch ein Bildchen! Wir wollen die Figuren zusammentragen – ei! da steht ja eine ganze Galerie von Cupidos! Schon über das Zusammentragen kann sich ja das leicht fröhliche Herz eines Autors so freuen, als wäre man der Albano, der alle diese Liebesgötter gemacht hätte. Freilich sind diese paar Gestalten des Amors immer armselig gegen die, die mehrere Dichter von Anakreon bis zu Gleim und andern Uzischen Schilderungen gegeben – was hindert das aber zu einer künftigen Geschichte des Amors? Eine gute Sache ist an jedem Orte gut, und diese gute Sache also – bewundre, wer will; ich überschlage sie.

Der einzige Fall, wo ein solcher philologischer Parallelenkram noch einigermaßen leidlich wird, ist – nun, was anders als ein Streit über ein Wort; schade aber, daß Hardouin hier

* [A. a. O.], p. 119 sequ.
** [A. a. O.], p. 249.

meistens unter der Kritik ist. Sein Geschrei: „das ist nicht Latein! das ist unpoetisch!“ verrät oft grobe Unwissenheit, oft noch gröbere Kühnheit, die Sprache der Römer zweitausend Jahre zurück kennen und die neologische Sprache eines Horaz zweitausend Jahre zurück prüfen zu wollen. Wie wenig Glauben weiß sich Hardouin von dieser Seite auch nur bei einem Halbkenner der lateinischen Sprache zu verschaffen, und wie summarisch war gegen einen solchen Toren zu verfahren? – Aber nun! sind da nicht eine Menge von Hülfsmitteln? unsägliche Kommentatoren über die römischen Schriftsteller, die nie eine Stelle bloß für sich, an ihrem Ort erläutern, sondern bei Veranlassung eines Worts alle anderweitige mögliche und unmögliche Vorkommenheiten desselben beiläufig aufhäufen. Wie? hat hier nicht die ganze Genealogie lateinischer Wortkritiker und Notenmacher vorgearbeitet? kann hier nicht ein mäßiger Besuch dieser Wortmärkte, dieser Sammelplätze fremder Belesenheit Wunder tun? – So komme denn, liebe Göttin gedankenloser Geduld! komm zu Hülfe! – Nimm Lexika und Register zur Hand, jage und werbe nach ähnlichen Worten und Redarten, mache ein Gestöber von Zitationen und Wortstellen, um – einen toten Hund schweigend zu machen! – In der Tat! nach meinem Gefühle muß ich bekennen, daß ich eine solche philologische Mühe nie anders als nach Zwecke und Gebrauche schätzen kann; wo der aber verschwindet – oh! da ist unser Jahrhundert gottlob! so weit, unnütze Namenregister und Kollektaneen selbst zu überschlagen.

Der Jesuit leugnet, daß das Wort parens sonst von Jupiter gebraucht werde. Laß es nicht gebraucht werden: der Schriftsteller der Horazischen Oden braucht's, und Hardouin kann ja keinen Beweis führen, daß, wer parens brauche, kein Horaz sein könne. – Herr Klotz aber nimmt sich die Mühe, Stellen zu zitieren, wo parens und wo genitor und wo pater, und was weiß ich mehr? vorkomme*, und tut dabei so wichtig, als wenn der, der parens gebraucht, wirklich Horaz sein müßte. Horaz singt: „*stat* nive candidum Soracte“; und Herr Klotz weiß, wie eine lebendige Konkordanz, wer sonst das stat in

* [A. a. O.], p. 118 sequ.

diesem eben nicht, aber gnug! in anderm Verstande gebraucht habe.* Ist ein Wortregister nicht eine herrliche Sache? – Ich berufe mich auf meine Leser. Man tue einen blinden Griff in die vindicias meines Autors: Drei gegen eins, und man wird eine Reihe Bücher- und Wortzitationen ohne Nutzen und Gebrauch eines denkenden Liebhabers Horaz' aufgreifen.

Wie klein hätten die „Vindiciae Horatii" ohne diesen elenden Wortgeschwulst sein müssen! Hardouin da widerlegt, wo er's verdient; ihm den Weg gleich anfangs verhauen; nur die scheinbarsten seiner Einwürfe entblößt (denn die schwächsten am weitläuftigsten widerlegen ist Papier- und Zeitverderb!); jedesmal in den Punkt der Frage ohne Umschweife eingedrungen: so spreche man. So hat neulich (denn die ältern will ich nicht anführen), neulich noch gegen Hardouin Michaelis gesprochen**; aber als Michaelis, als gegen Hardouin, würdig, kurz, bündig. Nur ach! seine Abfertigung ist ja kaum acht und nicht 180 Seiten lang; sie ist ja leider! nur *ein* Paragraph, leider! ohne hundert unnütze Zitationen, und (das größte Leider!) *selbst gedacht*. – Lugete, Veneres, Cupidinesque!

Indessen tröste ich mich mit einem Reisenden in Italien, den ich gerne lese: „Man kann hoffen", sagt er, „daß der gute Geschmack und die Gründlichkeit, welche die Herrschaft über die Wissenschaften und Gelehrsamkeit bereits ausgebreitet haben, endlich den abgeschmackten Ton verbannen werde, welcher noch in den mehresten gelehrten Abhandlungen Italiens herrschet, daß man diese Abhandlungen nur auf dasjenige, was sie versprechen, einschränken und sie von den locis communibus einer scheinbaren Gelehrsamkeit und tausendmal wiederholten und überall anzutreffenden Sachen reinigen werde."*** Ich weiß keinen meiner Landesleute, dessen Schriften sämtlich und sonders ich ein solches kritisches Fegefeuer mehr wünschen dörfte als den libellis des Autors, über den ich schreibe. Zwar dörfte von seinen bisherigen alsdenn

* [A. a. O.], p. 110.

** „Einleitung ins Neue Testament" [„Einleitung in die göttlichen Schriften des Neuen Bundes", 1750; 1768[2]], p. 15.

*** Großley, „Nachrichten von Italien" [„Nouveaux Memoires ou Observations sur l'Italie et sur les Italiens", 1764].

wohl wenig übrigbleiben; warum aber soll man nicht in Zukunft bei ihm noch einmal die Zeit eines bessern Geschmacks und einer reellern Gelehrsamkeit hoffen?

2

Accedit commentarius in carmina poetae. Schon einige Hardouinsche Streitigkeiten können freilich dem Rächer Horazens Gelegenheit schaffen, ihn zu erläutern, und ich wollte, daß Herr Klotz keine solche Gelegenheit versäumt hätte. Indessen wünschte ich den commentarius immer von den vindiciis lieber abgesondert; denn nun, wenn Herr Klotz seine Streitigkeiten mit Hardouin und seinen Kommentar über Horaz und denn noch manche liebe Beiseitgedanken untereinander fortlaufen läßt, die Zitationen des Dichters unter hundert andere Zitationen vergräbt, bei Hardouin Gelegenheit zu kommentieren und beim Kommentar wieder Gelegenheit nimmt, auszuschweifen – welche Verwirrung! welch ein Chaos von Buche!

Überdem ist eine Fechtschule nie der rechte Platz, einen Dichter ruhig zu lesen, mit ganzer Seele zu fühlen und gleichsam mit neuer Heiterkeit der Seele zu erläutern; die Exegeten des heiligsten Buches haben von dieser Wahrheit zu betrübte Beispiele gegeben. Wenn Hardouin sagt, dies Wort ist barbarisch, unpoetisch usw., und Herr Klotz sich wieder befleißt, die Latinität, die Poesie des Worts zu erhärten: wie leicht ist da die Ausschweifung auf der entgegengesetzten Seite, Hardouin zum Possen mehr Nachdruck darin zu finden, als darin liegt, als Horaz hineinlegen wollte. Ich bin gewiß, daß, wenn Herr Klotz, bei künftigen Jahren, wieder seinen Kommentar kommentierete, er manches zurückziehen werde, wo er jetzt in einzelnen Worten, als ein guter Coccejaner, zu viel Nachdruck fand. So hat es allemal die jugendliche Einbildungskraft der Ausleger gemacht, daß sie nur gar zu oft bei ihrem einzelnen Nachdrucke den Nachdruck, den Ton des Ganzen schwächten: es mochte nun dies Ganze die Bibel oder ein Poet sein. Alsdenn folgt gemeiniglich auf den emphatischen

Ausleger ein anderer von der weisen Mäßigkeit eines Gesners, wenn er hinter Baxter, oder eines Ernesti, wenn er hinter Clarke einherspazieret und mit kaltem, ruhigem Blute die Auslegung seines Vorgängers wäget. Herr Klotz würde dieser Übertreibung des Ausdruckes mehr entgangen sein, wenn er nicht eben im Streite mit einem andern den Poeten hätte kommentieren, sondern sich den ruhigen Eindrücken desselben ohne einen fremden Gegenstoß hätte überlassen wollen.

Ja, ich habe noch eins auf dem Herzen, das ich beim Lesen der Klotzischen Schriften über Horaz mehr als einmal empfunden. Niemand in der Welt spricht bei aller Gelegenheit vom ingenio amoeno, vom sensu boni et pulcri lieber als Herr Klotz, und niemand in der Welt hat die Kritiker mehr und bis zum Überdrusse mehr getadelt, tamquam omnis venustatis expertes, als *er*. Bei dem Anfange eines jeden Schriftchens, in der Mitte und am Ende findet er immer Gelegenheit und Platz, sein ingenium venustum, elegans, pulcrum zu preisen, gegen die criticos aller Zeiten zu preisen, es seiner Zeit, als eine Ausnahme, als den Anfang einer Epoche, als den Stifter einer neuen Güldnen Zeit des Geschmacks anzurühmen; indessen sehe ich doch dies ingenium venustum nicht immer, wo ich's sehen will. Herr Klotz, den ich nicht die Ehre habe von Person zu kennen, scheint eine feurige, zarte Seele zu haben, die den Eindruck des Schönen lebhaft fühlet und mit der Einbildungskraft oft ausbildet. Will man mir indessen ein Aber erlauben: so glaube ich diese Eindrücke seines Gefühls noch zu schnell, zu vorübergehend, als daß sie Grundsätze, selbstgefühlte Grundsätze des Schönen zurücklassen und einen gewissen und festen Geschmack bilden könnten. Er erhaschte, was ihm auf der ersten Flucht begegnete; allein selten scheint dies Empfundne noch zu der Festigkeit der Seele gediehen zu sein, die man nur durch eignes reifes Nachdenken und durch Selbstprüfung erhält. Über einzelne Bilderchen, über die Oberfläche des Geschmacks, soweit Wortkritik, eine flüchtige Empfindung oder Gedächtnis hinreicht, mag ihm sein Urteil gelingen; wo aber die Empfindung in den Verstand gleichsam übergeht, wo es auf ein reifes selbstgebildetes Urteil über ein Ganzes, kurz! wo es auf Grundsätze ankommt, da kenne ich wenige, die sich im Urteile so untreu werden könnten als *er* sich selbst. — — Doch ich will ohne vorgefaßte Meinung zu seinem Kommentar: wie schwer wird's, in diesem Staube Gold zu suchen.

Horatius, liber I, oda 1: Ich beklage, daß Herr Klotz uns mit seiner gelehrten Erläuterung ganz aus dem Tone, der im Ganzen der Ode herrscht, wegerläutert, uns mit seinen furchtbaren Zitationen den ganzen Sinn des Liedes, die ganze schöne Stimmung der Seele, in der Horaz sang, wegkommentiert — und wer könnte gefährlicher kommentieren? — Baxter hat diesmal den Hauptton der Ode mit seiner Überschrift sehr gut ausgedrückt: Horatius fatetur, se cum caeteris mortalibus *insanire*. Er zählt nämlich seinem Maecen die ganze Mannigfaltigkeit der menschlichen Bestrebungen her: daß freilich jeder seine Neigung habe, daß es aber keiner an ihrer kleinen Dosis von Torheit fehle. Der sammlet sich olympischen Staub; dem ist's sein höchster Wunsch, ein Ziel umzufahren; den macht ein Palmenzweig selig wie die olympischen Götter, groß wie die Herren der Erde. Dieser, wenn ihm der wandelbare Pöbel ein Paar, ein Drei Ehrenstellen zuerkennet; jener, daß, was in Libyen geerntet wird, eben in seiner und in keines andern Menschen Scheure liege usw.; kurz! jeder hat seinen Kopf, und der ist ihm sein Glücksgott, warum sollte ich nicht den meinen haben? Der kann eines wilden Schweins wegen nächtelang unter freiem, kaltem Himmel dauren, und ich —

Me doctarum hederae praemia frontium
Diis miscent superis: me gelidum nemus etc.

Wenn jeder auf seine Art schwärmt, warum sollte ich nicht auch auf die meinige schwärmen? Man lasse mir das Glück, daß ein Paar Zweige auf meiner Stirne mich in meiner Empfindung unter die Götter versetzen, daß ich in kalten Hainen mit Satyren und Nymphen Umgang pflege; daß ich *alles* habe, wenn meine Muse mir eine Dichterstunde gönnet und wenn du mich, o Maecen! würdigest, mich unter die lyrischen Dichter einzutragen — o so reicht mein erhabener Scheitel bis an die Sterne! — Leser von horazischem Gefühle werden im Ganzen dieser Ode den von mir angegebenen Ton nicht verkennen: sie werden finden, daß sich eine kleine Schattierung in die Farbe des Lächerlichen über die Charakteristik menschlicher Neigungen in dieser Ode ausbreite; daß es eigentlich der Zweck Horaz' sei, jede derselben eigentlich bei einer feinen Schwachheit zu fassen, nur so gelinde zu fassen, als es überhaupt Horazens Art ist, nur weise, nur mit ehrbarer Miene zu lächeln, zu spotten, als ob er die Wahrheit sage. – So redet er von andern, so auch von sich.

Nun denke man sich den komischen Auftritt, wenn der Kommentator, der diese ganze Horazische Manier nicht fühlt, dazukommt und ein solches Liedchen seiner Laune, seines stillen vergnügten Anlächelns als ein Lehrbuch voll ernsthafter diktatorischer Sprüche annimmt, ihm recht gelehrt aufhorcht und, was er noch nicht gelehrt gnug gesagt, noch gelehrter umschreibet. Man denke sich dies, lese: „*Diis immixtum esse superis et secerni populo* unam quidem, eandemque rem designant, sed illud significantius est, remque clariorem reddit. *Utraque sententia nihil aliud innuit*, quam ingenium Poetae lyrici concipiendis visionibus aptum, impetum, virtutem, eumque furorem, quo afflatus sibi in nemora et specus agi, in societatem Deorum admitti, in coelo versari, numina videre, Bacchum carmina" etc. etc."* Man lasse mich nicht weiter schreiben, was alles der lyrische Enthusiasmus sei? wie ihn Boileau beschreibe? wie er zum lyrischen Dichter nötig sei? Vortreffliche Sachen: nur von deren Lehre Horaz sich hier nicht träumen läßt. Vielleicht, daß man sich in der muntern Gesellschaft Maecenas' über den poetischen Paroxymus, über sein Gefühl für eine Dichterstunde, über seine Liebe zur Einsamkeit und poetischen Stille, über seine Begierde nach Dichterlobe, kurz! über sein poetisches Temperament lustig gemacht; und da rächet sich Horaz. Er bringt seinem lieben Maecenas ein Gedichtchen, das ganz unschuldig und ehrbar anfängt: freilich sind Leute, die anders denken; der so und jener so; der liebt diese und der jene Torheit; etwas Schwäche muß man ja jedem Liebhaber seiner Sache verzeihen: warum mir nicht das bißchen Torheit bei der meinigen? – So launicht aber, mit so halblächelndem Ernste, so

* „Vindiciae [Quinti Horatii Flacci]", p. 65, 66.

gelesen, die die Ausleger, und unter ihnen auch Herr Klotz, dieser Ode angetan. Ist's nicht zu bedauern, wie sich Bentley über die impeditam et salebrosam orationem der Ode zermartert, wie er sie zerreißt, wie ernsthaft er darüber kunstrichtert: daß doch der kein Narr sei, der nicht zu Schiffe wolle; daß es doch wahrhaftig kaum wahr sei, daß ein großer Reichtum uns unter die Götter erhebe; daß dahin der Weg so leicht, so gebahnt nicht sei; daß die olympischen Sieger wirklich ἰσόθεοι gewesen usw., was gibt sich der arme Bentley für unnütze Mühe? Was für unnütze Mühe, wenn Herr Klotz Phrases aufsucht, wie ein Lorbeerkranz die Sieger wirklich habe zu Göttern machen können? wie Horaz sich habe unter die Götter versetzt, sich an den Himmel emporragend denken können? Was für eine recht lustig tragikalische Nachahmung, wenn Horazianer recht horazisch zu sein glauben, wenn sie, wie er, schon mit dem Scheitel an den Himmel stoßen und, was er launisch sagt, mit recht guter Besinnung und, so Gott will! recht horazisch nachplappern! Was für ein hübsches Ebenbild endlich in der Langischen Übersetzung, wenn diese fein schalkhafte Miene Horaz' ins ehrbarste Priestergesicht umgebildet und mit allem korpulenten Ernste anhebt:

> Maecen, — —
> Mein Schutz, und süßer Ruhm! Es freuen sich viele,
> Wenn *der* olympische Staub *den* Wagen bedecket usw.
> Und wenn ein marsisch Schwein *das* Garn durchgerissen,
> Und mich gesellt gelehrter Stīrnĕn Lohn, Efeu,
> Den Göttern zu; mich unterscheidet vom Pöbel
> Ein kühler Wald — —
> Wenn du mich zu den Odendichtern gesellest,
> So rühr ich mit erhabnem Nacken die Sterne!

Ist Horaz nicht ein braver Kerl? — Und dazu macht ihn auch Herr Klotz, wie ich denken sollte.

Ich weiß, ich komme nicht bei allen *gelehrten* Lesern Horaz' damit an, daß ich sage: so etwas widerspricht dem Tone des Ganzen, es zerstört die Harmonie des ganzen lyrischen Gesanges; denn was ist Ton, Harmonie des Ganzen? Die Empfindung davon läßt sich dem Ohre keines Menschen geben. So muß ich denn leider! umgekehrt sagen, daß der Ton des Ernstes· schon exegetisch Widersprüche in die Ode bringe: daß es ja nichtswürdig von Horaz wäre, von den olympischen Siegern nichts zu sagen, als daß sie Staub sammlen und mit dem Rade umlenken; daß unter den Römern die edlen göttergleichen Spiele sich eigentlich nicht so gefunden wie bei den Griechen; daß das Beiwort „wandelbare" Römer alsdenn dem Sinne Horaz' selbst entgegen, daß es magrer Gegensatz zwischen proprio horreo und Libycis areis sei; daß das wahre ἦθος in dem patrios agros, die beste Kraft des numquam dimoveas verlorengehe; daß der Widerspruch in dem metuens und mox reficit rates frostig werde; daß das *nec partem solido* de die, aller Klotzischen gelehrten Erläuterung ungeachtet, kein wahrer Gegensatz mehr bleibe; daß ich alsdenn nicht sehe, warum vom Kriege eben der lituo tubae permixtus sonitus reizen, warum die Kriege hier eben matribus detestata heißen müssen, warum eben das marsische Schwein eben vor Horaz zu stehen kommt; warum er eben solche Armseligkeiten als Lohn der Dichtkunst anführen, warum er Götter und Volk und Sterne, einen armseligen Lohn! dreimal sagen, warum er eben die Nichtswürdigkeit wählen müsse, in ein Dichterregister gekleckt zu werden, als ob auf der alles beruhe: warum eben ein so possierliches Bild schließen soll. – Kurz! Horaz muß so nüchtern, so zusammenhangend, so kleingroß in der Ode, in seiner ersten Ode werden, als ich schon nicht zuerst dies bemerkt, als jeder aber werden muß, wenn man ein launisches Stück von ihm ernsthaft umschrauben will. – Da heißt's:

Ein Tor sagt lächerlich, was Cato weislich sprach.

Der arme Horaz! seine erste Ode bildet alsdenn wohl kaum das πρόσωπον τηλαυγές, was Pindar zur Ehrenpforte eines lyrischen Gebäudes wollte.

Über einzelne Klotzische Erläuterungen kann ich mich nicht einlassen: manche haben verfehlen müssen, weil der Sinn des Ganzen verfehlt ist. Warum aber wiederholt Herr Klotz so viel bekannte Sachen, als daß terrarum dominos eine Apposition zu deos, was das partem solido de die demere sei? Gesner ist ja in aller Händen. „Quid vero docti videamur? removeamus paullum illam eruditionis speciem, et simpliciter interpretemur."* Ich wollte diese Worte zum Wahlspruche des ganzen Klotzischen Kommentars haben.

Noch ein Wort über die erste Ode, denn wer wird nicht von Horaz wenigstens die *erste* Ode innehaben? Herr Klotz referiert das dimoveas sechs Verse rückwärts, bis auf hunc et illum, oder umgekehrt das hunc et illum auf dimoveas**; allein die Relation dünkt mich dem Baue des Horazischen Perioden in diesem Silbenmaße entgegen; sie macht den Flug des Choriamben matt. Man erinnere sich des Bildes, das das stolzhörende Klopstocksche Ohr von dieser Art choriambischer Ode hinwirft: „mitten im Fluge schwebt sie und setzt alsdenn mit einmal wieder den Flug fort"***. Nun fliege man einmal auf den Fittichen dieser Ode; man fühle, wie Horaz die Absätze seiner Materie und seiner Perioden so recht in den Silbenklang einfüge; wie beinahe jedes Wort und jeder Gedanke von seiner Stelle Stärke empfange; wie in jedem Verse Anfang, Zäsur und Ende auch den Sinn jedesmal unterscheide, aufhalte, stütze, hebe; wie die Einpassung aller einzelnen Redeglieder das Ganze zu einem künstlichen Gebäude auch in Absicht des lyrischen Ausdrucks mache? – Wer dies empfindet, dem wird der lyrische Bau, das symmetrische Sunt, quos – hunc – illum wohl nicht Zeit lassen, in einem zweiten Stücke des Gebäudes, das sich mit einem Partizipium schon wieder als ein eignes Ganze anfing, hintennach ein dimoveas zu suchen, sollte auch im Fluge der Choriambe das hunc, illum, mitteninne zwischen iuvat und dimoveas ohne eigentliche Kuppel stehenbleiben. Immer römisch, poetisch, choriambisch: da jenes zwar gut prosaisch und konstruktionsmäßig, aber die Fülle, den schwebenden Flug des Silbenmaßes zerstört. „Dignum certe critico", sagt Herr Klotz von Bentley, „qui singula verba examinat, nec tam se Horatianae eloquentiae flumine abripi patitur, quam" etc. Von wem gölte dies bei Auslegung des Ganzen der Ode noch wohl mehr als von Bentley?

* [A. a. O.], p. 63.

** [A. a. O.], p. 61, 62.

*** „Von [der] Nachahmung der [des] griechischen Silbenmaße[s im Deutschen]"; „[Der] Messias", Band 2, [1756, p. 10].

3

Horatius, liber I, oda 2: Alles Unnütze und Nebenwerk beiseite! nichts als wahre und neue Erläuterung suchend; ach! so — erläutert mich Herr Klotz wieder aus dem Tone der Ode; er zerstört mir die Harmonie des lyrischen Ganzen. Mich widert der Klumpe von locus communis*, in welchem Allerlei August mit Merkur habe können würdig verglichen werden, denn er stürzt wie eine einsinkende Bombe das ganze Gebäude des Gesanges nieder. Ich will mich erklären.

Horaz fängt mit einer Erzählung schrecklicher Zeiten, grausamer Vorbedeutungen einer göttlichen Rache, trauriger Wunderzeichen und noch traurigerer Vorfälle an. Er wendet sich: wem wird Jupiter das Amt auftragen, das Volk zu entsündigen? Wird Apollo oder Venus oder Mars oder Merkur erscheinen? Plötzlich bricht er ab und wendet sich an Augustus, aber so geschickt, daß selbst der strengste Republikaner das Lob billigen, die Wendung schön finden konnte. Der schnelle unvermutete Übergang, von Göttern auf den Kaiser, von rächenden, drohenden, schrecklichen Göttern auf den Vater des Vaterlandes, von Göttern, die am Blute der Römer Rache genommen, auf den, der sein Schwert gegen die Barbarn wandte — Dies ist der Gang der lyrischen Muse, dies ist der Hauptzug des Horazischen Lobes.

Und wie schön weiß er die beiden Stücke des lobenden Gegensatzes zu verschränken. Das Land ist voll schrecklicher Vorboten und voll Strafe der Götter gewesen: das Strafwetter ist vorbei; wer wird sich der Römer, sie zu entsündigen, annehmen? Apollo? Er ist augur Apollo. Venus? Sie ist die Mutter der Römer. Mars? Er ist der Vater derselben. Merkur? Er ist der Bote der Götter mit seinem caduceus. Einer steige herab, Rom zu entsündigen. Wer ist's? hier ein verstohlner Wink auf Augustus tut große Wirkung: der Bote der Götter ist da! Merkur in der Gestalt August. Als Bote der Götter, also hat er Cäsars Tod gerächet:

— patiens vocari
Caesaris ultor.

* [„Vindiciae Quinti Horatii Flacci"], p. 77–82.

Als Bote der Götter gibt er jetzt Rom Entsündigung und Friede. Sogleich verschwinden Wunderzeichen, Götter und Rächer. „Lang, o Kaiser, und glücklich sei unter deinem Volke, und wende deinen Arm (von den Feinden deines Vorgängers und Hauses ab, lieber) auf die Feinde Roms, die Barbarn! Das sind Kriege (nicht wie die, die du im Namen der Rachgötter geführet hast: bella non habitura triumphos, sondern), die dir Triumphe bringen können; dann bist du ein Vater deines Vaterlandes." – Irre ich nicht, so ist das der Ton, der im Ganzen der Ode herrscht! und die Feinheit, die vorige Rache des Cäsars den strafenden Göttern, die jetzige entsündigte Ruhe Roms dem Kaiser zuzuschreiben, ist gleichsam die lebende, die römische Grazie der Ode.

Nun komme jemand und schreibe seitenlang den mythologischen locus communis aus: was Merkur für ein guter Mensch, daß er beredt, auch ein Erfinder der Zither, auch ein Aufseher der Kampfspiele, und was weiß ich mehr? gewesen, daß August wirklich mit ihm verglichen werden könne – elender Auswurf der Mythologie! Sowenig als mit Merkur, dem listigen Betrüger, dem Schafdiebe, sowenig wird er mit Merkur, dem Erfinder der Zither, dem Aufseher der Kampfspiele usw. verglichen. Hier ist Merkur „ein Bote der Götter", Cäsars Tod zu rächen (patiens vocari Caesaris ultor) oder, wenn man noch mehr will, Rom zu entsündigen; nichts mehr! Der Poet gibt auch nicht so eigentlich und ausführlich dem August die Prädikate Merkurs, daß ein künftiger Ausleger so manches Schöne darüber sagen könne: Augustus personam Mercurii induens pacifer, salus generis humani, eloquens etc. Wir von Gottes Gnaden, unter dem Bilde Merkurs, der Friedengeber, die Lust der Welt, beredt, ein Liebhaber der Musen und was der mythologische Kram uns vom Merkur mehr sagen möge. Soviel ich sehe, so macht Horaz nur eine polite Einkleidung. Nicht August soll es sein, der Cäsars Tod vormals gerächet: die Götter selbst sind's gewesen und der Bote der Götter selbst. Hätte es dem Dichter gefallen, den rächenden Apollo oder den erzürnten Mars zuletzt zu setzen: so hätte er, nur mit umgeänderter Einkleidung, den Römern denselben Gedanken sagen können, der jetzt die Ode durch herrschet: „die Zeiten der Strafen und Strafbedeutungen sind vorbei; man denke nicht mehr an Unfälle, wobei die Götter selbst ihre Hand im Spiele gehabt; jetzt haben wir einen Entsündiger, einen Vater des Volks, einen August!" Und welche Ode konnte mit der Einkleidung, die Horaz gewählet, der Zeit würdiger sein, die Gesner bei dieser Ode annimmt.

Schon gesagt, daß ich mich über einzelne Wortstreitigkeiten nicht einlasse, aber welche unwürdige Schwierigkeit, die sich Herr Klotz über die Worte macht:

— ulmo,
nota quae sedes fuerat columbis;

eine Schwierigkeit, bei der er sogar zum gefährlichsten Mittel greifen muß: quid prohibet, quo minus Horatio aliquid humani accidisse dicamus?* Ich wollte wissen, wo Horazen denn hier Menschlichkeiten dörfen entfallen sein. Ich bin kein Jäger, aber das weiß ich, daß mehr als eine Gattung von Tauben, die sogenannten Ringeltauben, oben auf Bäumen nisten; und columba ist ja ein Hauptgeschlecht. — Einige Blätter hardouinsche Nichtswürdigkeiten weggeschlagen, und da fallen mir wieder die schrecklichen Worte ins Gesicht: immo totus locus non recte intellectus ab interpretibus.** Laß sehen!

Liber I, oda 4: dum graves Cyclopum
Vulcanus ardens urit officinas.

Nun höre man den Erläuterer: *graves* expono per sulphureas officinas; has officinas *urit*, id est igne et flammis implet; Vulcanus *ardens*, id est qui plenus est flammis, dum in loco, ubi omnia lucent igne, versatur. Quid prohibet, quo minus hunc locum ita interpreteris? Gilt die Frage „quid prohibet?" auch mich, so antworte ich: alles ist zuwider! das ganze Horazische Bild verschwindet damit. Jetzt sehe ich den vor Hitze und Arbeit glühenden Vulkan; nicht einen, dem der Glanz des Feuers das Gesicht rötet; nicht einen, der einen Feuersbrand in die Schwefelhöhle trägt und damit sie voll Flammen macht: sondern der sich's sauer werden läßt (indes daß seine Gemah-

* [A. a. O.], p. 69.
** [A. a. O.], p. 93.

lin tanzt), es sei nun, daß er das Feuer anfacht oder das glühende Eisen mit dem Ambosse auf der eigentlichen Werkstätte der Zyklopen hammert. Gnug urit officinas, und zwar graves officinas; ich kann kein vielsagender kontrastierender Beiwort zu der in kühler Nacht bei stillem Mondscheine tanzenden Venus finden. Die Klotzische Erläuterung kann gelehrt und bergwerksmäßig sein: sie kontrastiert nicht, sie ist nicht poetisch.

Iam te premet nox, fabulaeque manes.* Das Komma, das mit so vielem Geräusche zwischen fabulae und manes gesetzt wird, ist nichts Neues; und doch lasse ich nicht einmal zu sehr kommatisieren, denn sie gehören zusammen: „eine Totenbekanntschaft, von der so viele Geschichtchen lauten". Ich schlage einige Oden weiter, und wieder eine neue und vielleicht wieder verfehlte Erklärung:

Oda 10,3, steht unter Merkurs Lobsprüchen das sabinische Wort catus:

— —qui feros cultus hominum recentum
Voce formasti catus —

und wer weiß, was catus ist? Herr Klotz soll es sagen. *Non sola voce* hoc fecit, sed catus h.e. acutus studia uniuscuiusque sectatus ad animos velut descendit, et callide ita quemque movere studuit, ut illius cupiditates poscere videbantur.** Entweder ich verstehe Horaz nicht, oder Herr Klotz hat ihn nicht verstanden. Merkur, denke ich, bildete die ersten Wilden, teils daß er, der scharfsinnige Merkur, ihnen Sprache gab, teils daß er ihre Glieder bildete; jenes nach der allgemeinen Tradition, die Menschen sein durch die Sprache gesittet geworden; dies, um ihnen die tierische Plumpheit des Körpers abzugewöhnen. Ist dies der Verstand des Dichters: so ist das *quomodo leniverit* hominum animos wohl nichts; so ist's wohl kein Gegensatz: non sola voce hoc fecit, sed catus; so hat mein Kommentator ein Non-sense gesagt. Ist dies aber nicht der Verstand des Dichters; wollte er sagen, Merkur habe den Tiermenschen täglich eine beredte Predigt gehalten, in der er catus auf die Nei-

* [A. a. O.], p. 94.
** [A. a. O.], p. 112.

gungen und Gemütsart jedes seiner respektiven Herren Zuhörer gesehen, sich zu ihnen herabgelassen und nach vollbrachter Predigt sie zum Fechtplatze geführt – ist dies der Sinn des Dichters, so bitte ich, der ich nicht so catus wie Merkur bin, um Verzeihung.

Oda 12; 42, 43. Horaz singt: „saeva paupertas tulit hunc et illum“ etc., und wie bekannt, daß eine schwere Armut, eine drückende Not die größesten Männer hervorbrachte. „Ecce autem supercilium dialectici distinguentis: *saeva* paupertas aliis videtur, non visa est Camillo Curioque.“* So genau eben wollte ich das nicht behaupten. Eben auch den härtlichen Römern konnte doch oft die Last der Dürftigkeit, des Elendes, der Verbannung empfindbar, wirklich empfindbar sein. Ein Camillus, ein Heinrich von Navarra konnte wirklich den Druck der Not fühlen, und eben dies Gefühl, die Last der Notwendigkeit bildete sie, wie nach der bekannten Fabel der gedrückte Palmbaum.

Noch immer beim ersten Buche des Horaz? Ja! und ich sehe die Striche am Rande meines Buchs sich nicht mindern: sondern mehren. Wenig Erläuterungen, die neu wären, stichhielten, eine neue Ausgabe verdienten. Meistens strauchelt der Kommentator, indem er erläutert, selbst aus dem Pfade der Ode Horaz', und die wichtigsten Rettungen gegen Hardouin finde ich in der Gesnerischen Ausgabe Horaz' schon vorgezeichnet, aber nach Gesnerscher Weise, das ist weise, kurz und bündig – Wozu indessen soll die unselige Mühe, jeden Strich auf dem Rande meines Exemplars in viele Worte erst zu verwandeln: hier Parenthesen, wo Seiten und Blätter nicht hergehören; dort Fragezeichen, wo ich ungewiß; hier Nullen, wo ich gegenseitiger Meinung bin, und dort ein öfters! zum Zeichen eines herzlichen Ohe! Ich will damit lieber auf die „Lectiones Venusinas“ warten; jetzt eine allgemeine Anmerkung.

Der unverschämte Hardouin spricht dem wohlklingendsten der lyrischen Römer allen Wohlklang ab, alle Barbarei zu**; Herr Klotz also sollte Horazens lyrischen Wohlklang retten;

* [A. a. O.], p. 122.
** [A. a. O.], p. 51, 52.

allein — er hat ihn nicht gerettet. Er widerlegt Hardouin durch Zitationen und durch einige schale Beispiele, daß dieser und jener Vers bei ihm ein Echo seines Sinnes sei; allein wem war an etwas gelegen, was Stümpern oft mehr glückt als Dichtern, wenigstens jene oft gnug *übertreiben*. Er hätte uns auf den dem Horaz eigenen lyrischen Wohlklang aufmerksam machen, in diesem und jenem Silbenmaße die Lieblingsgänge Horaz' bemerken sollen, nach denen er die Worte stellet und sich einen Perioden schaffet. Einmal wäre es Zeit, daß ein deutscher Dionysius es entwickelte, wie das allgemeine Ding, was wir Periode nennen, nur eigentlich Reden zukomme, und daß übrigens, so wie jede Gattung des Vortrages, so auch jedes Hauptsilbenmaß der Dichtkunst gleichsam seinen eignen Perioden von Vinktur, Junktur und Concinnität, das ist, seine eignen Wortbindungen, Verschränkungen und Wohlklänge habe, worüber sich, wer sich wie Klopstock auszudrücken wüßte, bei Horaz gewiß zuerst die angenehmsten Betrachtungen machen ließen. An so etwas hat Herr Klotz nicht gedacht.

4

Und hat überhaupt mit seinen bisherigen horazischen Schriften wenig zum Behufe des poetischen Lesen, zum Lesen Horaz' in Horaz' Sinne beigetragen. Einzelne Bilderchen, etwa ein sectis in iuvenes unguibus, ein Oscula, quae Venus quinta parte sui etc., hat er mit Gefühle des Schönen auseinandergesetzt; mit der Methode, mit dem Geschmacke überhaupt, zu dem seine Schriften führen, Horaz zu lesen, bin ich um so weniger zufrieden.

Seine Schrift „De felici audacia Horatii"* (die, eine Menge frostiger Allgemeinsätze** abgerechnet, eine seiner besten Schriftchen und mehr als ein specimen academicum ist), diese Schrift, sage ich, ist, so sehr sie sich mit ihrer schönen Kritik selbst vorzeigt, für mich kein Muster des Geschmacks, Horaz

* „Opuscula varii argumenti", p. 114[–173].

** „Audacia et fertilitas saepe scriptoribus tributa; audacia poetis necessaria" etc. [p. 117, 121].

zu lesen. Sie ist nach dem Fachregister des lieben Batteux gezimmert, wie man bei einer Ode Sprung, Abreißung, Umschweifung, Anfang und Ende usw. bemerken und sich abstecken müsse*, eben als wenn Horaz je nach solchen Absteckungen, wie über ein Schulthema, gearbeitet hätte. An sich ist solch Fachwerk, eine solche Topik der Ode, immer gut, sofern es nur den Bemerkungsgeist bei einzelnen Oden stärken will. Sobald es aber ordentliches Gerüst und notwendige Erklärungsart der Ode wird: so ist's mir zuwider. Ich weiß, daß ich hier gegen die Mode schreibe; denn seit einiger Zeit zirkeln wir Deutschen kein Gedicht so gern ab als eine Ode, so wie die Franzosen ihr Drama nach allen drei Einheiten nur abzirkeln können; und das heißt denn die Manier Horaz'. Und ich kenne keine Manier, in der Horaz mehr zerrissen und seichter nachgeahmt werden könnte, als diese. Ich habe angefangen, die Stellen Horaz', die hinter jeder Klotzischen Rubrik: abgerissener Anfang, Sprung, Digression usw., stehen, aufzublättern; ekelhaft aber ward mir mein Aufblättern bald, und ich verlor oft dabei den Sinn meines lieben Horaz. Ich schlug das Buch zu und lernte aus Erfahrung, daß Horaz auf keiner Tortur mehr könne gedehnt und gemartert werden als auf solchem Regelngerüste.

1. „Abrupta carminum initia." Wie? wenn es hier Gesetz der Horazischen Ode würde: „arripit lyram poeta, nec quaerens verba, quibus ordiatur carmen, non sollicitus, quam formulam primo loco ponat, quodcunque ii, quibus excitatur, motus verbum suggerunt, eloquitur** — welcher unförmliche Parenthyrsus würde unsere Horaze bezeichnen. Nur von wenigen Horazischen Oden kann man eigentlich diese plötzliche Abgebrochenheit des Anfanges sagen, und bei jeder, wo sie sich findet, hat sie eine Art von Besonderheit in ihrer Ursache. Das so oft mißbrauchte „Quo me, Bacche, rapis?" ist kein allgemeines Gesetz, es ist ein einzelnes und, darf ich sagen, sonderbares Beispiel. Der Poet dichtet die ganze Ode durch eine förmliche Trunkenheit: voll seines Bacchus' in Höhlen und Wälder getrieben, weiß er selbst nicht, wie ihm geschieht: sein

* [A. a. O.], p. 130–140.
** [A. a. O.], p. 130.

Geist schwebt umher oder vielmehr wird hinweggerissen, nichts Kleines, nichts Sterbliches zu singen und – er singet August. Schöne Lobeseinkleidung; wie Plato seinen Sokrates vom trunkenen Alkibiades loben läßt: so kann hier der trunkene Flaccus dithyrambisieren; es stimmt mit dem ganzen Tone der Ode. In Absicht auf diesen ist der Anfang nicht abgebrochen, weil alles in der Ode abgebrochen, hingeworfen, trunken ist: ja, die ganze Ode, kurz und bündig, ist ein abgebrochnes Stück eines poetischen ἐνθεϊσμοῦ. Nun komme ein nüchterner Klassifikateur und mache ihn folgendergestalt zum locus communis: „Poeta admiratus egregia facta Augusti, atque plenus hac cogitatione, Augustique magnitudine excitatus [sibi] a Baccho abripi videtur“ *, so ist die Harmonie der ganzen Ode zerstört. Welcher Zusammenhang, die Taten Augusts bewundernd überdenken und vom Bacchus fortgerissen werden? Nüchterne Trunkenheit! Unhorazischer Horaz! Nein! mein Römer berauscht sich nicht gesetzmäßig, um Augustus zu singen: er singt August, weil ihn Bacchus treibt, weil er sich begeistert fühlt. Das Lob des Kaisers verliert alles, wenn es ein studiertes Lob ist: es ist also nur ein hingeworfner, mitten in der Begeisterung gefühlter Gedanke, und Horaz folgt seinem Bacchus weiter, ohne an August zu denken. Die Klotzische Erklärung des Anfanges ist also nüchtern, sie ist wider den Ton der Ode.

Ich lasse mich auf die übrigen Beispiele nicht ein; sage aber nur so viel: Jeder unvermutete Anfang scheint abgebrochen; sobald aber der abgebrochne Anfang merkbar wird und den Ton der ganzen Ode überschreiet: so ist er keine Schönheit mehr, er ist ein Fehler der Ode. Er frappiert nicht mehr angenehm, sondern er bestürmet unser Ohr entsetzlich. So sind die neuern Horazianer oftmals; sie fangen an, als wollten sie mit ihrer Ode den Olymp bestürmen, und siehe da: sie liegen im Sande. „Zeus niest, es blitzt!“ fing jener an, und ich – wünsche ihm, sich auszuniesen.

Kein Anfang also kann ohne den Ton des Ganzen in Betracht kommen: kein abgerißner Anfang an sich ist ein Zeichen der Kühnheit, wenn er nicht verfolgt, wenn er nicht aus-

* [A. a. O.], p. 131.

geführt wird. Und eine durchhin ausgeführte Abgebrochenheit der Gedanken hat Horaz nur bei wenigen Oden: etwa, wo eine Dichtung, ein Gesicht (II, 19; Epode 7), ein schneller Vorfall, eine auffodernde Stimme dazu Gelegenheit gibt. Und solche Oden unterscheiden sich durchaus im Ganzen.

Andernfalls macht Horaz solche schreiende Anfänge sich wohl nicht zur Gewohnheit. Die mehresten seiner auch erhabnen Oden fangen sich mit einer langsamen Gesetztheit, seine lehrenden Oden ruhig und seine Oden der Freude meistens sanft an. Wo in der Ode „Quis desiderio sit pudor aut modus" etc. der kühne abgebrochne Anfang sei, sehe ich nicht.* Was ist sanfter und beinahe elegisch, als wenn ein Gleim um seinen Stille anstimmt:

> Wer mäßigt sich in so gerechtem Leide?
> Der meine Freud und aller Menschen Freude,
> Der Musen Ehre war,
> Der ist nicht mehr!

Die erhabensten, die kühnsten der Uzischen Oden fangen sich mäßig an; nur denn ist der Anfang abgebrochen, wenn etwa ein lyrischer Überfall, ein lyrisches Blendwerk uns bereitet werden soll, und das ist meistens kurz, außerordentlich. Die abgebrochne Hymne des Callimachus ist ἐνθεϊσμός, und die vortrefflichsten Pindarischen Oden sind dem Anfange nach sehr gesetzt und mäßig. Ich kenne keine Regel, die, als locus communis von Horaz abgezogen und ohne Verbindung zum ersten Stücke seines lyrischen Odenbaues erhoben, auch abgebrochner, das ist halbiert und mehr zu mißdeuten sei als die: „er schreit abgebrochen, ohne erst Worte zu suchen, auf!"

2. „Longae digressiones." Ein neuer Kanon der Horazischen Ode, und oft ein sehr mißbrauchter Kanon. Meistens liegt in Horaz bei dem Anscheine einer solchen Digression was Wichtigers zum Grunde, was er mitnehmen, aber nicht zum Gesetze, sondern nach der Individualsituation seiner Ode so mitnehmen wollte; oft ist's auch wirklich keine Digression, was wir so zu nennen belieben. Horaz ermuntert den Thaliar-

* [A. a. O.], p. 132.

chus zur Fröhlichkeit: sei gutes Muts, und permitte divis cetera, qui simul stravere ventos etc. Wer kann sich nun den Erklärer so einfallend denken: „Permitte divis cetera. Hic desinere poterat poeta. Ad sensum nihil requirebatur amplius. Poetae vero vividum ingenium, dum deos cogitat, statim descriptionem aliquam immensae potestatis deorum praebet."* – Was kann Präzeptormäßigers gesagt werden? Ich sahe Horaz wie einen Schulknaben über sein Thema arbeiten und den Lehrer darneben: gut! gnug! der Verstand ist aus, zum Thema wird nichts mehr erfodert; aber nun! eine kleine Amplifikation. „Permitte divis cetera" war das letzte: Götter also – wie können Götter etwa umschrieben werden? fällt deiner lebhaften Einbildungskraft – – O des armen Horaz! Wenn Thaliarch zur Freude ermuntert werden mußte, was natürlicher, als daß er mißvergnügt war, daß er Unglück hatte? Und was für ein poetischer Bild vom Unglücke als Sturm, Seesturm? Und was für ein paßlicher Bild in das Ganze dieser Winterode? Wer fühlt nicht sein Kaminfeuer mit doppeltem Freudenschauer gleichsam, wenn der Wind um die Fenster raset, wenn man sich Seestürme dabei gedenkt, wenn von Meersgefahren daneben erzählt wird? Wo ist hier die mindeste Digression vom Thema der Ode?

Es ist keine Digression, wenn Horaz in seiner zweiten Ode eine kurze Beschreibung der Zeiten Deukalions gibt**: denn so sollen die damaligen Schreckwunderzeiten in Rom gedacht werden. Er vermehrt also das Grausen im Zurückdenken an sie, wo er's nicht durch ihre eigne Schilderung tun konnte, durch ein ausgemaltes Gleichnis alter, grauser, schrecklicher Zeiten. Die Empfindung, der Ton der Ode wird mit dem Zuge der grausen Unordnung verstärkt, und ist das Digression? Nur ein gefühlloser Scholiast konnte schreiben: „leviter in re tam atroci, et piscium, et palumborum meminit"; denn ihm fiel nichts als das Gericht Fische und die Tauben ins Gesicht; wenn Herr Klotz aber das Grausen des Andenkens an Zeiten fühlt, wo Fische auf den Gipfeln der Bäume schwimmen und die armen wasserscheuen, furchtsamen Tauben angstvoll in

* [A. a. O.], p. 135.
** [A. a. O.], p. 136.

den Fluten arbeiten: so sollte er nicht den Scholiasten nachschreiben.

I, 34: „Ubi currum Iovis memorat", soll Horaz eine Digression machen?* Und wer wüßte denn nicht, daß hier, die eine oder die andere Erklärung der Ode angenommen, der Donnerwagen Jupiters das Bekehrungsmittel des Horaz, folglich nach jedem möglichen Sinne der Hauptgegenstand der Ode ist? Ist's denn Digression, ein Donnerwetter zu beschreiben, wenn der gerührte Dichter sich hinsetzt, es zu beschreiben; oder gar, wenn es seine ganze Denkart ändern kann? Ich denke: eine Ode aufs Ungewitter ohne Ungewitter ist nichts.

I, 22: „Ubi lupum, qui ipsi pepercerat, nominat." Digression?** Eben das Abenteuer mit dem Wolfe ist ja die Veranlassung der Ode; eben darüber macht ja Horaz die poetische Bemerkung, mit der er anfängt; und eben darüber faßt er ja den poetischen Entschluß, mit dem er endigt. Es ist doch grausam, uns vor sehenden Augen den Mittelpunkt des Zirkels zum Berührungspunkte der Tangente machen zu wollen.

Was soll ich die weitern Zitationen eines Kommentators nachschlagen, der sein Gefühl darüber verleugnet, was Hauptgegenstand, was Hauptton der Ode sei oder nicht? wer kann mit einem solchen darüber einig werden, was Digression sei, quod ad argumentum pertineat, nec ne? Herr Klotz hat schon zu einer andern Zeit Gedanken über die Digression, und zwar bei dem Poeten, in dem sie am merkbarsten wird, bei Pindar, geäußert, die mich beinahe verzweifeln lassen, daß ich Pindar kenne und den Plan seines εἶδος studiert habe. Ich habe zwar nicht den Leisten des Rückersfelders noch die Schuldisposition des Erasmus Schmid, aber auch gewiß nicht die Digressionen in ihm gefunden, die Herr Klotz Rückersfeldern vordemonstriert.

„Non recte Vir Clarus intellexisse videtur naturam et originem digressionum illarum Pindaricarum." Schön! unser Vir Clarus setzt sich also zurecht, dem Niederländer die Natur und den Ursprung Pindarischer Digressionen zu erklären.

„Odam, quae hoc nomine digna sit, Pindaricam *animo*

* [A. a. O.], p. 136.
** [A. a. O.], p. 136.

valde commoto oriri, facile mihi dabunt, qui vel legerint eiusmodi carmina." * Und wenn ich auch durch den Trumpf, den Herr Klotz auf seine Behauptung setzet, für einen Unwissenden in Pindar gelten müßte: so kenne ich keine, ich sage mit Fleiße: *keine* Ode in Pindar, die zu ihrem Charakter hätte, aus einer *gerührten*, *erregten*, *sehr erregten* Seele zu entspringen. Als einen hohen, erhabnen, fliegenden Geist, der, nach seinem eignen Bilde, die höchste Blüte jeder poetischen Schönheit bricht, kenne ich meinen alten Pindar wohl; aber eine erregte, sehr erregte Seele, die dieses erregten Zustandes wegen auf Digressionen ausschweift? – Ich zucke die Achseln! nur ein größerer Kenner Pindars als ich kann grandes *affectus* zum Charakter Pindars, zu seinem Unterschiedscharakter von David machen.**

„Quid cantavit Pindarus, certe in iis, quae ad nostram aetatem pervenerunt, carminibus? Unum idemque est omnium argumentum; victoria e ludis reportata. In his quomodo poterat et varietatem adhibere, et fastidio occurrere, nisi liberius hanc rem tractaret" etc.*** Der alte lahme Tröster von Entschuldigung! Freilich, wer seine Gesänge bloß aus der Überschrift: Ὀλυμπιονῖκαι, Πυθιονῖκαι, Νεμεονῖκαι, Ἰστμιονῖκαι ansieht, der kann Pindar herzlich beklagen, daß er über solch eine Kleinigkeit so viel habe leiern, und ihm schon im voraus Ablaß erteilen, wenn der arme Leiersmann hat ausschweifen müssen, um doch etwas zu sagen. Wer aber die griechischen Zeiten und das National- und Stadt- und Familien- und Personalinteresse der griechischen Spiele und Sieger kennet, der wird jede Pindarische Ode für nichts, als wofür sie Pindar gibt, für ein Individualstück halten: ein εἶδος seines Siegers, ein Bild desselben nach griechischen Begriffen, und oh! welch ein Thema ist je reicher als ein solches Individualthema! welch Thema reicher als das Lob eines edeln griechischen Jünglinges, eines Helden, eines Siegers! und von allen seinen lobwürdigen Seiten! und nach jeder Aussicht griechischer Schätzbarkeit! Hier ein National-, dort ein Familien-, dort ein

* „Klotzii „Acta litteraria", vol. I [1764], p. 122.
** Klotzii „Acta litteraria", vol. II [1765], p. 151.
*** [Klotzii] „Acta litteraria", vol. I [1764], p. 124.

persönliches Lob! – Wer kann nun mit dem, der das Hauptthema Pindars in seinen Zeiten und in seinem Individualfalle für eine wüste und wilde Ausschweifung seines aufgebrachten Gehirns hält, wer mag mit dem weiter über eine Digression streiten? einzelne Exempel untersuchen? Wer das ganze Pindarische Gesanggeschäfte für ein poetisches Exerzitium hält, eine abgedroschene Materie, einen Spielkampf, einen Wettlauf, ein Ballschlagen, denn was ist jenes mehr? neu ausgeziert, schön variiert, prächtig amplifiziert in Verse zu zwingen: dem Kenner Pindars ist erlaubt zu schreiben: „Nempe, si quid videmus, de tota re ita iudicandum est: *Exornandi argumenti causa adsumere* Pindarum *plerumque* ea, quae cum illo *aliquo modo* coniuncta sint: *interdum verecunde*“ (welch ein Präzeptorurteil!) „in his versari et *modeste*, saepius audacius, liberiusque *evagari*, atque etiam, quae *longius petita* sint, non tam *adducere*, quam *trahere*“ (wie ungleich wäre Pindar dem Vorbilde seines Gesanges, dem edeln Jünglinge, der gewiß ja die kürzeste Bahn nahm!), „*diutius* etiam interdum in iis *morari*, *quam reliqua pati videantur*, sed habere poetam non solum *excusationem necessitatis*“* – – Ich schreibe nicht weiter. Für solchen teuren Schulpindar mit allen seinen Digressionen danke. Vielleicht wird mir ein andrer Ort Muße geben, den edlen griechischen Pindar zu zeichnen, den man so sehr verkennet, und da auch die Horazischen Oden mitzunehmen, die ich in Pindars Manier glaube.

3. „Saltus in carmine ab alia re in aliam.“ Mich dünkt, der Verfasser wird selbst den Spott über die sogenannte szientifische Methode** hier nicht für ortmäßig und seine Beispiele nicht immer für die gewähltesten halten. Der Ton der ganzen siebenten Ode wird zerstört, wenn man sie in der Paraphrase des Verfassers lieset.*** Wie? Horaz wollte es dem Plancus vorraisonniren, daß zuverlässig Rhodos, Mitylene, Korinth und eine ganze Geographie schöner Gegenden nicht so viel Reize habe als die Tiburtinische villa des Plancus: das wollte

* Klotzii „Acta litteraria“, vol. I [1764], p. 128.

** „Opuscula [varii argumenti]“, p. 137.

*** [A. a. O.], p. 138.

mein lässiger Horaz behaupten wollen? Nichts minder! er läßt jedem Orte seine Vorzüge; er läßt jeden, was er will, loben: „Mir gefällt meine villa, und auch du sei in deinem Tibur vergnügt; es wird schon alles gehen, alles Schlimme schon mit der Zeit besser werden." Ich sehe hier keinen poetischen Sprung, keine Stapelgerechtigkeit der Ode; es ist ein politischer Übergang, die artige Wendung eines Hofmannes, der sich nach seinen Zeiten richtet – Wer wollte daraus einen locus communis der Odenkühnheit machen?

Weiterhin will ich nicht nachsuchen. Ich sage überhaupt, daß ich mir meinen Horaz selbst in seiner lyrischen Kühnheit nicht nach solchen Allgemeinfächern will zerhacken lassen, so sehr sie unter uns (Herr Klotz hat einige wortmäßig aus Batteux übersetzet*) Mode geworden. Seitdem wir in Deutschland diese künstliche Odenform mit ihrem abgebrochnen Anfange und ihrer schönen Digression und ihrem künstlichen Sprunge und ihrer künstlichen Unordnung und ihren schönen Strophenübergängen und artigen Enjambements recht handwerksmäßig geformet und gegossen: seitdem ist wenig Neues im Geiste hoher Oden erschienen. Glückliche Theorie von der hohen Kühnheit eines Dichters, die uns das eigne Gefühl solcher Dichterkühnheit einschläfert.

5

Der zweite Abweg, Horaz zu lesen, ist, wenn sie Hauptgeschmack wird, die Parallelenmacherei. Herr Klotz darf nur ein großes Bild, einen gefallenden Gedanken in einem Dichter finden: so steht ihm bald ein andrer und noch ein andrer und endlich so viele andre zu Dienste, daß der vorige Gedanke glatt weg ist. Nun ist eine solche Arbeit bei einer mäßigen Belesenheit oder einem mäßigen Gebrauche von Registern, Anthologien, Florilegiis, und wie die Sammelplätze mehr heißen, ziemlich leicht; sie kann auch bei Anfängern oder bei dun-

* [A. a. O.], p. 130, 135 etc., confer mit Batteux' „Einleitung [in die schönen Wissenschaften. Nach dem Französischen des Herrn Batteux, mit Zusätzen" von Karl Wilhelm Ramler, 1762^2], 3. Buch, p. 20, 21.

keln, verdeckten Stellen manchmal nutzbar sein; im ganzen ist sie verderblich. Schade um die Schönheit, die ich erst aus hundert Vergleichungen schön finden soll; schade um die Schöne, die mich erst durch ihren Namen reizet, die mir nur denn gefället, wenn sie neben andern stehet. Der Anblick, das innere schnelle Gefühl eines poetischen Bildes muß das Herz entwenden: wer bloß durch Vergleichungen, durch Parallelen Empfindung bekommt, dem schadet's nicht, wenn er keine habe.

Das schönste Bild eines Autors muß mit den Worten, an der Stelle das schönste sein, da er's saget, da es stehet: eine Blume, die in ihrem Erdreiche die natürlichste, die schönste ist. Man wurzle sie aus, man verpflanze sie unter zehn andre Gattungen ihres Geschlechts, aber nicht ihrer Art, ihres Himmelstrichs, ihres Bodens, und man hat ihren Platz, ihre Natur, ihre beste Schönheit genommen. Jede Gattung der Poesie, jeder eigentümliche Zweck gibt auch dem Bilde Geist und Leben, nicht bloß Kolorit und Gewand: man reiße es aus seinem Orte, aus seiner Verbindung, aus seiner Lokalwirkung, und es ist ein Schatten. Immer ist's ein Verderb der Dichtkunst gewesen, aus ihr Anthologien zu sammlen, und fast immer ein kalter Gebrauch des Dichters, ihm einzelne Federn zu entrupfen, sie mit andern zusammenzulegen: da wird, nach der alten Fabel, die weißeste Schwanfeder von der struppichten Adlersfeder verzehrt.

Ich könnte zehn gegen ein Beispiel meines Autors über diesen Parallelengeschmack anführen; denn es ist ja sein allerliebster Geschmack. Und für mich immer der kälteste. Solche Bilderchen an sich sind Spielwerk: so hintereinandergestellt, wer mag sie lesen? Er ist auch sehr unsicher. Der epische Dichter gibt seinem Gedanken ein episches, der lyrische ein lyrisches, der dramatische ein dramatisches Gewand; jede Zeit, jede Sprache, jeder Zweck gibt dem Bilde wieder seine eigne Farbe. Nun flicke ein belesener Mann von Geschmacke eine Reihe solcher Bilder ohne Absicht und Zweck aneinander – ein Bettlerrock! ein Harlekinsputz! Er ist auch selten weder erläuternd noch poetisch. Ich könnte Beispiele geben, wie weit man uns mit solchem Geschmacke wegerläutern und vom Tone des Poeten fortleiten könne. Man wird nie das Ganze eines Dichters, eines Gedichts recht innig fühlen, recht mit seiner Seele verfolgen, wenn man an Stellen klebt. Mitten im Sonnenlichte wird man blind, wenn man mit einer Menge Lichter, Lampen, Fackeln, Kerzen kommt, unter dem Vorwande, daß eine Reihe solcher Blendwerke hintereinander doch recht schön lasse. Recht schön für den, der Lust hat.

Noch weniger kann ein Genie mit der geschmacksvollen Erklärungsmethode zufrieden sein, die ich den edlen Gemmengeschmack nennen will. Ich lobe die stillen, die edlen Verdienste eines Lipperts um den Geschmack an den Antiken in Deutschland; aber Herr Klotz sollte kaum der Lobredner desselben sein: durch das Beispiel seines eignen Gebrauchs lobt er ihn schwerlich. Welcher leidige Kram der meisten Gemmengelehrsamkeit in den Klotzischen Schriften! Selten, daß er eine wichtige Stelle neu erläutert; oft, daß er müßig dasteht, und oft, daß wir ihn gar wegwünschen; denn er bringt uns aus dem poetischen Tone des Ganzen. Der Cupido, der als Künstler vor dem Kopfe des Sokrates, Plato, Horaz sitzt, schnitze ihn, nur er verstümmle ihn nicht, er schone ihm Nas und Wange.

Ohne daß man mir's vordemonstriere, erkenne ich den vielfältigen, nutzbaren Gebrauch der geschnittenen Steine und wünschte bei der Klotzischen Schrift, daß nicht bloß der Nutzen der Lippertschen Daktyliothek so obenhin (denn das mehreste *neue* Nutzbare dieser Schrift wird man bei Lippert selbst und vielleicht edler und einfältiger finden), sondern in manchen Proben so gezeigt wäre, wie Demokrit die Bewegung demonstrierte, nämlich: ich bewege mich selbst! Aber das müßte uns Herr Klotz doch nicht bereden wollen, daß bei Lesung der Dichter der Anblick der Gemmen uns eigentlich poetischen Anblick gewähre. Eine Hauptfigur, eine Stellung, etwa ein Charakter, sofern er sich körperlich äußert – das kann die Kunst schildern. Aber dem Dichter, dessen Blick immer aufs Ganze geht, wie der freie Blick der Juno, der mit jedem einzelnen Bilde nur auf die Hauptwirkung seiner Energie fortarbeitet, der nicht für das Auge artige, spielende Figuren und Puppen und Bilder und Tändeleien (wohin unsre Zeit verfällt), sondern für die Seele, für die Einbildungskraft, für den Verstand, für die Affekten feurige Gedanken reden will, dem berührt sie nur immer den Saum seines Kleides. Will sie sich an ihn hängen, soll ich bei jedem Bildchen Homers, Pindars und Horaz' erst nachsehen, wie denn dieser und jener alte Künstler das Figurchen gebildet; soll ich hier lange Klotzische Kompilationen durchlaufen, wie es von einer andern Seite aussehe – hinderndes Säumnis! es hält den Dichter auf und zerstückt ihn mit seinen Erläuterungen; oder dieser gewaltige Läufer reißt sich los und eilt zu seinem Ziele unaufhaltsam: der Gemmenzähler aber – da liegt er längelang auf dem Rükken!

Insonderheit bitte ich für den poetischen Jüngling im ersten feurigen Lesen eines Dichters: daß man ihn doch da nicht mit schönen Münzerläuterungen und Gemmeneinsichten in dem poetischen Laufe seiner Einbildungskraft störe! daß man ihn doch nicht jeden Augenblick zurückhalte, um doch ein Steinchen zu bemerken und ihn vom süßen fortwallenden Traume seiner Lieblingsidee zu wecken und die unaufhaltsame Ergießung seiner Seele augenblicklich zu verstopfen. Ich mag nicht Caylus in der Hand haben, wenn ich Homer lese, und noch weniger wünschte ich, ihn zur Hand gehabt zu haben, da ich ihn das erste Mal las. Herr Klotz freue sich in der Idee, wie schön sich Virgil mit allen Erläuterungen aus geschnittenen Steinen müsse lesen lassen*: ich will ihn mir nicht so vorlesen lassen. Für mich liegt Horaz unter dem Klotzischen Kommentar wie jener Riese unter einem Berge voll Lava und Steine: ich finde seine Glieder zerstückt und zerstreuet wie die Glieder jenes Apsyrtus. Ist's denn nicht einmal Zeit, Gelehrsamkeit, Belesenheit und Kunstgeschmack schätzen und doch die Schranken ihres Gebrauchs bestimmen zu dörfen?

Damit der nicht ein Barbar heiße, der so etwas sagen darf: so rede der Quintilian Deutschlands, der gelehrte Gesner: „Seitdem die aus den Quellen selbst geschöpfte Gelehrsamkeit abzunehmen anfing; die seltner wurden, die jede Gattung alter Schriftsteller selbst nachschlugen; noch aber solche übrig wa-

* „Über den [Nutzen und] Gebrauch der [alten] geschnitt[e]nen Steine [und ihrer Abdrücke]", [1768], hin und wieder.

ren, die etwa einen derselben kennen und verstehen mochten: seitdem entstand das Auslegergeschlecht, das aller Orten her, aus Gedächtnis- und Denkmalen zusammenschleppte, was nur etwa zur Erläuterung desselben dienen könnte; so daß die, denen der übrige Vorrat von Gelehrsamkeit fehlte, die sich nicht alles selbst verschaffen konnten, was zur Erklärung seines Sinnes gehörte, durch die Arbeit andrer unterstützt, nichts missen dörften. — — Bei Wiederauflebung der Wissenschaften fanden sich Gelehrte, die durch weitläuftige und nach dem Geschmacke der damaligen Zeit weit und breit belesene Vorlesungen die alten Schriftsteller erklärten. Des Mancinelli, Pomponii, Beroaldi, Calderini, Ascensii Vorlesungen wurden mit großem Fleiße gehöret, und noch jetzt füllen ihre Bände ganze Bibliotheken. Vor andern ist hier die Mühsamkeit des Niccolò Peroty bekannt, der, um *ein* Buch Martials zu erklären, ganze Schätze lateinischer Sprache und Gelehrsamkeit ausschüttete und ein ‚Cornu copiae' gab, aus dem fast alles gesammlet werden kann, was man jetzt aus Wörterbüchern sammlet, und aus dem sich auch die Wörterbücher sehr bereichert. — — Nachher gab Salmasius uns sein ungeheueres Werk über den Solinus; indem er aber weder mit Gelehrsamkeit noch Degressionen Maß wußte" usw. — — „Dieser Gewohnheit folgen oft die Lehrer der Philologie, die zur Erklärung eines Buchs, soviel sie nur können, den größten Apparat von Gelehrsamkeit zusammentragen und nichts unangeführt lassen, was sich nur einigermaßen, auch nur durch Umschweife dahin wohl könnte ziehen lassen. Fehlen einigen hiezu eingesammlete Hülfsmittel — ei! die nehmen die commentarios anderer, Wörterbücher und solche Tröster zu Hülfe und wissen es so weit zu bringen, daß man ihre Aufsätze für große Schatzkammern ansehe. Mögen sie doch!" („Neque carbones esse dixerim equidem", sagt Gesner; wer will, sage es nach) „oft aber kann man sich solchen Reichtum mit minderm Zeitverluste sammlen." Statt zu deuten, fahre ich in Gesner fort: er redet jetzt eigentlich vom Zerbröckeln eines Autors in der Schule; allein der Schade ist überall derselbe.

„Wir wollen uns also einmal die Fabel jenes von seiner Schwester zerstückten Apsyrtus gedenken und sie uns vorstellen, daß sie ihren Bruder nicht glieder-, sondern gelenkweise zerhacket und hier ein halbes Auge (die andre Hälfte liegt weit ab!), dort die Hälfte vom rechten Ohre, hier den dritten Teil der Nase, dort ein Stück vom Augenbraune usw. hingeworfen, alles weit auseinandergeworfen hätte: wie doch? hätte der Vater auch wohl argwöhnen können, das sei sein Sohn? Ebensowenig, als ein der Optik Unerfahrner eine Anamorphose sich wird sammlen und recht vors Auge bringen können. Ist's aber nicht ebenso mit der heutigen Erläuterungsmethode der klassischen Schriftsteller? jedes einzelne Wort erklärt, die Perioden auseinandergezogen, jeden vierten Tag ein kleines Pensum auf die Art in kleine Brocken zerstückt. Ist's möglich, daß ein Jüngling auch von Seelenkräften und gutem Gedächtnisse diese mit Erklärungen überladnen und aufgedunsteten Teile sich so gegenwärtig erhalten, sie so verbinden könne, daß ein Körper, ich will nicht sagen, ein schöner Körper, nein! nur allenfalls ein Körper daraus werde; daß er nur, was er lese, behalte und darüber Rechenschaft gebe." Gesner gibt Beispiele, die eigentlich nicht für mich gehören; ich erinnere meine Leser daran: wie oft es möglich sei, solchergestalt seinen Schriftsteller so ganz aus dem Gesichte zu verlieren, daß man endlich nichts minder als ihn erläutert, anführet und kennet. Er fahre fort:

„Auch daher, oder ich müßte mich sehr irren, auch daher unter andern rührt der stupor paedagogicus, der fast zum Sprichworte geworden, daß man Leute sieht, die einen guten Teil ihres Lebens unter den weisesten Geistern von der Welt zubringen und doch daher nichts als Worte mitbringen; statt ihnen gleich zu werden; statt wie sie denken, schließen, reden zu lernen.

Um so minder kann jemand bei solcher Langsamkeit von der wahren Gestalt und Schönheit eines Buchs einen Eindruck bekommen; denn je lebhafter, um so verdrüßlicher wird's ihm sein, sich zu bewegen und nicht weiterzukommen (se movere quidem, sed non promovere), insonderheit da er, der Umschweife wegen, eine Stelle, ein Bild zwei-, drei-, viermal hören mußte.

So wie aber bei solcher Zerstückung und Zerteilung der Begriff der Sache verloren geht: so ermattet oder erlöschet auch die Lust zu lesen, die sonst vorzüglich dadurch erhalten und angefeuert wird, daß wir zu Ende eilen, daß wir den ganzen Verlauf zu wissen verlangen. Schon dieser Reiz macht, daß Leute, die sonst übrigens keine Lesesucht haben, einen „Telemach", „Robinson", „Gulliver" gleichsam verschlingen und sie nicht weglegen, ehe sie zu Ende sind; ein Homer, Virgil, Plautus, Terenz, Ovid, Sueton, Curtius hingegen, ebenso angenehme Schriftsteller, erregen der Jugend Schauder, weil sie nie ein beträchtliches Stück gleichsam in einem Othem weglieset, um vom ganzen Körper zu urteilen, um durch die Erwartung des endlichen Ausfalles angefrischt zu werden. — —

Und gewiß durch ein so stetiges, mühsames und ängstliches Lesen wird man kaum die Alten verstehen lernen. Wenige Worte haben einen so gewissen und bestimmten Sinn, daß sie überall einerlei bedeuten: aus der Nachbarschaft, aus dem Zusammenhange der ganzen Rede, aus der Reihe der Sachen bekommen sie ihren Wert; anderswo, im Munde andrer Personen, in andrer Materie bedeuten sie anders. Um dies überall zu verstehen, um es sogleich zu erreichen, nicht, was ein Wort bedeuten könne, sondern bedeute, kann nicht anders als durch vielfaches Fortlesen vieler Bücher geschehen"* usw.

Gesner redet noch weiter vom Schulgebrauche fort: ich will nur hinzusetzen, daß, wenn kaum der Wortverstand, kaum der gewöhnliche historische Sinn bei solchen Kommentarien und Erläuterungen erreicht werde: ei der erste feurige schnelle Anblick, der da bildet? ei das poetische Auge, das mit einem Adlersblicke aufs Ganze und vom Ganzen auf Teile hinläuft? ei der edle unnennbare Sinn, der allen fremden Plunder wegwirft und hinzueilet, das nackte ganze Bild vom Geiste eines Autors zu umarmen, zu lieben, anzubeten? Ei der? —

Er höre den süßlallenden Autor: „Wenn man einem jungen Menschen, dem die Natur eine feine Seele und ein empfindliches Herz gegeben, diese Steine zeigt, erklärt und sie mit den Homerischen Versen vergleicht, welche Früchte kann man sich nicht von einem solchen Unterrichte versprechen! Die

* [Gesner], Praefatio in Livium [„T. Livii Historiarum Libri qui supersunt cum praefatione", 1755, p. II–IX].

Erzählung geht selbst in Handlung über; wir glauben nicht mehr die Geschichte zu lesen, wir sehen sie selbst mit an; wir wohnen den Auftritten bei; in der Einbildungskraft versetzen wir uns nach Troja, in das griechische Lager, und schauen die unsterblichen Helden von Angesicht. Auf diese Art fühlen wir das Nachdrückliche, das Erhabne, das Schöne der alten Dichter doppelt, und ein zartes Gemüt nimmt einen Eindruck an, den es beständig behält und der sich in den edelsten Wirkungen äußert. Seitdem ich den Neptun gesehen, wie ihn die göttliche Kunst eines alten Steinschneiders abgebildet, hat der Virgilianische Neptun in meiner Einbildung Leben und Seele bekommen. Vier Pferde"* — — o wer kann den süßen Ton weiter hören! Das alles, wird der poetische Jüngling sagen, das alles erst, seit du das Steinchen sahest? So hatte der Virgilianische Neptun vorher nicht Leben und Seele? So ging bei dir die Homerische Erzählung nicht in Handlung über? Du sahest sie nicht selbst? du wohntest nicht den Auftritten bei? du warst nicht in Troja? im griechischen Lager? kanntest die griechischen Helden nicht bloß von Angesichte, sondern von Seele, von Seele? sahest sie sprechen, affektvoll sprechen, handeln, wüten — — das alles sahest du lesend nicht? Nur vom Steine bekamest du Eindruck? O du hättest Homer nicht lesen sollen! bei mir lebte, da ich las — Doch warum wollen wir den poetischen Jüngling weiterreden lassen? Bei wem wird denn die Schilderung Homers in allen Stellungen, Empfindungen, Reden, Handlungen im fortgehenden Strome des Epos denn mit den einzelnen Bilderchen, die uns ein Abdruck gewährt, einerlei Wirkung tun? auch nur zu vergleichen sein? Und die ganze poetische Energie Homers? —

6

Nochmals gesagt: man müsse auch in Poeten den Gebrauch so aller, so auch der Kunstbelesenheit (Kunstkenntnis, Philosophie der Kunst kann ich's wohl bei Herrn Klotzen kaum nen-

* [Klotz], „Über [den Nutzen und Gebrauch] die [der alten] geschnitt[e]nen Steine" [und ihrer Abdrücke]", [p. 144].

nen) sehr loben, wo er zu rechter Zeit kommt: aber daß eine Iliade in Steinen mehr als die in Versen des poetischen Anblicks fähig, mehr als jene zur Bildung eines Poeten oder auch nur zur poetischen Illusion mit jener gleich energisch sei, das wolle mich niemand bereden. Kunst gewährt Kunstanblick; der ist mit der sukzessiven Energie des Dichters gar nicht einerlei, kaum zu vergleichen und, Herr Klotz fechte immer in der Stille mit dem Schatten des Laokoons, nie zu verwirren. Ich wollte, daß Herr Klotz durch seine Gelehrsamkeit und Kunsterläuterungen uns nie die Kraft des Dichters, die sich nur fortgehend äußert, gestöret hätte.

Ich schreibe über Horaz: wer will, der höre mich von meiner Erklärungsmethode dieses Dichters schwatzen. Zuerst ist das ausgemacht, daß keiner meiner Horazianer aus Horaz Latein oder römische Altertümer lernen solle. Lieber komme ich jedem zuvor; lieber präveniere ich ihn unvermerkt, mit *der* Welt, in der ich ihn führen will, mit *der* Sprache, in der der Dichter sprechen wird; unvermerkt suche ich ihm die ganze Situation unterzuschieben, ihm den Pfad von Gedanken und Bildern von weitem zu zeigen, wo wir den Dichter finden werden. Ich fange an: und ohne Bemerkung einzelner Schönheiten, schöner Ausdrücke, gewählter Phrases jage ich seine Ode hinab; ich fliege mit ihm oder schwimme den Strom seines Gesanges hinunter. Unlieb, wenn mich mein Zuhörer störte, unlieb, wenn sein Auge an Kleinigkeiten hangen bliebe; denn so würde der ganze Zweck des Dichters, die Art von Täuschung gestört, in die mich sein Gesang setzen soll. Ich bin darin gesetzt, ich bin zu Ende; das Ganze der Ode, *ein* Haupteindruck, in wenigen, aber mächtigen Zügen, lebt in meiner Seele; die Situation der Horazischen Ode steht mir vor Augen, und – mein Buch ist zu. Nicht vom Papiere, aus dem tiefen Grunde meiner Seele hole ich diese wenigen, mächtigen Eindrücke hervor: mir ist die Ode ein Ganzes der Empfindung geworden. Dies bewahre ich; die wenigen zusammenfließenden Züge des Bildes bleiben in meiner Seele; dies ist Energie, die mir die Muse sukzessiv bereitet, sie will ich um keine spätere Divertissements in Klotzischen Kommentarien geben.

Das Buch wird wieder aufgeschlagen, und nun habe ich

kleine Ruheplätze; Ausschweifungen, Umwege aber nicht. Der Lauf des Dichters ist mir Augenmerk, und wenn ich mir sage: Hier war der Gesichtspunkt – wie reich, wie prächtig, wie anlockend! das alles nahm der Dichter ins Auge; so mußte er anfangen und fortfahren. Jenes und dies kam dem Dichter in seinem Laufe zur Hand, und wie ein Strom, in den sich Ströme stürzen, wälzt sein Gesang sich prächtiger fort. Hier ein Fels: anprallend nahm er andern Weg oder schlängelte sich durchs geblümte Tal; überall aber der Römer, der Römer seiner Zeit, als – *Dichter*. Ich sage, wenn ich mir dies jetzt deutlicher entwickle, so um des Gottes willen! denke ich an keine Allgemeinregeln! an keinen Longin und Batteux, an keine Fächer der Odenfabrik. Dieser Römer und dieser Dichter und diese Situation und diese Ode ist mein alles jetzt. So weit das Odengenie und –

Noch denkt's an keine Gelegenheit, selbst – wie? etwa Wortkritiken zu machen? etwa über einen Gesner, eines kleinen Fehltritts wegen, seitenlang die Achseln zu ziehen? etwa die Bentleys und Baxters und Sanadons zu verleumden? – o wer wird noch an so etwas denken? Es denkt selbst noch nicht an – eine Gelegenheit, diese Ode nachzubilden. „Das ist viel!" wird man sagen. Ja, das ist viel! und vortrefflich, daß es an so etwas nicht denkt. Einst stoße ihm eine Situation auf; Apollo wecke ihn mit der Leier; er wird singen, horazisch oder – vielleicht mehr als horazisch singen; ohne aber, daß dem geneigten Leser dabei nichts als Purpurlappen des Römers zu Gesichte kämen, ohne ihm die proelia virginum und die iras faciles und das mea virtute me involvo etwa nachzulallen.

Nun gebe ich ihm einige sogenannte Horatios secundos in die Hand. Er läuft die erste Ode* durch: „Ach, der ganze Bau derselben schon bekannt; aber eins vermisse ich, Horaz den Baumeister. Freilich sind hier die fontes vitrei und der in nemore obvius Amor und die gaudia amantium und die risus hilares und die blandi oculi und die colla lactea und die mellea basia und die grata silentia – – alle diese Horazische Blümchen sind hier auf einen Haufen, aber ach! zusammengelesen

* Klotzii „Carmina omnia" [1766], carmen I.

und verdorret.“ Hier äußert sich der ignis insolitus und die vis in pectore nova dadurch, daß der Dichter sich in seiner ersten poetischen Wut – „nun! nicht etwa den Hals abschneidet, oder sich, wie jener Löwensche Romanzenpoet, mit dem Federmesser in die Augen läuft?“ So böse nicht! daß er sich ein Myrthenkränzchen flechtet. „Nichts mehr?“ Noch etwas! auf die Rekommendation des Amors (man denke! aber er kannte das Närrchen auch genau: es war der Gemmenamor, *alia conspicuus* Amor), auf die Empfehlung desselben fängt der, der im Walde ruhig lag, auf einmal an – seine lateinische Chloe zu besingen,

ihre schöne schwarze Augen,
ihre süße Honigküsse,
ihre leichte drohnde Mienen,
ihre – –

kurz, hundert Dinge, die er auf die Empfehlung Amors so unerhört und ungesehen singen kann als der Ritter von der traurigen Gestalt seine Dulcinea. Ich sage singen; aber besser:

Die es ihm jetzt beliebt, in Versen vorzutragen

(iuvat dicere versibus). Und dies beliebt ihm, sooft die stille Nacht anbricht, sooft die Luna ihr schönes Haupt vorstreckt, sooft es der Echo beliebt nachzuseufzen. – Mein unverdorbner Leser Horaz' wirft solche Horaze zurück, es fehlt ihnen *eins*: der Geist Horaz' im Ganzen der Ode.

Wer aber kein Odengenie ist? der soll wenigstens ein Jüngling von Geschmacke werden. So sang der Römer, das ist seine Welt; so wir nicht – wer hat Vorzüge? So sang Horaz; das ist sein Wortbau, seine Lieblingsgegenstände, seine besten Übergänge, die Komposition seiner Gemälde, die Einpflanzung derselben in dies und jenes Silbenmaß: dies wählt er jetzt, dies irgendwo anders. Nun endlich – wie ausgesucht alles! Gedanke, Wendung, Ausdruck, Wort! das ist seine Manier, das ist mein lieber Horaz! – Und wenn mein Jüngling auch von der Kritik Profession machte; wenn ich ihm auch nachher vollständiges kritisches Gerät zur Hand legte und die vornehmsten Abwege der Kritiker zeigte — niemals weiche er doch aus dem Gleise, aus der Odenillusion des Dichters — — Wie weit sich Herr Klotz mit seinen bisherigen horazischen Werkchen um diese verdient gemacht, beurteile ein andrer.

7

[NACHSCHRIFT UND ENDERKLÄRUNG]

Ich schließe und finde nötig, Folgendes hinzuzusetzen. Freilich habe ich diesmal, statt in kritischen Wäldern, oft in kritischen nugis herumwandeln müssen: allein warum schreibt Herr Klotz solche am liebsten? warum hat er fast nichts als solche geschrieben? warum spricht er bei ihnen in so vornehmen Tone? warum läßt man sich von diesem Tone so überstimmen, daß man sie als Offenbarungen Apollos lobet?

Das muß uns freilich Herr Klotz nicht überreden wollen, daß seine Verweise und Lobsprüche auf Homer, daß seine mythologischen Achtsstrahlen, daß seine schöne Kunstvorschläge aus unsrer Religion, daß seine Schamvisionen, daß seine horazischen Einfälle etwas, auch nur einen Funken Neues enthielten; bloß den mittelmäßigst belesenen Leser kann seine Miene so etwas überreden. Aber daß alle diese sogenannten Altertumsschriften voll Fehler und Irrtümer und durchgängig mit dem seichtesten Urteile abgefasset sind: das will ich nicht den Leser überreden, das mag er selbst beurteilen.

Wie *ich* aber an dies Urteil komme? Nicht anders als auf einem sehr erlaubten Wege. Ich habe nicht die Ehre, Herrn Klotz von Person zu kennen oder mit ihm in einiger Verbindung zu stehen; aber seine Schriftchen habe ich gelesen, überdacht, seicht gefunden und endlich mich gewundert, daß jemand sie anders finden können. Zwar warum mich gewundert? mich selbst hat beim ersten Lesen die lateinische Sprache und die leichte und doch so vornehme Miene blenden können; aber beim zweiten Lesen war der Duft verflogen, und eben die Miene, mit der er seine Schrift „Über das Studium des Altertums", seine *Münzenschmeckereigeschichte* usw. schreiben – die gute deutsche Ehrlichkeit, mit der so viele diese Miene haben ansehen können, freilich! die und nichts mehr hat mich zu einem kritischen Spaziergange in seinen Schriften lüstern gemacht, mit dem ich fortzufahren gedenke.

Ich habe eigentlich nicht *für*, auch nicht *gegen* Herrn Klotz geschrieben. Ist aber jemand, der meinen Gründen Gegengründe und meinen Zweifeln Beweise entgegensetzen will: wohl! mein Name ist keine Sünde, ihn wolle man also nicht erraten oder weissagen; wenn aber meine Schrift Sünde sein soll, so bin ich der erste, sie auf den ersten Wink zu prüfen, zu verdammen oder zu verteidigen. Nimmt aber jemand zu dem elenden Mittel seine Zuflucht, die Sache in Personellvermutungen, in leere Allgemeinsätze, in Nebensachen oder gar in die Gegend des Lächerlichen oder der Pöbelschimpfe zu spielen: so erkläre ich mich, daß ich dies als das sicherste Kennzeichen vom Treffenden meines Urteils ansehen und ruhig fortfahren werde. Und überhaupt habe ich zu viel Achtung gegen mich selbst, als daß ich mit dem Verfasser des „Anti-Burmannus", des „Funus Petri Burmanni secundi", der Rede des Milphio „Ad compotores" und des Schulmeistergedichts auf den Tod Burmanns einen gelehrten Streit führen wollte; vielleicht wird das Publikum auch etwas von der Achtung gegen mich haben, mir einen solchen Streit zu erlassen.

Kritische Wälder
oder
einige Betrachtungen,
die
Wissenschaft und Kunst des Schönen betreffend,
nach Maßgabe neuerer Schriften

DRITTES WÄLDCHEN,
noch über einige Klotzische Schriften

— There are — — who will draw a man's character from no other helps in the world, but merely from his *evacuations*; — but this often gives a very incorrect out-line — unless, indeed, you take a sketch of his *repletions* too; and by correcting one drawing from the other, compound one good figure out of them both —

„Tristram Shandy", vol. I, chap. 23

VORREDE

Ein Kunstrichter soll nicht anders als ein böses Herz haben können — ist dies, so wehe dem Verfasser der „Kritischen Wälder". Er hat mit Grimm und Bitterkeit, er hat weiß Gott aus welchen schwarzen Gründen und zu welchen bösen Absichten geschrieben — niger est! — —

Also muß ein Kunstrichter ein böses Herz haben! warum? weil er Fehler aufsuchet, und wer Fehler aufsuchet, der — Aber mit einer Erlaubnis! wenn er sie nicht aufsucht, nicht aufsuchen darf, wenn sie ihm in vollem Maße selbst zuströmen? — Dann sollte er sie bedecken! Fehler bedecken, das tut die Menschenliebe! — Bedecken also? aber wenn sie sich nicht bedecken ließen, wenn sie, bedecket und mit einem sanften Vehikulum verschlucket, um so schädlicher wären, ist's da nicht doppelte Menschenliebe, sie zu entlarven? Doppelte Menschenliebe; denn so wird der junge unerfahrne Leser gewarnet, sie nicht für Tugenden anzusehen und anzunehmen, der fehlerhafte Schriftsteller selbst, wenn er noch zu bessern ist, gebessert oder wenigstens dahin gebracht, nochmals zu prüfen, auszutilgen oder zu verstärken. Ich sehe in keinem Falle nutzlosen Menschenhaß.

Was der webende Wind wachsenden Bäumen ist, Stärkung ihres Stammes, das ist der Widerspruch für unsere Meinungen und Lehrsätze. Ein freundschaftliches Gespräch, ein Pro und Kontra im Umgange oder im lebendigen Vortrage bringt oft weiter als hundert einsame Diskussionen auf einem und demselben Pfade. Dort wird jede Idee gewandt, ventiliert, geprüft und also entweder bestärkt oder geschwächt: der Geist wächset in dem Zwiste der Akademie wie der Leib in den Übungen der Palästra.

„Aber dazu sind Journale, Zeitungen!" Auch meine „Kritischen Wälder" mögen so etwas sein, und wollen noch *mehr* sein. Ein Journal gibt Auszüge und nur über dies und ein anderes Einzelne seine Meinung: der Zergliederer eines ganzen Buchs tut mehr, als – vielleicht selbst sein Verfasser getan. Sich in den Plan des Ganzen setzen, hier und im Einzeln auf die Fehler oder Schönheiten zeigen, ergänzen, das tun vielleicht nur einige Journale! das ist so schwer als selbst Schreiben, und eben bei dem elendesten Buche am schwersten. Klotzens Münzbüchlein wird ihm nicht die halbe Arbeit gekostet haben, die seine Analyse mir; vielleicht aber wird diese auch um die Hälfte nützlicher werden können als jenes selbst. Ein zergliedertes Buch ist doch bildender als ein zusammengeschmiertes.

Sollte mein Zeugnis hierin nicht gelten, so mag der englische Swift* zeugen: er gibt so umständlichen Zergliederungen einen Wert, von dem ich mir gern auch nur die Hälfte zueignen wollte. Eben daher wird man auch das oft Kleinfügige in meinen Disputationen entschuldigen. Sollte das Ausgefundne oft nicht wichtig sein: so suche man an der Methode selbst zu lernen.

Ich habe dazu Schriften gewählt, die bekannt gnug waren und über die, wenn ich gefehlet habe, ich wenigstens auf

* „Verteidigung des Märchens von der Tonne" [1709].

meine Kosten gefehlet. Von Lessings „Laokoon“ erinnere ich mich keine einzige Erinnerung, die ich gemacht, sonst gelesen zu haben, und über Klotzens Schriften war, was ich urteilte, auch noch nicht geurteilt. Da ihr Verfasser sich der meisten Zeitungen und Journale in Deutschland versichert hat und diese doch leider! für das Publikum schon gelten: was war nicht der Mann geworden? und was sind seine Schriften! Was ist nicht Herr Riedel geworden? und was sind seine „Theorie“ und seine „Briefe“?

Hier den Ton der Gleichheit und des Verdienstes herzustellen: jene lobschreiende, alles überschreiende Stimmen etwas zu mäßigen, das war meine Absicht. Lessings „Laokoon“ war, dünkte mich, noch nicht würdig gelobt: denn er war noch nicht bis auf sein Wesen durchdrungen. Klotzens Schriften überschwenglich gelobt, und verdienten nicht, angesehen zu werden. Riedels „Theorie“ übermäßig gelobt, und ist das mittelmäßigste, unordentlichste Werk, das ich mir bei einer Theorie denken kann. Hier der Kritik die Stimme der Freiheit wiederzugeben: das Unwürdige öffentlich zu tadeln, damit dem Verdienste sein Lob noch angenehm sein könnte — das war meine patriotische Absicht!

„Aber so ernsthaft, so bitter!“ Noch immer patriotischer Ernst! ich mag die süßtönende lammartige Stimme nicht, mag nicht den schmeichelhaft sich bückenden Ton, in dem die sprechen, die wieder gelobt sein wollen. Man tadle mich! man tadle mich heftig! ich mag nicht kriechen! und wenn es Mode des Jahrhunderts wäre!

„Ernsthaft also, aber warum bitter? warum mit Galle?“ Mit Galle gegen die Person im geringsten nicht. Da ich nicht das Glück habe, in Halle oder Erfurt zu leben: warum sollte ich den Lehrern daselbst ihren Beifall beneiden? aus Eifersucht schmälern? aus Habsucht an mich ziehen wollen? „Aber mit Bitterkeit gegen den Schriftsteller, und dazu unwürdig, unhöflich, ungezogen!“ Die Vorwürfe sind hart, und sie wären siebenfach hart, wenn man sie von meinem Ersten Wäldchen sagen könnte! Aber in einem Zeitpunkte, wo das Schmeicheln Mode wird, wo der Geschmeichelte mit dem Publikum, mit Welt und Nachwelt im hochtrabendsten Tone spricht und auf

INHALT

I. ÜBER HERRN KLOTZENS BUCH VOM MÜNZENGESCHMACKE

Denkart des Fürsten schildere? Proben der Alberheit dieses Satzes. Ob der moralische Charakter ganzer Nationen auf Münzen zu suchen sei? Beispiele an den mittlern Zeiten, Holländern und Deutschen. Lobrede auf die Epoche des Geschmacks, die Herr Klotz in Deutschland macht.

8. Wenn Münzen vom Geschmack der Nation zeugen sollen: so müssen sie ein Werk des Publikum und ein freies Kunstwerk sein. Ob sich von ihnen die Bildung des Geschmacks anfange?

Statt des Beschlusses der Auszug aus einem Briefe.

II. PROBEN VON DER GRÜNDLICHKEIT UND UNPARTEILICHKEIT DES KRITISCHEN URTEILS DER „ACTORUM“

Über Harles' „Vitas philologorum“. Ob sich ein biographischer Charakter aus Oden entwerfen lasse? Lächerliche Kleinigkeiten in Herrn Klotzens eignem Leben.

Über den Charakter Pindars. Rettung und Erklärung der ausschweifendsten Pindarischen Ode.

Über Breitenbauchs Schilderungen, der uns einen Horaz liefern wird.

Hausens „Geschichte“: dergleichen noch nie erschienen.

Über d'Argens „Julian“. Charakter Julians, wie ihn Herr Klotz kennet.

Über Damms Lexikon. Nutzbarer Gebrauch desselben.

Über die „Briefe eines Mentors“. Beste Probe von charakterisierenden Anekdoten.

Hausens „Weltgeschichte“. Seine schöne Gabe zu charakterisieren. Charaktere Karls des Großen, Ludwigs des Frommen usw. Über die Charakterstellung überhaupt.

Urteil über die „Acta“ überhaupt in ihrer Schreibart und kritischem Geist.

1. Herr Klotz sollte sich nicht mit der Theologie befassen. Seine Klassifikation mit Teller und Basedow. Ob unsre Orthodoxie in Klotzisch Latein umgegossen werden solle?
2. Die Reichsgeschichte ist nicht à la grecque oder à la françoise zu schreiben. Unterschied unsrer Geschichte von andern in der ältesten Zeit und in den mittlern Jahrhunder-

ten. Ob eine deutsche und Reichshistorie zwei Dinge sind? Bemerkungen über die Eigenheit unsrer Geschichte und wie sie idiotistisch zu schreiben sei.

3. Satiren auf die Metaphysik und Philosophie. Sie rächet sich gegen ihre Verächter.
4. Von dem Buche über geschnittne Steine. Dessen Belesenheit, Ordnung und Einteilung wird gelobt. Proben von dem guten Tone in ihm. Allgemeines Urteil. — —

Lessings „Antiquarische Briefe". Schluß —

[I]

[ÜBER HERRN KLOTZENS BUCH VOM MÜNZENGESCHMACKE]

1

Münzenschmeckerei — das Wort scheint verächtlich: wie aber, wenn ein Titel „Geschichte des Geschmacks und der Kunst aus Münzen“* seiner Ausführung nach nicht besser als so könnte zusammengezogen werden? — Ich will mich, soviel ich kann, nach Griechenland zurücksetzen und lesen, als ob ich einen Griechen läse. Das attische Publikum in Deutschland sei zwischen ihm und mir Zeuge.

Zwar griechischschön im Vortrage ist dies Schriftchen wohl eben nicht, daß nämlich einfältige Hoheit, nachdrückliche Kürze und feine Schönheiten des Stils sich in ihm vereinigen sollten. Der Klotzische Stil mag immer die Schönheiten haben, die der Kupferstecher allechement nennet; aber Richtigkeit der Zeichnung und *Kraft* entgeht ihm völlig. Der Freund und Beurteiler Herrn Klotzens, „bei dem seine zärtliche Liebe gegen den Verfasser diesmal über seine großen Einsichten und scharfe Beurteilungskraft die Oberhand behalten“**, mag davon sagen, „was Herr Klotz ihm nicht verboten“***; ich kann nicht anders, als durchgängig einen langweiligen homiletischen Ton finden, der fast nie so recht Griechisch oder Deutsch heraussagt, was er sagen wollte. Langweilig jedes Punktum hergeholet, gekettet und umwunden, nach einem zehn Seiten langen Eingange, der eine höfliche Empfehlung sein selbst und weiter nichts enthält, alsdenn erst ein prächtiges ebenfalls zehnseitiges Exordium vorausgeschickt, alsdenn ein halbblindes Thema kanzelmäßig in zween Teile zerstückt, so mit beständigen Ausschweifungen, in lauter geschmacksvollen Anmerkungen, mit öftern höflichen Freundschaftsbezeigungen

* „Beitrag zur Geschichte des Geschmacks und der Kunst aus Münzen vom Herrn Geheimdenrat Klotz“, Altenburg 1767.

** Klotz' eigne „[Deutsche] Bibliothek [der schönen Wissenschaften]“, [Band 1, 1767], Stück 1, Vorrede [p. 4].

*** Ebendaselbst, p. 71.

zweihundert Seiten hin deklamiert, als wenn jede Periode aus dem Lateinischen übersetzt wäre, als wenn zu jedem Stäubchen zween Windmühlen und zur Schriftstellerhöflichkeit beständig fortscharrende Komplimente nötig wären — zu einem solchen Vortrage würde ein griechischer Longin frei heraus sagen:

φλοιώδης γαρ ὁ ἀνὴρ καὶ φυσῶν κατὰ τὸν Σοφοκλέα
„οὐ σμικροῖς μὲν αὐλίσκοισι – – φορβειᾶς δ' ἄτερ."
– – οὐδὲν δέ φησι ξηρότερον ὑδρωπικοῦ.

Wer da will, verdeutsche das Urteil.

Was ein Grieche mit dem Worte Geschichte verbände, ist hier nicht verbunden: ich mag das Titelwort „Beitrag zur Geschichte" so diminutivisch nehmen, als ich kann. Hier wird weder *Zeitfolge* sorgfältig bemerkt, noch die überhingeworfnen Anmerkungen wenigstens durch einzelne Beispiele der *fortgehenden* Zeitfolge scharf bewiesen, noch weniger von einer Nation nach der andern, insonderheit in den neuern Zeiten, Beispiele der sukzessiven und koexistenten Geschmacksveränderungen gesucht, noch weniger die Ursachen des veränderten Geschmacks aus dem Chaos der Geschichte heraufgeholt — ist das Beitrag zur Geschichte? Zu einigen allgemeinen und zu sehr bekannten Bemerkungen, die über Völker und Zeiten durchhingeworfen und fast immer halbschielend wiederholt werden, zu diesen einige leidliche Exempel *beizutragen*, die aus bekannten Büchern und im ganzen süßen Flußwasser des Buchs doch nur rari nantes in gurgite vasto sind — — aus diesen von der Ehre und Schande aller neuern Münzen so allgemein und entscheidend zu reden, als hätten sich alle zur Musterung dargestellt, und doch nichts als die allgemeinen Geschmacks- und Barbareiperioden, jede mit *einem* Beispiele vielleicht auszurüsten und diese ausgerüstete Figur dann mit halbem Leibe uns hinzustellen — ist das die ciceronianische Ankündigung „der Sache, *die ich* mir vorgesetzt habe? *Meine Absicht ist*, aus den Münzen gleichsam *eine Geschichte des Geschmacks und der Künste* zusammenzusetzen und ihre Blüte oder ihren Verfall aus denselben zu *beurteilen*. Ich werde daher die alten Münzen, welche besonders *unsre* Aufmerksamkeit auf sich ziehen, mit *den neuern* vergleichen: *Ich werde* die merkwürdigsten Perioden in der Geschichte der Kunst *durchgehen*, die Münzen, *welche zu jeder derselben* gehören, betrachten und nach der größern Anzahl guter oder schlechter Stücke *mein Urteil fällen.*" O Dea Moneta, wo ist dies alles in meinem lieben Büchlein?

Noch minder ist der Ton getroffen, in dem die Griechen etwas, was zur Geschichte gehörte, lesen wollten: der Ton des bescheidnen Anstandes, der weisen Mäßigkeit. Kein Herodot, ob er gleich mit seiner Historie als ein Wunder seiner Zeit auftrat, kein Thukydides, kein Xenophon oder jeder andre geschichtsartige Schriftsteller kündigte sein Thema so kostbar, so selbstwichtig an, als wenn man bloß der Stirne nach von aller Welt schon mit zurückfahrender Bewunderung empfangen werde, „Augen voll entzückungsvoller Aufmerksamkeit habe, die niemand hat, die nur ein Nicomachus, Pietro di Cortona, Angelo, Addison, oder wie die Litanei der Geschmacksnamen nach der neuesten Mode weiter heiße, ohngefähr habe; als wenn man an Münzen hören, sehen, schmecken und fühlen könne, was sonst niemand sah, als wenn man von allen Vorgängern in der Münzwissenschaft (einen Addison ausgenommen) verschieden, als eine Seltenheit seiner Tage, als ein Rüstzeug des guten Geschmacks auftrete, eine Epoche machen und der Welt Tag geben solle"* usw., so würde ein Grieche nicht sprechen. Nicht bei Ankündigung seiner Schrift, nicht mitten in der Materie zur Zeit und Unzeit, nicht bei dem Schlußsegen, nirgends würde er sich als eine Mauer für den Geschmack eines ganzen Landes gegen die Ausländer vorziehen, allen Zeiten vor ihm die Spitze bieten, auf einen Zug von Nachfolgern hinter sich rechnen, überall im Tone des Rednerego sprechen — ein Grieche spräche so nirgends.

Am wenigsten wüßte ein Grieche von dem seligen Privattone, in dem unsre Zeit, die so sehr das Natürliche liebt, in manchen schönen und überschönen Schriften *liebkoset*. Jene redeten vor dem Publikum als vor einem Kreise würdiger Kenner und Richter; nicht aber so freundschaftlich süße, amicus ad amicum oder wie Cicero ad familiares. In ihren besten

* Eigne Worte Klotzens. [„Beitrag … aus Münzen"], p. 3—6.

Zeiten kannten sie die Lalagen des Stils nicht, dulce ridentem, dulce loquentem; sie sprachen mit dem Publikum doch etwas anders als der Ehegatte in seiner Schlafkammer oder der süße Schriftsteller im Kabinette seines lieben, seines herzlich lieben Freundes.

Ein Grieche dachte selbst — — doch wozu der fortgesetzte Name eines Griechen? Herr Klotz ist kein Grieche; er läßt andre für sich denken und schreibt; eben dadurch aber wird, was andre gedacht haben und er anzuführen beliebt, sein. Im Altertume ist seine Kunstmuse von Winckelmann, Lessing, Dubos, Caylus und in Neuern von Addison, Hagedorn, Watelet, Dubos und einigen andern Franzosen so ganz besessen, daß, wie gesagt, immer Herr Klotz spricht und fast immer ein andrer durch ihn. Er weiset andre durch andre, Winckelmann durch Wacker, Lessing durch Wacker, Caylus durch Winckelmann und Lessing durch Caylus zurecht; so zurecht, als wenn alle diese, als Unterbibliothekare seiner Bibliothek unter der Aufsicht des Herrn Geheimden Rats, sich wechselsweise verbessert und das entscheidende Urteil darüber durch eine bündige Zitation *ihm* überlassen hätten. Überhaupt gehört hinter jede leidliche Anmerkung ein fremder Name, und wo er nicht steht, wollte ich ihn zuschreiben. Zu diesem Münzbüchlein wenigstens dörfte ich nicht eben lange nachsuchen; denn was Plato zum Antimachus sagte, würde ich hier zu Addison sagen können: „Hic mihi instar omnium!" und Addison, welch ein guter Tröster!

Da nun Herr Klotz als *Kritikus* über den Geschmack gesamter Völker und Zeiten urteilen, als *Sammler* Belesenheit zeigen, als ein *Schriftsteller* von sittlich feinem Geschmacke schön schreiben, als ein *Ehrenmann* hofmäßig sprechen, als ein gefühlvoller Freund Dankbarkeit und Ergebenheit bezeugen und bei allen als Magister der Freien Künste zuweilen noch eine kleine lustige Schnurre anbringen will: so denke man sich in diesem Gemische den würdigen Ton eines Lehrers über die Geschichte der Kunst, den wir an Winckelmann so tief bewundern. Man vergleiche diesen artigen Beitrag mit des andern seiner „Geschichte", und siehe da! Winckelmann in Kleinoktav! — Verzogne Anpreisungen des guten Geschmacks wechseln mit sittlichfeinen Artigkeiten, mit spaßhaften Anekdoten, mit herzlichschönen Komplimenten an seine Freunde und Gönner ab: bald spricht „ein Kunstrichter von richtigem Geschmacke, Dubos“, bald „der unsterbliche Mengs“, bald „ein Mann, welcher *die* tiefen Einsichten und *alle* Eigenschaften eines großen Genies durch sein menschenfreundliches und tugendhaftes Herz veredelt und von welchem man sagen kann, daß seine Schriften die Schilderung des liebenswürdigsten Mannes sind“, bald Herr von Voltaire in seinem „Temple du goût“; bald tut der Verfasser „für Deutschland das Gebet, das Herr Watelet an die himmlische Venus abschickt“, bald befiehlt er den Fürsten im Namen der Nachkommenschaft, wenn sie Münzen schlagen lassen, Longin zu lesen. Der Abt Böhmer und „jene geistreiche Engländerin Montague“, Spanheim und ein französischer Landjunker, Young in seinen „Nachtgedanken“ und Lukian und „ein witziger Mann, der Abt Trublet“ – auf zwei Blätterchen* kommt diese seltne Gesellschaft zusammen und drückt sich so auf einander, daß der Verfasser mit einmal, „ermüdet von Scholiasten und gesättigt mit der Gelehrsamkeit stolzer Kunstrichter, in Lessings, Weißens, Duschens, Uzens und Hagedorns Schriften Erquickung sucht, von furchtbaren Folianten in die lieblichen Umarmungen des freundschaftlichen Gleims flieht, oder bewundert in den Schriften des Patrioten Mosers erhabne Züge der deutschen Redlichkeit“. O wenn einst Griechen wieder aufleben – unparteiische Nachwelt, die entfernt von unserm Familienton und süßen Zeitgeschmack unsre viros suavissimos wägen wird – oder du unser deutsches Publikum, das von jeher entmannete Weichlichkeit und verwelkte Rosen verachtet hat, dessen Gesinnung immer ernste Vernunft, Kraft und das Nahrhafte des Geschmacks gewesen, wirst du dich mit einem schönen Blumengespinste, das man wie jenen alles übertreffenden Tryphonischen Schleier** dir überwirft, dich immer täuschen lassen? – Ich schreibe für

* [A. a. O.], p. 98, 99 [98–102].

** Die Allegorie der Griechen und Römer (das muß ich doch sagen, Herr Klotz mag's wollen oder nicht, daß diese Stelle vortrefflich ist!) ist wie der leichte Schleier des Tryphon; siehe Klotz' „[Deutsche] Bibliothek“, [Band 1, 1767, 1. Stück], p. 64.

Deutschland, und ich weiß die stillen Kenner (und sie sind das wahre deutsche Publikum) auf meiner Seite: der große helle Haufe lobt und wird gelobt, allein — — the charm's wound up!

Warum aber so lange bei dem Gerüste eines Buchs? Denkart eines Schriftstellers, Denkart, die sich in allen Schriften desselben äußert, Denkart, die sich, wie eine Lustseuche des guten Geschmacks, so gern weiter ausbreitet, ist mehr als Gerüst. Und wenn es auch nur dies wäre: ins Gebäude selbst wage ich mich kaum; es drohet über mich einzustürzen. Ich fürchte, ich fürchte: die ungeheure Anheischung, „aus Münzen eine Geschichte des Geschmacks und der Künste zusammenzusetzen und ihre Blüte oder ihren Verfall aus denselben zu beurteilen", sei, so wie sie Herr Klotz nimmt, eine farbichte Luftblase, sie ist das prächtige Thema des Buchs.

Geschmack aus Münzen: wieweit lassen sich Münzen schmecken? was lassen sie für Geschmack auf der Zunge?

Geschichte des Geschmacks aus Münzen: läßt sie sich geben? wieweit ist sie sicher? *Geschichte des Geschmacks und der Künste aus Münzen nach Zeiten und Völkern?* Kann die Göttin Moneta eine sichre Zeugin über so etwas sein?

Man sieht, ich muß anfangen, wo der Autor nicht anfing, *von Grund aus*; ich werde zeitig gnug ans Gebäude und endlich auch ans Gerüste zurückkommen.

2

Geschmack aus Münzen. „Vielleicht äußern einige Antiquarien unsers Vaterlandes über meine Absicht, das Wachstum und den Verfall des Geschmacks *und der Künste bei einem Volke* aus dessen Münzen zu zeigen, *eben die Verwunderung*, *mit welcher* man vor Zeiten *die entzückungsvolle Aufmerksamkeit begleitete*, die die Augen des Nicostratus auf des Zeuxes Helena *geheftet* hatte. *Ich wünschte, daß ich mich durch das Bewußtsein größerer Verdienste* und *Einsichten* in die Kunst *berechtigt fühlte*, mit dem *edlen Stolze* des Malers ihnen antworten zu können: ‚Ihr würdet euch nicht wundern, wenn *ihr meine Augen hättet.*' *Es ist gewiß, daß* viele Personen einerlei Gegenstand betrachten und gleichwohl viele nicht *dasselbe* an ihm bemerken können, *was sich dem Auge eines einzigen in einem reizenden Glanze darstellt.* Manchen wird der Anblick einer gotischen Kathedralkirche ebensosehr rühren als des Pantheons zu Rom, und die *Entzückung*, welche Pietro di Cortona bei dem Anblicke des Pferdes des Marcus Aurels in dem Hofe des Kapitols die Worte *oft ablockte*: ‚So gehe doch fort, weißt du nicht, daß du lebendig bist?' kann von den wenigsten *auch nur begriffen* werden. *Wie viele* Künstler waren nicht von *jenem* Rumpfe einer alten Bildsäule weggegangen, ohne die glückliche Entdeckung gemacht zu haben, die Michel Angelo fand! Er bemerkte bloß an ihm einen gewissen Grundsatz, welcher nach Hogarths Urteile seinen Werken einen *erhabnen Geschmack* gegeben, der den guten Stücken des Altertums gleichkommt. *Ich glaube, daß* Addison *aus einer Empfindung, die er sehr oft in seinem Leben erfahren haben muß*, die Vorzüge eines glücklichen Geistes geschildert habe. ‚Ein Mensch', sagt er, ‚von einer geschärften Einbildungskraft wird in mancherlei große Vergnügungen geführt, die der gemeine Mann zu bekommen nicht fähig ist'"* usw. So aufmerksam man bei Erzählung solcher vornehmen Empfindungen und Erfahrungen sein mag, wer kann dem geschmackvollen Autor bis auf Felder und Wiesen folgen? Gläubig höre ich den Parenthyrsus unnennbarer Gefühlsarten: „entzückungsvolle Aufmerksamkeit, die die Augen anheftet, die mit Verwunderung begleitet wird; das Bewußtsein, das sich wozu berechtigt fühlt; die Bemerkungen an dem, was sich dem Auge eines einzigen in einem reizenden Glanze darstellt; die Entzückung, die Worte ablockt und die von den wenigsten auch nur *begriffen* werden kann; die Bemerkung eines Grundsatzes, der den Werken erhabnen Geschmack gibt; die Empfindung, die der und jener sehr oft in seinem Leben erfahren haben muß" usw. Diesem ästhetisch-psychologisch-mystisch erhabnen Jargon von Kunstgefühlen, der jetzt in die Stelle abgelebter theosophischer Empfindungen und Seelenerfahrungen tritt, höre ich andächtig zu und antworte Herrn

* [Klotz, „Beitrag … aus Münzen"], p. 3–6 etc.

Klotzen auf sein „Ei ja! wenn ihr meine Augen hättet!" durch den herzlichen Seufzer: „Ach! hätte ich deine Augen!"

Er fährt epanorthotisch fort: „Wie verschieden sind nicht die Absichten, welche die Gelehrten bei dem Studio der alten Münzwissenschaft haben! Unter einer großen Anzahl derer, welche sich damit beschäftigen, *habe ich nur sehr wenige angetroffen*, die einen andern Nutzen davon zu ziehen gewünscht hätten, als welchen *der gemeine Haufe* der Antiquarien bei seinen mühsamen Arbeiten kennet. Zufrieden mit sich selbst und vergnügt über die Lasten, welche sie ihrem geduldigen Gedächtnisse auflegen, lachen diese bestaubten Männer über unsre gutgemeinte Frage, ob sie auch in den Tempel des Geschmacks gehen wollen? und antworten *mutig*: ‚Nein! dem Himmel sei Dank! das ist nicht unsre Sache. Geschmack ist nichts: wir besitzen die Geschicklichkeit, fremde Gedanken durch lange Auslegungen zu erweitern; aber selbst denken wir nicht.' Die Nützlichsten unter ihnen sind die, welche die alten Münzen um deswillen lieben, weil sie ihnen Gelegenheit geben, chronologische Untersuchungen anzustellen. Ihre Arbeit müssen wir mit Dank erkennen, und *sie selbst verdienen ein aufrichtiges Mitleiden*, weil ihnen das Vermögen versagt ist, bei ihrer Gelehrsamkeit zugleich das Vergnügen zu genießen, welches *andern ein guter Geschmack* gewähret. Spon, unterrichtet in den Geheimnissen der Physiognomie, las die Denkungsart und die Eigenschaften der Menschen auf dem Gesichte, das ihm die Münze vorstellte, und Addison, höherer Gedanken fähig, verglich die Bilder auf Münzen mit den Gedanken der Dichter und *rechtfertigte hiedurch seine Hochachtung für das Altertum. Ich wünsche meinem* Vaterlande mehrere Nachfolger des letztern, und *ich werde mich freuen*, wenn *unsre Gelehrten künftig* an den Gott der Künste und des Geschmacks ebendie Bitte tun, die Ajax beim Homer an den Jupiter tat: ‚Oh! Vater, vertreibe die Nacht, laß es helle werden, und gib, daß unsre Augen sehen!'"*

Alle Hochachtung für Spons Sibyllenweissagungen, für Addisons Vergleichungen, für unsrer deutschen Ajaxe Gebet an den Jupiter oder für das Gebet des ägyptischen Cynocephalus,

* [A. a. O.], p. 6–10.

daß der helle Mond wiederkehre; indessen dünkt mich doch das „aufrichtige Mitleiden“ mit allen Gelehrten, die nicht, wie Herr Klotz, an einer Geschichte des Geschmacks der Völker, Zeiten und Künste, *aus Münzen*, arbeiten, sehr entbehrlich. Es wäre umsonst, die Nutzbarkeit des Münzenstudiums zur Geschichte, Chronologie, Geographie, Naturwissenschaft, Mythologie, Rechtslehre und der ganzen Kenntnis des Altertums erweisen zu wollen, da solche in dieser Wissenschaft große Namen vor dieser Materie stehen oder da viele, welches noch besser ist, durch ihr Beispiel die Sache selbst erwiesen haben. Nur soviel also gegen Herrn Klotz, daß die Bearbeitung der Münzwissenschaft aus einem andern Gesichtspunkte, er sei nun Geschichte oder Rechtsgelahrtheit oder Mythologie oder eine Theorie der Medaillen überhaupt, noch gar nicht dem Geschmack an Münzen widerspreche, ihn nicht verdränge, ihn vielmehr voraussetze und mit ihm als Führer einerlei Reise tue. Hier den Geschmack als ein entlegnes eignes Land ansehen, ist eine Aussicht nach Utopien hin und ebensoviel, als lebenslang die Logik studieren, ohne sie und alle ihre Zauberkünste jemals anzuwenden, sich lebenslang den Geschmack zu kitzeln, ohne sich einige Nahrung dadurch erschmecken zu wollen. Der wahre Tempel des Geschmacks ist nicht eine orientalische Pagode, ein Ruhesitz, wo man als am Ende seiner Wallfahrt sich niederläßt; er ist vielmehr wie der Tempel des Marcellus gebauet; die Pforte des Geschmacks, auch in Münzen, ein Durchgang zur Wissenschaft: zur Wissenschaft, welche es wolle.

Der Pöbel der Münzverständigen freilich — aber wer wollte sich (es sei nun zu eignem Lobe oder zum Tadel anderer) unter den Pöbel mischen? Die nutzbaren, die würdigen Münzgelehrten gerechnet; und bei denen sollte ihre Gelehrsamkeit dem Geschmacke widersprechen müssen? dieser von jener nicht oft eine Gesellin, oft gar eine verdeckte Minerva haben sein dörfen, selbst wenn es auf wissenschaftliche Untersuchungen ausging? — Nicht zweifeln soll einmal diese Frage; sie soll bloß die Erinnerung wecken! Wie? alle die großen Bearbeitungen in den Feldern der Numismatik, ohne Geschmack der Münzen bewerkstelligt? unter allen um diese Wissenschaft so verdienten Namen wäre ein Addison und Klotz das einige Duumvirat des Geschmacks? Jene Münzensammler und Münzenerklärer, weil sie nicht offenbar und allein vom Geschmacke schrieben; weil jener einen Teil der Geschichte, dieser einen Teil der Altertümer, ein andrer einzelne Stellen der Alten und ein vierter die Chronologie aus Münzen aufgekläret; darum sollten sie vom Geschmacke nichts gewußt? nicht die Schönheit der Bilder und das Bedeutende der Allegorien und die Weisheit der Inschriften gefühlt haben, an denen sie eine so unersättliche Augenweide fanden? nicht im Mechanischen der Münzen Geschmack besessen, dafür sie eben auch in der Abbildung sorgten und das mit Entzücken priesen, was sich nicht abbilden ließ? Wie? daß sie bei diesem Selbstgefühl nicht stehenblieben und eben mit der Erfahrenheit ihres Auges und mit der Gelehrsamkeit ihres Geschmacks höhere Zwecke auszurichten suchten; nicht mit dem Instrument prahlten, sondern lieber Werke aufwiesen, die ihr Instrument in stiller Werkstätte verfertigt: soll dies ihnen gegen den zum Nachteile gereichen, der nichts als sein Instrument vorzeiget, der bloß von Geschmacke redet, ohne, was er damit zur anderweitigen Nahrung ausgekostet?*

Herr Klotz hat ungefähr sagen wollen: daß es Leute gebe, die bei einer Münze vorzüglich auf Gelehrsamkeit sehen und bei denen dieser Hang zur Belesenheit das, was er Geschmack nennt, verschlinget; daß es Leute gebe, die bei einer Münze das Mechanische der Kunst richtig im Auge haben und (man nenne dieses nun Kunstwissenschaft oder Kunstgeschmack) von ihnen als Geprägen urteilen und, wenn sie muntern Geistes sind, sich über ein Kunstbild freuen können; daß es endlich auch Leute gebe, die vorzüglich auf das Schöne ihr Auge richten und weder von Gelehrsamkeit noch dem Kunstmäßigen Hauptwerk machen. Wir wollen jene Münzgelehrten, die mittlern Kunstkenner, die letzten Liebhaber nennen; sie sind alle drei unterschieden, ihre Unterschiede aber fließen, so wie

* Schon lange haben gründliche Kenner des Altertums es beklagt, daß man so gern mit einigem schönen Blendewerk aus den Alten davon prahle; ohne die Antiquität zur Wissenschaft anzuwenden. Noch neulich hat Ernesti in der Vorrede zu seiner „Archäologie" darüber geklagt, daß diese versäumt — er hätte dazusetzen können, daß sie nach der neuesten Mode gar verspottet werde.

die Farben eines Regenbogens oder eines spielenden Seidengewandes, ineinander. Der Künstler kann mehr oder weniger Liebhaber, der Gelehrte mehr oder weniger Kunstkenner, der Liebhaber mehr oder minder Gelehrter sein. Nichts schadet dem andern, eins muß dem andern aufhelfen, und der wahre Philosoph der Numismatik ist alles drei. Niemand also zum Nachteile, wenn er seine Münzenwissenschaft auf Chronologie, auf Geschichte, auf Genealogie, auf Altertümer gewandt: hätte er dem Publikum auch nichts als solche wissenschaftliche Untersuchungen geliefert und den Geschmack an Münzen für sich behalten – unbeschadet! Köhlers „Historische Münzbelustigungen" mögen nichts als historische Belustigungen, Gatterers Theorie der Medaillen nichts als Theorie der Medaillen, Vaillants Münzenreihen der Könige, Städte und Kolonien nichts als numismatische Geschichte sein: das Schöne, das überdem gesehen und gefühlt werden kann, finde jedes Auge, jede Seele von selbst; wenn ihm nur das Bild des Schönen vorgehalten, wenn auch nicht jede Seite herab Geschmack geprediget wird – denn überhaupt läßt dieser sich wohl wenig predigen.

Von jeher sind darüber Beeinträchtigungen gnug entstanden, daß *ein* Gelehrter oder überhaupt *ein* Werkmeister die Arbeit einer andern Gattung über die Achseln angesehen: und es wäre Zeit, solche Blicke wenigstens öffentlich einzuhalten. Der Münzenschmecker, der auf das Schöne ausgeht, wirft dem Münzenkenner, der auf das Seltne, auf das Gelehrte, auf das Erläuternde sieht, vor, er habe nicht *seine* Augen. Habe er doch nicht! Hast du denn die seinigen? Wollte jeder nur das Schöne auf Münzen erjagen, wer würde sich um die Zeitpunkte bemühen, da es nichts Schönes auf Münzen gibt? Wer das Rechtsmäßige, das Urkundliche, das Zeitberechnende, das bloß Seltne auf ihnen bemerken? Und ob dies etwa nicht auch nötig oder nützlich. Freilich sagt Heusinger zuviel, daß sich über die Münzen des mittlern Zeitpunktes ein so *schönes* Buch als Spanheim schreiben ließe; nicht aber ein so nützliches Buch? Der Rechtsgelehrte, der Diplomatikus, der Geschichtschreiber, der Altertumskenner Deutschlands und so viele fleißige Beispiele reden. Sollen wir nun einen Joachim mit Mitleiden ansehen, weil er kein Klotz ist, und die Verdienste eines Gatterers übersehen, weil er auf keine Ikonologie des Schönen arbeitet? Unbilliges Achselzucken! so bleibt *eine* der nützlichsten Quellen von Urkunden unberührt! die nach unserer jetzigen Weltverfassung in guten Ausflüssen ausgebreiteter sein dörfte als bloß ein Gericht vom Münzengeschmacke.

Weg also aus dem Schriftlein unsers Autors – durch und durch weg mit dem gezierten hochtrabenden Tone, der sich überall *brüstet*. Herr Klotz lasse jeden die Münzen ansehen, wie er wolle; wenn er sie nicht des Geschmacks wegen ansiehet, gehört er eigentlich nicht vor diesen Richterstuhl. Noch weniger schließe man, daß, wenn jemand mit seiner Münzwissenschaft zu der und jener andern nützlichen Absicht angeschlagen, er deswegen nicht das Gefühl des Schönen besessen, nicht der Grazie geopfert habe, und wie die Modeausdrücke mehr heißen. Am wenigsten halte sich Herr Klotz für den ersten Apostel des Geschmacks in Deutschland. Viele, viele vor ihm Münzenkenner, Münzensammler, Münzenbeschreiber, Münzenzeichner, und selbst Münztheoristen vor und neben ihm, die das Schöne in den Alten geliebet, angepriesen und zum Teil selbst nachgeahmet, die lange vor ihm über den bösen Geschmack geklagt, aber Hindernisse fanden, die Herr Klotz mit seinen süßen Vorschlägen übersiehet. Ob also viel Neues und Gründliches im Klotzischen Buche sei, wollen wir noch nicht wissen; daß aber durchaus viel Geziertes, ein falscher Federschmuck, ein unausstehlich selbstwichtiger Ton herrsche – o ich will nicht alle Stellen auszeichnen, wo Herr Klotz „von dem gelehrten Auge des Kenners, von der jetzigen und erst jetzigen Epoche des Geschmacks in Deutschland, von den klassischen Autoren desselben, von dem Zeitpunkte, der auch den spätesten Nachkommen bewundernswürdig sein wird, von einem Manne, der die Vorzüge der Alten kennet, von einer ganz eignen Art von Augen, Kunstwerke zu sehen“ usw. so sehr in seiner Person spricht, daß der geneigte Leser nichts als Komplimente gegen einen Schriftsteller machen kann, der sich selbst so gut kennet und so artig de se ipso ad se ipsum und ad familiares zu reden weiß, daß nichts drüber.

3

Dies beiseite, so ist doch das Schriftlein vielleicht eine *Ästhetik*, eine Geschmackslehre der Münzen, die in den Händen aller, deren Sache diese sind, von der Münzobrigkeit bis zum Münzenschlager, Wunder tun müßte. Oder vielleicht eine philosophische Grundlage zur Geschichte der Numismatik; oder — — wir wollen nicht zu viel erwarten.

Ein wohlbekannter Autor Joseph Addison hat wohlbekannte „Gespräche über den Nutzen und die Vorzüge der alten Münzen" geschrieben, die auch unter uns durch zwo oder drei Übersetzungen bekannt sind. Nun kommt ein wohlbekannter Autor Christian Adolf Klotz, der die Gespräche des Engländers so artig in seine Deklamationen verpflanzen kann, daß es eine Freude ist. Er sagt selbst: Er könne nicht dafür, wenn er sich mit diesem Autor manchmal begegne; ich glaube wohl; aber wer kann denn dafür? — — Wir wollen uns das Vergnügen machen, die beiden Wandrer nebeneinander traben zu sehen: aber keine Nationalwette! der Deutsche kommt gewiß vor.

Addison oder vielmehr sein Philander gibt's als Unterschied zwischen alten und neuen Münzen, „daß er sich auf jenen keiner Bilder von Einnehmung der Städte erinnere, weil damals noch kein Pulver und Blei im Gebrauche gewesen; unsre hingegen stelleten Belagerungen, Risse von Festungen usw. mit allen ihren Teilen vor". — — So Philander, und sein Mitsprecher Eugen zeigt's ironisch als sehr recht und billig an, daß ein Fürst Modelle von dem Platze hinterlasse, den er verwüstet. — — Addison der Zweite trifft hier so unvermutet auf das Paar, als fände er's vornehm und unverhofft selbst als einen besondern Einfall, auf neuern Münzen ganze Plane abzuzeichnen* usw. — — „Kein Wunder", sagt Herr Klotz, denn „wenn zwei Wanderer auf verschiedenen Wegen nach einer Stadt gehen, so kann man nicht sagen, daß einer dem andern als seinem Wegweiser folge." **

„Die alten Münzen", sagt Addison, „gehen in ihren Kompli-

* [Klotz, „Beitrag … aus Münzen], p. 34–36.
** [A. a. O.], p. 30.

menten gegen den Kaiser weiter, indem sie Gelegenheit nehmen, seine Privattugenden zu rühmen: nicht nur, wie sie sich in Taten geäußert, sondern auch, wie sie überhaupt aus seinem Leben hervorgeleuchtet haben. Dies geht so weit, daß wir Neronen auf der Laute spielen sehen" u. f. Als Unterschied führt Herr Klotz so etwas nicht an, denn wer wird mit Addison einerlei Weg nehmen wollen? Unvermutet aber und an desto unrechterm Orte trifft er mit ihm, wer kann dafür? so ansehnlich zusammen, als folget: „Ob es gleich unter den römischen Kaisern wunderliche Leute gegeben hat und ein Nero selbst mit einer Zither auf Münzen erscheint: so haben sie doch niemals etwas auf dieselben gesetzt, das diesem gleichkäme."* Und dies wunderliche Dies ist? *ein deutsches Weinfaß.* O wer nun noch sagen wollte, daß der Deutsche dem Briten folge, selbst wenn er ihm folget! Welche Neuheit im Kontrast! welche Richtigkeit in der Vergleichung! welche Genauigkeit zu charakterisieren! „Wunderliche Leute von Kaisern: denn selbst Nero mit einer Zither! Wunderliche Leute von Deutschen: denn ein Weinfaß auf der Münze!" Schöne Vergleichung, Zither und Weinfaß, Nero und der Deutsche! — — Die wunderliche Zither ins wunderliche deutsche Weinfaß gespündet — welche Neuigkeit!

„Münzen wurden", sagt Addison, „bei den Römern nicht zu Spöttereien angewandt, bei den Neuern oft", und die beiden Sprechenden wechseln darüber ihr unterhaltendes Pro und Kontra. — — Der deutsche Addison wird bestimmter. Was jener bloß als Unterschied, mit gehöriger Einschränkung und Gegeneinanderabwägung, angegeben, wird bei diesem der Nationalcharakter einer Nation und das Münzenlob einer ganzen Republik. „Man hat den Holländern oft eine beleidigungsvolle Verachtung gegen Könige und Fürsten vorgeworfen. Ob man ihnen gleich die Begierde, über andre zu lachen und zu spotten, gelassen, so hat man doch die Artigkeit, Höflichkeit und den Anstand von ihren Satiren getrennet."** Kurz! nach einer langen Einschaltung, wo Herr Klotzens Saite wieder auf seine liebe Burmanns springt (denn wo kann Freund Sancho

* [A. a. O.], p. 22.
** [A. a. O.], p. 20.

ans Wirtshaus denken, ohne daß ihm nicht zugleich das Luftfliegen und der Balsam Fierabrás' einfalle?), nach einer unpassenden Einschaltung also läuft's wider die Spottmünzen der Holländer hinaus, die ihr Nationalcharakter werden. – Welch eine neue und mehrere Bestimmtheit!

Addison besinnet sich nicht, auf römischen Münzen das Gesicht einer einzigen Privatperson gesehen zu haben, und wendet sich artig darüber weg, unsre neuern Privatkomplimente auf Münzen anders als mit einem stillen Winke anzuspotten. — — Doch was *stille Winke*! was doch *sich artig vorbeiwenden*! Hier eben fand unser Landsmann von Geschmack recht Zeit, auszuschütten und zu dehnen und zu verspotten und mit einem Überguß der besten Laune zu tadeln. Kein Wunder! „Wenn zwei Wandrer nach einer Stadt gehen: so ist's natürlich, daß beide oft einerlei Gegenstand wahrnehmen müssen, und es ist auch ebenso wahr, daß der eine einen blumenreichern und angenehmern Weg als der andre nehmen kann"*, wie Herr Klotz mit vieler Feinheit bemerket.

Addison kommt auf die Inschriften; „eine ciceronianische Weitläuftigkeit sei bei den heutigen der erste Fehler". Herr Klotz kommt auf die Inschriften: „Eine ciceronianische Weitläuftigkeit ist bei den heutigen der erste Fehler."** Wie aber, mein deutscher Herr Addison, und beim Nachschreiben, beim trocknen Ausschreiben kein Fehler? bei einem recht ciceronianischweitläuftigen und desto unbestimmtern Wiederkauen kein Fehler?

Addison gibt Proben von der machtvollen Kürze der Alten, ihre Kaiser zu loben, und folgt eben dadurch ihnen, daß er statt schielender allgemeiner Lobsprüche Beispiele gibt. Was Beispiele? was Proben? Herr Klotz, um nicht Addison zu sein, zieht eine lange Scheltrede*** daraus über die weitläuftigen Titel der neuern Fürsten, über die Schwachheit und Eitelkeit derselben, über — — und, was weiß ich, *worüber* mehr? Der Deutsche wandelt auf einem blumenreichen Pfade.

Addison redet wider Wortspiele und Spitzfündigkeiten auf

* [A. a. O.], p. [30 und] 96–98 etc.
** [A. a. O.], p. 85 u. f. [–92].
*** [A. a. O.], p. 88, 89[–92].

Münzen. Er redet dagegen: Herr Klotz wählt sich einen bessern Weg, darüber zu *schelten**, seitenlang erbärmlich zu schelten und das arme Deutschland, dessen Krone ohne Zweifel aus solchen Wortspielen geflochten sein muß, redlich zu beseufzen. Gott tröste den deutschen Patrioten!

Addison spricht wider die Münzverse, Hexameterausgänge etc. kurz und bündig. Der deutsche Wandrer auch, aber mit der Miene, als wenn er so etwas nur über die Achsel im Vorbeigehen ansehe** — — Denn siehe! da kommt etwas, was den Patrioten billiger beschäftigt.

Addison schreibt uns Deutschen die Münzchronostichen als Eigentum, als Erb- und Lieblingseigentum zu. — Uns armen Deutschen! Und siehe! da steht der rüstige Deutsche auf: läßt alles, was er unter Händen hatte, liegen, um, als ein wahrer Gottsched! seine Nation darüber zu entschuldigen, „das wären nur Zeiten der Barbarei gewesen, jetzt nehme schon die Liebe zu solchem Spielwerk ab, jetzt, da der Geschmack wachse, jetzt, da — —"*** Alles gut; aber gegen wen redet der Mann? Vor wem entschuldiget er? Warum wendet sich seine Scheltmiene auf einmal ins Antworten hin? — — Ach! die beiden Wandrer sind wieder zu nahe zusammen: Die Addisonschen Dialoge haben dem Pulte des Deutschen zu nahe gelegen: der Brite beschuldigt, muß nicht der brave Deutsche entschuldigen? — so wenig schläft der Verräter.

Doch verraten oder erraten? ich schreibe ab:

Addison	*Klotz rednerisch*
„Die Römer erscheinen allezeit in der gewöhnlichen Tracht ihres Landes, sogar daß man die kleinsten Änderungen der Mode auf der Kleidung der Münzen wahrnimmt. Sie würden es für lächerlich gehalten haben, einen römischen Kaiser mit	„*Ich kenne die Freiheit*, mit welcher der Künstler an Statuen und Münzen das Altertum nachahmen darf; allein" (man denke sich den schönen Gegensatz!), „allein ich *kenne nicht* die alten Originale, nach welchen die geharnischten Brustbilder auf den

* [A. a. O.], p. 90–92 usf.
** [A. a. O.], p. 92.
*** [A. a. O.], p. 93–97.

einem griechischen Mantel oder einer phrygischen Mütze zu kleiden. Hingegen unsre heutige Münzen sind voll Togen, Tuniken, Trabeen und Paludamente, nebst einer Menge von andern dergleichen abgekommenen Kleidern, welche seit tausend Jahren nicht mehr gewöhnlich gewesen. Man siehet oft einen König von England oder Frankreich als einen Julius Cäsar gekleidet: man sollte denken, sie hätten bei den Nachkommen vor römische Kaiser angesehen sein wollen — — —

Wir müssen die Münzen als so manche Denkmale ansehen, welche der Ewigkeit übergeben werden und die vermutlich noch fortdauern, wenn alle andre Nachrichten verlorengegangen sind. Sie sind eine Art des Geschenks, welches die Jetztlebenden denen übermachen, die" etc.

meisten neuen Münzen gezeichnet sein sollen. Es bleibt diese Abbildung doch alle Zeit für unsre Zeiten fremd, und sie stellt eine Sache vor, die wir in der Natur nicht mehr sehen. Haben sich die Römer jemals in ägyptischer Kleidung oder mit parthischen Tiaren abbilden lassen? Würden sie nicht, wenn sie das getan hätten, was unsre Fürsten tun, der Nachkommenschaft ganz falsche Begriffe von den Trachten ihrer Zeiten beigebracht haben?" usf. — — —

„Longin ermahnet die Schriftsteller, an das Urteil zu denken, welches dermaleinst die Nachkommenschaft von ihren Schriften fällen werde. Ein Fürst, welcher seine Schaumünzen als Denkmale ansieht, die er der Ewigkeit widmet und die zugleich der spätsten Nachkommenschaft" * etc.

Da stehen die Menaechmen zusammen! zwei Wandrer, auf einem Wege nach einer Stadt, mit einerlei Fußtritten! Nur freilich, daß der unsre Blumen lieset oder, wie er beliebt, sich blumenreichere Wege wählt — er wird gelehrt; er gibt den Fürsten an, was sie ihren Künstlern aus Lichtwers Fabeln und Lukian antworten sollen; er gerät in patriotische Seufzer und will zwar den Wunsch des Ajax nicht wiederholen, tut aber für Deutschland ein Reimgebetlein, das Herr Watelet an die himmlische Venus abschickt; macht einen Non-sense von Ge-

* [A. a. O.], p. 79 [78].

gensätzen: „ich kenne allerdings — — aber ich kenne nicht"; ermahnet die Fürsten, Longin zu lesen usw., lauter Tand von Auszierung, wo Addison immer Addison bleibt. Und gnug, *das Merkwürdigste bei Herrn Klotz in Vergleichung alter und neuer Münzen ist Addison jämmerlich* geraubt: jämmerlich, denn der Brite redet bestimmt, bündig, angenehm; der kopierende Deutsche kopiert und kompiliert unordentlich, unbestimmt, mit schönem Non-sense durchstückt! O Ehre unsrer Nation und Zeiten!

Auf Herrn Klotz möchte ich am allerwenigsten so ein Wort hingesagt haben, wovon nicht die Probe den Augen aller Welt vorläge: hier sind noch ein Paar Streiche mehr, die den Kompilator verraten, den Kompilator, der nichts, gar nichts in seinem Original umsonst gelesen haben will und der sich doch wieder nie will merken lassen, daß er abschreibt; der immer den Schweif hängen läßt, um seine Spuren zu vertreiben, und der seinen Schleichgang eben damit desto sichrer verrät — laß sehen!

Bei Addison sprechen drei Freunde: jeder auch in diesen Münzmaterien von eigner Denkart, ein eigner Charakter. Cynthio, dem die Münzwissenschaft unnütz dünkt, kann also Einwürfe machen, die Eugen nicht machen kann, die Philander beantworten muß. Eugen hält zwischen beiden das Gleichgewicht und bleibt Eugen; Philander ist Philander — und eben daher, aus dem Unterschiede der Charaktere wird eine freundschaftliche Gruppe. Jeder steht in seiner Gestalt, in seinem Lichte da, und Addison, der gesellschaftlichste Schriftsteller Britanniens, der den guten Ton worin anders setzt als in artige Komplimente, ist auch hier Gesellschafter. Er hat die Rollen verteilt, jeder der Dialogisten nimmt von seiner Seite Anteil: aus der Verkettung, dem Kontraste, den Wendungen des Dialogs wird das schöne Ganze, das Leben des Stücks.

Herr Klotz aber immer in seiner Person, und da er dem ohngeachtet auch die Vorwürfe des Cynthio gegen die Münzwissenschaft nicht will umsonst gelesen haben und sie also auf die geschmacklosen Münzenkenner bannet: so wird, was bei Addison durch den dialogischen Kontrast bestimmt und gemildert wurde, bei ihm, der immer in seinem Namen spricht und immer in seinem Namen schilt, eine Mißgeburt, dogmatische Satire und satirische Dogmatik. Philander, Cynthio, Eugen sprechen alle durch eine Röhre auf einmal – –

an odd promiscious Tone
as if h' had talk'd three Parts in one
which made some think, when he had gabble,
th' had heard three Labourers of Babel. – –

Nun laß es noch gar sein, daß Cynthio seitenlang den Oberton behalte, noch gar dazu schreien, was Pope dem Addison im Namen des Cynthio gesagt, noch gar, was andre ehrliche Leute gegen den schlechten Münzengeschmack gesagt: – ei! da ist der schöne bunte Rock fertig, Farbe über Farbe, Lappe an Lappe, Tuch über Seide und Leinwand über Tuch – ei! da ist der schöne belesene gute Ton des Herrn Klotz.

Ein andrer Streich, den Addison seinem deutschen Mitwandrer spielt, ist noch ärger. Fast immer lockt er ihn von seinem Wege ab, und da dieser doch durchaus mit ihm nicht einen Weg nehmen will und sich also immer wieder besinnet, um zurückzureisen, und immer sorgfältig die Spuren vertritt, auf denen er zu ihm gekommen, und immer doch zu ihm zurückkommt: so hat er endlich gar keinen Weg. Er geht ab und zu: ist, wie jenes Ding

– – das ging und wiederkam:

wie wird der Wandrer nach der Stadt kommen? – –

Alle Präliminarausschweife abgerechnet, fange ich an, von „der Sache, die ich mir vorgesetzt habe. Meine Absicht ist, aus den Münzen gleichsam *eine Geschichte des Geschmacks und der Künste zusammenzusetzen* und *ihre Blüte oder ihren Verfall aus denselben* zu *beurteilen.* Ich werde daher die alten Münzen, welche besonders *unsre* Aufmerksamkeit an sich ziehen, mit den neuern vergleichen; *ich werde die merkwürdigsten Perioden* in der Geschichte der Kunst *durchgehen*, die Münzen, welche *zu jeder derselben* gehören, *betrachten* und nach *der größern Anzahl* guter oder schlechter Stücke *mein Urteil fällen!*" * Wie groß ist das „*Ich werde*!" des Verfassers; aber der böse Addison! Er ist imstande, einen vielver-

* [A. a. O.], p. 22, 23.

sprechenden Wandrer so weit von seinem „*Ich werde*!“ abzubringen, so weit in Kreuzgänge zu verführen, daß er endlich mit dem alten Fabelhansen Äsop wohl sagen kann: Weiß ich doch selbst nicht, wohin ich gehe!

Kaum ist das Thema in allen seinem „*Werde*“ gesprochen: so wird nichts. Sogleich kommt der Autor auf eine meilenlange Parenthese*, was er zu einem Zeitalter des Geschmacks rechne, sogleich auf eine Addisonsche Parallele zwischen den A[lten] und N[euen]**, und das aus *einer* Münze.

Er besinnt sich an sein Thema und kündigt die Teile seiner Abhandlung ab***: und unvermutet ist er wieder bei Vergleichung der A[lten] und N[euen] bei Addison****. Es fängt eine lange Parallele an, da doch der Autor etwas anders als Parallele schreiben wollte.

Jetzt will er von der Allegorie auf Münzen überhaupt reden: er will; aber da sind ihm wieder die Bilder der Alten und die Festungsplane der Neuen vor Augen[+] – aus Addison.

Jetzt kommen ihm Winckelmann und Lessing in den Weg[++] und werfen ihn wie einen Ball umher: er kommt zu sich und findet sich bei Addison[+++]. Der gute Schriftsteller wollte von Vorstellungen des Geschmacks überhaupt reden und redet von Parallelen.

Er erinnert sich wieder an seinen Weg: ei aber! da sind die Herren Mengs und Hagedorn[++++] – ganz unvermutet! Ach! und ebenso unvermutet bei dem Cynthio Addisons und Pope an Addison und, nachdem er über die klassischen Schriftsteller seiner Zeit hinweggeschweifet ist, wieder bei dem Costume Addisons auf alten Münzen.[×]

Und nun haben sich die beiden Wandrer schon so lieb gewonnen[××], daß sie sich seltner trennen. Inschriften, Wort-

* [A. a. O.], p. 24 u. f.
** [A. a. O.], p. 26, 27.
*** [A. a. O.], p. 27.
**** [A. a. O.], p. 30.
+ [A. a. O.], p. 32, 33 u. f.
++ [A. a. O.], p. 38–51.
+++ [A. a. O.], p. 52.
++++ [A. a. O.], p. 65–69.
× [A. a. O.], p. 70–79.
×× [A. a. O.], p. 85–99.

spiele, Verse, Chronostichen sind Addisons und Klotzens Weg, und da bei dem letztern ein kleiner freundschaftlicher Zwist vorfiel: so beugt der Deutsche in Entschuldigung ab, eine Addisonsche Bemerkung kommt als Stempel darauf und — — „Soviel vom ersten Teile." Er sollte freilich eine Theorie des Münzengeschmacks nach Vorstellungen, Sinnbildern und Aufschriften — er sollte gar eine Geschichte dieses Geschmacks nach Völkern und Zeiten enthalten — durch ein Zusammentreffen der Wege aber ward er ein unordentliches Gemisch fremder Bemerkungen, Regeln und Beispiele, aus welchen nur der zärtliche Freund Herrn Klotzens und Herrn Klotzens eigne „Bibliothek" den schönsten Plan und Ordnung ausspinnen kann. — Mich dünkt, Herr Gatterer behalte zu seiner Theorie der Medaillen, zu welcher er schon einen lesenswerten Beitrag gegeben, die Materie ziemlich ganz übrig.

4

Noch hab ich erst nach Grundsätzen zur Theorie des Geschmacks auf Münzen nachgesucht: nun aber ein Beitrag zur *Geschichte des Geschmacks*? Auch mir ist die Numismatik vorzüglich eine Ästhetik des Schönen und eine Urkunde zur Geschichte der Völker, und da ich in dieser überhaupt am liebsten die Geschichte des menschlichen Geistes studiere: nach allem Betracht *eine Geschichte des Geschmacks auf Münzen*; welch ein Geschenk! So nahm ich das Klotzische Schriftchen zur Hand und — — legte es mit der beschämten Miene weg, mit der ein Bogenschütze den lieben Bogen weghängt, den er freudig und hoffnungsvoll nahm, mit dem er aber — — nichts getroffen.

Nichts tun, als den Geschmack der Alten auch von Münzen herab loben und in allgemeinen Ausdrücken preisen — kommt heute etwas zu spät: Hierüber liegen schon Denkmale und Sammlungen der Welt vor Augen, daß man sich eine Lobrede ins Allgemeine hin, ohne Beispiele und fast ohne Grundsätze, ersparen kann. Nichts tun, als den Geschmack der mittlern und neuen Zeiten fein lächelnd auszischen oder ansehnlich ausschelten — immer auch zu spät, da schon so viele Klagen vergebens in die Winde verflogen sind und selbst bessere Bemühungen nichts ausrichten können. Am besten also, weder preisen noch tadeln; sondern — erklären. Die Alten sind auch in diesem Stücke so weit vor; was hat ihnen dahin geholfen? wir ihnen so weit nach; was hält uns zurück? was hat uns so lang zurückgehalten? — — Auf die Weise steigt man in die Tiefen der Geschichte alter und neuer Zeiten und kann die schwere Frage lösen: wieweit können wir ihnen auch in diesem Felde nachahmen? wo sie erreichen? wo sie übertreffen? und so wird eine Geschichte des Geschmacks auch auf Münzen für unsre Zeit pragmatisch.

Da Herr Klotz sich auf diesen schlüpfrigen Weg nicht hat begeben wollen und ich in allem, ohne welches ich keinen Beitrag zur Geschichte des Geschmacks mir denken konnte, meine Erwartung betrogen fand, so entwarf ich, wie sie mir einfielen, einige Linien, die wenigstens zeigen mögen, daß ich über diese Materie geschichtmäßig und antiquarisch nachgedacht hatte: ein Riß, aber nur ein unvollendeter Schattenriß, den ich dem künftigen Verfasser einer Theorie und Geschichte der Medaillen übergebe.

Die Numismatik als Kunst und als Wissenschaft ist, so wie jede Wissenschaft und Kunst, die Produktion einer Nationalgesellschaft. Aus der Verfassung der Regierung, der Denkart, der Religion, den Unternehmungen, den Zwecken, den Bestrebungen eines Volks muß sich also Ursprung, Blüte und Verfall dieser sowohl als jeder andern Kunst und Wissenschaft erklären. Nun will ich nicht vom Ei der Leda anfangen, wie es mit Nationen stehe, die keine Münzen haben und brauchen? welches Volk sie in Gang gebracht? wie die ersten Münzen, die niemand gesehen, ausgesehen haben? u. f. Warum, frage ich allein, warum kamen die Münzen in Griechenland und Rom zu dem Glanze, daß sie Vorbilder, und meist unerreichte Vorbilder der Neuern sein können?

Die Liebe der Griechen zum Schönen bleibt wohl die erste Triebfeder auch hier. Sie, die von Dichterideen die erste Bildung ihrer Jugend erhielten; sie, deren Auge überall das Schöne zu erblicken gewohnt war, im Schoße der wohllüstigen Natur geboren und an den Brüsten schöner Kunst genähret — sie sollten das Metall, das ein Kennzeichen des Werts für ihre Hand war, ohne Wert für Aug und Seele lassen? sie eine Gold- oder Silberfläche, die der Nachkommenschaft bestimmt war, leer in die Hände derselben senden? sie Tafeln, die täglich ihren Blick auf sich zogen, ohne Augenweide bei sich vorbeistreichen lassen? Das griechische Auge suchte Schönheit, eine griechische Seele Weisheit in Schönheit, und so ward auch ihre Münze der Schönheit und der schönen Weisheit, der Allegorie, gewidmet. Gewiß! so natürlich, daß, wenn in dem Zirkellaufe der Weltveränderungen ein nordisches Volk auf den Platz des Kommerzes und der Kultur getroffen wäre, auf dem jetzt die Griechen stehen, so gewiß ihre Münzen mit nordischer Wissenschaft, mit Buchstaben und Amuletten und Fratzengestalten überhäuft wären, so natürlich, daß der Grieche seine Münze der Schönheit und offnen Allegorie weihete — —

Der Charakter der griechischen Nation, der sich in allen ihren Nationalprodukten (ich will es Herrn Klotzen überlassen, sie herzurechnen) zeigte, der muß sich, die Numismatik sei auch eine kleine, eine unbeträchtliche Nationalproduktion, nach Maß auch in ihr zeigen, und welche Triebfedern lagen also für diese, wie für alle Künste des Schönen, in der Nation!

Die vortrefflichste *Bildersprache* war ihr. Sie, die im Plane des Schicksals der Völker zunächst hinter die Ägypter trafen und Kultur, Kunst und Weisheit, ja, wenn man will, auch politische Glückseligkeit aus den Händen dieses Reichs, wie einer ablebenden Matrone, empfangen, sie, die den über Völker und Zeiten fortgehenden Faden der Kultur des menschlichen Geschlechts da auffassen sollten, wo er zunächst aus ägyptischen Händen kam: sie erbten von diesen Allegoristen auch die reichste, die bedeutendste Bildersprache, die auf der Welt gewesen. Aus den Händen einer Nation, die überall Bedeutung suchte und Bedeutung gnug in ihn gelegt hatte, kam also ein Bilderschatz in die Hände einer Erbin, die für ihr Teil nichts als Schönheit sehen und denken wollte. *Reich*, *bedeutungsvoll*, *schön*, was kann man von einer Bildersprache mehr sagen?

So manche gelehrte Werke wir über dies allegorische Altertum haben: so fehlt uns eine wahre Geschichte der Allegorie noch, die das insonderheit zeige, wie aus der bedeutungsvollen Bilderlehre Ägyptens die schöne Ikonologie Griechenlandes zum Teil *geworden*? Und die Untersuchung hierüber, ist sie nicht oft der Schlüssel zur Bildergalerie griechischer Dichtkunst, Kunst und Weisheit? Die Hieroglyphen der Ägypter, ihre hierographische und kyriologische Bildersprache, behalten oder verschönert oder verbessert, wie manches hat sie in Griechenland hervorbringen können? Und wenn auch nur dies, daß, da auf solche Art die Griechen einen Schatz von Bildern aus der Geheimnisdunkelheit der Ägypter gezogen und auf den Märkten gleichsam dem Volke gemein machten, die schöne Bilderdenkart einer Nation entstehen können, die sich in allen Werken der Griechen und auch auf Münzen äußert –

In solcher Bildersprache sprach ihre Religion. Ihre Gottheiten waren dem Auge sichtbar, in schönen Gestalten sichtbar, in ihren Verrichtungen menschlich, in der Geschichte ihrer Tugenden und Schwachheiten dichterisch, in allem sinnlich. Es ist bekannt, welche vortreffliche Münzenfolge mit den Bildern der Götter und Göttinnen, der Schutzgottheiten einzelner Länder, Provinzen, Städte, Familien und Personen prangen – wer kann ihnen diese nun nachbilden, so daß jede Gottheit das, was sie ihnen war, bliebe? Über eine Dreifaltigkeit unter dem Bilde eines dreiköpfichten Janus lachen* ist leicht, sehr leicht; aber ein beßres Bild der Dreifaltigkeit angeben, das die Probe griechischer Bildsamkeit hielte, wäre schwerer, ja unmöglich: dieses Bild also gar zur Vergleichung unsrer mit den Alten nehmen, ist unzeitig. Die Griechen hatten keine Dreifaltigkeit wie wir; sonst würden sie dieselbe so wenig als wir haben bilden können. Unser Gott ist ganz über das Sinnliche der Kunst erhaben: die gewöhnlichen Vorstellungen der Dreieinigkeit in den Gestalten einzelner Personen von dem göttlichen Greise an bis an die himmlische Taube sind nicht gnugtuend, der Triangel bloß eine tropische Symbole, die Glorie mit dem heiligen Namen nichts als eine epistolische Hieroglyphe; die Wirksamkeit unsrer Gottheit ist nicht bildsam, einzelne

* [A.a.O.], p. 53.

Schutzgötter hat unsre Religion nicht, die Vorsteherschaft besondrer Wesen über besondre Dinge kennet sie nicht – wer wird sich hier mit den Heiden vergleichen wollen?

Wo unsre Religion noch sinnlichen Vorstellungen Raum gibt, wo sie sich einer poetischen Bildersprache bequemt: da ist sie – orientalisch. Unter einem Volke gebildet, das ihr Gott auf alle Art von Bildnissen abwenden wollte, in Gegenden, die das Übermenschliche suchten, in Nationen, die Verhüllungen des Körpers und Geheimnisse des Geistes lieber verehren als das offne Schöne lieben wollten – im Geist und in der Sprache dieses Volks die sinnliche Bildersprache unsrer Religion also geoffenbaret; wer wird in ihr Offenbarungen für die Kunst suchen wollen. Über das Bild von der seligen Abfahrt Gustav Adolfs ist wieder leicht spotten* und der Spott fast so verächtlich als das Bild selbst; gar aber dieses Bild als einen Revers mit der römischen Vergötterung anführen, vergleichen wollen? Der Spötter gebe uns nach christlichen Begriffen eine Reihe solcher *Verhimmelungen*, als sich auf griechischen und römischen Münzen *Vergötterungen* finden, und wir wollen ihm danken.

Ich ward auf eine unangenehme Weise hintergangen, da ich des Méry Malertheologie in die Hand nahm, um meinen alten Wunsch ausgeführt zu lesen: wie weit sich von den vornehmsten Gegenständen unsrer Religion malerische Vorstellungen geben lassen? Und ebenso unangenehm getäuschet, da ich bei der Rezension dieses Buchs in den „Actis litterariis“** ein genaues Urteil und die tief eindringenden Ergänzungen erwartete, die ein würdiger Kunstrichter jedesmal seinem Autor über solch eine Sache widerfahren lässet. Unser Künstler hat noch eine Ikonologie unsrer Religion zu wünschen, die ihn nicht bloß vor unwürdigen Vorstellungen bewahre, sondern ihn mit würdigen Bildern *versehe.* – Auch auf Münzen ließe sich in keiner Sorte von Abbildungen eine solche Reihe abenteuerlicher, lächerlicher und unwürdiger Vorstellungen geben als in dem, was an Religion trifft: wer wird aber durch *solch* ein Lachen Geschmack zeigen wollen? Den ersten besten

* [A. a. O.], p. 26.

** [Klotz, „Acta litteraria“], vol. III [1766, p. 43–50].

Griff in eine Münzensammlung christlicher und insonderheit der mittlern barbarischen Mönchszeiten, und man wird von Gott und Belial, von Himmel und Hölle, von Engeln und Teufeln, von Märtrern und Heiligen Bilder finden, nicht geschwind gnug zu überschlagen. Selbst die beste Vorstellung des Christentums, die betende Miene, die kniende Figur der Andacht scheint nicht für einen ewigen, offnen Anblick der Kunst die beste, so häufig uns der gotischpapistische Mönchsgeschmack damit beschenket hat. Das wahre Gebet flieht in eine stille Kammer: es will sich nicht zur Schau stellen lassen; die vor allem anschauenden Volke verzückte Miene kommt bei dem langen Anblicke der ärgernden Miene des Heuchlers zu nahe, und das ist noch eine der würdigsten Kunstvorstellungen aus unsrer Religion!

2. *Sinnbilder* von *Städten*, *Provinzen*, *Ländern* geben auf den alten Münzen eine einfachere Bildersprache als in Zeiten, da die Heraldik eine zusammengesetzte, künstliche Wissenschaft geworden, die allein beinahe die Lebenszeit eines Mannes fodert. Eine einfache Figur war dort die Symbole einer Stadt, einer Kolonie, eines Landes; unsre Wappen sind eine Zusammensetzung vieler Figuren, um deren *eine* oft Ströme von Menschenblut vergossen, deren keine also, wo es die Ehre und das Erbrecht des Münzherrn erfordert, ausgelassen werden darf, an deren *einer* in künftigen Zeiten vielleicht ein ganzes Land gelegen sein kann. Nun ist's leicht, in solchem Fall über die mit Bildern beladnen Münzen der Neuern geschmackvoll zu spotten*: aber wie zu ändern? Der Rechtsgelehrte, der Staatskundige, der Heraldikus künftiger Zeiten wird, da die Sache einmal so ist, uns für die geschmacklose Überladung der Münzfiguren vielleicht so danken, als ein Grieche vergangener Zeiten sie wegwerfen würde. Wie also, da es höherer Ursachen wegen nicht anders sein kann?

Die Wappen, wie bekannt, sind eine Erfindung und Anordnung der mittlern gotisch-barbarischen Turnierzeiten; ihre Schilde und Kreuze und Sparren und Bandstreifen und Tierfiguren und Fahnen haben ihren Ursprung dem Zeitgeschmacke zu danken, der sich als eine Vermischung des Nor-

* [Klotz, „Beitrag … aus Münzen"], p. 33 u. f.

dischgotischen, des spanisch-arabisch Ritterlichen, des barbarisch-christlichen Mönchsgeschmacks über Europa daherzog, Ritter- und Riesenkämpfe, Turnier- und Kreuzzüge gebar und, er wäre, was er wolle, nur wenig Ideen von der Tapferkeit eines griechischen oder römischen Helden in sich hält — welcher Tor wird also diese unter jenen suchen? So verschiedne Geschöpfe ein alter griechischer und ein gotischer Held der mittlern Zeiten, ein römischer Patriot, der für sein Vaterland, und ein andächtiger Kreuzkrieger, der auch, aber für ein anders Rom, römisch gesinnet, für Papst und Kirche fochte — so verschieden diese: so verschieden auch die Bilder ihrer Tapferkeit. In den Schilden und Helmen, in den Heroldsfiguren und Ehrenstücken, in den Lilien, die keine Lilien sind, in Drudenfüßen und Alpenkreuzen, in Kronen und Mützen, Helmdecken und Wappenzelten, wird da wohl eine Dea Roma oder das einfache Sinnbild einer griechischen Stadt wohnen? — Einmal sind schon die Wappen höchstverwilligte oder brüderlichbeliebte Charakterzeichen der Personen, Familien und Länder, daher die Anordnung und der Plan der Wappen; das Herkommen hat sie geschlagen; jedes Fähnlein hat seine Rechte und Deutung, woran nach unsrer Verfassung mehr liegt als an einem Gericht *Geschmack*; sie sind Urkunden und Diplome — wer will sie ändern? wer, wo sie erscheinen *müssen*, als *überladen* schelten? wer den Kaisern, Königen, Fürsten, Grafen und Herren, Erzbischöfen, Bischöfen und Äbten, Ländern und Städten, Ämtern und Familien in Europa neue Gnadenwappen nach altem griechischen Geschmacke geben, daß sie doch nicht so gotisch-papistisch-barbarisch überladen aussehen — wer ist der Münzenlehrer vom Geschmack?

Zudem waren in den alten Zeiten der Griechen *weniger* Städte und Länder, die als Unterscheidungszeichen auf Münzen kamen, als jetzt. Ich weiß die ansehnliche Zahl griechischer Münzen von Städten und Kolonien und auf römischen die öftern Bilder von eroberten Ländern und Provinzen; alles aber reicht auf keine Art an die *dreißigtausend* Wappen unsrer Zeit, die Gatterer als die mindeste Zahl der zuverlässigen angibt. Die Münzen griechischer Städte waren patronymisch; jede hatte den Genius oder den höhern Schutzgott oder die

Symbole ihres Orts, und damit wohl! Die römischen Münzen stellen die eroberten Provinzen nicht anders als *erobert* vor: sie wählten sich also ein Merkmal des Landes, wodurch sich dasselbe *für sie*, nach dem Gesichtspunkte ihrer Unwissenheit oder politischen Absichten unterschied, personifizierten es zur Symbole: damit wohl! Wo reicht dies aber an die Menge, an die Beschaffenheit, an die Bestandheit, an die politischen Rechte und Absichten der Wappen, der Unterscheidungszeichen unsrer Länder, Städte und Provinzen? Man erlasse mir über Sachen von solchem Augenscheine alle leidige Gelehrsamkeit, die ich in solchem Falle immer lieber bei Herrn Klotz lesen mag. Die mittelmäßigste Kenntnis der alten und neuen Geschichte, sofern sie alte und neue Münzen erläutert, macht den himmelweiten Unterschied begreiflich, wie die Alten ihre Städte und Länder symbolisieren und personifizieren und allegorisieren konnten, nach dem damaligen Zustande der Länderkenntnis oder der politischen Absicht: und wie wir sie nach der Verfassung unsrer Welt andeuten müssen – hier vergleichen, heißt in den Wind vergleichen!*

3. In Ansehung der abzubildenden Sachen und Begebenheiten überhaupt hat die numismatische Welt der Alten vor der unsern große Vorzüge –

Selten waren die dort vorzustellenden Sachen und Begebenheiten so *verwickelt*, so sehr mit Umständen begleitet, mit Bestimmungen umlagert als in jetzigen Zeitläuften. Ein Sieg zu Lande oder Wasser hatte einmal seine Victorie mit dem Kranze in der Hand, seine Minerva, seinen Jupiter mit dem Adler und andre Symbole, die in ihrer schönen Einförmigkeit so gern auf alten Münzen wiederkommen und, so oft sie wiederkommen, noch immer dem Auge gefallen. Die öffentlichen Anreden und Geschenke, die Vergötterungen, Adoptionen, Vermählungen, Spiele, überhaupt die öffentlichen Gelegenheiten zu Münzen waren unverworrener als jetzt, da man oft mit allen Bildern rings um die zusammengesetzte Idee herumgehet, ohne sie zu treffen, sie entweder halb und schielend ausdrückt oder die Münze mit Symbolen überladen muß. Die Anlässe zu Münzen haben sich ins Große und im Detail der

* [A.a.O.], p. 35, 36.

anzudeutenden Umstände so sehr ins Kleine vermehret, daß mir grauet, über alle politische, kirchliche, gelehrte, kunst- und wissenschaftliche Situationen und Merkwürdigkeiten unserer Zeit Münzen nach alter Art anzugeben, wo man sie fodert und fodern kann. Gatterer hat angemerkt, daß die französischen Münzen auf die Geburt eines Kronprinzen sämtlich nicht die konkrete Idee ausdrücken, die sie ausdrücken sollen, sie sagen entweder zu viel oder zu wenig – und wie, wenn sich ein philosophischer Theorist der Medaillenwissenschaft nun überhaupt darauf einlassen müßte, die Vorstellung aller vornehmsten Merkwürdigkeiten unsrer politisch so verfeinerten Zeiten nach dem Geschmacke der Alten zu verbessern – welch Labyrinth! Ich sage kein Wort davon; denn wie viel wäre sonst zu sagen?

Wenigstens also nicht so ganz unsinnig, daß die neuern Münzen in ein topographisches oder historisches oder Zeremoniendetail* abgewichen sind, das die Alten nicht haben: Die heutigen Zeit- und Staatsläufte sind damit überhäuft, wie konnten die Bilder derselben frei bleiben? Geburt und Tod, Schlachten und Siege, Belagerungen und Eroberungen, Krönungen und Jubelfeste, Stiftungen und Friedensschlüsse, Ämter und Stände sind mit einem Getümmel individualisierender Umstände begleitet, die diese Begebenheit von allen ähnlichen Begebenheiten unterscheiden sollen. Nun ist freilich hier die Regel leicht zu geben: Abstrahiere von allen diesen konkreten Umständen einen Hauptbegriff, kleide ihn in Bild nach Art der Alten und du hast eine Münze von Geschmack: allgemein hingesagt, ist dies „Recipe, misce, fiet" leicht; aber anzuwenden? Daß jedesmal die Sache nur eben die bleibt und keine andre wird? Daß unter dem abstrakten Begriffe im Bilde nicht die konkrete Begebenheit verschwinde? Wahrhaftig schwerer! und ein vollständiges Repertorium besserer Vorstellungen geben im Geschmacke der Alten und doch, daß unsre Welt *omnimod* angedeutet werde, vielleicht unmöglich. Überweg also vergleichen trifft nicht. Das Mittelstück der Vergleichung schwankt; die sinnlich abzubildende und abgebildete Welt der Alten ist nicht mehr unsre Welt.

* [A. a. O.], p. 32–34.

Nichts weniger, als daß ich hiemit die topographischen Beschreibungen unserer Schlachten und Siege, die Risse unsrer Städte und Festungen, das Getümmel von Figuren bei einer Krönung oder Ankunft, das Gewühl von Kriegsgerätschaft bei einer Belagerung, das lächerliche Freudenleben bei manchen Jubelfesten, alles Kinderzeug bei Geburten und Himmelsanstalten bei dem Hintritt eines Wohl- oder Hochseligen retten oder loben wolle. Wer mag alle unzeitige oder gar lächerliche Münzhistorien lange ansehen? Daß aber überhaupt unsere Münzvorstellungen mehr ins Historische, ins genau Bestimmende einschlagen als die alten, *das*, sage ich, ist oft unvermeidlich, oft nötig und, wenn man erlauben will, auch nützlich. Münzen sind Denkmale einer Merkwürdigkeit an die Nachwelt – was sind sie, wenn sie nicht deutlich, nicht bestimmt reden? und wenn sie über unsre Welt von Denkwürdigkeiten nicht immer nach der Weise der Alten reden können? Immer lasset sie sich alsdenn ihre eigne Weise nehmen. Mit allen Vorzügen der Alten hierin, sind nicht viele ihrer Münzen deswegen für uns undeutlich, weil sie zu wenig historisch, zu wenig individuell, zu abstrakt, zu allegorisch sind?

Nun stelle man sich nach Jahrhunderten eine Nachkommenschaft auf unsern Gräbern vor; eine gegen uns so fremde Nation als wir gegen Griechen und Römer eine, die mit ebender Begierde in der Geschichte von uns forschen wollte, mit der wir unter den Alten forschen – Oder wenn wir ein solches Gericht einer Nation nicht erwarten dörfen: so lasset nur im Verfolg der Zeiten nachkommenden Gelehrten und Staatskundigen an genauen Denkmalen der Vorwelt gelegen sein dörfen: wird ihnen etwa eine reine würdige historische Vorstellung nicht gelegner kommen als eine hinter die Allegorie versteckte? als eine allegorisch halb gesagte? als eine nur im Nebenbegriffe angedeutete? – In diesem Falle ist der Unterschied so wie in den mancherlei Erzählungsarten der Geschichte. Die älteste Geschichte war Gedicht, war epischer Gesang – schön allerdings, in rührende Bilder gekleidet freilich, sogar mit täuschenden Fiktionen untermischt; aber Geschichte? Trockne Zeugnisse der Wahrheit? Wie verlassen ist der Geschichtschreiber in diesen Gegenden schöner poeti-

Brustbilder auf unsern Münzen so fremde als ein Kind tut: „Wider das Costume sind sie doch: den alten Römern sind sie nicht nachgeahmt, den byzantinischen Kaisern auch nicht so recht: sie müssen endlich wohl aus Rüstungen verschiedner Zeiten zusammengesetzt sein." * — — So wenig ich in dergleichen reichsurkundlichen Sachen belesen sein mag, so weiß ich doch außer der Zeit unsres Costume (in die kein Schüler der Numismatik ihre Erfindung setzen wird), außer der römischen und byzantinischen Rüstung noch eine mittlere Zeit deutschen Rittertums, da die Herzoge und Grafen von den Kaisern in denen ihnen anvertraueten Ländern zu Heerführern der Ritterschaft verordnet gewesen, da diese durch solche Turnier- und Heldenrüstung sich unterschieden, da also die Herzoge ihr Heerführertum durch Harnische und Ritteraufzüge auch auf Münzen signalisierten, sie als herzogliche Insignien und Gerechtsame behielten usw. Dies weiß ich, und wer sollte das nicht wissen?

Und weiß man das, wem wird die weitläuftige prächtige Anmahnung: die Fürsten sollten doch bedenken, daß sie ihre Münzen für die Nachwelt schlagen lassen, daß diese ja der spätesten Nachkommenschaft ihren Geschmack verkündigen sollen; die geharnischten Brustbilder wären doch wider das Übliche unsrer Zeiten; an Münzen und Statuen des Altertums fände *er* doch solche Rüstung nicht, an byzantinischen Kaisern auch nicht so ganz; sie bleibe doch für unsre Zeiten fremde; sie stelle doch eine Sache vor, die wir in der Natur nicht mehr sehen; die Römer hätten sich doch nie in ägyptischer Kleidung oder mit parthischen Tiaren abbilden lassen; man brächte damit der Nachkommenschaft nichts als ganz falsche Begriffe von den Trachten unsrer Zeit bei — — und was der Verfasser darüber auf sieben Seiten Gelehrtes, Wohlschmeckendes und Zurechtweisendes von Heliogabalus und Childerich, von Alexander und Aristobulus sagen möge, das artige Gebet des Herrn Watelets und den artigen Spaß vom Löwen und Affen, d.i. vom Fürsten und seinem Künstler, von der friedfertigen und mit frommem Abscheu gegen alles Morden und Blutvergießen verwahrten Bürgerkompagnie, von der

* [A.a.O.], p. 79, 80 u.f.

lockichten Perucke und *Ihrer Herrlichkeiten* breitem Halskragen — — diesen artigen Spaß mit eingeschlossen, wer wird die ganze Ermahnungsrede nicht so fade als möglich finden? Wenn die liebe Nachkommenschaft nur etwas weiß, so weiß sie, daß dies nicht eine Tracht unseres Üblichen im gemeinen Leben, sondern ein fürstliches Herkommen, das *Insigne* eines gewissen Ranges gewesen; so weiß sie, daß, wenn den Geheimden Räten unsrer Zeit diese Kleidungstracht, wie billig, unbräuchlich ist, sie bei fürstlichen Installationen in Deutschland urkundlich sei; so weiß sie, daß, wenn der Papst nicht täglich seine dreifache Krone trage, er sich dieselbe doch anmaße und daß, wenn Ihre Herrlichkeiten den breiten Halskragen nicht über den Harnisch zu binden befugt sind, sie es auch nicht tun werden, wie der Herr Verfasser meinet; so weiß sie — — und das weiß ja jeder Schüler der Reichsgeschichte.

Nun mag es etwa der Affe eines Löwen, das ist nach Herrn Klotzens Fabeldeutung der Künstler und Historiograph eines Fürsten, ausmachen, wie weit Seine Durchlauchten dies Erz abschütteln könne oder nicht? Aber dazu gehört wahrhaftig kein Geheimder Rat, es auszumachen, daß kein Fürst unsrer Zeiten diese Rüstung ersonnen, um „der spätesten Nachkommenschaft seinen Geschmack zu verkündigen, um den Enkeln die vorteilhafteste Schilderung von sich zu überlassen". Dazu gehört auch kein erster Philologe der Nachwelt, um etwa das Costume unsrer Zeit daher zu mutmaßen, sowenig die Ammonshörner Alexanders und Lysimachus' uns auf den Verdacht bringen, als wäre er eine gehörnte Mißgeburt gewesen. Wenn sich indessen ein Fürst einem solchen Insigne auch nur des Herkommens, des Ranges, des Nationellen bei seiner Huldigung und Krönung wegen bequemt — immer sei er zu beklagen; denn hinter welchen Fässern und Gewändern muß ich nicht einen solchen König Saul suchen? Aber auch der Unterschied werde erwogen zwischen einer Zeit, die ihre Fürsten frei hinstellt, und einer Zeit, die sie nach Recht und Herkommen zu einem spanischen Mantel oder zur Tonne des Diogenes verurteilt — wer wird das verkennen?

5. Ich komme auf die Inschriften, zu denen ich hier sowohl

Titel als Legenden rechne. Titel! mit welchem Ballast sind unsre Fürsten nicht überladen? mit diesem des Erbrechts, der Familie, eines historischen Umstandes, einer Protestation wegen, mit jenem der wirklichen Besitze halben — wo ist hier die edle Armut der Griechen und Römer? Der Römer war *Herr und Kaiser der Welt*, nichts mehr dünkte er sich, aber auch nichts weniger: *ein* Titel also seiner römischen Größe und Hoheit; jeder übrige Zusatz nach Provinzen und Ländern wäre für ihn (ich nehme den Fall der Eroberung aus) verkleinernd. Ein Imperator, Caesar, Dictator, Pater Patriae, war gnug, um gleichsam den *einen* zu bezeichnen, der nicht seinesgleichen hat —

Unde nil maius generatur ipso
Nec viget quidquam simile aut secundum.

Das Titularrecht unsrer heutigen Fürsten muß von dieser römischen Größe mehr in die Kurrentmünze der Titel gehen. Hier diese Akquisition, dort jene Gerechtsame, dort jene Anwartschaft von Gottes Gnaden: sie muß nicht vergessen werden, und so kommt eine Titelreihe heraus, die oft auch die Münze besäet. So mache man, wird man sagen, diese zu keiner Heroldstafel, und lasse sie weg! Gut, aber die lasse man doch nicht weg, die in dieser Situation mit zur Bestimmung, zur historischen Erklärung gehören? Und eben dies, wie sehr läuft's oft ins Detail? Um nur der Nachwelt deutlich zu sein, um diesen von so manchen andern Fürsten zu unterscheiden — welche Unterschiedenheit, von der ein Grieche und Römer nichts wußte! Um eben diese und keine andre Denkwürdigkeit der Nachwelt aus unsrer Staatsverfassung zu erklären — welche Unterschiedenheit, von der ein Grieche und Römer nichts wußte. Die bloße Schuldeklamation des Herrn Geheimdenrats* über die Schwachheiten der Fürsten, über eine Eitelkeit, von der sie keinen Nutzen ziehen, reicht hier kaum zu: in diesem und jenem einzelnen Falle würde ihn mancher andre Geheimderat eines Bessern belehren.

Griechen und Römer inskribierten in ihrer Sprache, und man kennet dieselben nach ihrer Stärke und Hoheit, nach ihrer Kürze und Nachdruck; verleumden will ich die unsrige

* [A. a. O.], p. 88, 89[–90].

nicht: sie hat in manchem sogar Vorzüge; aber zur schönen Aufschrift einer schönen Münzallegorie ist sie nicht gebildet. Nicht gebildet dazu in der Form der Buchstaben, in den hart und vielfach zusammengesetzten Bestandteilen der Wörter, in dem Bau der Rede, der sich weniger mit einem ausgerißnen casu oder einer ellipsierten Konstruktion verträgt, in dem Geiste der Sprache, der sich hierin ebensoweit von der offnen χάρις der Griechen, von der elegantia inscriptionum der Römer als von der französischen Pointe entfernen dörfte. Unsre Sprache hat ihre gotischen Buchstaben, die gut erscheinen mögen, nur nicht auf Metall; sie hat ihre vielen Konsonanten, die in einem starken Gedichte so prächtig klingen, als sie auf einer Münze schwer zu buchstabieren, noch schwerer abzukürzen sind; sie liebt den vollen Bau der Rede mit Artikeln, Verschränkungen und Konstruktionen, ohne Ellipsen, ohne einzelne Redeteile; sie liebt auch im Sinne mehr das voll- und ausführlich Gesagte als das schön Andeutende der Griechen und Römer: sie ist also nicht, wie diese, zur Münzenaufschrift. Was soll hier ein geschmackvoller Tadel über den Mangel an Geschmack in einer Sache, wo es an etwas mehr fehlt als diesem?

So nehme man die römische Sprache statt der unsrigen! Gut gesagt! aber ist denn auch die Münze so national, als die römische war? so einem jeden verständlich? so fürs Publikum als jene? — Zudem: „man brauche die römische", aber, ans Landübliche, ans Costume nicht zu denken, wird man sie auch als ein Römer brauchen? Ist die römische denn auch für *unsre* Welt von Münzdenkwürdigkeiten gebildet? wird man nicht oft, indem man alte Worte auf neue Gebräuche anwendet, Kentauren schmieden? Vermischungen der Zeiten und Länder, die einem Nachkommen befremdlich sein müssen, schielende Übertragungen römischer Worte und Begriffe unter deutsche oder neuere Begriffe überhaupt, für einen Kenner beider Zeiten unausstehlich. Die griechische und römische Sprache war national, die Denkwürdigkeiten, welche auf Münzen kamen, national, eines also für das andre gebildet: Körper und Seele. Ist aber die römische Sprache für unsre Welt von Merkwürdigkeiten oder diese für jene ursprünglich gebildet worden? und doch soll eine die andre ausdrücken? So stoßen sich zwo Zeiten und Völker, wie jene Zwillinge im Leibe der Mutter! – –

Will man also zur Nationalsprache zurückkehren und einigermaßen doch die sinnreiche Einfalt, die edle Kürze, gleichsam *die Poesie in Gedanken und Worten* ersetzen, die sich bei den Alten findet – ach! unsre Sprache bietet uns auch eine Poesie dar, aber sinnreiche Leberreime oder gar frostige Wortspiele. So wie die Nordländer in der Dichtkunst die Harmonie der Alten durch Reime nach ihrer Art zu ersetzen gesucht: so auch auf Münzen durch Reime – aber welche Ersetzung? National freilich, oft sinnreich gnug und oft nicht bloß für den Pöbel, sondern auch für den Weisen sinnreich; aber eine Ersetzung der griechischen und römischen Einfalt? Ich sehe von beiden Seiten Schwürigkeiten: Herr Klotz sieht keine, er stimmt eine Elegie über den pöbelhaften Geschmack der Neuern an – wie vornehm!

Weiter mag ich mich nicht einlassen in die unendliche Verschiedenheit der alten und neuen numismatischen Münzgesetze, Künstler, einzelnen Veranlassungen, des äußern Werts und Zubehörs; noch zum Schluß eine allgemeine Anmerkung, die Anfang hätte sein sollen.

6. Die Alten hatten überhaupt mehr Bildersprache, mehr allegorische Dichtung als wir. Von *Dichtern* war ihre Sprache gebildet, und da bei den Griechen insonderheit die ältesten Dichter Liebhaber von Bildern, Metaphern und Allegorien waren, welch ein Schatz lag gleichsam schon in der Sprache teils im Geschlechte, teils in Form, teils in Bedeutung der Worte! Ihre dichterische Sprache war allegorischen Aufschriften gleichsam in die Hand gebildet! Allegorien wurden aus der Sprache geschöpft und mit der Sprache, aus der sie geschöpft waren, begleitet – welche gute Lage!

Zudem: Die erste Schrift und die erste Sprache ist eine Malerei von Begriffen; mit der Zeit kommen in beide künstliche Abkürzungen der Bilder; mit der Zeit verlieren sich gar viele Bilder selbst, und es bleiben allgemeine Begriffe. Wo sind wir nun in der Reihe der Völker und Zeiten? ohne Zweifel diesem Ende näher als jenem. Die meisten Allegorien allgemeiner Begriffe nach Griechen, Römern, zumal Ägyptern sind uns schon fremde; die meisten, die z. E. auch Winckelmann aus den Alten anführt, erkennen wir kaum mehr unter solcher Gestalt: sie sind nach unsrer Horizonthöhe beinahe schon über das sinnliche Bild erhoben oder wenigstens so oft von jenen Vorstellungen abgewichen, als wären sie nicht mehr dieselbe. In dieser, meines Wissens noch nicht so bemerkten Aussicht sollte man das Winckelmannische Werk* durchgehen, so würde man sehen, wie vorzüglich bei den Ägyptern (denn sie sind die ältesten), sodann bei Griechen und Römern Tugenden und Laster und abstrakte Ideen von allerlei Art fast immer eine andre Gestalt gehabt als bei uns, wenigstens hie und da von einer Nebenseite angesehen worden, die sie bei uns verloren. Oft ist das allegorische Bild einer Tugend, einer abstrakten Idee nach griechischer Art mit dem Namen derselben nach dem Sinne unsrer Zeit eine Gesellschaft zwoer Personen, die sich sehr seltsam zusammenfinden.

Noch eine augenscheinliche Folge. Dichter haben den Alten ihre Allegorie und Sprache *angebildet*: National war also ihre Bildersprache, und wenn sie entlehnt war, so wurde sie nationalisieret. Der Unterschied wird wichtig: denn bei uns ist eine Bildersprache so patronymisch nicht. Dort konnte alles auf einem Wege fortgehen: der *Dichter* hatte durch seine poetische Bildersprache das Volk gebildet; der *Weise*, der nach ihm kam, trat, soviel er konnte, in seine Fußstapfen; er bediente sich des Bilderschatzes, den jener in die Sprache gelegt, nach seinen Zwecken; er bildete die Allegorien des erstern zu Wesen seiner Art um; er wurde ein Plato gegen einen Homer. An seiner Hand ging der dritte Mann, der *Künstler*, und erhob jene Bildersprache der Dichter und Weisen zum schönsten Anschauen. Die Götter, die der *Dichter* dem Volke sang und der *Weise* erklärte, schuf der *Künstler* ihm vor; die Ideen, die es in alten geerbten und früherlernten Gesängen auf der Zunge und aus dem Munde des Weisen gleichsam im

* „Über die Allegorie" [„Versuch einer Allegorie, besonders für die Kunst", 1766]. Getadelt gnug hat man diesen Versuch, der doch nichts als Versuch sein sollte; aber rezensiert, in der vorgesteckten Aussicht durchgegangen? ich weiß nicht. Und sie ist die einzige, nach der man die Frage entscheiden kann, wieweit wir den Alten nachallegorisieren können oder nicht.

Ohre hatte, standen ihm in den Werken des Künstlers vor Augen – durch alles ward also *ein poetisches, ein allegorisches Publikum gebildet*, das die Bildersprache verstand, fühlte, beurteilte, fortpflanzte. Die Allegorie hatte tiefe Wurzeln in allem, was national heißt, geschlagen, in Sprachen, Gedichten, Philosophien, Kunstwerken: sie gehörte zur Kultur des Volks, sie ward Denkart des Publikum.

Unser Publikum ist aus diesem Gleise der Kultur, aus diesem Vehikulum der Denkart hinaus. Wenige Bilder ausgenommen, und die Ikonographie der Alten ist uns nicht nationell. Nicht aus unsrer Sprache geschöpft und oft nicht einmal mit dieser stimmend; nicht aus unsern angebornen Idolen, in denen wir uns als Kinder allgemeine Begriffe denken, gebildet und oft denselben widersprechend – nicht also dem Auge des gemeinen guten Verstandes unter uns kennbar, nicht also national. Die Idole etwa und Märchen, in die unsre Kindheit allgemeine Begriffe kleidet, sind gotisch, oft ungeheuer, fast niemals für die Kunst. Sie sind nicht von griechischen Dichtern der Schönheit, sondern durch nordische Märchen eingepflanzet; einige von ihnen bestätigt unsre Sprache, die sich nach ihnen bequemet; alle aber sind gegen die Menge griechischer Nationalbilder nur ein verschwindendes Zwei oder Drei. In den Schatten der Jahrhunderte sind sie verschwunden; und für die Kunst haben wir auch an solchen gotischen Gestalten der Einbildungskraft nichts verloren. Die reinere Wissenschaft, die in unsern nordischen Gegenden durchaus freier von solchen Hüllen der Mittagsländer gedacht wird, die Kultur des Publikum nach unsrer unsinnlichen Religion und unsinnlichen Philosophie hat sie vertrieben: *wir* haben also kein dichterisches, allegorisches Publikum mehr.

Und können uns die Allegorien der Alten dazu machen? Selten sind diese ja unserm Volke (ich sage nicht, unserm Pöbel) kennbar, oft ihm ja so unverständlich als die lateinische Überschrift ringsum. So wie es nach unsrer gelehrten Handwerksbildung in manchen Ländern dem Pöbel zur Synonyme geworden: er ist ein Lateiner, das ist ein Gelehrter, so wenigstens in diesem Falle ist die Ikonologie der Alten eine Überpflanzung fremder Nationalbilder, sich in ihnen Götter zu denken, die wir nicht haben, Städte und Länder in Schutzgöttinnen und Genien zu denken, die wir nicht kennen, Tugenden und Laster zu denken, wie wir sie nicht denken wollen, allgemeine Begriffe zu denken, ohne daß wir sie in der Symbole sehen. Sie ist also ein gelehrtes Rüst-, ich will nicht sagen Spielzeug aus fremden Ländern, das unter uns keinen Markt des Anschauens, kein Publikum hat.

Eben hiemit ist Herrn Klotzen ein unerklärlicher leidesvoller Unterschied erklärt: „Mit den Sinnbildern auf alten Münzen konnte der Lehrer des Geschmacks, der Dichter, der Künstler zufrieden sein. Den neuern Vorstellungen widerspricht oft Vernunft, Geschmack und Kunst. Wer wollte es wagen, die Vorstellungen auf neuern Münzen mit den Bildern unsrer Dichter zu vergleichen? *Gleichwohl hat* Addison mit den alten Münzen und Versen *dieses getan*: *Er hat oft* eine große Ähnlichkeit zwischen beiden bemerkt und *Ursache gefunden*, den feinen Geschmack dessen zu loben, der die Vorstellung zu einer Münze angegeben. *Der Poet hat die Idee mit ebendem Bilde [ausgedruckt], welches der Stempelschneider gebraucht, um einen Gedanken sinnlich zu machen.*"* Wie man sieht, bleibt alles im Unterschiede der Alten und Neuern bei ihm eine qualitas occulta des Geschmacks zum Staunen. Freilich konnte der Dichter mit solchen Münzvorstellungen zufrieden sein: denn sie waren aus ihm geschöpft oder wenigstens nach der Denkart gebildet, die er dem Weisen, dem Künstler, dem Lehrer des Geschmacks, die alle Söhne *seines* Geschlechts waren, angeschaffen. Freilich lassen sich Verse und Münzen unter den Alten vergleichen: was aber jetzt in Addison eine solche gelehrte und Geschmackshexerei ist, das konnte unter den Alten ein jeder wohlerzogner gebildeter Mann. Wenn er durch Dichter gebildet war, wenn einem Publikum in Griechenland Dichterverse und poetische Bilder ihrer Mythologie im Kopfe schwebten, ohngefähr auf die Art, als unserm Volke Kirchenlieder, Bibelsprüche (eine Vergleichung, die hier bloß Nationalunterschied sein soll), wenn die Sprache und die Erziehung solchen anschaulichen Vorstellungen entsprach — was natürlicher als eine Vergleichung zwi-

* [Klotz, „Beitrag … aus Münzen"], p. 55, 56.

schen Bildern und Versen? was aber auch unnatürlicher, als bei uns solche Vergleichung zu fodern? Die Münzallegorien sind uns meistens überbrachte Ideen: unsre Dichter, der Muse sei Dank! aber uns national – ich sehe keine Parallele. Die Münzvorstellungen aus den Alten entsprechen höchstens auch den Dichtern der Alten; und so sehr diese auch unsrer lieben Schuljugend eingeprägt werden: so haben wir doch nimmer ein attisches, ein römisches Publikum, das, wie jenes, *nach diesen Dichtern gebildet wäre*? Die lange Deklamation* des Herrn Klotz über die Parallele vom Geschmack auf Münzen, der sich zu unsrer Zeit, unter der Regierung Friederichs des Großen (vermutlich zu *Halle*) angefangen, und von klassischen Schriftstellern, die unsern Zeitpunkt allen Völkern und der spätesten Nachkommenschaft bewundernswürdig machen werden, die ganze Parallele ist in Vergleichung der Alten link.

5

Doch wie anders als link ist's, wie unser Verfasser am liebsten redet? Ein Büchlein über die Geschichte des Geschmacks auf Münzen; und dies Büchlein wird seinem größesten Teile nach nichts als eine Vergleichung der Alten und Neuern und diese Vergleichung wieder nichts als ein Preis des Geschmacks der Alten und eine Satire auf den Münzengeschmack der Neuern. Beiderlei Arten des Geschmacks als die Produktion einer ganzen Zeitverfassung und Nationaldenkart anzusehen, den Unterschied zu entwickeln, der sich zwischen der numismatischen Welt der Alten und der Neuern in Bildersprache der Religion, in den Symbolen der Länder, in den Allegorien der Begebenheiten, in dem Cerimoniel der Personen, in der Sprache der Aufschriften, in dem Publikum, das Münzen erfand, sah und beurteilte, in allen äußern Umständen der Numismatik ereignet, diesen himmelweiten Unterschied, von dem ich einige Schattenzüge entworfen, vergißt er; schreibt dem lieben Addison nach, macht dessen Gespräche zur feinen Satire, zur lahmsten, lendenlahmsten Strafpredigt über den übeln Mün-

* [A. a. O.], p. 70–76.

zengeschmack unsrer Zeit, von Fürsten an bis zu Münzenstemplern zu —

Und das ist sein Beitrag zur Geschichte des Geschmacks auf Münzen. Wie von allen Nationen, wie im Traume, durchhin reden? bei keiner ihre historischen Data als Erfolge, die aus einer Ursache entspringen, ansehen? bei keiner auch nur darauf kommen, die Natur des Faktum aus einem seiner Umstände und Veränderungen in Entwurf zu bringen? bei keiner auf den Boden der Sache sehen, aus dem sie sich erhob und aufblühete? die verschiedensten Zeitpunkte überweg vergleichen, die kaum einer Vergleichung fähig sind? O des armseligen Altertumskenners! keines Namens unwürdiger als dessen! Sein klingender Beitrag ist eine Satire auf unsre Zeiten und Völker, so fein, so gründlich, so treffend als seine „Mores eruditorum", als sein „Genius saeculi". Nichts als „Ridicula" kann er schreiben; aber seine ridicula litteraria und monetaria sind von einem Gepräge.

Eine Geschichte des Geschmacks auf Münzen, was ist sie, wenn sie uns bei den Griechen die Ursachen des Geschmacks nicht entwickelt, jetzt Griechen und Römer vergleicht und auch bei diesen nichts erkläret? Was ist sie, wenn sie nicht genau auf die Veranlassungen merket, durch welche der Geschmack fiel; den falschen Geschmack, der sich statt des römischen einschlich, nicht zergliedert; diesen neuen gotischchristlichen Geschmack nicht bis auf seine Quellen und bis in die Abgründe der Diplomatik, Heraldik und Staatsgeschichte, die seine Abflüsse sind, verfolgt; auf keine seiner Hauptveränderungen merket; die Reformation des Geschmacks, die eigentlichen Verdienste der Reformatoren nicht bestimmet, dem Laufe ihrer Verbesserungen nicht nacheilet; die Reste des alten Herkommens, die sich ihm widersetzten, nicht prüfet und an eine Anleitung denkt, uns zu unsrer numismatischen Welt ein Münzenkabinett nach dem Geschmacke der Alten zu sammlen — was ist sie, wenn sie nichts von diesem ist? Und ist's nach *einem* der angegebnen Gesichtspunkte der Klotzische Beitrag auch nur im dürresten Grundrisse (vom Mechanischen der Kunst rede ich noch nicht), so will ich umsonst gelesen haben.

Ein paarmal kommt er auf so etwas, aber beidemal ist's Ausschweifung, und es wird grobe Falschheit. „Bei den Griechen“, sagt er, „hatten die Künste überhaupt engere Schranken als bei uns. Wir erlauben ihnen größtenteils die Nachahmung eines jeden Körpers, ohne daß die Kunst durch die Würde des Gegenstandes veredelt würde. Der Grieche hatte ihnen bloß die Nachahmung schöner Körper verstattet.“ * Wer Lessings „Laokoon“ gelesen, weiß, wem die Bemerkung zugehöre; dafür aber, daß Lessing Klotzen eine Bemerkung lieh, schenkt dieser ihm großmütig eine Verbesserung: „Entgegengesetzte Zeugnisse der Schriftsteller und Beispiele der Künstler *bestimmen mich*, dieser Beobachtung engere Grenzen zu setzen und sie bloß auf *öffentliche* Denkmäler einzuschränken.“ — Die Verbesserung in ihrem Werte und Unwerte, was tut dies auf die Münzen? gehören die auch zu den öffentlichen Denkmälern, die nichts als das Schöne bildeten?

Allerdings, sagt Herr Klotz. „Auf alten Münzen finden wir weder häßliche noch schreckliche Vorstellungen. Zwei derselben zeigen uns die Furien: aber in welcher Gestalt? Nicht mit den furchtbaren Gesichtszügen, welche der Grimm auf neuern Werken vorstellt. Bloß Fackeln und Dolche zeigen diese Göttinnen an. Übrigens ist auch die Münze, welche die Einwohner Antiochiens zu Ehren des jüngern Philipps haben schlagen lassen, aus der Zeit, da die Blüte der Künste längst verschwunden und mit ihr zugleich *der Begriff der Schönheit aus den Seelen der Sterblichen entwichen war.* Wie ungleich sind hierinnen die neuern Stempelschneider den Alten.“ ** Offenbarer gesagt kann nichts sein. Es werden in der Folge*** an dem himmlischen Gesichte der Meduse sogar die Schlangen in Erwägung gezogen und aus vier verschiednen Ursachen gerechtfertigt, daß „diese ein Sinnbild des Wohltuns und des Heils gewesen, daher sie viele Götter zur Symbole geführet; daß Hogarth in ihnen das wellenförmige Schöne suche; daß sie mehr zieren als verstellen; daß endlich und insonderheit Griechen und Römer über diesen Punkt ein von

* [A. a. O.], p. 40 [42].
** [A. a. O.], p. 43[–50].
*** [A. a. O.], p. 46.

dem unsern ganz verschiednes Gefühl, einen ganz besondern Schlangenappetit gehabt"; und der Rezensent des Herrn Klotz (bei dem diesmal seine zärtliche Liebe gegen den Herrn Verfasser über seine großen Einsichten und scharfe Beurteilungskraft im Kampfe die Oberhand behalten) findet eben die letzte Bemerkung von den Schlangen gar *nach dem Geschmack der Alten*, vorzüglich wichtig. Ich kann also nach Herrn Klotz bis auf die Schlangen, bis auf zwo Münzen mit Furien nichts Allgemeiners festsetzen, als „daß auf alten Münzen sich gar nicht weder häßliche noch schreckliche Figuren finden".

Ich nehme indes ein paar Bücher zur Hand, die Herr Klotz zur Hand gehabt haben muß, weil er sie anführt, und so zuerst den lieben Beger: und in ihm mehr als eine Vorstellung auf alten Münzen von *Schweinen*, fürchterlichen *Löwenhäuptern* ohne die freundliche Miene der Meduse, die zum Küssen einladet, das bekannte *unförmliche* Sinnbild Siziliens, drei Füße, rings um ein Haupt voll Schlangen, und andre, nicht eben so unhäßliche oder unschreckliche Figuren, die Eule der Minerva ungerechnet. Ich nehme Haym: da Skorpionen, Elefanten, brüllende Löwen, Ochsenhäupter, Nachteulen, kämpfende Schlangen; so Gesner, so andre – keine Sammlung alter Münzen geht von solchen Vorstellungen ganz leer aus – wenn ich nur dem Fleiße des Herrn Geheimen Rats nachfolgen und Bilderchen aufsuchen wollte.

Ja, wird Herr Klotz sagen, das waren Sinnbilder von Städten, von Ländern. Nicht alle, und doch von griechischen Städten? von griechischen Ländern? doch Vorstellungen auf griechischen Münzen? Sie stehen mit keinem mindern Rechte darauf, als Furien nicht darauf stehen können, weil sie keine *Schutzgöttinnen*, *keine Sinnbilder von Städten waren*. Wie? weil Ganymed oder Antäus auf keiner Münze Bild gibt: wer wollte deswegen deuten? Erst beweise man, daß Furien auf Münzen gehören, wenn, daß sie nicht da sind, etwas beweisen soll.

Überhaupt bestimmet Herr Klotz das Allegorische der Münzen so, daß man sieht, er habe vom Münzenartigen seltne Begriffe. Winckelmanns Erklärungen der Allegorie zu folgen ist gut; nur ihnen mit Einschränkung auf Münzen zu folgen noch besser. Da er seinen „Versuch von der Allegorie" überhaupt für die bildenden Künste, nicht bloß für die Münzen, geschrieben: so sind seine Regeln ohne Bestimmung auf diese zu lax, zu weit, und nichts unsichrer als der Klotzische Satz: „Die Pflichten des Malers sind auch die Pflichten des Stempelschneiders, nur daß jener ein geräumiger Feld hat." Um Gottes Willen nicht! die Allegorien auf Münzen haben ihre eigne Natur; sie sind nicht etwa bloß wie Malereien *der Kunst selbst*, sondern allemal der Deutung wegen da: sie sind mnemonisch. Das Bild als Bild ist nichts; der Sinn des Bildes ist alles. In allen Schriften wirft Herr Klotz Münzen, Gemmen, Malereien, Statuen grausam durcheinander; und kaum kann etwas Verschiedners an Natur, Zweck und Gesetzen sein! Ein Kunstwerk ist der Kunst wegen da: aber bei einer Symbole, sie sei der Religion oder der politischen Verfassung oder der Geschichte gewidmet, ist die Kunst *dienend*, eine Helferin zu einem andern Zwecke, so bei der Münze. Lasset uns also die Griechen nicht auf unrechte Art loben: sie widersprechen solchem Lobe, und es wird Tadel auf sie, es wird Unwissenheit für uns.

Auf der andern Seite lasset uns auch die Neuern nicht ohne Ursache tadeln. Ich will ihre „durch die häßlichsten Verzerrungen des Gesichts verunstalteten Ungeheuer", die Herrn Klotzens vornehmes Auge beleidigen, „das sich an die griechische Schönheit gewöhnt hat", nicht verteidigen; aber so billig sollte man doch auch sein zu fragen: ist dieses Ungeheuer die Haupt- oder nur eine Nebenvorstellung? Wenn z. E. ein Herkules, als Drachentöter, zum Sinnbilde der Tapferkeit dastünde und der Drache selbst ein häßliches Ungeheuer wäre: nicht der Drache, der Drachentöter ist das Bild und jener nur eine unterliegende Vorstellung. Daß die Alten ebenso gedacht haben, bezeugen eine Menge Gemmen und Gemälde, die ja doch eigentlichere Kunstwerke als Münzen sind –

Nebenfiguren also aber, wenn sie auch selbst Hauptfiguren wären: noch sind sie auf Münzen nichts als *Revers*; man kehre um, so hat man die Deutung. Das ekle Auge meines Verfassers, das sich an griechische Schönheit gewöhnt hat, wird am meisten von holländischen Münzen beleidigt. „Die

Zwietracht, die Tyrannei, die Grausamkeit sind als Ungeheuer mit der größten Häßlichkeit vorgestellt", und sogleich hat Herr Klotz den bekanntesten Tadel ihrer Maler und ein Sprüchlein aus Hagedorn fertig, das hier so hingehört als Faust aufs Auge. Auch ich sehe lieber das Schöne als das Häßliche, lieber das Liebliche als Karikaturen; wie aber? wenn die Enthauptung Karls des Ersten durch kein lachendes Gesicht und durch keine Amors angedeutet werden konnte und das wütende vielköpfichte Volk also als ein vielköpfichtes Schlangenungeheuer erscheint — und nebenan das traurige Haupt des Königes auf dem Boden —, wird da nicht die Vorstellung von dem Sinne von der Allegorie gleichsam verschlungen? Und ist dies Bild denn anders geschlagen, als um so verschlungen zu werden? und wird je eine Münze als absolutes Kunstwerk gepräget? Ist sie je unter den Griechen anders als zum Denkmale gepräget worden? — — Man denke sich einen Autor, der so ganz die ersten Grundsätze der Künste vergißt, der so sehr ihre Grenzen verwirret und eben auf diese Verwirrung den halben Teil seines Buchs bauet, wie schief, wie elend wird er bauen? Alle die süßen Anmerkungen über die griechische Lieblichkeit und Schönheit sind entweder hier Halbsachen, oder Herr Klotz kennt die Natur der Münzen halb. Er nimmt sie als Kunstwerke und nicht als Denkmale; die Kunst bei ihnen nicht als Hülfsmittel des Bedeutenden, den Künstler nicht als Handarbeiter — so schreibt er von ihnen und verkennet ihre Natur.

Und das ist alles, was Herr Klotz unter den Griechen fand, um ihnen ihren Rang im Münzengeschmacke zu geben? — ja! und unter den Römern an ihrem Teil nichts Besondres? Wenig, als eine sichre Parallele mit den Griechen, die hier nicht hingehört und über die ich zu anderer Zeit reden werde. Und nichts Bestimmtes an Ursachen, die den guten Geschmack heruntergebracht? Nein! und nichts vom diplomatischen, heraldischen und rechtlichen Ursprunge unsers Münzengeschmacks? Auch nein! — O des sonderbaren Beitrages zu einer Geschichte!

Ich tue dem Verfasser vielleicht unrecht: „Ein Beitrag kann ja so viel oder so wenig beitragen, als er will.“ — — Ei! so muß Herr Klotz nicht großsprechen; denn wie er jetzt ankündiget, hat er über einem weit weitern Thema gearbeitet, als ich gesucht habe — nicht bloß an einer Geschichte des Geschmacks auf Münzen, sondern gar an einer Geschichte *des Geschmacks und der Künste bei einem Volk aus Münzen.* Diesen Faden will er über die merkwürdigsten Perioden der Geschichte, über Völker und Zeiten verfolgen und aus ihnen liefern eine *Geschichte des Geschmacks und der Künste überhaupt aus Münzen.*

Das ist freilich noch mehr! auf einer Münze mag sich immer der Geschmack einer Nation offenbaren dörfen: aber daß sie eigentlich eine Tafel des Geschmacks einer ganzen Nation vorstellen *sollte*, vorstellen *müßte*? — dem ersten Anblicke scheint das schon gewagt. Auf einer Münze mag sich immer Kunst und, wenn man will, auch Künste offenbaren *dörfen*; daß sie aber eigentlich eine Zeugin über die Kunst, ja über die Künste sein *sollte*, sein *müßte* — noch gewagter: und das ist doch „die Ausführung der Sache, die ich mir vorgesetzt habe. Meine Absicht ist, aus den Münzen gleichsam eine Geschichte des Geschmacks und der Künste zusammenzusetzen und ihre Blüte oder ihren Verfall aus denselben zu beurteilen. Ich werde daher“ usw. — — Mich dünkt, der Verfasser übernahm, was niemand als etwa ein Sohn der Sibylle ausführen kann.

Die schöne griechische Münze, und freilich läßt sich viel daraus ersehen. Das Volk, dem sie gehört, muß gebildet sein, Kommerz haben; Sinnbilder haben; eine gebildete Sprache haben; Zeichner und Stempelschneider haben oder gehabt haben: das sehe ich. Träte ich auf ein fremdes Eiland und fände Münzen, von denen ich vermuten könnte, daß sie kein Fremder verloren: so wären diese Mutmaßungen fertig. Aber eine Geschichte ihres Geschmacks und ihrer Künste, den Inbegriff ihres Geschmacks und ihrer Künste — unmöglich. Ob sie Dichter oder Weltweise, Bildhauer, Tonkünstler und Tänzer neben ihren Stempelschneidern gehabt, ob ihr Zeitpunkt des

Geschmacks ihnen eigen oder einer Kolonie, ob ein langes oder kurzes Drama gewesen, sehe ich das aus einer Münze? Und ist nicht eben diese frappante Intonation: „ich will aus Münzen eine Geschichte des Geschmacks und der Künste geben!" nach allen Zeitungspanegyren auf Herrn Klotz sein erstes Verdienst bei diesem ganzen Buche? Indianer, Perser, Araber! was kann man aus euren Münzen nicht weissagen?

Jetzt eine Sammlung oder, wenn man kann, die ganze Menge griechischer Münzen: und zwar, welches noch angenommener heißt, in ihrer Zeitfolge nach- und nebeneinander – allerdings kann man jetzt vieles auf die Nation schließen, was Geschichte, Regierung, Beschaffenheit ihres Landes, ihre Kleider, Waffen, Gebräuche, Gebäude, Religion und dergleichen anbetrifft. – Hieraus läßt sich ohngefähr ein Nationalcharakter bilden, der *viel* in sich hielte, aber eine Geschichte des Geschmacks und [der] Künste? – ich wollte, daß ein numismatischer Goguet so ein Werk schriebe. Wohlverstanden, daß er in seinen Schlüssen keinen Schritt vergebens tue, bei jedem den Grad der Wahrscheinlichkeit in Maß nehme und den seltnen philosophischen Genius hätte, einzelne Data niemals zu allgemein zu generalisieren, noch auch diesseit des Ziels stehenbleibe, auf welches man zu schließen könnte – wäre dies, was sich bei Herrn Klotz fast alles im Gegenteile zeiget: so hätte man freilich „eine Geschichte des Geschmacks und der Künste bei den Griechen aus Münzen", aber auch zugleich ein in Beispiele gebrachtes Lehrbuch der historischen Wahrscheinlichkeit, eine Logik historischer Schlüsse, nicht solch eine Sammlung kahler Allgemeinsätze, als dies ist.

Vorausgesetzt wird hier zum Grunde der ganzen Schlußfolge: daß die Griechen auf der Bahn ihrer Kultur selbst fortgegangen, nicht etwa von der unsichtbaren Macht fremder Völker darauf fortgetrieben und umhergestoßen sein, daß also aus ihrem Laufe die Kraft der Nation mit Grunde berechnet werden könne. Was es für Fehlschlüsse gebe, diesen Lauf anzunehmen und zu berechnen, wo er nicht ist, werde ich an anderm Orte an den Griechen zeigen; hier die Römer.

Aus der römischen Münzenfolge eine Geschichte ihres Geschmacks und der Künste ist durchaus trüglich; denn nicht sie, eine fremde Nation ist's, die durch sie wirket. Soviel aus ihren Münzen geschlossen werden mag: auf ihren Geschmack und Liebe zu den Künsten wenig. Was in dem römischen Geschmacke und Künsten denn eigentlich römisch, was hingegen nur von Griechen geformt *nach der Römer Weise* gewesen? wo die Römer selbst gedacht und gearbeitet oder nur denken und arbeiten lassen? verliert sich in den Schatten, und ist dies nicht eben das Hauptlicht „einer Geschichte des Geschmacks und der Künste Roms aus Münzen"? Wie? wenn die Griechen bis auf jedes Einzelne verlorengingen, wie würden die Römer nicht siegprangen? Da sie aber nicht verloren sind, da wir aus andern Quellen als aus Münzen es wissen, wie sehr sie in den Geschmacks- und Kunstlauf der Römer unsichtbar eingewirkt: welchen Behaupter wird das nicht zweifelhaft machen, aus Münzen ihre Geschmacks- und Kunstgeschichte zimmern zu wollen?

Die Zeit der sogenannten gotischen Münzen. Daß ihre Urheber keine Griechen und Römer weder an Geschmack noch an Kunst noch an irgend etwas gewesen: das sieht der Blinde; ja es lassen sich die Ursachen sogar einsehen, warum sie nicht das eine, nicht das andre haben sein können? Es läßt sich sogar der falsche Geschmack, der diese Völker angefüllt, nach seinem Ursprunge und Geschichte berechnen; und ob ich gleich kein Polykarp Lyser bin: so wünschte ich diesen Zeiten einen solchen Berechner, aber einen, der sich vor dem Namen der *Barbarei* nicht scheue noch dies Wort so überhin nehme, als wir gemeiniglich im Zeitlaufe der Geschichte, wenn wir aus Griechen und Römern, voll von ihrem Geschmacke, kommen, hinzuwerfen pflegen. Ein Erklärer ist mehr als Tadler; und der muß er sein, weil unser Erbgeschmack alle sein gutes Herkommen von daraus ableitet.

Wieder also ein Beitrag zur Geschichte des Geschmacks und der Kunst? Immer ja! da diesem Zeitpunkte aber sein Geschmack und seine Kunst nicht so ganz eigentümlich, da die Literatur dieser Völker, so verdorben, als sie sei, ursprünglich eine fremde Kolonie ist, die sich im stillen mehr oder weniger ausgebreitet haben kann: so wird, nach Maß dieser Ausbreitung, in ebendem Maße auch eine Geschichte des Geschmacks und der Kunst aus Münzen unsichrer. Es ist keine Hypothese, es ist eine von den Kennern der mittlern Zeit längst angenommene Sache, daß die Reformation der Wissenschaften wahrhaftig nicht mit einmal losgebrochen: sondern lange im stillen genähert, gewachsen, gereift sei. Und eben dieser Fortgang des stillen Wachstums, ist der auf Münzen bemerkbar? Galt hier nicht einmal für alle Herkommen, Nationalgeschmack, der bleierne Druck des Zeitgeistes? unter diesem konnte nicht immer viel reifender guter Geschmack liegen, der sich nur nicht äußern dorfte und am wenigsten ja auf Münzen zuerst äußern konnte? galt wohl auf diesen etwas mehr als Herkommen, das Joch des Jahrhunderts? Wieviel verliere ich aber in einer Geschichte des Geschmacks, wo ich diese reifenden, ausbrechenden Samenkörner verliere? Wie oft kann ich irren? wie oft auf das Ganze unzuverlässig schließen?

Endlich die neuere Münzgeschichte, und eben sie ist die unzuverlässigste auf einer Geschichte des Geschmacks und der Künste bei ganzen Völkern und Zeiten. In diesen ist die ganze schönere Numismatik ein Zweig griechischer und römischer Zeiten, in die Geschichte des damaligen Zeitgeschmacks eingepfropfet, nichts weniger aber als ein im Boden des Jahrhunderts selbstgewachsener Stamm. Bilderschrift, Sprache und Kunst ist Nachahmung der Alten: immerhin also eine Zeugin, daß der Urheber dieser Münze die Alten gekannt und nachgeahmt; um ein Haar aber auch nichts weiter. Ob der gnädigste Fürst, der auf der Münze steht und dem Urheber und Künstler seinen guten Geschmack allergnädigst vergönnet; ob jedermann, der diese Münze in seiner Tasche getragen; ob das ganze Publikum, Land, Volk und Zeit eben den Geschmack gehabt, ist dem ersten Anblicke nach die abenteuerlichste Folge. Wie kunterbunt würde doch in den neuern Zeiten die Geschichte des Geschmacks und der Künste laufen, wenn hie und da ein einzelner guter Medailleur, ein Antiquitätenprofessor, dem eine Münzenallegorie und Inschrift gerät, sogleich ein Zeuge sein sollte: wie sehr sein durchlauchtiger Herr den Geschmack geliebt und gehabt, wie erleuchtet sein Jahrhundert im Geschmack und in Künsten gewesen – fast nichts kann mehr Mitleiden verdienen als diese Schlußfolge. Wie? ein um Lohn gedungener geglückter oder verunglückter Münzenschmidt, ein Schulfuchs, der seinen lieben Alten eine Allegorie und Aufschrift entwenden kann – der ein Rüstzeug für den Geschmack und die Künste seiner Zeit, der ein Apollo und Praxiteles seines Jahrhunderts an die Nachwelt? Schöner Apollo! Ohne daß sein Jahrhundert vielleicht ihn versteht, beurteilt, schätzet, soll er ihren Geschmack und Kunst predigen – Was für ein leichter Wegweiser zum Tempel des Geschmacks und zur Unsterblichkeit ist doch der geschmackvolle unsterbliche Klotz!

Ebenso unbegreiflich ist die Gegenseite der Schlußfolge auf den bösen Geschmack neuerer Zeiten und Völker *aus Münzen.* Ein Land, das einem Staatssysteme, einem Cerimoniel, einem Herkommen alter Jahrhunderte von bösem Geschmack unterworfen ist; eine Zeit, deren Religion höhere und geistigere Zwecke hat, als in Allegorien auf Münzen zu paradieren; ein Volk, dessen Sprache fast vortrefflich, wissenschaftlich und genau sein kann, nur daß sie, geradeaus gesagt, keine Münzensprache ist; eine Nation, deren Merkwürdigkeiten ebenso verwickelt von der politischen Wissenschaft sind, daß eine einzelne Münzensymbole sie nicht vorstellen kann; ein Volk, das aus der verblümten Bilderzeit hinaus, Wahrheit suchet und Wahrheit findet; ein Volk endlich, in dem die Münzen und der Geschmack auf denselben durchaus für keine Produktion des Publikum gelten kann – ein solches Volk soll sich seine Geschichte des Geschmacks und der Kunst aus Münzen weissagen, sich ein Buch durch mit einem andern, dessen Numismatik himmelweit von der ihrigen abliegt, hämisch vergleichen lassen? wer ist Bürger dieses Volks und sagt nicht: unde mihi lapides?

7

Nun so arg kann es doch Herr Klotz nicht gemacht haben, da ihm ja öffentlich so viele Ehrensäulen schwarz auf weiß gesetzt sind, ihm, dem Patrioten, der für den Geschmack seiner

Nation, seines Vaterlands eifere — — o ja! Eifern ist gut, aber wohin kann Eifer nicht führen? Ich habe im vorigen Abschnitte mich nicht durch seine Beispiele unterbrechen wollen: lasset uns seiner Gedankenreihe folgen.

„Überhaupt können wir die bildenden Künste als verborgne Verräterinnen der Denkungsart desjenigen ansehen, welcher sich mit ihnen beschäftiget. Die Wahl des Gegenstandes und die Bearbeitung desselben malen uns *den Künstler* auf eine ihm selbst unbemerkte Art. Ein Werk eines Künstlers ist oft eine noch getreuere Schilderung seines sittlichen Charakters als eine Schrift das Bild des Schriftstellers. Wir lesen in jenem noch deutlicher als in dieser die Triebfedern, die den Geist des Künstlers in Bewegung gesetzt, und die Neigungen, welche gleichsam seine Hand geleitet.“ *

So unbestimmt und moderecht, als dieser Allgemeinsatz hier stehet, ist er wieder bloß das Meteor von einer Bemerkung. Welche bildende Künste sind Verräterinnen der Denkungsart desjenigen, der sich mit ihnen beschäftigt? Ohne Zweifel, die ihm Wahl, Eigenheit und Eigensinn erlauben: Dieses sind nicht alle in einem Grade, ja die vollkommensten der bildenden Künste erlauben am wenigsten. Die Bildhauerkunst, die Baukunst hat bei ihren Idealen so hohe und strenge Regeln, daß es wohl kaum dem Künstler freistehet, mit der Kunst gleichsam zu buhlen, die eine göttliche königliche Juno ist. — — Die *Malerei*, die in allem ungemein viele Eigenheiten, Veränderungen und willkürliche Pinselstriche erlaubt, mag an ihrem Teile eine verborgne Verräterin der Denkart sein, als alle Sibyllenbrüder wollen: die Modebeispiele, die Herr Klotz anführt, vom sanften Raffael und vom ernsthaften Angelo, vom hitzigen Hannibal Carraccio und vom schreckhaften Ribera und vom niedrigen Brouwer, vom versäumten Kupetzky und vom fühlbaren Vandyk** — alle diese Taschenraritäten, mit denen er sich so gern umherträgt, sind aus ihr, der Malerei, und in so gutem Tone sie auch mögen gesagt sein, was gehen sie an die Münzkunst? Unter allen kann diese am wenigsten vom Künstler verraten: selten ist der Erfinder

* [A. a. O.], p. 10,11.

** [A. a. O.], p. 12[—14].

der Medaille auch der Zeichner, der Stempelschneider, der Arbeiter; meistens ist dieser nur der Handarbeiter von dem Kopfe des ersten – und wie nun? daß die Münze „eine noch getreuere Schilderung seines sittlichen Charakters sein soll als eine Schrift das Bild des Schriftstellers“, welch ein Dunst! – Unter allen bildenden Künsten ist das Münzengepräge am wenigsten *freies Kunstwerk*. Landesherrschaftliches Hoheitszeichen, Denkmal einer Begebenheit, veranlaßte Symbole – also der Hofherrlichkeit, der Geschichte, des Bedeutenden wegen, dazu ist's. Das Schöne tritt zurück, und wie weit hintennach die freie Wahl des Künstlers? die Willkür seiner Bearbeitung? seine Denkungsart? zudem die Triebfedern, die ihn in Bewegung gesetzt? zudem gar sein sittlicher Charakter? und gar deutlicher, als eine Schrift das Bild des Schriftstellers malet? Das alles, liebe Göttin Moneta! auf einer Münze! O der erleuchtete Münzenschauer!

Es ist nicht gut, daß es dem Verfasser beinahe zur Gewohnheit geworden, die Gedanken andrer so anzuführen, daß sie sich selbst kaum mehr ähnlich sehen, und so selbst mit seinen Leibautoren. Hier zitiert er z.E. so seltsam und weitschweifig, als der verspottete Grillo* seinen Pindar nicht beirufen kann, um einige Seiten des unbestimmtesten Gemisches zu bestätigen: „So wahr ist der Ausspruch eines Mannes, welcher die tiefen Einsichten und alle Eigenschaften eines großen Genies“** usw. – wie? und dieser wirklich große Mann sollte mit seinem Ausspruche das vorhergehende Getümmel von Halbwahrheiten bestätigen? Er es bestätigen, daß alle bildende Künste überhaupt verborgne Verräterinnen der *Denkungsart* desjenigen sind, der sich mit ihnen beschäftigt? Er es bestätigen, daß *ein* Werk eines Künstlers eine noch getreuere Schilderung seines sittlichen Charakters (seines *sittlichen Charakters*!) sei als eine Schrift das Bild des Schriftstellers? Er die erniedrigende Besichtigung anraten, in einem Kunstwerke die Triebfedern lesen zu wollen, die den Geist des Künstlers (wie eines Taglöhners) in Bewegung gesetzt, und die Neigungen, welche seine Hand geleitet? Er mit dem

* Siehe Klotzens „[Deutsche] Bibliothek“, [Band 1, 1767], Stück 3, [p. 116–145].
** [Klotz, „Beitrag ... aus Münzen“], p. 14.

Geistersehen zufrieden sein, in Kunstwerken nichts so eigentlich als das vornehme, oft so unverstandne Wort „sittlicher Charakter" sehen zu wollen? — So schielende Anführungen, die Herr Klotz zur Zeit und Unzeit auf der Zunge hat, entehren, und einen von Hagedorn entehren sie doppelt. — — Wir wollen es unterwegens lassen, aus der Lippe Leopolds des Großen auf seinen Münzen den sittlichen Charakter, die Triebfedern, die Neigungen, den Geist, die Denkungsart seines Stempelschneiders zu weissagen.

Ich wünsche unsrer Zeit, die sich beinahe darein verliebt hat, aus Dichtungs- und Kunstwerken den sittlichen Charakter des Dichters und Malers zu studieren, einen zweiten Lessing, der die Grenze zwischen Dichtkunst und persönlicher Sittlichkeit, zwischen Kunstwerk und Charakter scheide. Auf den Münzmeister aber, der seine Denkungsart auf Münzen offenbaret, wird der sich wohl nicht einmal herablassen wollen und dörfen: denn dieser wischt durch die Hände. — — Das war der Künstler und

2. *Der Fürst.* „Auf eine zwar verschiedne, aber ebenso deutliche Art scheint der Fürst, welcher die Bilder zu Münzen entwirft und die Aufschrift dazusetzt, seine Denkungsart an den Tag zu legen."* Und wieviel Fürsten sind's denn, die Bilder zu Münzen entwerfen und die Aufschrift dazusetzen? Und wenn sie es tun, wie werden sie sich auf Denkmälern anders schildern, als sie sich der Welt und der Ewigkeit zeigen wollen? Worauf kann ich also mit Zuverlässigkeit schließen? Da auf alten Münzen selbst die entschlossensten Geschichtforscher aus der Numismatik nicht Herz gnug gehabt, jede Vorstellung eines Kaisers oder Königes für ein Sinnbild seines Charakters anzunehmen: wie? so hätten wir's bei den neuern? Was für eine einförmige und falsche Charakteristik, der Fürsten ihre *Denkungsart* (man überdenke den wichtigen Namen) aus ihren Münzen zu studieren? Welcher römische Tyrann wäre alsdenn nicht Vater des Vaterlandes? Welcher schläfrige Monarch neuerer Zeiten nicht auf seinen Münzen tätig, tapfer, groß und edel?

Statt daß man die Wahrsagungskunst des Herrn Klotz aus

* [A. a. O.], p. 15.

Münzen durch einen Kontrast neuer und alter Beispiele lächerlich machen könnte, will ich im ganzen Buche seine Beispiele aufsuchen, da er mit der geheimnisvollen Miene eines Weissagers herantritt: ei doch! habe ich nicht getroffen? – Nur ei doch! daß ich nicht lauter Meteoren von prächtigen Perioden abschreiben müßte: „Der gothaische Ernst, welcher seinen Untertanen da ein Muster gab, wo er ihnen keine Gesetze geben konnte, *schämte sich nicht*, auch auf seinen Münzen *zu bekennen*, daß *er sich überzeugt habe*, es sei das Glück und die Pflicht eines Fürsten, ein Freund und Verehrer der Religion zu sein. Wir lesen auf seinen Münzen den Charakter eines Prinzen, der seinen ehrwürdigen Beinamen, welchen der Kaiser Ludwig durch Einfalt und törichte Freigebigkeit von den Mönchen erkaufen mußte, durch die Rechtschaffenheit seines Herzens erlangt hat und dessen vortreffliche Gesinnungen desto größere Hochachtung verdienen, da er sie nicht aus einer Schwachheit und einem Unvermögen im Nachdenken angenommen hatte, sondern weil er nach Prüfungen, deren sein großer Geist fähig war, sie für wahr gefunden."* Welcher Parenthyrsus von Denkungsart, den kaum ein Geschichtschreiber, der sein ganzes Leben vor sich hätte, anstimmen sollte, von Denkungsart, die kaum sein Busenfreund so unwidersprechlich predigen wollte! o was kann Herr Klotz aus Münzen nicht alles lesen?

Nun aber die Medaillen andrer Fürsten, die nach der Geschichte auch rechtschaffen und fromm gewesen; ihre Münzen indessen haben nichts Auszeichnendes und Schautragendes von Frömmigkeit – was gölt es, wenn man im Gegensatze unsres Autors sie als Negativen charakterisierte? Nun alte Münzen, die auch mit der pietas prangen: was gölt es, wenn man im Tone unsres Klotz ihre Frömmigkeit charakterisierte? Was? wenn man allen Fürsten, die nicht wie Ernst die Münzen zu Heroldstafeln ihrer Frömmigkeit gemacht, diese und die ewige Seligkeit ab-, allein denen, die davon auf ihren Münzen gepredigt, sie zuspräche – Weissager! Weissager! wo kommen wir hin?

„Offenbaret sich *der Geist* Ludewigs des XIV., welcher sei-

* [A. a. O.], p. 17[–18].

ner Ehrbegierde keine Grenzen wußte und ihr mit Freuden Treue, Menschenliebe und das Wohl seiner Länder aufopferte, nicht ebenso deutlich auf den Münzen dieses Königs als in allen seinen Handlungen?"* Nichts weniger! und mich wundert, daß ein Gesunder so etwas behaupten könne. Vielmehr ist auf Münzen nichts als die Größe, die Tapferkeit, der Heldenmut Ludwigs, recht das Ideal eines Ludwigs des Großen sichtbar. Eine grenzenlose Ehrbegierde, eine freudige Aufopferung der Treue, der Menschenliebe, des Wohls seiner Länder offenbart sich da nicht, und Ludwig würde es der Akademie schlecht verdankt haben, wenn sie so etwas auf Münzen hätte offenbaren wollen. Umgekehrt kann beinahe kein Fürst sein, dessen wirkliche Handlungen und Münzvorstellungen, was Geist, was Charakter anbetrifft, uneiniger sein können, und Gnade allen Königen und Fürsten des Jahrhunderts Ludewigs und unsrer Zeit, wenn die Nachwelt so wie der Richter unsrer und der Vorwelt, Herr Klotz, *aus Münzen ihr Urteil fällen*, auf Münzen Geister sehen, Charaktere kennen, Denkungsarten erforschen und so den Rang bestimmen wollte. Wie sehr riefe alsdenn Ludwig vor allen Neuern hervor? und wie klein ist oft die Veranlassung zu seiner prächtigsten Münze.

„Mir wenigstens", fährt Klotz fort, „gibt die Akademie, welche dafür bezahlt wurde, daß sie ihren Stifter durch prahlende Münzen vergnügte, keinen geringern Beweis von der damals in Frankreich herrschenden Schmeichelei und allgemeinen Bemühung, den König leichtsinnig zu vergöttern, als jener Bischof, welcher von dem Strome der Niederträchtigkeit, als ihm Ludwig –"** Ich kann den rednerischen Ton bei dem Geschichtchen eines Bischofs, der Ludwigen zu gefallen keine Zähne haben will, nicht aushalten – fühlt denn Herr Klotz nicht, daß dies eine Geschichtchen sein ganzes System der Hieroskopie aus Münzen umwerfe? Konnte eine ganze Akademie, die dafür bezahlt wurde, auf ihren Münzen nichts als schmeicheln? Kann eine Legion von Münzen noch so wenig Zeugin über den Charakter eines Prinzen werden: ein ganzes

* [A. a. O.], p. 19 [18, 19].

** [A. a. O.], p. 19.

Jahrhundert beinahe konnte im Strome prächtiger Lügen fortgehen – „ach Sire! wo findet man alsdenn jemand, der Zähne hat?" – wer wird alsdenn den Charakter, die Denkungsart, die Wahrheit eines Fürsten aus dessen Münzen lesen wollen?

Des Fürsten Hauptbeschäftigung etwa könnte man noch endlich aus vielen Münzen, am liebsten aus allen seinen zusammengenommen, ersehen; ohngefähr die Richtung seiner Nase und das Profil seines Gesichts. Aber Geist, Denkungsart, historischer Charakter, Wahrheit? – Alle Münzen haben gleichsam den Ton, den sie als Münzen anstimmen müssen; so wie eine Epopee eine Erhebung über die Geschichte und das Drama eine Erhöhung über das gemeine Leben zum Wesen hat. Wer nun eine Epopee zur Urkunde und ein Drama zur Moral des Lebens machen kann, der studiere auch die Geschichte vom Geiste und Charakter eines Prinzen aus seinen Münzen und aus seinem Grabmonumente, wo, ohne noch an untertänige Schmeicheleien und Lügen zu gedenken, beide schon ihren Ton, ihr Epos haben, der immer, ja auch bei der wahrsten Aufschrift, poetische Natur hat und keine historische Natur haben will. – – Wie sehr könnte ein Fürst den Herrn Geheimdenrat in Verlegenheit setzen, aus den Münzen seiner Vorfahren die Geschichte ihrer Denkungsart zu entwerfen? Und zufolge *dieses* Grundsatzes würde ich ihm wahrhaftig nicht seine Paränesis über die Münzen neuerer Zeiten nachschreiben, um diese nach seinem Calcul zu charakterisieren und Augen zu zeigen, die nur ein Angelo, Pietro di Cortona, Nicostratus, Addison und Klotz haben!

Drittens aber gar und endlich: „Ich glaube nicht zu irren, wenn ich den *moralischen* Charakter gewisser Nationen und gewisser Zeiten auf den Münzen suche und entdecke."* O ganz göttlich! Weiß Herr Klotz, was eine Nation, eine Zeit, ein moralischer Charakter einer Nation und Zeit sei: die Feder würde ihm entfallen sein, da er so etwas schreiben wollte. Nicht auf den moralischen Charakter der Griechen und Römer einmal, als Zeiten, als Nationen betrachtet, läßt sich aus ihren Münzen, aus allen ihren Münzen zusammengenommen, schließen: und in neuern Zeiten, auf neuere Völker, wo die

* [A. a. O.], p. 15.

Numismatik beinahe ganz Privatsache, beinahe ganz historische Urkunde ist, im Tone des Herkommens, das auf Münzen einmal gäng und gäbe geworden – da aus ihnen auf den moralischen Charakter ganzer Nationen und Zeiten schließen? – O Logik! Logik! Logik!

Herr Klotz führt Beispiele. „Die Gewalt des Aberglaubens und einer sklavischen Unterwerfung gegen die Priester herrscht in den Büchern und Briefen jener finstern Zeiten ebensosehr als auf den Münzen, welche die Fürsten, vornehmlich in Deutschland, damals schlagen ließen, als man teils zu ohnmächtig und schwach war, sich der geistlichen Herrschaft zu widersetzen, teils noch der wohltätigen Hülfe der Weltweisheit, dieser Freundin und Schwester der Religion, entbehrte, um die Fesseln des Vorurteils zu zerbrechen. Ist es zu verwundern, daß ein Zeitalter" – nun kommen ein paar schöne Possen, die ich übergehe – –, „daß ein solches Zeitalter nichts lieber auch auf Münzen sah als Kreuze, Schlüssel, Bücher, Bischofsstäbe und Kirchen."* – – Der Vielwisser Klotz muß nichts wissen, was er wissen soll. Wie? die mittelmäßigste Kenntnis der mittlern Geschichte und Rechtsgelehrsamkeit, die diplomatische Staurologie und Sphragistik, zeigt sie nicht, daß Kreuze und andere Zeichen altes Herkommen gewesen, das freilich im Anfange aus Aberglauben aufkam, nachher aber Jahrhunderte hinweg urkundliche Gewohnheit, bestimmtes Rechts- und Hoheitszeichen usw. blieb – wie also in jedem Jahrhundert und in jedem Subjekt ein Zeuge auf moralischen Charakter? Wie manche von diesen werden noch heutzutage signieret, wo sie ihres Orts sind, und in den damaligen Zeiten sollte man sie aus gutem Wohlgeschmack unterlassen, sich den Haß der Geistlichen und vielleicht die Ungültigkeit der Gepräge zuziehen, die sich dem Herkommen nicht unterwerfen? Nicht lieber ein Kreuz signieren, wo es zeit- und landüblich war, als ein Tor und ein Ketzer des guten Geschmacks wegen sein wollen? Unzeitiges Anbringen des guten Geschmacks zuerst auf einer Münze, noch unzeitiger aber da, *wo alles Herkommen ist*, guten Geschmack suchen und verurteilen wollen – was in der Welt geht über die Halbkenntnis!

* [A. a. O.], p. 15[–17].

„Man hat den Holländern oft eine *beleidigungsvolle Verachtung* gegen Könige und Fürsten vorgeworfen. *Ob man ihnen gleich* die Begierde, über andre zu lachen und zu spotten, gelassen, so hat man doch die Artigkeit, Höflichkeit und den Anstand von ihren Satiren getrennet. Die bei vielen Gelegenheiten in Holland erfundenen und geschlagenen Münzen bestätigen jenes Urteil vollkommen."* Aber wer hat sie erfunden? wer hat sie prägen lassen? Gewiß nicht die ganze Nation, über deren sittlichen Charakter der Herr Geheimderat nach dem Völkerrechte so billig urteilt: oft Privatpersonen, und oft Fremde. Wer die Freiheit der holländischen Münze kennet, den Zusammenfluß so vieler Nationen daselbst, das Interesse, das dies Volk des Kommerzes wegen an den Begebenheiten der meisten Länder hat, und denn die ehrliche Dreustigkeit, die sich der Holländer nimmt, seine Meinung herauszusagen, und denn die ehrliche Dreustigkeit andrer, die sich hinter diesen Schirm verstecken – der wird sich, ohne in den Lostopf der Sibylle greifen zu dörfen, die Menge satirischer Münzen, die in Holland herauskommen, erklären können. Wird er aber auch den weisen Schluß [machen] auf den Charakter, und zwar den *moralischen* Charakter der Nation: „beleidigungsvolle Verachtung gegen Könige und Fürsten; Begierde, über andre zu lachen und spotten; Mangel der Artigkeit, der Höflichkeit und des Anstandes"? Ich weiß nicht; wenigstens kenne ich den Holländer zwar als einen Menschen, der seinen trocknen Spotteinfall reinweg sagt; aber als ein Tier, das so *begierig* wäre, über andere zu lachen und zu spotten, das eine *beleidigungsvolle* Verachtung gegen Könige und Fürsten eben zu seinem „moralischen Charakter" hätte? – das mag ein Holländer wissen.

Über Holland kommt Herr Klotz an sein liebes Vaterland, um den sittlichen Charakter desselben aus Münzen zu erklären. „Es war eine Zeit, da Deutschlands Fürsten es für eine Ehre hielten, große Weinfässer zu bauen, so wie etwan andre Fürsten sich beeiferten, ihren Geschmack an der Bildhauerei und Baukunst zu zeigen. Damit auch die Nachkommenschaft die wichtige Geschichte des Heidelbergischen Fasses erführe,

* [A. a. O.], p. 20[–21].

wurde dieselbe im Jahre 1664 durch zwei Münzen verewiget, wovon die eine mit den elendesten Reimen angefüllet ist. — — Ich als ein Deutscher schäme mich, den Schluß hieraus zu ziehen, welchen ein Ausländer leicht machen wird."* — — Nur herausgesagt! der Schluß soll vom Weinfasse einer Münze auf nichts minder als den sittlichen Charakter, den ganzen sittlichen Charakter, die Denkungsart, den Geist der Deutschen gehen; denn Deutschland verrät sich ja gegen die Ausländer hiermit so stark, daß *er*, Herr Klotz, als ein Deutscher, sich deswegen gegen die Ausländer fast schämet, ein Deutscher zu sein. —

O welchem Leser wird es nicht in die Länge unausstehlich, mit mir durch alle die Schlüsse hinzuschleppen, die Herr Klotz längelang seines Buchs aus einigen Münzen auf den Geschmack seiner Nation, seiner ganzen Nation so sicher macht, als wäre er zum Dictator formandi gustatus einhellig von seinem Vaterlande gewählt. Mehr als einmal ist seine patriotische Schlußfolge: „Was müssen sich nicht die Ausländer von dem Geschmacke unsrer Großen für Begriffe machen, wenn sie dergleichen Münzen zu sehen bekommen? Doch sie haben es uns leider! deutlich gnug gesagt, was sie denken."** Er wirft die Frage auf: wie es vor seiner Zeit um den Geschmack in Deutschland ausgesehen? und beantwortet sie durch eine andre feine Frage: „Wenn hat Deutschland in seiner Sprache Schriftsteller bekommen, denen man von den Enkeln den Titel klassischer Autoren unsers Vaterlandes versprechen kann?" Er ist zwar zu furchtsam, diese Epoche zu bestimmen, aber doch auch, wie er sich höflich ausdrückt, so kühn, zu sagen, daß man nicht allzuweit zurückgehen müsse. Er bestimmt endlich, nach artigen Verweisen, diese Epoche mit dem Anfange seiner und seiner Freunde Zeitalter und schließt urplötzlich: „Brauche ich mehr zu sagen, um die Ursachen zu erklären, warum die Erfindung und Vorstellung auf so vielen deutschen Münzen schlecht, kindisch, undeutlich, lächerlich sei."*** Durchgängig also sieht er aus einer Münze sehr mit-

* [A. a. O.], p. 21[–22].
** [A. a. O.], p. 55.
*** [A. a. O.], p. 70[–71, 75].

leidig auf den Geschmack seiner Nation herab, und wie sein Freund und Beurteiler uns versichert*, ist dies ein Eifer im patriotischen Tone, ein edler Enthusiasmus für sein Vaterland. Eine andere Bibliothek, die sich sonst durch ein gründliches und kaltes Urteil vor andern so sehr auszeichnet, hält dem Verfasser eben in seinem artigen Tone eine förmliche lange Lobrede darüber, „daß er mit seinen geschmackvollen Vergleichungen seine Landesleute eine sehr lächerliche Rolle spielen lasse." ** — —

Ich kann also nichts, als dem Herrn Verfasser zu seiner Logik und Deutschland zum Herrn Verfasser Glück wünschen.

8

1. Münzen können nicht eigentlich auf den Geschmack eines Volks, einer Zeit zeugen, wenn das Münzwesen nicht ein Werk des Volks und der Zeit ist. Nichts ist deutlicher als diese Einschränkung: nichts räumt auch mehr auf. In Griechenland, zu den Zeiten der Republiken, war das Münzwesen eine Sache des Publikum: die Vorstellungen waren entweder öffentlich bestimmt oder, wenn sie neu bestimmt wurden, so von der Obrigkeit, die den Staat vorstellte. Man konnte also in gelindem Verstande sagen, diese wählten im Namen des Volks, das wenigstens ihr Bild und Aufschrift kannte, beurteilen konnte und vielleicht gebilligt hatte. — — In den republikanischen Zeiten Roms weiß man die strengen Münzgesetze, die kein Privatbild auf die Münzen zuließen. In diesen Zeiten kann man noch sagen, daß die Münzen ein Werk des Publikum; allein man weiß auch, wie simpel und einförmig beinahe sie damals geraten, da man in freien Republiken nie gern ohne Not Abänderungen machet.

Zu den Zeiten einer Monarchie kann sich aus vielen Ursachen die Münzenkunst mehr aufnehmen: allein um so uneigentlicher schon ein Werk des Publikum. Unter einem Philip-

* Klotzens „[Deutsche] Bibliothek", [Band 1, 1767], Stück 1, p. 61.

** „Neue Bibliothek der schönen Wissenschaften [und der freien Künste]", [Band 5, 1768, Stück 1, p. 98].

pus und Alexander dem Großen und den Ptolomäern und den Seleuciden und den Cäsaren sind die Münzen vortrefflich: sie können über nichts als die Unverwerflichkeit derer zeugen, denen der Hof die Münzsorge aufgetragen, und, wenn man will, über die Güte des Hofgeschmacks. Unter Ludwig XIV. war die Akademie der Inschriften das Publikum, das Münzen schuf — sie dem ganzen Frankreich, das sie größtenteils nicht verstand, zur Last zu legen, wäre ungerecht. Zu Christinens Zeiten waren ihre Antiquitätenlieblinge das gebildete schwedische Publikum, das sich nach ihrer antiquarischen Königin bequemte. Und die Kultur Rußlands aus den guten Münzen zu berechnen, die unter der Kaiserin Anna und andern geschlagen, ist für Rußland eine sehr leidige Ehre, die ihm ein Mitglied der Akademie und ein Stempelschneider verschaffen und verderben kann. Ich weiß, daß Herr Klotz alle diese Beispiele für sich anziehet und in seinem süßen Molltone singet: „Wie genau mit der Verbesserung der Wissenschaften und Künste in einem Lande auch eine bessere Gestalt der Münzen verbunden sei, können wir unter andern auch aus Rußlands Beispiel sehen usw. Man mag mir immer einwenden, daß die Künstler Ausländer sind: es zeigen doch allezeit jene Schaustücke den Geschmack der Großen des Landes und die Liebe des Hofes zu den Künsten —“ *, und da er sich also nichts einwenden läßt: so zucke ich die Achseln.

Hume soll für mich reden. Er macht bei seiner vortrefflichen Abhandlung von dem Ursprunge und Fortgange der Künste und Wissenschaften gleich anfangs den Grundsatz: „Was auf wenige Personen ankommt, muß großenteils dem Zufalle oder verborgnen und unbekannten Ursachen zugeschrieben werden; nur was aus einer großen Anzahl herkommt, kann oftmals aus bestimmten und bekannten Ursachen erkläret werden.“ Er gibt von diesem Grundsatze die scharfsinnigsten Gründe, und mit ihnen fällt das Gebäude des ganzen Klotzischen Werks. Bei neuern Münzen kommt es nur auf zwo Personen an, einen Erfinder und einen Künstler: so ist das Ding gut oder böse. Und wie kann hier der Zufall tyrannisieren! Der Erfinder, vielleicht ein Mann von Geschmack

* [Klotz, „Beitrag … aus Münzen“], p. 170 [169—171].

und Wissenschaft, ist eben kein Münzenkopf, er ist ein Grübler – die Münze ist verdorben! Er hat eben jetzt sein böses Stündlein: ihm will kein Münzeneinfall glücken – verdorben! Er hat in diesem und dem Punkte seinen Eigensinn – verdorben! Er ist ein Ausländer, vielleicht durch einen Zufall dahingespielt, vielleicht ungeschätzt, vielleicht verachtet; vielleicht durch einen Zufall zur Ehre, Erfinder zu sein, gekommen; vielleicht zu einem glücklichen Einfalle durch das Aufschlagen eines Buchs, vielleicht in einem glücklichen Traume zu diesem glücklichen Einfalle gelanget, ich weiß nicht wie? – So auch sein Künstler: sie mögen sich sekundieren oder entgegenarbeiten – es sind zwo Privatpersonen: und sie sollen mit ihrer Armseligkeit für oder gegen den Geschmack eines ganzen Landes streiten? – O Logik ohne ihresgleichen!

Wenn aber viele Münzen von einerlei Art – o so sind auch viele Reihen von Zufällen von einerlei Art: gnug! bei uns ist keine Münze national, keine Sache des Publikum, so kann auch ihr Zeugnis nicht öffentlich sein. Der größeste Teil des Klotzischen Buchs ist auf diesen Schluß gebauet, und gnade Gott dem Schlusse. Er hat vermutlich seinen Grund in den Augen, die Nicostratus und Klotz, Michael Angelo und Klotz, Pietro di Cortona und Klotz, Addison und Klotz hat, und sonst niemand!

2. Nie kann etwas ein Zeugnis vom *Geschmacke* sein, wenn es nicht ein freies Kunstwerk ist, und das ist die Münze bei uns selten. Lessing hat die alten Religionskünstler von der Regel seiner strengen Kunst beurlaubet, und Klotz redet ihm zu Gefallen die Beurlaubung nach, die er doch in allen seinen Schriften so schlecht anwendet. Schon bei den Alten war die Münze Symbole – bei uns gar historisch-politisch-kirchlich-landesherrliche Urkunde – wer will sie nach Gesetzen der Kunst richten? Geldeswert tritt voran, Herrschaftszeichen hinten drauf, Denkmal der Geschichte alsdenn, nun erst Symbole – und nach allem erst Geschmack: will dieser sich vordrängen, wie übel kann er oft zurückkommen. Ich habe den Unterschied gezeigt, ich mag ihn nicht wiederholen.

Eben daher nimmt sich in sehr unabhängigen Monarchien, wo alles auf die Willkür und den Geschmack des Landesherrn ankommt, die Münzenkunst ebensoleicht auf, als sie in einem Lande voll Fürsten und Stände, voll Staatsrecht und Herkommen, wie z. E. Deutschland ist, dem anderweitigen guten Geschmacke unbeschadet, leider! zurückbleiben muß. Ich wünschte, daß ein Mann von Staatskunde zugleich der Lehrer des Geschmacks der Könige und Fürsten geworden wäre; die Satire meines Verfassers über Deutschland ohne Einsicht in die deutsche Verfassung ist mit nichts als der Satire über das deutsche Publikum zu vergleichen, die er selbst an seinem liebsten Grillo so süß verspottet hat.*

3. So sehr ich auch den Münzen Geschmack wünsche: so sehe ich doch eine Reformation ihrer am wenigsten als die Reformation eines Landes an. Nach unsrer Verfassung kann von ihnen am mindesten der bessere Geschmack ausgehen, da sie nur durch das schwächste Band mit der Kultur einer Nation in Wissenschaften und Künsten zusammenhängen. Und nimmer — — doch gnug! die Klotzische Schrift, ihrem Tone und Inhalte, ihrer Schlußart und Ordnung nach, zusamt den Lobsprüchen, die sie erteilt und erhalten, wird unsrer Nachkommenschaft eine so schöne Probe vom bündigen Geschmacke unsrer Zeit geben, daß ich ihr also mit gutem Herzen die Ewigkeit wünsche und unwillig die Feder wegwerfe — —

– STATT DES BESCHLUSSES
EIN AUSZUG AUS EINEM BRIEFE

Nun das heißt Geduld! Sagen Sie mir doch, welcher gütige oder ungütige Dämon Sie bei einem Buche hat festhalten können, das für mich eins der langweiligsten unsres Jahrhunderts gewesen? welcher Dämon sie festgehalten, die Schlüsse, die Schlußreihen zu entblößen, die keine Schlüsse, die die größten Armseligkeiten des feinen Geschmacks sind, der von unerklärlichen Empfindungen kommt und wieder zu unerklärlichen Empfindungen hineilet. — —

Und Ihre Analyse dieses Münzenwerks soll gedruckt werden? Sie wollen es wagen, den Artigsten unsrer Schriftsteller

* Siehe Klotzens „[Deutsche] Bibliothek", [Band 1, 1767], Stück 3, [p. 116–145].

in dem Jämmerlichen zu zeigen, was er wiederkauet, in dem völlig Unbestimmten, wie er's herlallet, in dem Unzusammenhangenden, wie er fremde halbverstandne Gedanken nebeneinanderstoppelt? Und wissen Sie denn nicht, wie sich dieser urbane Mann betragen wird? Mit einer vornehmen Miene auf Sie herab hohnlächeln oder gar spotten; sagen, daß Sie aus unedlen Gesinnungen gegen ihn geschrieben hätten; daß Sie ihn nicht verstanden; daß er so etwas nicht habe sagen wollen: kurz! ohne auf einen Ihrer Gründe und Vorwürfe bestimmt und gründlich zu antworten, wird alles dahin auslaufen, *daß es ihm, und nur ihm allein freistehe, so unbestimmt, so schielend, so sehr mit fremden Federn zu schreiben, als er wolle.*

Glauben Sie mir, Freund! ich weiß keinen Deutschen, der ohne alles Abc der Wissenschaft, über die er schreibt, so wie Klotz schreiben kann. Ist Ihnen im Münzenbüchlein die Stelle entgangen: mittelmäßige Künstler müßten mit guten zusammenleben, so fodre es die Natur der Dinge, *so wie in einem Gemälde neben große Schatten große Lichter gesetzt werden* — ein Mann, der so etwas schreiben kann und doch immer von Kunst und Kolorit predigt, ist der nicht unter der Kritik? usw.

Si ante lucem ire occipias ab huius primo nomine,
Concubium sit noctis, priusquam ad postremum
Perveneris –

Doch zur Sache!

Zuerst nimmt sich Herr Harles den neuen und seltnen Griff, das Bildnis seines Freundes ganz aus – seinen poetischen Jugendübungen zu entwerfen. Aus Gedichten? aus Jugendübungen? aus Nachahmungen eines fremden Originals einen biographischen Charakter entwerfen? – Freilich selten! unerhört! denn mit ebendem Rechte, da Herr Klotz jetzt aus seinen Gedichten der Länge nach ein Stoiker, ein Weiser, ein Held, ein Patriot, ein Verächter des Lebens usw. wird: mit ebendem Rechte würde ich ja einen Gleim, Wieland und Lessing aus ihren Gedichten zu ganz etwas anders machen; und wollten das die Herren Klotz und Harles verantworten? Ja aus Herrn Klotzens Gedichten selbst, wenn aus ihnen sein persönlicher Charakter gebildet werden sollte, was würde Herr Klotz nicht alles sein? Schon vor mir hat's Abbt bemerkt*, daß sich derselbe in allen Gedichten durchweg nicht einmal so treu bleibe, als sich jeder Dichter dem einmal angenommenen Charakter gemäß treu bleiben sollte, und also? Wer auf der einen Seite den Amor und die Venus singt und den Mond ansieht, der stürzt auf der folgenden Seite in den Feind, und auf der dritten hat er wieder die friedlichste und ruhigste Denkart, die je der bequeme, kriegscheueste Wollüstling haben kann – läßt sich daraus nicht recht tapfer charakterisieren:

Humana fortis subiiciam mihi
Magnoque spernam pectore! etc.

Und läßt sich für einen solchen Charakter nicht nachher in der Rezension der Biograph aufs wärmste umarmen: In summa voluptate, quam ex amore erga me Tuo, mi Harlesi, percipio, doleo etc. Da ist ja wohl eine Liebe der andern wert.

Herr Harles erzählt von seinem Helden, daß er an Genie und Gelehrsamkeit wenige seinesgleichen habe, daß er im Griechisch und Latein den meisten überlegen, daß er ehrgeizig

* In den Literaturbriefen [Teil 13, 212. Brief, p. 61–86].

und jachzornig sei, daß er Geld und Titel verachte, selten traurig, unbeständig in Anschlägen und Meinungen, nicht lange fortarbeiten könne, mehr seinem Kopfe als seinem Fleiße schuldig sei, sich allein höre, andre gern verspotte; gern etwas von der Malerei, auch gerne deutsche Bücher lese usw. (warum nicht gar, daß er auch Deutsch könne?), das alles Herr Harles; Herr Klotz hätte uns sagen sollen, ob das sein Bild sei?

Nun gehen die Lebensumstände an, wie in den Personalien eines Verstorbnen: den Herrn Hofmeister, der jetzt Prediger sein soll, unvergessen. Unvergessen, daß der Herr Geheimerat als Gymnasiast auch öfters in den Vorstädten von Görlitz gepredigt; unvergessen, daß er auch habe Herrnhuter werden wollen; unvergessen, daß er auch sogar einigemal in seiner Vaterstadt gepredigt — — Und ach! warum denn vergessen, wie sehr sich darüber vielleicht die lieben Seinigen erfreuet! wie herzlich sie geweint! wie herzlich sie sich erbaut! usw.

„Sein Hochzeitstag war der vierzehnte Junius. Wobei er das insonderheit wunderbar fand (mirabile illud sibi videri, aliquoties dixit), daß ihm eine Braut eben des Namens, als sein Freund, der berühmte Saxe, führet, bescheret gewesen, ob diese gleich mit jenem in keiner Verwandtschaft stünde.“ Spotten möchte ich nicht gern, und insonderheit nicht über eine Freude der heiligen Ehe. Allein das Bewunderungswürdige darin, daß ein Professor Saxe in Utrecht lebt und daß Herr Klotz eine Jungfer Sachsen in Göttingen heiratet, dies Wunderbare sei nun ein oft wiederholtes Wortspiel (aliquoties dictum) oder ein galantes Kompliment in der Brautkammer oder ein artiger Einfall im Hochzeitsschreiben an Herrn Professor Saxe in Utrecht oder endlich eine tiefe Betrachtung über die wunderbaren Führungen Gottes mit seinen Kindern — in keinem Betrachte scheint es mir des Herrn, der den Einfall hatte, und des Herrn, der den Einfall, als einen Brocken von Hochzeitreden, aufschrieb, würdig.

Und so geht's in ein chronologisches Bücherverzeichnis, mit beigesetzten Zeitungsurteilen gestempelt: bis der Biograph auf die Burmannische Streitigkeit kommt, wo er so sehr die Würde seines Autors und die Unparteilichkeit eines Biographen vergißt, daß die richterische Nachwelt vielleicht kurzweg sagen wird: Pastillos Rufilus olet, Gargonius hircum! — —

Soviel Lob Herr Harles über seinen Fleiß in Sammlung der Materialien verdienen mag: so bleibt er in allen seinen Lebensläufen einem Tone von Gemeinheiten und bald gesagt Nichtswürdigkeiten treu; er vergißt das Eigne seiner philologischen Person und das Erlesene ihrer Verdienste, was allein auf die Nachwelt komme; er vergräbt sie unter triviale Umstände, Disputationstitel und Zeitungsgebühre, daß er endlich jenes Klotzischen Lobes wohl wert war: bene, bene respondere etc.

„*Acta litteraria*", *vol. I, pars II*: „Rückersfelder über den Charakter der Oden Pindars"*: Den gemeinen Begriff haben wir gesehen**, den sich der Rezensent von den Digressionen in Pindars Oden macht, und hier die gemeinen Beweise. Aber, wie billig und Klotzisch ist: zuerst Beispiele von andern Zeugen. Ich wollte, daß Herr Klotz niemals Bücher anführte, als die eigentlich an den Ort gehören, eigentlich beweisen und die er, wenn ich hinzusetzen darf, selbst gelesen. Der Franz Blondel, den er anführt***, beschäftigt sich ja in seiner Parallele zwischen Pindar und Horaz mehr mit der elenden Analogie von den Lebensumständen beider Dichter als mit ihren Gedichten; mehr damit, daß sie beide honnêtes-gens und, es fehlet nicht viel, auch galant-hommes gewesen, als welchen Charakter sie als Dichter besessen – in diesem überhaupt verdient er kaum angezogen zu werden. La-Motten kennet man schon als Richter griechischer Oden sowenig als den Abt Massieu und andre, die der Verfasser noch überdem hätte anführen können. Weil aber Herr Klotz einmal diese Schriftsteller unter seinen locus communis „Lyrische Poesie, Ode" angeschrieben: so schreibt er sie auch mehrmals unter seinen Text, selbst wo sie so wenig Entscheidung geben können als *er* selbst Beispiele der Ausschweifungen im Pindar: wer hoffet wohl ein Eheres als die Vierte Pythische Ode, und doch auch sie, die so manchem zum Ärgernisse dient, ist, als National-, Lokal- und Individualstück auf den Arcesilaus aus Kyrene betrachtet, nicht bloß zu retten, sondern in der Tat zu loben. Wenn man einmal den unpindarischen Begriff verbannet, der

* Klotz, „Acta [litteraria]", [vol. I, pars II], p. 117[–132].

** „Zweites Wäldchen", p. 324–326.

*** [Klotz, „Acta litteraria", vol. I, pars II], p. 125.

pythische Dichter habe solch ein Lobgedicht auf eine Person bloß wegen dieses Sieges und weiter nichts machen wollen, wie heutzutage Toten- und Hochzeitgedichte verfertiget werden; wenn man sich in die griechischen Zeiten zurücksetzt, da der Sieger eine öffentliche Person Griechenlands und der Sänger ein Sänger fürs Vaterland und ein Lehrer der Könige war: so tritt auch die gegenwärtige Ode mit allen ihren sogenannten Ausschweifungen in herrliches Licht. Ein pythischer Sieg war's: ein delphischer Gesang sollt' es werden; und was also angemeßner als die Stimme: aus Delphis, o Arcesilaus, haben deine Vorfahren und dein Ahnherr Battus Kyrene empfangen, der pythische Apollo hat es euch gegeben. Der ganze erste Teil der Ode in aller Feier des göttlichen, des weissagenden Ursprungs ist prächtig, hat *Personalinteresse*, denn Arcesilaus, der aus seinem Königreiche vertrieben gewesen, tritt eben damit in den Glanz seines rechtmäßigen Ursprungs; hat *Familieninteresse*, denn wie viel galt bei den Griechen das Ansehen großer Väter! und wie viel mußte bei einem herabgekommenen, abgeteilten Battiaden der Ruhm seines Urvaters, des göttlichen Battus, gelten! – *ist ort- und zeitmäßig*, denn der pythische apollinarische Gesang, wovon konnte er würdiger als von solchen Wohltaten des Apollo reden? Mit Pracht also schließt Pindar diesen Teil der Ode und stellt seinen Arcesilaus als einen vom Apollo ernannten und zum zweitenmal jetzt bestätigten König von Kyrene im Schmuck des pythischen Sieges dar. Und nur Herr Klotz etwa kann, wie wenn Pindar über ein Schulthema gearbeitet hätte, sagen: „Pythicum IV. maxima historiarum varietate distinctum. Nam dum parat se ad laudes Arcesilai cantandas, quomodo, qui e maioribus illius, Battus in Cyrenaicam venerit, enarrat: Medeae vaticinio copiose commemorato. Quibus dictis ad Arcesilaum quidem redit, sed" etc. Nur *er*: denn hat Pindar nicht schon längst einen Unterschied gemacht zwischen dem Gros seiner Ausleger (τὸ πᾶν ἑρμηνέων) und zwischen denen, die sich um das Innere seiner Gesänge bemühen – –

Pindar bekommt Lust, die Geschichte der Argonauten und des Güldnen Vließes einzuweben. Man sollte diese Episode nicht als ein Beispiel seiner *gewöhnlichen* Ausschweifungen nehmen; denn er selbst kündigt sie als Episode, als etwas Außerordentliches an. Wer weiß nun die Zeitursachen, die Pindarn damals vorlagen, *einmal* die ganze Geschichte ausführlich zu erzählen? Soviel ich aus diesen und andern Stellen Pindars vermute, lag bei vielen folgende Ursache vor: Pindar lebte in einem Zeitalter, da die Traditionen der heroischen Mythologie, auf welchen meistens der heruntergeerbte Vorzug im Ursprunge der Städte, der Geschlechter, der Königreiche, die er sang, beruhete, schon halb in das Licht historischer Urkunden treten sollten: und da ihn also die Muse zum National- und patronymischen Sänger griechischer Geschlechter und Personen sandte, so hatte er auch das Geschäfte, den Rest solcher heroischen Urkunden zu retten und mit der *Weisheit* zu erklären, die sein Zeitalter forderte und deren er sich in so vielen Gesängen rühmt. Wenn mir die Muse Pindars die Muße geben wird, über den Charakter dieses Thebaners, des edeln Freundes meiner Jugend, mich ausführlich zu erklären: so werde ich bei den mythologischen Expositionen desselben diese poetische Weisheit, die ein aufbrechender Rosenkeim zur künftigen historischen Wahrheit war, entwickeln, um auch in ihr Pindarn, als den Sänger seiner Zeit, ohne tolle Ausschweifungen zu zeigen. Hier stehe so viel: daß die Geschichte der Argonauten der Situation gegenwärtiger Ode nicht so fremde ist, als Herr Klotz meinet.

Von den Argonauten stammte das Geschlecht des Arcesilaus ab: und nach griechischer Denkart, auf welche Ahnen läßt sich herrlicher kommen als auf die Argonauten? Die Einnahme, das Anrecht der Battiaden auf Kyrene war aus dem Schoß der Argonautischen Geschichte hergenommen: sie war ein Zweig, mitten aus der Verwicklung dieser Abenteurer hinausgerissen – wo ist er in seiner Generation besser zu erkennen, als wenn er wieder mitten in die Verwicklung zurückgepflanzt, lebendig dasteht. Die Vorfälle sowohl des Zweiges, der Theräer, als des Stammes, der Argonauten und Jasons insonderheit, rührten vom pythischen Apollo her: wo schallten sie würdiger als am Feste seines Tempels? Die Episode wird ja auch nicht anders als pythisch, als apollinarisch eingelenkt und erzählt, und endlich: der ganze Zweck, die verflochtne

Veranlassung der Ode in diesem Zustande von Kyrene und Arcesilaus macht alles notwendig. Arcesilaus war seines Ungehorsames wegen gegen die Einrichtungen des Orakels vertrieben gewesen: er fragte den Apollo, und der gab ihm, dem achten Battiaden, nur einen sehr eingeschränkten Trost, aber dabei desto schärfere Anmahnungen. Arcesilaus nach seiner Wiedererstattung blieb ihnen nicht treu, das Vaterland und alle Unordnungen seiner Regierung klagten, wer war der Erfüllung des drohenden Orakels, seinem Verderben und dem Untergange seines Stammes näher als der dem Apollo ungehorsame, unweise Arcesilaus? Hier ward der pythonische Sänger ein Lehrer des Königes im Namen seines Gottes: er legt seinen ganzen Gesang schon von ferne auf diese erhabne Pflicht an; er predigt ihm die Wohltaten, die Apollo um seine Väter, und die Lehnsherrschaft, die er über Kyrene habe; hiezu und zu nichts weiter läßt er die Stimme der alten Weissagung und die Geschichte der Argonauten und Battiaden reden; hiezu lenkt er bei dem Vorbilde der Weisheit des Ödipus zurück und gibt dem Könige im erhabensten Tone die besten Weisheitslehren zur Gelindigkeit und Weisheit, sein Volk zu regieren. Hiezu nimmt er zuletzt für den unschuldig vertriebenen, klugen, aufrichtigen, vom Vaterlande bedaureten Damophilus das Wort und kommt, da er für diesen im Namen so vieler spricht, dem Herzen des Königs am nächsten. — — Ein weiser Gesang! nichts ist in ihm unnütz; nichts da, um vierzige von Strophen auszufüllen; nichts da, um doch bei einem so unfruchtbaren Thema etwas zu sagen; nichts da, um Pindarisch zu rasen — nein! ein so individueller, griechischer und kyreanischer Gesang, so ganz für Arcesilaus gesungen, so weise darauf angelegt, was ihm gesagt werden sollte: so pythisch, so Pindarisch — daß ich zum Kontrast nichts als die Klotzischen Worte zuschreiben darf: „Quid est longe a re proposita digredi, aut omittere potius eam, si hoc non est?“ * Wie, wenn Pindar auflebte, wie würde er sich freuen, einen solchen geheimen Ausleger des Innersten seiner Gesänge zu haben?

Ich habe das εἶδος Pindars gerettet, das Herr Klotz als das Verzweifeltste hinzugeben scheint, und mag die Vorwürfe

* [A. a. O.], p. 126 [125, 126].

nach andern Oden nicht verfolgen: ein Mann, der Pindar so von der Oberfläche kennet, wie wollte der einen Rückersfelder verbessern? Wie konnte der sagen: ita, credimus, complures nobiscum existimaturos esse.

Vol. I, pars III: „Schilderungen berühmter Gegenden des Altertums vom Herrn von Breitenbauch"*: Nun ja! vom Herrn von Breitenbauch, und sogleich sind die Ehrennamen erklärt, die dieser – dieser „vir generosus, qui nuper pastoralia carmina edidit, in quibus illam naturae iucunditatem, illam simplicitatem morum, illud amabile vivendi genus *feliciter* expressit", dieser „vir elegantissimi ingenii, qui eleganter et venuste … etiam in hoc libro regionum amoenitatem depinxit, historiam rerum docte exponit" etc., ja, der im ganzen Werke sich so gezeigt hat, *daß wir eine neue Übersetzung des Horaz*, die er Deutschland versprochen, *nicht bloß sehnlich erwarten, sondern auch beinahe mit Ungeduld fodern können.* Zwar werden manche von diesen Lobsprüchen als einer Sprache des Publikum nicht wissen, da die an sich mittelmäßigen und oft schlechten Gedichte des Verfassers nie einen Dichter der ersten Größe zu erraten gegeben. Noch wenigern wird je das sehnliche Verlangen, die fodernde Ungeduld angekommen sein, an einem jungen Schriftsteller, der noch nicht korrekt schreibt und immer zwischen Prose und Poesie schwankt, einen deutschen Horaz zu erwarten. Gnug aber! Herr Klotz sagt's, und wer die Erklärung wünscht, sehe die süße Zuschrift der „Homerischen Briefe".

Johann Winckelmanns „Geschichte der Kunst"**: ohne Anmerkungen und eigne Gedanken in Klotzisches Latein hingegossen und ausgespület – seliger Winckelmann! wo schwebt dein Geist über diesen Wassern der Sündflut?

„*Acta litteraria*", *vol. I, pars IV*: „Lowth de sacra poesi Hebraeorum"***: ohne alles kritische Urteil, mit dem so lange abgelebten Spotte über eine gewisse Gattung von Theologen begleitet, die Herrn Klotz wenigstens nicht grenzen – –

„Briefe zur Bildung des Geschmacks an einen jungen

* p. 245[–249].
** p. 336[–353].
*** p. 403[–407].

Herrn"*: Es ist ein Vergnügen, wie hier der Gott Stupor die gemeinsten Sachen in diesen an sich nützlichen, oft aber so seichten und unvollkommenen Briefen *anstaunet, übersetzt, abschreibt* und ohne allen Beitrag zur Vervollkommenheit *anpreiset.* Bei so gemeinnützigen Handbüchern eben sollte sich ja die Einsicht und der Fleiß des Kritikus zuerst zeigen — —

„*Acta litteraria*", *vol. II, pars I*: Hausens „Geschichte des achtzehnten Jahrhunderts": „Quae a viris doctis dudum desiderata fuit, copiosa, accurata, immo vera rerum hoc seculo gestarum expositio: eam nunc primus adgressus est Clarus Hausenius, vir *magni ingenii*, plurimae industriae, praeclarae doctrinae, quodque inprimis historicum decet, ab omni adulatione abhorrens, et veritatis studiosus. — — In ipso opere scribendo deseruit morem plurimorum historicorum, res minutas et exiguae utilitatis negotia anxia cura enarrantium. — — Totus fuit in eo, ut quae *ad rem publicam accuratius cognoscendam, ad arcanas singulorum eventuum causas intelligendas, eorumque inopinatos saepe effectus perspiciendos, ad artes, quibus res a legatis* tractatae fuerint, *aperiendas*, ad *singularum gentium commoda demonstranda* facerent, non *accurata* solum *narratione exponeret*, verum etiam *observationibus e civili prudentia, ipsaque rerum, quae tum erat, conditione collectis illustraret.* Res vero in bello gestas paucis attigit, eaque ex iis attulit, quae *pragmaticae historiae studiosi nosse interest. Quae quidem omnia non e turbidis rivulis, sed e limpidis fontibus hausit* —"** — „O alle, die die Staaten von Europa tief und genau einsehen, die geheimsten Ursachen jedes einzelnen Vorfalls ausforschen und ihre oft unvermuteten Wirkungen sich erklären wollen — alle, die die verborgensten Kunstgriffe der Gesandten bei ihren Staatsgeschäften aufgedeckt, das Interesse aller Völker deutlich erklärt, das alles in der genausten Erzählung vorgetragen, mit tiefen Bemerkungen der Staatsklugheit begleitet, aus den Kriegsläuften das Pragmatische herausgelesen" — — die alles dies sehen und lernen wollen, ladet Herr Klotz ein zu seinem Freunde, dem Herrn Magister Hausen. — Was alle gelehrte Männer bisher gewünscht, was die Mascovs

* p. 436[—445].
** p. 64[—77].

und Bünaus und Struve und Köhlers und Häberline und Pütters nicht haben leisten können: sehet! das hat endlich erfüllet Clarus Hausenius, vir magni ingenii, plurimae industriae, praeclarae doctrinae etc. etc. Wunder unsrer Tage, Hausens „Geschichte des achtzehnten Jahrhunderts"!

Vol. II, pars II: „Defense du paganisme par l'Empereur Julien" *: Da diese Schrift des Marquis d'Argens wenigstens das Verdienst hat, genauere Erörterungen über Julians Charakter und Zeitpunkt veranlaßt zu haben, unter welchen die Gedanken eines Meiers, Crichtons, Abbts und andrer jede in ihrer Art schätzbar sind: so wird man begierig sein, auch die Zeichnung Klotzens von Julian zu sehen; hier ist die Rarität: „Iulianum existimo virum fuisse elegantissimi magnique ingenii" (etwas davon hat Klopstock im „Nordischen Aufseher" gezeigt**, und wo wird nicht ein Klotz und ein Klopstock einerlei sehen?), „magnique animi, nec militaris solum rei, sed artium quoque liberalium" (wenn diese vielleicht die Redekunst eines schwatzenden Sophisten heißen kann) „insigni scientia ornatissimum: eundem liberalem, castum, sobrium, frugalem, benignum et prudentem censeo. Patres quos appellant ecclesiasticos, non nego, mihi, si paucos exceperim, non ea laude integritatis, pietatis et eruditionis dignos videri, qua a quibusdam celebrati sunt. In aliis *multum stuporis, parum ingenii*, in aliis *partium studium*, in aliis *arrogantem, superbum et atrocem animum* invenio. De Iuliani denique opinionibus mitius *censendum esse existimo*, quam vulgo fit" (und warum denn? wichtige Ursache!), „*aut non considerata ingenii humani imbecillitate*, aut non satis illorum temporum ratione cognita" – wer hat nun wohl, der in den Zeiten Julians und in den neuern Zeugnissen von ihm geforschet hat, je etwas Seichters von ihm und den Kirchenvätern *überhaupt* und dem ganzen Zeitraume desselben gelesen, als was hier Herr Klotz *dafür hält, daß man's dafür halten solle*?

Vol. II, pars III: „Lexicon Graecum: collegit et digessit Damm"***: Gleich bei dem ersten Vorwurfe fuhr ich zurück:

* p. 175[–203].
** Teil 1 [1758], Stück 17.
*** p. 272[–287].

pro *nostra aequitate* illud *nobis* ab Auctore dari volumus, ut *profiteatur nobiscum*, non ad universam Graecam linguam hoc Lexicon spectare — — wie? und hat es darauf absehen wollen? und hat nicht der mühsame und gelehrte Sammler es ausdrücklich zur Basis einer Konkordanz und Erläuterung über Homer und Pindar dargeboten? und muß nicht eben das jedem Liebhaber Griechenlands, der aus der Sprache den Geist der Griechen studiert, schätzbar sein, in diesem Werke der Zyklopen die Blüte der poetischen Sprache Griechenlands zu finden, unvermischt mit der spätern Prose; in ihm die Mythologie der schönsten Dichterzeiten Griechenlands zu finden, unvermischt mit der spätern Philosophie und Sophistik über die Götterlehre; in ihm die Keime der griechischen Dichterweisheit zu finden, unvermischt mit der spätern politischen Denkart und Sittlichkeit: in ihm also das Gebiet einer griechischen Zeit zu übersehen, die man durchgehends zu vermischen gewohnt ist und [aus] der sich alles Spätere erzeuget hat? — Und ist für einen Mann, der dies nicht weiß, der dies nicht einmal vom Titelblatte herab lesen mag, ist für solchen das Lexikon zu beurteilen? — —

Über jede Sache in der Welt läßt sich spotten, und ein Mann wie Damm trägt seine Fehler am wenigsten unter dem Mantel: allein die nutzbaren Früchte eines so langen Fleißes, des Fleißes eines halben Menschenalters beinahe, einiger Fehler wegen, die jeder ... findet, verspotten zu sehen, verdient Mitleiden der Menschheit, und ich wenigstens lege dem Verfasser hiemit für seine zwar nicht klotzianisch süße, aber gründliche Übersetzungen, für seine in Allegorien zwar gekünstelte, aber so reiche Götterlehre, als ich keine andre im Kleinen kenne, und denn für sein zwar oft gekünsteltes, aber sehr nutzbares Wörterbuch meine weiße Scherbe unbekannt hin — —

„Orphei opera, recensuit Gesnerus"*: Mit einem kalten matten Lobe geht das vortreffliche und auf manchen Seiten so unerkannte Werk vorüber.

„Poétique Françoise par M. Marmontel"**: Nicht auszuste-

* [A. a. O.], p. 228[—296].
** [A. a. O.], p. 296[—328].

hen, mit welchem Jubeltone die Deutschen noch immer französische Werke aufnehmen, die, so Gott will! schön, aber von Herzen mittelmäßig sind. Da in Frankreich jetzt selten Hauptwerke des menschlichen Geistes und Geburten, die Jahrhunderte leben werden, erscheinen: so handeln die Franzosen landesmännisch, auch mittelmäßige Werke mit Entzücken aufzunehmen und mit ihrem gewohnten Tone: „nichts geht darüber!" zu verkündigen. Aber daß wir Deutsche ihnen sogleich nachrufen, übersetzen, zitieren, posaunen: das ist wider alle Gesetze der Nation. — — Herr Klotz hat für gut gefunden, Marmontels Poetik in einem langen Auszuge, ohne weitere kritische Verpflegung in sein liebes Latein auszugießen und ein paar Notchen mit unterzumischen, die den Zeh feststellen, da der Körper wankt.

„Acta litteraria", vol. III, pars II: Winckelmanns „Versuch einer Allegorie" *: Das Ganze im Werte dieses Buchs und das Wesentliche in den Fehlern desselben bleibt verkannt und unberührt. Einige einzelne Vorstellungen, wo man Winckelmann durch ein Münzchen, durch eine Scherbe etwas anhaben kann: im übrigen auf den lieben Dubos gewiesen, der es ja nie zum Zwecke gehabt, den Begriff der Allegorie überhaupt zu *erschöpfen*, sondern nur den Künstlergebrauch derselben einigermaßen zu sichern.

„Lettres de Mentor à un jeune Seigneur" **: Auch hier werden Dinge angestaunet, von denen ein deutscher Mentor zu seinem Züglinge sagen würde: Wir gehn vorüber! So z. E. einige bekannte Gedanken von der Biographie, die er aus Liebe sogar durch ein Märchen beweiset — durch ein Märchen aus Voltaires Geschichte Karls des Zwölften. Dieser vortreffliche Biograph, dessen dichterischer Kopf gewiß vollzufüllen weiß, was die Geschichte selbst leer lässet, erzählt uns von Karl dem Schweden so manches schöne Fabelchen und Märchen (ein kritisches Journal, das viel Verdienste um Deutschland hat, hat einige offenbar uns als Märchen gezeigt***), und Herr Klotz zieht daraus sehr bündige Schlüsse.

* p. 107[—142].
** p. 143[164].
*** Literaturbriefe, Teil 4 [68. Brief, p. 301—310. — Nicolai].

„Geschichte des menschlichen Geschlechts". Neue Geschichte von Hausen: Kein Werk der neuern Literatur ist, ehe es erschien, mehr ausposaunet worden; und kein Werk hat, da es erschien, mehr die Hoffnungen des Publikum vereitelt als dies. Daß Klotz zum ersten das Seine redlich beigetragen, ist auch gegenwärtige Rezension Zeuge. Zuerst richtet sie, wie billig, die Weltgeschichte der Engländer und alle deutsche Geschichte, die wir haben, Hahn, Bünau, Barre, Mascov, und alle die neuern Kompendien, „die sich des Vortrages bedienen, der die deutschen Akademien und die Regensburgischen Reichsvorträge kleiden soll, Bücher, die selten ihre Verfasser überleben und nicht für die Nachwelt, sondern für einen Knabenunterricht und für düstre Schulörter geschrieben sind"; alle diese, und wem hat er sie hiemit nicht kennbar gemacht? richtet er jede mit einem Streiche hin, damit auf dem Gerippe aller das Haupt Hausens prange.

Hernach ein Lob, das, erst mit Herrn Klotz', nachher mit Herrn Hausens Worten gesagt, über zwei völlige Seiten, aus so vollem Munde strömet, daß eine Periode, mit Lobeserhebungen verschnürt, sich über eine Seite hinstrecket. Ohne Zweifel wird es der Nachwelt eine vergnügte Stunde geben, den panegyrischen Ton des Rezensenten und das Werk des Verfassers, das ja so eigentlich für die Nachwelt geschrieben sein soll, zusammenzuhalten. O wehe denn! wehe den viris claris, die sich wechselsweise loben!

Noch aber hat der Zensor über alles Vorige so manches Bewundernswürdige ausgezeichnet: Daß Proben über Proben Beweise sein sollen, von der tiefen Kunst des Verfassers, die Fürsten zu charakterisieren, und von der Denkart desselben, sein Werk durch eigne Bemerkungen pragmatisch zu machen: wohlan also an die Ausrufungen!

„Wem wird das Bild Karls des Großen nicht gefallen? In ihm findet unser berühmter Schriftsteller alles, was einen großen Mann machet"* usw. Wem es nicht gefallen könnte? Mir nicht; und wem, der einen schönen Charakter kennet, könnte es gefallen? Statt so viel von historischer Kunst zu sprechen, sollte sich der Verfasser vorher *eins* erbitten, historisches

* [Klotz, „Acta litteraria", vol. III, 1766], p. 172.

Temperament: die gleichmäßige Denkart, was er sieht, gerad anzusehen, und was er spricht, ganz zu sprechen; noch hat er kaum eins von beiden. Wenn ich einen *recht schön* gesagten und beinahe rednerischen Charakter von Karl dem Großen lesen will: so lese ich ihn, gegen den der Hausensche nichts ist, in unserm deutschen Bossuet, in diesem klassischen Werke – vielleicht das einzige, womit unser Cramer vor der Nachwelt erscheinen wird – –

Das war das Gefallende: aber was ist das Schöngesagte bei einem Charakter der Geschichte? Nichts! Leget mir der Geschichtschreiber nicht erst die Data der Geschichte ausführlich, richtig, ordentlich vor, daß ich nachher *selbst mit ihm* den Charakter ausziehen darf, daß er, nach jener längst abgekommenen sokratischen Manier, nur meine Erinnerung wekket und nicht mir vorcharakterisiert, sondern mich aus vorgelegten Einzelnheiten den Charakter selbst finden lehret – tut er dies nicht: so ist der Geschichtschreiber ein Romanenschreiber. Und das ist Hausen bei seinen gepriesenen Charakteren. Die Lebensdata, die Taten, wo sich Denkart äußert, sind bei ihm wenig oder nichts – mit einmal strömt Seiten herab ein Charakter: ein vom Himmel gefallenes Bild, eine Figur, zu der das Vorstehende auch nicht einmal Fußgestelle sein kann – ist das Geschichte? Roman, Dichtung mag es sein: aber in der Geschichte will ich nichts *glauben*, was ich nicht sehe; Taten hören, ehe ich das Bild erkenne; Gesichtszüge sehen, ehe ich Personen charakterisiere: das will ich. Was drüber ist, ist vom Übel.

Herr Hausen ist von diesem, so wie von andern Sachen, ein williger Nachahmer der Franzosen: aber wie jämmerlich gerät doch meistens die Kreatur, wenn der Deutsche den Franzosen nachahmt? Dieser malet uns seine ganze Geschichte wenigstens so, daß nachher nichts mehr und nichts weniger als sein Charakter herauskommt: er stellet alles so hin, daß seine endliche Reflexion eben daraus erhellet und wie, wenn die Geschichte so gegangen wäre, auch wir freilich nichts mehr und wenigers folgern würden, als was er folgert. Wir lesen also einen sinnreichen Roman, den wir mit seinen Porträten und Charakteren so lange für Wahrheit halten, bis wir etwa zu einer andern Geschichte kommen. Nun aber der trockne Deutsche? er ziehet ein verstümmeltes Skelett von Geschichte aus einer und ein Fratzenbild von Charakter aus einer andern Quelle heraus, stellt sie nebeneinander, daß eins das andre nicht erkennet und — — siehe da! ist Herr Hausen. Ingenia principum exploravit, moresque descripsit, atque cum hinc causas elicuit eorum quae ab iis acta sunt, tum, quam principum mores vim ad civium vitam fingendam formandamque habuerint, docuit: non solum docto lectori, sed cuicunque civi, qui maiorum vitia cognoscere, eorumque exemplis sapere cupiat, prodesse studuit: porro summum veritatis studium ubique ostendit, liberrime vitia principum enarravit etc. — — — etc. Vortreffliche Charaktere! eingeklebte, überkleckte Bilderchen, die — aus seiner Geschichte nicht folgen —

Und oft der Wahrheit selbst im Wege; oft sind sie nur eben so, wie sie sich die Stunde Herr Hausen dachte. Ob das Karl der Große sei, was er malet? so wenig, als was er uns an Luthern vorzuzeichnen beliebt. Wie? Karl, ganz ohne Fehler, ausgenommen etwas viel Liebe? Und was hat denn in ihm den Eroberungsgeist angefacht? was ihn von den Pyrenäen bis zur Nordsee und von der Nordsee nach Pannonien und von Pannonien nach Rom getrieben? was die Blutströme der Sachsen vergossen und Völker zu Sklaven gemacht, denen die Freiheit alles war? Und was hat durch ihn das longobardische Reich verheeret? Und was ihn zu einem Vater des Papsts gemacht? Und was zu dem, der um die Kaiserin Irene warb? Und was zu einem Liebhaber der Künste und Wissenschaften? Und was zu dem Menschenfeinde, der seine Hände mit Blut der Deutschen färbte? — Ehrgeiz und Aberglauben! Aus Wollust läßt sich wahrhaftig weder die gute noch böse Seite Karls erklären, und es ist Parteilichkeit, vor dieser ganz die Augen verschließen zu wollen. Mönche und Kapitularen und Kanzler und Schwiegersöhne haben Karls Leben geschrieben: im Mönchsgeist, im Geiste des Papsttums und der lateinischen Verdienste — — wo ist ein wahrer Deutscher, der ihn sichte?

Und was Herr Hausen dem an sich großen Karl zugibt, nimmt er dem ihm freilich so unähnlichen Ludwig: eins trifft also so wenig als das andre. Ludwig der Fromme war eine der gewöhnlichen Produktionen seines Jahrhunderts, nicht besser und nicht schlechter, als ein mittelmäßiger gutherziger Mann der Zeit sein konnte. Gelehrt, fromm, gutherzig, auf seine Art philosophisch, das ohngefähr, was Jakob der Erste, nach dem Geiste seiner Zeit und seines Landes, und manche ... unter uns. Schon sein Vater nahm ihn zum Mitregenten an, unter ihm wurden glückliche Kriege geführt, alles ging gut bis auf die Teilung seiner Länder. Diese aber, lag die allein in seiner Schwachheit oder nicht auch in dem altfränkischen lange gebräuchlichen Herkommen? Und die übeln Folgen daher allein in seiner Schwachheit oder auch in dem Charakter seiner Söhne? Und das Glück dieser übeln Folgen allein in seiner Schwachheit oder auch in dem Zustande der Kirche, an dem sowohl sein Vater als *er* schuld war, an dem Geiste seines Jahrhunderts, den auch Karl nicht ändern konnte, an einer Verwicklung von Zufällen, die nur der kennet, der die Zeit Ludwigs studieret. Ludwig wurde ein Opfer dieser Zeit: daß wir ihm aber neunhundert Jahr nachher Staatsfehler nachrechnen, die uns nur der Erfolg von Jahrhunderten gezeigt hat, ist freilich eine gute Sache, nur, ist's die Sache des Geschichtschreibers?

Aber nirgends ist ja Hausen nach Herrn Klotz „mehr in seinem Felde, als wenn er uns Aberglauben, Dummheit, und Betrug der Pfaffen malet". Ganz gut, wie ich glaube: nur sollte es nicht so gemein, so schwatzhaft wiederholt, so schielend, und etwas eigentümlicher der Zeit sein, die es gilt. Aus seinem Lehrstuhle mit einem halb voltairischen, halb noch protestantischen Auge nach dem Jahrhundert Ludwigs, der Ottonen und der Heinriche hinzielen, kann freilich nichts als solche Charaktere geben, wie Herr Hausen zeichnet, und ohne Zweifel ist's bloß schonende Nachsicht gewesen, daß Häberlin, ein so ganz andrer Mann, der Geschichte und den Charakteren, das ist, den geschwätzigen Wiederholungen seines Vorgängers vor seiner Geschichte noch Platz gegönnet.

Und das ist der Geschichtschreiber, dessen Charaktere, dessen Anmerkungen über Ludwig, die Ottonen, die Heinriche, dessen tiefe Betrachtungen über die Pfaffen, über die Religion und Reformation eine Erleuchtung unsres Jahrhunderts sind, die Herr Klotz so getreu übersetzet? Das ist der Geschichtschreiber, der hier schon alle jene fruchtbare Samenkörner fallen läßt, die nachher zu dem philosophischhistorischen Roman über die Reformation aufgewachsen: bündige Wahrheiten, die Herr Klotz zum Possen aller mit Vorurteil Behafteten zum voraus als Geheimnisse der Welt vorlatinisierte. Das sind die Männer, die an der Religion arbeiten, deren „völliger Tag sich erst jetzt allmählich nähert“ *.

— — Kaum bin ich in der Mitte des dritten Bandes der „Actorum“, und ach! wer mag den hercynischen Wald durchgehen? Herrn Klotzens vollständige Anmerkungen über d'Argens' „Geschichte des menschlichen Verstandes“, seine vortrefflichen Verbesserungen des Lessingischen „Laokoons“, sein zurücksetzendes Urteil über Gebauers „Altes Deutschland“, die Zusätze zu Winckelmanns Kunstgeschichte, die süßlächelnde Umarmung an seinen Herelius, über dessen so alte, mittelmäßige und gegen Nürnberg inurbane „Satiren“ — — die niedrigen Verspottungen solcher Schüze, die Pöbelpasquille auf einen Fischer u. a., wo mag ich diesen Morast durchwaten? und selbst mit diesen noch kein Ende. — — Jeder prüfende Leser wird sich ungemein irren, in den „Actis“ einen Schatz von eigner Kritik des Zensors, selbstgedachte Anmerkungen, um etwa die Lücken der gerügten Autoren vollzufüllen und ihre Werke vollkommner zu machen; stille Beleuchtungen der verborgnen Fehler, die eben nicht jedes lesende Auge sehen dörfte und doch sehen muß; eigen ausgedachte Betrachtungen, die da zeigen, daß der Rezensent *mit dem Autor* gedacht und *über ihn weg*, ihm vordenken könne: solche Kritik, und sie ist die einzig wahre, in den „Actis“? Ich zucke die Schultern. Auszüge, Gemmenregister, am unrechten Orte schreiende Verbesserungen, die jeder sieht und wegwirft, mitunter niedriger Spott — siehe da den Geist der „Actorum“. Die lateinische Hülle hat die Deutschen geblendet, und auch die wird unerträglich, wenn wir ein nahrhaftes Buch durch Auszüge in ein Phraseslatein hingeschwemmet sehen, wo nichts minder als der ursprüngliche individuelle Charakter

* Klotz, „Beitrag zu [zur Geschichte des Geschmacks und der Kunst aus] Münzen“, p. 17.

von der Denk- und Schreibart des Verfassers übriggeblieben. Auf Herrn Klotz' lateinischer Szene lallet Winckelmann so wie Hausen und Hausen so wie Lessing und alle wie — — der lateinische Herr Klotzius.

Der Verfasser hat überhaupt seine sehr enge Sphäre zu urteilen, und da er innerhalb dieser nicht bleibt, sondern seinen einseitigen Gesichtspunkt, als Polyhistor, allgemein machen will: wie anders als Fehltritte über Fehltritte und schale Urteile durcheinander. Ein Mann wie Klotz schreibt von allem, Gottesgelahrtheit, Rechtsgelahrtheit, Geschichte, Philosophie, Altertum, geschnittnen Steinen, Münzen, Gedichten, und von allen gleich. Beispiele — wer mag sie geben? wer wird in solchen Büchern des Nachschlagens nicht müde? ich gebe sie also aus dem Gedächtnisse. Triegen wird's mich nicht; denn die Spuren darin sind zu oft und ärgerlich wiederholet.

ÜBER DIE GOTTESGELAHRTHEIT

Wie kommt Herr Klotz, der Vielschreiber, dazu, daß er sich bei allem Anlasse, zur Zeit und Unzeit, hinter die Basedowe und Heilmanns und Tellers als ein Märtrer der Wahrheit hindränge und sich in Klagen und Kontestationen zu Männern nebenansetzet, mit denen er nichts gemein hat? Das Publikum schläft eine Vierteilstunde oder ist über Feld gegangen; nachher aber macht's genau Unterscheid, wohin jemand gehöre und wohin es ihm beliebt, sich zu klassifizieren; und spricht alsdenn gerade hin: Freund! rücke hinweg!

Herr Klotz hat die Namen einiger Theologen auf der Zunge, selten mit Ehren, ohne daß *er* doch über sie Richter und der Überweiser ihrer Meinungen gewesen wäre. Einer davon ist Goeze. Senior Goeze mag seine Fehler und, wenn man will, seine Irrtümer haben; gut oder nicht gut, daß er dieselbe verteidigt; aber was gewinnt der liebe Leser für Wahrheit und Überzeugung, wenn er in einer Klotzischen Satire das Pasquill lieset:

> Goezius Hamburgi clamoribus omnia complet,
> Voce tonat rauca, turris templumque tremiscit.

Was hat man damit anders gelesen, als daß Herr Goeze eine durchdringende Stimme habe und Herr Klotz ein — — Spötter sei. Will der Verfasser antworten, das Fehlerhafte, das Irrige haben ihm und seinesgleichen schon andre Theologen gezeigt, worauf ich mich gleichsam mit einer stummen Anzeige berufen darf: o schön! die Richter haben ihr Urteil gesprochen, und wer sind die nun, die sich auf der Straße hinzufinden, die dem Verurteilten nachrufen, nachspotten — wer sind die?

In unserm kritischen Jahrhunderte sollten wir endlich einmal so weit sein, auf eignem Boden und nicht nach solchen fremden Postulaten zu urteilen. Alle Annehmenswürdigkeit der Kritik fällt weg, wenn man, ohne Gründe und Beweise, mit einer Schimpfsentenz losbricht, ohne daß man weiß, woher und wo hieher? Solche Fußung auf fremde Machtsprüche, mit einem Machtstreiche begleitet, sind immer Vorboten vom Verfalle der Literatur gewesen: und zu unsrer Zeit ist dies ja der Lieblingston dieser und jener Zeitungen und Journäle. So bekommt mancher ehrliche Mann einen Banditenstich, wo er sich's am wenigsten versah.

Ferner: Der schöne, reinlateinische Stil ist bei Herrn Klotz so nahe mit dem Herzen seiner Literatur verwandt, daß er an mehr als einem Orte die dogmatische Barbarei der Theologen aus ihres Königs „Theologia positiva" oder Neumanns „Aphorismis" sich sehr vornehm leid sein läßt. Mich dauert der manchmal unnötig verflogne Seufzer. Barbarei ist nirgends gut, und bei dem Lehrer der Religion, der uns Geschmack an den Wahrheiten derselben beibringen soll, am wenigsten; nie aber kann die Reinigkeit des Stils, die Süßigkeit der lateinischen Schreibart nach Herrn Klotz' Halbbegriffen in der Theologie souveraine sein, oder es wird noch ärger. Die Wahrheiten der Religion sind uns nicht in Cicerons Büchern von der Natur der Götter, sondern in andern Sprachen offenbart, aus denen in ihren Vortrag bei aller einzelnen Wortreinigkeit sich ein orientalischer *Hellenismus* einschleichen wird, und vielleicht als Geist des Ganzen. Der gute Gesner hat mit Recht aus Cellars „Latinitas ecclesiastica" viele Barbarismen kanonisiert; und der strenge Schriftausleger wird noch weit mehr kanonisieren: wo ihm an dem Ganzen, dem Unverfälschten, dem

Unverworrenen des Begriffs alles gelegen ist. Wer will nun lieber eine nach den Büchern der Offenbarung streng gesagte, unhalbierte Theologie oder süßes lateinisches Geschwätz, wo das Runde des biblischen Begriffes in dem Spülwasser schöner Umschreibungen zerfließt? Wem ist nicht die Sicherheit seines theoretischen Glaubens mehr als alles? — Zweitens: Aus den Händen der Exegeten wird nun erst die Wahrheit in die Hände der Dogmatiker geliefert, denen es wiederum Hauptgesichtspunkt ist, ihre Sätze von den Verwirrungen so vieler Jahrhunderte, von dem Gewebe so mancher Ketzer und Ketzermacher loszuwickeln und sie so rund, so gewiß, so klar darzustellen, als es hinter den Denkarten und Vermischungen so vieler Perioden der Religion geschehen kann. Auch hier also ist die Strenge des Begriffes und Beweises alles. Wer will jenen und diesen im Gefolge süßer und reiner Worte erst aufsuchen? Ein Ernesti (und wessen Zeugnis kann hierin mehr sein als dieses theologischen Cicero?) hat über Materien, die hiezu die Grundlage sein müssen, geredet und selbst an Heilmann die Schwürigkeit gezeigt, lateinische Worte und Ausdrücke Gedanken des Systems zu substituieren. Einige neuere Dogmatiken, wovon ich selbst die Schriften Mosheims nicht ausnehme, bestätigen es, wieviel von der genauen Präzision und dogmatischen Festigkeit oft durch den schönen Stil verlorengehe, und denn selbst in Reden sind die Bergerschen „Orationes selectiones“ Zeugen von den Schwürigkeiten, beides zu gatten. — — Geschmackvoll also mögen solche Klagen über die dogmatische Barbarei der Theologen immer sein; nur gründlich? — — Am besten, daß sich Herr Klotz nicht dareinmische und die Namen guter und böser Theologen dem Urteile andrer überlasse.

ÜBER DIE REICHSGESCHICHTE: EIN HISTORISCHER SPAZIERGANG

Was müßte ein vernünftiger Alter denken, wenn er auflebte und unsre Geschichte betrachtete? die Lehren unsrer historischen Kunst und den Kontrast in Ausübung derselben? — Doch, ach! wenn dies nur der einzige unverantwortliche Widerspruch in unsrer Literatur zwischen Lehren und Taten wäre!

Die Alten, Griechen und Römer, haben uns so vortreffliche Muster der Geschichte hinterlassen, daß es ein kanonisierter Spruch geworden: Hos sequere! und wer wäre es, dem man diesen Spruch und das nachahmungswürdige Schöne ihrer Historiographie erst vorbeweisen müßte. Warum ziehet der kleine südliche Strich von Europa, Griechenland und Rom, Jahrhunderte durch die Augen aller Welt so auf sich? Warum gehen wir an die Geschichte der mittlern Zeiten, im Okzidente und sogar im Oriente, so ungern daran? Warum ist in dem Körper unsrer Welthistorie die Beschreibung dieser beiden Völker uns gewiß nicht bloß Nationalgeschichte, Taten, die im Winkel geschehen, sondern Merkwürdigkeiten der Welt? — — Eine kleine Vergleichung mit andern Zeiten und Gegenden wird zeigen, wie vieles dazu auch *der Ton* der Stimme beitrage, der alles dies der Welt verkündigte.

Das ist nun gut für Griechen und Römer: aber warum, daß wir unsre Geschichte nicht eben so verkündigen? und den Ton unsrer Stimme nicht auch würdig unsres Vaterlandes und unsrer Zeit machen? — Regeln genug liegen da. Historische Gesellschaften sind errichtet. Jeder arbeitet an der historischen Kunst: nur, an der Historie selbst — wenige. Und selbst unter den wenigen, wo sind die Thukydides, Xenophons, Livius, Tacitus und Humes unsres Deutschlandes? — — Ist es einem Wanderer, der nicht ein dogmatischer Künstler der Geschichte sein will und kein praktischer Künstler sein kann, erlaubt, den mittlern Weg der Untersuchung zu nehmen: nicht, worin und warum sich die Historiographie der Neuen und Alten unterscheide? denn dieses große Thema ist für diesen Ort zu groß; sondern nur, warum sich die deutsche Geschichte nicht so schlechtweg à la grecque oder à la françoise behandeln lasse, wie unsre gräzisierenden und französierenden Schönsprecher wollen.

Zuerst, die ältesten Nachrichten von Deutschland haben eine andre Bewandtnis als die alte Geschichte des griechischen oder römischen Ursprunges. Wenn diese Altmüttermärchen ist, so ist sie es wenigstens im Munde *ihrer* Landesmütter, im

Munde *ihrer* Liedersänger, *ihrer* Dichter, *ihrer* Fabelschreiber. Aus dieser Blume von eigner Nationalmythologie wird *mit der Zeit* die Frucht reifer wahrer Geschichte, ohne wundersame Einpfropfungen und Bezauberungen, nach dem Laufe der Natur. Und eben das Ordentliche dieses Naturlaufes *ergänzet ungemein die Lücken der ältesten Geschichte.* Die ersten historisch dichterischen Mythologisten waren eine Produktion ihres Zeitalters, der Zeitgeist nahm ihnen allgemach immer mehr von ihrem dichterischen Wunderbaren, sie fanden das Zeitalter der Wahrheit – Wieviel läßt sich nun bei diesem ungestörten Naturlaufe *rückwärts schließen*? wie manche *Wahrscheinlichkeit* zurück ausfinden, wo sonst nur Fabel wäre? wie ungemein viel von der Veränderung solcher Landesszenen mit Gründen und Ursachen erklären? Philosophie tritt hier der Geschichte zur Seite, wo sie kaum noch Geschichte ist; sie leuchtet auch selbst, chronologisch gerechnet, der Wahrheit gleichsam vor; die älteste Halbgeschichte wird pragmatisch – wenigstens ein lehrender, ein bildender dichterischer Roman.

Nicht so unsre älteste Landesgeschichte. Unsre Barden sind vertilgt, mit ihnen also auch die sinnreichen Dichtungen vertilgt, die sich aus den altgriechischen Dichtern zusammenlesen und zu dem Tempel voll ehrwürdigen Ruinen aufhäufen lassen, an dem die Antiquarien seit Jahrtausenden gebauet. Aus Dichtern und über Dichter läßt sich auch historisch am besten dichten: wie aber, wo keine solche Dichter da sind? Man tritt in den Tempel der griechischen Geschichte: Chöre von Sängern empfangen uns, und hinter ihnen dringen Dolmetscher ihrer Gesänge doch unmittelbar an. Dolmetscher der Wahrheit? freilich nicht! aber so mancher Wahrscheinlichkeit, so mancher Erzählung, die den Boden der Geschichte nicht ganz leer läßt, so mancher Sage, die ungemein klug machen kann, durch die Griechen und Römer ihrer Geschichte so viel Farbe des pragmatischen Ursprunges gegeben, die manchen Schulgrübler geblendet, die unsre Hübners mit so artigen Märchen ausgefüllt, die so viel antiquarische Hypothesen und Untersuchungen veranlasset – alles nicht bei der deutschen Geschichte. Ich trete in ihren Tempel und – die Stimme der Barden schweigt. Kein Laut, kein Echo vergangener Zeiten.

Aber die Taciti unter den Römern? Sie haben mit ihren einzelnen Silben und Stückwerken von den Deutschen uns mehr Ton gegeben als ganze Liedersammlungen der Barden. Sie, Schriftsteller eines gebildeten Roms, Geschichtschreiber, die an den Merkwürdigkeiten so viel anderer Völker ihren historischen Geist gebildet hatten; sie, Geschichtschreiber der Deutschen nach römischer Weise — — und eben des alles wegen sehr einseitige Schriftsteller Deutschlands. Da sie die Deutschen nur über und von den Grenzen aus, nur als Fremde, nur als ungesittete Barbaren, nur als Feinde kannten: so kannten sie sie nur immer, sofern sie nicht Römer waren, und das ist wenig. Wer sich nicht in die eigentümliche Denkart eines so verschiednen Volks versetzen, aus dem eigentümlichen Geiste desselben, aus den Geheimnissen seiner und ihrer Erziehung urteilen kann, der weiß nur immer wenig; und wer als fremder, unbekannter, politischer Feind und, was über alles ist, als Mensch einer andern Denkart schreibet, immer wenig. Er kann bloß die von seinem Volke und seiner Kultur abstehende oder höchstens die ihnen zugekehrte Seite zeichnen, und freilich die zeichnen römische Taciti vortrefflich.

Indessen sieht man, was hier zu einer pragmatischen Geschichte fehlt? wie sehr sie in diesem verlassenen Anfange von der römischen und griechischen Historie, die die origines ihres Volks in einländischen alten Schriftstellern besitzen, absteche? in welchem Gesichtspunkte man allein die Römer brauchen? auf welche Lücken man lieber zeigen, als sie hinterlistig verbergen? kurz! daß von den alten Deutschen keine innere pragmatische Geschichte zu geben sei — —

So bis auf Karl den Großen: in ihm aber entwickelt sich ein Zeitpunkt, der freilich so vieler historischen Intuition fähig ist, als einer sein kann, nur daß er noch keinen so intuitiven Philosophen über sich gehabt. Karl könnte in der Nacht seiner Zeiten wie ein Stern sein, der über Frankreich, Deutschland und Italien leuchtet.

Jetzt aber sein Geschlecht — wieviel gehet hier von dem Stempel der pragmatischen Geschichte weg. Ein Zeitpunkt der Barbarei und des Aberglaubens; siehe da! diese Larve liegt auch auf allen Gesichtern der Zeit, sie ist Gesichtspunkt der Begebenheiten, Triebfeder der Taten, Farbe der Veränderungen, Ton der Historiographen. Nun wolle ein griechischer Portraitmaler Charaktere zeichnen: und siehe! da stehet eine Reihe voll heiliger oder unheiliger Affengestalten, Kreuz in der Hand und Kreuz auf dem Haupte, vor oder gegen die Pfaffen beschäftigt, entweder kanonisiert oder im Fegefeuer, weder im Guten noch Bösen frei, eigentümlich, römisch, griechisch. — Einförmige Mönchspatrone oder Mönchsfeinde, ein in Nichtswürdigkeiten wühlender Unheiliger oder, was noch seichter ist, ein — Heiliger ora pro nobis — Eine Galerie solcher Köpfe, was ist sie gegen die Reihe römischer und griechischer Helden und Unmenschen in Plutarch und Tacitus? — Hausen sei Gewährsmann unter Karolingern, Sachsen und Franken. Er betet seine einförmigen Charaktere so wiederholentlich her als eine Nonne die Vaterunser ihres Rosenkranzes; und Häberlin, der nicht hinterherbeten wollte, muß also nur zu Ende der Zeiträume charakterisieren — wieviel klüger!

In dieser Zeit fängt sich an das heutige Römische Reich zu bilden. Die große Wasserblase ist zersprungen, kleinere reißen sich los, und durch ein wechselndes Zerspringen und Werden ist die Menge kleiner Fürsten, gleichsam am Rande des Gefäßes, gesichert. Hauptgesichtspunkt ist also nicht bloß der Reichs-, sondern *der deutschen Geschichte überhaupt*, daß man *diese allmähliche Schöpfung* zum *heutigen Staatskörper bei jeder Progression der Umbildung merke, genau aus Urkunden anmerke, auszeichne.*

Einige süße Herren unsers Jahrhunderts haben sich mit guter Manier von diesem dunkeln und beschwerlichen Wege losgezählet und vornehm zwischen Reichsgeschichte und Geschichte Deutschlands, zwischen genauen Nachrichten von der jedesmaligen Staatsverfassung und zwischen einer schönen Geschichte voll Charaktere und hübscher moralischen Reflexionen unterschieden. Das Zitieren der Urkunden, die feste Bestimmtheit bei jedem Schritte, das gerade Hinblicken auf Staatskörper usw. ist eine Pedanterie, die man einem Professor des Staatsrechts allenfalls verzeihen könne: die Mascove, Bünaus und Hahne sind veraltete Bibliothekenwächter, die Pütters und Gatterers endlich noch zum leidigen Gebrauch ihrer reichsurkundlichen Zuhörer, die Hausens und alle neuere schöne Geister schreiben besser: schön, malend, pragmatisch. Schade der trocknen Reichs- und Staatsgeschichte.

Und was ist denn eine Geschichte Deutschlands, die dies nicht wäre? Eine griechische und römische war eine Geschichte von Republiken ganz andrer Art oder einzelnen großen Welthändeln, eines großen Mannes oder einer großen Versammlung, die das Triebrad der größten Begebenheiten waren. Deutschland im Verfolg seiner Jahrhunderte ist weder Athen noch Rom, weder eine Monarchie noch eine Republik, die der ganzen Welt (dieser orbis terrarum sei nun so groß, als er wolle) Ton gäbe, weder ein Schauplatz griechischer Kultur und Freiheit noch des römischen Eroberungsgeistes. Es ist in sich eingezogen *ein werdendes Heiliges Römisches Reich*, das noch heute in seiner Einrichtung das sonderbarste von Europa ist; es ist Jahrhunderte durch ein Chaos, aus dem sich Herzoge, Grafen und Herren, Bischöfe und Prälaten heben: ohne die es kein Deutschland gibt. Wie also eine Geschichte Deutschlandes, die keine Staats- oder Reichsgeschichte sei? Eine Reihe von römischen Kaisern in ihren Brustbildern, in ihren Privatanekdoten, in ihren Leibes- und Seelenbeschaffenheiten, zusamt ein paar ihrer Taten, füllet nichts aus, solange Deutschland kein Schauplatz des Despotismus oder der Diktatur gewesen; ja das meiste von diesem allen hat oft nicht einmal aufs Ganze Einfluß. Eine Kaiserhistorie für eine Geschichte Deutschlands genommen: so wird alles neben ihnen vergessen, was doch das wahre Deutschland ist; das liebe Herz der Kaiser malen, das doch nicht eben, wie der Charakter Alkibiades', Alexanders, Augustus' und Nero, zugleich das Herz Deutschlands war? Eine Kaiserkrone schildern, die auf ihren Küssen oft ruhig lag und gewiß den Kopf von Deutschland nicht ausmachte. — —

Jeder siehet, daß hier kaum eine pragmatische Geschichte nach Art der Alten möglich ist. Dort gingen alle Fäden an gewisse Hauptenden zusammen, aus denen sie sich gesponnen: hier steht man Jahrhunderte durch am brausenden Meere, damit aus ihm eine Menge von Inseln werde. Wo hier Einheit?

wo Evidenz? wo Interesse *nach Art der Alten*, wenn ihre Geschichte das Muster sein soll? Die Geschichte von Deutschland muß so ein Original sein als Deutschlands Verfassung.

Und ist diese *werdende* Verfassung Hauptgesichtspunkt, wo kommen wir hin, wenn wir Urkunden und Diplome usw. verachten und schön französisch *dichten*? Dichten läßt sich noch zur Not der Roman eines Monarchen, einer einfachen Republik; aber über die trockne Frage: wie ward jeder in Deutschland, was er ist? was ist er in jedem Zeitalter gewesen? über die läßt sich nicht dichten. Eine Geschichte voll Geist und Taten, wie die alte, wird unsre nie werden; sie ist eine trockne Geschichte des Ranges, des Rechtes, des Zanks; aber eine französische sollte sie nie werden wollen, weil sie bei ihren Materien mit Wahrheit und Genauigkeit alles verliert. Nicht der Geist des Vernünftelns kann ihre Seele sein; denn wie wenig ist in Deutschland durch Vernünftelei geworden? *fortgehende Aufklärung* ihres *ganzen* Seins ist ihr Geist und Leben –

Die Geschichte der Karolinger, Sachsen und Franken ist hiezu eine wichtige, aber wie verdrießliche, wie verwirrte, wie unannehmliche Szene, wenn wir französisch denken, wenn wir bloß malen, vernünfteln, überraschen und, darf ich noch dazusetzen, bloß bilden wollen? Der Charakter der Deutschen hat von jeher das Trockne gehabt, sich um einen Zeremonienrang, um dies und jenes urkundliche Hoheitszeichen, um ein und das andre Recht, nicht, weil es Vorteil, sondern weil es Rechtsfoderung war, zu interessieren, sich interessieren zu lassen, sich oft die Hälse zu brechen. Diesen Charakter wird auch die Geschichte Deutschlands nicht verleugnen, und muß sie es nicht, wenn wir sie nach einer andern, sie sei griechisch oder römisch, britisch oder französisch, modeln wollen? Der Geist, der alle diese Völker belebte, und wenn wir ihn auch jedesmal *Ehre* nennen wollen; Himmel! wie sehr ist nicht die griechische Ehre und die römische Ehre und die britische Ehre und die französische Gloire und der Deutschen Rang verschieden? oder wenn wir diese Triebfeder hier und da auch Freiheit nennen wollen, nicht noch immer verschieden? – – Und wenn nun eine idiotistische Nationalgeschichte der Deutschen Merkmale dieser deutschen *Freiherrlichkeit*, einige Fransen dieses Zeremonienhimmels, und wenn sie auch so sehr auf Kosten ihrer Nation gesponnen wären, haben muß, wird da nicht eine gewisse trockne Pünktlichkeit, ein steifer gemessener Schritt von Urkunde zu Urkunde oft beinahe unvermeidlich sein?

Und für Deutsche fast unentbehrlich. Es sei Ungelenkigkeit oder was es sei, daß ich bei Geschichte auf schönen Vortrag und weltweise Anmerkungen nur immer zuletzt sehe, bei jedem Faktum trockne und genaue Nachricht, bei jedem Datum sichere Gewährleistung verlange und bei manchen schönen Geschichtsromänen Mal über Mal mit Unwillen frage: Redest du das von dir oder haben dir's andre gesagt? daß ich mit Unwillen umherirre, wenn ich nicht weiß, ob dies Sache, Tat, Geschichte – oder Bemerkung, Einfall, Meinung des Geschichtschreibers ist; daß ich mit Peinlichkeit unterscheide: ist dies Geschichte Englands, wie sie geschehen ist oder wie Hume meint, daß sie sich hätte zutragen können? ja, daß ich's für Fehler und Verderbnis aller Geschichte halte, auf nichts als historische Kunst, epische Anordnung, pragmatische Bemerkungen, philosophische Einlenkungen zu dringen, unter denen ich den nackten wahren Körper der Geschichte so wenig erkennen kann, *wie er ist*, als wenn der Emil des Bruder Philipps vor seinem Gänschen stille stehen und aus dem äußerlichen Anzuge und dem Reifrocke und der Schnürbrust desselben auf die verborgene wahre Gestalt des geputzten weiblichen Körpers weissagen sollte. – – Bei aller unsrer Zurichtung der Historie für den guten Geschmack sollte es also Hauptregel sein, genau dem Leser die Grenze zu bezeichnen, wo Geschichte aufhört und Vermutung anfängt, ja genau den Grad der Gewißheit bei jedem Tritte. Gehört dies nun der ganzen Geschichtskunde als Eigentum zu: viel mehr unsrer strengen trocknen deutschen. Bei uns kommt das Wort *Geschichte* nicht von *schichten* und episch ordnen und pragmatisch durchweben, sondern von dem vielbedeutenden strengen Worte *geschehen* her, und darüber will ich auch nicht bis auf *einen* Punkt in Ungewißheit bleiben.

Darf ich mein Gutachten zu einer deutschen Reichsgeschichte fortsetzen? Viele Jahrhunderte durch ist Deutschland in die Geschichte eines andern Landes *rechtlich* und dazu *kirchlich* verwickelt gewesen, und eine rechtlich-kirchliche Verwicklung ist für Deutschland nach seiner Verfassung und für einen Geschichtschreiber, der dieser Verfassung folgen will, die größte Verwicklung. Dies Land ist Italien. Pfaffen waren die Bekehrer der Deutschen zum Papst, und diese päpstlichen Apostel, vom heiligen Bonifatius an, wurden die ersten Reichsfürsten; Pfaffen und Bischöfe wurden die ersten Reichsstände und Freiherrlichkeiten: die ersten kleinen Souverainen und Friedensstörer. Nicht bloß also daher, daß Deutschland gleich von seiner ersten Formung vor andern eine sehr kirchliche Gestalt bekam, sondern auch, daß lange nachher seine Kriege so oft nahe an Pfaffenstreitigkeiten und Bischofsvorzüge grenzten. Und da diese Rang- und Rechtsgeistlichen zwei Häupter hatten, eins in und eins außer Deutschland: wie anders, als daß daher der Mittelpunkt deutscher Taten und Geschichte so lange und oft *außer* Deutschland fällt, nach Italien, nach Rom hin — eine neue Quelle historischer Verwirrungen! Und wie anders, als da diese Päpstisch-italienisch-deutschen-Geschichte so lange und oft wieder nichts als Rang-, Kirchen- und Rechtsstreitigkeiten enthalten, diese die trockensten, verwickeltsten und oft ekelhaft sein *müssen*? Und doch *müssen* sie es sein. Und doch ist eben diese Entäußerung Deutschlands deutsche Geschichte. Und doch eben diese Streitigkeiten und Rang- und Römerzüge der Ursprung deutscher Verfassung — wie wenig französieren kann hier unsre Geschichte! Der Historiograph muß hier schon Schild- und Wappenträger des Heiligen Römischen Reichs werden, er wolle oder nicht.

So läuft die Geschichte viele Kaiserreihen herunter, wo der Historikus auf einem Gebirge sitzen muß, um auf Deutschland und Italien seine Augen fliegen zu lassen, um keine bloße Fürsten- noch Kaiser- noch Papstgeschichte, sondern eine Historie deutscher Nation zu schreiben, wo diese sich findet, in Kreuz- oder Römerzügen; wo sie lernet, in Neapel bei den Sarazenen oder in Schwaben bei den Sängern der Liebe; womit sie sich beschäftigt, es sei mit dem Faustrechte oder Guelfenstreite — überall deutsche Geschichte: und jedesmal der Geschichtschreiber ein Hausgenosse, ein Ministerial des Zeitgeistes. Helle Punkte, leuchtende Sterne, Milchstraßen gibt's überall, insonderheit im Schwäbischen Zeitalter, aber der Grund bleibt nächtlicher Himmel, reichsurkundliche Trockenheit!

Bis auf die mittlere habsburgische Geschichte, wo sie sich mehr entwickelt, aber auch mit jedem Zolle der Entwickelung rechtlicher und reichsurkundlicher wird. Das Gerechtsame, das Reichskräftige wird immer augenscheinlicher Deutschlands Geist, und so auch Geist deutscher Geschichte. So fort bis auf Maximilian und Karl den Fünften, deren Zeitalter ich für den Mittelpunkt aller Geschichte hinter den Römern, für die Basis aller neuern europäischen Verfassung und für einen Raum halte, der durch alle Länder Europens hinüber der vortrefflichste zu der besten historischen Bearbeitung sein müßte. Von hieraus fängt sich alles an, Staats-, Literatur-, Religionsveränderung — eine neue Geburt des menschlichen Geistes durch ganz Europa.

Weiter gehe ich nicht: wie sich die neueste deutsche Geschichte pragmatisch behandeln lasse, werden Adlung und Hausen beantworten, jener ein Zeitungsstoppler, dieser ein Geschichtmaler zur Gnüge. Ich ziehe aus meinen Miszellaneen nur dies heraus: daß die deutsche Geschichte sich gar nicht halbgriechisch oder halbfranzösisch behandeln lasse — ein Thema, das ich an anderm Orte mit verunglückten Beispielen beweisen werde. Hier nur so viel: daß Herr Klotz ohne innere Kenntnis der Sache urteile, wenn er die Mascove und Bünaus und Pütters *so tadelt, wie er tadelt*, und ohne Kenntnis der Sache urteilet, wenn er die Hausens auf Kosten dieser Männer lobet. Eine deutsche Geschichte soll freilich noch geschrieben werden: aber wahrhaftig nicht nach Klotzischem Ideal, da dieser Vielwisser aus einigen Proben* nichts weniger zu wissen scheint als deutsche Geschichte — —

Und griechische Geschichte — wenn ich manche seiner Urteile über das Innere Griechenlandes und am meisten seinen süßen, in lauter hogarthschen Wellen- und Schlangenlinien schleppenden Stil betrachte — nie hat Herr Klotz weiser geur-

* Siehe zurück in die Beurteilung des Beitrages zur Geschichte der Münzen.

teilet und weiser geschrieben, als da er dem Auszuge aus der „Allgemeinen Weltgeschichte“, *wichtigerer Taten wegen*, entsagte.

ÜBER DIE PHILOSOPHIE DES HERRN KLOTZ

Klotz und die Philosophie! das Paar scheint sich nicht sonderlich zu lieben, und wenn beide gar offenbar gegeneinander antipathisieren, was wollte sie verbinden? Nur sollte das Männlein auch also das arme Fräulein unbeschimpft lassen und nicht an ihrer Ehre kränken.

Gegen die Metaphysik hat Herr Klotz feierlich eine satirische Lobrede* gehalten: er hat ihre allweite Herrschaft, ihre Abstammung von der Zankgöttin, ihr Regiment über die Theologen, Juristen und Poeten, ihre Nutzbarkeit zu Zänkereien und Erfindung neuer Wörter, ihre Annehmlichkeit und Unsterblichkeit – so fein und langweilig ausgezischt, daß ich nicht weiß, was ich erst fragen soll? ob nach der Gründlichkeit der Materie oder der Neuheit der Ironie oder der Bestimmtheit des Spottes oder der Kürze in Wendungen – wornach zuerst? Herr Klotz geruhet, die ganze Metaphysik, ohne Einschränkung und Bestimmung, ihrem Wesen und Nutzen und nicht ihrem Mißbrauche nach, ohne Reim und Ursache, schal und matt auszuzischen – O des philosophischen Satyrs im achtzehnten Jahrhundert.

Gegen die szientifische Methode und gegen die systematische Philosophie und gegen die barbarischen Kunstwörter der Philosophie hat Herr Klotz einen magern, wiederholten Spott sich so zur Falte eines verrunzelten Geistes werden lassen**, daß er auf dieser Saite sehr gerne leiert. So tief wie Cicero und so systematisch wie Montaigne sollen unsre Philosophen philosophieren; sie sollen die metaphysische Grundlage, die Polybius und Tacitus geliefert, weiter ausbauen; sie sollen so genau und bestimmt wie Baco sprechen und Montesquieu, wie wir schon eine Probe haben, in ein Kompendium bringen: das will Herr Klotz oder re-

* „Ridicula litteraria“ [1762, p. 1–22].

** „Opuscula varii argumenti“ [1766] und „Über das Studium des Altertums“ [1766] usw.

det wenigstens so unbestimmt und der trocknen philosophischen Genauigkeit und Ordnung so gehässig, als ob er dies wollte.

„Sie rächet sich gegen ihre Verächter!“ dies sagt Luther von der Grammatik der Worte, und noch mehr ließe es sich von der Grammatik der Gedanken, von der Philosophie, sagen. Sie rächet sich gegen ihre Verächter, und sie hat sich reichlich an Herrn Klotz gerochen. Sie, die genaue Philosophie ist's, die jeden Satz in seinem Münzengerichtlein bestimmt und fest gemacht hat; sie, die genaue Philosophie ist's, die sein Büchlein von der verecundia Virgils geschrieben, die mit ihm über Homer kritisieret, die die Mythologie verworfen und uns eine neue geschaffen, die gegen Lessing gestritten, die aus geschnittnen Steinen eine Aeneide und Iliade erbauet, die die Hallische „Deutsche Bibliothek“ wie ein Weltgeist und ein rector Archaeus füllet; die in alle Schriften meines Herrn Verfassers Ordnung bringet; die ihn nie ein Wort zuviel und unzeitig und unerträglich schielend schreiben lässet; die die Baumgartensche Ästhetik und die Wolffische Philosophie in Stücke zerhauen*; die in einem Atemzuge ohne ein stummes Wort des Beweises „Hollmann zum Schulphilosophen und Paläologus, der nichts, was schön ist, kennet, Crusius zum Diebe Hoffmanns und die Darjesianer ihrem meisten Teile nach zu Barbaren ohne Geschmack, ohne Wissenschaft und Kenntnisse“ macht: sie ist's, die große Freundin des Herrn Klotz, die Philosophie. — — Sie rächet sich gegen ihre Verächter!

Nun komme ich endlich in das rechte Feld des Herrn Klotz, wo er unter geschnittenen Steinen und Münzen und Scherben dasitzt wie ein Kind unter Schnecken und bunten Steinchen und Spielzeuge. Ich soll von seinem Buche reden:

* Siehe Klotzens „[Deutsche] Bibliothek“ vom Anfange an bis zum künftigen seligen Ende.

Wo doch Herr Klotz wahrhaftig alle seine Belesenheit, recht häßlich weite Gelehrsamkeit und recht honigsüßen Geschmack bewiesen hat? Habe er doch! Mein einziges Urteil ist dies, daß, wenn ein Mann wirklich so viel große, schöne, kostbare Werke nachgelesen, nachgeschlagen hat und nichts mehr als die elenden, trivialen Anmerkungen, das halbkluge und verzuckertsüße Geschwätz herauslesen und herausaufschlagen kann, was Herr Klotz hier vorzeiget: so schlage man ihm die Bücher zu. Mit allem seinen Lesen wird *der belesene* Leser in seinem Leben nichts Rechts herausbringen.

Ein denkender Schriftsteller, der da irrt, und ein irrender Schriftsteller, der da denkt, und ein strauchelnder Schriftsteller, der noch nicht gnug gelesen, aber lesen kann: der nehme Bücher in die Hand; er wird denken, er wird nützliche und große Sachen hervordenken: sein Geist wird wachsen. Aber der Anagnoste, der da lieset, um gelesen zu haben, und zitiert, was er nicht gelesen, und mit allen seinen Zitationen nichts herausbringt, als was nicht jeder Halbgelehrte weiß: an dem gebe man die Hoffnung auf; der flickt sich einen Rock von Zitationen zusammen, um seine Blöße zu decken. — —

Für wen ich zu frei schreibe, der sage mir: was der stein-, münzen- und bilder- und buchstabenbelesne Klotz denn bisher mit seiner Lecture Neues gesagt? Wer mit so vieler Belesenheit über Tyrtäus und Homer und Virgil und Horaz und den Geschmack auf Münzen und den Nutzen der geschnittnen Steine nicht mehr sagt als *er*, der hat mir nichts gesagt: der sage *nichts*.

Herr Klotz hat aus Ursachen, die ich nicht weiß und nicht wissen will, den guten Vorsatz gehabt, die Lippertsche Daktyliothek der Welt und insonderheit den Schulen anzupreisen. Es sei guter Vorsatz. Es sei, daß dazu die Anpreisung unsrer halbhundert deutschen und lateinischen Journale, Bibliotheken, Akten, Zeitungen nicht gnug war; es sei, daß das eigne Lippertsche Verzeichnis, woraus ich mich nicht schäme, manches gelernt zu haben, nicht gnug war; es sei, daß die Anpreisung der „Bibliothek der schönen Wissenschaften“, der Göttingschen Zeitungen und aller der Journale, in denen Herr Klotz, als ein Proteus, in mehr als einer Zunge und Sprache redet, nicht gnug war: aber warum mußte denn Herr Klotz sogar Lipperten plündern und, was dieser in Reihen sagt, seitenlang wiederkauen? warum denn Caylus und Winckelmann plündern, die doch jeder Halbkenner kennet! warum so ein unordentliches Gemisch von Anmerkungen, wo man nicht weiß, ob der Steinleser mit Knaben oder mit Künstlern oder Gelehrten oder Liebhabern spreche? warum nach allen solchen Anführungen so arm wie eine Kirchenmaus erscheinen? – –

Es wird mir schwer, mich über Einzelnheiten zu erklären und das wiederzufinden, was ich im Buche des Herrn Klotz vorbeiging. Ohne Abschnitte und Teilungen watet man in ihm eine Strecke von zweihundertsiebenunddreißig Seiten, ich hätte beinahe geschrieben Meilen, durch eine große Sandwüste, ohne Ruheplätze, voll lauter Mischmaterien, in denen der Autor bald mit der lieben Jugend, bald mit dem lieben Künstler und bald mit dem Antiquariensammler ohne Geschmack und bald mit dem Liebhaber voller Geschmack und mit einem wie mit dem andern redet – so wallet man eine Dürre von eignen Gedanken durch, um hinten auf ein sehr unterrichtendes Furienhaupt* zu kommen, das mich nicht aus dem Gedächtnis herfragen sollte, was ich gelesen? So watete Alexanders Heer die libysche Sandwüste durstig und in der Sonnenhitze gebraten durch und fand – ein Ziegenbild, einen gehörnten Jupiter Ammon.

Fallen wir Deutsche nicht immer von einem Äußersten aufs andre? Vor kurzem der Geschmack in Paragraphen; aus Paragraphen wurden zerschnittne Brocken von Kapiteln à la Montesquieu; nun wieder akademische Diskurse ein ganzes Buch durchweg, ohne Kopf und Hand, eine langgestreckte, sich fortringelnde Schlange, ein liebes Bild der Unendlichkeit. In kritischen Wäldern herumspazieren heißt freilich nicht, wie ein Seiltänzer schreiben; aber in einem Werke wie des Herrn

* „Ich habe es beigefügt, um Herrn Lessing zu überzeugen, daß die alten Künstler" usw. [Klotz, „Über den Nutzen und Gebrauch der alten geschnittenen Steine und ihrer Abdrücke", p. 242].

Klotz, wo er die Künstler lehret und den Liebhabern vorschmecket und den Antiquaren vorerklärt und die liebe Jugend umarmet und überall so wichtig und vornehm spricht: da keinen Plan und Ordnung haben? — —

Doch ich weiß, warum ihn Herr Klotz nicht haben mag; wenigstens darf ich's raten. Ist ein Buch genau eingeteilt, steht jedes Chor unter seinem Hauptmanne: so ist's leicht zu übersehen und, wenn ich dazusetzen darf, auch leicht zu prüfen. Das Auge läuft drüber weg, und da es jedes seine Stelle weiß, so weiß es auch: wo dieses her? warum jenes nicht da ist? Es hält scharfe Musterung im Einzelnen und im Ganzen, es prüft, wieviel jede Materie neu, wahr, vollständig sei. Wer seine Völker aber nach Codomannus' Art auf gut skythisch oder persisch stellt: freilich, der ist auf eine sehr eigne Weise unübersehbar.

Ich nehme z.E. das Winckelmannische Gebäude der Kunstgeschichte — welch ein großer ergötzender Blick, der sich an der Ordnung, Harmonie und Vollkommenheit der Teile und des Ganzen weidet! Einheit und Mannigfaltigkeit! Größe und Schönheit! zum Anstaunen und zur süßen Anschauung des Schönen! Ein griechischer Palast, an Materialien ein Werk der Zyklopen, an Bauart und Form ein Mächtnis der Götter, in Auszierung eine Arbeit der Grazien und Musen — wer wünschte sich nicht, es gebauet zu haben? Ich nehme Klotzens Buch über die geschnittnen Steine; mit allem seinem kleinen Mannigfaltigen ist's ein Haufen kleiner Ruinenstücke und Scherbchen.

— — Und sein Vortrag, sein Stil? damit es nicht heiße, als suche ich mißgünstige Stellen auf: o so lese man den honigsüßen, bis zum Ekeln süßen Anfang:

„Wenn *die gute Absicht*, die ein Schriftsteller bei seiner Arbeit gehabt hat, zugleich für dieselbe *eine Empfehlung sein kann*: so *verspreche ich* diesem Buche einigen Beifall und ihrem (des Buchs oder der Absicht?) Verfasser von den Freunden der Künste und des Geschmacks Dank." An guter Absicht hat es bisher, Gott sei Dank! noch keinem Schriftsteller gefehlt; und kann schon *die gute Absicht*, nach Herrn Klotz' süßer Manier zu schreiben, *Empfehlung sein*: so *ver-*

heimen gewissen Mittel, die so sehr aufs Große der Welt und Nachwelt gehen, die keiner bisher hat wissen können? – es kommt im Meteorenzuge: „Ist aber ein Mittel leichter, gewisser und edler, als wenn man ihnen behülflich wird, das Herz unsrer Jugend den sanften Eindrücken des Schönen zu öffnen und, welches allezeit eine Folge von der aufrichtigen und weisen Kultur der Wissenschaften ist, es selbst gegen die Reize der Tugend fühlbarer zu machen? –" Und das ist alles: und wer hat dies Mittel nicht längst gewußt? nötig erkannt? angepriesen? Von Quintilian bis auf unsre Quintiliane, wer hört damit etwas Neues? und wenn es, bestimmter, als Herr Klotz gesprochen, auf die Bildung der Kunst abzwecken soll: wer kennt nicht auch hierüber die vortreffliche Winckelmannische Abhandlung? Und was hat Herr Klotz unter dem, was er geschrieben hat und schreiben wird, was hiebei gestellt zu werden verdiente? Und was bleibt ihm also übrig als sein frommer christlicher Wunsch und ein honigsüßes Geschwätze?

Das letzte zieht sich fort: Er lobt die heutige Verfassung der Schulen, beklagt den Mangel an geschickten Männern, bekennet endlich, „daß einige vernünftige Männer das Glück gehabt (denn an den Siegen über Vorurteile und Unwissenheit hätte das Glück einen viel größern Anteil als unsre Kräfte und Arbeiten), andre zu überzeugen, daß der gute Geschmack – –" Gottlob! so gehört schon das außerordentlichste Wunderglück dazu, um das Publikum von der Nützlichkeit des guten Geschmacks *zu überzeugen*: so sind wir nicht weiter, als daß *einige* vernünftige Männer, und das bloß durch ein Glücksspiel, andre davon überzeuget: so tief hätte ich mir doch nicht unsre Zeit gedacht!

Doch Herr Klotz weiß es gutzumachen. Er frohlockt, wie weit man in Verbesserung der Schulen gekommen, malet eine seitenlang verkleckte Aussicht über die Gelehrsamkeit und empfiehlt sich folgendergestalt: „Meine Schrift wird einsichtsvollen Richtern vielleicht nicht mißfallen, wenn man es ihr gleich ansieht, daß ihr Verfasser sie nicht mit der seufzenden und düstern Miene geschrieben hat, welche so viele unsrer Verbesserer der Schulen annehmen. *Das Bewußtsein meiner*

Absicht und die *Überzeugung* von dem Nutzen, welchen mein Vorschlag *notwendig haben muß*, gibt mir den Mut, *mich unter dem Haufen* derer, die einerlei Endzweck mit mir haben, *hervorzudrängen* und zu *verlangen*, daß man mich anhöre — —" Sachte! sachte! Über nichts als eine Schulmaterie, wer wird sich unter dem Haufen aller usw. *hervordrängen*: über eine Materie, über die andre schon besser geschrieben, deren schüchterne Miene gewiß mehr gefallen wird als die fodernde unsres Schreiers, der sich hervordrängt und verlangt, daß man ihn höre: über eine Materie — Kurz! hier ist mein Urteil:

Hat Herr Klotz für Schulen geschrieben: so finde ich sein Buch weder zu einem bildenden Buche in die Hand der Jugend noch in die Hand der Lehrer würdig. Für jene ein Ruinenhaufen von alten Schlössern, in dem sie wahrhaftig nicht werden umherklettern wollen; für diese ein Mengsel von unbestimmten, zusammengerafften Materien, wo eben das fehlt, was sie zu Bildung der Jugend *deutlich, ausführlich, gründlich, bestimmt* suchten.

Hat Herr Klotz zu Lipperts Daktyliothek geschrieben: schlecht! Die schönsten und einzigen Anmerkungen sind aus Lipperts Kommentar: und welcher Liebhaber, welche Schule diesen hat, wirft jenen weg.

Hat er's für Liebhaber, für exoterische Leser geschrieben wie etwa ein Algarotti, ein Fontenelle — ich habe Proben seines schönen Stils, seiner Ordnung, seines guten Tons gegeben.

Soll es endlich für Gelehrte, für Künstler sein —

Und da kommen mir eben Lessings „Antiquarische Briefe", die ich gern eher gehabt hätte! Welch ein hinreißender Strom! welche Belesenheit! welche Kenntnis des Altertums! welcher Scharfsinn! — Schade, daß ein Lessing seine Zeit verschwenden muß, um einem Klotz das zu sagen, was ihm jetzt mehrere von Gesicht ansehen werden.

In meinen „Wäldern" wird bisher wohl niemand eine Spur von Verabredung und Einstimmung haben erträumen wollen, und daher, so entfernt Lessing von mir lebt, so einen Strahl von gutem Vorurteile geben mir seine „Briefe" für manches, das ich an Klotz ausgesetzt. Ein Schriftsteller wie dieser, *von dem* unser Lustrum bisher so willig gelernt, ist ja auch wohl wert, daß das zweite Lustrum *an ihm* lerne.

So wenig die Grazien im Stil des Herrn Lessing meine Freundinnen sein mögen, so wünsche ich doch, mich in Entschuldigung meines oft scharfen, oft antiquarischen Ausdrucks an ihn anzuschließen. Mit ihm sage ich: „Der schleichende süße Komplimententon schickte sich weder zu dem Vorwurfe noch zu der Einkleidung; auch liebt ihn der Verfasser überhaupt nicht. Die Alten kannten das Ding nicht, was wir Höflichkeit nennen. Ihre Urbanität war von ihr ebensoweit als von der Grobheit entfernet.

Der Neidische, der Hämische, der Rangsüchtige, der Verhetzer, der ist, er mag sich noch so höflich ausdrücken, der wahre Grobe"; und wer in diesem süßen Tone seine Seichtigkeit und Halbgelehrtheit verbirgt, für alle, die er anlockt, sich nach ihm zu bilden, der schädlichste Gleisner — Die Klotzische Episode in der deutschen Literatur Schande, wahre Schande!

— — Doch, wieviel Zeit habe ich verloren — —

KRITISCHE WÄLDER

VIERTES WÄLDCHEN

Kritische Wälder
oder
Betrachtungen über die Wissenschaft und Kunst des Schönen

VIERTES WÄLDCHEN,
über Riedels Theorie der schönen Künste

Unus erat toto naturae vultus in orbe
quem dixere Chaos!
Ovid, „Metamorphosen“

INHALT

I

6. Von der Verschiedenheit des sensus communis, des Gewissens und des Geschmacks. Von der Verschiedenheit des letzten nach Bildungen, Erziehung, Himmelsstrichen und Zeitaltern.
7. Riedels Theorie hat weder bündige Kürze noch Zusammensetzung noch Bekanntschaft mit denen, die ihm vorgearbeitet.

II

[bricht ab]

[I]

1

Die Grundbegriffe unsrer neuen Modephilosophie sind, wie alle guten Dinge, drei: hier sind sie mit Herrn Riedels Worten: „Der Mensch hat dreierlei Endzwecke, die seiner geistigen Vollkommenheit untergeordnet sind, das Wahre, das Gute und das Schöne.

Für jeden hat ihm die Natur eine besondere Grundkraft verliehen, für das Wahre den sensus communis, für das Gute das Gewissen und für das Schöne den Geschmack.

Der sensus communis ist das innere Gefühl der Seele, wodurch sie ohne Vernunftschlüsse von der Wahrheit oder Falschheit einer Sache unmittelbar überzeugt wird. Das Gewissen ist eben dasselbe von dem, was gut und böse ist, und der Geschmack eben dasselbe, von dem Schönen, wo es sich findet, unmittelbar überzeugt zu werden."

Unmittelbar überzeugt zu werden? haben die Worte einen Sinn: so wollen sie sagen, *ohne Schlüsse*, *ohne Urteile*, bloß durch eine *einfache Empfindung* überzeugen? Nicht anders als von einer Einzelnheit, von einem Inselbegriffe. Zween Begriffe verbinden oder trennen, wäre schon urteilen; zwei Urteile verbinden, um in ihnen das dritte zu erkennen, wäre schon schließen: und hier soll nicht geschlossen, nicht geurteilt, sondern unmittelbar empfunden werden. Was also eine einfache Empfindung, ein unmittelbares Gefühl in mich bringet, kann nichts als einfache Empfindung, nichts als einzelnes Gefühl sein. Hier muß die Sprache so die Worte wiederholen, wie sich die Ideen wieder erneuren: und wenn ich von tausend Dingen so überzeugt würde, tausend Inselbegriffe, tausend einzelne Gefühle, ein unverbundnes Chaos von Empfindungen und Eindrücken.

Lasset uns unsre Analyse verfolgen. Alle diese unverbundnen Eindrücke, von welcher Art und Klarheit wären sie, wenn sie nichts als solche wären? Natürlich die dunkelsten Gefühle. Eine Sache nur im mindsten klar erkennen, heißt schon sie unterscheiden; und keine Unterscheidung geschieht ja ohne

Urteil, und ein Urteil ist ja kein unmittelbares Gefühl mehr. Gar etwas deutlich erkennen: dazu gehört schon sogar die klare Erkenntnis der Teilbegriffe, als solche, als Merkmale des Ganzen, folglich die Handlung des innern Vernunftschließens; und Herrn Riedels inneres Gefühl soll durchaus ohne Vernunftschlüsse überzeugen: die dunkelste Ideenart also, oder kein Chaos ist dunkel.

Es ist vielleicht der einzige und beste Nutzen der Vernunftlehre, wie wir sie haben, daß sie durch das Zerlegen der Begriffe den Irrtum wenigstens evident machen kann; wenn sie ihn schon nicht vermeiden lehrte. Lasset uns also Herrn Riedels Grundbegriffe weiter zergliedern. Wir sahen, daß sie bloß einzelne Empfindungen geben konnten, daß diese Empfindungen von der dunkelsten Art sein müßten; noch einen Schritt, und siehe! den offenbaren Widerspruch, den augenscheinlichen Irrtum. Eben sie sollen doch Abstrakta erkennen lehren? und so zusammengesetzte, feine, verflochtne Abstrakta als das Wahre, Schöne, Gute? Und sie sollen davon *überzeugen*? d.i. vernünftig mit Ursachen, Merkmalen, Gründen uns dessen sichern? Wie? und das alles ohne Urteil, ohne Schluß? Das alles soll ein blindes, dunkles Gefühl tun? Überzeugen, von Wahrheit und Falschheit, von Gut und Böse, von Schön und Häßlich unmittelbar, durch einen dunkeln Zug, ohne Vernunftschlüsse, und doch überzeugen? Wer hier den offenbaren Widerspruch in Bindung solcher Begriffe nicht sieht, der siehet nichts. Herr Riedel ist in einer ärgern Verwirrung, als wenn er behauptete, daß das grobe Gefühl unsrer Augen, das z.E. auch ohne Licht, in der größten Dunkelheit würket, das sich äußert, wenn ein Strauch oder ein Schlag dies Auge trifft, daß dies grobe Gefühl eben das wäre, was wir Gesicht nennen, und daß wir also kein Licht zu sehen nötig hätten. Herr Riedel irret sich ebenso grob in Absicht auf das Gesicht der Seele, auf den innern Sinn des Erkennens und Gefühls.

Das folgt aus der Entwicklung der Riedelschen Begriffe selbst; jetzt näher an die Erfahrung. Unmittelbar, durch ein inners Gefühl bin ich eigentlich von nichts in der Welt überzeugt, als daß ich bin, daß ich mich fühle. Diese Wahrheit allein wird ohne Schlüsse innerlich erkannt, und der Skeptiker, der sie einen Augenblick leugnen, d. i. der die unmittelbare Überzeugung eines Gefühls in Urteilen und Schlüssen erwiesen haben wollte: der wäre um einen Grad ein größerer Tor, als es der entschlossenste Egoist und Idealist sein können. Er will das Ich durch Vernunftschlüsse erwiesen haben, was doch selbst diese Vernunftschlüsse machen müßte; er will an Vernunftschlüssen nicht zweifeln und zweifelt an der Basis von Empfindung, worauf sie ruhen und die sie bloß modifizieren können; er ist, wenn er sein könnte, ein Tor. Dies innere Gefühl also ist der erste und wahre sensus communis der Menschheit, der unmittelbar und ohne Schlüsse und Urteile erlangt wird.

Die Überzeugung davon, daß etwas außer uns sei, ist von andrer Art, deren Unterschied so schwer zu charakterisieren ist als der Unterschied zwischen Innen und Außen; indessen noch Überzeugung und Gefühl. Der Streit mit den Idealisten ist, recht erklärt, nur immer Wortstreit, daß das *Außer uns* kein *In uns* sei, und wenn also auch die Vorstellungsarten von Körpern nichts mehr als Vorstellungsarten und bequemere Formeln unsrer Charakteristik wären: so haben sie sofern, als unentbehrliche Hypothesen, *äußere* Gewißheit. Eine andre können sie nie haben, solange ich Sinn durch Sinn, Körper durch Körper, ein Äußers durch ein Äußers erkennen muß und solange ich also zu den Organen und ihrer Stimmung unter sich selbst Vorstellungen von außen nötig habe. Es bleibt dies also ein äußeres Gefühl und als solches ein erster und wahrer sensus communis der Menschheit, der nicht durch Schlüsse und Urteile erlangt werden kann.

Wohlan aber! nun gebrauche ich meine Organe in Folge und Mannigfaltigkeit: siehe da eine Menge Inselbegriffe, ohne Ordnung, ohne Zusammenhang, ohne Brücken und ohne Dämme. Sie sollen gereihet, sie sollen verbunden werden — ei! nun würkt mein inneres Gefühl nicht mehr allein: ich lerne verbinden und trennen; siehe da! eine reflechierte Würkung der Seele: ich urteile. Etwas außer mir, mit der Empfindsamkeit meiner Organe zu fühlen, war Gefühl; die mindste Unterscheidung in diesem Etwas schon Urteil; die mindste deutliche Unterscheidung in dem, was erst Urteil hieß, ist eine Doppelreflexion der Würkung der Seele und also schon Schluß, schon Vernunftschluß. Sobald ich nicht eigensinnig sein will, um Namen und Bezeichnungen zu verwerfen, die Jahrtausende durch angenommen sind; sobald ich nicht blind sein will, um Würkungen der Seele zu vermischen und durcheinanderzuwerfen, die so verschieden sind als der einfache Sonnenstrahl von dem einmal und zweimal gebrochnen: so sehe ich hiegegen noch nicht den mindsten Einwand gegen die Wahrheit.

Wohl aber sehe ich auf der andern Seite eben hiemit den Grund des entgegengesetzten Irrtums, und kann ich den sehen: kann ich nicht bloß zeigen, daß es Irrtum sei, sondern auch, woher der Irrtum komme, so ist er gleichsam doppelt widerlegt. Ich bin nicht bloß Philosoph *gegen*, sondern auch *über* ihn geworden: nicht bloß sein unförmlicher Körper, sondern auch die Entstehungsart dieser Mißgestalt ist augenscheinlich.

Vorausgesetzt also nichts als den Unterschied zwischen Empfindung, Urteil und Schluß; lasset uns in unsre Kindheit zurückgehen: die ersten Begriffe von den Körpern, z. E. ihre Undurchdringlichkeit, Farbe, Figur, wie haben wir sie erlangt? unmittelbar durch ein einzeln Gefühl? Nichts minder! durch viele einzelne Gefühle, durch das lange Gegeneinanderhalten derselben, durch Vergleichung und Urteil, bloß dadurch lernten wir sie bis zur Überzeugung. Der Begriff von Größe, von Weite, von Entfernung scheint Empfindung, unmittelbares Gefühl; daß er's aber nicht sei, das zeigen unsre oftmaligen Irrtümer und die kleinsten Versuche mit Reflexion. Sie zeigen, daß alle diese Ideen Urteile, spätgefaßte Urteile, die Folgesätze aus vielen, anfangs verfehlten und noch oft fehlenden Schlüssen sind. Und sind dies die einfachsten, sinnlichsten Begriffe von Körpern, die der unmittelbaren Empfindung durch die Organe so nahe zu liegen scheinen; sind sie nicht bloß durch ein unmittelbares Gefühl, sondern durch viel Vergleichungen und Schlüsse gebildet worden: wie denn die allgemeinsten, feinsten Abstrakta? Wenn ich Weite, Größe, Entfernung eines Körpers schon nicht eigentlich sehen kann, sondern schon urteilen, schließen muß; wie denn Wahrheit, Falschheit, Gut, Böses, Schönheit, falschen Geschmack nicht beurteilen, nicht schließen, sondern unmittelbar empfinden, wie ich's empfinde, daß ich denke, daß ich bin? Welch ein unaufgeräumter Kopf! welch ein Schwall von Begriffen!

Aber freilich! von der ersten Kindheit an haben wir uns ans Denken und an die mancherlei Arten des Denkens und an alle Arten untereinander gewöhnt, daß, so wie bei allen Gewohnheiten, auch endlich bei dieser das Bemerken und Unterscheiden der Teilhandlungen, die wir gewohnheitsweise verrichten, schwerfällt. Wir haben von der ersten Lebenszeit an gedacht, geurteilt, geschlossen, alles dies oft wechselsweise, untereinander, zusammen; alles hat sich also in einen Knoten verwickelt oder vielmehr die mancherlei Fasern so fest in einen Faden zusammengewebt, daß er würklich, wenn man ihn nicht genau zerteilt, als ein einfacher Staubfaden das Auge betriegen kann. In der Schnelligkeit und Gewohnheit urteilen wir, schließen wir und glauben noch unmittelbar zu empfinden; wir lassen Mittelglieder aus, und der Schluß scheint ein simples Urteil, wir verdunkeln den Zusammenhang der Begriffe, und das Urteil scheint unmittelbare Empfindung. Die ersten Begriffe von Farbe, Figur, Weite der Körper lernten sich bloß durch ein langes Gegeneinanderhalten einzelner Empfindungen; allein eben durch das lange Gegeneinanderhalten wurden sie uns geläufig: die Mittelglieder zwischen ihnen verdunkelten sich; sie blieben als simple unmittelbare Empfindung, und so nehmen wir sie im Gebrauch, im Übersehen der Anwendung, in der fertigen, schnellen, unbemerkenden Gewohnheit. Wie aber? soll sie der Weltweise so nehmen? eben er, der bedächtige, forschende Zergliederer der Seele? Wie, wenn die Seele eines Newtons in ihren mathematischen Offenbarungen mit einmal Glieder hinüber wegschauet, über viele Mittelsätze sich mit innerer gewohnter Stärke wegwirft und das als unmittelbare Folge erblicket, so sein Ausleger in der Schlußkette noch manches Glied zwischeninne zu stellen hat, um den Zusammenhang zu zeigen, wo der Schüler noch bei jeder Zwischensprosse sehr mühsam zu klettern hat, um die ganze Leiter zu ersteigen – wie? die verschattete Zwischenreihe von Begriffen in der Seele Newtons, wird sie denn durch die Verschattung, durch das feurige Überhinsehen denn an sich vernichtet? verneinet? weggeräumet? oder ist sie nicht würklich noch da in der Kette und zeigt sich dem Auge des einzeln forschenden Kommentators, des langsam lernenden Schülers unentbehrlich? Und wenn die Seele eines Kindes (in ihrer Sphäre so groß wie die Seele Newtons!) durch eine lange Gewohnheit zu denken, zu urteilen zu schließen endlich gewohnheitsmäßig, ohne sich immer des Unterscheides bewußt zu sein würket, hört denn damit der Unterschied an sich auf? und für den Philosophen auf, der die Grundkräfte und Grundwürkungen der Seele eben aufzählen, eben unterscheiden will? — — Mich dünkt, die Quelle der Unbestimmtheit ist sichtbar gnug.

Vielleicht aber war es Herrn Riedel hier nichts an Bestimmtheit gelegen: vielleicht wollte er mit seinen Erklärungen nichts, als in schöner Verwirrung folgendes sagen, daß wir uns unserer Urteile und Schlüsse nicht immer deutlich bewußt sein, daß wir ohne dieses Bewußtsein die Wahrheit und Schönheit und Rechtschaffenheit lebhafter erkennen und fühlen und wählen, weil wir voll vom Objekt die Mittel unsrer Würkung gleichsam vergessen und, des Formellen unsrer Erkenntnis unbewußt, das Materielle so lebhafter umfassen. Vielleicht wollte er sagen, daß die Natur gut gehandelt, daß sie den mittlern Grad der Menschheit auch auf dieser mittlern Stufe von gewohnter Fassung der Seele, zwischen dunkeln und deutlichen Ideen stehen lasse; daß dieser mittlere lebhafte Grad eben die Horizonthöhe sei, die wir gewöhnlich in Sachen der Erkenntnis sensus communis, in Sachen des Rechts und Unrechts Gewissen, bei Gegenständen des Schönen Geschmack nennen; daß die Ausdrücke nichts als ein habituelles Anwenden unsres Urteils auf Gegenstände verschiedner Art bedeuten — — doch was träume ich, was Herr Riedel habe sagen wollen, da er eben diametralisch das Gegenteil sagen *will*: denn eben diese drei habituelle Anwendungen einer Geisteskraft macht er, und das ist sein Zweck, sein Verdienst, seine Verbesserung der Philosophie, zu *Grundkräften der Seele.*

Und so wird, was voraus bloß logische Unbestimmtheit war, wahrer psychologischer Unsinn. Die drei Mißgeburten von

Ideen, ein unmittelbares Gefühl, das ohne Vernunftschlüsse und doch überzeugt, und zwar von den feinsten Abstraktionen des menschlichen Geistes, von Wahrheit, Schönheit und Güte überzeugt; diese Geschöpfe einer verwirrenden Reflexion werden Grundkräfte, erste unaufzulösende Grundkräfte, und kommen, gleichsam auf wasserebnem Boden der Seele nebeneinander. Nebeneinander? Sensus communis, Geschmack und Gewissen als Grundkräfte nebeneinander? Wie, so würkt doch jede als Grundkraft für sich? So ist sensus communis ohne Geschmack und Gewissen ohne sensus communis möglich? So sind Geschöpfe möglich, die Geschmack ohne Verstand und Verstand ohne Gewissen haben? Die Gefühl für das Gute und Böse, andre für das Schöne und Häßliche haben können, ohne einer Empfindung des Wahren fähig zu sein? O des Psychologen, des Psychologen! Er weiß sich Geschmack und Gewissen ohne sens commun. Er findet in beiden nichts, aus diesem erklärt zu werden. Er kann sie ohne diesen als Grundkräfte erklären, ordnen, vielleicht auch schaffen – o des Psychologen!

Der Geist nimmt gleichsam unvermerkt eine finstre sombre Miene an, wenn er, nachdem er die Seelenlehre in der Simplizität und Nettigkeit und genauen Präzision betrachtet hat, in welche sie die Schüler Leibniz' gestellet und in welcher Mendelssohn und Sulzer so manche Paradoxe insonderheit im Felde dunkler und verworrener Ideen aufgekläret haben, wenn er von dem Anschauen dieses durch seine edle Simplizität großen Gebäudes mit eins in den Crusisch-Riedelschen Irrgarten soll, wo Grundkräfte über Grundkräfte wild verwachsen dastehen, wo die zusammengesetztesten und verwickeltsten Fertigkeiten der Seele Grundempfindungen werden, aus denen alles, was man will und nicht will, folget, wo die menschliche Seele ein chaotischer Abgrund innerer unmittelbarer Gefühle und die Weltweisheit eine empfindsame dunkle Schwätzerin wird – o Schwätzerin, du bist keine Philosophie mehr, die du alle Philosophie tötest!

2

Alle Philosophie tötest? und Herr Riedel bauet gar auf jede seiner Grundkräfte eine eigne neue Philosophie, die so abgetrennete Gebäude sein sollen, wie ihre Grundlage abgetrennte Kräfte sind – die Philosophie des Geistes, des Herzens, des Geschmacks. Wir wollen an sie hinan und ihre Säulen prüfen: lasset uns aber ja hüten, daß sie nicht gar in ihrem Fall auf uns stürzen.

Das Wesen der Philosophie ist, Ideen, die in uns liegen, gleichsam hervorzulocken, Wahrheiten, die wir nur dunkel wußten, zur Deutlichkeit aufzuklären, Beweise, die wir nicht in allen Mittelursachen helle faßten, zu entwickeln. Zu allem gehören Urteile und Schlüsse: Urteile, die von der Vergleichung zweier Ideen anfangen und in ihrer Entwicklung so lange fortschließen, bis die Verhältnis beider gegeneinander offenbar wird. Hierin beruhet das Wesen und die bildende Kraft aller Philosophie, daß ich durch sie Wahrheiten, wenigstens in einer Evidenz, in einer Gewißheit sehe, die ich voraus gar nicht oder wenigstens nicht so klar, so deutlich sahe; daß ich durch sie Urteile des Geschmacks mit einer Gewißheit fälle und Schönheiten in einem Lichte unterscheide, in dem sie mir voraus nicht erschienen; daß ich das Gute und Böse in dem Ursprunge, in der Gestalt und in den Folgen seines Wesens einsehe, wie ich's schlechthin voraus nicht erblickte: das ist die Bildsamkeit der Philosophie und siehe! sie ist weg über den Riedelschen Grundkräften. Ein unmittelbares Gefühl ohne Vernunftschlüsse läßt sich nicht aufklären, läßt sich nicht entwickeln, und wenn es sich auch ließe, wozu der lange unnütze Umweg? Ist's ein unmittelbares Gefühl für Wahrheit, Schönheit und Güte, das mich ohne Kultur und Vernunftschlüsse zu diesen drei so hohen Zielen der menschlichen Seele hinwirft; wohin weiter, wohin in der Welt höher als zur Überzeugung dessen, was wahr, gut und schön ist? „Der sensus communis lehrt jeden Menschen so viel Wahrheit, als er braucht, um zu leben und das Gute nicht zu verkennen." So viel, als er braucht? zu leben? und das Gute nicht zu verkennen? ich ergänze die unausstehlichen Unbestimmtheiten dieser Worte, ich denke mir etwa ihre Ideen, und habe ich an meinem innern Gefühl so viel: Dank dem Denker für seine Grillen! Ich habe nicht bloß den Probierstein; ich habe die Quelle aller Wahrheit; ich habe alle Wahrheit selbst in mir; ich habe ein inneres Licht, ein unmittelbares Gefühl, auf welches der mittelbare Kram des Philosophen erst weitläuftig soll zurückgeführt werden: ich danke. Mit der Philosophie des Herzens nicht anders: wenn mich mein Gefühl sicher leitet, wozu System? wenn es mich unmittelbar zum Guten führet, wozu philosophische Aufmerksamkeit? wenn ich ein innerliches Licht habe, was mich erwärmt, erschüttert, durchflammt: wozu das Schattenwerk abgezogner Begriffe und kalter Schlüsse, die vor meinen Augen spielen und nichts als schwache Rückprallungen meines innerlichen Lichts sind. Vollends die Philosophie des Geschmacks? man lese Riedels „Briefe über das Publikum", und man wird ihre Achtserklärung feierlich finden. Alle Philosophie hört also auf: lebe wohl, unnütze Schwätzerin! wir sind im Reiche vernunftloser Instinkte, in den Abgründen unmittelbarer Züge und dunkler Schwärmereien! Verlasse uns, du, die du nicht anders als auf lichten Höhen wohnest, um die Welt zu erleuchten: verlasse uns in unserm Vaterlande, in dem wir uns so wohl befinden, in der dunkeln Höhle Platons.

Und wenn ich zum Unglück ein Geschöpf wäre, daß diese Gefühle nicht hätte, wenigstens nicht in der Stimmung mit meinen Nebengeschöpfen hätte; wo bleibt alsdenn in der Schöpfung der Wesen das gemißbrauchte Wort Überzeugung? Nicht ihr Schatte ist denkbar: das Wahre, Schöne und Gute ist qualitas occulta: wer sie fühlt, mag sie fühlen; — wo nicht — wer kann helfen, wer kann überzeugen? Der Philosoph, dieser sonst so mächtige Gebieter über den unabhängigsten Teil unsrer Seele, Vernunft und Freiheit, der Philosoph nicht. Er hat den Wunderstab seiner Einwürkung, seiner Umwälzung, seiner Verwandlung menschlicher Seelen verloren: seine Philosophie ist keiner Vernunftschlüsse, mithin keiner Beweise, mithin keiner unentweichlichen Überzeugung fähig. Du so; ich fühle anders — wir gehen auseinander. C... fühlt so viel fremde Geister in seine Seele würken, fühlt bei jeder

Gattung, was es für ein Geist sei, fühlt, auf wieviel Arten er würken könne — er fühlt's! *Was sich nicht anders als wahr fühlen läßt, ist wahr* — meinetwegen! *ist wahr!* wir gehen auseinander. *Klotz* ruft sich selbst zu: Herr Geheimderat Klotz, Sie schreiben schön, o sehr schön! neu, vortrefflich, gründlich, göttlich — ich fühle es! *Was sich nicht anders als schön fühlen läßt, ist schön* — ist schön! meinetwegen: aller Widerspruch hört auf! Und du, Philosoph der Tugend und Religion, der du mich vom Laster und Elende zurückrufen, zurückreißen willst, ach! die Stimme deiner Zurechtweisung, deiner Änderung schreiet sich matt: mein sittliches Gefühl ist anders gestimmt wie das deinige, siehe hier! Die Sympathie für das Laster in meiner Brust: sie reißt mich ohne Vernunftschlüsse fort, wie kann sie durch Vernunftschlüsse geändert werden. Die Tugend ist unmittelbares Gefühl: in mir ist's das Laster, ich handle nach der Mechanik meines Herzens. — — — Man darf Folgen von der Art nur zeigen, um ihren Grund zu verwerfen und zu verabscheuen, und eine Philosophie mit solchen Grundkräften und obersten Grundsätzen nur etwas überdenken, um ihr geradezu den Eintritt in die Seele zu versagen, wie Plato den verderblichen Dichtern.

An einzelnen Sätzen, Lehren und Beweisen gebe ich's gern zu, daß sich in der Wolffischen Philosophie noch vieles ändern lasse, so wie bereits manches mit Grunde in ihr geändert ist; ich gebe es gern zu, daß es nie Geist der Weltweisheit werden müsse, Lehren und Hypothesen nachzubeten und nachzubeweisen; aber wenn unsere großen Antiwolffianer dieser Philosophie denn auch nichts, auch nicht Grundsätze zu denken, wenn sie der Vernunft auch nicht ihre ersten Axiome lassen und alles, Prinzipien, Methode und die Vernunft selbst zu Sektengeist machen wollen: so sehe man nur das an, was sie in die Stelle setzen, um zur Wolffischen Philosophie, den Grundsätzen nach, zurückzukehren. Mir hat jederzeit die Baumgartensche Psychologie eine reiche Schatzkammer der menschlichen Seele geschienen, und ein Kommentar über sie mit der dichterischen Anschauungsgabe eines Klopstock, mit der gelaßnen Bemerkungslaune eines Montaigne und mit seinem ruhigen Blick auf sich selbst in der Sphäre des guten Verstandes, in den höhern Gegenden endlich mit dem scharfen Blick eines zweiten Leibniz: ein solcher Kommentar wäre ein Buch der menschlichen Seele, ein Plan menschlicher Erziehung und die Pforte zu einer Enzyklopädie für alle Künste und Wissenschaften. Soviel Ordnung und Genauigkeit in Bestimmung der Seelenkräfte, soviel Reichtum an psychologischen Aussichten, so eine allweite unerschöpfliche Natur menschlicher Seele, als er übersehen läßt: sind sie nicht Lokkung gnug für einen Forscher sein selbst, nach solchem Plan, nach solchen Aussichten, in den Grund seines Busens zu steigen, neue Erfahrungen zu suchen und sie auf ihn zurückzuleiten? Alsdenn welche strenge Grundbegriffe wird er finden! welche feine Entwicklung derselben, zu jeder Modifikation jeder Seelenkraft! welche Errichtung des Baues der menschlichen Seele, in Simplizität, Ordnung, Reichtum und Schönheit auf einer einzigen, ebnen, festen Basis. Die Gabe zu definieren kenne ich bei keinem Philosophen in kürzerer bündigerer Vollkommenheit als bei Aristoteles und ihm; ja, wenn ich sie nie geschätzt hätte, so würde ich sie bei dem Riedelschen Definitionsgeiste schätzen lernen. So manche Homische Erfahrungen, die unsre Deutsche wieder für neu aufnahmen, hatte ich lange bei ihm in einer genauern Sprache gekannt; manches, womit sich unsre neue Schönphilosophen seitenlang brüsten, liegt bei ihm oft in einem Worte, in einer stillen Erklärung; und wenn man nicht klein gnug ist, um sich an dem erniedrigenden Namen seiner „*untern* Seelenkräfte“ zu stoßen: so wird man ihn als den ersten Philosophen neuerer Zeit finden, der in diese Gegenden der Seele eine helle philosophische und oft dichterische Fackel getragen. — — Ich halte es mir für eine Ehre, aus Überzeugung dem Schatten dieses Mannes stille Weihrauchkörner zu streuen, zu einer Zeit, da man ihn für einen blödsinnigen, fühllosen Demonstranten angeben darf und sich's für ein Verdienst hält, seine Philosophie zu verleumden. Wer nur einige neue Modeschriften gelesen hat, wird mich nicht fragen wollen wie jener Spartaner den Lobredner des Herkules: „Wer tadelt ihn?“, da ihn jetzt jeder tadelt, der ihn nicht verstehet.

Lasset uns statt seiner die Riedelsche Methode der Philosophie sehen. Hier soll's erster Grundsatz sein: „Was jedermann als wahr denken muß, ist wahr!“, und dieser Grundsatz ist nicht bloß kein Grundsatz, sondern das förmlichste Bekenntnis, daß seine Philosophie keine Grundsätze habe und leiden könne. Die Regel, „was allen gefallen muß, ist schön!“, ist keine Grundregel einer Philosophie; sie sagt nur, daß die Philosophie des Schönen keine Grundregel habe und daß es also keine Philosophie des Schönen gebe. In seiner Ästhetik sind also das Schöne und Häßliche zwo unmittelbare Gefühle, zwo unaufzulösende Empfindungen. Aus ihnen soll alles hervorgeholt werden wie aus der magischen Laterne der Theosophen; mit ihnen soll philosophisch und zugleich so wunderschön gedacht werden, daß man eine wahre Seltenheit in Herrn Riedels Vergleich zwischen den Philosophen und Schöndenkern in seiner Einleitung zur „Theorie“ selbst lesen mag. Mit ihnen soll so schön geschrieben und so innig heraufempfunden werden, daß man ja in Schönheit keine Wahrheit suchen solle und niemand mehr Spott erhält als der elende Tropf, der Denker. Das ist die hervorgefühlte Riedelsche Philosophie des Geschmacks, nach dem vortrefflichen obersten Grundsatz: „Was sich nicht anders als schön fühlen läßt, ist schön!“ Greife zu, wer Lust hat!

3

In den „Briefen an und über das Publikum“, die aber im Inhalte und Vortrage wohl *unter* der Würde des Publikum sein dörften, *an* das und *über* das er schreibt, hat Herr Riedel sich mehr über seinen Begriff der Ästhetik erklären oder vielmehr zeigen wollen, daß er von ihr ganz und gar keinen Begriff gehabt. Er findet drei Wege der Ästhetik, die er den Aristotelischen, Baumgartenschen und Homischen zu nennen beliebt, wo der Grieche seine Gesetze aus dem Werke des Meisters, der Deutsche, der elende trockne Baumgarten, aus der Definition, der Brite aus der Empfindung genommen hätte; und auf keinem von dreien findet unser große vierte Schöpfer Ästhetik. Auf keinem von dreien? und sind denn alle drei Wege — ich will nicht fragen, ob sie den gedachten drei Männern ausschließend zugehören – sind sie denn an sich selbst ausschließend? Kann ich, indem ich das Kunstwerk eines Meisters, ein zweiter Aristoteles, zergliedere, nicht eben denn auch auf meine dadurch erregte Empfindung mit Homischer Stärke merken und eben daher mit der Genauigkeit, Unterscheidung und Unterordnung Baumgartens Bestimmungen zur Definition sammlen? Ist's nicht dieselbe Seele und dieselbe Würkung der Seele, die ein Meisterwerk voraussetzt und in ihm Kunst bemerkt, Empfindung des Schönen daran voraussetzt und jetzt eben diese Empfindung zergliedert, eine Definition der Schönheit – nein! nicht voraussetzt, sondern eben objektiv aus dem Kunstwerk und subjektiv aus der Empfindung sie sammelt? Ist dies nicht alles *eine* Arbeit *einer* Seele, und warum denn mutwillig die Wege trennen, um sie mutwillig zu verleumden, da doch ohne alle drei zusammengenommen nie eine Ästhetik werden kann?

Nicht ohne den *Aristotelischen* Weg; ich will ihn Herrn Riedel zu Gefallen so nennen, und eben der Ästhetik zu Gefallen rufe ich den Aristoteles unsrer Zeit zu: wie Aristoteles seinen Homer und Sophokles, Weise unsrer Zeiten, so zergliedert ihr die Kunstwerke eurer großen Originale, Dichter und Künstler, Künstler und Dichter. Ein Winckelmann seinen Apollo wie Mengs seinen Raffael, ein Hagedorn seine Landschaftsschöpfer wie Hogarth Wellenlinien und Karikaturen. Ein Addison seinen Milton und Home seinen Shakespeare, ein Cesarotti seinen Ossian und ein besserer Meier unsern Klopstock. Ein Scamozzi und Vignola seine Gebäude, ein Rameau und Nichelmann ihre Tonkunst, ein Noverre seine Tänze und ein Diderot die Gemälde und den Ausdruck der Bühne. Jeder zergliedere sein Kunstwerk und sammle die Spuren, wo sich das Schöne offenbaret: sie arbeiten für die Ästhetik alle, nur jeder in seinem Felde; und elend gnug, daß Riedel bei seiner ganzen Theorie der schönen Künste und Wissenschaften an nichts weniger als an solche Felder und solche Arbeiten gedacht hat.

Er tut also was Besseres, solche Arbeiten verrufen und herabsetzen: und ach! ich werde gezwungen, mich in sein magres Detail von Gründen zu begeben. So muß man oft Zeit und Arbeit verderben, um zu widerlegen, um viel zu sagen, damit der andre nichts gesagt habe. „Diese Regel“, sagt Herr Riedel, hat „der Dichter vielleicht und vielleicht auch nicht im Sinne gehabt.“ Vielleicht und vielleicht auch nicht? Liegt sie würklich in seinem Werke, ist sie da, ein Bestandteil des Schönen, das Würkung tut, wohl! so hat sie der Dichter im Sinne gehabt: sie gehört mit zu seinem Werke. Ob er sie deutlich oder undeutlich dachte, was geht das meine Beobachtung an? je größer er war, desto weniger zerarbeitete er sich mit deutlichen, schwächenden, ermattenden Regeln, und der größte Geist war's, der, da ihn die Muse begeisterte, von keinem Gesetz wußte. Ein Sophokles dachte an keine Regel des Aristoteles; liegt aber nicht mehr als der ganze Aristoteles in ihm? „Die Regeln, die der Kunstlehrer aus der Iliade aufblättert, für wen sollen sie Regeln sein?“ Für keinen! für Milton und Klopstock, für Schönaich und, wenn Herr Riedel ein zweiter Butler werden will, auch für ihn nicht! für kein Genie, das sich selbst Laufbahn eröffnen, Originalflug nehmen kann, und wie die Geisterkabbalistik weiter laute. Sie sollen gar nicht Regeln: Beobachtungen sollen sie sein, aufklärende entwickelnde Philosophie für Philosophen, nicht für Dichterlinge, nicht für selbstherrschende Genies. Wie, weil es unmöglich ist, daß zergliederte Tiere sich vermehren können, soll deswegen der Anatom keins zergliedern? „Aber solche Regeln gehen zu sehr ins Detail!“ Ins Detail, um angewandt zu werden? dazu wurden sie nicht gesucht. Ins Detail, um nicht ein Ideal von Werke zu geben? Die Schuld liegt am Künstler, und das eben zeigt der Zergliederer. Ins Detail, um die Schönheit nicht philosophisch im Bilde zu geben: die Schuld liegt am Ästhetiker; er hat nicht recht bemerkt, abstrahiert, geordnet. — Hebt das aber die Sache? „Wie leicht ist's, Fehler in seinem Autor für Schönheiten anzusehen und sie zu Regeln zu machen?“ Freilich leicht, sehr leicht, und ohne aus löblicher Schweizerliebe den wahrhaftig philosophischen Breitinger und dazu in einem Beispiel anzuführen, wo er mehr recht hat als Riedel, frage ich nur, was aus diesem so leicht zu begehenden Fehler folge? Daß der Philosoph seine Augen ganz wegwerfe, weil er Fehler als Schönheiten sehen kann, oder daß er sie besser brauche?

Daß er an Genauigkeit ein Aristoteles werde? o daß es Riedel in seiner „Theorie der schönen Künste" geworden wäre, was würden wir für ein ander Buch haben!

So einen kahlen Beurteiler andrer habe ich vor mir, und gegen Baumgarten wird er noch etwas mehr als kahl, hämisch; da doch Riedel, er, der Baumgarten in allen Fehlern seiner Methode gefolgt ist, ohne *eine* von seinen Tugenden zu haben, gerade der letzte Mann hätte sein sollen, sich an Baumgarten zu machen. „Eben", sagt er, „als wenn sich die Schönheit wie Wahrheit definieren ließe!" Und eben, antworte ich, als ob es eine Ungereimtheit wäre, das zu behaupten? eben, als wenn die Schönheit, die ich empfunden, deren Phänomene ich in ihr und in meiner Empfindung zergliedere, sich nicht dem Deutlichen der Wahrheit nähern ließe? eben als wenn diese Deutlichmachung nicht Zweck der Ästhetik wäre? und diese also würklich die Schönheit, dies Phänomenon der Wahrheit, nicht zu definieren suchen sollte? Ich denke, ohne Ungereimtheit, das soll sie! „Als ob eine Ode wie ein Sorites und die Epopee wie eine Disputation zu behandeln sei!" Für den Dichter der Ode und der Epopee ja nicht; der Philosoph aber behandelt sie nicht eben wie eine Disputation, wenn er „aus den gegebnen Begriffen durch eine Reihe von unumstößlichen Schlüssen Regeln folgert", er braucht also keine Spottnamen, denn er folgert Sätze zur Erkennung der Schönheit. „Aber wo ist der allgemeine Begriff der Schönheit: die Schönheit ist ein ἄρρητον, was mehr empfunden als gelehrt wird." Und was Herr Riedel einwirft, ist unverdauetes Geschwätz, Schönheit, als Empfindung betrachtet, ist ein ἄρρητον: im Augenblick des verworrenen süßen Gefühls, der sanften Betäubung ist sie unaussprechlich; sie ist unaussprechlich, wenn genau bestimmt werden soll, wie diese Empfindung mit diesem Gegenstande so mächtig zusammenhänge. Aber daß dieser unaussprechliche Augenblick von einem andern, der nicht fühlen, sondern denken will, nicht aufzuklären, daß der unaussprechliche Eindruck eines Gegenstandes auf Sinne und Phantasie nicht bis auf gewisse Grade zu entwickeln, daß in einem Objekt, wie in Gebäude, Gedicht, Gemälde, nicht die Schönheit und die Gründe des Wohlgefallens aufzusuchen sei – wen wird das der Zweifler überreden? Nur den, der noch keine Zergliederung eines Kunstwerks der Schönheit je gemacht oder gelesen hätte. Aber „aus willkürlichen Begriffen folgen nur willkürliche Regeln", und also aus unwillkürlichen Begriffen, die aus wesentlichen Bestandteilen der Schönheit abstrahiert sind, wahre Sätze, nicht? „Vielleicht sind sie alsdenn zu sklavisch gebildet und bloß aus Kunstwerken, die vorhanden sind, abstrahiert?" Wohl! so hätten wir eine Ästhetik nur über die, aber über alle die Kunstwerke, die schon vorhanden sind, und haben wir die? haben wir den kleinsten Teil derselben philosophisch generalisiert? Und wenn denn auch die, die wir schon haben, so sklavisch gebildet, so unvollkommen, so schwankend, so wiederholt, so übel angewandt, so sehr an unrechtem Ort zu Gesetzen gestempelt wäre: freilich so verdienen sie Berichtigung, Vervollkommung; aber Spott? die ganze Methode Spott? alle Verdienste in derselben Spott? Mich dünkt, die Muse der Philosophie des Schönen kann Spötter nicht anders als mit Verachtung lohnen.

Bei der *Homischen* Denkart weiß ich nicht, wie sie den andern entgegenstehe. Auch Home zergliederte Kunstwerke, seinen Shakespeare und Ossian; auch Home schloß von einem gefundnen Begriff herab, wie Baumgarten herabschloß: und ohne alle drei Wege zu verbinden, die nur würklich *ein* Weg sind, ist wahrhaftig keine Ästhetik möglich. Diese wählt sich die Methode der Philosophie, die strenge Analysis: nimmt Produkte der Schönheit, in jeder Art, soviel sie kann, merkt auf den ganzen ungeteilten Eindruck; wirft sich aus der Tiefe dieses Eindrucks auf den Gegenstand zurück; bemerkt seine Teile einzeln und zusammenwürkend; vergibt sich keine leidigschöne Halbidee; bringt die Summe der Deutlichgemachten unter Hauptbegriffe, diese unter ihre; endlich vielleicht ein Hauptbegriff, in dem sich das Universum alles Schönen in Kunst und Wissenschaft spiegelt. O Ästhetik! die fruchtbarste, schönste und in manchen Fällen neueste unter den abstrakten Wissenschaften, in allen Künsten des Schönen haben dir Genies und Künstler, Weise und Dichter Blumen gestreuet – in welcher Höhle der Musen schläft der Jüngling meiner philosophischen Nation, der dich vollende! Siehe! er wird bauen und sich mit dem Kranz deiner Vollkommenheit verewigen, indessen ich unter Riedelschem Schutt wühle, um ihm eine Ebne zu bahnen!

4

Um mit *einmal* den kleinen Armseligkeiten zu entkommen, die man gegen die ganze Ästhetik aus einem übel verstandnen Begriffe derselben hat, nähere ich mich dem Philosophen, der nur zu klein wäre, wenn er den Namen der Ästhetik erfunden, wenn er nicht auch den szientifischen Plan derselben überdacht hätte. Baumgarten, sonst der wortgerechteste Ästhetiker, wird uns mit seiner Einleitung am besten Gelegenheit geben, den Unterschied zwischen einer Philosophie *über* und *aus* dem Geschmack zu zeigen.

Er nennet sein Werk „Theorie der schönen Künste und Wissenschaften“; und ohne Zweifel ist dies der beste Name, den er selbst, wie Moses und Sulzer gezeigt haben, mehr im Großen hätte beobachten sollen. Er nennt's *Ästhetik, Wissenschaft des Gefühls des Schönen* oder, nach der Wolffischen Sprache, *der sinnlichen Erkenntnis*; noch angemessen! Sonach ist's eine Philosophie, die alle Eigenschaften der Wissenschaft und der Untersuchung, Zergliederung, Beweise und Methode haben muß. Er nennt aber auch seine Ästhetik *die Kunst, schön zu denken*; und das ist schon eine ganz andre Sache; ein Ich-weiß-nicht-was von Fertigkeit und praktischer Anweisung, die Kräfte des Genies und Geschmacks anzuwenden oder, nach der Kunstsprache, die sinnliche Erkenntnisfähigkeit schön zu gebrauchen, und das ist Ästhetik ihrem Hauptbegriffe nach nicht.

Man setze die Kräfte unsrer Seele, das Schöne zu empfinden, und die Produkte der Schönheit, die sie hervorgebracht, als Gegenstand der Untersuchung: siehe da eine große Philosophie, eine Theorie des Gefühls der Sinne, eine Logik der Einbildungskraft und Dichtung, eine Erforscherin des Witzes und Scharfsinns, des sinnlichen Urteils und des Gedächtnisses; eine Zergliederin des Schönen, wo es sich findet, in Kunst und Wissenschaft, in Körpern und Seelen, das ist Ästhetik und, wenn man will, Philosophie *über den Geschmack.* Die *Kunst des Geschmacks* hat zum Zwecke die Schönheit selbst, und übel mit der Ästhetik gepaaret, will sie selbst schön denken, schön urteilen, schön schließen; statt bloß richtig zu schließen, scharf zu urteilen, wahr zu denken. Die eine ist ars pulcre cogitandi, die andre scientia de pulcro et pulcris philosophice cogitans; die eine kann bloß Liebhaber des Geschmacks, die andre soll Philosophen über denselben bilden. Die Vermischung beider Begriffe gibt also natürlich ein Ungeheuer von Ästhetik, und wenn Meier in seine Erklärung noch gar dazusetzt, daß sie das sinnliche Erkenntnis „verbessere“, so weiß man noch weniger.

Ich fahre fort, in der Kunstsprache Baumgartens zu reden. Man weiß, er hat eine natürliche und künstliche Ästhetik, die von einander nicht mehr als gradweise unterschieden zu sein scheinen, die es aber vielleicht wesentlich ganz sind, ob sie sich gleich einander voraussetzen. Jene natürliche Fähigkeit, das Schöne zu empfinden, jenes Genie, das durch Übung zu einer zweiten Natur geworden, wie würkt's? in den Grenzen des Gewohnheitartigen, in verworrenen, aber desto lebhaftern Ideen, kurz als eine Fertigkeit des Schönen. Da ist sich weder Dichter noch jedes andre feurige Genie der Regeln, der Teilbegriffe des Schönen und mühsamer Überlegung bewußt: seine Einbildungskraft, sein Feuerblick aufs große Ganze, tausend Kräfte, die in ihm sich zusammen erheben, würken; und unselig, wenn ihn eine Regel störet! Eine solche natürliche Ästhetik kann weder durch Regeln gegeben noch ersetzt werden, und es ist Unverstand, zwo so unendlich verschiedne Sachen zu vermischen.

Die künstliche Ästhetik oder die *Wissenschaft* des Schönen setzt die vorige *voraus*; aber gar nicht auf demselben Wege *fort*; ja sie hat gar das Gegenteil zum Geschäfte. Eben das Gewohnheitsartige, was dort schöne Natur war, löset sie, soviel an ihr ist, auf und zerstört's gleichsam in demselben Augenblick. Eben die schöne Verwirrung, wenn nicht die Mutter, so doch die unabtrennliche Begleiterin alles Vergnügens, löset sie auf, sucht sie in deutliche Ideen aufzuklären: Wahrheit tritt in die Stelle der Schönheit. Das ist nicht mehr der Körper, der

Gedanke, das Kunstwerk, das im verworrenen Anschauen würken soll; in seine Bestandteile der Schönheit aufgelöset, soll es jetzt als Wahrheit erscheinen: das soll deutlich gesagt werden, was vorher verworren auf mich würkte – welche zwei Ende des menschlichen Geistes! sie heben sich beinahe im Augenblick der Energie einander auf.

Man verwirre also nicht zwei Dinge, die so verschieden sind, um einer Ästhetik aus der andern Vorwürfe zu machen. Wenn die eine sinnliches Urteil ist, eine gebildete Natur, in Sachen der Schönheit Vollkommenheit und Unvollkommenheit zu sehen, sinnlich, mithin lebhaft, mithin durchdringend, mithin entzückend zu genießen: so bleibt sie immer *sinnliches* Urteil, verworrene Empfindung, und soll's bleiben. Seelen solcher Natur nennen wir Genies, schöne Geister, Leute von Geschmack; nach dem Grade, in welchem sie sie besitzen; ihre Ästhetik ist Natur, ist Evidenz in Sachen des Schönen. Wie aber die andre, die eigentliche wissenschaftliche Ästhetik? Sie heftet sich mit ihrer Aufmerksamkeit auf die vorige Empfindung, reißt Teile von Teilen, abstrahiert Teile vom Ganzen – nicht mehr schönes Ganze: es ist in dem Augenblick zerrißne verstümmelte Schönheit. So durchgeht sie die einzelnen Teile, sinnet nach, hält alle zusammen, um sich den vorigen Eindruck wiederzubringen, vergleichet. Je genauer sie nachsinnet, je schärfer sie vergleichet, desto deutlicher wird der Begriff der Schönheit, und so ist also ein deutlicher Begriff der Schönheit kein Widerspruch mehr an sich, sondern nichts als ein völliger Unterschied von der verworrenen Empfindung derselben. Und so fällt mancher leere Vorwurf, den man auf die Ästhetik geworfen, weg.

Ich will auch in diesen Vorwürfen Baumgarten folgen. Da er nicht die genaue Unterscheidung beobachtet hat, die ich vorangeschickt: so müssen manche seiner Antworten langweiliger fallen, als es uns nötig sein wird. „Ist z. E. die Ästhetik unter der Würde, unter dem Gesichtskreise des Philosophen?" Keinesweges! sie ist ja selbst die strengste Philosophie über einen würdigen und sehr schweren Inbegriff der menschlichen Seele und der Nachahmungen der Natur; sie ist ja selbst ein Teil, ein schwerer Teil der Anthropologie, der Menschenkenntnis;

was brauche ich also die Baumgartenschen höflichen Entschuldigungen, „der Philosoph sei doch auch ein Mensch, der sich was vergeben könne"; ich sehe in ihm hier nichts als den würdigen Philosophen der Menschheit. „Aber Verwirrung ist die Mutter des Irrtums." Ich streiche hiegegen alle drei Baumgartenschen Antworten aus, die auf einem verworrenen Begriff der Ästhetik beruhen. Weder liebt diese die verworrenen Ideen, nicht als conditio sine qua non, nicht als Morgenröte zur Wahrheit, noch sucht sie geradehin vor Irrtümern zu sichern – dies ist das Werk abgeleiteter Theorien –, noch will sie die Verwirrung verbessern und aufheben, daß man die Schönheit künftighin nicht mehr verworren, sondern deutlich fühlen soll, als welches ein Widerspruch wäre. Alles nicht! und wie wäre auch wohl das letzte ohne Nachteil des Vergnügens der Menschheit möglich? Aber statt aller antworte ich kurz, daß die Ästhetik, als solche, gar nicht die konfusen Begriffe liebe; daß sie sie eben zum Gegenstande nehme, um sie deutlich zu machen, daß man also auch nicht sagen könne, „deutliche Erkenntnis sei besser!", denn wie unbestimmt und, für die Menschheit gesprochen, wie falsch wäre dies? und wie wenig würde es auf die Ästhetik passen, die eben dies bessere, das deutliche Erkenntnis liebt. Ebensowenig wird's Vorwurf, daß, „wenn das Analogon der Vernunft gebildet wird, für die Vernunft selbst Nachteil zu befürchten sei", denn hier wird jenes nicht gebildet und diese nicht versäumt, wie man in der Verwirrung glaubte: jene ist nichts als Gegenstand, an dem sich diese übe. Noch weniger wird's gegen die Ästhetik sein, daß sie nicht Wissenschaft, sondern Kunst sei, daß der Ästhetiker geboren und nicht gemacht werde: denn alles sind offenbare Mißverständnisse des Hauptbegriffs. Unsre Ästhetik ist Wissenschaft und will nichts weniger als Leute von Genie und Geschmack, nichts als Philosophen will sie bilden, wenn sie rechter Art und nicht nach dem Meierschen Begriffe eine Wissenschaft ist, so Gott will! schön und, was andre deutlich sagten, verworren zu schreiben: denn freilich als solche verliert sie Zweck, Würde und Bestimmtheit.

Meine genauere Bestimmung des Begriffs hat von Vorwürfen gerettet, und, ein ebensogroßer Nutze! sie muß von falschen Nutzbarkeiten, von welkenden Lorbeern entblößen. Nun wird man ihr nicht sagen können, daß sie „das szientifisch Ausgedachte der gemeinen Fassungskraft bequemen wolle!", denn nichts weniger will sie sein als eine Feilbieterin philosophischer Wahrheiten, für den lieben captus, in wer weiß welchem falschen Schmucke. Nichts weniger als dies: Philosophie, strenge, genaue Philosophie selbst, hat sie nichts zum Zweck als szientifische Erkenntnis, ohne sich der Fassungskraft zu vergeben. Man wird von ihr nicht sagen wollen, „daß sie die Verbesserung der Erkenntnis auch außer die Schranken der Sphäre der Deutlichkeit bringe", da es noch sehr ungewiß ist, ob die Logik die sogenannten obern Kräfte *verbessere*, und es wenigstens nicht der erste Zweck der Ästhetik ist, eine neue schöne Natur, ein Gefühl zu geben, das man nicht hatte. Sie lehrt Seelenkräfte kennen, die die Logik nicht kennen lehrte; aus ihren Bemerkungen mögen freilich nachher in den einzelnen Theorien praktische Handregeln folgen, war aber das ihr erstes Hauptwerk? Noch weniger wird sie sich darüber einen Lorbeer anmaßen, „daß sie im gemeinen Leben zu Ausführung der Geschäfte vor allen bilde!", denn was heißt's, zu Ausführung der Geschäfte vor alles gelten? und durch welch ein Band reicht eine philosophische Kenntnis des Schönen, eine psychologische Entwicklung einiger Seelenkräfte dahin? Endlich am wenigsten können die Meierschen Tautologien gelten, daß sie „die untern Seelenkräfte verbessere", und besonders wieder, daß sie „den größten Teil der menschlichen Gesellschaft verbessere", und besonders wieder, daß sie „den Geschmack verbessere"; und denn, daß sie „den ernsthaften Wissenschaften einen schönen Stoff bereite", und wieder, daß sie „die Ausbreitung der Wahrheiten aller Teile der Gelehrsamkeit befördere" usw. – lauter Nutzbarkeiten, die nach der Meierschen Sprache den Horizont der Ästhetik sehr verrücken. Nach ihnen wird sie alsdenn, was sie bei Herrn Meier ist, einem guten Teil nach, wiedergekauete Logik, das andre ein ästhetischer Flitterstaat von metaphorischen Benennungen, Gleichnissen, Beispielen und Lieblingssätzen: und unter dem Titel, was haben wir Deutsche mit unsrem neuerfundnen Namen Ästhetik gewonnen?

5

Der Begriff der Ästhetik ist bestimmt, und da ich über den Begriff einer Szienz schrieb: so mußte ich mich allerdings auch etwas kleinen und frostigen Unterscheidungen, Vorwürfen und Nutzbarkeiten bequemen. Jetzt soll der Grundsatz oder, nach Herrn Riedels Ausdruck, das Grundgefühl des Schönen etwas genauer bestimmt werden; und da habe ich noch mehr nötig, um Verzeihung kurzer, aber bequemer Schulausdrücke zu bitten. Wenn man sieht, in welche Widersprüche der Verfasser der „Theorie“ und der „Briefe über das Publikum“ mit seinen Behauptungen von der Grundkraft des Schönen und von dem Unterschiede desselben im Urteil einzelner Menschen gefallen ist: so wird man lieber eine etwas dornichte, aber sichere Bahn wählen, um durch solche Widersprüche mitten durchzukommen, als auf einem irrigen Wege wortschön forthinken wollen.

Haben alle Menschen von Natur Anlage, das Schöne zu empfinden? Im weiten Verstande, ja! weil sie alle sinnlicher Vorstellungen fähig sind. Wir sind gleichsam tierartige Geister: unsre sinnlichen Kräfte scheinen, wenn ich so sagen darf, in Masse und Raum genommen, eine größere Gegend unsrer Seele auszufüllen als die wenigen obern; sie entwickeln sich früher; sie würken stärker; sie gehören vielleicht mehr in unsre sichtbare Bestimmung dieses Daseins als die andern; sie sind, da wir hier noch keine Früchte geben können, die Blume unserer Vollkommenheit. Der ganze Grund unsrer Seele sind dunkle Ideen, die lebhaftesten, die meisten, die Masse, aus der die Seele ihre feinern bereitet, die stärksten Triebfedern unsers Lebens, der größeste Beitrag zu unserm Glück und Unglück. Man denke sich die Integralteile der menschlichen Seele körperlich, und sie hat, wenn ich mich so ausdrücken darf, an Kräften mehr spezifische Masse zu einem sinnlichen Geschöpf als zu einem reinen Geiste: sie ist also einem menschlichen Körper beschieden; sie ist Mensch.

Als Mensch, nach ihrer Masse von innern Kräften, im Kreise ihres Daseins, hat sie sich eine Anzahl Organe gebildet, um das, was um sie ist, zu empfinden und gleichsam zum Genusse ihrer selbst in sich zu ziehen. Schon die Anzahl dieser Organe und der große Reichtum ihrer Zuströmungen zeigen gleichsam die große Masse des Sinnlichen in der menschlichen Seele. Wir kennen die Tiere zu wenig; ihre Geschlechter sind zu vielartig und die Philosophie über sie zu menschlich, als daß wir es wüßten, wie weit sie in der ganzen Proportion dieser sinnlichen Kräfte von uns abstehen: und zu unserm Zwecke tut's auch wenig.

Wenn keine menschliche Seele mit der andern völlig dieselbe ist: so ist auch bei ihren Wesen vielleicht auch eine unendlich veränderte und modifizierte Mischung von Kräften möglich, die noch alle zu ihrer Summe eine gleiche Anzahl von Realität haben können. Diese innere Verschiedenheit wäre es alsdenn, die sich nachher durch den der Seele harmonisch gebildeten Körper das ganze Leben hin äußert, da bei diesem der Körper über die Seele, bei jenem die Seele über den Körper, bei diesem *der* Sinn über jenen, bei einem andern *die* Kraft über eine andre herrschet. Auch in der ästhetischen Natur ist also die unendliche Mischung und innere Verschiedenheit möglich, die die Schöpfung in Bau aller Wesen bewiesen.

Wir nehmen eine mittlere Größe und treten in die ersten Zeiten zurück, da der Mensch ein Phänomenon unsrer Welt wurde, da er sich aus einem Zustande, wo er nur denkende und empfindende Pflanze gewesen war, auf eine Welt wand, wo er ein Tier zu werden beginnet. Noch scheint ihm keine Empfindung beizuwohnen als die dunkle Idee seines Ich, so dunkel, als sie nur eine Pflanze fühlen kann; in ihr indessen liegen die Begriffe des ganzen Weltall; aus ihr entwickeln sich alle Ideen des Menschen; alle Empfindungen keimen aus diesem Pflanzengefühl, so wie auch in der sichtbaren Natur der Keim den Baum in sich trägt und jedes Blatt ein Bild des Ganzen ist.

Noch empfindet der zum Säugling gewordne Embryon alles in sich; in ihm liegt alles, was er auch außer sich fühlet. – Bei jeder Sensation wird er wie aus einem tiefen Traume geweckt, um ihn wie durch einen gewaltsamen Stoß an eine Idee lebhafter zu erinnern, die ihm seine Lage im Weltall jetzt veranlasset. So entwickeln sich seine Kräfte durch ein Leiden von außen; die innere Tätigkeit des Entwickelns aber ist sein Zweck, sein inneres dunkels Vergnügen und eine beständige Vervollkommung sein selbst.

Mit wiederholten gleichen Empfindungen wird das erste Urteil gebildet, daß es *dieselbe* Empfindung sei. Das Urteil ist dunkel und muß es sein; denn es soll lebenslang dauren und als eine ewige Basis in der Seele bleiben. Es muß also die Stärke und sozusagen Konsistenz eines innern Gefühls erhalten: es wird als Empfindung aufbewahret. Der Entstehung nach war's indessen schon Urteil, eine Folge der Verbindung mehrerer Begriffe; nur weil es durch Gewohnheit entstand und die Gewohnheit, es gleich anzuwenden, es aufbewahrte, so verdunkelte sich die Form der Entstehung, nur das Materielle blieb; es ward Empfindung. So bildet sich die Seele des Säuglings: die wiederkommenden Bilder geben eine Menge solcher Vergleichungen, solcher Urteile, und bloß so wird das Gefühl gesichert, daß es *Wahrheit außer uns* gebe.

Wenn man bedenkt, wie viel geheime Verbindungen und Trennungen, Urteile und Schlüsse ein werdender Mensch machen muß, um nur die ersten Ideen von Körper außer sich, von *Figur, Gestalt, Größe, Entfernung* in sich zu lagern: so muß man erstaunen. Da hat die menschliche Seele mehr gewürkt und entwickelt, gefehlt und gefunden, als der Philosoph im ganzen Leben seiner Abstraktionen. Wenn man aber wieder von der andern Seite sieht, wie glücklich die mühsame Form aller dieser Urteile und Schlüsse in die Dunkelheit der ersten Dämmerung zurückgewichen ist; wie glücklich jedesmal die Art des Mechanismus im Schatten der Vergessenheit blieb und nur immer der Effekt der Handlung, das Produkt der Tätigkeit nachblieb – nachblieb als simple Empfindung, aber um so lebhafter, stärker, ungeschwächter, unmittelbarer; wer muß nicht noch mehr erstaunen? Wieviel Weisheiten wären in diesem dunkeln Mechanismus der Seele zu berechnen! wie ungeheuer und schwach die Seele, die hier deutlich handelte! und wie viel ließe sich in der ganzen Bildung der Seele aus diesen so zusammengesetzten Würkungen im Traum der ersten Morgenröte unsres Lebens erklären! Die Summe aller dieser Empfindungen wird die Basis aller objektiven Gewißheit und das erste sichtbare Register des Reichtums unsrer Seele an Ideen.

Die Seele entwickelt sich weiter. Da in ihrem Vorrate von sinnlichen Eindrücken, wie wir's nennen wollen, das Eins und das Mehr-als-Eins schon ihr eingeprägt; da der Begriff von Ordnung und sinnlicher Wahrheit schon dunkel in ihr ist; wie? wenn sie in ihrer beständigen Würksamkeit, Ideen zu erlangen, zu vergleichen, zu ordnen, darauf kommt, in diesem und jenem den Grund von einem Dritten zu erblicken, anschauend zu erblicken; siehe! da ist die Wurzel zum Begriffe des *Guten*, offenbar durch die zusammengesetzteste Schlußart gebildet. Es lernt *dies* und *jenes* unterscheiden, was auf *ihn* diese und jene Zusammenstimmung zum Wohlgefallen hatte, mehr als einmal zu seinem Wohlgefallen hatte: und so lernt's sein *Gut* erkennen; so bekommt's die Begriffe von *Ordnung, Übereinstimmung, Vollkommenheit* und, da die Schönheit nichts als sinnliche Vollkommenheit ist, den Begriff von *Schönheit.* Alle diese Ideen sind im ersten Zustande unsers Hierseins Entwicklungen unsrer innern Gedankenkraft; weil sie aber alle der Form ihrer Entwicklung nach dunkel sind, so bleiben sie, als Empfindungen, auf dem Grunde unsrer Seele liegen und falten sich so nahe an unser Ich, daß wir sie für angeborne Gefühle halten. Im Handeln ändert diese Meinung nichts; wir können immer auf sie bauen, als wären sie angeborne Gefühle; sie bleiben immer der Stamm unsrer Begriffe, stark, kräftig, prägnant, sicher, von der innersten Gewißheit und Überzeugung, als ob sie Grundkräfte wären. Aber wie anders, wenn sie der zergliedernde Weltweise so nehmen wollte, bloß weil sie ihrem Ursprunge nach dunkel und verworren sind? als ob es nicht seine erste Pflicht wäre, in diese Verwirrung Licht und Ordnung zu bringen.

Unsre Kindheit ist ein dunkler Traum von Vorstellungen, so wie er gleichsam nur auf das Pflanzengefühl folgen kann; aber in diesem dunkeln Traume würkt die Seele mit allen Kräften. Sie ziehet, was sie erfasset, scharf und bis zur innersten Einverleibung in ihr Ich zusammen; sie verarbeitet es zum Saft ihrer Kraft; sie windet sich immer allmählich aus

Die ersten Phantasien eines Kindes werden feurige, ewige Bilder, sie geben seiner ganzen Seele Gestalt und Farbe, und der Philosoph, der sie ganz in ihrer Flammenschrift kennete und übersehen könnte, würde die ersten Buchstaben seiner ganzen Denkart in ihnen sehen. Gewisse wachende Träume, die uns bei spätern Jahren, wenn die Seele noch nicht verlebt ist, anwandeln: dunkle Anerinnerungen, als ob wir dies und jenes Neue, Seltne, Schöne, Überraschende an Ort, Person, Gegend, Schönheit usw. schon gesehen, schon einmal erlebt und genossen hätten, sind ohne Zweifel Stückwerke dieser ersten Phantasien. Zu Tausenden liegen solche dunkle Ideen in uns; sie bilden das Seltne, Eigne und oft so Wunderliche in unsern Begriffen und Gestalten von Schönheit und Vergnügen; sie flößen uns oft Widerwillen und Zug ein, ohne daß wir's wissen und wollen; sie erheben sich in uns, als lang entschlafen gewesne Triebfedern, um mit Sympathie und gleichsam Anerinnerung diese und jene Person plötzlich zu lieben wie jene andre zu hassen; sie sträuben sich oft gegen später erlernte Wahrheit und hellere, aber schwächere Überzeugung, gegen Vernunft und Willen und Gewohnheit; sie sind der dunkle Grund in uns, der die später aufgetragnen Bilder und Farben unsrer Seele oft nur gar zu sehr verändert und nur schattieret. Sulzer hat ein paar Paradoxe aus dieser Tiefe des Geistes erkläret; vielleicht werfe ich mit diesen einzelnen Bemerkungen einige Strahlen dahin und wecke wenigstens einen andern Psychologen, mehr Licht hineinzubringen. Ein Kind kann oft nicht Träume und wachende Bilder unterscheiden; es träumt wachend und nimmt oft als geschehen an, was nur ein Traum war; der bildervolle Schlaf dauret fort; die Seele ist gleichsam noch ganz Phantasie, die nahe an der Sensation klebt.

Sie trennen sich immer mehr, je mehr sich der *Scharfsinn* und sein Pendant, der *Witz*, entwickeln; *Witz* und *Scharfsinn* sind die Vorläufer und Vorspiele des *Urteils*; das *Urteil* wird ebenso sinnlich gebildet als seine Vorgänger. Die Form, wie es sich bildete, erlöscht; das Ausgebildete bleibt und wird Fertigkeit, wird Gewohnheit, wird Natur. Und wenn nun unsre Seele sich lange so geübt hat, über Vollkommenheit und Unvollkommenheit der Dinge zu urteilen; wenn das Urteil ihr so geläufig, so evident, so lebhaft wie eine Empfindung geworden: siehe! so ist der *Geschmack* da, „die gewohnte Fertigkeit, in Dingen ihre sinnliche Voll- und Unvollkommenheit so schnell zu beurteilen, als ob man sie unmittelbar empfände". Durch welche lange Auswicklungen und Zusammensetzungen, Fehltritte und Übungen ist also das, was unsre Sentimental-Philosophers Grundgefühl des Schönen nennen, erst *geworden*!

6

Ein falscher Grundsatz gibt notwendig mißliche, widersprechende Folgen, und Herr Riedel ist also Meinungen verfallen, die sich einander so gerade entgegen sind, daß ich nicht weiß, wie *ein* Mann, der Philosoph sein will, beide auf einmal behaupten, wie er eine Theorie schreiben könne, in der der Geschmack als angeborne Grundkraft paradieret, so allgemein, so sicher, so zureichend, als es die menschliche Natur ist, und wie derselbe Briefe schreiben könne, in denen dem Geschmack alle allgemeine Sicherheit und der Schönheit alle objektive Regeln abgesprochen werden, in denen behauptet werden kann, daß, da Schönheit bloß empfunden werden müsse, es keine äußere sichere Bestimmungsgründe gebe, daß der Geschmack so verschieden wie die Empfindungsart sei und also zwei sich geradezu widersprechende Urteile von Schönheit und Häßlichkeit auf einmal gleich wahr sein können. O ein Philosoph mit bestimmten Grundsätzen und einförmigen Folgen! Ich möchte die Miene des Herrn Moses gesehen haben, da der Polygraph, der selbst nicht weiß, was er schreibt, mit der bedeutendsten Stellung vor ihn trat und ihm in einem langen schleppenden Briefe heillos vordemonstrierte, daß Schönheit – empfunden werden müsse. Eben als wenn Moses der blödsinnige Demonstrant, der zweite Gefühllose Baumgarten wäre, dem so etwas und auf solche Art vorbewiesen werden müßte.

Ist uns das Gefühl der Schönheit angeboren? meinetwegen! aber nur als ästhetische Natur, die Fähigkeiten und Werkzeuge hat, sinnliche Vollkommenheit zu empfinden; die daran ein Vergnügen hat, diese Fähigkeiten zu entwickeln, diese Werkzeuge zu brauchen und sich mit Ideen der Art zu bereichern. Alles liegt in ihm, aber als in einem Keim zur Entwicklung, als in einem Schrein, wo sich eine andre Fähigkeit wie ein kleinerer Schrein findet; alles aber wird aus *einer* Grundkraft der Seele, sich Vorstellungen zu verschaffen, sich eben dadurch, durch diese Entwicklung ihrer Tätigkeit, immer vollkommner zu fühlen und sich eben dadurch zu vergnügen. Wie schön wird eben damit die menschliche Seele! Einheit im Grunde, tausendfache Mannigfaltigkeit in der Ausbildung, Vollkommenheit in der Summe des Ganzen! Keine von der Natur zubereitete fertige drei Grundgefühle; alles soll aus *einem* gebildet und zur mannigfaltigsten Vollkommenheit erhoben werden.

Und was ließe sich denn auch bei diesen drei Grundgefühlen Bestimmtes denken? „Der sensus communis soll jeden Menschen soviel Wahrheit lehren, als er braucht, um zu leben.“ Soviel? und wieviel ist dies Soviel? wo ist das Non plus ultra? und warum stehen seine Grundsäulen eben da und nicht weiter? Sehe ich denn nicht, daß eine Nation ihren sens commun, „das schnelle Gefühl zu fassen“, bloß nach Proportion ihrer Ausbildung, bloß in ihrer Welt habe? Der sensus communis des Grönländers und des Hottentotten, ist er in Absicht auf Gegenstände und Anwendung der unsrige? und der sensus communis des Landverwalters der eines Gelehrten? Können nicht ganze Fächer der Seele leer bleiben, wo sie nicht genützt, und ganze Fähigkeiten schlafend bleiben, wenn sie nicht erweckt werden? Hat unser sens commun wohl Wahrheiten, die er nicht gelernt; hat er mehr Wahrheiten, als er zu lernen Gelegenheit gehabt hat? hat er wohl eine einzige mehr? – Nein? und wo ist denn das innere Gefühl der Seele, das jedem Menschen soviel Wahrheit lehrt, als er braucht? bei mir finde ich's nicht. Ich finde eine immer würksame Kraft in mir, Kenntnisse zu haben; und wo diese hat würken können, worin ich Gelegenheit gehabt, viel Begriffe zu sammlen, Urteile zu bilden, Schlüsse zu folgern, da lebt auch mein sensus communis: irrt, wo diese Urteile irrten, schließt falsch, wo die Schlüsse, auf die er bauet, falsch schlossen, mangelt gar, wo dieser Vorrat von gewohnten Urteilen und Schlüssen mangelt – ich sehe also keinen innern, unmittelbaren, allgemeinen, untrüglichen Lehrer der Wahrheit; ich sehe eine Fertigkeit, Erkenntniskräfte anzuwenden, nach dem Maß, wie sie ausgebildet sind.

Ist's mit dem Gewissen anders? Wo ist inneres Gefühl der Seele, das sich nicht auf unser sittliches Urteil gründen sollte? Dies freilich, das sittliche Urteil, ist seinem obersten Grundsatze nach so heilig, so bestimmt und gewiß, als Vernunft Vernunft ist; aber die Ausbildung dieses Urteils, die mehrere oder mindere Anwendung desselben auf diese und jene Fälle, die stärkere oder schwächere Anerinnerung dieses und eines andern Grundes der Sittlichkeit, modifiziert die nicht das Gewissen so vielfach, als es nur sittliche Subjekte gibt? Wo ist nun der innere unmittelbare Lehrer der Natur, wo man nichts als eine Fertigkeit wahrnimmt, nach sittlichen Grundsätzen zu handeln? Diese Grundsätze mögen sich so tief in einzelne Eindrücke und Empfindungen verhüllen und einwickeln, Grundsätze bleiben sie immer, nur daß man nach ihnen als nach unmittelbaren Empfindungen handelt. Als sittliche Urteile sind sie gebildet, nur da die Form des Urteils verdunkelt ward, so wurden sie durch Fertigkeit und Gewohnheit einem unmittelbaren Gefühl analogisch. Das ist Gewissen, und nicht anders kommt man aus dem Streit über seine Ursprünglichkeit, Allgemeinheit, Verschiedenheit usw. als durch Aufmerksamkeit auf die Wurzeln seiner Bildung und seines Wachstums.

Bei dem Geschmack wird dies noch augenscheinlicher. Hier eine völlige Gleichheit, auch nur Gleichförmigkeit, auch nur Ähnlichkeit anzunehmen, ist gerade dem Augenschein entgegen, in dem sich die Menschen mit der größten Verschiedenheit ihres Urteils über die Schönheit zeigen. Diese Verschiedenheit der Empfindung, die Herr Riedel selbst einräumt und mit einem Gewühl von Zweifeln übertreibt, wie ist sie aus seinen Grundgefühlen zu erklären? ohne daß alle objektive Gewißheit wegfalle, ohne daß alle Überzeugung, Regeln und Philosophie wegfalle, ohne daß der Geschmack der eigensinnigste, sich beständig widersprechende Tor werde – – anders nicht! und welche Philosophie ist da noch möglich? Lasset uns die Erfahrung und die Natur fragen, so bleibt kein so grober Widerspruch, alles erklärt sich, von allem sehe ich Grund und Ordnung. Wenn der Geschmack nichts als Urteil über gewisse Klassen von Gegenständen ist: so wird er als Urteil gebildet; er fehlt in Sachen, wo dies Urteil nicht gebildet werden konnte, völlig; er irret in Sachen, wo dies falsch gebildet wurde, völlig; er ist grob oder schwach, stark oder fein, nach dem man das Urteil leitete. Er ist also nicht Grundkraft, allgemeine Grundkraft der Seele; er ist ein habituelles Anwenden unsres Urteils auf Gegenstände der Schönheit. Lasset uns seiner Genesis nachspüren.

Alles, was Mensch ist, hat, wie oben gezeigt ist, in mehr oder minderm Grade ästhetische Natur; nur nichts ist mit dieser ersten Annahme natürlicher, als daß, wenn ihre sinnlichen Kräfte sich in dem und jenem Verhältnis zuerst entwickeln, auch diese vor jener eine Übermacht erhalten, auch eine die andre verdunkeln, die Seele sich also auch zu einer Seite mehr hinbilden werde. Wird nun dies Verhältnis zwischen Ausbildung der Seelenkräfte feste Lage; kommt die Seele in Gewohnheit, nach ihm und in ihm zu würken: gewiß, daß sie für diese und jene Sphäre empfindsamer sein wird als für eine andre, und so liegt schon in der verschiedenen Entwicklung verschiedner Seelenkräfte nach verschiedenem Verhältnis ein Grund zur unendlichen Verschiedenheit des Urteils über Anmut und Schönheit.

Es gibt niedrige Naturen, denen die gröbern Sinne allein Vergnügen gewähren können, weil diese über alle die Übermacht bekommen und gleichsam das ganze Gefühl ihrer Natur geworden sind: Naturen also, denen das Gefühl ihr feinster Philosoph und der Geschmack die entzückendste Musik ist. Es gibt aber auch höhere Naturen, die ihre feinern Sinne in solcher Verschiedenheit besitzen können, als gleichsam Modifikationen und Veränderungen in der Anzahl und den Qualitäten derselben möglich sind. Ein Geist, ganz für die Musik geschaffen, kann gleichsam ein ganz heterogenes Wesen gegen ein Genie sein, das ebensosehr für die bildenden Künste gebildet ist wie jener für die Tonkunst: der eine lauter Auge, der andre lauter Ohr; der eine ganz da, um Schönheit zu sehen, der andre, um Wohllaut zu hören – Geschöpfe also von ganz verschiedenen Gattungen, wie würden sie sich einander innig verstehen? welch ein artiger Wettstreit, sie beide, lediglich in ihrem Hauptsinne fühlend und existierend, über Anmut und Schönheit philosophieren zu hören? Dem einen würde die Malerei zu kalt, zu superfiziell, zu wenig eindringend, zu unmelodisch, zu weit vom Tone entfernt sein; dem andern wären die Töne zu flüchtig, zu verworren, zu undeutlich, zu weit weg vom Bilde eines ewigen Anschauens. Ton und Farbe, Auge und Ohr, wer kann sie kommensurieren, und wo Geschöpfen gleichsam ein gemeinschaftliches Organum der Empfindungen fehlt, wer kann sie einigen? Hebt aber diese Uneinigkeit die Gesetze der Schönheit und der Anmut deswegen überhaupt auf? Kann er beweisen, daß es gar keine gewisse Regeln derselben in den Gegenständen gebe? beweisen, daß alles in der Natur ein Chaos von einzelnen disharmonischen Stimmungen sei, die nicht zu akkordieren wären? – Welch eine Folge! Als ob der Akustiker und der Optiker nicht jeder gleichsam die Welt seines Gefühls innig genießen und, wenn beide auch Philosophen wären, jeder seinen Sinn sehr philosophisch und wahr zergliedern könnte? Und alsdenn, eben je inniger und unterschiedner die Gefühle, eben je wahrer und allgemeiner die abgezognen Regeln des Schönen in beiden Künsten sind: um so mehr werden sie sich hinten begegnen und endlich wie die Farben des Sonnenstrahls in ein Eins zusammenfließen, das man Schönheit, Anmut oder heiße, wie man's wolle. Will man mein Beispiel verifiziert sehen: so lasse man die Saite etwas nach, suche Naturbeispiele, die ausschließend für eine oder die andre Kunst geboren sind, und höre ihr Urteil.

Nicht unter allen Himmelsstrichen ist die menschliche Natur, als fühlbar, völlig dieselbe. Ein andres Gewebe von Saiten der Empfindung; eine andre Welt von Gegenständen und Tönen, um durch die ersten Schwingungen diese und jene schlafende Saite zuerst zu wecken; andre Kräfte, die diese und jene Saite anders stimmen und gleichsam den Ton, den sie ihr geben, in ihr verewigen – kurz! eine ganz andre Methode der Anlage zu empfinden, noch in den Händen der Natur; wie sehr kann sie nicht ein menschliches Wesen heterogenisieren?

Nach dem ersten Genusse und seiner wiederkommenden Gewohnheit bekommt Organ und Phantasie gleichsam Schwung und Wendung, die ersten Eindrücke in das zarte Wachs unsrer Kindheitsseele gibt uns Farbe und Gestalt des Urteils. Zween Menschen nebeneinander, mit einerlei Anlage der Natur, von denen der erste sein Auge an chinesischen, der andre an griechischen Schönheiten von Jugend an gebildet, von denen der eine sein Ohr zuerst nach afrikanischer Affenmusik, der andre nach dem Wohllaute Italiens gestimmet – welche zweierlei Menschen! Wird nicht einer sich vor der Musik des andern das Ohr halten? wird nicht einer von der Schönheit des andern sein Auge wegwenden? Werden sie sich je in ihrem Geschmack vereinigen können, wenn sie beide in ihrer Art schon ausgebildet sind und sich ihre Seele wie eine Blume am Abend schon geschlossen? Nein! Hat aber daran die Natur schuld? die Natur, in der keine Gewißheit dessen, was schön ist, liege; die Natur, die tausend verschiedne Samenkörner tausend verschiedner Grundgeschmacke ausstreue? Ich denke nicht! Noch werden alle den Gesang der Nachtigall und die ungeschmückten Reize der Natur schön finden; noch wird sich, wenn dieser und jener abweicht, der Grund dieser Abweichung finden lassen; noch werden also, ohngeachtet aller Abweichungen und Singularitäten, Naturregeln des Schönen festbleiben, auch wenn sie aufs übelste angewendet wurden; noch ist also Schönheit und Anmut kein vager, leerer Name. Sobald sich eine Abweichung erklären läßt, so wird eben durch sie die Hauptregel neu bestimmt und befestiget.

Nationen, Jahrhunderte, Zeiten, Menschen – nicht alle erreichen einerlei Grad der ästhetischen Bildung, und dies druckt endlich das Siegel auf die Verschiedenheit ihres Geschmacks. Hat die wilde feurige Natur der Völker, der Zeiten, „wo Kinder sich die Haare ausraufen rings um das Bett eines sterbenden Vaters; wo eine Mutter ihren Busen entblößt und ihren Sohn beschwöret, bei den Brüsten, die ihn ernährten; wo ein Freund seine abgeschnittnen Haare auf den Leichnam seines Freundes streuet; ein Freund seinen Freund auf den Schultern zum Scheiterhaufen trägt, seine Asche sammlet und sie in eine Urne einschließt, die er oft geht mit seinen Tränen zu benetzen; wo Witwen mit fliegenden, zerrauften Haaren sich das Angesicht mit Nägeln zerreißen, wenn ihnen der Tod ihren Gemahl raubte; wo Häupter des Volks in öffentlichen Bedrängnissen ihre gebeugte Stirn in den Staub legen, im Anfall des Schmerzes sich vor die Brust schlagen und ihre Kleider zerreißen; wo ein Vater seinen neugebornen Sohn in seine Arme fasset, ihn gen Himmel erhebt und über ihn zu den Göttern betet; wo die erste Bewegung eines Kindes, das seine Eltern verlassen hatte und sie nach langer Abwesenheit wieder siehet, ist, ihre Knie zu umfassen und so niedergeworfen den Segen zu erwarten; wo die Gastmahle Opfer sind, die sich mit Libationen an die Götter anfangen und endigen; wo das Volk an seine Gebieter spricht und seine Gebieter die Stimme des Volks hören und auf sie antworten; wo man siehet einen Menschen vor dem Altar mit Opferbinden um die Stirn und eine Priesterin, die Hände über ihn ausbreitend, den Himmel anrufen und die heiligen Weihgebräuche vollführen; wo Pythissen, schäumend, durch die Gegenwart eines Gottes getrieben, auf ihrem Dreifuße sitzen mit wild verwirrten Augen und von ihrem prophetischen Gebrüll die ganze felsichte Höhle erschallen lassen; wo die blutdürstigen Götter sich nicht besänftigen lassen, als wenn menschliches Blut fließt; wo Bacchanten, mit Thyrsusstäben bewaffnet, die Tiefen der Haine durchirren und dem Ungeweiheten, der auf sie stößt, Schrekken und Entsetzen einjagen; wo andre Weiber schamlos sich entblößen und sich in die Arme des ersten werfen, der sich ihnen darbietet" usw. Zeiten, Sitten, Völker wie diese, haben sie bei einer und derselben Anlage der Natur einerlei Maß der Bildung, einerlei Urteil des Geschmacks mit unsrer weichen erkünstelten Welt gesitteter Völker? Die Musik eines rohen, kriegerischen Volks, die mit Enthusiasmus und Raserei beseelte, die zur Schlacht und zum Tode rief, die Dithyramben und Tyrtäuslieder weckte, ist sie einerlei mit der weichen Wollust lydischer Flöten, die nur seufzet und girret, nur mit Träumen der Liebe und des Weins erwärmet und an die Brust der Phrynen das aufgelösete Herz hinschmilzt, oder ist sie gar einerlei mit unserm Schlachtfelde voll künstlicher Verwirrung und voll harmonisch kalter Taktik in den Tönen? Der griechische, der gotische, der mohrische Geschmack in Baukunst und Bildhauerei, in Mythologie und Dichtkunst, ist er derselbe? Und ist er nicht aus Zeiten, Sitten und Völkern zu erklären? und hat er nicht also jedesmal einen Grundsatz, der nur nicht gnug verstanden, nur nicht mit gleicher Stärke gefühlt, nur nicht mit richtigem Ebenmaß angewandt wurde? und beweiset also nicht selbst dieser Proteus von Geschmack, der sich unter allen Himmelsstrichen, in jeder fremden Luft, die er atmet, neu verwandelt, beweiset *er* nicht selbst mit den Ursachen seiner Verwandlung, daß die Schönheit nur *eins* sei, so wie die Vollkommenheit, so wie die Wahrheit.

Es gibt also ein Ideal der Schönheit für jede Kunst, für jede Wissenschaft, für den guten Geschmack überhaupt, und es ist in Völkern und Zeiten und Subjekten und Produktionen zu finden. Schwer zu finden freilich. In der Luft mancher Jahrhunderte ist es mit Nebeln umwölkt, die sich in alle Figuren wölben; aber es gibt auch Jahrhunderte, da die Nebel kalt und schwer zu seinen Füßen fielen und das Haupt dieses Bildes der Anbetung in heitrer heller Himmelsluft glänzte. Es gibt freilich Völker, die in die Vorstellung desselben Nationalmanier bringen und sich sein Bild mit Zügen ihrer Einzelnheit gedenken; es ist aber auch möglich, sich von diesem angebornen und eingeflößten Eigensinn zu entwöhnen, sich von den Unregelmäßigkeiten einer zu singulären Lage loszuwickeln und endlich ohne National-, Zeit- und Personalgeschmack das Schöne zu kosten, wo es sich findet, in allen Zeiten und allen Völkern und allen Künsten und allen Arten des Geschmacks; überall von allen fremden Teilen losgetrennt es rein zu schmecken und zu empfinden. Glücklich, wer es *so* kostet! Er ist der Eingeweihete in die Geheimnisse aller Musen und aller Zeiten und aller Gedächtnisse und aller Werke; die Sphäre seines Geschmacks ist unendlich wie die Geschichte der Menschheit; die Linie des Umkreises liegt auf allen Jahrhunderten und Produktionen, und *er* und die Schönheit steht im Mittelpunkte. Das ist *er*, und jeder andere, der nur an Lokal- und Nationalschönheiten oder gar nur an Vortrefflichkeiten seines Klubs hängt, nur seinen Familienklotz hat, dessen Besuch er wie den Besuch des Apollo verehret, der ist ein Philosoph der Kabale: die Götzen seines Publikum fallen, und Zunftphilosoph von einem Tage, wo bist du?

7

Herr Riedel hat seine Theorie „einen Auszug aus den Werken verschiedner Schriftsteller“ genannt, und sie ist's auch reichlich geworden; nur hat ein Epitomator, der schon nicht selbst denken will, als Epitomator gewisse erste Tugenden nötig, die ich auch Herrn Riedel gewünscht hätte – *bündige Kürze, leichte und ordentliche Zusammensetzung; Bekanntschaft endlich mit denen, die ihm vorgearbeitet.* Herr Riedel hat keine von dreien.

Nicht bündige Kürze. Oft, wenn er so viel Data, Betrachtungen und Erklärungen andrer weitschweifig und wiederholend vorausgesetzt hat, kommt eine eigne Erklärung nach, die ärger ist als jedes vorhergehende Jota. In nichts ist Herr Riedel unglücklicher als im Erklären und bei den durchgearbeitetsten Materien; wo er z. E. bei Untersuchung der Schönheit, des Großen, des Erhabnen usw. am meisten vor sich findet, ist er eben am verworrensten, am unbestimmtesten. Und was ist doch wohl eine Philosophie, ein akademisches Lesebuch, eine Theorie der schönen Künste, in der ich durchaus keinen bestimmten Begriff finde? Eine Schande der Philosophie, ein Verderb für Jünglinge, die sich darnach bilden sollen, ein Verfall des Jahrhunderts.

Fluß und Leichtigkeit in der Zusammensetzung der Auszüge misse ich noch mehr. Jedes Hauptstück ist ein Ruinenhaufen, zusammengetragen, wie die Stücke in die Hand fielen, wo ich beständig auf- und absteigen muß, wie über ein altes Gemäuer in einem verwünschten Zauberschlosse. Und so sind Hauptstücke, und so ist die Zusammensetzung der Hauptstücke, und so das ganze Buch. Bei der Zergliederung so abstrakter Materien, als hier theoretisch abgehandelt werden sollen, verliere ich alles, wenn ich den Faden der Fortleitung verliere, der mich immer auf einer Bahn, immer näher zum

Ziel, immer tiefer in die Idee hinein fortleite. Alsdenn reißt mich der Verfasser auch bei schweren Materien fort: je näher dem Ziele, desto mehr arbeiten die olympischen Läufer, um es zu erreichen; um so freudiger eilt man gleichsam der immer mehr entkleideten, nackteren Idee zu. Finde ich aber nichts von diesem allen; sehe ich keinen Faden, keine Fortleitung, keine immer fortschreitende Entwicklung, die z. E. Sokratische Gespräche, Shaftesburysche und Harrissche Untersuchungen und Lessingsche Abhandlungen über Fabel und Malerei so unterhaltend, so unermüdend macht; muß ich nichts anders als auf- und absteigen, gehen und wiederkommen, zusammen- und loswickeln – wer kann die Höllenarbeit des Sisyphus und der Danaiden aushalten – – verdammt zum Spott bei bodenlosen Fässern! die immer schöpfen und immer leer bleiben!

Endlich sollte doch wohl ein Epitomator wenigstens die vornehmsten Schriftsteller kennen, die er nutzen soll. Der gelehrte Riedel hat, an Engländer, Franzosen und Italiener nicht zu gedenken, unter Deutschen nicht einmal den Hauptautor der Ästhetik und, an dessen einzelne Abhandlungen in der Akademie nicht zu gedenken, ihn nicht einmal nach seinem Hauptwerke gekannt – Sulzers „Theorie der Empfindungen", die er, ohne in den vortrefflichen Plan dieses Autors zur Ästhetik im geringsten einzudringen, nur einmal, am unrechten Orte, unter einem Schwall von andern, die er ebensowenig gelesen, und nur sehr lässig anführt. Doch was ist's für Schande, in einer Theorie der schönen Wissenschaften einen Sulzer nicht zu kennen, wenn man dafür die Schriften der Herren Klotz und Dusch, die zur Ästhetik ja so viel geliefert haben, desto genauer kennet?

II

[1]

Haben wir im Deutschen ein allgemeines Wort, um die Beschaffenheit aller sinnlichen Gegenstände überhaupt zu benennen, mittelst welcher sie Wohlgefallen würken? Ich weiß nicht. Unsre und keine Sprache ist von einem Philosophen ausgedacht, der die atmosphärische Natur abstrakter Begriffe gleichsam von oben herab in Worte geordnet hätte. Die Erfinder der Benennungen stiegen von unten hinauf: sie bemerkten und benenneten einzeln; so müssen wir ihnen nachsteigen, alsdenn sammlen, alsdenn übersehen.

Gegenstände des *Gesichts* sind am klärsten, am deutlichsten: sie sind vor uns; sie sind außer und neben einander; sie bleiben Gegenstände, solange wir wollen. Da sie also am leichtesten, am klärsten, und wie man will, zu erkennen, da ihre Teile der Auseinandersetzung fähiger sind als jeder andre Eindruck: so ist bei ihnen also die Einheit und Mannigfaltigkeit, die Vergnügen würkt, am sichtbarsten, und da ist der Begriff des Worts „schön, Schönheit"! Er ist hier seiner Abstammung nach: denn schauen, Schein, schön, Schönheit sind verwandte Sprößlinge der Sprache; er ist hier, wenn wir recht achtgeben auf seine eigentümliche Anwendung, da er sich bei allem, was sich dem Auge wohlgefällig darbietet, am ursprünglichsten findet. Nach dieser ersten Bedeutung ist der Begriff der Schönheit „ein Phänomenon" und also gleichsam als ein angenehmer Trug, als ein liebliches Blendwerk zu behandeln. Er ist ein Begriff eigentlich von Flächen, da wir das Körperliche, Wohlförmige und das solide Gefällige nur eigentlich mit Beihülfe des Gefühls erkennen und mit dem Gesicht nur Plane, nur Figuren, nur Farben, nicht aber unmittelbar körperliche Räume, Winkel und Formen sehen können. Wegen dieses Superfiziellen also, womit sich das Gesicht beschäftigt; wegen des so weit außer *uns* Entlegenen, das nur schwach in uns würket, das uns nur durch die feinen Stäbe der Lichtstrahlen trifft, ohne uns näher und inniger zu berühren; endlich auch wegen der großen Menge und Verschiedenheit von Farben und Gegenständen, womit es uns auf einmal überhäuft und unaufhörlich zerstreuet — wegen dieser drei Beschaffenheiten ist das Gesicht der kälteste unter den Sinnen. Es ist aber auch eben deswegen der künstlichste, der philosophischte Sinn: es wird nur, wie es Blindgewesene zeugen, mit vieler Mühe und Übung erlangt; es beruhet auf vielen Gewohnheiten und Zusammensetzungen; es würkt nicht anders als durch unablässiges Vergleichen, Messen und Schließen; es muß uns also, auch indem es würkt, zu allen diesen feinen Seelebeschäftigungen Kälte und Muße lassen, ohne die es nicht würken kann — sehet da! das ist eine kurze Charakteristik des Gesichts und seiner Tochter, der sichtlichen Schönheit, die, mit Beispielen bestätigt und mit Bemerkungen vermehrt, den Grund gäbe zu einer reichen und sehr angenehmen Ästhetik des Gesichts, die wir noch nicht haben.

Weil also die angenehmen Gegenstände dieses Sinnes gleichsam mehr vor und nicht so tief in uns sind wie in den andern Sinnen; weil ihre Teile neben einander und also der willkürlichen und gefälligen Auseinandersetzung oder, nach dem eigentlichern Ausdruck, der Beschauung am fähigsten sind; weil ihre Unterscheide sich kälter fühlen und also auch deswegen deutlicher und unterschiedner in der Sprache ausdrücken lassen; weil endlich die Einbildungskraft, die an Benennungen ihrer Arbeiten so arm ist wie überhaupt unsre ganze Seelenlehre an eigentlichen Ausdrücken, doch immer dem Sinne des Beschauens, der Anschauung am analogischten würket: aus allen diesen Ursachen hat man sich der Sprache des Gesichts bemächtigt, um durch sie die Beziehung alles dessen, was wohlgefällig auf die ganze Seele würkt, zu bezeichnen. Das Gesicht ist's also, das die Bilder, die Vorstellungen, die Einbildungen der Seele allegorisieret, und Schönheit ist fast in allen Sprachen Hauptbezeichnung und der allgemeinste Begriff geworden für alle feinen Künste des Wohlgefallens und Vergnügens. *Schönheit ist das Hauptwort aller Ästhetik.**

* Herr Riedel hat bei dieser Gelegenheit den beiden großen Philosophen des Schönen, Home und Moses, einen sehr tiefliegenden Irrtum gezeigt, daß jener den Begriff der Schönheit zu sehr verenge, dieser zu sehr erweitere: jener, da er die Schönheit eigentlich

Eine Theorie des Gesichts, eine ästhetische Optik und Phänomenologie ist also die erste Hauptpforte zu einem künftigen Gebäude der Philosophie des Schönen. Was hilft's und wird's helfen, von oben herab die Schönheit zu definieren und von schöner Erkenntnis, schöner Rede, schönen Tönen usw. allgemein und verworren zu plaudern, wie man's tut, wenn man lieber die Einheit und Mannigfaltigkeit in dem Sinn suchen sollte, wo sie sich am klärsten, am deutlichsten, am unverworrensten zeigen, in Linien, Flächen und Figuren. Hier wäre eine jede Bemerkung gleichsam Phänomenon, sichtbare Erfahrung; hier würde sich manches wie im Sonnenlicht, wie auf einer Fläche, wie in Linien und Figuren darstellen, was, wenn es in einem fremden Sinn betrachtet wird, schielend, und wenn's in der Seele gesucht wird, nur äußerst dunkel erscheint. Eine solche Theorie würde uns das Schöne *sehen* lehren, ehe wir's auf die reflektiertsten Gegenstände der Einbildungskraft anwenden und hier oft so davon reden wie der Blinde von Farbe und Spiegel und wie unsre gemeine Critici und Bibliothekäre Deutschlands und Frankreichs, wenn sie die feinsten Schönheiten der Gedanken in der vagesten Sprache von gewohnten Kunstausdrücken auseinandersetzen. Hier erwartet also die Ästhetik ihren optischen Newton.

Für die Gegenstände des *Gehörs* ist unsre Sprache an eigentlichen Ausdrücken des Wohlgefälligen in ihnen ärmer: sie muß zu *schönen*, zu *süßen* Tönen, zu entlehnten fremden Begriffen ihre Zuflucht nehmen und in Metaphern reden. Die

nur dem Gesicht zuschreibt, dieser, da er sie den Grund aller unsrer natürlichen Triebe nennet. Herr Riedel weiß besser, genauer, fruchtbarer, was schön ist, nämlich — man höre den großen Philosophen! — was ohne interessierte Absicht gefallen kann und auch denn gefallen kann, wenn wir's nicht besitzen. Ich lasse Herrn Riedel seine neue, sehr bequeme und sehr hieher gehörige Bestimmung des Uninteresse bei der Schönheit; nur wird er mir auch meinen Gesichtspunkt lassen, in welchem Home und Moses recht haben? Ist der Begriff von Schönheit nicht ursprünglich und eigentümlich, was er bei Home ist, ein sichtlicher Begriff, und wollte ihn Home hier anders als nach seinem Ursprung und Eigentümlichkeit bestimmen? Ist bei alledem, was wir wählen und wornach wir hinwallen, nicht der dunkle Begriff vom Vergnügen würksam, und ist nicht also nach dieser weiten abstrakten Benennung, nach diesem sensu complexo der Schönheit der Satz des Herrn Moses eine psychologische Wahrheit? Und ist denn bei einem und dem andern ihr Assertum etwas anders als Nebensache, die, wenn sie auch falsch wäre, nichts von ihren Grundsätzen stört und verwirret? — — Doch warum läßt man nicht Kindern die Rute, um große Leute, wenn sie nicht höher reichen, wenigstens an den Fersen zu züchtigen?

Ursachen dieser Armut sind offenbar. Die Würkungen dessen, was in unser Ohr angenehm einfließt, liegen gleichsam tiefer *in unsrer* Seele, da die Gegenstände des Auges ruhig *vor uns* liegen. Jene würken gleichsam *in einander*, durch Schwingungen, die in Schwingungen fallen: sie sind also nicht so *aus einander*, nicht so deutlich. Sie würken durch eine Erschütterung, durch eine sanfte Betäubung der Töne und Wellen; die Lichtstrahlen aber fallen, als goldne Stäbe, nur stille auf unser Gesicht, ohne uns zu stören und zu beunruhigen. Jene folgen aufeinander, lösen sich ab, verfließen und sind nicht mehr; diese bleiben und lassen sich langsam erhaschen und wiederholen. Die Sprache des Schönen für das Gehör ist also nicht so reich als die für das Gesicht. Ich sage nicht, daß sie nicht reicher sein könnte. Wenn uns das Gesicht nicht unaufhörlich zerstreuete; wenn nicht Gehör und Gesicht auf gewisse Art Feinde wären, die sich selten in gleicher Proportion neben einander finden; wenn nicht das Gehör, eben seines Innigern und Sukzessiven wegen, schwerer auszubilden wäre als das leichte überhinfliegende Gesicht, was immer wiederkommen kann und dieselbe Welt findet; so zeigen uns ja die Blindgebornen, wieviel feine, uns unbekannte Nuancen sich im Gehör unterscheiden ließen, die jetzt nur dem Gesicht zugehören und auch von jenen schwer ausgedrückt und für Menschen kaum verständlich gemacht werden konnten, die nicht wie sie die Tiefe des Sinnes hatten, der zur Empfindung nötig war. Noch jetzt hat die italienische Sprache einen größern Vorrat von Ausdrücken für den Wohllaut als andre, unmusikalischere Nationen, die nicht soviel inniges Gefühl besitzen, und insonderheit als die Franzosen, die fast nichts als das Joli ihrer Chansons und petits airs kennen. Würden wir, wie z. E. die Griechen, die Musik mehr zur Musik der Seele machen und auch die Poesie so tief als Musik fühlen, die bei ihnen ein Hauptname und gleichsam der herrschende Inbegriff der Künste des Schönen war: so würde auch unsre Philosophie gewinnen, die von dem Schönen aus diesem Sinne an allgemeinen Grundsätzen und Bemerkungen noch so arm ist. Vielleicht würde diese Philosophie der Töne alsdenn den *Wohllaut* zu ihrem Hauptbegriffe haben, den ich aber von Harmonie, von

Wohlklang usw. unterscheide, und wenn sie in ihm alles Angenehme, Entzückende und oft Bezaubernde dieser Kunst aufsuchte, so fänden sich vielleicht in ihr, und in ihr allein, *die* Eigenschaften des Wohlgefälligen, die am tiefsten in die Seele dringen und sie am stärksten bewegen. Und eine solche Theorie ist gleichsam die zweite Pforte der Ästhetik, die wir noch weniger haben als die erste.

Der dritte Sinn ist am wenigsten untersucht und sollte vielleicht der erste sein, untersucht zu werden: das *Gefühl.* Wir haben ihn unter den Namen der unfeinern Sinne verstoßen; wir bilden ihn am wenigsten aus, weil uns Gesicht und Gehör, leichtere und der Seele nähere Sinne, von ihm abhalten und uns die Mühe erleichtern, durch ihn Begriffe zu bekommen; wir haben ihn von den Künsten des Schönen ganz ausgeschlossen und ihn verdammet, uns nichts als unverstandne Metaphern zu liefern, da doch die Ästhetik, ihrem Namen zufolge, eben die Philosophie des Gefühls sein sollte. Ich habe es gesagt, wie wir ihn jetzt haben und bilden und anwenden, hat er wenig Werk in dem Zyklus der schönen Künste; allein darf ich's auch behaupten, daß er uns nicht völlig ist, was er sein könnte, und daß er uns also auch im Kreise des Schönen nicht ist, was er sein würde?

Ich setze also die unleugbare Erfahrung voraus, daß es das Gesicht nicht sei, was uns von Formen und Körpern Begriffe gebe, wie man es durch eine gemeine Meinung annimmt und wie es auch die philosophischste Abhandlung über den Grundsatz der schönen Künste angenommen hat. Ich setze es voraus, daß das Gesicht uns nichts als Flächen, Farben und Bilder zeigen könne und daß wir von allem, was körperlicher Raum, sphärischer Winkel und solide Form ist, nicht anders als durchs Gefühl und durch lange wiederholte Betastungen Begriffe erhalten können. Dies zeigen alle Blindgeborne und Blindgewesene. Bei jenen waren Körper und Formen gleichsam ihre ganze äußere sinnliche Welt, wie lediglich Töne ihre innere sinnliche Welt waren. Der Blindgeborne, über den Diderot Betrachtungen anstellte, lehrte seinen Sohn mit Buchstaben *in Relief* lesen; er wußte den Spiegel nicht anders als wie eine Maschine, durch welche *Körper im Relief außer sich selbst* geworfen werden; er konnte nicht begreifen, wie dies außer sich geworfne Relief sich nicht fühlen lasse, und schloß also, daß es ein Betrug sein, daß eine neue Maschine möglich sein müßte, um den Betrug zu zeigen, den die andre machte. Er wußte sich die Augen nicht anders als wie Organe, auf welche die *Luft* denselben Eindruck machte wie ein *Stab auf die Hand*; er beneidete also andern ihr Gesicht nicht, weil er keinen Begriff von Flächen und von der Vorspiegelung derselben hatte; er wünschte sich nichts als *längere Arme*, um in die Ferne zu fühlen. Natürlich also, daß er sein Gefühl zu einer Feinheit und Richtigkeit gebracht hatte, die in ihren Proben Erstaunen erweckt. Das Gefühl war ihm Waage des Gewichts und das Maß der Entfernung und die Quelle dessen, was er schön nannte und worin er tausend Annehmlichkeiten wahrnahm, die wir mit Gesicht und Gefühl zusammengenommen nicht empfinden, das Gefühl war ihm in der äußern Welt alles. Es gab ihm aber, wie aus jedem Beispiel zu sehen ist, keinen Begriff als von Form und Körper: Alles, was diese ausmachten, begriff er tausendmal genauer, feiner und inniger als wir, die wir das Gesicht als einen bequemern Stab an der Stelle des Gefühls gebrauchen und dies durch jenes verwahrlosen; Flächen aber begriff er nicht.

Der blinde Saunderson begriff sie ebensowenig. Rechenmaschinen waren ihm statt der Zahlen; durch Maschinen machte er sich Flächen und Figuren auf denselben begreiflich; Linie und Polygon mußte Körper werden, damit er's fühlte. Man weiß, daß er Maschinen nachgelassen, deren Nutzen für andre verschwindet, die ihm aber zu seinem Studium des Maßes der Flächen unentbehrlich waren. Was sehenden Personen, die an Körpern nur immer hingeworfne Reliefe sehen, in der Geometrie am schwersten zu begreifen wird, solide Körper, war ihm in der Demonstration ein Spielwerk; was sehenden Personen am leichtsten wird, Figuren auf Fläche, war ihm mühsamer und mit seiner Erklärung beschwerlicher für die, die davon ohne Gesicht hätten Begriffe sammlen sollen. So war es auch mit seiner Optik; Figuren des Plans waren ihm nur angenommene Hülfsbegriffe, Körper waren seine Objekte, und selbst der Sonnenstrahl ward zu seiner Begreiflichkeit Körper.

Am deutlichsten aber sehen wir, daß Gesicht und Gefühl sich so wie Fläche und Körper, wie Bild und Form trennen, an der Genesung des Blindgebornen durch Cheselden. In seiner Starblindheit hatte er den Tag von der Nacht und bei starkem Lichte das Schwarze, Weiße und Hellrote von einander unterscheiden können; aber alles durchs Gefühl, alles als Körper, die sich auf sein geschloßnes Auge bewegten. – Das Auge wurde geöffnet, und jetzt erkannte er die Farben als Flächen nicht, die er voraus als Körper unterschieden hatte. Das Auge ward ihm geöffnet, und er sahe gar keinen Raum; alle Gegenstände lagen ihm im Auge. Er unterschied keine Gegenstände, auch von den verschiedensten Formen, und erkannte keine durchs Gesicht, die er voraus durchs Gefühl erkannt hatte. Er fand also durchaus keine Identität zwischen Körper und Fläche, zwischen Gestalt und Figur; man lehrte ihn sie finden: er vergaß sie, er wußte nichts. Er konnte nicht begreifen, daß die Gemälde, die er sahe, daß die figurierten und kolorierten Flächen, die ihm vorkamen, dieselben Körper wären, die er voraus gefühlt hätte, und als er sich davon überzeugte, war er noch ungewiß, ob sein neuer oder sein alter Sinn ihn tröge, von denen jener ihm nichts als Flächen, dieser nichts als Körper lehre. Tausend andre sonderbare Unwissenheiten über Raum, Größe, Vergleichung der Flächenräume usw., alle lehren uns, daß es durchaus völlig geteilte Grenzen zwischen Gesicht und Gefühl wie zwischen Fläche und Körper, Figur und Gestalt gebe, daß wie das *Gefühl nichts von Fläche, von Farbe, so wisse das Gesicht durchaus nichts von Form und von Gestalt*. Ich könnte den Satz aus der Optik und Logik demonstrieren, wenn nicht die drei Beispiele redender wären als drei Demonstrationen.

Was folgt hieraus? sehr viel. Das Gefühl muß also wohl nicht so ein grober Sinn sein, da er eigentlich *das Organ aller Empfindung andrer Körper* sein soll und also eine so große Welt von feinen, reichen Begriffen unter sich hat. Wie sich die Fläche zum Körper verhält, so und nicht minder verhält sich das Gesicht zum Gefühle, und es ist bloß eine gewohnheitsmäßige Verkürzung, daß wir Körper als Flächen sehen und das durch das Gesicht zu erkennen glauben, was wir würklich in unsrer Kindheit nicht anders als durchs Gefühl und sehr langsam lernten. So und nicht anders lernten wir den Begriff vom Raume, von der Undurchdringlichkeit und Bewegung; so wie wir wiederum den Begriff von Größe, Figur und Fläche durch viele Experimente des Gesichts lernten. Aber weil beide Sinne immer zusammen und gemeinschaftlich würkten, so ward gleichsam von allen Körpern ihre verkürzte Gestalt auf die Retina des Auges als Figur geworfen, und in dieser Verkürzung wird sie gewohnheitsmäßig von uns gebraucht: wir glauben Körper zu sehen und Flächen zu fühlen, da doch nichts ungereimter ist als beides.

Nichts als Irrtümer entspringen aus dieser unlogischen und unphysischen Vermischung, und eben diese Irrtümer sind's gewesen, die die meisten Einwürfe gegen die Wahrheit der sinnlichen Vorstellungen hergegeben haben. Du siehest den zerbrochnen Stab im Wasser: du greifest darnach und bekommst nichts; du siehest, es war der zurückgespiegelte Stab selbst. Du irrtest dich, aber nicht dein Sinn, sondern dein Urteil, zu dem du bei den Sinnen gewöhnet bist und das jetzt die Objekte vermischte. Dein Auge kann nichts als Flächen sehen: die Wasserfläche sahest du, und sie war sinnliche Wahrheit. Den zurückgebrochnen Stab sahest du auf ihr als Fläche: du sahest recht, als Bild war's sinnliche Wahrheit. Aber du griffest nach ihm; da hattest du unrecht; wer wird nach dem Bilde auf einer Fläche greifen? Das Gefühl ist nur für Körper; wußtest du aber durchs Gefühl, daß da ein Stab im Wasser wäre, wo du ihn haschen wolltest? Nein! und so trog dich nicht dein Sinn, sondern dein Urteil, das durch lange gewohnte Vermischung sich übereilte und da das Gesicht substituierte, wo nur das Gefühl das Organ des Begriffs sein konnte. Eben die Bewandtnis hat's mit allen Irrnissen, die über Weite, Größe, Figur und Gestalt so oft vorfallen.

Ich will keine neue Regeln geben, wie der Sinn des Gefühls, der so sehr vom Gesichte verkürzt und verdrängt ist, wieder in seine alten Rechte zu setzen sei, damit man zwar langsamer, aber sicherer zum Begriff körperlicher Wahrheit komme. Hier hat Rousseau, wie ich glaube, schon geredet, und das wäre hier nicht am rechten Ort; ich mache nur eine Anwendung auf die Ästhetik, die einem großen Teile derselben ganz andre Gestalt gibt. *Alles nämlich, was Schönheit einer Form, eines Körpers ist, ist kein sichtlicher, sondern ein fühlbarer Begriff; im Sinne des Gefühls also muß jede dieser Schönheiten ursprünglich gesucht werden.* Das Auge ist nicht ihr Ursprung noch also ihr Richter: es ist dazu zu flüchtig, zu seicht, zu superfiziell, und eine Theorie über Form und Gestalt durchs Auge ist nicht eigentlicher als eine Theorie über die Töne aus dem Geschmack; nicht eigentlicher, als wenn jener Blindgeborne sagte: Die rote Farbe ist, nun begreife ich's, wie der Schall einer Trompete.

Alle Schönheit der Körper als Formen ist also fühlbar; vom Gefühle sind alle ästhetische Ausdrücke, die jene bezeichnen, genommen, sie mögen angewandt werden, wo sie wollen: rauh, sanft, weich, zart, Fülle, Regung und unendlich viel andre sind vom Gefühle. Das ganze Wesen der Bildhauerkunst ist, wie alle Welt durch einen Irrtum bisher angenommen hat und wie das Gegenteil gezeigt werden soll, nicht sichtlich als nur dem kleinern Teile nach, sofern sie Fläche enthält; an sich aber, als körperlich schöne Kunst ist sie nichts als fühlbar. Durch diesen Sinn erkannt, entweicht sie allem falschen Geschmack und Urteil und nähert sich, zwar langsam und bedächtlicher, aber desto gewisser, der Wahrheit. Das ist also die dritte Hauptpforte des Schönen: *das Gefühl*, und das dritte Werk, was ich wünsche, eine Philosophie des Gefühls, die keine bloße Metapher sei, wie das Baumgartensche Werk, auch mit vollendetem Plane, nur immer geblieben wäre und mit dem jene also durchaus nichts gemein hätte.

Es gibt noch zween Sinne in der menschlichen Natur, die aber an der Empfindung des Schönen weniger Anteil haben und gegen die ich überhaupt, ich weiß nicht was? habe, sie in allen Theorien so ganz collatoral *neben* die gedachten drei Hauptsinne gestellet zu sehen, da sie doch mehr zwo zusammenhängende Modifikationen des Gefühls als zwei völlig neue Gefühle sind wie Auge und Ohr. Als solche Modifikationen des Gefühls liefern sie zu unserm Zwecke einige Benennungen, einige Metaphern; da sie aber selbst keine neuen Gefühle sind, so haben sie auch keine eigne Künste des Schönen zum

Gegenstande. *Geschmack*, weiß man, ist Hauptbezeichnung geworden, die im Grunde doch aber nichts sagen will als ein leichteres, erquickendes Gefühl. Bei den Spaniern soll dieser Gusto zuerst üblich geworden sein; die Italiener und Franzosen haben ihn bald adoptiert; die Engländer, Deutsche und andre sind nachgefolget; man hat ihn endlich gar in die lateinische Sprache zurückgetragen, in der er in den besten Zeiten wenigstens nicht als Hauptbenennung üblich gewesen; und eben weil sich am Geschmack viel käuen, viel zerlegen läßt, so hat man ihn auch, insonderheit in Frankreich, sehr zergliedert. Indessen dünkt er mich nicht der fruchtbarste Begriff und der fruchtbarste Sinn zur Ästhetik: seine Entlehnungen vom Süßen, Erquickenden, Berauschenden, Picquanten der Anmut sind entweder bloße Modifikationen des Gefühls oder beim Geschmacke unfruchtbare Metaphern. Und gar die Bezeichnungen des Wohl- und Übelgeruchs, die selbst in Beschreibung der Schönheit nur mit Maß einzumischen sind, was wären sie zur Charakteristik des allgemeinen Schönen?

2

Drei Hauptsinne gibt's also, mindstens für die Ästhetik drei, ob es gleich gewöhnlich gewesen ist, ihr nur zwei, das Auge und Ohr, einzuräumen. Jeder von diesen Sinnen hat eigentümliche erste Begriffe, die er liefert und die den andern bloß appropriiert werden; ein Gefühl modifiziert sich durch alle Sinne, jeder aber gibt demselben seine neue Art, und so erst nur spät und zuletzt tragen sich aus allen Sinnen komplexe Begriffe in die Seele über, wie sich verschiedene Ströme in ein großes Meer ergießen. So wird der Begriff der Wahrheit und auch der Schönheit: er ist ein Werk vieler und verschiedner Organe und, da jeder von diesen seine eigne Welt hat, gleichsam ein Raub vieler Welten. Die Einbildungskraft nimmt und schaffet und bildet und dichtet; aber alles bekam sie durch fremde Hände, und in ihr ist dieses Zusammengetragne nichts als ein großes Chaos.

Unmöglich also, das siehet man offenbar, kann man von

hinten anfangen und von den abstraktesten Begriffen der Einbildungskraft, von Schönheit und Größe und Erhabenheit usw. reden, ohne die geringsten Eindrücke vorangeschickt zu haben, aus denen diese so abgezogne, so vielfassende Ideen erst wurden. Jeder dieser Begriffe muß ein verworrenes Chaos sein, wenn nicht seine vermischten Eindrücke erst auf jeden Sinn zurückgeführt, jedem sein eigentümlicher Ursprung und Bedeutung angewiesen, in alle nach der Reihe Ordnung gebracht und insonderheit die Proportion erwogen wird, in welcher sie zu dem und jenem Hauptbegriffe, der dunkel in uns liegt, beitragen. Und eben die Methode, die ich verrufe, ist sie bisher nicht fast die einzige gewesen? Von oben herab, von Schönheit und Erhabenheit fängt sich das Definieren an; man fängt also mit dem an, was eben das letzte sein sollte, Schönheit. Soll der Begriff dieser mehr als eine wiederholte Worterklärung sein, aus dem man die lang bekannten Sätze nachbete: „das Objekt, was gefallen soll, muß sinnlich sein, muß keine Unvollkommenheit haben, muß uns auf befriedigende Art unterhalten"; soll der Begriff der Schönheit fruchtbarer sein als an schwankenden elenden Allgemeinsätzen: mein leichter Philosoph, so ist er mehr als ein Hüter am Titelblatte. Er ist ein schwerer, langsamer Begriff; er muß aus vielen einzelnen Datis und Bezeichnungen abstrahiert werden; alle diese können nicht gnugsam gesammlet, gefeilt, geordnet und verfeinert werden, um aus ihnen die Analyse des Schönen überhaupt zu geben; und eben diese ist das letzte Produkt von allen einzelnen Phänomenen.

Blind wurde ich, da ich in Riedels Theorie von alledem nicht einen Schatten sah. Was nach meinem Plan der letzte, schwerste Begriff, die Summe aller Empfindungen dieser Art ist, Schönheit, das demonstriert er zu Anfange auf der Stelle weg und zieht ein Gemisch von Konsektarien daraus, die ich ihm schenke. Was nach meiner Idee das Hauptaugenmerk des Werks wäre, die Phänomene und Data des Schönen zu sammlen, zu ordnen, auf ihre Ursprünglichkeit zurückzuführen: davon weiß Riedel nichts im ganzen Buche. Was nach meiner Idee die einzige Methode der ganzen Ästhetik wäre, Analysis, strenge Analysis der Begriffe: das ist bei ihm eben das, was er am meisten verspottet und dem er nichts als sein ἄρρητον von Quackerempfindung supponieret. Er hat eine Menge allgemeiner, abstrakter Begriffe, weiß Gott, woher? aus Gerard und Moses und Home und Winckelmann, die stellt er im Gewühl neben einander und, was er bei andern Autoren über sie findet, im Gewühl neben einander. Der wahre Philosoph hat keine, als wo sie ihm in einem Sinne erscheinet: da suchet er sie auf, da verfolgt er sie durch alle feinen Nervenäste, bis sie sich andern Sinnen und endlich der Seele mitteile. Diese Physiologie der Sinne und sinnlichen Begriffe, die bei einem Weisen alles ist, Objekt, Hauptaugenmerk, Methode, ist bei Riedel nichts. Wo *Schönheit* ist, da ist *Mannigfaltigkeit*, und da ist auch *Einheit* und auch *Größe* und *Wichtigkeit* und auch *Harmonie* und *Natur* und *Naivetät* und *Simplizität* und *Ähnlichkeit* und *Kontrast* und *Wahrheit* und *Wahrscheinlichkeit* und *Rotundität* und *Nachahmung* und *Illusion* und *Zeichnung* und *Kolorit* und *Vergleichungen* und *Figuren* und *Tropen* und *Körnichtes* und *Gedankenfolge* und *ernsthafte, lächerliche, belachenswerte, komische, launische, sanfte, tändelnde* Vorstellungen und *Interesse* und *Sentiments* und *Pathos* und *Schicklichkeit* und *Würde* und *Sitten* und *Costume* und *Anstand* und *Geschmack* und *Genie* und *Enthusiasmus* und *Erdichtung* – ach! ach! meine Hand ermüdet mir! das ist die Zusammensetzung, der Plan, die methodische Ordnung der Riedelschen Theorie aller schönen Künste und Wissenschaften! O Chaos! Chaos! Chaos!

Kann man's denn gnug beklagen, daß die nützlichsten Dinge in der Welt, Sprache und Unterricht, zugleich auch die verderblichsten werden können? Sollten wir uns ohne Unterweisung anderer selbst alle unsre Begriffe mit ihren Benennungen und Unterschieden ausfinden, sollten wir uns jeder selbst seine Sprache und Ausdruck erfinden müssen: welch eine Mühe! welch eine lange ewige Wanderschaft! Das menschliche Geschlecht würde alsdenn in lauter Individua zerfallen, die lange Kette von Gedanken und Überlieferungen, die vom ersten bis zum letzten Menschen durch alle Völker, Zeiten und Jahrhunderte reicht, würde bei jedem Gliede brechen; jedes Subjekt bliebe sich selbst, seiner Mühe und seinem alleinigen Fortstreben überlassen und die ganze Menschheit in einer ewigen Kindheit. Jeder würde sich mit Erfindung weniger Wahrheiten quälen, lebenslang quälen, und sterben, ohne weder davon selbst Gebrauch gemacht zu haben noch ohne sie andern als Erbschaft überlassen zu können: wir wären ärmer als die Tiere, die mit ihrem Instinkt alle Kunstfertigkeit, die sie bedörfen, zur Welt bringen, und die Natur, die sie bildete, selbst zur Lehrerin haben. Diese, die Mutter Natur, sorgte also für uns anders: sie gab uns die Sprache, als ein Werkzeug, die Seele des andern unmittelbar zu berühren, unmittelbar ihr Kenntnisse einzupflanzen, die sie nicht, die andre für sie erfunden haben. Damit erleichterte sie nicht bloß jedem Menschen *seine* beschwerliche lange Bahn zur Wissenschaft und Weisheit, sondern sie knüpfte auch ein ewiges Band, das das ganze Menschengeschlecht zu *einem* großen Ganzen machet. Nun war kein Glied allein; kein Gedanke in der ganzen Reihe menschlicher Seelen ist vergebens gedacht worden; er hat auf andere gewürkt; er hat sich gereihet, sich durch Jahrhunderte und Zeiten fortgepflanzet; andre, gute und böse veranlasset und zum Verfall oder zur Erhebung der menschlichen Seele beigetragen. Es hat sich also in Unterricht und Sprache eine große Niederlage von Gedanken gesammlet, die wir vor uns finden, die andre für uns erfanden und ausdrückten, die wir mit tausendfach wenigerer Mühe *lernen*. Aber siehe! nun fängt sich bei dieser so schätzbaren Erleichterung des Mittels zur Wissenschaft auch unmittelbar drauf ein Schade, ein Verfall an. Nun lernen wir also vermittelst der Worte Begriffe, die wir nicht suchen dorften und also auch nicht untersuchen; Kenntnisse, die wir nicht sammlen dorften und die wir also aufraffen, brauchen, anwenden, ohne sie zu verstehen. Und wie erniedrigt ist hiemit die menschliche Seele! Mit jedem Worte, was sie lernt, erschweret sie sich gleichsam das Verständnis der Sache, die es bedeutet; mit jedem Begriff, den sie von andern empfängt, tötet sie in sich eine Nerve, diesen Begriff selbst zu erfinden, eine Kraft, ihn innig zu verstehen, wie wenn sie ihn erfunden hätte.

Bei allen sinnlichen Dingen haben wir Auge und Werkzeuge, die diese Abstumpfung der Seele noch verhindern: wir haben Gelegenheit, die Sache selbst und den Namen zugleich kennenzulernen und also nicht das Zeichen ohne den Begriff des Bezeichneten, nicht die Schale ohne Kern zu fassen. Aber bei abstrakten Ideen? bei allem, was eigentliche Erfindung heißt? um so viel mehr. Wie leicht nehmen wir da das Produkt einer langen Operation des menschlichen Geistes an, ohne selbst die Operation durchzulaufen, die das Produkt ursprünglich hervorgebracht hat, und so kaufen wir also Folgesätze, ohne den innern Grund zu wissen, Probleme, ohne die Auflösung zu verstehen, Lehrsätze, ohne sie aus ihrem Beweise selbst zu folgern, Worte, ohne die Sachen zu kennen, die sie bedeuten. Da lernen wir eine ganze Reihe von Bezeichnungen aus Büchern, statt sie aus und mit den Dingen selbst, die jene bezeichnen sollen, zu erfinden; wir wissen Wörter und glauben die Sachen zu wissen, die sie bedeuten; wir umarmen den Schatten statt des Körpers, der den Schatten wirft.

Lehrlinge der Wissenschaft! so schläft eure Seele ein: Alle ihre Glieder lähmen sich, wenn sie sich in die Gewohnheit legen, auf den Worten und Erfindungen andrer zu ruhen. Der Mann, der das Wort erfand, das ihr so überhin lernet, hatte dabei eine ganz andre Gestalt als ihr: er sahe den Begriff; er wollte ihn ausdrücken, er kämpfte mit der Sprache, er sprach; die Notwendigkeit trieb ihn, was er sahe, auszusprechen. Wie anders mit euch, die ihr den Begriff bloß durchs Wort kennet und jenen zu haben glaubt, weil ihr dies auffasset und es mit einer Halbidee anwendet? Ihr seid in dem Augenblick nicht in dem innern Lichte wie er: ihr habt bloß ein willkürliches Geldstück, das ihr durch Konvention angenommen habt und andre von euch durch Konvention annehmen, statt daß jener, der es bildete, es nach seinem innern Werte kannte. Fahret also eine Zeitlang fort in diesem ruhigen Schlafe, Worte andrer in euch zu träumen, ohne ihre Ideen der würklichen Natur mit Mühe entreißen zu dörfen, fahret fort; in kurzer Zeit wünsche ich euch Glück zu eurer erstarreten, schlaffen Seele, die ein großer Mund geworden ist, ohne eine Zelle des Gehirns zu Gedanken mehr übrig zu haben.

Und das ist der klägliche Zustand unsers heutigen ganzen

Reiches der Gelehrsamkeit. Wir haben so viel zu lernen, was andere gedacht, und endlich lernen wir selbst nichts als *lernen.* Von Jugend auf gibt man sich alle Mühe, uns in diesen bequemen Zustand des Seelenschlafes zu wiegen: man erleichtert uns alle Beschwerde, ja nicht etwas erfinden zu *dörfen*, und so werden wir zeitlebens nichts erfinden *können.* Man macht alles ad captum; man verkürzet, ziehet aus, erleichtert, und so wird unser captus natürlich so bleiben, wie man ihn haben wollte, die *verkürzte Gestalt der Geister, von denen wir lernten.* Wir gaben uns rechte Mühe, ja nicht wie sie ad captum ipsorum, sondern ad captum nostrum zu denken, wir schmälerten und verkinderten also ihre Werke, siehe da also die kindische Form gegen sie, die wir zeitlebens behalten! Du lerntest alles aus Büchern, wohl gar aus Wörterbüchern: schlafender Jüngling, sind die Worte, die du da liesest und literarisch verstehen lernest, die lebenden Sachen, die du sehen solltest? Naturgeschichte, Philosophie, Politik, schöne Kunst aus Büchern: wie? wenn du Montesquieu durchgelesen und verstehest und weiß'st, denkest du, wie *er* dachte, der die Welten und Regierungsformen ansah oder sich als lebendig träumte, die er verwaltet; und du, der du seine Grundsätze dir einbetest, denkest du damit, wie er dachte, bist du jetzt Montesquieu?

Wir sind leider! jetzt im Zeitalter des Schönen. Die Wut, von schönen Künsten zu reden, hat insonderheit Deutschland angegriffen, wie jene Bürger aus Abdera die tragische Manie. Und wie lernen wir die Begriffe des Schönen? wie als aus Büchern? Eine Theorie halb durchgelesen, ein Vierteil davon dem Buchstaben nach verstanden und nichts dem Verstande nach begriffen, ist mehr als zuviel, um ein Kenner der Kunst zu heißen, von der sie handelt: denn es gibt gar andre Kenner, die ihre Sprache nur aus Rezensionen der Journale und gar aus keiner Theorie einmal herhaben. Nun hat man eine Menge von Wörtern im Munde, von deren keinem man die Sache gesehen; die man aber nach dem Konventionsfuß des literarischen Kommerzes an andre gibt, so wie man sie von andern empfing. O letzte Stufe zum Verfall aller Gedanken! Elender, entnervter Schmecker des Schönen! Die Worte, die du aus deinem Pernety kennest und herhast; der Schwall von

Simplizität und Grazie und Perspektiv und Kontrast und Haltung und Costume, und wo kann ich den Non-sense herbeten, den unsre Klotze und Meusels in ihren Taschen tragen: alle diese Worte, sind sie bei dir in dem Augenblicke, da du sie herlallest, dasselbe, was sie bei den Künstlern waren, die sie ihren Werken einflößten? was sie bei den gerührten Betrachtern waren, die sie lebendig vom Kunstwerk abrissen und gleichsam erfanden? sind sie das bei dir? Bei dir das Wort Grazie dasselbe, was es dunkel in der Seele des Correggio war, da er sie seinen Gemälden anschuf, und was es in der Seele Winckelmanns und Hagedorns war, wenn sie dieselbe von ihren Idealen abzogen – tote, entschlafne Letternseele, bei dir dasselbe? Hochverrat gegen alle Musen und Künste wäre es, wenn du, indem du von Michael Angelos männlicher Manier schwatzest, du dich in die Wassergleiche mit ihm setzen wolltest, da er sie an den Antiken studierte, da er sie seinen Werken gab!

Die ganze Riedelsche Theorie ist ein verworrener Schattenriß von solchen Lettern- und Bücherideen; ich nehme keinen Artikel und keinen Begriff derselben aus. Schönheit und Mannigfaltigkeit und Einheit und Größe und Harmonie und Natur und Simplizität und Ähnlichkeit, und wie das ganze Buch durch das Gewirr folge – alles sind Worte ohne Sachideen, Schatten ohne Körper. Nichts ist von der Natur und von der Kunst abstrahiert; nichts im lebendigen Anschauen erkannt; nichts unter seinen Sinn, seine Kunst, seine Klasse von Gegenständen geordnet: alles überhin und durcheinander in der abscheulichsten, greulichsten Vermischung. Bei keinem einzigen Begriff kommt es ihm ein, wo er denn ursprünglich entstanden? wovon er denn abstrahiert? wem er denn eigentlich und wem nur tropisch zukomme? wie einer auf den andern folgen möge oder nicht? Nichts von allem! Er spricht über die Grazie aus Winckelmann und über die Naivetät aus Moses und über die Schönheit aus Baumgarten; von keinem aus der Natur. Er träumt alle Kapitel hin überweg von Wörtern ohne Objekte und setzt Begriffe und Kapitel nebeneinander, über die man erstaunen muß, sie in einer Theorie der schönen Künste und im ersten allgemeinen Teil derselben zu erblikken. Harmonie neben Natur, Simplizität neben Ähnlichkeit,

Wahrscheinlichkeit neben Rotundität, Zeichnung neben Illusion, Tropen neben das Körnichte, Gedankenfolge neben das Lächerliche, Komische, Launische, Tändelnde; dies neben Interesse und Sentiments und Pathos und Schicklichkeit und Würde und Sitten und Costume; Anstand neben Geschmack und Genie neben Enthusiasmus – als wenn das alles? allen schönen Künsten? und ohne Unterschied? und mit gleicher Ursprünglichkeit? und in der Ordnung zukäme? und nichts sein Vaterland? seine Eigentümlichkeit? sein Gebiet? seine Stufenfolge? seine Ableitung hätte? und als ob hierauf in einer Theorie alles Schönen aller Künste nicht *alles* beruhete? und doch von alle diesem nichts? Nichts als ein Chaos von Kapiteln, Definitionen und Worten? und *also kein einziger wahrer ursprünglicher Begriff der Ästhetik im ganzen Buche*? – O vortreffliche Theorie der schönen Künste! Jünglinge! leset, lernet, hört über sie, um euch auf ewig zu verderben!

3

Was zögere ich bei meinem Ausschreiber allgemeiner Begriffe? ich kehre zur Untersuchung der Sinne des Schönen zurück. Wir sahen, es gab drei: den Sinn des Gesichts, der *„Teile als außer sich neben einander"*, das Gehör, das *„Teile in sich und in der Folge nach einander"*, und das *Gefühl*, das Teile *„auf einmal in und neben einander"* begreifet. Teile als außer sich, neben einander, heißen *Flächen*; Teile in sich und in der Folge nach einander sind am ursprünglichsten *Töne*; Teile auf einmal in und neben einander solide *Körper* – es gibt also in uns einen Sinn für *Flächen*, für *Töne*, für *Körper*, und wenn es auf das Schöne ankommt, für die Schönheit in *Flächen*, in *Tönen*, in *Körpern*. Drei besondere Klassen äußerer *Gegenstände*, wie die drei Gattungen des Raumes.

Wenn es nun Künste gäbe, die die Natur in diesen drei Räumen nachahmten, die das zerstreute Schöne in jedem derselben sammleten und wie in einer kleinen Welt dem Sinne darstellten, der für diese Art der Gegenstände da ist: so sieht man, werden eben damit drei Künste des Schönen. *Eine*, bei der das Hauptobjekt Schönheit ist, sofern sie der *Raum* enthält, sofern sie sich auf Flächen spiegelt: das ist *Malerei*, die schöne Kunst fürs *Gesicht.* Eine, die zum Objekt das Wohlgefällige hat, das in und nach einander gleichsam in einfachen Linien der Töne auf uns würket: das ist *Musik*, die schöne Kunst des *Gehörs.* Endlich eine, die ganze Körper schön vorbildet, sofern sie aus Formen und Maßen bestehen: das ist *Bildhauerei*, die schöne Kunst des *Gefühls.* Ich gehe noch nicht weiter, um erst das Wesentliche und Wahre dieses Unterscheides zu entwickeln, und sage also:

Eine Theorie der Bildhauerei, die diese Kunst als ein völliges und ursprüngliches Objekt des Gesichts betrachtet und hieraus seine einzigen und wesentlichen Regeln holet, kann nichts weniger als eine philosophische Theorie werden. Sie entwickelt an ihrem Grundbegriffe eine Uneigenheit, und muß sie nicht also fremde falsche Regeln entwickeln? muß sie als Theorie nicht Irrtümern und Widersprüchen ausgesetzt sein? das alles so gewiß, als Fläche nicht Körper und Gesicht nicht Gefühl ist. Lasset uns einen Körper setzen, von dem wir durchs Gefühl keinen Begriff, oder gar setzen, daß wir von keinem Körper durchs Gefühl Begriff hätten: nun lasset ihn Gegenstand des Gesichts werden; laß das Gesicht, aber ohne Gefühl, sich alle Mühe geben, sich über ihn zu vergewissern und zu unterrichten: wird's je eine Eigenschaft seiner Solidität erraten? Nein! und also gar alle ausfinden? Nein! und wird's also je den wahrhaften Begriff von ihm, als Körper, bekommen? Niemals, und so muß auch die Theorie einer Kunst der Körper, wenn sie diese bloß als Gegenstände des Gesichts betrachtet, durchaus keine Theorie sein.

Was sehen wir an einem Körper durchs Auge? Nichts als Fläche; sie sei nun Elevation oder hingeworfner Schattenriß: sie hat nur immer zwo Ausmessungen, Länge und Breite! Die dritte Ausmessung, die Dicke, können wir so wenig *sehen*, als jener Maler den Hund hinter der Tür malen konnte. Daß wir sie oft und bei bekannten Dingen immer zu sehen glauben, kommt aus der Überschnelligkeit unsres Urteils, das durch lange Gewohnheit, Gesicht und Gefühl zusammen zu gebrauchen, beide vermischt und, wo beide nicht hinreichen, die Erratung ähnlicher Fälle zu Hülfe nimmt, diese mit der Sensation beider vermischet und also siehet, wo sie ursprünglich nur fühlte, siehet, wo sie nur schließet, nur mutmaßet. Wäre es nicht schwer, von dieser ewigen Gewohnheit zu abstrahieren, so könnte ich's also als ein Axiom der ersten Erfahrung annehmen, was jetzt vielleicht nur ein Axiom ist, für die ist, die die Würkungen des Lichts kennen; nämlich „das Auge, als Auge, sieht an einem Körper nichts als Fläche".

So auch an einem Körper der Kunst nichts anders. Es trete zu einer Bildsäule, von welcher Seite es wolle: es hat nur *einen* Gesichtspunkt, aus welchem es *einen* Teil derselben, wie Fläche, übersiehet und den es also so oft verändern muß, als es *einen* neuen Teil der Bildsäule, wie eine neue Fläche, übersehen will. Eben dies, weiß man, ist eine der größesten Erschwerungen, die die Skulptur über die Malerei hat. Diese arbeitet für einen Gesichtspunkt, aus und für den sie *alles* erfindet, verteilet, zeichnet, färbet; die Skulptur hat so viel Gesichtspunkte, für die sie arbeiten muß, als es Radius-Punkte in dem Zirkel gibt, den ich um ihr Werk ziehen und aus deren jedem ich's betrachten kann. Aus keinem übersehe ich das Werk ganz; ich muß den Zirkel herum, um es betrachtet zu haben: jedweder zeigte mir nur eine kleine Fläche, und wenn ich den ganzen Umkreis durch bin, noch nichts als ein Polygon von vielen kleinen Seiten und Winkeln. Alle diese kleinen Seitenflächen muß die Einbildungskraft erst zusammensetzen, um sich ein Ganzes daraus als Körper zu denken: und dies körperliche Ganze also, ist's ein Geschöpf meines Auges? oder meiner Seele? ist der Effekt, den es nicht anders als im Ganzen tun soll, eine Empfindung meines Auges? oder meiner Seele? für das Auge unmittelbar ist also der Effekt des Ganzen der Kunst völlig verloren.

Es gibt also durchaus keine Bildhauerei für das Auge! Nicht physisch, nicht ästhetisch! Nicht physisch, weil das Auge keinen Körper als Körper sehen kann; nicht ästhetisch, weil, wenn dies körperliche Ganze in der Bildhauerei verschwindet, alles Wesen ihrer Kunst und ihres eigentümlichen Effekts verschwindet. Das erste ist bewiesen, das zweite soll bewiesen werden.

Das Wesen der Bildhauerei ist schöne Form: nicht Farbe, nicht bloße Proportion der Teile, als Flächen betrachtet, sondern Bildung. Es ist die schöne elliptische Linie, die in allen Teilen ihre Bahn verändert, die, nie gewaltsam unterbrochen, nie stumpf vertrieben, nie scharf abgeschnitten, sich mit Pracht und Schönheit um den Körper gleichsam umherwälzet und ihn mit ihrer beständigen Einheit in Mannigfaltigkeit, mit ihrem sanften Guß, mit einem schöpferischen Hauche bildet. Diese Form im Ganzen der Gestalt und im Ganzen ihrer Teile, die die Alten ihren Werken so unnachahmlich gaben; die die Angelos in diesen Werken so tief betrachteten, die die Winckelmanne und Webbe so entzückend preisen und die der Pöbel ohne Empfindung so wenig fühlet; diese Form der Schönheit, sage ich, das Wesen der Bildhauerkunst, ohne die sie nichts ist — kann die eigentlich durch das Gesicht begriffen werden? Sowenig als eine Bildsäule, als solche, im Plan eines Kupferstichs gezeigt werden kann, so daß sie noch runde Bildsäule bleibe. Das Auge, was immer nur *eine* Seite ihrer Ansicht fasset, nach dem Gesichtspunkt, den es nimmt, verwandelt diese Seite gleichsam in Fläche; es geht weiter, verwandelt eine andre ebenso, und zwischen beiden wird ein Winkel. Die sanft verblasne Form des Körpers, die von keinem Winkel wußte, ist also in ein zusammengesetztes Polygon von winklichten Flächen verwandelt, und eben dadurch, ist nicht jene in ihrer eigentlichen runden, sich immer wälzenden Schönheitslinie zerstöret? und eben dadurch, scharf gesprochen, nicht auch das Wesen der Kunst verschwunden? Das sind nicht Werke der Bildhauerei mehr, die durch ihr solides Schöne, als solches, entzücken; es sind Zusammensetzungen von Flächen und Spiegeln, die weit sind, wenn sie jenem nur nicht augenscheinlich widersprechen.

Man siehet die Bestätigung meiner Behauptungen, wenn man die Operationen des Auges selbst zergliedert, die es sich bei der Bildsäule nimmt: sie laufen alle dahin heraus, sich an die Stelle des Gefühls zu setzen; zu sehen, als ob man tastete und griffe. Bemerket jenen stillen, tiefsinnigen Betrachter am Vatikanischen Apollo: er scheint auf einem ewigen Punkte zu stehen, und nichts ist weniger; er nimmt sich eben so viel Gesichtspunkte, als er kann, und verändert jeden in jedem Augenblick, um sich gleichsam durchaus keine scharfe, bestimmte Fläche zu geben. Zu diesem Zweck gleitet er nur in der Umfläche des Körpers sanft umhin, verändert seine Stellung, geht und kommt wieder; er folgt der in sich selbst umherlaufenden Linie, die einen Körper und die hier mit ihren sanften Abfällen das Schöne des Körpers bildet. Er gibt sich alle Mühe, jeden Absatz, jeden Bruch, jedes Flächenartige zu zerstören und soviel als möglich das vielwinkelichte körperliche Polygon, das ihm sein Auge so zerstückte, in die schöne Ellipse wiederherzustellen, die als solche nur für sein Gefühl gleichsam hervorgeblasen war. Wie? hatte er nicht also jeden Augenblick nötig, die Beschaffenheit des Gegenstandes gleichsam zu zerstören, die eben das Wesen der Okularvorstellung ist, Fläche, Farbe, Winkel des Anscheins? und mußte er sich nicht mit dem Auge jeden Augenblick einen Sinn geben, den dies nur sehr unvollkommen ersetzte, das Gefühl? und war also der Sinn, den er anwandte, anders als eine Verkürzung des ursprünglichen Sinnes, eine abbrevierte Formel der Operationen des Gefühls? Und so beweiset er selbst, indem er siehet, daß er, um den Effekt der Kunst zu erfahren, die bloß durch Körper würket, nichts als fühlen wollte und fühlte.

Nun setzet, er habe diesen Effekt erfahren; setzet, daß sein tausendfach verändertes Umherschauen und gleichsam sichtliches Umfühlen der Bildsäule seine Einbildungskraft in den Stand gesetzt, das ganze Schöne in Form und Bildung sich innerlich so vollkommen körperlich zu gedenken, daß das wenige bloß Flächenartige gleichsam verschwindet und sie das Polygon würklich in der ganzen soliden Ellipse sich vorstelle; die Illusion ist geschehen: was bloß ein Compositum kleiner gerader Flächen war, ist ein schöner fühlbarer Körper geworden — sehet, nun empöret sich die Phantasie und spricht — — als ob sie nichts als fühlte. Sie spricht von sanfter Fülle, von jenem Weichen,

> das alter Griechen leichte Hand,
> von Grazien geführt, mit hartem Stein verband,

von prächtiger Wölbung, von schöner Rotundität, von rundlicher Erhabenheit, von dem sich regenden und gleichsam unter der fühlenden Hand belebten Marmor. Warum spricht sie lauter Gefühle? und warum sind diese Gefühle, wenn sie nicht übertrieben sind, keine Metaphern? sie sind Erfahrungen. Das Auge, das sie sammlete, war nicht Auge mehr, das Schilderung auf einer Fläche bekam; es ward Hand, der Sonnenstrahl ward Finger, die Einbildungskraft ward unmittelbare Betastung: die bemerkten Eigenschaften sind lauter Gefühle.

Und eben daher erkläre ich auch die Begeisterungen der Liebhaber, die in dieser Kunst gewiß die andern übertreffen. Wenn der Kenner der Malerei sein Gemälde beschreibt, so hat er Fläche vor sich: er setzt ihre Figuren in ihrer Anlage und Gegenwart auseinander; er schildert, was er vor sich siehet. Lasset aber den Liebhaber des Apollo im Belvedere und des Torso und der Niobe beschreiben; er hat nicht Fläche, er hat Körper, den er fühlt, zu schildern oder vielmehr nicht zu schildern, sondern andern fühlbar zu machen. Da tritt seine fühlende Einbildung in die Stelle des kältern, auseinandersetzenden Auges: da fühlet sie den Herkules immer in seinem ganzen Körper und diesen Körper in allen seinen Taten. Sie fühlet in den mächtigen Umrissen seines Leibes die Kraft des Riesenbezwingers und in den sanften Zügen dieser Umrisse den leichten Kämpfer mit dem Achelous; sie fühlet die große prächtige Brust, die den Geryon erdrückte, und die starke unwankbare Hüfte, die bis an die Grenzen der Welt geschreitet, und die Arme, die den Löwen erwürget, und die unermüdbaren Beine und den ganzen Körper, der in den Armen der ewigen Jugend Unsterblichkeit genoß. Die fühlende Einbildungskraft hat hier kein Maß, keine Schranken. Sie hat sich gleichsam die Augen geblendet, um nicht bloß eine tote Fläche zu schildern: sie siehet nichts, was sie vor sich hat, sondern tastet, wie in der Finsternis, und wird begeistert von dem Körper, den sie tastet, und durchzeucht mit ihm Himmel und Hölle und die Enden der Erde und fühlet von neuem und spricht alles, dessen sie ihr Gefühl erinnert. Tote Maleraugen! verarget ihr nicht, daß sie nicht bloß auseinandersetzt und pinselt und klecket und wie ihr betrachtet. Kennt ihr etwas Uner-

in einem Ganzen, aushauet, um sie hier wie auf allen Seiten zu fühlen zu geben, ist ein Schöpfer andrer Natur. Jede Figur der Malerei ist an sich nichts, sie ist alles aufs Ganze der Fläche des Auges; jeder Körper der Skulptur ist nur wenig aufs Ganze, er ist an sich selbst, für die fühlende Hand *alles* – welcher Unterschied!

Der Contour der Malerei ist mir immer wie die Umkreislinie einer Figur auf einer Fläche: daher nimmt er Gesetze in Absicht auf seine Genauigkeit, seinen Geschmack und seinen Ausdruck. Die sanfte Rundung desselben, die einen Körper gleichsam vorhebt und uns auch hinter das, was wir sehen, sehen läßt, ist in der Malerei bloß schöner Trug zur Linderung der Härte; in der Skulptur ist sie die erste Wahrheit. Die Stellung der Figuren bestimmt sich also in der Malerei bloß nach der einen Flächenseite, die sie zeigen, und nach dem Ganzen der Zusammensetzung. In der Skulptur soll sie sich allein und von allen Seiten fühlen lassen; welch ein andres Feld zu Gesetzen! In der Malerei wird der Ausdruck in einzelnen Figuren bloß nach dem Ganzen berechnet, zu dem sie konkurrieren; in der Bildhauerkunst ist der Ausdruck der Materie unterworfen, die durch ihn auf die fühlbarste Weise schön dargestellt werden soll, und ist also gleichsam ein Produkt der Division des Gedankens in die körperliche Masse. Der ganze neuere Streit: ob die Kunst bloß schöne Körper ausdrücken solle? würde gewiß mit wenigerer Hitze und mehrerer Bestimmtheit geführt sein, wenn man zwischen schöner Kunst und schöner Kunst hätte unterscheiden und erst ausmachen wollen, wovon man spreche. Die häßliche und ekelhafte Bildsäule, die ich in Gedanken betaste und unaufhörlich in dieser Verzerrung, in dieser Unnatur fühle, wird mir widerlich. Statt das Schöne zu finden, komme ich auf Brechungen des Körpers, die ein kaltes Zittern durch die Glieder jagen: ich fühle in dem Augenblick dieses verzerrenden Bruches eine disharmonische Schwingung meiner Gefühlsnerven und gleichsam eine Art innerlicher Zerstörung meiner Natur. Ich grause wie in der Finsternis, und wenn der heilige Bartholomäus, da ich ihn im Augenblick seiner Todespein, halb geschunden, mit diesem Grausen durchtaste, mir zuruft: „Non me Praxiteles sed Marcus finxit Agrati", so stoße ich ihn zurück: *kein Praxiteles würde dich haben bilden* und in dieser Gestalt gleichsam aus einem Steine *hervorfühlen* wollen! Man sieht, wie ungleich freier hier die Malerei ist, die keinen Körper, sondern nur eine Figur, nicht dem langen innigen Gefühl, sondern nur dem flüchtigen Auge, nicht *allein*, als Ganzes, sondern unter Figuren, Lichter und Farben zerstreut; nicht bilden, sondern schildern soll. Welch ein Feld zu Unterscheidungen, und wieviel möchten diese nicht in Winckelmanns, Caylus', Webbs, Hagedorns, Lessings und andern Schriften über diese Lieblingsmaterie unsrer Zeit erst bestimmen und eben damit auch auflösen.

Endlich erklärt sich auch eben daraus: warum das Kolorit, das in der Malerei auf einer Fläche von so großer Zauberkraft, in den Formen der Skulptur von gar keiner Würkung ist? Herr Riedel kommt an einer Stelle seines konfusen Buchs auf die Frage und will sie auflösen; was kann aber der Mann, der über keinen Unterschied der Künste je nachgedacht hat, auflösen? Er gibt auf die Frage: warum denn eine marmorne Statue nicht ohne Übelstand mit Farben bekleidet werden könne? bald zum Grunde an, daß die Ähnlichkeit damit zu vollständig werde; bald, daß man in der Entfernung sie für einen würklichen Menschen ansehen, bei der Annäherung den Betrug entdecken und nichts als das Erstaunen fühlen würde, was der Betrug verursacht; bald, daß die Vorstellung der Ähnlichkeit in eine Vorstellung von Identität versinken würde usw. Der verworrne Kopf glaubt, nur eine Ursache anzuführen, und führt drei an; drei, die sich alle drei widersprechen: drei, die alle drei nichts erklären. „Die Ähnlichkeit wird zu vollständig!" Als ob je die Ähnlichkeit zwischen einem Kunstwerk und der Natur, wenn sie anders kein anderes Gesetz ihrer Kunst übertritt, je *zu* vollständig werden könnte? und diese Vollständigkeit je Verbrechen wäre! „Die Ähnlichkeit versinkt in Identität!" Als ob sie das bei jemand anders als bei Kindern oder Narren könnte! Und ob, wenn Identität soviel als Illusion sein soll, das nicht Zweck der Kunst wäre? „Aber wir würden in der Entfernung eine solche Statue für einen lebenden Menschen ansehen und darauf zugehen!" Warum nicht gar für ein

Gespenst ansehen und das Ave Maria beten? Ist die Entfernung so groß, daß das Auge noch nichts unterscheiden kann: so ist's noch nicht *im Horizont seiner Würkung*; es gehe näher, es *suche Standpunkt*, und es wird sich bei allem Geschmier von Farben keinen lebenden Menschen träumen. In jedem weitern Falle ist's nicht Fehler der Kunst, einen Jupiter des Phidias für einen Glockenturm anzusehen, sondern Mangel der Brille: und dieser kann wohl in der Ästhetik nichts erklären. Bloß Gesetze aus dem Wesen der Kunst erklären hier. Bildhauerkunst ahmt durch Körper Formen für das Gefühl nach: alles also, was nicht Form, was nicht fürs Gefühl ist, ein aufgemalter Augapfel, eine Tinte von Farben usw., ist ihr fremde. Es ist bloß Farbe, die sich entweder nicht fühlen läßt, und so bedarf sie derselben nicht; oder ist diese fühlbar, ist sie selbst Körper, der die Betastung der Form hindert, so ist sie ihr entgegen. Sie, die auf einer Fläche, wo alles außer einander ist, das Gesicht erleuchtet, leitet, bezaubert: hier, auf einem Körper, wo alles in einander gefühlt werden soll, muß sie das Gefühl verdunkeln und die reine Würkung der Kunst schwächen. „Warum wird die gefallende Kuh des Künstler Myrons nicht mehr gefallen, wenn man sie mit Haaren bekleidete?" Welcher Einfall! und welche Antwort auf den Einfall, „sie würde alsdenn einer Kuh zu ähnlich sein". Kuh einer Kuh zu ähnlich — — ist Unsinn; aber eine mit lebendigen Haaren bekleidete Kuh und die noch ein Kunstbild sei — da liegt der Widerspruch. Die Bildhauerkunst kann nicht als in fühlbaren Flächen arbeiten; die sind ihr hier genommen; das Kunstwerk ist keine Bildsäule mehr; es ist ein ausgestopfter Popanz. Die Bildhauerei formt für das schöne Gefühl; und was läßt sich an diesem Haarbalge fühlen? Aber durch Flächen, durch die Kunst, für das Gefühl, da gebet immer dem Löwen Mähnen, ihr Künstler, wie Myron seiner Kuh natürlich Haare gegeben: da habt ihr nichts von dem *zu* Ähnlichen zu besorgen, wovon unser Theorist schwatzet, da arbeitet ihr für das schöne Gefühl und den süßen Trug der Einbildung.

Ich sehe ein großes Feld von Dingen, die sich aus diesem einzigen Principium *des schönen Gefühls* bei der Bildhauerkunst erklären ließen. Auf diesen simpeln Ursprung zurückgeführt, würden wir sehen, daß alle ihre Gesetze daher folgen; daß alle ihr falscher Geschmack entstanden, wenn man sie als Malerei oder halb mosaische Arbeit, mit goldnen Augen z. E., silbernen Ringen usw. behandelte, wenn man sie mit allen Figuren aller Malerei, auch in allen Stellungen, Ausdrucksarten und Farben, wetteifern ließ. Es würde sich zeigen, daß alle Unordnung und Ausschweifung in der Kritik dieser Künste entstand, wenn man sie für eins nahm, und wie z. E. auch oft Winckelmann in seinen Schriften sie unter sich und mit dem Mittel zwischen beiden, dem Relief, vermischet, wo sich dieses auch finde. Es würde sich alsdenn die Frage über den Wettstreit beider Künste weit philosophischer auflösen, als die meisten der Künstler, die im sechzehnten Jahrhundert darüber manche so merkwürdige Briefe geliefert, ihn auflösen konnten. Ursprung, Wesen, Effekt, Genie und Regeln beider Künste würden sich in einem Licht des Unterschiedes zeigen, das den Philosophen befriedigen, den Kenner ergötzen, den Liebhaber unterrichten und den Künstler so vor dem falschen Geschmack sichern als sein wahres Gefühl begeistern würde.

Ich schweige von den vielen einzelnen Aufklärungen, die aus diesem Grundsatz sich auf die Geschichte der Kunst der Alten in manchen Eigenheiten und Vorzügen und auf die Geschichte der Neuern nach manchen Abweichungen und einzelnen Seltenheiten ausbreiten müßten. Die weise Einfalt der Alten und die selige Ruhe und der genaue Contour und die nasse Draperie, die sie ihren Statuen gaben, erklärt sich offenbar aus diesem Gefühl, das gleichsam in der Dunkelheit tastet, um sich nicht vom Gesichte zerstreuen zu lassen, und hier sich aller Ergießung der Einbildungskraft überläßt. Hier kann nichts Häßliches, nichts Verzücktes und Verzerrtes Hauptausdruck werden; denn wenn das innige Gefühl in seiner dunkeln Kammer auf solche Mißbildungen stößt: so grauset es zurück, und weder bei dem Übertriebenen noch bei dem Häßlichen hat die Einbildungskraft, die bloß dem Gefühl folgen soll, freien und anmutigen Spielraum zu würken. Hier ist die selige Ruhe Hauptzustand; denn sie allein läßt der Schönheit Platz, die dem Gefühl ewig gefället und die Einbildungskraft in sanfte Träume wieget. Hier ist der feine Contour eine

Haaresspitze; denn eben in der fühlbaren Vollkommenheit, die eine Linie mehr oder weniger zerstören kann, liegt die Wohllust der Kunst. Hier ist die nasse Draperie von Würkung: sonst fühle ich nichts als Gewand, drückendes Gewand, und die schöne Form des Körpers, das Wesen der Kunst, ist verloren. Alle Phänomena, die sich sonst so unzuverlässig erklären ließen und oft so falsch angewandt wurden, ergeben sich hier aus *einem* Principium, der Natur des schönen Gefühls.

Ich kenne keine Theorie der Bildhauerkunst, die mit aller Philosophie und Erfahrung *alles* entwickelte, was aus diesem Grundsatze folgte: alle folgen haufenweise dem Gesicht, das doch hier nur als ein verkürztes Gefühl und, wie es schon Descartes in seiner Optik angenommen, mit Hülfe der Sonnenstrahlen, wie mit Stäben, in die Ferne würket. Im gemeinen Leben möge immer diese Verkürzung bleiben: sie ist bequem, behende, schnell und, was bei uns über alles gilt, anständig; wer wird fühlen wollen, wo er sehen kann? Aber für die Philosophie und die wahre Theorie der Kunst kann eine uneigentliche Verkürzung nur unvollkommen das wahre Organ ersetzen: beide fodern eigentümliche Wahrheit. Das Auge ist tausendmal feiner und unterscheidender als das Gefühl, aber in nichts als Farben, Flächen und Flächenproportionen, die bei der Bildhauerkunst nicht gelten: in Form und Bildung ist's blind. Da urteilet ein feiner Griff eines Albani besser als tausend Okularbetrachtungen eines sehenden Grüblers; da arbeitet kein Künstler besser, als der sein Werk, abgezogen, wie im lebendigen Gefühle bildet. Ich habe viel andere Betrachtungen zu dieser Theorie des Gefühls gesammlet und in ihr so große Aufklärungen über diese Kunst, ja gleichsam eine neue Logik für den Liebhaber und einen neuen Weg für den Künstler gefunden, an Vollkommenheit solcher Werke den Alten ähnlich zu werden, daß es für mich die süßesten Stunden sein würden, diese Bemerkungen unter den Augen eines Künstlers sammlen und zur philosophischen Vollkommenheit vollenden zu können. Aber so anders ist's in einem Zeitalter der Literatur, wie das unsrige zu werden anfängt. Aus Patriotismus für die wahre Philosophie und den guten Geschmack hat man Schriften zu widerlegen, die alles verderben, und wenn diese im Besitze des Ruhms sind, ach! so muß man sie gar erst weitläuftig zergliedern, um so viel zu würken, daß sie nichts würken können. Damit gehen die besten Jahre unsers Geistes vorüber, in denen man selbst nützliche Dinge hätte leisten können, statt bloß schädliche zu zerstören!

4

Zwischen Bildhauerkunst und Malerei, das ist zwischen Körper und Fläche, steht die erhobne Arbeit in ihren mancherlei Arten, vom höchsten Relief an bis zu dem Truge der Malerei, wenn sie Figuren und Farben gleichsam über die Fläche hervorzuspielen weiß. Diese Zwischengattungen partizipieren nach Beschaffenheit von einer oder der andern Kunst ihre Gesetze, nachdem sie der oder jener am nächsten liegen. Ich rede also von der Malerei. Wenn gewisse Worte auf meinem Wege oft wiederkommen: so übersehe man etwas dem theoretischen Vortrage, das in einer bloß schönen Abhandlung freilich ein Fehler wäre.

Der Blinde, der das Gesicht bekam, sah alle Gegenstände wie eine große kolorierte Bilderfläche unmittelbar auf seinem Auge liegen; ebenso sehen Kinder; ebenso würden wir auch sehen, wenn wir nicht durch lange Erfahrung diese Fläche gleichsam vom Auge weiter weggerückt und von der verschiednen Entfernung der Dinge Begriffe erlanget hätten. Durch das Gesicht unmittelbar erlangen wir diese also nicht: alles malet sich, nur mit verschiedner Größe, auf eine Retina. Der weite sich vor uns herabsenkende Himmel und der entfernte Wald und das nähere Feld und das vorliegende Wasser, alles ist ursprünglich *eine* Fläche. Siehe da, den ersten Stoff zur Malerei! Sie ahmt diese große Tafel der Natur mit allen Bildern im kleinen nach und gibt auch, wie diese, Himmel, Erde, Meer und Bäume und Menschen auf *einer* Fläche. Diese Repräsentation der Dinge *nach ihrem äußern Anschein in einem Flächenraume* oder ihre Gestalt, wie sie sich *auf einem geraden Continuum mit andern uns vorspiegeln*, das ist der erste Begriff der Malerei.

Sogleich ergibt sich ein wesentlicher Unterschied zwischen ihr und der Bildhauerkunst. Diese ahmt Dinge nach, aber immer nur Substanzen, als für sich bestehend, nie, wiefern sie im großen Expansum der Natur und gleichsam im Continuum mit andern enthalten sind. Sie kann Schäfer und Schäferinnen bilden, aber nicht kann sie sie mit ihrer ganzen Schäferlandschaft, unter ihrem schönen Himmel, auf ihrem sanften Grase, neben ihrem dumpfen Wasserfalle, in ihrer schattichten Laube vorstellen: dies ganze Continuum der Schäferansicht geben kann sie nicht. Die Malerei kann *alles*; und eben dies *alles* ist ihr Wesen. Sie gibt keine Sache gleichsam an sich wie Bildhauerei, nichts als den Anschein der Sache, sofern er sich im Expansum sichtlicher Wesen schildert. — Sie malet Schäfer und Schäferin nicht nach ihrem abgetrennten körperlichen Sein, sondern sofern die Schäferwelt sie enthält. Hier die grüne Dunkelheit ihrer Laube, dort das Chor der Nymphen, das auf ihre Lieder horcht, und der Hain, der es durch seinen Widerhall ausbreitet, und über ihnen die Morgenröte, die in ihrer rosenfarbnen Tracht vom Himmel auf sie sieht, und neben ihnen die Rose voll Silbertau und die zarte Lilie vom Morgenrot gefärbt und in dem Teiche vor ihnen das Bild des Gartens und der blühenden Bäume, um den sich Heere von Schmetterlingen mit hundertfarb'gen Flügeln jagen: eben dies *alles*, als ein großes Continuum der Schäferwelt, ist die feste Tafel der Malerei. Was die Bildhauerkunst, die nur Körper als Körper gibt, gar nicht vorstellen kann, das Expansum der Dinge, ist ihr Wesen und ihr weites Reich.

In diesem Hauptstück also kann eine Kunst die andre zum Muster nehmen, ohne sich selbst zu verlieren? Nein! Alles, was sich unmittelbar durch die Flächen eines Körpers fühlen läßt, ist nur bildhauerisch: da wohnet eigentümlich jene unsichtbare Vollkommenheit, die sich in der Materie offenbaret und von dieser nur so viel nahm, um sich fühlbar zu machen; da wohnet jenes Urbild von Bedeutung und sanftem Ausdruck und Wohlförmigkeit. Alles ist in den toten Stein gelegt, um nur da zu wohnen, und die Malerei träte völlig aus ihren Schranken, wenn sie auf *eine* ihrer Figuren die ganze Schärfe dieser Foderungen fallen ließe, die nur auf den körperlichen

Stein fallen. Sie kann diese sowenig erreichen, als sie, die bloß Umrisse und Ansichten liefert, sofern sie im Expansum der Natur enthalten sind, in ihrem Wesen von der Bildhauerei erreicht werden kann. Der Bach,

> — — wenn Zephyrs Fittich drauf
> der Bäume Blüten weht,
> die Silberflut, auf ihre Decke stolz,
> Rauscht froh dahin und hauchet Duft — —,

dieser Bach ist malerisch, aber für die Skulptur? Der Baum, der seine Blüten abwirft und Petrarchs Laura damit decket, ist ein schönes Bild der Malerei, aber für die Skulptur? Alle Erscheinung, die sich im Continuum des Sichtbaren, als in solchem, zuträgt; die Nacht, der Blitz, die Luft, das Licht, die Flamme usw., alles ist malerisch; nichts kann die Skulptur nachahmen, und wenn sie es auch könnte, muß sie es nicht wollen — nichts bilden wollen, was nicht den ganzen Umkreis seiner Würde und seines Ausdrucks in sich selbst, in seinem fühlbaren Selbst habe. *Erscheinungen des Raums als solche sind Malereien; fühlbar schöne Körper sind Skulptur.*

Ich schließe aus meinem einen Begriff weiter: eben durch ihn *wird Zusammensetzung oder vielmehr Nebeneinandersetzung der Malerei wesentlich.* Da dem Auge eigentlich nichts hinter, alles neben einander erscheint: so liegt's schon in dieser Idee, daß sie aus *einem* Gesichtspunkt, den sie nehme, eine Menge von Gegenständen oder wenigstens von Teilen *an einander* schildern müsse. Wenn nun alle ihre Gesetze von Zusammensetzung, Verteilung, Anordnung usw., wie offenbar ist, aus diesem Hauptbegriff entspringen und dieser der Bildhauerei nicht wesentlich ist: so siehet man, daß auch alle diese Gesetze der Strenge nach ihr fremde werden. Suchet also nicht in den Gruppen der Bildhauerkunst eine malerische Verteilung: diese schildert nicht, wie auf einem Grunde; sie setzt nicht *neben* einander, auf einer Fläche: sie setzt in einander, und es wird Form. Auf der andern Seite trennet nicht in der Malerei eine Figur vom Ganzen: jene ist an sich nichts, bloß in Absicht aufs Ganze ist sie alles.

Hieraus wird das Farbenklavier ein Unding. Gegenstände des Gesichts sind alle ursprünglich *neben* einander: da hat das bei dem ersten Anblick allemal geblendete Auge Zeit und Raum, sie zu durchgehen und zu betrachten. Im ersten Augenblick *gaffete* es nur: soll es schöne Kunst genießen, so muß es *sehen*, und dazu malet ihm die Natur ihre Schönheit neben einander. Nun kommt der Umkehrer und will das *Neben-* zum *Nach*einander, das Auge zum Ohr machen. Wie? läßt er dem Auge nicht Zeit zu betrachten, soll es nur einen Augenblick gaffen: so hört alles feine Vergnügen, ja endlich gar alles Vergnügen auf, es wird schmerzliche unaufhörliche Betäubung. Das Auge ist zur Ruhe gemacht; es ist der kälteste, philosophischte der Sinne; es will Dinge ihm vorgelegt haben, und die sind immer bloß neben einander, auch neben einander zu betrachten. Kann es dies, läßt das Farbenklavier mit seiner Folge dazu Zeit: so ist die ganze Erfindung ein Wortspiel; es ist eine Folge von Bildern, nichts mehr. Kann es dies nicht: so ist's keine schöne angenehme Kunst mehr, es ist die Kunst eines dummen schmerzhaften Gaffens.

Aus ebender Ursache ist das so sehr gepriesene Vanlooische Gemälde, darin alle allegorische Tugenden vorgestellt waren, die aber, durch ein Glas betrachtet, das Kopfbild seines Königs vorstellten, eigentlich kein Verdienst als Gemälde. Es ist feine Schmeichelei an den König, es ist ein guter optischer Einfall, ein malerischer nicht. In den Grenzen der Malerei habe ich bloß das erste allegorische und das letzte Porträtgemälde einzeln zu betrachten; wie eins durch das andre entstehe, ist ein optisches Blendwerk, kein neues malerisches Verdienst. — Doch solche Berichtigungen folgen Schritt auf Schritt, und der Leser kann sie sich selbst machen.

Drittens: *Licht ist's, das uns diese große Tafel von Bildern, die vor dem Auge liegt, sichtbar machet: so ist's auch eine Lichtmasse, die gleichsam die ganze Haltung der malerischen Fläche macht*, und siehe! die einige auch Haltung nennen. Wir reden noch nicht von Farben, von einzelm Licht und Schatten, von einzelnen Würkungen der Luftperspektiv, sondern noch von dem großen Helldunkel, von dem Ausgebreiteten, das allen Dingen Licht, Farbe und Dasein gibt: und dies folgt so aus dem ersten Begriff des Sinnes der Malerei, wie die Bildhauerkunst nichts von ihm weiß. Die Haltung dieser ist einzeln nach körperlichen Gesetzen: darauf beruhet ihr Stand, ihre Stellung, Proportion usw. Die Haltung der Malerei liegt auf dem Continuum ihrer Fläche, nach Gesetzen des Lichts und des Raums: hierauf beruhet Durchsichtigkeit und Übergang, Schein und Widerschein, Stellung und Gegenstellung, alle Regeln der Anordnung, sofern sie von der Beleuchtung abhangen. Soweit sind noch Kupferstecherei und Malerkunst in gleichem Schritt, und jene, die keine Farben hat, muß gar in Bearbeitung der bloßen Lichtmasse aller Zauberei der Farben nachahmen. Daß sie es auf einige Weise kann, ist eben aus dem Gesagten begreiflich: sie hat gleichsam den Körper *ganz* unter ihren Händen, der in der Natur geteilt und gebrochen Farben gibt, *das Licht*: sie kann also diese, bis auf einen gewissen Grad, mit jenem, mit dem Licht als der Quelle der Farben ersetzen.

Aber hier tritt die Malerei ganz eigentümlich ab. *Der Strahl des Lichts, auf einer Fläche gebrochen und verändert, gibt Farben: Farben sind also der Zauberstaub des Malerpinsels, mit dem er unsre Augen blendet*; hier fängt sich das feinste Detail seiner Eigenheiten an. Wenn viele von der Kolorierung so nachlässig gesprochen: so haben sie meistens die tote Farbengebung verstanden, die eigentlich nur das physische Auge, nicht die Einbildungskraft blendet. Das wahre Kolorit gehört mit zum Ausdruck der Bedeutung, zur Anordnung; sie ist die Blume der Vollkommenheit selbst zur Zeichnung, zu dem sich wölbenden Contour. Sie hilft gleichsam alle diese Begriffe vollenden und drückt das letzte Siegel der Wahrheit auf ihre Erscheinungen im Raum; denn mittelst der Farben sehen wir diese am deutlichsten, am unterschiedensten, und zweifeln nicht mehr an ihrer Gegenwart. So wie also das Gefühl unsrer Einbildungskraft nicht höher gehen kann, als wenn es in der körperlichen Gestalt seiner Materie alle Eigenschaften seiner Gedanken und seines Ideals der Schönheit fühlet: so wird das Auge der Seele auch gleichsam gesättigt, wenn es nach Durchforschung aller Gegenstände des malerischen Plans, seiner Zeichnung, Komposition, Haltung usw. sich zuletzt in der *Be-*

stätigung alles dessen durch Farben verlieret; denn wird das Phänomenon in seinem schönen Truge vollendet.

Es fehlt noch eins. *Das Gesicht sieht eigentlich keine Entfernungen, keine Weiten; ihm liegt ursprünglich alle Erscheinung auf einer Fläche; die alte Malerei war ohne Zweifel ebenso.* Nur so, wie wir durch Gefühl und Bewegung Größen und Weiten und Entfernungen endlich schätzen lernen und diese endlich dem Gesicht so zur Gewohnheit werden, daß es sie unmittelbar mit den Gegenständen selbst siehet: so hat auch die Malerei diesem Vorurteil des Gesichts nacheifern müssen, und da ist also die letzte künstlichste Wissenschaft geworden, *die Perspektiv in ihren mancherlei Arten.* Ich wundre mich, wie manche von den Neuern bei ihrem Streit über die Perspektiv der Alten sich so ohne Unterschied auf die Vortrefflichkeit derselben in der Bildhauerei berufen, wie wenn aus dieser alles auf alle Perspektiv folge. Als ob nicht die *Formen* der Schönheit in der Bildhauerkunst *für das Gefühl* zu einer großen Vollkommenheit gestiegen sein können, ohne daß man deswegen *Entfernungen fürs Auge* machen könne? Das Gefühl ist gleichsam der erste, sichre und treue Sinn, der sich entwickelt: er ist schon bei dem Embryon in seiner ersten Werdung, und aus ihm werden nur mit der Zeit die übrigen Sinne losgewunden. Das Auge folgt nur in einiger Entfernung, und endlich die Kunst des Auges, Entfernungen und Weiten genau zu treffen, wie weit folgt die nicht? Mit der Geschichte der Künste unter den Völkern ist's genau wie mit der Geschichte der menschlichen Natur. Formung für das Gefühl ging lange voran, ehe Schilderung für das Gesicht werden konnte, und wieviel später Schilderung der Entfernungen als solcher? und mit Abweichung von ihren natürlichen Maßen? welch eine andere Sache!

Überhin also berufe man sich nicht auf die Bildhauerkunst; sobald man aber findet, daß ihre Künstler das unmittelbare Gefühl verlassen und ihre Statuen auch für Erhöhungen, für Entfernungen gemacht: so werden damit eben auch sehr schwere Schritte in der Optik der Kunst sichtbar? Eine Bildsäule zu schaffen, die unten für das unmittelbar anliegende Auge ganz ohne Gestalt und Proportion ist und doch Gestalt und Proportion hat, um auf einer Höhe zu thronen – diese Kunst erfodert weit mehr komplizierte optische Wissenschaft als die leichtere Ausmessung einiger Entfernungen auf einer Fläche. In dieser spiegelt uns gleichsam die Natur durch die verschiednen Größen vor, in welchem sie die Entfernungen zeiget: ist einmal die Malerei Nachahmerin geworden, so hat sie keinen durchaus neuen Schritt zu tun, um es auch in der ordentlichen Nachschilderung dieser Größen zu werden, und eben damit wird schon der erste Versuch zur Perspektiv unmerklich und von selbst gemacht. Für die Bildhauerkunst aber, welch ein durchaus neuer Schritt, körperliche Wahrheit, Proportion und Form des Gefühls, des Hauptsinnes, zu verlassen und für das Blendwerk eines andern, fremden, flüchtigen Sinnes zu arbeiten? Wieviel feine Kunst gehörte dazu, um der Figur Vertiefung und Vorsprung, Höhe und Gleichmaß für einen entfernten, niedern Augenpunkt zu geben? und da die Alten dieses wußten und ihren Statuen gaben, sollten sie, bei denen alle Künste Hand in Hand gingen, denn nichts von den leichtern Anfängen der malerischen Perspektiv gewußt haben? Mich dünkt, auch hier wird die Geschichte des menschlichen Geistes in ihrem Fortgange in der Kunst gerade wie in der Natur sichtbar; darf ich einige Schritte zeichnen?

Die erste Perspektiv des Auges übet sich an Körpern, die hinter Körpern erscheinen; da lernen wir Weite, Größe, Maß, und da übte sich zuerst auch die Kunst. Jene langen Säulenreihen an denen Tempeln, die sich in der Ferne verlieren; jene großen Profile der Baukunst, die sich in ihr am leichtesten, geradesten, frei und linienfest ausnehmen und das Wohlgestaltete und Wohlverhaltende oder das Unförmliche und Mißverhältnis am simpelsten zeigen; jene Säulenstellungen, die Begriffe von nahe-, schön-, weit-, fernsäuligen Werken so bald und leicht gaben; jene Bögen, mit ihrem Licht und ihrer Öffnung, ja jene einfachen Säulen selbst, die sich in der Höhe von selbst verdünnen – das waren ohne allen Zweifel die ersten Übungen dieser Kunst, so wie die mit der Höhe sich verjüngenden Bäume, die mit der Weite sich verengende Bogen (wo die Natur sie auch darbiete, in Höhlen und Wäldern, in Grotten und Lauben) und endlich die in der Ferne sich verkleinernden langen Reihen von Menschen und Alleen die ersten Vorbilder der Natur waren. Wo also die perspektivische Kunst zuerst zu einiger Vollkommenheit kommen konnte, war an Gebäuden, sollten es auch ursprünglich nur Lauben, Hütten, Alleen und Verschönerungen von Höhlen oder Grotten gewesen sein. Die Verschönerung war leicht, nahe an der Natur und nahe am Bedürfnis, der Mutter aller Erfindungen.

Diese Kunst ging fort und erreichte die größte Höhe ihrer Art in Anordnung der Tempel und in Verzierung der Schauplätze. Da sie in den letzten *alles* zu Hülfe nahm, um dem Auge großen und reichen Anblick zu geben: so ist's unleidlich, sich hier ein wildes Gemische von Gegenständen denken zu wollen, bei dem ja jeder erste Begriff von Ordnung und Schönheit verschwindet. Soweit ist das ganze Altertum Zeuge und der Fortgang der menschlichen Vernunft, die hier keinen neuen Schritt zu tun hatte, sondern nur auf den Vorbildern der Natur fortgehen dorfte, Bürge. Die perspektivische Kunst ging in einer Art zur Vollkommenheit und mußte die andern in einiger Entfernung bald nach sich ziehen.

[Die] Bildhauerkunst nach der Geschichte zuerst; aber nach der Untersuchung dieser Geschichte, auf welchem We[ge] diese Kunst aus dem Gefühle entstanden, ursprünglich unmittelbar für das Gefühl würkete, welche Gewalt war's denn, die sie den feinen Werkzeugen des Gefühls entriß und sie dem Auge erst natürlich und endlich gar perspektivisch darstellte? Dieselbe Gewalt, die uns in unsrer Erziehung das Auge an die Stelle des Gefühls zu setzen lehrte, nämlich die Gewohnheit, alles soviel möglich aufs bequemste zu verrichten. Diese Gewohnheit, die Tochter unsrer natürlichen Liebe zur Ruhe, verkürzte uns im Umgange mit allen Körpern das beschwerliche, langsame Gefühl und gab dem in der Ferne fühlenden Auge das Amt desselben. Eben diese Gewohnheit würkte auch in der Kunst: sie nahm also die Bildsäule aus den Händen des sie hervortastenden Künstlers, des sie umherfühlenden Liebhabers, und stellte sie für sein Auge – nun war der Schritt zu aller Veränderung geschehen, und die Bahn zur Perspektiv lag da.

Der Blindgewesene, der voraus alles durchs Gefühl erkannte, muß, wenn die erste Zeit der Betäubung vorbei ist, da alles als Riesengestalt in seinem Auge lag, seine Gegenstände durchs Auge gleichsam kleiner und dürftiger finden, als sie ihm durch das Gefühl schienen. Durch dieses unterschied er an ihnen mehr Teile und Beschaffenheiten während seiner Blindheit: er empfand sie in ihrer ganzen Völligkeit und Vollständigkeit; jetzt, da die erste übertäubende Klarheit des blendenden Lichts vorbei ist, siehet er an ihnen, im Vergleich des vorigen Gefühls, nichts als eine unvöllige magre Fläche, nichts als ein schmächtiges Bild, in welches ihre volle Gestalt eingeschrumpft ist. Cheseldens Blindgewesener wunderte sich, daß er mit dem Gesicht an seinen Freunden nicht das fand, was er durchs Gefühl an ihnen gefunden hatte, und daß die Personen und Sachen, die er am meisten geliebt, nicht auch für sein Gesicht die schönsten wären. Wir können von diesem Unterschiede nicht mehr urteilen, weil wir schon durch lange Gewohnheit Gefühl und Gesicht gegattet, verglichen und miteinander kompensiert haben. Der Abfall zwischen beiden aber muß ursprünglich so merklich sein als die Proportion eines ganzen völligen Gefühls zu einer zwar deutlichern, aber ungleich schwächern und gleichsam kleinlichern Empfindung eines Bildes; so merklich also als die Quantität eines Körpers zur Fläche, als ein Apollo im Belvedere zu einem im Kupferstich.

Was war also zu tun, um diese erste stärkere Empfindung zu ersetzen? um sich noch mit dem Auge etwas von dem innigen Eindruck zu geben, den die tiefe Wohllust des Gefühls vorher so unaussprechlich gefühlt hatte? Man mußte der Erscheinung gleichsam das Kleinliche nehmen, das sie jetzt vors Auge hatte und voraus in ihrer Völligkeit nicht gehabt hatte; man mußte die Masse so vor das Gesicht vergrößern und verstärken, daß sie am Eindruck der Kraft gleich würkte, die sich voraus durchs Gefühl offenbarte. *Und so ward die Bildhauerkunst kolossalisch*: Auf keine Art wird dieser erste frühe Schritt in das übernatürlich Große so tief und natürlich erklärt als auf diese. Der Jupiter des Phidias sollte dem Auge eben das an Würkung sein, was er ursprünglich in der Natur seiner Kunst dem Gefühl geworden wäre. Um diese Gleichung zwischen zwei Organen, dem eigentlichen und substituierten Gefühl zu erreichen, ward seine Masse erhö[het und] ward ein halber Kolossus. Als solcher wäre er freilich für das Gefühl fast und unbegreiflich, und [für den Sinn des Gesichts] aus den Schranken der Schönheit; er ist aber auch nicht mehr für diesen Sinn, [sondern für] einen andern da. Für einen andern, dem derselbe mächtige Eindruck geliefert [werden sollte, den] er in jenem hatte; für einen andern, der aber keinen Eindruck als von Bild und Fläche [gab,] dem also kein Eindruck verstärkt werden konnte als durch Vergrößerung des Bildes und der Figur: und diese Vergrößerung, wie konnte sie anders geschehen als durch Verstärkung der Masse, die ihr Bild, ihre Figur ihm zuwirft. Er ward also kolossalisch.

Diese Anmerkung erstreckt sich von den ganzen Vorstellungen der großen Götter und Helden bis auf einzelne Teile. Der Jupiter des Phidias erklärt sich damit so innig aus dem Wesen der fortgehenden Kunst wie aus seiner Parallele, die man gewöhnlich aus Homer ziehet, und das längere Maß der Beine des Apollo, das nach Hogarths Bemerkung so sehr zu seiner Größe im Eindrucke beiträgt, beweiset, was ich sage, im Kleinern. Ich übergehe alle übrige Merkwürdigkeiten, die in einzelnen Beispielen hieraus folgen, und zeige nur, wie verschieden die Malerei in dem Falle dieses Kolossalischen sei. Sie, die sich nie an die Stelle eines ursprünglichen Gefühls zu setzen hat; sie, die keinen Körper unmittelbar, wie er als Körper Eindrücke geben würde, sondern ihn nur zu schildern hat, wie er sich in seinem Continuum spiegelt, sie kann vom Kolossalischen keinen Teil des Gebrauchs machen, den die Bildhauerkunst machte. Gesetzt, sie wolle den Colossus in ein Continuum unter kleine Figuren malen, daß ihr Unterschied sichtbar werde; wohl! dieser Unterschied ist ebenso sichtbar bei einer Proportion zwischen beiden in kleinern Räumen als in den ungeheuresten. Der Herkules, den kleine Amors fesseln, ist in einem Migniaturgemälde, wenn seine Proportion beobachtet ist, von ebender Bedeutung als auf einer hufengroßen Fläche: Was braucht also das Ungeheure? es ist unnützes Geschmier.

Es wird aber mehr als unnütz, wenn wir nur die erste Bemerkung wiederholen, daß das Wesen der Malerei die Vorstellung einer Fläche, als Fläche, mit allen sichtlichen Gegenständen sei, die dies Continuum superfiziell enthält. — Eine Kolossenfläche, einen Kolossenraum, Kolossengegenstände in dem Raum kann kein Auge wie das unsrige übersehen: es fällt also bloß auf Teile des Raums; es kann das Ganze nicht fassen; die Würkung ist verloren. Das Gemälde ist nicht Gemälde mehr, es sind zusammengesetzte [Stücke der Malerei,] das Ganze ist, als ob's nicht da wäre. Bei den Kolossen der Skulptur trifft dies nicht [zu, da] ist das Auge nicht Auge mehr, es ist ein Gefühl, was, wie sein ursprünglicher Sinn, gleichsam allmählich umtasten und in dieser hohen Anstaunung den großen Eindruck sich erfühlen will, den bei kleinerer natürlicher Proportion sein Gefühl gehabt hätte. Dieselbe Ursache, die das Übergroße der einen Kunst erklärt, verbeut's in der andern. — — Ich nehme der Abwechselung wegen noch einen Seitenweg nach Ägypten.

5

Warum sind die ältesten Werke dieses Landes auch in der Bildhauerei nicht bloß kolossalisch, wie ein Werk des Phidias, sondern gleichsam überkolossalisch, wahrhaftig riesenhaft? In dieser Größe sind sie nicht bloß, was jene sind, Ersetzungen, sondern gleichsam Überspannungen des Gefühls, das auch im Auge unter ihnen erliegt und sich ins unermeßliche Dunkle verlieret? Die vorige Ursache kann also nicht allein zureichen; und die man sonst gibt, erklären noch weniger. Wenn die Ägypter, nach ihrer Mißgestalt, von der Schönheit nichts wußten: wußten sie damit auch nichts von der wahren Größe? mußten sie deswegen auch ins Ungeheure, nicht bloß der Gestalt, sondern auch der Höhe nach, übergehen? — Wenn sie die Dauer, die Ewigkeit in ihren Werken liebten, waren dazu nicht ihre Gebäude, ihre Tempel, ihre Pyramiden, ihre Obelisken gnug? warum auch die Bildsäulen, die dadurch in die Wolken verschwanden und, indem sie ewig sein sollten, unkenntlich wurden? ja woher dadurch ewig, da eben solche

Höhe, mit solcher Schwere, auf so kleiner Grundfläche den Sturz derselben beschleunigen mußten? Haben die Ägypter also so ohne Ursache gegen sich und ihren Grundsatz gehandelt, ihren Werken Ewigkeit zu geben? — ich glaube nicht, und noch mehr, ich glaube aus diesem ihrem Phänomenon einen großen Schritt des menschlichen Geistes erklären zu können.

Wenn wir die Größe der Erscheinungen nicht unmittelbar empfinden, sondern nur nach dem Winkel, den diese in unserm Auge malen, mutmaßen und schließen: so sind wir in den ersten Urteilen, ohne gnugsame Erfahrung, bei allem, was Erscheinung ist, Irrtümern über die Größe ausgesetzt — die ins Gigantische laufen müssen. Dem Kinde, das sehen lernt, kleben erst alle Gestalten im Auge; sie fangen sich an zu entfernen, und was können sie sein? als — — kolorierte Riesenbilder. Der Blindgewesene Cheseldens sahe: er lernte unterscheiden, die Bilder vom Auge trennen, und sahe — — — Riesengestalten. Wir gehen in der Dämmerung, gleichsam in der Mitte zwischen stockfinstrer Nacht der Blindheit und dem Tage des Gesichts; wir können sehen, aber nicht klar, nicht deutlich; wir können weder Beschaffenheiten und Farben unterscheiden noch Fernen und Zwischenräume messen — was sehen wir? einen nahen Baum für ein entferntes, auf uns zukommendes Riesengespenst, für ein furchtbares Ungeheuer. Das sind Irrniserfahrungen unsres körperlichen Gesichts, und wir werden sehen, auch unsrer Einbildungskraft, unsrer Seele.

Welches sind die ersten Gestalten, die sich der Seele eines Kindes eindrucken, von [dem die Rede] ist? Riesenfiguren, übernatürliche Ungeheuer. Noch weiß die empfindende Einbild[ungskraft] des Unmündigen kein Maß der Wahrheit, das bloß durch ein langes Urteil entstehet. [Die] ersten Eindrücke liegen also noch alle gewaltsam in ihr, da sie sie nicht zu ordnen und in den gehörigen Gesichtspunkt zurückzustellen weiß: sie erliegt unter denselben wie unter übergroßen Mißgestalten, und wenn die Würkung derselben lange dauret, gewöhnet sie sich an sie als an das Maß der Wahrheit. Daher kommt bei Kindern die Neigung zum Wunderbaren und zu dem Märchenhaften, das sich so oft in Fratzen, in ein albernes

Große verliert. Daher, daß sie auch in Religion und Geschichte sich am meisten an dies Erstaunende und Übermenschliche halten. Daher, daß Fabeln, Hexenerzählungen und Gedichte ihr liebster Zeitvertreib sind. Eltern, Erzieher, Lehrer! das sind die Schranken, aber lasset sie nicht die Form des menschlichen Geistes werden! Dies Riesenhafte, Übergroße ist nötig, wenn sich das Auge öffnet; aber nicht, daß sich das Auge darnach bilde und das Maß dieser Gestalten für den ewigen Größenstab aller Erscheinungen des ganzen Lebens nehme. Körperlich entwöhnt sich das Auge von selbst dieses Ungeheuren; Gefühl und die übrigen Sinne treten hinzu und helfen den Zauberschleier entfernen; die Bilder treten zurück, finden sich in ihre Schranken und bekommen Maß der Wahrheit. In der Erziehung sei statt des Gefühls die Erfahrung eine Lehrmeisterin der Wahrheit und die Pallas, die uns die Wolke von den Augen nehme und den zu nahe blendenden Trug zerstreue.

Man siehet, wie schwer dies wird, da wir uns nicht von allen Sachen, die uns durch Erzählung und Unterricht so übergroß ins Auge fallen, durchs unmittelbare Urteil der Erfahrung immer vergewissern können. Da bleiben manche Seelen, wenigstens in manchen Feldern von Gegenständen, lebenslang Swifts Monde gleich, wo sich Schattenfiguren und Riesengestalten ewig umhertaumeln. Und so gut diese überstarken Eindrücke ihrem ersten Stoße nach waren, um aufzuwecken, um ewigen Ton zu geben, so hinderlich sind sie, wenn wir nicht in den Jahren unsrer zweiten Erziehung sie bis auf jede Kleinigkeit stimmen und zurechtordnen wollen.

Mit der Kindheit ganzer Nationen gehet's ebenso, wie es alle Geschichten aller Völker in allen Künsten und Wissenschaften zeigen. Die ersten Ideen von Religion und Naturerklärung, das erste Ideal ihrer Gedichte und Musik, die ersten Gesetze ihrer Staatsklugheit und ihres Umgangs, die ersten Anfänge endlich von Philosophie und schöner Kunst sind Übertreibungen. Es ist die erste blendende Tafel von kolorierten Figuren, die auf ihr Auge fiel: einige sonderten sie los, bei einigen wurden sie verhärtet, und die kamen nie zur Erkenntnis der Wahrheit.

Nachdem also die Ägypter darauf kamen, Bildsäulen nicht

bloß dem Gefühl, sondern auch dem Auge zum Eindruck des Großen darzustellen: natürlich und der Analogie aller Anfänge gemäß; sie wurden übertrieben und kolossalisch. Mit mehrern Völkern haben sie den Schritt gemein; aber zum Glück nicht mit mehrern Völkern, daß dieser Schritt der höchste und letzte der Kunst blieb. Andre gingen weiter und fanden das Maß der Schönheit; die Ägypter aber, dies harte und gesetzmäßige Volk, schlug gleich die Form der Regel und der Gewohnheit auf ihre Versuche. Verliebt in die Gebäude des Unermeßlichen, gaben sie's also auch ihrer Kunst, und nun, da es Gesetz und Gewohnheit wurde: so blieb freilich diese Kindheit des Volks ewig. Es ging mit ihrer Kunst wie mit einer Religion, die, in den Zeiten des Wunderbaren, Übertriebnen und also gleichsam in der Morgenröte der Welt erfunden, zu bald und auf ewig Kanon wird, der nicht zu ändern ist, dem man die Unfehlbarkeit zutrauet. Er wird nie geändert werden und also immer Traum der Morgenröte bleiben. Der Mensch, der in der Dämmerung Bäume für Gespenster ansahe — lasset ihn sich nicht des Bessern versichern; befehlet ihm gar durch ein Gesetz, oder durch das schärfste Zeugnis, daß es Gespenster gewesen — er wird sie ewig als Gespenster glauben. Wie nötig ist's also überall, immer zu untersuchen und nirgends aufzuhören, bis man nicht bloß den Schein, sondern auch das Maß der Wahrheit habe.

In der Kunst fanden diese die Griechen, und wir kehren zurück, um aus ihrem Kolossalischen den Schritt zur Perspektiv in der Bildhauerei zu suchen. Ein Volk, das einmal den Weg gefunden, Statuen außer der Proportion des Gefühls bloß fürs Auge zu machen, hatte die Bahn offen, sie auch für mancherlei Gesichtspunkte des Auges zu machen. Und da es in der architektonischen Verzierung der Schauplätze, wie wir wissen, so weit gekommen war: so sind wir eben damit unmittelbar am perspektivischen Relief und mit diesem an der eigentlichen Skulptur selbst, die sie, wie wir wissen, ebensowohl zur Verzierung anwandten. Und kannten sie sie in dieser Kunst, sollte die Malerei ohne Kenntnisse davon geblieben sein? in der sie der Zeichnung nach einfacher und leichter ist als in der Skulptur? Man siehet, daß, wenn man sie ihnen absprechen will, man wenigstens teilen und, welche es sei? bestimmen müsse.

Ein mehreres ist hier nicht mein Zweck: da ich nur die Gesetze der Malerei aus [ihrer Natur] untersuchen wollte — und wie viel bliebe hier noch zu sagen, um die *ihr eigene ursp[rüngliche] Gesichtsschönheit* zu bestimmen, sofern sie keiner ihrer Schwestern zukommt. Eine kleine französische „Naturlehre der Schönheit und ihrer Reize", deren Verfasser, wie mich dünkt, Morelly heißt, und von der ich auch im Deutschen eine alte abscheuliche Übersetzung gesehen, hat hier Anfangsversuche über Phänomena des Gefühls und des Gesichts gemacht, die ich aber jetzt nicht, als einem Auszuge nach, der mir von der Lektüre derselben übrig ist, bei der Hand habe. Gleich- und Wohlförmigkeit sind ihr die Ursachen der Schönheit, deren Würkung im Reize der Verfasser in einigen Stücken wohl zergliedert; allein *eine physische und mathematische Optik des Schönen* überhaupt, wie ich sie wünsche, ist sein kleines Buch durchaus nicht. Da liegt noch eine würkliche große „Wissenschaft des schönen Anscheins" im Schoße der unentdeckten Zukunft, die sich so auf Mathematik und Physik stützen wird wie die Schönheitslehre der Gedanken auf Logik und Sprache. Ich weissage nicht aufs Geratewohl ihr Dasein, weil etwa Baumgarten und Boden vom ästhetischen und poetischen Licht und Schatten geschrieben haben: denn wer die Schriften dieser Verfasser kennet, weiß, daß sie bloß einen entlehnten bildlichen Begriff abhandeln. Ich rede von keinem solchen, sondern da ganz eigentlich gesprochen die sichtbare Schönheit doch nichts als Erscheinung ist: so gibt's auch eine völlige große Wissenschaft dieser Erscheinung, eine ästhetische Phänomenologie, die auf einen zweiten Lambert wartet.

Mich dünkt, wir Deutschen wären dazu die nächsten, da wir außer der Genauigkeit unsrer Analyse, zu der wir selbst unsre Sprache und Stil gewöhnt, Theorien über einzelne Künste des Sichtbarschönen haben, die unsere Nachbarn uns beneiden. Wenn seit Plato, wie Winckelmann sagt, vom Schönen nicht mit der Empfindung desselben geschrieben worden: so sind die Schriften desselben nicht nach einem flüchtigen

Übersehen, sondern gleichsam im lebendigen Händegefühl der Bildschönheiten verfasset worden. Seine erste Produktion „Von der Nachahmung“ ist mit der reichsten Salbung und gleichsam in der aufwachenden Morgenröte seiner Empfindung gebildet: diese und sein „Sendschreiben von der Empfindung des Schönen“ selbst und *das Wesentliche seiner Kunstgeschichte* ist eine Grube voll Goldadern zum Schatz der ganzen Ästhetik. Wenn er zu allgemein spricht, so darf man nur sein Urteil auf die Kunst desselben und seinen Gesichtspunkt einschränken, der vorzüglich Skulptur ist, um es zu lieben, und ebendasselbe gilt vielleicht vom platonischen Teile der Mengsischen Originalschrift. Am meisten aber hätte ich zu sagen, wenn ich die Beiträge zählen wollte, die in den Hagedornschen „Betrachtungen über die Malerei“ zur allgemeinen Ästhetik des Schönen enthalten sind. Die *dichterischte Malereilehre; die reichste malerische Philosophie* — — doch es ist jetzt Modeton, von Schriften der Kunst allgemeinhin zu reden und von lauter Hagedorns, de Piles, Felibiens, Lairessen, Hogarths und Bardons zu träufeln. Riedel hat auch bei den malerischten Ideen seiner Theorie diese dichterische Malereilehre, diese reiche malerische Philosophie, die ein Schatz für Deutschland ist, nicht gekannt, und Klotz bei allen seinen Anführungen derselben ist nicht wert, sie zu lesen.

6

Wie verschieden finde ich den Palast der *Ästhetik des Gehörs* gegen die *Philosophie des Sichtbarschönen*? Nicht minder, als Auge und Ohr, Ton und Farbe, Raum und Zeit verschieden sein dörften. Das Schöne des Auges ist kälter, mehr vor uns, leichter auseinanderzusetzen und bleibt ewig da, um sich finden zu lassen; die Wollust der Tonkunst liegt tief in uns verborgen; sie würkt in der Berauschung; sie verschwindet und läßt eine so kurze Spur nach als das Schiff im Meer und der Pfeil in der Luft und der Gedanke in der Seele. Kannst du also, o Philosoph, dein inneres Gefühl außen vor dich setzen und den unteilbaren Ton wie eine Farbe zergliedern; kannst du fühlen und zugleich denken und das vorüberfliegende Moment erhaschen und zur Ewigkeit fixieren — so rede! so schaffe eine Wissenschaft, die noch im Schoße der Empfindung liegt!

So haben wir nicht Wissenschaften über die Tonkunst? Wer sollte das nicht wissen? Die Eulers und d'Alemberts und Diderots und Mersenne und Gravesande und Sauveurs haben die physische und mathematische Musik zu einer Vollkommenheit gebracht, zu der nur die Optik der Farben hat gelangen können. Man hat die verschiedne Zahl der Vibrationen einer Saite nach Länge, Stärke und Gewicht und daraus die Töne und daraus die Verhältnisse zwischen den Tönen und daraus die Harmonie und daraus die Komposition nach Regeln bis in die Algebra hineinberechnet; in allem, was am Tone gleichsam physische Qualität und mathematische Quantität ist, ist die Akustik fast vollkommen. — — Auf der andern Seite, wer kennet nicht die vortrefflichen *praktischen Anweisungen* zu den Künsten des Gehörs, die insonderheit Deutsche fast zu ebender Höhe in ihrer Art gebracht haben. Welcher Liebhaber und Kenner kennet nicht Quantzens „Flöte“ und Bachs „Klavier“ und Mozarts „Violinschule“ und Agricolas „Singekunst“ als Meistertheorien ihrer Instrumente, die unsere Nachbarn kaum haben? Die beiden Enden des Wissenschaftlichen in der Tonkunst, der abstrakteste oben und der praktische Teil unten sind also vollkommen; ist nichts in der Mitte? Mich dünkt ja! und wenn wir nur nicht in dieser großen leeren Mitte eben den ungebildeten Teil fänden, den wir suchten.

Physik und Mathematik, wie unterscheiden und bestimmen sie die Töne? Aus den Schwingungen der Saite in einer gegebnen Zeit, nach Proportion des spannenden Gewichts, des körperlichen Inhalts und der Länge der Saite. Und was ist's, was aus diesen Verhältnissen im Tone selbst berechnet wird? Nichts als selbst Verhältnisse, Höhen und Tiefen, Stärke und Schwäche, Intervallen, Gleich- und Ungleichzeitiges usw., lauter Verhältnisse, die in den Wissenschaften, für die sie gehören, gnug sind, um in ihnen den Ton zu erkennen und aus diesen Kenntnissen Folgen abzuleiten, die aber, wie wir sehen wollen, für die Ästhetik der Töne durchaus nichts sind. Sie erklären nichts *vom einfachen Tone selbst*; *nichts von der Energie desselben aufs Gehör; nichts von der Anmut derselben, einzeln und in der Folge; von allem nichts.* Es gibt also mit ihnen noch kein Jota zur *Philosophie des Tonartig-Schönen.*

Ich sage, sie erklären nichts *vom Tone.* Denn wofür nimmt diesen die Physik? Für einen Schall aus den Schwingungen eines Körpers, den sie äußerlich, als einen körperlichen Effekt in Beziehung auf lauter Körper, auf Saite, auf Luft, auf die Schläge des Tympanum im Ohr, auf lauter physische Objekte, physisch erkläret. Weiß ich dadurch etwas vom Tone des ästhetischen Gefühls selbst? Nichts. In dem Körper, der ihn erregt, in dem Medium der Luft, die ihn fortwirbelt, in dem äußerlichen Ohre, das ihn empfängt und läutert, ist er Schall, eine bewegte Luftwelle, ein Körper. Wie er nun aber das Einfache, gleichsam der hörbare Punkt wird, den ich in meinem Innern empfinde, den ich Ton nenne und vom Schalle so deutlich unterscheide, weiß ich das? und ist dieser einfache fühlbare Ton ein Gegenstand der Physik? so wenig als der mathematische Punkt. Sie kann ihn nicht untersuchen, nicht erklären, nicht nutzen: sie weiß nichts von ihm.

Und die Mathematik ebensowenig. Diese nimmt ihn für den Unterschied zwischen den Schwingungen eines Körpers, in dem Raume, in der Zeit: sie nimmt ihn also als *Quantität*, als ein abstraktes Ganzes, das Teile hat. Lerne ich dabei etwas, was seine Qualität sei? Nichts. Die erste Schwingung der Saite gibt schon den ganzen Ton, der auf das Ohr würkt, und alle folgenden Schwingungen tun nichts, als ihn unterhalten, nichts, als ihn jedes Moment durch einen wiederholten Schlag der Luft erneuren. Wie? die Sukzession dieser Schläge, die Quantität dieser homogenen Erneurungen, ist die Ton? Kann sie, als solche, etwas vom Ersten, Innern, Einfachen desselben erklären? Weiß ich, was ein Körper sei, wenn man mir sagt: er durchläuft soviel Raum in soviel Zeit; und weiß ich, was ein Ton sei, wenn ich weiß: er macht soviel Schwingungen in einer Sekunde? Alle Sensationen aller Sinne geschehen durch eine Wiederholung von Schlägen; des Lichts im Auge, der Geruchausflüsse im Geruch, der Luftschwingungen im Ohre —

diese Wiederholung von Schlägen aber, erklärt die je die ursprüngliche Sensation eines Sinnes? Gilt sie nicht in allen Sinnen so viel, als ob sie nur ein *einziger* fortgesetzter Stoß wäre? und wenn ich in diesem nur die Fortsetzung ihrem abstrakten Begriffe nach kenne: weiß ich etwas mehr als eine Quantität? Ich kenne die Sensation nur als ein Ganzes, das Teile hat, und weiß, wie sich diese Teile unter sich verhalten; weiß z. E., wie sich in einem Lichtstrahle die rote gegen die grüne Farbe bricht, wie in einem Schalle diese Saite gegen eine andre Schwingungen macht — weiß also ein abstrahiertes Verhältnis der Folgemomente: weiß ich damit aber das Geringste vom einfachen ersten Moment, dem alle folgenden gleichartig sind? sowenig vom ersten als vom letzten. Ich kenne Sukzession, aber kein einfaches inners Moment der Sukzession; abstrahierend von Verhältnissen, weiß der Mathematiker also von dem, *was Ton ist*, sowenig als der Naturlehrer.

Noch weniger bekümmern sich beide, wie Ton als Ton *auf uns würkt.* Nicht der Physiker, der ihn bloß als Schall kennet. Der verfolgt ihn von Saite durch die Luft, von Luft zum Ohr, durch alle Gehörgänge des Ohrs zur Nerve; aber noch immer als Schall. Wie will er also wissen, wie die Nerve von dem, was nicht mehr Schall, was nur einfacher Ton ist, getroffen wird? wie dieser in die Seele würkt und sie bewegt? Wenn erforscht der Naturlehrer, was nicht mehr Körper, was gleichsam mathematischer Punkt ist? und wie kann er's in seiner Würkung erforschen? und in der verschiednen angenehmen und unangenehmen Würkung, die wir in unserm Innern fühlen? — — Daß der Mathematiker, der den Ton bloß als Verhältnis kennet, dies ebensowenig kann, wird noch offenbarer. Ich will noch vor der Hand dem Verhältnisse der Töne unter sich in der Harmonie und harmonischen Melodie soviel Kraft auf die Seele zuschreiben, als man will; ich will mir diese als eine Mathematikverständige gedenken, die in der Mitte des Gehirns sitzt, um lauter Verhältnisse zu zählen, zu berechnen und sich daran so innig zu vergnügen als Newton bei neuen Äquationen; so dünkt mich doch, es kann unwidersprechlich bewiesen werden, daß *Verhältnis die erste Grundquelle des*

Vergnügens in den Tönen nicht sein und daß daraus aufs erste Gefühl der Würkung nichts erklärt werden könne. Der Beweis ist leicht, und die Folgen wichtig.

Ohr als Ohr fühlt so wenig ein Verhältnis, als das Auge eine Entfernung unmittelbar siehet und der Geruch eine Fläche fühlet. Lasset einen Ton, den verfeinerten und gleichsam einfach gemachten Stoß der Luftwelle zu ihm dringen; was fühlt es in ihm für Verhältnisse? Keine! Und doch fühlet es im ersten Momente, abstrahiert von allen Folgetönen, die ursprüngliche einfache Macht einer einzelnen unmittelbaren Sensation. Und doch kann ein solcher Ton, ohne Verbindung und Folge, uns so tief erschüttern, so innig rühren, so gewaltsam bewegen, daß dies *eine erste* Moment der Empfindung, dieser einfache Akzent der Musik an innerer Masse mehr ist als das Produkt aller Empfindungen aus allen Verhältnissen, allen Harmonien eines großen langen Stücks? Menschen, die inniges Gefühl für die Musik haben, ihr werdet meiner Erfahrung beistimmen oder ihr seid gar nicht zum Gefühl derselben geschaffen – was aber ist in diesem einfachen Moment der Empfindung für *Verhältnis*?

Verhältnis in den Beitönen, sagt Rameau, die man insonderheit bei einer groben Saite dem Haupttone nachschallen höret und die seinen größern vollkommenen Akkord ausmachen. Man weiß, daß Rameau auf diese Erfahrung alle seine Harmonie und sein Erklärer d'Alembert sein ganzes System von Musik gebauet hat. Nun geht's uns hier nicht an, aus welchem Grundsatze man alle Hauptgesetze der Musik erklären und hervorwälzen *könne*, noch ob der Rameausche, wie ich sehr zweifle, der erste Grundsatz sei; aber das ist gewiß, daß dieser die Würkung der Musik auf die Seele gar nicht erkläre, daß man aus ihm, wie doch sein Erfinder will, alle verschiedne Würkungen nichts minder als einsehen könne, kurz! daß er von dieser Seite gar kein Grundsatz sei. Läge in ihm auch alle Proportion, die Rameau zu finden glaubt und d'Alembert nicht findet: so erklärte sie hier aufs erste Moment der Sensation nichts. Die harmonischen Töne sind Nachklänge, und was tun sie zur ersten Intonation des Vergnügens oder Mißvergnügens? Zudem, woher käme es, daß einzelne

Töne, die alle dieselben Nachklänge haben, nicht auch *alle* gleich gefallen? nicht auch *allen* gleich gefallen? nicht auch allen *gleich stark* gefallen? nicht auch *auf einerlei Art* in einer Gattung der Empfindung gefallen? woher, daß einige mit denselben Nachklängen, ihrem ersten Antone nach, völlig widrig sein können? und denn überhaupt, was kann doch ein bloß Verhältnis in der Sensation erklären, das erst späte, kalte, eine von der Sensation ganz verschiedne Folge derselben ist? Das erste Moment der Empfindung ist so unteilbar als der Ton, den es würkte, was wollen hier spätere Nachklänge sagen?

Lebhaftigkeit des Moments ist's also vielleicht, die das Vergnügen erklärt, wenn nämlich die Sensation nicht gar zu stark und also betäubend und also unangenehm, auch nicht gar zu schwach, sondern im rechten Grad der Beschäftigung und also vergnügend ist. Diese Erklärungsart ist ein Zweig aus der Sulzerschen Theorie angenehmer Empfindungen, die aber hier, so wie überhaupt die ganze Theorie dieses Philosophen, nicht sowohl die Art als die Schranken der Empfindung und also alles nur negativ erkläret. Sie sagt nicht, woher z. E. abstrahiert von Stärke oder Schwäche, die völlig etwas anders sind, mir dieser Ton gleichsam seinem Wesen nach (sofern es der Franzose timbre nennet) angenehm oder widrig ist, woher zween in *einem* Maße der Lebhaftigkeit gerade auf die entgegengesetzte Art erschüttern? woher bei zween Menschen, von gleicher *Stärke* der Sinnlichkeit, *ein* Ton in Absicht *seiner Art* den entgegengesetztesten Eindruck machen und auch bei einer angenommenen Hauptidee *des Vergnügens ein* Ton bei *zween* zween verschiedne und beide doch angenehme Empfindungen erregen kann? Erklärt Sulzers Grund *etwas* von alledem? erklärt er *etwas* in *der Art* der Empfindung? sowenig als *Maß* je *Art* erklären oder *Quantität* und *Qualität* einerlei sein kann.

Nach so mißlungenen Versuchen also, um den Grund zu finden, warum ein Ton gefalle oder nicht: sollte es nicht besser sein, die Frage ganz aufzugeben? sie für unnütz, unerklärlich und für eine Klippe zu halten, an der so viele gescheitert wären und ewig scheitern würden? D'Alembert tut dies mit einer spröden bestimmten Miene und hat als Mathematiker recht, es zu tun. In der Mathematik wird die Ausfindung dieses Grundes nie von Folgen sein, da diese nur immer Quantität und Verhältnis der Töne gegeneinander braucht und berechnet. Für den Mathematiker als solchen wird sie auch immer eine Klippe bleiben; denn sobald es gewiß ist, *daß Ohr, als Ohr, kein Verhältnis empfinden kann*, und *doch im ersten Moment der Sensation*, *im simpeln Wohllaut*, *die Basis aller Musik liegt*: so muß unwidersprechlich folgen, daß überhaupt *kein Grundsatz möglich sei, aus Verhältnissen und Proportionen das wahre, erste, ursprüngliche Vergnügen des Ohrs zu erklären.* Und wenn nun die ganze Kraft der Musik nur *eigentlich aus lauter solchen einzelnen*, *ersten Momenten bestehen kann*, so wie ein Körper nicht anders als in einfachen Monaden; wenn es wahr ist, daß *ein Aggregat von Tönen nicht könne erkannt und erklärt werden, wenn die materiellen Bestandteile des Aggregats nicht kennbar, nicht erklärlich sind*: so wird es immer die natürliche Folge bleiben, daß *aus Verhältnissen und Proportionen* sich durchaus *das Wesen, die Art und die Würkung* der Musik nicht erklären lasse, und wer *den Ton bloß als Verhältnis denkt*, wer zu der glücklichen Fühllosigkeit gekommen ist, um ihn *sich bloß als solchen denken zu können*; der hat recht, wenn er Monsieur d'Alembert glaubt und folget.

Der eigentliche *Physiker* ist in ebendem Falle. Ohne daß ich eine metaphysische Hypothese im Vorrat hätte, um durch sie die Physik zernichten zu wollen, ist's offenbar, daß alle äußern Schraubengänge und selbst das Tympanum im Ohr nicht eigentlich das Werkzeug der *Empfindung* sein können. Sie sind da, den Schall zu reinigen, zu verstärken, zu modifizieren; sie sind die kleine Welt, die aus dem, was bisher bloßes Geräusch, bloße Luftundulation war, den Ton nur erst zubereiten und gleichsam schmieden; sie sind, was Häute und Säfte im Auge sind, die das Bild brechen und in eine kleinere Welt schaffen, es nicht aber in sich halten und erklären. Was also der Physiker aus diesen Hörwerkzeugen erklären kann, ist nichts, als was er in der großen äußern Welt im Großen vor sich findet: Körper, Schall. Von diesem kann er Stärke und Schwäche, Langsamkeit und Geschwindigkeit erklären; aber noch immer als Schall, als Körper. Sobald aus dem Körper, dem Schalle, eine einfache Linie, der Ton, geworden: so verschwindet er ihm tief in die Seele, und er kann nicht von ihm, was man hier will, Innigkeit, Art, Verschiedenheit, Wohlgefälligkeit erklären, sowenig sich das Geheimnis des Sehens und irgendeines andern Sinnes bisher noch vom Naturforscher als solchem erklären läßt. Hier kommt's auf ein inneres, einfaches würksames Gefühl an: der Physiker weiß nur von äußeren, zusammengesetzten Erscheinungen und von Bewegungen durch ihre Folgen.

Daß wir doch also ja nicht mathematische und physische Akustiken für das halten, was wir suchen! Können diese Erfahrungen und Berechnungen enthalten, die für uns sind — wohl! und ohne diese müssen wir nie schließen; aber auch gewiß es nicht bei ihnen bewenden lassen, sondern die Erfahrungen weitertragen, in das Innere unsrer Empfindung, und die Berechnungen zu vergessen wissen, wenn nur diese sprechen soll. Lasset uns nur Vorarbeiten erwarten und uns auch darauf gefaßt machen, daß immer der Vorarbeiter seinen Schritt über die Grenzen gewagt haben mag und also im Irrtum ausgeschweift ist. Das unentdeckte Land, was wir suchen, ist kein metaphysisches Wortgeschwätz: es ist innere Physik des Geistes, eine fruchtbare und nützliche Gegend in der Seelenlehre des Schönen, von welcher man viele neue Erdstriche wird übersehen können, wenn erst Bemerkungen und richtige Schlüsse uns in diese gebracht haben. Ich lege zween leichte Sätze zum Grunde.

Schall und Ton sind in Absicht auf den ersten Grund der physischen Entstehung sich gleich; denn beide werden in elastischen Körpern, durch Schwingung ihrer Teile. Jedes Instrument, im Ganzen erregt, gibt einen Schall, laut und vermischt, in dem alle Töne schlummern: so antwortet Klavier und Laute auf einen undeutlichen Laut, der es trifft, ebenso undeutlich, mit der ganzen Polytonie, die in ihm schläft, mit einem Schalle. Lasset diesem Instrument nahe ein einzelner heller Ton tönen: so wird in ihm nichts als dieser Ton antworten. Lasset zween Töne rufen, zween werden antworten, und so herauf, bis sich viele Töne vermischen, und der konfuse

Schall ist wieder da. Es hindert also nichts, diesen als eine *Masse vieler Töne*, als *einen aus vielen zusammengesetzten Körper* zu betrachten: das ist *erste* Bemerkung, die durch physische Versuche bestätigt wird.

Lasset uns gleich eine Anwendung auf die Ästhetik machen. Es ist Erfahrung, daß gewisse einfache Töne, unabhängig von Höhe und Tiefe, von Stärke und Schwäche, von Länge und Kürze, *ihrer innern Art nach*, verschiedne Eindrücke auf uns machen. Der eine trifft uns gleichsam glatter und heller, ein andrer rauher und finstrer. Der eine scheint unsre Nerve aufzuwecken und zu erheben, der andre niederzuschmiegen und einzuschläfern. Der eine strengt sie zum Staunen an, ein andrer schmelzt sie in sanftes Gefühl hin — — dies ist Erfahrung, und sie soll uns Grundsatz werden. Wenn aber nun jemand nicht feine Empfindbarkeit gnug hätte, um diesen ganz verschiednen Eindruck einzelner Töne zu unterscheiden, auf dem hier doch *alles* beruhet; wenn er ihn deshalb gar leugnen wollte — so ist noch immer ein Mittel, ihn zu belehren. Du, der du von nichts als von Stärke und Schwäche, von Höhe und Tiefe der Töne einen Begriff hast: gib acht, ob der Schall einer Flöte und einer Schalmei, einer Laute und Geige, einer Trompete und eines Nachthorns auch in der Vermischung aller Töne, wo von keiner Stärke und Schwäche, von keiner Höhe und Tiefe die Rede sein kann, noch *einerlei Art* und gleichsam *eine spezifische Masse des Klanges* habe? ob jeder dieser ganzen Schälle gleiche Würkung auf deine Empfindbarkeit habe? Und wenn dies nicht ist, wenn es Körper gibt, in denen bald eigentlicher Schall und Widerschall schläft; andre, in denen ein weinendes Ächzen und Gewinsel schlummert; andre, in die ein seufzender Liebesgott der Sehnsucht und der Klage eingeschlossen ist — wenn es Instrumente gibt, deren eins dem Schalle des Ganzen nach heulet, das andre schreiet, das dritte tönet, das vierte ein leises Wellengetöse, das fünfte ein Rollen der Töne formieret — wenn ferner jeder dieser Schälle eine eigne Beziehung auf unsre Empfindbarkeit hat: bei diesem fühlen wir nichts, bei jenem fahren wir auf, bei einem andern zittern und schaudern wir durch, dieser schläfert uns ein, jener erhitzt uns zur Tapferkeit und zum Zorn, ein dritter schmelzt uns zum Erbarmen, zum Mitleid, zur Liebe hin, dies sticht, dies kreischt ins Ohr, dies fließt sanft in uns – wo kann ich zu allem Worte finden? wer ist der Taube, der diese Verschiedenheit von Schällen nicht fühlen könnte? und kann er die fühlen, so muß er auch *eine einzelne Verschiedenheit einzelner Töne* zugeben, die selbst in *einer* Stufe der Höhe, in *einem* Grade der Stärke wesentlich anders sein und sowenig zu vergleichen sein können, als hart mit weich, sanft mit rauh, hohl mit voll usw. Gibt er's bei ganzen Schällen zu, *der Schall ist nichts anders als ein dunkles Aggregat der Töne*: so muß es auch bei diesen, und zwar bei diesen eigentlich und ursprünglich stattfinden, weil sie das Wesentliche des Schalles sind. Gibt's eine Kraft der Körper als Aggregate, die nicht aus den Kräften ihrer einfachen Bestandteile entspringe? Gibt's eine verschiedne Art und Kraft der Schälle, als Schälle, die nicht aus den verschiednen Kräften der Töne herrühre?

Schall ist also eine körperliche Masse von Tönen, Töne sind seine einfachen kräftigen Momente – was folgt hieraus weiter? Ich halte mich noch erst mehr daran, die Schlußart zu sichern, als Schlüsse zu geben. Es folgt daraus, daß ein Menschengeschlecht, ein Volk, ein Zeitalter, das nicht Feinheit gnug hat, um die ersten Momente des Wohllauts zu untersuchen, sich freilich an die Schälle halten müsse, um jene zu erkennen; daß es aber auch das, *was in den Schällen bloß Aggregation ist, nicht mit dem Wesen der einfachen Momente vermischen müsse.* Von jenem habe ich ein Beispiel gegeben; von diesem wird's noch nötiger. Rameau nimmt eine grobe Saite und schlägt darauf; die Saite ist noch so grob und wenig elastisch, daß sie ihrem Hauptton hintennach Nachtöne gibt. Sie ist also das Mittel zwischen Schall und Ton: sie gibt nicht so eine konfuse Menge von Tönen, daß ihr Laut ein Geräusch, sie ist aber auch nicht so fein und so gespannt, daß ihr Laut einfacher Silberton sein könnte – was folgt daraus? bei Rameau und d'Alembert sehr vieles: bei mir zur Erklärung des ersten Moments im Wohllaute nichts; denn hier ist kein reines erstes Moment. Die Rameausche Grundharmonie ist ein dunkler Begriff vieler solcher ersten Momente zusammen, der also eine Zusammensetzung für das Wesen und, was nichts als Überbleibsel des Schalles ist, für den ersten Bestandteil der Musik nimmt. Alle Körper bringen *im Schall* alle Töne hervor, die sie geben können, so wie ein gespanntes Seil alle seine Töne hinunter zittert; daß unser Ohr nur einige dieser Töne, die mit ihm harmonisch sind, aufnimmt, so wie das Klavier nur auf den ihm harmonischen Ton antwortet, daß es die dazwischenliegenden unharmonischen oder zu schnellen Zwischenräume vorbeiläßt und sich auf die entferntern, ihm homogenen Töne mit mehrerer Bemerksamkeit wirft – was ist dies anders als die erneuerte Frage: warum sind in einem Schall, in einer Masse von Tönen einige harmonisch, andre nicht? Und ist diese Erfahrung also Grundsatz der ganzen Musik? So, daß kein einseitigerer vielmehr gefunden werden könnte. Er nimmt Harmonie für Grundbegriff oder, was einerlei ist, Zusammensetzung zu einem Schalle für wesentliches Moment des Tons an. Er kann sich also auch nicht weiter als auf Regeln der Zusammensetzung zu Schällen, d. i. auf Harmonie, erstrecken und also nichts weiter als Verhältnisse suchen und finden: und weiß also vom Wesentlichen der Musik, von ursprünglichem Ton und aller Melodie nichts. Er ist aus der halben Dunkelheit des Schalles geboren, und da er diese für das Wesen der Tonkunst nahm, so kann er sich auch nur auf halbdunkle Schälle, auf Harmonien erstrecken. Lasset uns also unsre zweite Bemerkung sichern: *Schall und Ton ist nicht einerlei; jener ist nur eine dunkle Form der Komposition, dieser das Wesen der Tonkunst.* Und mit diesen beiden Grundsätzen versehen, wollen wir uns auf den Weg machen, um den mathematischen und physischen Verwirrungen zu entgehen.

7

Schall ist eine körperliche Masse von Tönen, in der diese die wesentlichen Elemente sind: so verschieden also die Massen *ihrer Art nach* sein können, so *verschieden* müssen auch die Elemente der Massen sein in Absicht der Art ihrer Empfindung. Alle elastischen Körper tönen; nicht alle sind für uns auf einerlei Weise empfindbar: so muß es auch unter den Momenten einzelner Töne ebensoviel verschiedne Klassen geben, als es in ihren Summen gab – und zwar verschiedne Klassen nicht in Absicht auf Höhe und Tiefe, wie sie Euler ausgezählt hat, noch auch auf Stärke und Schwäche, wie sie sich eben damit auszählen, sondern auf *Empfindbarkeit der Beschaffenheit und Art.* Diese Beschaffenheit ist zuerst *widrig* und *angenehm*: und denn gibt's unter jeder dieser Hauptgattungen so viel Unterklassen, als es widrige und angenehme Gefühle in uns gibt. Jedes derselben muß sich aus einem Ton oder aus einer Mischung von Tönen erregen lassen und es endlich so viel Arten der Töne und Schälle geben, als es braucht, um alle Empfindungen in uns zu erregen. Die Schlüsse folgen aus einander, und wenn der Ästhetiker für diesen Sinn sich die Mühe geben will, Ohr und Auge, Ton und Farbe, Schall und Lichtstrom, Tonempfindung und Bildidee miteinander zu vergleichen, so wird er durch die Analogie mit diesem klärern Sinne auf jedem Schritte Bestätigung finden.

Ich nehme also diese innige Tonverschiedenheit an; woher läßt sie sich erklären? Nicht, wie gesagt, aus Höhe und Tiefe, aus Stärke und Schwäche der Töne; denn abstrahiert von diesen äußert sie sich doch, wenn nicht in Tönen, so in ihrem Aggregat, den Schällen, bemerkbar. Noch weniger aus Verhältnis und Proportion als solcher; denn diese kann bloß bei der Quantität des Ganzen, nicht bei der Qualität eines einzelnen Moments stattfinden, wie wir weiterhin sehen wollen. Noch auch aus der bloßen Veränderung des Zustandes unsrer Seele: denn bei gewissen Tönen und Schällen ist sie auch selbst im entgegengesetztesten Zustande der Seele noch dieselbe. Woher käme sie denn? – – Schall ist ein Aggregat von Tönen. So wie nun beim Widerschalle eines Klaviers nur immer der Ton antwortet, der gefragt wird, und die andern, wenigstens für uns unhörbar schlummern; so wie in einer groben Saite, die alle Intervallen von Tönen durchbebt, sich nur die harmonischen hören lassen: so muß diese Analogie, aufs Ohr angewandt, auch Ursache von *der verschiednen Empfindbarkeit der Töne* in uns geben.

Wir gehen die Schraubengänge und das Tympanum des

Ohrs vorbei, Organe, die nur da sind, den Schall zu verfeinern, und da treffen wir ein Saitenspiel von Gehörfibern an, die, in Zahl, in Lage, in Verhältnis gegeneinander, in Länge verschieden, gleichsam auf den modifizierten Schall warten. Warum war eine Nerve nicht zureichend? warum sind nicht alle Fibern in gleicher Stärke da? warum sind sie in verschiedne Reihen und Entfernungen geordnet? Kann, wie sie jetzt dahin gelagert sind, jeder Ton jede und jede in gleichem Maße und Verhältnis und jede auf *eine* Art treffen? Man müßte nicht die Struktur des Ohrs und die Bewegung des Schalles kennen, um das zu behaupten, und so sind wir an der Schwelle der Erklärung. In der Verschiedenheit der Nervenäste des Gehörs muß auch die wesentliche spezifische Verschiedenheit der Töne und Tonmassen, das ist der Schälle, liegen, sofern sie der Qualität nach der Grund des musikalischen Wohl- oder Übellauts ist. So weit stärker und inniger die Empfindung dieser verschiednen Qualität im Ohr als im Auge ist: so weit klärer muß sich dieser Beweis in den Gehörfibern machen lassen, als in den Nerven des Auges, die doch auch als Saitenspiele für die Farben betrachtet werden.

Der *Schall*, als Körper, oder sein Element, der *Ton*, als Linie, trifft also seine Saite im Spiele des Gehörs; in dieser oder jener Richtung? homogen oder nicht? darauf beruhet das *Widrige* oder gleichsam *Glatte* des Tons. *Widrig* ist der, der in seine Nerve in einer so ungleichartigen Richtung hineinzittert, daß alle Fasern gegeneinander in eine so widernatürliche Bewegung geraten, als wenn die Nerve zerspringen wollte. Denn entsteht ein stechendes, ein zerreißendes Gefühl, oder wie es uns weiter vorkomme. Mich dünkt, alle diese widrige Gefühle ließen sich durch unregelmäßige Linien, jedes nach seiner Art, ausdrücken, an denen sich die *Mathematik intensiver Größen* weithin versuchen könnte; von dieser großen, schweren Wissenschaft aber ist noch wenig mehr als der erste Begriff geliefert.

Angenehm ist der Ton, der die Nerve in ihren Fasern homogen und also harmonisch berührt und durchwallet; offenbar also hat diese Annehmlichkeit zwo Hauptarten. Die Nerve wird homogen *angestrengt* und die Fibern auf einmal mehr

schätzen und die ganze Zusammenblättrung vieler Fibern zu *einer* Hauptgattung des Gefühls zu zergliedern. Wieviel neue, feine Erfahrungen würde das geben, deren jede eine Produktion der Würkung des Schönen und eine fruchtbare Wahrheit der Ästhetik wäre! Wieviel würden wir auch auf Burkens Wege über das *Gehör* haben? Jetzt bemerkt er nur meistens die *klärern* Eigenschaften der Dinge, die sich *bemerken*, die sich *auseinandersetzen* lassen; jetzt beschäftigt ihn meistens ein *allgemeines* Gefühl, ohne die spezifischen Arten desselben eigentlich zu ergründen; jetzt endlich sind seine Objekte der Erfahrung nach meistens aus der großen rohen Natur — Dunkelheit und Helle, Macht und Privation, Kleinheit, Größe, Unendlichkeit, Licht und Farbe, Bitterkeit und Geruch, Schall, Laut, Geschrei — das sind jetzt seine liebsten meisten Gegenstände, ohne daß er auf die zubereitetern Nachahmungen der Künste merkte. Aus tiefen, wilden Hainen der Natur hat der Brite also seinen Lorbeer gebrochen, auf steilen Anhöhen hat er ihn erstrebet; die Blumenkränze aus den ebnern Gegenden der verschönerten Natur — — genauere, sorgsamere Deutsche! die warten noch auf ihre Lieblinge, und da hangt auch noch ein Kranz für den Philosophen des Wohllauts! Burke gestand, daß er nicht Ohr genug hätte, um diesen zu zergliedern, und wagte sich also nicht daran; der Gehörlose folge seinem bescheidnen Beispiele, der empfindende Kenner aber dem Vortritt desselben auf der Hauptbahn, wo er Spur gebrochen — — —

Nach diesen ersten Schritten, die mancherlei Anmut in den Tönen zu erklären, wäre man nahe dran, um jeder Gefühlsart gleichsam ihre Gegend in der Seele einzumessen, wo sie in dieser oder einer andern Empfindung sich ausbreitet. Da ist der Weg zur *Pathetik aller einfachen musikalischen Akzente*, wie mit gewissen Tönen und mit gewissen Erregungen des Gehirns auch gewisse Empfindungen der Seele wiederkommen: wie es also gewisse Schälle für gewisse Zustände des Gemüts und überhaupt eine materielle Seele gebe, deren äußeres Gewebe von Berührungspunkten nicht ganz der Nachforschung verschwände. Welche Aussichten von hieraus in die mancherlei Grenzen und Angrenzungen der Leidenschaften wie der Schälle und Töne! Da sähe man, wie Drydens Timotheus von Affekt zu Affekt übergeht, aus einem Meer ins andre seinen Alexander stürzt und mit seinen Tönen, wie mit dem Seil der Ariadne, sich durch alle Labyrinthe der Empfindungen und durch jede neue kleinere Verirrung jedes Labyrinths durchfindet. Wenn die Natur keinen nähern Weg an die menschliche Seele wußte als durchs Ohr vermittelst der Sprache und keinen nähern Weg an die Leidenschaft als durchs Ohr mittelst der Schälle, der Töne, der Akzente – Muse der Tonkunst, welche Eingebungen sind in deiner Hand, um die Physiologie der menschlichen Seele zu enträtseln.

Es gibt dunkle Stellen in der Geschichte der Völker und des menschlichen Geistes in verschiednen Zeiten, die sich nicht als bloße Geschichte verstehen lassen, die oft unverstanden verlacht werden und nur durch gewisse psychologische Kenntnisse Licht erhalten können. So ist's mit der Musik der Völker, die ihre Töne an gewisse Ideen und ihre Akzente an gewisse Subjekte festgebunden hatten; die ihren Gesang des Krieges und der Eintracht, ihren Ton des Zorns und der Liebe, ihre Melodien der Weisheit und des Lasters besaßen. In diesen würden wir freilich manche Übertreibungen finden: Übertreibungen in den Ägyptern, die jedes solches dünne Band zwischen Ton und Idee zu einem Gesetze machten – Übertreibungen in den Pythagoreern, die aus solchen Verhältnissen die Welt erklärten – Übertreibungen in den Platonikern, die politische Romane für den Staat daher schufen – Übertreibungen in den Auslegern, die bewunderten, übertrieben und nichts verstanden – Übertreibungen in den Lesern, die lachen und lachen und nichts verstehen. Wir würden aber in einer pragmatischen Geschichte der Tonkunst, ehe wir urteilen, zu verstehen suchen und vielleicht sagen: siehe da! *ein rohes, einfältiges, aber tiefer fühlendes Volk.* Wir empfinden nur Schall, da sie das Element des Schalles, den Ton, empfanden.

Wir empfinden nur Schall, da sie Ton empfanden. Der Blindgeborne hat ein ungleich tieferes Gefühl für die ersten Momente des Wohllauts als der zerstreute Sehende, den tausend äußere Flächenbilder von seinem innern Sinn des Tongefühls abrufen. Jener ist von diesem weggewandt; natürlich und ewig also in der ungestörten Stille, die wir uns in einer Sommernacht erschleichen, um den Wohllaut der Laute oder einer Bendaschen Geige grundauf zu fühlen. Er, ewig in dieser Stille, so ganz in sein inners fühlendes Ich versammelt und, ohne Unsinn zu sagen, ganz Ohr — was fühlet der Unzerstreuete nicht in dem mächtigen Wohllaut *eines* Tons? in der holdseligen Stimme seines Mädchens, die ihm

— — den Himmel öffnet und ins ganze Herz
Ruh und Vergnügen singt.

Berechnet er hier Verhältnisse und Proportionen? Harmonien und Intervalle? O kalt, o elend. Er fühlet vielleicht in einem einfachen Antone unmittelbar, der ihn bis auf den Grund erschüttert und in Entzückung aus sich reißet, millionenmal mehr als wir in der bunten Verwirrung eines ganzen Stücks. So die einfachern, innigern, minder zerstreueten Alten. Von Jugend auf an die wahren Akzente der Natur gewohnt, von Jugend auf lieber tiefern Eindrücken als überhinrauschenden Bildern offen, fühlten sie, wo wir, wir in alle Welt Zerstreueten, durch Abstraktionen und tausend andre Dinge am Gefühl Geschwächten, nichts fühlen. Die erste Nerve des Gehörs ist also gleichsam toter: sie hörten Element des Tons, wo wir nur das Aggregat der Töne, Schall, hören.

Sie hörten Ton, da wir nur Schall hören. Völker, die noch näher dem Gesange der Sprache, auch in dieser nicht sowohl dumpfe verworrene Schälle als schon einfach gemachte, wohlzuunterscheidende Töne reden, sie länger anhalten und mit höhern Akzenten des Wohllauts bezeichnen: singende Völker von der Art sind natürlich den Elementen des musikalischen Gefühls näher als andre, die nur schallende Körper von Silben und Lauten reden. Die Sprach- und Hörwerkzeuge jener sind so, daß, was bei andern nur als dunkles Geräusch, in dem noch alle Töne liegen, ausgesprochen wird, bei ihnen wie der himmlische Kuß der Venus fünfmal durchläutert ist. Es ist also nicht mehr, wie ein eiserner Klang oder wie das Murmeln einer Glocke, dunkel da und kaum dem Schalle nach zu verstehen; es ist ein Silberton geworden, der seiner Höhe nach musikalisch zu bestimmen und seinem Ausdruck nach süß zu empfinden ist. Das eine Volk spricht eherne Panzer von Worten; das andre mit feinern Sprachwerkzeugen tönet Silberwellen, die, durch feinere Hörorgane zu silbernen Pfeilen geschmiedet, die Seele durch Töne wie durch einfache Punkte treffen. Da sind's alsdenn nicht Metaphern, was wir von dem Sprachgesange der alten Griechen lesen, die gleichsam zween Abmessungen der Sprachtöne mehr hatten als wir, Harmonik und Rhythmik – keine Metaphern, wenn sie auch im Grundgefühl eines Tons tiefer empfanden als wir. Noch ist die halbsingende Sprache der Italiener mit ihrer Natur zur *fühlbaren* Tonkunst vereinigt wie die süßtönende Stimme des weiblichen Geschlechts mit einem feinern Gefühle der Musik. Die Natur selbst hat für solche Völker gearbeitet und ihnen in einer feinern Himmelsluft feinere Sprach- und Hörwerkzeuge und gleichsam ein natürliches Saitenspiel der Empfindung gewebet. Sie sprechen und hören und fühlen Silbertöne, wo andre rauhere Völker, die nur Schälle reden, auch nur Schälle hören können.

Sie hören nur Schälle, wenn jene Töne hörten, und was Wunder also, daß sie endlich auch ihre Kunst, Musik zu hören und zu setzen, zu einer Schallkunst machen? Von Jugend auf daran gewöhnt, gleichsam schwere Massen zu hören, die, aus den ungleichartigsten Teilen zusammengesetzt, nur murmeln, nur Getöse geben, das das Ohr nicht reinigen kann und das also auch nur als Schall vor die Seele tritt, werden sie auch natürlich in der Musik diese schwere Massen von Tönen lieben. Sie werden sich alle Mühe geben, die Würkung eines Tons, der ihnen zu schwach dünkt, durch einen andern zu gleicher Zeit zu verstärken oder vielmehr das zarte *eine* Moment seines Wesens harmonisch grausam zu zerstören. Ihre Musik wird Kunst werden, die zehn Töne auf einmal zu fühlen und also keinen in seiner musikalischen Mutterkraft zu empfinden gibt. Diese Völker werden, überaus gründlich in der Harmonie und Tonsetzung, sehr stark in Begleitung und Ausführung, sehr gelehrt in der Wissenschaft ihrer Kunst, starkes Geräusch in der Welt machen und, indem sie sich gewöhnen, *alles* auf *einmal* zu hören, so weit kommen, daß sie nichts von dem *einen* hören, was man nur allein auf *einmal* hören mußte. Sie haben es also gut, die Musik als praktische Kunst zu studieren; mathematisch die Saite zu messen, die sie nicht musikalisch empfanden, die Schwünge zu zählen, deren ersten Anton sie nicht fühlten; die Kunst zum Wunder von Tonwissenschaft, Setzkunst und Fingerwerk zu machen, die für sie kein Wunder der einzelnen Energie sein konnte. Sie hören nicht Töne, sie hören nur Schälle: sie fühlen nicht Akzente, sie denken sich also gotische schwere Harmonien und gelehrte Verhältnisse.

Wen aber, o Lycidas,
  wen seine Mutter unter den göttlichen
  Gesängen froher Nachtigallchör' empfing,
    wer ihr in sanften Götterfreuden
      nächtlich als Schwan sich vom Busen loswand –
  Ununterwiesen wird der als Knabe schon
  Toneinfalt lieben

und sie in den unharmonischen Melodien der Nachtigall und aller himmlischen Sänger mitempfinden, und sie in den unharmonischen Akzenten aller Leidenschaft der Natur mit jeder neuen holden Biegung und Verschiedenheit, wie eine gleichgestimmte zarte Saite, innig erkennen und sympathetisch wiederholen und auf ewig in sich einbeben, und mit jedem Momente eines Tons ein fühlbareres Geschöpf werden, und

froh bestürzt
sich einen Sänger grüßen hören

und ein Monarch unsrer Empfindungen sein. Fing dieser Sohn der Natur damit an, zween fremde Töne zu Hülfe zu nehmen, um den Hauptton fühlen zu können? Um die himmlische Sängerin, Aedone, zu hören, dachte er sich einen Fundamentalbaß zu ihrem Liede? lernte er innere Macht der Töne, indem er sie in Schälle verwandelte und mit allen möglichen und unmöglichen zusammenpaßte? fand er die Wunder der Nachahmung und den Ausdruck des Herzens durch eine Reihe Akkorde und eine Intervallen-Leiter? und wurde Apell der Zauberer seiner atmenden Farben, indem er Leitern von Farben malte und sich an solchen Klavieren das Auge übte? und doch war das nur kältere Malerei, noch lange nicht innige lebende Tonkunst. O ihr großen Harmonisten! so ist auch *Schall kein Ton*! und eine *Schall- keine Tonkunst.*

8

Schall ist kein Ton, sondern ein Aggregat von Tönen, ein Bund Silberpfeile. Diese müssen, es sei auf welche Weise, gesondert, die Luft enger eingeschlossen, die Saite fester gespannt werden, bis unter allen sich ein Ton fixiert. Der ist alsdenn ein Pfeil aus dem großen Bunde; was Körper war, ist die feinste Linie der Berührung geworden: denn ist er musikalisch. Ich mache eine Anwendung, um hieraus die große *Innigkeit* des Gehörs zu erklären. Das grobe Gefühl hat die Natur gleichsam zum Zaune unsres körperlichen Daseins gemacht: es ist auf die Oberfläche unsrer Existenz wie ein zartes Wachs ausgegossen; die andern Sinne nähern sich zwar mehr einem Innern, noch aber empfinde ich im Organon selbst. Das Bild des Auges ist mir zwar in der Seele; aber der Gegenstand des Bildes schwebt mir doch außer mir klar vor. Das Ohr ist der Seele am nächsten – eben weil es ein *inneres* Gefühl ist. Der Schall, als Körper betrachtet, berühret nur die äußerlichen Organe des Gehörs, wo dies noch äußerliches allgemeines Gefühl ist. Der bereitete einfache Ton, die mathematische Linie des Schalles gleichsam, er allein würkt auf *die* feine Nerve des Gehörs, die die Nachbarin des Geistes ist, und wie innig also? Die Werkzeuge, die die Natur unmittelbar in ihrer Hütte braucht, sind die feinsten, und das Gewebe, das so nahe um sie ist, das empfindsamste. Es verhält sich zum äußern Gefühle wie die Linie zum Körper, da sich das innerliche Gefühl des Auges zum äußern nur wie Fläche zum Körper zu verhalten scheinet.

Daher also der große unvergleichbare Unterschied zwischen Schall und empfindsamen Tone: jener würkt nur aufs Gehör, als ein äußeres Gefühl; dieser durchs innere Gefühl auf die Seele. Das sanfte Rauschen, das ich in Gleims Liede an Kleist so lebendig fühle:

Freund, welch ein liebliches Geschwätze
hier dieser Quelle! laß dich nieder!
So schwätzete des Tejers Quelle,
wenn er im Schatten seines Baumes
den Rausch der Blätter und die Lispel
des Zephyrs hörte –,

dies körperlich sanfte Gefühl ist völlig von andrer Art als ein einziger geistiger Ton, auf den er uns im Verfolg ebenso lebendig einladet:

– laß dich nieder
und sitze neben mir und höre
die Muse meines Tejers, höre
die Harmonien seiner Leier
und sieh den Bacchus und den Amor
ihm horchen: sieh den offnen Busen
Kytherens wallen, sieh die Nymphen
der Brunnen ihre Wasserkrüge
verlassen und zu dieser Quelle
herfliegen, alle schon im Fluge
den Sänger horchend – alle wollen
ihn hören usw.

Ein Ton dieses Gesanges und das vorige Gelispel, trifft es einerlei Ort des Gehörs? So wenig als der Donnerschlag, der mich bis auf den Grund erschüttert und mein Gehör zerreißt, dasselbe Ding, was der *einzige* widrige Ton ist, der auch auf den Grund erschüttert und das Gehör zu zerreißen drohet. – –

Mit ebendem erklärt sich die Macht des Gehörs vor andern Sinnen. Das Auge, die äußere Wache der Seele, bleibt immer ein kalter Beobachter; es sieht viele Gegenstände, klar, deutlich, aber kalt und wie von außen. Das Gefühl, ein starker und gründlicher Naturforscher unter den Sinnen, gibt die richtigsten, gewissesten und gleichsam vollständigsten Ideen: es ist sehr mächtig, um die Leidenschaft zu erregen, und, mit dieser vereint, übertrieben; immer aber bleibt noch sein Gefühl außen. Die Einbildungskraft muß sich gleichsam an die Stelle des Gefühls setzen, um es redend zu machen; mit aller ihrer Macht kann sie es nicht in ihren Sitz ziehen. Das Gehör allein ist der innigste, der tiefste der Sinne. Nicht so deutlich wie das Auge, ist es auch nicht so kalt; nicht so gründlich wie das Gefühl, ist es auch nicht so grob; aber es ist so der Empfindung am nächsten wie das Auge den Ideen und das Gefühl der Einbildungskraft. Die Natur selbst hat diese Nahheit bestätigt, da sie keinen Weg zur Seele besser wußte als durch Ohr und — Sprache.

Hier wäre ein großes Feld für den pragmatischen Geschichtschreiber der Tonkunst, sich auf die Künste einzulassen, wodurch einige alte Völker diese so geistige Kunst noch geistiger zu machen und der Seele tief einzuverleiben suchten. Man weiß alle die Würkungen, die sie ihr auf Denkart und Bildung der Seele in Erziehung der Jugend, auf Sitten des Volks in der Politik, auf Berichtigung und Stillung des Gemüts in der Weltweisheit zuschrieben. Dem Lehrer der Ästhetik des Gehörs würden diese historischen Data manche Erscheinungen geben, wenn sie die *Innigkeit der Musik überhaupt* andeuten wollten? Der innerliche Schauder, das allmächtige Gefühl, was sie ergriff, war ihnen unerklärlich; nichts, was so innig und tief auf sie würken könnte, kannten sie in der ganzen Natur sichtbarer Wesen: Geister also, glaubten sie, Geister des Himmels und der Erde, hätten sich durch die Ketten der Musik herbeigezogen, aus Sphären und Grüften gestürzt; schwebten um sie; zwar unsichtbar, aber um so empfindlicher: man fühle ihre Gegenwart, und das wäre der innere Schauder, das tiefe Gefühl, was sie bei Tönen ergriffe! — — — Hier wünsche ich dem Philosophen des Wohllauts die magische Macht, alle diese Zaubergesichte von der Innigkeit der Musik in wahre Erscheinungen verwandeln zu können: und wenn er *die Kraft einzelner Akzente und Leidenschaften und Töne und Musikelemente* erforschet hat, kann er's!

Auch das Aggregat harmonischer Töne ist noch Schall, wiewohl es der regelmäßigste Schall ist, und *Harmonie kann also sowenig Grundbegriff der Musik sein als Zusammensetzung das Wesen des Körpers.* Der Akkord besteht aus dreien Tönen, die, da sie harmonisch sind, sich leichter zusammen hören lassen als andre; die eben durch dies Zusammenhören einen Begriff von Proportion und also Vergnügen erregen; kann dies Vergnügen aber Grundvergnügen der Musik sein? Es ist das Resultat einer Komposition und also ein trockner Begriff des Geistes; die drei Töne, die sich zusammen hören lassen, sind nur in ihren einzelnen Momenten wesentlich; die Zusammensetzung selbst ist nichts als ein Zustand – was will dieser erklären? Wäre die Rameausche Erfahrung also auch an sich so wahr, als sie jetzt schon vielleicht an sich scheinbare Unwahrheit ist, für den Philosophen des Wohllauts ist sie eine trockne, einseitige, unfruchtbare Erfahrung. Akkord ist nur Schall und alle Harmonien von Akkorden nur Schälle; Schall ist nur Zusammensetzung, aus der also nichts weiter als wieder Zusammensetzung und das Abstraktum derselben, Verhältnis, folgt. Schüler des Wohllauts, weißest du damit auch das kleinste Etwas vom innerlichen Moment *eines* Tones? Etwas von *einer* Kraft *eines* einzelnen Akzents auf die Seele? Etwas von *einer* Folge dieses Akzents mit andern, nach welcher sich seine Kraft fortsetzet und verstärkt? Etwas von allen Folgen aller Akzente nach ihren verschiednen Empfindungssprachen und Bewegungen und Unregelmäßigkeiten und Unebenmaßen? Etwas vom ganzen Ausdruck der Musik? Nichts! Du weißt nur von einer Zusammensetzung vieler Töne zu *einem* Schalle, wo auf gewisse Art jeder einzelne Ton seinem Momente der Würkung nach erstirbt und an sich nichts ist; wo aus einer Vermischung aller zu *einem* eine von *allen einzelnen* verschiedne Sensation entstehet, die schön und verhältnismäßig für den Geist, aber grob und kalt für das Ohr ist. Du weißt nur von einer toten Zusammensetzung, in der du es selbst nicht erklären und vielleicht auch mit der Zeit nicht fühlen kannst, was die bloße Umkehrung der Akkorde schon für große Veränderung in der Würkung gebe und wie würksamer also jeder Mutterton wäre, wenn er in seiner zarten Kraft nicht vom regelmäßigen Geräusch erstickt würde. Du weißt nur von einer toten Regelmäßigkeit, aus der du dir keine andre als eine tote Folge toter Regelmäßigkeiten erträumen kannst — du hörest nur Schall, nicht Ton: du denkest dir Verhältnis, weil du Tonwollust nicht mehr fühlest.

Wo ist ein andrer fühlbarer Jüngling, der Töne als solche empfinden kann: er kann der Philosoph in der Ästhetik dieses Sinnes werden. Erst lauter einfache, würksame Momente der Musik, einzelne Tonakzente der Leidenschaft — das ist das erste, was er fühlt und sammlet, und das wird eine *musikalische Monadologie*, eine Philosophie *ihrer Elemente.* Denn verbindet er sie *durch das Band der Folge*, in ihrer Annehmlichkeit aufs Ohr, in ihrer Würksamkeit auf die Seele: das wird *Melodie*, und sie in ihrem weiten Inbegriff ist das große Hauptfeld seiner Bemerkungen. *Harmonielehre*, als solche, wie die Neuern das Wort brauchen, ist für seine Ästhetik nur das, was Logik im Poeten ist; welcher Tor wird sie in ihm, dem Hauptzwecke nach, suchen wollen? — — Man siehet aus meiner Einteilung, daß wir die Wissenschaft noch schwerlich haben, die ich suche; da die *Lehre der Harmonie* insonderheit uns nordischen Völkern Lieblings- und fast einziger Gegenstand der Theorie dieser Kunst ist — schön für den mathematischen und praktischen Teil derselben, aber für ihre Ästhetik nichts als vielleicht Verführung zu falschen und toten Verhältnissystemen, unter denen das Wesen der Kunst verschwindet. Wenn Ton nicht Schall ist: so ist *Ton-* und nicht *Schallehre*, *Melodie* und nicht *Harmonie* der Hauptteil der *ästhetischen Musik.*

Ich kann nicht Regeln geben; ich gebe eine Geschichte einzelner Erfahrungen. Musik ist dem Menschen, als Sprache, freilich nicht so natürlich als den Vögeln ihr Gesang: das zeigen seine ersten Bedürfnisse, seine Sprachwerkzeuge, diese Bedürfnisse auszudrücken, seine Analogie mit andern unmusikalischen Tieren und die Geschichte aller Völker. Wenn die ersten Bedürfnisse schmerzhafte Empfindungen sind: so ist die erste Sprache ein Geschrei unartikulierter Töne; und wenn die Befriedigung dieser Bedürfnisse Freude gebiert: so ist die Sprache derselben ebensowohl Sprache der Empfindung, unartikulierte Töne. Beide erschallen hoch, stark, dringen zum Ohr und zur Seele, werden mächtige Akzente der

Empfindungen – sie sind die erste Basis der Sprache. Und wenn nun bewiesen werden kann, daß die Menschen nicht anders als durch den Weg der Sprache auf die Tonkunst gekommen sind: so folgt eben damit, daß Akzente einzelner Machttöne Ursprung der Musik gewesen.

Die Menschen also formten sich eine Sprache, die nur noch eine Folge rauher, hoher, starker, langangehaltner Akzente war, sofern sich mit diesen Bedürfnisse, Gefühle und sinnliche Ideen ausdrücken ließen – eben hieraus, sieht ein jeder leicht, wird roher Gesang; denn wie ist anders Gesang und sprechende Stimme unterschieden, als daß jener nicht sowohl vermischte Schälle als bestimmtere, länger angehaltne Töne, Akzente der Empfindung gibt? Man sang also, indem man sprach; aber der Sprachgesang war nicht Musik der Vögel. Er hatte nichts minder als *annehmliche Töne*; da diese vielmehr, mit den ersten noch ungebrauchten Sprachwerkzeugen hart und schwer gebildet, insonderheit in nordischen Gegenden sich stark und unsanft hervorarbeiten mußten. Er hatte nichts minder als eine *annehmliche Folge* dieser Töne; da sie, vom Bedürfnisse und dem regellosen, heftigen Affekt hervorgestoßen, nur Herz und Seele durchbohren und erschüttern, nicht aber dem Ohre schmeicheln wollten. Soll also die Musik der Vögel erster Begriff der Tonkunst in der Natur, sollen dieser ihre Grundeigenschaften süße Töne und harmonische Folgen bloß für das Ohr sein: so war dies keine Musik, so war's ein bloßes Sprachgeschrei.

Wie aber, wäre jener Begriff denn der erste in der Natur? Singt wohl ein einziger Vogel bloß des physisch Annehmlichen seiner Töne wegen, es sei für sich oder für andre Geschöpfe? Singt die Nachtigall, durch bloße Töne und Tonfolgen ihr oder ein fremdes Ohr zu ergetzen? Nein! ihr Gesang ist Sprache, Sprache der Leidenschaft und der Bedürfnis, so wie dem Löwen sein Gebrüll und dem Wolfe sein Geheul und dem Menschen sein erster rauher Sprachgesang. Laß dieser also auch zwischen dem Geheul des Wolfes und dem Gesange des Vogels in der Mitte stehen – er hat mit beiden das gemein, daß er nicht singen, daß er *sprechen* will, wie Vogel, Wolf und Löwe in seiner Art.

Aber das Menschengeschlecht hat in seiner ganzen Gestalt der Sukzession eine andre Beschaffenheit und gleichsam eine Ausmessung mehr als Vogel, Wolf und Löwe. Jedem derselben ist seine Sprache Instinkt der Natur und Kunsttrieb, der sich bald entwickelt und den er mit sich ins Grab nimmt; das Menschengeschlecht hängt in der Reihe seiner Individuen zusammen, also auch in allen Erfindungen einzelner Individuen zusammen, also auch in der Sprache. Sie erbt sich fort; sie wird von Glied zu Glied gelernt, weiter fortgetragen, immer verändert und also oft verbessert, oft verschlimmert; sie geht fort und bleibt ewig wie das Vorrecht der Menschen, die Vernunft. Wir wollen also soviel Zeiten annehmen, als nötig ist, um diesem rohen Sprachgesange soviel Vollkommenheit zu geben, daß eine Gattung des menschlichen Geschlechts nach ihrem Gesichtspunkt sie für Ideal halte. So ist also ein feinerer Gesang wohlklingenderer Töne und Tonfolgen geworden; in welchem aber noch immer Gedanke, Empfindung, Bedürfnis, zu bezeichnen, das Wesen, und Ton als Ton, Tonfolge als Tonfolge nur immer noch untergeordnetes Nebenaugenmerk ist. Der Gesang ist noch immer *Sprache.* Diese müssen die Menschen erst, sie müssen Gedanke, Empfindung, Bedürfnis, zu bezeichnen, einige Augenblicke vergessen, um Ton als Ton und Tonfolge als solche zu kultivieren; von dem Augenblick an wäre der Schritt getan zur Tonkunst.

Nun ist nichts in der Welt unnatürlicher und dem Fortgange des menschlichen Geistes widersprechender, diesen ersten Schritt von der Nachahmung der Vögel usw. abzuleiten. Wollte der Mensch diesen nacheifern: so fand er natürlich seine Sprachwerkzeuge ungeschickt, um *die Töne in der Annehmlichkeit fürs Ohr* zu geben; die Nachahmung selbst ward ihm also beschwerlich und nicht befriedigend. Je mehr wir ihm Gefühl an dem Annehmlichen der Vögeltöne beilegen, desto mehr mußte er das Unannehmliche seiner Stimme fühlen, desto weniger wird der Ursprung der Musik als solcher Nachahmung begreiflich. Und überdem, was hört wohl der ungebildete Mensch in dem Gesange der Nachtigall, was für ihn war? Hört er die Akzente der Leidenschaft in ihr, die die Nachtigall selbst fühlet, die nur ihr Gatte sympathetisch höret?

Verstehet er also das Band ihrer Töne, was in jeder Biegung und Lenkung, in Höhe und Tiefe, in Stärke und Schwäche bloß von Leidenschaft und Empfindung gezogen wird? Nein! und was kann er also nachahmen? bloß das *äußerlich Wohlklingende der Stimme* als solcher, die Reinigkeit, Klarheit, Festigkeit, Höhe, Zartheit, Geschwindigkeit ihrer Töne, und kann er die? muß nicht jede dieser Eigenschaften ihn beschämen und, solange er nicht Nachtigall werden kann, von der Nachahmung abschrecken?

Daß eine so kalte, kindische Nachpfeifung des Vogelgesanges nicht der Ursprung der Musik gewesen, zeigt der älteste Charakter derselben und die ganze Gestalt des damaligen Menschengeschlechts. Leidenschaft und Empfindung waren die ersten Vollkommenheiten, die man ihr gab, die die Denkart der Menschen foderte und liebte, auf die aber die Nachpfeifung des Vogels allein wohl nicht unmittelbar führen konnte. Wer kennt den wahren innern Ausdruck des Vogels? wer hört in ihm viel mehr als das physisch Wohlklingende seiner Töne? Dies also müßte natürlich, wenn Vogelnachahmung die erste Musik gewesen wäre, auch der zuerst ausgebildete Teil gewesen sein und Ausdruck menschlicher Leidenschaft in ihr eben der letzte. Nach allen Nachrichten und Zeugnissen von der ältesten Musik war's verkehrt. Der mechanisch vollkommenste Teil, Läufe, Gänge, Wohlklänge, Künstlichkeiten fürs Ohr war eben das, wovon man nichts oder nur sehr spät wußte; im Ausdruck der Leidenschaft, in den unregelmäßigen, kühnen, gewaltsamen Akzenten der Empfindung war man frühe bis zum Unnachahmlichen und bis zum Wunderbaren stark. Lernte man aber ein Jota davon von den Vögeln? vielmehr daß diese auf ewig davon abgeführt hätten!

Menschen eines spätern ganz veränderten Geschlechts! nehmet das Gefühl eurer Urväter zurück, und ihr werdet eine weit nähere, natürlichere Quelle der Musik finden, die singende Sprache. Was war's, das man mit der ersten Musik ausdrücken wollte? Leidenschaft, Empfindung: und diese fand sich nicht in den für die Menschen toten Vögelgesängen, sondern in den singenden Tönen seiner Zunge. Da lagen schon

Akzente jeder Leidenschaft, Modulationen jedes Affekts, die man so mächtig fühlte, an die Ohr, Zunge und Seele von Jugend auf gewohnt war, die es also leicht wurde, nur etwas mehr zu erheben, zu ordnen, zu modulieren, zu verstärken — und es ward eine Wundermusik aller Affekte, eine neue Zaubersprache der Empfindung. Hier fand der erste begeisterte Tonkünstler tausendfachen Ausdruck aller Leidenschaften, den die menschliche Zunge in Jahrhunderten vielleicht hatte hervorbringen, den die menschliche Seele in Jahrhunderten hatte empfinden können: den tausendfachen Ausdruck, der ihm und seinen Brüdern von Jugend auf eigen, natürlich und geläufig war; der ihm von selbst mit jeder Leidenschaft in die Brust und auf die Zunge trat; den andere ebenso natürlich und stark verstanden — allen den Ausdruck fand er in tausend Akzenten, Tönen, Rhythmen, Modulationen in der Sprache vor sich; sollte er ihn nicht brauchen? Und etwas verschönert also — was war da als die erste Tonkunst?

Aus der *Sprache* ging sie also aus, und da jene, wie es gnug gezeigt ist, im ersten Anfange nichts als *natürliche Poesie* war, so waren Poesie und Musik auch unzertrennliche Schwestern. Diese diente jener, jene gab dieser Ausdruck, Leben, Empfindung, und beide zusammen brachten also die Würkungen hervor, die uns in der alten Geschichte so fabelhaft dünken und keine Fabeln sind. Diese Musik der Alten war nichts, was unsre ist: sie war lebende tönendere Sprache. Ihre Hauptteile also, *Rhythmik, Metrik, Poetik, Harmonik*, wie sie dazumal waren, finden bei der unsern durchaus nicht statt, und von manchen haben wir kaum bestimmte Begriffe. Jene war *Vokalmusik* im höchsten edelsten Verstande; die *Instrumentalmusik* ward später, nur nach und nach, erfunden und ist bei den Alten vielleicht nie so ganz gewesen, wie sie wir jetzt haben. Wieviel läßt sich *auf die Geschichte der Musik und Poesie* hieraus erklären? Die große Bestimmtheit der Prosodie, der vortreffliche Wohlklang, die affektvolle und auch im Ton unterstützte Sprache der Dichtkunst; auf der andern Seite die Geschichte ihrer Instrumentalerfinder, die Teile ihrer Musik, ihre Sonderbarkeit von der unsern, ihre Anwendung, ihre Würkungen, ihre Achtung — alles erkläret sich aus einem

Prinzipium, das man nur zu sehr verkennet und dessen Folgen also natürlich ebensosehr befremden müssen.

So wie die Wiederherstellung der bildenden Künste: so ist auch die Wiedergeburt der Musik in Italien diesem ersten Ursprunge analogisch. Nachdem die Szene alle Jahrhunderte der Barbarei durch in bloße Deklamation ausgeartet war: so war der erste Versuch des Melodrams vom Ende des funfzehnten bis zum Ende des sechzehnten Jahrhunderts noch ganz melodische Poesie. Man sang Gedichte, Tragedien und Pastorale von einem Ende zum andern; nur die Poesie und die Sprache herrschte. Das war erst eine ganz neue späte Schöpfung, die die Musik zur Hauptkunst machte, in inartikulierten Tönen den Ausdruck der Leidenschaft suchte, den voraus nur die artikulierten Gestalten der Sprache gehabt hatten, und sich bemühte, der Musik, als solcher, die ganze pittoreske Haltung zu geben, die sie voraus als dienende Kunst nicht hatte haben können. Natürlich waren es Instrumentaltonkünstler, die diese Schöpfung vornahmen, durch welche die Sprache und die Musik so ganz verändert sind – jene, indem sie dadurch sich dem Pfade nahete, prosaisch, philosophisch und unpoetischer zu werden; diese, indem sie sich als Hauptkunst mehr zur Harmonie ausbildete. Daher alle neue Veränderung unsrer Welt. So wie die neuere Musik aller Völker in Europa sich aus Italien ableitet, so haben auch alle diese die unpoetische Musik angenommen und jede auf ihre Art verändert. Die kältern gründlichen Deutschen haben sie zur Wissenschaft erhoben und die Harmonie, im neuern Verstande, zu einer Höhe gebracht, daß ich mir kaum in einer Wissenschaft zwei entgegengesetztere Ende als griechische und neuere nordische Musik denken kann. – –

Bei der griechischen Musik war harmonisch-wissenschaftliche Kunst nichts und lebendiger Ausdruck alles. Aus der Sprache der Leidenschaft geboren, blieb sie dieser ewig getreu: eine sehr einfache Melodie; eine für uns unausstehliche Einförmigkeit in dem, was bloß Kunst der Verhältnisse und Gelehrsamkeit heißt: vielleicht sehr unregelmäßige und kühne Gänge – auf der andern Seite aber starke Akzente, sehr reiche und feine Verschiedenheit der Tonarten, große Abwechselungen der Modulation – das waren die Eigenschaften jener Musik der Leidenschaften, wie die unsre eine Tonkunst der Verhältnisse und der Vernunft ist. Wie sich die griechische zur französischen Sprache verhält: so mag sich auch die Tonkunst beider Völker verhalten, wenn man von Musik der Alten so gute Begriffe hätte als von ihrer Sprache. Der Rangstreit höre also endlich auf: denn Welt, Zeit, Menschengeschlecht, Ohr, Sprache und Musik haben sich geändert; man fange an, kalt zu untersuchen.

Nun wäre es vielleicht zu deutsch gelobt, wenn man deutsche Musik zum Ideal der Untersuchung empföhle, das am meisten Melodie mit Harmonie verbände. Da wir, so wie in unsern Theorien, so auch in Praxis weit mehr zu dieser und zu kalten künstlichen Verhältnissen hinhangen: so habe der Ästhetiker gleichsam kein Vaterland; wo er musikalische Energie und Melodie finde, in Italien und in Griechenland und selbst im widersinnigen China, sei er zu Hause. Und da dies empfindungsreiche Wesen der Musik von jeher so nahe an der Sprache gewesen: so ist hier die *musikalische Poesie*, über die wir kaum einen Versuch der Theorie, wohl aber mehr praktische Muster haben, der große Vorhof zur Pforte der allgemeinen musikalischen Ästhetik.

9

Die *Tanzkunst* der Alten ist nichts als *ihre sichtbar gemachte Musik*; indem wir also eine erklären, beschreiben wir die andre. Ihre Tonkunst war Sprache der Leidenschaft; das auch ihre Tanzkunst: jene druckte die Energie derselben in der Folge von Tönen aus wie diese von Bewegungen; in jener war das bloße Verhältnis zwischen Tönen so eine fremde Sache wie in dieser zwischen Linien der Bewegung. Da ist die ganze Geschichte und Genesis der alten und neuen Tanzkunst.

Sie ist eine *sichtbar gemachte Musik*; denn wie Leidenschaften ihre Töne haben: so haben sie auch durch den Ausdruck der Natur ihre Gebärden und Bewegungen – jene sind das fürs Ohr, was diese fürs Auge sind; sie sind unzertrennlich, und weiterer Rangstreit ist unnütz. Wenn der Mensch der Natur also Akzente der Empfindungen aus dem Innersten seiner Brust stößt: so zeigen sich auch die Mienen derselben in Gesicht und seinem ganzen Körper. Alles ist so vereint, daß man nach einer alten Erfahrung in einen gewissen, selbst gewaltsamen Ton der Seele kommt, wenn man sich in die Gebärden desselben körperlich setzt, und daß, wenn man gewisse Gebärden auch in der nachahmenden Kunst sieht, kein Ausdruck geläufiger ist als der: ich höre ihn das und das sagen! seine Miene ist so redend, daß – – – die Kunst der Gebärden ist sichtbare Sprache.

Sie ist sichtbare Musik noch auf eine *zweite Art, in der Zeit und Modulation der Bewegung selbst.* Jede Leidenschaft hat diese: die traurige steigt langsam herunter, die freudige schnell hinauf, die jauchzende wirbelt und springt, die unruhige bebt, schwankt und taumelt. Daher der Rhythmus der *Sprache*, von da aus der *Musik*, von da aus der *Tanzkunst.* Was Poesie in Worten zum Ausdruck der Töne war, das ist diese durch Gebärde und Bewegung, und das Lob auf die Malerei, daß sie *eine stumme Dichtkunst* sei, das galt unendlich mehr von ihr. Wer wollte an ein *Farbenklavier* denken, da sie lebendige Musik und noch mehr ein vereinter Ausdruck aller Künste des Schönen ist. Von der Bildhauerkunst entlehnt sie schöne Körper, von der Malerei schöne Stellungen, von der Musik innigen Ausdruck und Modulation; zu allem tut sie lebendige Natur und Bewegung hinzu – sie ist eine Vereinigung alles Schönen als Kunst, wie es die Poesie als Wissenschaft ist, lebendige Bildhauerei, Malerei, Musik und alles zusammengenommen, stumme Poesie.

Wir haben sie also auch nicht mehr, sowenig wir die Musik der Alten haben. Wie diese nicht mehr eine unmittelbare Dienerin der Leidenschaft, sondern eine prächtige eigenmächtige Kunst geworden: so auch jene. Sie zirkelt so in künstlichen Linien der Bewegung und Stellungen wie die neuere Tonkunst in Tönen und Akkorden – beide Veränderungen sind unzertrennlich. Ein Reisender unsres Jahrhunderts hat sich die Mühe gegeben, die Reste der griechischen Tänze so in diesem Vaterlande des Schönen aufzusuchen wie zehn vor ihm die

Reste der bildenden Kunst. Ich weiß nicht, ob sein Werk schon erschienen ist: es wird aber gewiß viel Licht auf ihre alte Sitten, ihren ganzen Charakter, viele Stellen ihrer Schriftsteller und endlich auf die Theorie einer Kunst werfen, die wir nur durch ausschweifende Lobeserhebungen kennen – und wer, wenn er sie sähe, könnte denn auch kalte Beschreibungen von ihr geben! Lukians Stück über sie ist mit dem Feuer einer lebendigen Gegenwart geschrieben; Plutarchs Nachrichten sind bestimmter; indessen kann Cahusac zeigen, daß sich noch immer über sie keine Geschichte schreiben lasse, wenn man kein Grieche zu werden wisse. Da man in den neuern Zeiten so viel Analogie zwischen den alten Ägyptern und den altväterischen Chinesern entdecket hat: so müssen uns die Sitten dieses Volks überhaupt, und so auch seine Tänze, einiges Licht auf die ägyptische Kunst geben, und aus dieser wären vielleicht die schöneren Eigenheiten der alten Griechen begreiflich, wo diese für uns ausgestorben sind.

Noverre hat die Tanzkunst der Leidenschaften wieder aufwecken wollen; zu Wundern ihres Ursprungs aber wird sie sich denn erst und von selbst wieder erwecken, wenn nach einem barbarischen Zeitalter, zu dem wir vielleicht hineilen, sich die menschliche Natur wieder erneuret und ihre unverhüllteren Leidenschaften durch Ton und Gebärde, durch Sprache und Bewegung so sprechen wird wie zu Anfange. Denn wird sich bei diesem erneuerten Weltjahr die Poesie und Musik und jede schöne Kunst der Empfindung neu emporheben: das Genie wird sich begeistern und neu aufleben, da uns bloß der kalte tote Geschmack übriggeblieben ist. Jetzt muß die große Phantasie eines Wielands, die, in den Umarmungen der Platone und Lukiane gesäugt, in seinem „Agathon" auch die Tanzkunst der Griechen wieder erwecken wollen, bloß dichten; und der Ästhetiker überhaupt muß raten, wenn er sie erforschen will: alsdenn wird er sie sehen und die Philosophie des Schönen an ihr als am Versammlungspunkte der Künste vollenden. Ungern indessen vermißte ich's, daß Sonnenfels in seiner Dramaturgie, die so ein Werk des feinsten Geschmacks als die Lessingsche des philosophischen und dramatischen Genies ist, daß er, sage ich, der auch im Ausdruck seiner Schreibart alle Wendungen und Grazien dieser Kunst besitzet, sein Versprechen in Absicht ihrer schuldig geblieben, da er doch an einem Orte ihrer Gegenwart lebt.

Von zwo Künsten habe ich nicht geredet, die man auch unter die Künste des Schönen rechnet, *Bau- und Gartenkunst.* Ein Blick auf sie zeigt, daß sie eigentlich nicht Hauptquellen eines neuen Schönen, sondern nur verschönerte mechanische Künste sind und also auch keinen eignen neuen Sinn vor sich haben können. Sie sind nur angenommene Kinder des Auges: dieses, von Schönheit in der Natur und der Kunst trunken, verschönerte, was es verschönern konnte, und welch ein würdiger Gegenstand waren da Gebäude!

Baukunst also ein Pflegekind andrer Künste, besitzet gewisse abstrahierte Eigenschaften des Schönen, die in keiner andern so deutlich und einfach als in ihr erscheinen, und in diesem Betracht ist sie vom Philosophen der Schönheit sehr zu studieren. Da sie an sich selbst mechanische Kunst ist, nur mit Begriffen des Schönen überkleidet: so ist sie auch mit ihren Ideen der sichern Wahrheit am nächsten und in den Charakteren der Schönheit, die sie ursprünglich liefert, gleichsam ein Muster der Festigkeit und Einfalt für andre. Ich rate also dem Untersucher des Schönen, mit ihr anzufangen: der erste Eindruck, den sie ihm gibt, mit ihrer erhabnen Größe, mit ihrer genauen Regelmäßigkeit, mit ihrer edeln Ordnung, sei ihm gleichsam bildende Logik und Mathematik auf seine weitere Reise.

Vielleicht hat auch keine Kunst das Glück, in der Theorie so häufig von Meistern in ihr selbst bearbeitet zu sein, als die Baukunst. Von Vitruv und noch mehr von den Zeiten des neuerschaffenen Schönen an, was für große Namen stehen nicht vor Lehrbüchern der Architektur; die wir in Malerei und Bildhauerkunst wenigstens nicht in solcher Anzahl haben. Die größesten Baumeister, insonderheit Italiens, haben gebauet und geschrieben und auf beide Art die Nachwelt unterrichtet und die großen Ideen ihrer Seele so wie in ihren Werken, so in ihren Schriften verewigt.

Daher dünken mir die Theorien dieser Kunst einen Vorzug zu haben, den ich der ganzen Theorie aller Künste wünschte, nämlich eine edle Simplizität auch in Stil und Ausdruck. Weil Baumeister sie schrieben, die gewohnt waren, ihren Werken aus Stein eine feste, ewige Sicherheit und auch im Schmuck edle Einfalt zu geben: so brachten sie diese oft bis zum stillen Anstaunen auch in ihre Werke der Unterweisung. So sind auch die Schriften Winckelmanns im Einzeln der Gedanken wie Bildsäulen und im Ganzen des Plans und der Schreibart wie ein Gebäude gebildet.

Wäre es, aller dieser Ursachen wegen, nicht besser, auch in der Seele der Jugend lieber einige ersten Ideen des Schönen aus Betrachtung dieser Kunst zu schöpfen, in der sie sich so groß und sicher und einfach offenbaren, als aus mancher andern verworrenern Poetik und Rhetorik? Wäre es nicht wenigstens gut, sie nicht so aus dem Zirkel der schönen Erziehung auszuschließen? — Doch ich sorge für die Jugend; wäre es nicht wenigstens notwendig, daß ein Theorist der schönen Künste, welch ein großer Name! erst ein Gebäude durchstudiert hätte, ehe er sich an die Ideen der *Größe* und *Erhabenheit, Einheit* und *Mannigfaltigkeit*, der *Einfalt* und *Wohlordnung* wagt? Unser Riedel hat diese abgehandelt, als hätte er nie ein Gebäude gesehen, und unser Klotz, der überall weiß, wo es fehlt, weiß auch von der Winckelmannischen Schrift „Über die Baukunst der Alten", daß „sie noch starke Vermehrung leide"! Als ob wer, das Winckelmannische Werk auch nur gesehen, in ihm ein Bausystem verlangen könnte? und als ob ein so hingesagtes Verlangen, das hundert Kluge nicht befriedigen würden, nicht die ganze Blöße eines solchen Mannes zeige. — —

Die *Gartenkunst* kann den wenigsten Beitrag zum allgemeinen Schönen liefern: hier sind die Gedanken eines neuen französischen Autors, der sie mit der Baukunst vergleicht, im Auszuge: „Die Aussicht auf einen großen und schönen Garten gibt uns ein sehr ähnliches Vergnügen als die Ansicht eines großen und regelmäßigen Gebäudes. In beiden bewundern wir Proportion und Symmetrie, die uns gleichsam das Mittel erleichtern, die Sammlung von Ideen, die wir uns hiemit erwarben, in unser Gedächtnis einzuordnen. Der Garten gefällt uns noch durch seine Massen des Grünen – eine Farbe, die immer dem Auge gefällt, die uns an die Versprechungen des Frühlings erinnert und uns in der Hitze Kühle und Schatten ankündigt. Der Garte gibt uns auch eine vorteilhafte Idee von dem Menschen, der so über die Natur walten konnte – – – doch das letzte weniger und unvollkommener, als es die Baukunst, selbst die unvollkommenste Baukunst gibt. Hier erregt die Masse der Gebäude unsre Bewunderung. Sie hält das Gesicht in einer starken Spannung, und die Sensation verstärkt sich, weil sie anhaltend ist, ohne Einmischung fremder Sensationen. Die ägyptischen Pyramiden ziehen die Augen des Wanderers auf sich und flößen ihm eine Art religiöser Ehrerbietung ein. Wenn er sie lange mit ununterbrochner Empfindung betrachtet hat, sagt er zu sich selbst: ‚Und das hat der Mensch gemacht!' und setzt gleich hinzu: ‚und das wird ewig dauren!' Die gotischen Gebäude imponieren durch ihre Masse und Leichtigkeit, die mit der größten Kühnheit verbunden ist. Sie geben dem Geist finstre Ideen; aber diese finstre Ideen gefallen. Die Vielheit ihrer Zieraten und ihrer Proportionen geben mehr eine Folge von Sensationen als eine fortdaurende Sensation, und dadurch benimmt sie der Macht des Eindrucks. Die regelmäßige Architektur eines Gebäudes frappiert anfänglich durch die Ausbreitung, durch eine Folge von Zieraten einerlei Art, durch eine Art von Einförmigkeit, die im Auge dieselbe Vibrationen vervielfältigt. Sie erinnert an die Macht und Genie des Menschen, sie vereinigt wie die gotische Leichtigkeit und Kühnheit, sie zeigt glatte Oberflächen und Rundungen, sie stellet die Winkel, um den Begriff der Pyramide zu erwecken, an den sich die Idee von Solidität schließet, sie erweckt die Begriffe von der Nützlichkeit und Bequemlichkeit, und noch mehr ihre Symmetrie gibt Hoffnung, daß sich in uns ein getreues Bild erhalten werde, von allem, was wir bewundern. – – Bei symmetrischen Gärten verhindert uns eben die Symmetrie, daß sie uns nicht lange vergnügen. Sobald diese sie in unser Gedächtnis prägt: sobald haben sie nichts Neues mehr, und die andern Vergnügen, die sie uns, außer der Symmetrie, gaben, sind nicht so groß und zahlreich, um sie nicht in weniger Zeit zu erschöpfen. Alsdenn haben wir nichts als Langeweile in den Gegenden, wo der erste Anblick uns bezauberte!“ Wie klein ist also die eigne Ästhetik des Gartens!

10

Wir gingen die Sinne des Schönen durch, um jedem derselben seine Hauptkunst des Schönen anzuweisen und aus der Physiologie jenes das Wesen dieser zu zergliedern; wir kamen auf die Künste des Schönen selbst, um in jeder die ursprünglichen und eignen Ideen ihrer Natur zu bemerken; wir gingen den Weg hinunter meistens auf ungebahnten Pfaden und hatten mehr vorzuzeichnen, was geliefert werden sollte, als was geliefert wäre. Eine eigentliche *Ästhetik des schönen Gefühls*! eine *Philosophie des schönen Anscheins*! eine *ästhetische Wissenschaft der Musik*! die drei Unternehmungen fanden wir notwendig, ehe jemand *an eine Theorie des Schönen aller Künste* denken könnte. Wir gaben Plane, Aussichten auf dunkle Stellen der Geschichte der Kunst, Erklärungen mancher Paradoxie und Verwirrung der Künste, Anfeuerung — — kurz! die Materie riß uns hin, und es kann nicht anders sein, als daß mancher Leser, der in dieser oder jener Kunst fremde ist, mir wie durch ein verwirrtes Labyrinth mit Unwillen gefolgt ist. — —

So sehr die Ästhetik von seiten der Psychologie und also subjektiv bearbeitet ist, von seiten der Gegenstände und ihrer schönen Sinnlichkeit ist sie noch wenig bearbeitet: und ohne diese kann doch nie eine fruchtbare „Theorie des Schönen in allen Künsten“ überhaupt erscheinen. Jede Kunst hat ihre Originalbegriffe und jeder Begriff gleichsam sein Vaterland in *einem* Sinne. Sowenig diese zu vergleichen sind, sowenig Auge und Ohr und Gefühl einerlei ist: so kann es auch nicht gleichviel sein, wo ich jeden Begriff herhole und zergliedere; jeder wird nur in seinem Hauptsinn, in seiner Hauptkunst deutlich. Und so muß jede Theorie des Schönen überhaupt ein Chaos werden, wenn sie nicht ihren Weg zuerst durch die Künste nimmt, jede Idee an ihren Ort stellet, Schönheit in jedem Sinne und jedem Hauptphänomenon jedes Sinnes untersuchet, nie von oben herab schließet in undeutlichen komplexen Begriffen, sondern immer der strengen Analysis folget — — doch was träume ich von einer solchen Philosophie des Schönen in unsrer Zeit? in unsrer Zeit? wo nichts verworrener geliefert wird als *Lehrbücher der schönen Wissenschaften und Künste*; wo man *Poetiken* liebt, auf den Boden der *Malerei*, und *Betrachtungen der Malerei* liebt, auf den Boden der *Poesie* gebauet; wo man die *Ästhetiken* mit Vossius' *Rhetorik* und die *Kommentare der Ästhetik* mit Baumgartenscher *Psychologie* füllet. Aus Home „Kritik“ und aus Gerards „Abhandlung vom Geschmack“, mit andern Schriftstellern versetzt, wird, was jene gar nicht liefern wollten, eine *Theorie der schönen Künste und Wissenschaften.* Und denn endlich unsere Journalisten? unsre deutsche Bibliothekäre? Die mischen Himmel in Erde und Erde in Himmel. Sie werfen mit Kunstausdrücken umher wie die menschenähnlichen Künstler in Afrika, die durch ihre Nachäffung alles dessen, was sie sehen, so berühmt sind wie diese in ihrem harmonischen Affengesange mit Sand und Nußschalen. Sie tadeln, was sie nicht verstehen, und reden, wo sie nichts von wissen, dogmatisieren in Metaphern und metaphorisieren in Ausdrükken. Ein Klotz schreibt ganze Bücher von Künsten, wo der Künstler wie Angelo sagen würde: „Meine Magd hätte sich besser darüber erklärt!“, und ein Riedel schreibt eine Theorie der Künste, ohne das Wesen einer einzigen zu verstehen — Zeitpunkt der babylonischen Verwirrung! Wollte man den Mißbrauch und die Entfremdung aller Begriffe zeigen und jeden seiner Kunst wiederherstellen: über jedes Kapitel der Riedelschen Theorie müßte ein Lessingscher „Laokoon“ geschrieben werden, und wie viel Laokoons wären da nötig! *Schönheit, Einheit* und *Mannigfaltigkeit, Größe, Wichtigkeit, Harmonie, Natur, Naivetät, Simplizität, Ähnlichkeit, Kontrast, Wahrheit, Wahrscheinlichkeit, Rotundität, Nachahmung, Illusion, Zeichnung, Kolorit, Vergleichungen* — — — doch was schreibe ich das abscheuliche Gewirre des Buchs wieder her.

Daß der Mann von jeder Kunst, über die er schreibt, so einen Begriff hat wie der Blinde von der Farbe, mögen die *Erklärungen* zeigen, die er sehr tiefsinnig aus seinem zusammengerafften Kohl „von der Beschaffenheit des ganzen schönen Produkts und von der Beschaffenheit der schönen Gedanken und der Zeichen, für sich betrachtet, und der Zeichen, in Absicht auf seine Bedeutung betrachtet" usw. wie köstlichen Geist abziehet. Ich dörfte nichts zusetzen, nichts ändern: sie allein würden schon von seiner Erklärungsgabe und Kunstkenntnis zeigen; ich will mir indessen die Mühe nehmen, einige zu zergliedern. Dadurch lernt der Lehrling mehr als durch das Kapitel von Definitionsregeln in der Logik, und der Denker selbst soll an Herrn Riedel das Muster eines philosophischen Kopfs und an seinem Buch das Muster einer philosophischen Theorie unsers Jahrhunderts sehen. Nur Mut und Geduld!

Poesie ist die Kunst und Wissenschaft, vollkommen sinnliche, schöne, imaginative und sukzessive Produkte vermittelst einer vollkommenen harmonischen Rede darzustellen. Sie ist also eine *Kunst.* Und eine Kunst ist? – nach Herrn Riedel einige Reihen vorher „eine regelmäßige Fertigkeit, die ihren letzten Sitz bloß in dem untern Erkenntnisvermögen hat", und so ist also nach dieser vortrefflichen Erklärung die Poesie dem Hauptbegriffe nach wohl nicht *Kunst.* Die regelmäßige Fertigkeit, poetische Produkte zu schaffen, heißt *poetische Kunst*; nie aber habe ich's von andern als etwa Riedels sagen hören: „der Jüngling hat viel *Poesie*", statt: „er kann gute Gedichte machen". Nie habe ich umgekehrt: „ist das *Poesie*? will das das *Wesen der Poesie*?" so auslegen hören: ist das die Fertigkeit, poetische Produkte zu schaffen? *Kunst* also aus der Erklärung weg. – So ist Poesie *Wissenschaft*? Das Wort ist sehr vieldeutig. Wissenschaft der poetischen Kunst heißt – – wie anders? als *poetische Wissenschaft, Poetik, poetische Philosophie*; nicht Poesie. Als *Wissenschaft* kann jemand diese sehr wohl innehaben, und doch ist er kein Poet. Man siehet, das Wort *Poesie* ist vieldeutig, und so ist's eben erste Sache des Erklärers, die Vieldeutigkeit zu bestimmen, wo sie sich durch Worte bestimmen läßt. Und wo ließe sich diese nicht? für *poetische Kunst* haben wir Deutsche das vielsagende Wort *Dicht-*

kunst, für poetische *Wissenschaft* Poetik; *Poesie, Dichterei*, wie die Opitze sagten, ist das Wesen der Werke, die die Dichtkunst liefert und welche die Poetik in Regeln bestimmet; *Poeme, Gedichte* heißen ihre Werke selbst — wo ist da wohl eine Verwirrung nötig? Bestimmter also *Dichtkunst. Dichtkunst* ist (wir wollen mit aller Ehrerbietung die tiefsinnige Erklärung wiederholen!) *die Kunst, vollkommen sinnliche, schöne, imaginative und sukzessive Produkte vermittelst einer vollkommenen harmonischen Rede darzustellen.* Klingt das nicht schön? Lang, abstrakt, prächtig, neologisch; eine solche Erklärung muß man studieren.

Also eine Kunst, *vollkommen sinnliche Produkte darzustellen. Darzustellen* ist ein tropisches Wort, das wohl in einer Erklärung nicht so recht ist; *Produkte* darzustellen ist ein alberes Wort, das in eine Erklärung noch weniger taugt; und endlich gar in der Erklärung der *Dichtkunst Produkte darstellen* wollen, wird offenbare Falschheit. *Dichtkunst stellt* keine Produkte *dar*: sie ist keine der bildenden Künste, die Werke zu einem ewigen Anblick *darstellen*; diese würkt, indem sie fortarbeitet, energisch. Das Gedicht, als ein dargestelltes vollendetes Werk, als ein gelesener oder geschriebner Kodex, ist *nichts*, die Reihe von Empfindungen während der Würkung ist *alles*: sie ist also keine Kunst, *Produkte darzustellen.*

Doch weiter! was für Produkte? *Vollkommen sinnliche, schöne, imaginative und sukzessive Produkte.* Behalte es wohl, Lehrling! *vollkommen sinnliche, schöne, imaginative und sukzessive* Produkte. Herr Riedel hat Baumgarten gelesen: darum sind seine Produkte der Poesie *vollkommensinnlich*; er hat ihn aber auch nicht verstanden: darum sind seine *vollkommensinnlichen* Produkte auch noch außerdem *schön.* Herr Riedel hat Darjes gelesen: darum sind seine *vollkommen sinnlichen schönen* Produkte auch *imaginativ*; er hat aber auch Lessing gelesen: darum sind *seine vollkommen sinnlichen, schönen, imaginativen* Produkte auch ja sukzessiv — nun ist der Nonnenpsalter ganz da.

Also *vollkommen sinnliche, schöne* Produkte: sind *schöne* Produkte nicht *vollkommen sinnlich*? was brauchen also die Worte zu plappern? sind aber auch alle *vollkommensinnliche*

Produkte der Poesie *schöne* Produkte? Nein! und dörfen's auch nicht sein. Auch das Häßliche, das Schreckliche kann ein Ingrediens der Dichtkunst zur vollkommenen Sinnlichkeit werden und also Dichtkunst noch immer Dichtkunst bleiben; da sie mit dem Worte *schöne* Produkte zu einer Äffin der schönen Kunst wird. Das erste ist also gnug: und es bleiben nun – *vollkommensinnliche, imaginative* und *sukzessive Produkte vermittelst der Sprache.* Imaginative und sukzessive Produkte vermittelst der Sprache? und wie kann denn eine Sprache anders würken als *sukzessiv*? und wenn sie vollkommensinnliche Vorstellungen gibt, wem anders als den untern Seelenkräften, und also im weiten Verstande *imaginativ*? Was braucht die wiederkauende Barbarei, die sich von selbst leichter denken läßt als unter dem Panzer solcher Worte. Ja die hier würkliche Verwirrung macht: denn nicht für die *Imagination* allein nach dem eigentlichen Sinne des Worts würkt die Poesie; sie würkt auch für andre Seelenkräfte: sie würkt auch fürs Ohr – alles aber liegt in dem Wort *vollkommensinnlich*, und die Neologien fallen weg.

Also noch sinnlich vollkommene Produkte *vermittelst einer vollkommenen harmonischen Sprache.* Das Kanzleiwort *vermittelst* ist hölzern, und auf die Poesie, die wie die Musik innig würket, viel zu tot. Also das kräftigere *durch*; durch eine *vollkommene harmonische Sprache.* Als ob eine vollkommene Sprache nicht auch *harmonisch* und mehr als *harmonisch* und auch schon dem Klange nach mehr als harmonisch, *melodisch* und was weiß ich mehr sein müßte? Und was ist denn harmonische Sprache? Harmonisch im Klange? Harmonisch mit den Gedanken? – Das Beiwort kann lieber gar eingehen, ehe es nichts sagt; und was bleibt nun nach der grausamen Schlackenreinigung übrig? *Sinnlich vollkommene Produkte durch eine vollkommene Sprache*: *Produkte* aber *durch den Ausdruck einer Sprache* heißen, menschlich und vernünftig geredet, *Vorstellungen*, und eine *Sprache*, die eine *Reihe von Vorstellungen* würkt, heißt *Rede*; und eine *Rede*, *die vollkommen sinnliche Vorstellungen auf vollkommen sinnliche Art erregt*, heißt *vollkommen sinnliche Rede.* Poesie ist also *vollkommen sinnliche Rede.* Alle Wortprodukte der Riedelschen Definition sind in die Spreu gegangen: da sind wir unvermerkt bei der Erklärung Baumgartens.

In so viel Sprachen ich Erklärungen der Poesie kenne: so finde ich in keiner bündigere und reichere Worte, als in die Baumgarten sie, wie einen Edelgestein in die feinste Einfassung, festgestellt hat. Indessen hat sie doch auch in Deutschland, bei allem Beifall einiger, bei andern soviel Widerspruch und, was noch ärger ist, bei dritten soviel Mißbrauch gefunden, daß drei so verschiedne Dinge auf einmal befremden würden, wenn sich nicht von allen dreien Ursache geben ließe. Wir Deutsche streiten um Worte wie andre Nationen um Sachen, wir sind in Erklärungen so glücklich als andre in Erfindungen, und so hat auch in dieser Erklärung Baumgarten ein Wort gebraucht, das bis zur Vieldeutigkeit reich und prägnant ist, das also auch bis zum Streit und zum Mißbrauch vieldeutig werden kann: das Wort *sinnlich*. Wieviel Begriffe paaret die deutsche Philosophie mit diesem Worte! *Sinnlich* leitet auf die Quelle und das Medium gewisser Vorstellungen, und das sind *Sinne*; es bedeutet die Seelenkräfte, die solche Vorstellungen bilden, das sind die sogenannten *untern* Fähigkeiten des Geistes; es charakterisiert *die Art* der Vorstellung, verworren und eben in der reichen, beschäftigenden Verworrenheit angenehm zu denken, d.i. *sinnlich*; es weiset endlich auch auf die Stärke der Vorstellungen, mit der sie begeistern und *sinnliche* Leidenschaften erregen – auf alle vier Gedankenwege zeigt das vielseitige Wort *sinnlich*, *sensitiv*, nach Wolffs, Baumgartens und Moses' Bestimmung. Man siehet, ursprünglich ist das Vorzügliche dieser Erklärung nur eine Sprachbequemung: man hat einen Ausdruck bei seiner schönen Schwäche und komplexen Unbestimmtheit erhascht und in ihn ein ganzes Heer von Begriffen gelagert. Hieraus erklärt sich das Schicksal der Baumgartenschen Erklärung. Denen, die nicht die Energie des Hauptworts wissen, ist sie eine algebraische Wortformel, die sie nicht verstehen, und Franzosen z. E. werden ihren Batteux zehnmal besser, deutlicher und vielsagender finden. Andre, die das Wort sinnlich, wie nach dem gemeinen Begriff, halb im Schatten verstehen, werden es auch wie im Schatten gebrauchen und falsch anwenden; mich dünkt, wir haben in Deutschland davon mehr als ein Beispiel. Der dritte nur, der sich die Ideen in ihm deutlich und in der Festigkeit, die ihnen die Wolffische Philosophie gegeben, auseinandersetzt, nur der wird die Erklärung deutlich, bündig, kurz, vollkommen finden, wie wir keine andre haben.

Und das ist der Wert der philosophischen Erklärungen überhaupt. Sind sie vollkommen: so hat der Erklärer das Verdienst eines Dolmetschers der Seele und eines Meisters der philosophischen Sprache, wenn er gleich *damit* noch kein Erfinder von Wahrheiten geworden. Er hat eine ganze Wissenschaft in wenige Hauptsätze, diese Hauptsätze in wenige Worte, diese Worte in eine deutliche complete Idee zurückgezogen; aus der sich also wieder die Hauptsätze folgern und die ganze Wissenschaft übersehen läßt – diese *eine* Idee ist seine Erklärung. Sie ist ein Gesichtspunkt aufs Ganze der Szienz und der Punkt, aus dem sich alle Kettenreihen von Axiomen, Sätzen, Beweisen und Schlüssen anfangen: ist dieser Punkt feste, ist der Gesichtspunkt allgemein und unumschränkt – so ist die Erklärung vollkommen und ihr Erfinder solch ein logischer Künstler, als der uns eine große Menge von Begriffen in *einem* Schrein von Worten gibt. Man öffnet den ersten, und es liegt ein kleinerer drin: so bis wir aufs Kleinste und im Zurücksteigen wieder aufs Größeste, aufs Ganze kommen. Er ist der Verkürzer einer ganzen Wissenschaft in eine metaphysische Hauptformel, in deren Kürze, Bestimmtheit und Vollständigkeit *alle* sein Verdienst liegt. Sein Affe aber, der seichte Erklärer, der Worte häuft, die nichts bedeuten, die sich widersprechen, die untereinander stehen, die dem Ganzen unwesentlich sind, die vom Wesen des Ganzen gar abführen – was ist der Wert dessen? Dem, der die Wissenschaft noch nicht weiß, den Kopf zu verrücken, dem, der sie weiß, das Ohr zu betäuben und zu verwirren. Und das ist der Wert meines Autors die ganze Reihe seiner Erklärungen hinunter.

Man höre seine Erklärung der *Malerei.* Sie ist die *Kunst, sinnliche Dinge, als zugleichseiend, dem Auge auf einer ebnen Fläche, durch Figuren, als natürliche Zeichen, zum Vergnügen abzubilden* – ist das der engste Grundkeim, der die ganze Frucht in sich fasset, ist das die kürzste metaphysische

Formel, um Malerei im deutlichsten vollständigsten Begriffe zu geben: weh! so schmerzt mir mein Ohr. Ich höre eine Formel von acht oder neun langen Gliedern ohne Einheit, ohne Verhältnis, ohne Verbindung: ich sehe die Gestalt eines Keims von neun furchtbaren Höckern – lasset uns sie zergliedern.

Malerei ist die Kunst, Dinge *abzubilden*; ich weiß nicht, ob das Wort *bilden, abbilden* nicht mehr für die Bildhauerei gehöre, statt daß die Malerei nur Bild *auf eine Fläche wirft*, nur also *schildert*. Doch dem sei so; was schildert sie denn? *sinnliche Dinge*! o Neuigkeit, unauszulassender wesentlicher Hauptbegriff! Dem Auge, auf einer Fläche, durch Figuren, *sinnliche* und ja keine andre Dinge schildert sie – unauszulassende Neuigkeit. Und denn ist der zugeflickte Höcker falsch: auch *unsinnliche* Dinge, auch Gedanken, auch Leidenschaften, die ganze Seele kann die Malerei schildern: schildert sie denn *sinnliche* Dinge? sie schildert sie sinnlich; ist's denn aber einerlei, *sinnliche Dinge* und *Dinge sinnlich* malen? *Sinnlich* fort! *Dinge also als zugleichseiend dem Auge auf einer ebnen Fläche durch Figuren abbilden*; nichts mehr als das bleibt übrig. *Dinge, als zugleichseiend?* Das versteht sich; aber eben weil es sich versteht, muß es in der Erklärung angedeutet werden? muß jede Eigenschaft, die z. E. der Verfasser des „Laokoons" als Folge aus dem Begriff der Malerei zieht, um sie seinem Zwecke nach von einer andern Wissenschaft zu unterscheiden, in den Hauptbegriff der Wissenschaft, in die Erklärung kommen? Ohne daß *alles* verwirrt werde, Hauptbegriff und Folge, durchaus nicht. Also nur *Dinge auf einer Fläche* vorstellen, und sie sind als zugleichseiend vorgestellt; aber auf einer *ebnen* Fläche? als ob denn eine *unebne* Fläche nicht noch Malerei bliebe? ob, wenn was Erhobnes und Vertieftes Gegenstände durch Farben schildert, es nicht noch immer Malerei bliebe? Und denn, *dem Auge, auf einer Fläche, durch Figuren, als natürliche Zeichen* abzubilden; welcher Abc-Schüler kann das Vorbuchstabieren aushalten? Auf einer Fläche, und wie anders als *durch Figuren*, und nicht durch fleischichte dicke Körper oder Klötze? durch *Figuren*, als *natürliche Zeichen*, und welcher vernünftige Mensch denkt sich denn in ihnen, wenn sie abbilden sollen, Nullen oder Ziffern? Und Figuren auf einer Fläche fürs *Auge*? und ja nicht für den Geruch, ja nicht für den Geschmack! Und abbilden *zum Vergnügen*? warum nicht auch zur Rührung, zur Erbauung, zur Geschichte, zur Nachricht, zur Belehrung? *zum Vergnügen?* und versteht sich das nicht, daß sie zum sinnlichen Wohlgefallen vollkommen sinnlich schildern muß, wenn sie *schöne Kunst* ist? Alles ist also wieder in den Schlacken: was bleibt übrig? ich suche, ich suche und finde nichts! kein einziges Wort von Herrn Riedel hält stich; da ist die alte Erklärung: Malerei ist die *schöne Kunst* (ich erkläre nichts, was in diesen Worten liegt, weil ich's verstanden voraussetze!), die *schöne Kunst, auf Flächen zu schildern.* Nun sehe man zurück, was *Kunst*, was *schöne Kunst* sei? was sich *auf Flächen* schildern lasse? was *schildern heiße*? wie *schöne Kunst schildere*? und man hat den ganzen Schatz der malerischen Theorie.

Wenn die Malerei unserm Theoristen so schlecht gelungen: so muß ihre Schwester, die *Bildhauerkunst*, dasselbe Schicksal haben; und sie hat's. Sie ist *die Kunst, sinnliche Dinge, als zugleichseiend, auf unebnen Flächen durch natürliche Zeichen erhabner Figuren und Formen zum Vergnügen abzubilden.* Hier siehet man eben die *sinnlichen* Dinge, durch *natürliche Zeichen*, zum *Vergnügen*, über das ich mich bei der Malerei erklärt habe; das Eigne der Bildhauerkunst ist noch bunter gesagt. Sie bildet ab, sinnliche Dinge, *als zugleichseiend*; nichts in der Welt unwahrer als das! Ein *einziges* Ding, durch den Bildhauer gebildet, ist's nicht vollständige Kunst? Ein *einziger* Apoll, als solcher, ohne daß er mit andern eine Gruppe macht, kann er nicht ein Ideal der Skulptur werden? Womit muß er zugleichseiend da sein, um Bild zu sein? Man wickle sich nicht heraus, daß seine Glieder die Koexistenzen sind – denn sind sie koexistierende *Dinge*? ist nicht der *einzige* Apoll das *Ding*, der *Gegenstand* der Kunst, und mit wem koexistiert er? mit seinen Gliedern? – Man siehet, der Unsinn kommt aus der Malerei, die ihre Gegenstände als in einem Continuum, auf einem Flächenraume vorstellt; und mit dem Raum auf einer Fläche ist also die Idee der Koexistenz unzertrennlich. Auch eine einzelne Figur koexistiert auf der Tafel der Malerei gewissermaße mit andern, mit Luft, mit dem

Raum, der sie umgibt, mit der Gegend, die ihr von hintenauf zugenähert wird; mit allen macht sie *eine* Fläche. Aber die Bildhauerei, mit dem *einen* fühlbaren Körper, den sie gibt, wo bildet die Koexistenzen? Gerade das Gegenteil. Fühlbare ganze Existenzen, aber jede allein, jede als ein ganz eignes Dasein. Das Zentrum ihrer Würksamkeit ist mitten in ihr, nicht zwischen zugleichseienden Gegenständen; nicht also in der Koexistenz, die gerade ihr Wesen zerstöret.

Doch das ist noch nichts gegen das Folgende: *sie bildet Dinge als zugleichseiend durch erhabne Figuren und Formen auf unebnen Flächen ab*; denn was kann aus *der* Erklärung, sie sei so gelindert, als sie wolle, je mehr für ein Begriff entstehen als vom *Relief*? und ist das Bildhauerei? das Wesen, das Ideal der Bildhauerei? Diese soll *Dinge auf unebnen Flächen durch erhabne Figuren und Formen abbilden*, so müssen also *unebene Flächen* da sein und die Basis werden, daß erhabne Figuren und Formen *darauf* kommen? Anders verstehe ich die Worte nicht: *auf* unebnen Flächen durch Figuren und Formen bilden; anders wird sie niemand verstehen. Und nun denke man sich den Bildhauer, der *auf unebnen Flächen Formen* bildet, der *Figuren*, die sich, wie andre Augen sehen, sonst nur *auf Flächen* zeigen, *erhaben* bilden kann. Man denke sich den Wundermann aus einer andern Welt und seinen Theoristen, der nicht weiß, was *Fläche, Figur* und *Form* ist, nicht weiß, was es heiße, *auf Flächen durch Formen* bilden; der auf *unebnen Flächen* durch *erhabne Figuren* seinen Künstler bilden läßt – man denke sich den Wundertheoristen zu seinem Wunderkünstler! Ja endlich gar durch *natürliche Zeichen erhabner Figuren* und *Formen* bildet er Dinge *auf unebnen Flächen* ab. Nicht durch Formen *als natürliche Zeichen*, wie Moses sagt; durch natürliche Zeichen *erhabner Figuren* und *Formen*, wie Herr Riedel ihn widersinnig abschreibt. Und wem schwindelt nun nicht bei der ganzen Erklärung der Kopf? Kann ein einziges kluges Wort bleiben? das letzte, *abbilden*, nicht einmal; denn tut die Kunst nicht mehr als porträtieren? Lehrling! so streiche Wort für Wort aus und schreibe die drei Worte hin: *schöne Kunst, Körper zu gestalten* – das ist *Bildhauerei.*

Auf die Erklärung der *Musik* war ich begieriger als auf andre, weil wir von dieser Kunst die wenigste philosophische Ästhetik haben; ich ward aber auch am meisten betrogen. Sie ist, nach Herrn Riedel, *die Kunst, durch abgemessene Töne Handlungen zum Vergnügen für das Gehör sinnlich zu machen.* Der Ausdruck *abgemessene Töne* ist figürlich und für eine Erklärung also nicht der beste; wer kann Töne messen? wer kann Farben hören? – Indessen auch den Kunstausdruck als *Wort* gebilligt, ist er als *Begriff* nichts; denn wer nur *etwas* Musik kennet, der weiß, daß die bloße *Abmessung* der Töne noch das wenigste in ihrer Theorie sei. Harmonie und *Melodie* der Töne fodert weit mehr als *Modulation*, diese ist zu jenen nur eins der Mittel, wie weit minder also Zweck, Hauptbegriff der Musik? – Doch *eine* Unwissenheit wird durch eine zweite, noch größere ersetzt: *Musik macht durch abgemessene Töne Handlungen sinnlich.* Mit *einem* solchen Ausdruck ist man wie vom Himmel gefallen. *Handlungen sinnlich machen*, das sollte, das könnte die Musik? *Handlungen durch Töne sinnlich machen*: als ob *eine* Handlung in der Welt durch Töne könnte sinnlich gemacht werden? Endlich *etwas durch Töne sinnlich machen*: wer in der Welt hat so gesprochen? wer in der Welt will so sprechen? *Töne fürs Gehör sinnlich machen*? wer macht Töne je für Fuß und Rücken sinnlich? Und *Töne zum Vergnügen* sinnlich machen? und nicht auch zu mehr als zum kalten Vergnügen, zur *Bezauberung*, zur *Rührung*, zur *Illusion*? und als ob Musik nicht schon als schönste Kunst zum Vergnügen würken müßte? und als ob sie sich je in den Sinn nähme, *Handlungen dem Ohr sinnlich zu machen* oder den Geruch einer Rose zu schmekken zu geben? – O Definition! Definition! es ist, als wenn sie ein taubes, hörloses, musikloses Geschöpf gemacht hätte, das von Tönen nicht anders weiß als von Körpern, *die abgemessen* werden, die etwas dem Ohr *recht sinnlich* machen, die *Handlungen* sinnlich machen könnten; und das also, mit lauter groben Gefühlsbegriffen umgeben, die ganze Musik zum Unsinne macht. Für jeden Hörenden ist die Tonkunst unendlich anders. Der weiß, daß sie *Empfindung, Bewegung, Leidenschaft* ausdrucken könne, aber durchaus keine *Handlung* als solche. Der weiß, daß sie ihrem Wesen nach *Handlung* auch nie ausdrücken wolle, ohne eine bloß begleitende oder gar falsche Kunst zu werden. Der weiß, daß sie durch Töne nichts dem äußern Trommelfell *des Ohrs sinnlich machen*, sondern daß sie *in die Seele würken*, daß sie *ausdrücken* will. Der weiß, daß sie nicht zum kalten *Vergnügen* etwa Verhältnisse zu zählen und Akkorde zu berechnen, sondern zur *innigsten Energie würke.* Der weiß also, daß Musik kurz und gut *schöne Kunst* sei, *durch harmonische und melodische Töne zu würken*, oder, wenn wir die Beschaffenheit der Töne und die Energie der Würkung in das Wort *Wohllaut* fassen wollen, *die schöne Kunst des Wohllauts.*

Es ist leicht zu vermuten, daß ein Mensch, der von der Musik ohne Ohr redet, von *Pantomime, dieser sichtbaren Musik*, völlig ohne Aug und Ohr reden werde, und unser Erklärer ist in dem Falle. *Pantomime* soll die *Kunst* sein, *die Handlungen, die die Musik dem Ohr malt, durch abgemessene und schön regelmäßig verwickelte Stellungen nachzuahmen* — wie muß sich die Zunge durch Töne durcharbeiten, um mit jedem Wort dem Verstande eine Unbedachtsamkeit zu sagen! Pantomime ist die Kunst, Handlungen *nachzuahmen*: warum hier eben *nachzuahmen*, da Herr Riedel alle andre Künste mehr als nachahmen, *sinnlich machen* läßt. Ich weiß, daß alle schöne Künste *nachahmen*; allein das tun sie als *Künste*; in dem Worte liegt schon der Begriff. Wird er aber noch außerdem wiederholet, so wird er Verführer. *Pantomime*, die *Tanzkunst* der Alten, war kein bloß nachahmender Affe: sie *drückte aus, lebendig aus*; *würkte* mit *aller Kraft* der *Täuschung* — das tat sie. — — Und womit tat sie es? Herr Riedel sagt, mit *Handlungen, die die Musik dem Ohr malte*, und ich sehe wieder den vorigen Riedel. Er, der von der Musik so unbegreifliche Dinge wußte, weiß sie hier von der sichtbaren Musik, der Tanzkunst: seine Musik *malt*, sie malt dem *Ohre*, sie malt *Handlungen*, sie malt *die Handlungen*, die die Pantomime *ihr nachahmen* soll. Man höre, man höre doch! Riedels Musik *malt*: und jedes Ohr von Gefühl weiß, daß sie eigentlich nicht malen kann; und wenn sie es dem Hauptzwecke nach tun will, wenn sie ihr Reich, die Empfindungen, verläßt

gen gedacht wird. Und wie heißt nun diese *Veränderung in den Stellungen*, oder was wiederhole ich die dummen Stellungen? diese *Aktuation veränderter Zustände*, wie heißt sie? *Handlung! Handlung* kann also nicht als durch *Handlung* ausgedrückt werden, und das versteht sich. Und wenn also Musik keine Handlung in ihrem Wesen hat: so kann sie es auch nicht in ihrem Objekt haben und also keine Handlung ausdrücken, das versteht sich. Und kann sie keine Handlung ausdrücken: so sie auch nicht der Pantomime vormalen und diese also auch keine Handlung von der Musik aus nachahmen, das versteht sich. Und wenn sie also Handlungen ausdrückt: so ist sie in diesem Ausdruck nicht nachahmende, dienende Kunst einer andern, sondern ursprüngliche Hauptkunst – das versteht sich. Und so versteht sich's, daß in der ganzen Definition wieder kein kluges, richtiges Wort sei; daß nichts weniger als die *Pantomime* darin lebe.

Pantomime ist gleichsam *sichtbare Musik in Handlung*, und wenn jene also erkannt ist, muß diese sich leicht erkennen lassen. Sie druckt also Handlungen, äußere und innere Handlungen aus wie die Musik Empfindungen, äußerliche und innerliche Bewegungen. Sie druckt sich durch Handlungen des Körpers aus wie diese durch Bewegung, durch Töne. Jede bleibt also in ihrer Sphäre; nicht so, daß die Musik male und die Pantomime Modelle gebe: jene durch ihren Wohllaut, die Malerei durch ihre Stellungen und Linien – alle würken bloß *mit*. Das, was Handlung ausdrückt, die menschliche Seele, würkt – würkt, durch *alles*, wodurch sie kann, Mienen, Gesten, Bewegungen, Taten; nur durch Töne nicht, weil hier die Musik ihre Stelle vertritt. Diese lebendige Würkung wird also Hauptmoment der Kunst, und so ist *Pantomime die schöne Kunst, Handlungen lebendig auszudrücken*. Drückt sie diese auch durch Töne aus, so ist sie natürliche Pantomime; nimmt's aber die Musik auf sich, diese auszudrucken und den sichtbaren Ausdruck hörbar zu begleiten, schmiegt dieser sich wieder so sehr an jene, als er kann, daß Musik so in der Sprache der Empfindungen wie Pantomime im Ausdruck der Handlungen spreche und keine dominiere – so ist's *Tanzkunst der Alten*.

Um nichts schuldig zu bleiben, waffne ich mich noch auf die schönste der Definitionen, von der *Baukunst. Architektur* ist die Kunst, nach einem Grundrisse von sinnlichdeutlichen Ideen die *Produkte für die Bedürfnisse des Lebens, ihrer Vollkommenheit unbeschadet, schön zu machen.* Man lasse Crispin hereinkommen, um das Crispinsche Zeug zu erklären! Die *Produkte für die Bedürfnisse des Lebens* — und warum nicht geradezu Gebäude? Das Wort ist aus dem gemeinen Leben so gut wie der Begriff, zu dem es gehört, die *Baukunst*, und ist für alle Arten dieser Kunst weit genug. *Baukunst* ist auch dem größesten Teil nach *mechanische Kunst*; nur ein Teil derselben kann philosophisch behandelt werden — und wie übel angebracht ist's also, ihr anders als ein mechanisches Hauptwort zu geben? — — Zudem, was sind *Produkte für die Bedürfnisse des Lebens*? Wahrhaftig manches, was kein Gebäude ist. Und will ich mir auch diesen Begriff dazudenken, was sind wohl *Produkte der Baukunst für die Bedürfnisse des Lebens* zunächst und eigentlich? Schriebe ich nicht über einen Schriftsteller *von so gutem Ton, so artig, so anständig* — — doch wer will sich bei Zweideutigkeiten aufhalten; Architektur ist eine *Kunst, nach einem Grundriß von sinnlichdeutlichen Ideen Gebäude, ihrer Vollkommenheit unbeschadet, schön zu machen* — Gebäude *schön zu machen*! welcher matte, laxe Ausdruck! Auch der Farbenschmierer, der auf dem Gerüste steht, um Pfeiler hinzumalen, wo keine sind, will Gebäude *schön machen*, sie nach einem *Grundriß von sinnlich deutlichen Ideen* schön machen, sie *ihrer Vollkommenheit unbeschadet* schön machen — und ist der Farbenschmierer, jeder, der Schmuck an ein Gebäude anflickt, ist der Künstler dieser Kunst? Welch ein Unterschied ist's: *Gebäude schön machen* und *schöne Gebäude machen, Gebäude nach Regeln der Schönheit errichten*, welch ein Unterschied für jeden, der Baukunst und deutsche Sprache kennet! Also schöne Gebäude machen, *ihrer Vollkommenheit unbeschadet* — und so ist's, daß Schönheit der Vollkommenheit schadet? so ist's, daß sich diese zween Begriffe entgegen sind? Nichts minder als entgegen! nur der Mißbrauch der Schönheitsregeln kann der Vollkommenheit eines Gebäudes entgegen sein. Ein schönes Gebäude ohne Vollkommenheit ist, als Gebäude, nicht mehr schön; Schönheit des Gebäudes ist eben seine anschauliche Vollkommenheit. Das weise *unbeschadet* also mischt sich in andre Grenzen, in die Mathematik und Ökonomie der Baukunst, die hier nicht hingehöret. Schöne Gebäude also nach einem *Grundrisse von sinnlich deutlichen Ideen. Sinnlich deutliche Ideen* sind Nonsense; eben indem sie sinnlich sind, sind sie nicht deutlich, und ein *Grundriß von sinnlichdeutlichen Ideen* ist wahrhaftig nicht Hamannisch, sondern Jakobböhmisch; und denn, diese sinnlich deutlichen Ideen, sollen sie bloß im Grundrisse sein und nicht im Gebäude selbst? und sind sie hier nicht das Wesen der Anschauung? und ist Grundriß etwas anders als Hülfsmittel der Ausführung? und muß also jedes Hülfsmittel, jedes Gerüst in die Definition kommen? Zudem ist's *Grundriß* also, der sinnlich deutliche Ideen enthalten soll, und der *Aufriß* nicht? und die *Erhebung* nicht? und nicht jede anschauliche Seite der Baukunst? O definierender Philosoph, du solltest, wie der Architekt, kein Wort umsonst setzen und keines fehlen lassen und keins schwach und schief und unbequem errichten; was wird sonst das Bauprodukt deiner Definition? Sofern die Baukunst *schöne Kunst* ist, *errichtet sie Gebäude nach den Regeln der sinnlichen Vollkommenheit*; in anderm Betracht bekommt sie auch andre Erklärung.

Ich bin des Korrigierens müde und lasse zwo ebenso höckrichte Erklärungen *von Rede- und Gartenkunst* so schön, wie sie sind, stehen; nur *eins* will ich nicht bloß den unparteiischen Beurteiler, der weder Freund noch Feind ist – selbst den entschlossensten Freund des Verfassers will ich fragen: ob ein Kopf, der so unrunde, schielende, elende Ideen von den Künsten und Wissenschaften, über die er schreibt, besitzet, Theorien über sie liefern könne? Und siehe! er liefert sie! Theorien und Philosophische Bibliotheken und Deutsche Bibliotheken und Kritisch-Philosophische Zeitungen und – – – o Jüngster Tag der Philosophie in Deutschland!

11

Aber als *Auszug aus den Werken verschiedner Schriftsteller* kann die Riedelsche „Theorie“ Wert besitzen, wenn der Verfasser auch selbst keine hätte liefern können. Wie als *Auszug*? und der *Auszieher* kann in keinem Werk besserer Schriftsteller bessere *Erklärungen* von den Künsten überhaupt finden? und wenn nicht Erklärungen, wie denn einzelne Bemerkungen? und wie wird er sie vortragen, sie ordnen, sie brauchen – er, der Mann, der so *erklären* konnte? und denn, gibt's auch schon Werke, aus denen eine „Theorie der schönen Künste“ so ganz ohne Kopf, nur mit Hand und Augen auszuziehen wäre? Lasset uns etliche vortreffliche Schriftsteller angehen, wir verlieren damit wenigstens einen elenden aus den Augen.

Sulzers „Theorie der Empfindungen“ (Herr Riedel hat sie nicht gelesen oder verstanden, sonst hätte er unmöglich seine drei *Grundgefühle* hinstapeln können!), diese Theorie ist, einiges vom Schmuck und von den zu leichten Gängen der akademischen Vorlesung abgerechnet, ein kleines Monument in Deutschland, das unter so vielem ästhetischen Schutte dasteht, der Hand eines Leibniz und Wolffs würdig. Alles fließt in ihr aus einem einfachen und so mannigfaltigen, immer regen, immer würksamen Principium der menschlichen Seele – und so lesen wir diese mit ebendem Gefühl, wie wir eine sanfte Quelle betrachten, die immer *dieselbe* Quelle, aus *einem* Grunde immer neue Ströme mit Fülle emporquellet – – wie da unser gesenktes Auge über ihr gleichsam in eine sanfte Erstarrung hinfließt und unsre Seele über der Musik der immer neu werdenden Ströme sich in Gedanken verliert: so sind die Augenblicke der philosophischen Wollust, wenn man soviel Folge und Mannigfaltigkeit in den Empfindungen auf eine Einheit zurückgebracht sieht und so immer das Bild der Schönheit und Vollkommenheit einer menschlichen Seele vor uns schwebt. Ich rechne einige Punkte, z.E. die Abwägung der Gefühle, die Erklärung der Verschiedenheiten usw. ab; dem ganzen formellen Teil nach ist dies kleine Werk seinem kleinsten Teil nach eine metaphysische Basis zu einer künftigen Ästhetik.

Mit Fleiß aber sage ich, seinem *formellen* Teil nach, eine *metaphysische* Basis; denn eine Theorie aus den *Gegenständen* der Schönheit ist das Sulzersche Werkchen nicht. Es hält sich überall nur metaphysisch an die Sensation des Vergnügens; es berechnet das angenehme Nervenspiel der Empfindungen mehr der Quantität seines Eindrucks als der Qualität nach; es hat also zu wenig und zu einseitige Materialien, selbst die Würkung des Angenehmen zu erklären, und Gegenstand, als solcher, Kunst, Wissenschaft, wie sie einzelne, unterschiedne, angenehme Empfindungen würken, war ihm nicht Zweck.

Wohl aber ist dies Hauptzweck bei einem andern so lange versprochenen Werke: und er hat Deutschland zum voraus von seinem Wege Rechenschaft gegeben, auf dem er die Schönheit in ihren Gattungen und Gestalten und Ähnlichkeiten und Unterschieden – in ihrer ganzen Originalität aufsucht. Ich rede von seinem „Wörterbuch der schönen Künste und Wissenschaften"; er hat sich darüber erklärt, auch über die Wahl eines Wörterbuchs erklärt; er verzweifelt nicht, damit vor den Augen der Ewigkeit erscheinen zu dörfen; er hat jetzt an Rousseau einen so ausnehmenden Vorgänger in seinem Wörterbuch der Musik, Baylen und die großen Enzyklopädisten ungerechnet; aber warum, frage ich noch immer, und frage es nicht bloß aus Modenekel, warum ein *Wörterbuch*? Wie, sein Hauptzweck ist's, die Schönheit in Gattungen und Gestalten aufzusuchen, und den Weg der Aufsuchung, der am meisten bildend ist, will er uns verbergen? Durch alle Künste hindurch Ähnlichkeiten und Unterschiede erklären und doch nie den Zusammenhang der Künste und der Begriffe anders als durch beschwerliche Siehe! Siehe! zeigen? Er will durch alle Künste hindurch die Ursprünglichkeit jedes Begriffs aufsuchen, und die Grenzen des Eigentums und des Geborgten und noch mehr die Progression in dieser Entlehnung will er nicht fortleiten? uns also den ganzen Grundriß ihres Gebiets entziehen? Zu viel, zu viel verlieren wir und die Nachwelt. Eben diese Fortleitung der Begriffe durch jede Kunst ist hier beinahe Hauptaugenmerk: sie muß dem Verfasser selbst in der Methode seines Denkens Leitfaden und Weg sein: wie?

und was er schon selbst dem Wege nach methodisch ausfand, wollte er nachher „der Leser wegen, die einen in der Gesellschaft halbgehörten mißverstandnen Begriff nachschlagen wollen", dieser wegen sein Ganzes zerstücken, wo eben die Zusammensetzung, das Finden des Begriffs auf der rechten Stelle *alles* war? — — Vielleicht, wenn ich auch in die Idee des Verfassers eindränge, ihn zu überzeugen, vielleicht kommt meine Meinung zu spät, um ihm die Arbeit der Penelope aus den Händen zu nehmen, die schön webte und das schöne Gewebe des Tages die Nacht hindurch auftrennte: wie da die Zauberei der Kunst, so geht hier die Hauptenergie der philosophischen Methode verloren.

Und ich wüßte nicht, ob seine Ästhetik deswegen ein so materienarmes Luftschloß von Abstraktionen sein dörfte als leider! unsre meisten Systeme. Der größte Teil der Materialien, die Herr Sulzer aus Künsten und Wissenschaften gesammlet, wird eben Grund der Analysis jedes Begriffs; und so würde eben das erste sachenreiche System in Deutschland werden, das mit der Ordnung und Methode einer Analyse alle Fülle und Reichtum eines Wörterbuchs verbände. Der andre Teil der Materialien, einzelne historische Nachrichten sind wieder im Wörterbuch nur immer Stückwerk: sie senden uns von Orient nach Okzident, um uns endlich doch nichts zu sagen. Aber ein Zusammenhang aller an Ort und Stelle; jede, sofern sie zum Anwachs oder Ausbreitung oder Verfall der Kunst oder aller Künste des Schönen beigetragen: wie, dies ist würklich das *einzige* Ziel der Sulzerschen Bemühungen, und er wollte nachher auch dies historische Ganze, „ein Gebäude der Ästhetik nach Zeiten, Völkern und Geschmacksarten in allen Künsten und Wissenschaften des Schönen überhaupt"!, dies Ganze, worauf er arbeitet, wollte er nachher zerschneiden? — wo wird der Vater seinen Apsyrtus wiedererkennen? — Ist ein Wörterbuch nicht von der Art, daß alle Artikel zusammengesetzt ein vollständiges historisches und dogmatisches Ganze der Kunst machen, von der es handelt: so ist's unvollkommen, betrügerisch und unnütz. Macht's dies aber aus, ist's Hauptweg der Methode, es im Zusammenhange auszufinden: welch eine Mühe, es zu zerschneiden? — Ich bin gewiß, daß auch Rousseau sich zu dieser Arbeit nicht würde herabgelassen haben, wenn er nicht, bloß zum Reisegelde, es leicht gehabt hätte, seine Artikel aus der „Enzyklopädie" herauszuziehen und zu vermehren. Ich bin gewiß, daß die Diderots und d'Alemberts kein Wörterbuch gewählt hätten, wenn sie sich ohne tausend fremde Hände und Köpfe zu einer Enzyklopädie stark gefunden hätten. Sobald ein *einziger* aber, seinem Gegenstande gewachsen, als Philosoph und frei arbeitet: wo wird er auf das Spiel der Anfangsbuchstaben und also auf ein Lexikon fallen? Aus dem Wörterbuch wird eine Theorie und eine philosophische Geschichte werden, und bei Sulzern also, großes Versprechen! eine „Philosophische Theorie und Geschichte des Schönen in allen Künsten"! Welch ein andres Werk als das Riedelsche! und was wird dieser, wenn er Gefühl hat, besser tun können, als das seinige entweder durchaus zu verbessern oder, da es sich nicht ohne eine Palingenesie verbessern läßt, es den gütigen Flammen zu opfern. Wie jetzt, ist aus dem ganzen Werk jedem Buchstaben nach zu sehen, daß das Sulzersche Wörterbuch noch nicht erschienen war und der Verfasser selbst nicht den Plan desselben kannte.

Moses Mendelssohns „Briefe" bestimmen den Unterschied zwischen Schönheit und Vollkommenheit, zwischen dunkelm, klarem und deutlichem Vergnügen, zwischen Beitrag des Körpers und der Seele zu angenehmen Empfindungen näher als Sulzer und ergänzen seine Theorie, wo er, was nicht Schönheit ist, zu Schönheit macht, scharfsinnig und mit der Miene des liebenswürdigsten Enthusiasmus. Sie und die „Rhapsodie", die auf sie folgte, umfassen den Menschen in seinem weiten Inbegriff vermischter Natur und gäben, noch genauer nach Quantität bestimmt, eine sehr philosophische *Theorie der vermischten Empfindungen.* In ihnen aber ein System der Ästhetik suchen wollen, ist so, als wenn Swifts Mondenabenteurer unter den seligen Seleniten nach Golde fragte; und Herr Riedel hat also auch in ihnen nichts finden können, als daß, wenn er sie durchdacht, er nicht seine Einleitungskapitel von Schönheit überhaupt usw. und noch weniger seine „Briefe an das Publikum" zu einer wahren Schande des Publikum in Deutschland würde geschrieben haben.

Die *Abhandlung* des Verfassers über die „Hauptgrundsätze der schönen Künste und Wissenschaften“ ist eine allgemeine Landkarte, schätzbar für den, der die ganze Gegend übersehen will; noch zu unmateriell aber und etwas zu wenig auseinandergesetzt für den, der darnach reisen oder gar die Grenzen des Schönen jeder Kunst ausmessen wollte. Diese Grenzen genau bestimmen, jeder Kunst ihre eigentümlichen, ursprünglichen Begriffe geben, wollte Herr Mendelssohn nicht: er zeigte und entwickelte nur einen *Hauptgrundsatz von oben herab*; und Herr Riedel, der dies nicht siehet, hat sich, da er ihn unverstanden abschreibt, zu den schlechtesten Fehlern seiner Erklärungen der schönen Künste meistens durch ihn und Lessings „Laokoon“ verleiten lassen.

Wo ich von Herrn Mendelssohn am meisten lerne, ist in seinen einzelnen Beurteilungen, wo er auch über schöne Wissenschaft, nach jenem Lobspruche der Athenienser beim Thukydides, „mit Wohlbestimmtheit philologiert und ohne Weichlichkeit philosophiert“. Und wie kenntlich ist er da in der „Bibliothek der schönen Wissenschaften“ und in den Literaturbriefen. Gewisse Leute mögen sagen, was sie wollen: das Werk, an dem Lessing, Moses und Abbt Hauptverfasser waren, wird eine der besten Schriften unsres Jahrhunderts bleiben, und die Rezensionen des mittleren, unparteiischten und gleichesten Philosophen wären es allein, die einen Lehrling auf den Weg der wahren Weltweisheit hinführen könnten, der jetzt, seitdem die Wolffe, Baumgartens, Kästners, Reimarus’, Sulzers und Moses’ nicht mehr drauf wandeln, in Deutschland so verstäubt ist.

Der Diderotsche Artikel „Beau“ in der „Enzyklopädie“ ist ein kurzer kritischer Auszug von dem, was Frankreich über diesen Begriff geliefert. Er gehet zuerst die Lehrmeinungen des Plato, Augustins, Crousaz’, Hutchesons und André vom Schönen durch, urteilet vom *Kirchenlehrer*, daß er sich mit seiner Untersuchung zu sehr in das *eine* der Vollkommenheit verloren, daß Crousaz zu viel und zu massive Teile der Schönheit gewählt und daß Hutcheson minder seinen sechsten Sinn bewiesen als seine Verlegenheit gezeigt habe, einen sechsten Sinn annehmen zu müssen, da doch eben er das Schöne als ein intellektuales, geometrisches Geschöpf aufsuchet. Diderot setzt alsdenn die Untersuchung seines André auseinander und fügt eine Reihe philosophischer Gedanken über die Bildung des Begriffs der Schönheit in uns, über die Gesichtspunkte vieler Sprachen zu diesem Begriff, über die Verschiedenheit desselben usw. hinzu, die überall den scharfsinnigen Philosophen verraten, der sich in seiner Nation so sehr unterscheidet. Der ganze Artikel wäre der Übersetzung und Beleuchtung würdig, zumal als Gesichtspunkt zu den Lehrgebäuden Crousaz', André und Hutchesons vom Schönen. Herr Riedel hat weder Crousaz noch André noch Diderot zu brauchen gewürdigt; und das Grundgefühl des Briten, Hutchesons und Hume, möchte ich ihm schenken.

Die meisten Untersucher des Schönen in Frankreich haben sich aber nicht sowohl auf die Untersuchung des Schönen in Gegenständen als auf das dunkle Gefühl desselben gewandt, das diese Nation mit ihrem Lieblingsnamen Geschmack nennet und von welchem alle Schriften ihrer schönen Geister voll sind. Montesquieu, der Lehrer der Könige, an der Spitze; selbst der mathematische d'Alembert und die St. Evremonds und St. Mards, Fontenelle und Marmontels, Bernis und Voltaire folgen. Man erwarte sich bei allen solchen Untersuchungen über den Geschmack nichts als selbst Geschmack, eine schnelle Evidenz im Ganzen eines Urteils, ohne genaue Unterscheidung – schöne Auen voll Blumen und Früchte, die zu sammlen, zu genießen, zu ernten sind; nicht aber schon gemähete Ernten und Blumenhaufen. Es wäre unermeßlich, sie durchzugehen, insonderheit, wo sie sich nachher in den Geschmack einzelner Künste einlassen und wo die de Piles und Watelets zu reden anfangen. Man hat ja die sogenannte *Theorie* der Franzosen *über die schönen Künste und Wissenschaften* überhaupt, die Batteuxschen Werke, in zween Übersetzungen im Deutschen, und ich bin nicht der erste, der's beklagt, daß Ramler seinen Autor gar nicht und Schlegel ihn ungründlich verbessert habe. – – – Ich komme von einer Nation, die so wenig das trockne Systemartige liebet und sich in Blumen verlieret, zu einer andern, die es auch nicht liebet, um sich ernsthaften und gründlichen Erfahrungen zu überlassen, das sind die *Briten*!

Vielleicht sind Home's „Grundsätze der Kritik" ihrem psychologischen Teil nach in Deutschland schon alle bekannt gewesen; vielleicht hatte ich im Lesen recht, daß ich sie von dieser Seite alle, nur anders gesagt, in unsern Philosophen fände. Sein Buch hat einen andern Gesichtspunkt, es ist eine Welt von Bemerkungen, von einzelnen Phänomenen und Datis, die andre noch nicht so nahe unter das Feld der Beobachtung gebracht hatten. Herr Riedel hat dieses vortreffliche Buch sehr gebraucht; nur werden zween Blicke gnug sein, Home zu charakterisieren und zu zeigen, daß er's durchaus nicht gebraucht habe, wie er's hätte brauchen sollen.

Zuerst: Home liefert einen Wald von Erfahrungen, Bemerkungen und Erscheinungen in der Seele; es bleibt aber seinem Zwecke nach ein Wald. Er sondert sie nur unter gewisse *Hauptnamen*, vom *Neuen*, *Schönen*, *Erhabnen* usw., ohne diese Hauptnamen unter sich zu einem Ganzen zu verbinden. Er legt seinen Reichtum in Fächer, die ihm zur Hand sind, und läßt es seinen Lehrlingen über, zu klassifizieren und zu ordnen. Sein Buch ist also kein System; es hat keine fortgehende Entwicklung der Hauptbegriffe; es hat, genau geredt, Unordnung im Plane – Und siehe! eben diese Unordnung ist's, die Herrn Riedel am besten muß gefallen haben, weil er sie nachahmt. Die Materialien seiner Bemerkungen ihrem innern Wert nach läßt er Homen sehr ruhig; was er ihm fröhlich abborgt, ist nur Nebenwerk, was gewiß nicht Home's Tiefsinn verrät – was er aber zuerst von ihm lernet, ist seine Methode, die Kapitel in der löblichen Unordnung folgen zu lassen, wie er und Gerard sie hinstreueten.

Home hat eine entgegengesetzte Vollkommenheit im Detail seines Stils, die vielleicht diesem Mangel im ganzen die Waage hält, die aber vielleicht nur sein würdiger Übersetzer und etwa der bemerkt, der das Buch in genauen Auszügen studiert. Dies ist der sparsame Plan im einzelnen seines Vortrags, der bestimmte, feste Grundriß, jeden Gedanken genau und doch schön zu sagen, die Verbindung jedes Worts, jedes Gleichnisses an seinem Ort – alles dies hat sein Kompilator aber entweder nicht bemerkt oder nicht für gut befunden, nachzuahmen. Er ist vielmehr, da alle seine Schriften so lose im

Vortrage wie in der Denkart sind, zum Briten das schönste Gegenbild.

Zweitens: Home hat *Grundsätze* oder vielmehr *Erfahrungen der Kritik*, nichts weniger aber eine *Theorie der schönen Künste und Wissenschaften* liefern wollen — und wer sein Buch als solche braucht, stehet im falschesten Gesichtspunkte. Es ist zuerst offenbar, daß ihm nicht alle Künste und Wissenschaften gleich lieb sind. Natur und Dichtkunst liefern ihm die meisten Produkte; die eigentlichen schönen Künste in ihren Gattungen und Eigenheiten — man sehe, wie er diese im dritten Teile abfertigt. Was man also an Baumgarten, Meiern und andern ausgesetzt, könnte man auch an ihm beklagen, nämlich daß er sich nicht extensiv gnug Data und Gegenstände zur Kritik gewählt habe. Da er seine Dichtkunst und seinen Shakespeare mit so vieler Prädilektion liebet, da er die schönen Künste, die wahren Kinder des ersten Schönen in der Natur und die getreuesten Abdrücke ihrer Mutter, der spätern Enkelin, der Poesie, so sehr aufopfert und also nur die dunkle Kopie so vieler Kopien studiert: so ist's wohl unleugbar, daß dies in der ganzen Bemerkungssphäre des Engländers das größeste Unebenmaß und also in seinem Plan keine *Theorie der schönen Künste* gebe, für die sie doch Herr Riedel genommen und so treulich abgeschrieben. Es ist offenbar, daß Home mehr den empfindsamen Teil unsrer selbst als die Schönheit in den Gegenständen zergliedern will, daß sein Buch also der schätzbarste Beitrag zu dem einen, dem subjektiven Teil der Ästhetik sei, daß das Objektive aber nur einzelne Bemerkungen oder hintenangeordnete unvollkommene Betrachtungen werden, wie sie im dritten Teile stehen, und welcher Besonnene kann daraus den Hauptzweck des Buchs machen, eine *Theorie der Künste*?

Drittens: Home also, seinem Plane zufolge, schließt im ganzen immer von oben herab, von Bewegungen und Leidenschaften herunter, zu denen er alsdenn Beispiele nur gleichsam aufsuchet. Es versteht sich also, daß diese Beispiele und oft auch die Kritik des Lords über Beispiele, wie es uns Herr Klotz mit hoher Brust versichert, nicht der glücklichste Teil des Homischen Werks sei; denn er ist wahrhaftig nicht Hauptwerk. Was sind ausgerissene Beispiele? matte, verwelkte Blumen, die vielleicht noch Spuren der ehemaligen Röte und Grüne und Schönheit zeigen mögen, aber erbleicht, verwelkt, sterbend; denn sie sind aus ihrer Erde, von ihrer Wurzel, aus ihren Säften gerissen und liegen einzeln da. Vielleicht, daß man in Shakespeare, im ganzen Tone seines Stücks, im fortgehenden Strome der Empfindung würklich das Phänomenon gab, was der Kritikus bemerket und an dieser Stelle beweisen will; vielleicht, daß er sich auch mit seinem Beweise trüget — gut! sein Phänomenon in der Seele bleibt noch immer fest, wenn gleich sein Exempel wanket. Und wenn jenes nur recht bemerkt ist; o mein Herr Klotz, ein Exempelbüchlein, einen Kommentar über Dichter, einen Tröster von schönen Stellen hat Home nicht schreiben wollen: da seine Bemerkungen in der Empfindung ihm Hauptaugenmerk waren. Wie anders in einer *Theorie der schönen Künste*, wo ich nicht von oben herab Empfindung träumen und im Traum Beispiele für die lange Weile hinzusuchen, sondern von lauter einzelnen Erfahrungen und Phänomenen in den Gegenständen des Schönen zurückschließen muß — Herr Riedel hat sich also den Kopf des Home verkehrt aufgesetzet: was hinten stehen soll, steht vorn, das Vorderste hinten — ein schönes Ebenbild! ein zweiter Home.

Gerard endlich „Vom Geschmacke“: mit dem Worte schon wieder ein subjektiver Zergliederer des Schönen in unsrer Empfindung, und einer der ersten, wenn nicht immer an tiefer, so an fruchtbarer, mannigfaltiger, exempelreicher Philosophie. Immer aber ist Geschmack seine Aufgabe und nicht Theorie der schönen Künste. Wie er jener ein Gnüge getan, ob er in Verteilung der Gesichtspunkte und Hauptstandorte, ob er in Zusammenordnung der Materien und Abschnitte jeder Hauptidee auf den Grund gekommen oder nicht? ob er nicht oft den wegleitenden Faden der Ideen völlig verliere und, statt die Einbildungskraft und die Vernunft ihren Gang fortgehen zu lassen, über einzeln vorliegende Gerichte und Wurzeln des Geschmacks urteile und französiere — alles dies mag ich nicht, das möge die Akademie beurteilen, die das Werk krönte. Aber auch die vortreffliche Seite seines Buchs, wo er zunächst mit der Kritik grenzt; wo er eine große Summe von Empfindungen addiert und häuft, ohne sie zum ersten Grunde abzuziehen; wo er für alle, die Urteil lernen wollen, bildend, und für alle, die sich über ihren Geschmack Rechenschaft geben wollen, leitend ist; wo er viele Teile der Baumgartenschen Ästhetik nahrhaft machen könnte – in allem ist er keine *Theorie der Künste*, und es ist an Home gezeigt, wie sehr sich Riedel vergriffen, wenn er daher Methode, Ordnung, Materie und Plan nachgeahmt hat.

Und was soll ich alle, selbst die besten Schriftsteller herzählen, die Herr Riedel in einzelnen Materien nicht oder mißgebraucht hat. Was ist sein *Schönes und Erhabnes*, seine *Grazie*, sein *Genie*, sein *Geschmack* geworden? Wie zerschlagen ist hier Moses, Winckelmann und wer weiß ich mehr? und wo ist hier Burke, Kant, Watelet, Zanotti usw.? wo sind die vielen vortrefflichen Abhandlungen über einzelne Materien, die man schon in englischen Philosophien, Lehrbüchern der Kunst, Wochen- und Monatsschriften vorfindet, die fast jeder Dichter und jeder Künstler insonderheit Italiens in seine Werke gestreuet und uns endlich Herausgeber und Kunstrichter über ihre Autoren geliefert haben? Als Auszug ist also das Buch so einseitig und mißbrauchend, wie es als eigne Abhandlung nichts ist.

12

„Wie aber, wenn Herr Riedel alles im zweiten Teil nachholte? Wenn dieser, wie er versprochen hat, die Anwendung der vorigen Grundsätze auf die verschiednen Gattungen der Künste und Wissenschaften enthielte? wenn dieser sich zum ersten wie die angewandte zur reinen Mathematik verhielte?" – – Wer dies glauben, wer dies für möglich halten kann, für den habe ich bis jetzt zu vergebens geschrieben – vergebens es gezeigt, daß eine Theorie der schönen Künste und Wissenschaften eben durch diese ihren Gang nehmen müsse, um zu Grundsätzen zu kommen; vergebens es gezeigt, daß keine Grundsätze ohne Data und Phänomene möglich sind und diese aus einzelnen Gattungen geschöpft werden müssen –

vergebens es gezeigt, daß Worte, von oben herab gesprochen, komplexe Trugideen und daß alle Riedelschen Kapitel solche halbverstandne, entlehnte, nachgebetete Trugideen sind – vergebens es gezeigt, daß da keine aus ihren Produkten unmittelbar und lebendig herausgezogen, also auch nicht auf ihre Produkte angewandt werden könne. Und was bleibt da für eine angewandte Ästhetik übrig? Ein solcher Kram als die sogenannte reine des ersten Teils; die unreinste, an Begriffen, Abhandlung und Ordnung, die ich in der Welt kenne: welcher Unwissende wagt sie mit der bestimmtesten, gründlichsten und genauesten Wissenschaft, der Mathematik, auch nur zu vergleichen? – – –

Hier sind meine Ideen und Linien zu dem großen Gange durch alle schönen Künste und Wissenschaften hindurch zu einer *Theorie des Schönen.* Man wird sehen, der Gang selbst ist in seinen Fortschritten Hauptsache: mit ihm ist alles gewonnen und verloren. Ich überlasse mich also der Einbildung seines Traumes.

Mich dünkt, die schöne Kunst, in der *Einheit* und *Mannigfaltigkeit* im simpelsten stärksten Augenscheine erscheinen, ist *Baukunst.* Die Zusammenfügung ihrer Glieder ist sehr einfach; das Verhältnis derselben zur Proportion des Ganzen, ihr gegenseitiges symmetrisches Entsprechen, ihre Regeln des Reichtums und der Stärke, der Fülle und Zartheit, ihr Eindruck von Schönheit und Schicklichkeit, ihre Größe und Anstaunung ist noch sehr einfach – alles ist fest und groß und wohlgeordnet, wie ein Gebäude. Unter allen Künsten wird also die Baukunst mein erstes vastes Phänomenon der Betrachtung, und so wie überhaupt, nach Platons und Aristoteles' Ausdruck, aus der Bewunderung alle Philosophie entstanden, so ist das große, das stille, das unverworrene und ewige Anstaunen, was diese Kunst gibt, der erste Zustand, um den philosophischen Ton der Seele zur Ästhetik zu stimmen. Jüngling, in dessen Seele die Philosophie des Schönen schläft: der Genius der Künste wird dich mit diesen starken und großen Ideen erwecken, und indem er dich an sein Heiligtum führet: so wirst du zuerst ein *Gebäude* sehen, und fühlen und anstaunen lernen. Da sehe ich dich in der tiefen betrachtenden Stellung, wie du vom ersten Eindruck der *Größe* und *Stärke* und *Erhabenheit* dich sammlest und in ihm, wie in einem Monument der Ewigkeit, was Jahrhunderte und Menschengeschlechter überleben wird, die Linien der *Einheit* und *Mannigfaltigkeit*, in der größesten *Simplizität, in der erhabensten Wohlordnung*, in der regelmäßigsten *Symmetrie* und dem einfachsten *Schicklichen* des Geschmacks studierest. Alle diese Phänomene erscheinen hier unverworren, in den festesten Linien der Sicherheit vorgezeichnet: sie würken lange auf die Seele und stehen ewig dem Auge da. Anstaunend wirst du sie also in dir entwickeln, von dem Einfachen und Simpelsten der Säule bis zur reichsten Mannigfaltigkeit ihrer Teile, ihres Ganzen, ihrer Ordnungen; alsdann von der Symmetrie zweener Säulen zu ihrem Bogen hinaufsteigen und von da zum Palaste in seinem ganzen Bilde; dann Seiten und Säulenreihen herunterfliegen; zurückkommen, das Gebäude zu zerschneiden und seinen Grundriß zu suchen, und in allen Ausmessungen Ideen der Vollkommenheit finden, die sich im simpelsten Contour offenbaret. Dann wird deine Einbildungskraft wachsen, bis du in dem ausgehöhlten Marmorberge nichts als ein Ideal *anschaulicher Vollkommenheit* siehest und dich ins Staunen verlierest. Nun gehe hin, und nimm nicht bloß das Bild mit dir und die simpeln Ideen, die du in ihm gefunden; es präge sich dir auch ein, um *deine Seele selbst* einzurichten: um ihr auf ewig die Größe und Stärke und Simplizität und Reichtum und Wohlordnung und Schicklichkeit zu geben; um sie wie ein schönes Gebäude zu erbauen. Wenn dich alsdenn *der* Eindruck nie verläßt, wenn dir die Einrichtung ihrer Vollkommenheiten wesentlich geworden: Jüngling! so bist du zu den Geheimnissen des Schönen eingeweihet, und der Genius der Künste wird dir sein Heiligtum eröffnen. *Baukunst* war deine Vernunftlehre des Schönen: die Metaphysik desselben folget.

Noch sahest du kein Naturbild, kein wahres Ideal der Schönheit; denn was man auch von Ähnlichkeiten in dieser Kunst mit Bäumen, Menschen und Pflanzen, was auch Scamozzi von riesenhaften, herkulischen und weiblichen, heldenhaften und jungfräulichen Säulen sagen möge: dies alles ist eine außerwesentliche oder erzwungne Ähnlichkeit. Die Vollkommenheit der Baukunst ist nur in Linien und Flächen und Körpern anschaulich, die ganz erdichtet, willkürlich abstrahiert und kunstmäßig zusammengesetzt ist. Sie war also nur eine Vorbereitung außer dem Tore der wahren Kunst – die Pforte tut sich auf, und siehe da! ein Naturbild, das wahre Ideal einer lebendigen Schönheit: die Statue.

Hier ist *Natur*: wahre *Ähnlichkeit* und also *Nachahmung* und also *Wahrheit* der Kunst, die bis zum Fühlen, bis zur körperlichen Betastung, als dem sichersten Mittel derselben, Wahrheit ist.

Hier ist *Schönheit*, oder was man für einen Namen zu der Annehmlichkeit habe, die sich nicht bloß durch unvollkommene Wellen- und Schlangenlinien und schöne Ovalen, und Ellipsen, die sich bloß auf einer Fläche äußern und also ewige Streitigkeit nachlassen werden, sondern durch *Rotundität* und *fühlbare*, *immer dieselbe und immer neue Wohlförmigkeit* offenbaret: sie ist *Schönheit*!

Hier ist das *Original des Ausdrucks*, das *Lebendige*, die durch den Körper sprechende Seele und also *Täuschung* und *lebendiges Anziehendes* und *Interesse der Empfindung*.

Hier ist mehr als ein totes *Schickliches* der Baukunst: *Proportion* im Gliederbau und *Anstand* in der Stellung und *Reiz* in der Bewegung und unersättliche Gedankenfülle in der *Handlung*.

Alle diese Gefühle hat die Hand des Künstlers fühlbar in den toten Marmor gelegt; fühlbar und gleichsam leibhaftig, wie in körperlicher Fülle bewohnen sie den Tempel des Kunstbildes. Mit jedem Worte, Jüngling, eröffnet sich dir eine neue Welt feiner Empfindungen; höre mich: tritt vor die Arbeiten der Phidias und Lysippe, und schließe deine Augen, und erfühle dir in dieser heiligen Dunkelheit die ersten Ideen *schöner Natur* und der *Wohlform* und des *Ausdrucks* und der *Handlung* und aller der unzähligen Begriffe, die davon abhangen. Erfühle sie dir, und du wirst finden, daß die Urheber der Sprache mit ihrem *Gefühl*, mit ihren *Empfindungen des Schönen* ursprünglich kein leeres Schattenbild, sondern Wahrheit gesagt haben; du wirst finden, daß auch in dieser Welt des Sinnlichschönen *Gefühl* ebenso der erste, treue, wahre Sinn der Erfahrung sei wie in der Welt des Sinnlichwahren; du wirst finden, daß die reiche Fülle von Begriffen, die sich hier erfahren und nicht bloß tot anerkennen lassen, die Basis alles Schönen und gleichsam körperlich da sei, um die Seele zum *Begriff des Schönen zu bilden* und zu *formen*. Du wirst dies tun, du wirst dich *bilden* und *formen* und unter Statuen wie in einer *Welt sinnlich gemachter Originalideen des Schönen* wandeln: das wird deine erste Akademie sein.

Noch erscheinet indessen in dieser Körperwelt des Schönen jede Figur einzeln. Was in und an ihr vorgestellt werden kann, ist fühlbar; aber was außer ihr und nur in Entfernung mit ihr eins sein soll, muß abgetrennt erscheinen. Selbst also bei einer Fabel, bei *einem* Drama von Bildern dieser Kunst, wird noch nicht recht ein unzertrennliches Ganze, wie aus *einem* Grunde; jedes steht vor sich da, denn das Continuum, was sie zusammenhält, die Luft, der Tag, die Nacht, die Fläche des Gesichts, ist nicht bildbar. Es muß also noch eine Kunst geben, die dieser großen Zaubertafel der Natur nacheifere und auch wie sie Gegenstände durch Licht und Farben auf eine Fläche werfe, wo sie in ihrem Continuum, alle auf *einem* Grunde, alle wie *eins* erscheinen — — Lehrling des Schönen! das ist *Malerei*. Der große Vorhof *des Schönen der Körper* war dunkel: in heiliger unzerstreueter Finsternis wandeltest du unter den Werken menschlicher Hände, für menschliche Hände gemacht; dein Genius führte dich durch sie der Dämmerung und allmählich dem Lichte zu. Das eröffnet sich dir jetzt: siehe! Die *Zauberkunst menschlicher Hände für menschliche Augen* dichtet dir eine Welt des Sichtbarschönen auf einer Fläche vor, als ob es nicht Fläche wäre.

Siehe da, *Vielheit auf einem Grunde*, in *einem* Continuum, in *einer* Haltung des Lichts und Schattens: da studiere also den Begriff der *Einheit* und *Mannigfaltigkeit* als *Ordonnance*, als *Neben- und Zusammenordnung*. Glatt und vollkommen findest du diese Begriffe hier, im *Ganzen* und *im Effekt* desselben, in seinen *Gruppen* und *Figuren*, *Stellungen* und *Kontrasten*, *Lichtern* und *Farben*; überall ist *eine* Fabel und *eine* Welt des *Sichtbar-Mannigfaltigen* und *einen*: alles bis auf die kleinste Nuance tritt herzu, dir diese Ideen der Dichtung, der Schaffung einer zusammenhangenden Reihe von Wesen, aufzuklären. Überlaß dich ihnen; denn freilich würkt jede Figur dieser Kunst in Vergleichung mit der Bildsäule nur unendlich schwächer, nur wie der Schatte von jener auf deine Seele; allein das ist auch nicht Hauptwürkung dieser Kunst. Sie würkt nicht durch das Einzelne einer Figur als solcher, sondern durch ein Ganzes aus Figuren und Lichtern und Farben und Räumen. Diese alle versammle in dir zu *einem einzigen* Eindruck, so wie du aus *einem* Gesichtspunkte siehest, und breite dich von diesem Eindrucke wieder auf alle Zusammensetzung aus: so siehest du malerisch — so bist du würdig, *eine* Welt mit *einem* Blicke zu überschauen und dich an ihrer Vollkommenheit zu entzücken.

Bemerke also: je weiter du kommst, desto mehr wächset das Künstliche in den Künsten, und die Malerei ist voll von demselben. Du kannst dir ihren Haupteindruck nicht erfühlen; es gehört große Gewohnheit des Auges dazu, um ihn aus allen Teilen zu sammlen, und das Studium der Kunst wächset also mit jedem Schritte. Überfleuch nicht ihre Fläche mit *einem* Blicke der Unwissenheit oder des rohen Enthusiasmus, denn das hieße gaffen und ein Farbenbrett anlaufen, sondern siehe! betrachte! vergleiche! sammle!

Siehe *Zeichnung*! Bei der Bildhauerkunst war diese nur außerwesentliches Hülfsmittel, um dem Gefühl Form zu geben, und verschwand also, da sie diese gegeben hatte: die Dienerin, die bloß aus Schwachheit und Bequemlichkeit nötig war, wich, da die Herrin, der sie diente, Eindruck machen sollte. In der Malerei war sie wesentliches Mittel der Kunstwürkung und mußte also bleiben; denn *Trug* ist das Wesen dieser Kunst, die nur Trugbilder von Körpern auf einer Fläche dichtet, und jede Helferin, die am Truge teilhat, muß sichtbar bleiben; da ist *Zeichnung* die erste. Sie zeichnet den Anschein der Körper zu einem schönen Truge auf einer Fläche, und was gibt sie also nicht zu studieren? *Wahrscheinlichkeit* in ihrer Uridee und dazu alle *Genauigkeit* und *Richtigkeit* der Linien; *anschauliche Schönheit* in ihrer Uridee und dazu jede *Annehmlichkeit* von *Wellen-* und *Schlangenlinien*, *schönen Ovalen* und *Ellipsen*, *Eleganz* und *Geschmack* der Zeichnung. — — Dies alles schwimmt in einem Continuum, und da also siehe *Haltung* des Ganzen: in *Figuren anschaulicher Trug der Subsistenz* und also *Anatomie des Körpers und der Seele*, das ist *Charakter*; in *Gegenden* anschaulicher Trug des Daseins und also *Weiten* und *Fernen*, *Helle* und *Dunkelheit*, *Licht* und *Schatten*; über alles ergießt sich endlich die *Zauberei* der Farben, und so

siehe *malerische Täuschung*: eine Täuschung, die von der fühlbaren Illusion der Bildhauerkunst so verschieden ist wie Gesicht und Gefühl. Dort ward der Körper lebendig und hier die ganze Bilderfläche mit *Figuren*, *Licht* und *Farben* gegenwärtig; jenes ward Trug des *Gefühls* wie dies der *Augen* – Überall also ein *neues Ideal*, das im Ganzen einer anschaulichen Welt voll Kunstzüge auf *einer* Fläche beruhet; die *feinste*, *klärste* und *deutlichste* Ästhetik des Gesichts; *eine Tafel der Weisheit des Schönen*. Das, Jüngling, ist *Malerei*!

Eine Tafel der Weisheit des Schönen; und auf einer Tafel, auf einer Fläche gibt's noch eigentlich keine Folge; alles ist *ein* Augenblick *einer* Vorstellung, so wie es nur *eine* Tafel, *eine* Fläche ist. Der Anschein von fortgehender Handlung ist hier nur Anschein, nur Trug der Einbildungskraft; und es ist also noch immer nur die Kunst *eines* Moments, *eines* Augenblicks. Wäre keine andre möglich, die auf mehrere Augenblicke würke? die in ihrer Energie länger daure? die sich so der Dauer, der Zeit, der Folge auf einander bemächtige wie die Bildhauerkunst des Körperlichen und Malerei des Flächenraumes? Wenn es *eine* gibt: so wird sie eine ganz neue, eigne Kunst sein, die mit jenen kaum kommensuriert werden kann; denn ihre Empfindnisse der Anmut werden so von jenen unterschieden sein wie Folge und Raum, wie Neben- und Nacheinander – hier wird ein neuer Sinn aufwachen, von dem das bloße Auge und Gefühl keinen Begriff haben konnte – hier bereite man sich also auf eine neue Welt von Wohllust der Kunst – es erschallet *Musik*.

Hier öffnet sich ein neuer Sinn, eine neue Pforte der Seele und empfindet *Ton*, *Töne*: *Töne*, die in jedem einfachen Momente das Ohr mit Wohllust in sich ziehet; *Töne*, die in jedem einfachen Momente auf tausend neue Arten die Seele berühren und tausend neue, verschiedne, aber innige, unmittelbare

Empfindungen geben; *Töne*, die das unmittelbarste Instrument auf die Seele sind. Wogegen also der Ausdruck der anschaulichen Kunst nichts als Oberfläche war, wird hier inniges Wesen, das ist, *die energische Kraft*, das *Pathos*, wie soll ich's nennen? das Tiefeindringende auf die Seele, die Welt eines neuen Gefühls. Alle unsre Empfindungen werden hier ein Saitenspiel, dessen sich das, was Ton heißt, in aller Stärke einzelner Momente und schöner Abwechselungen und wiederkommender Empfindsamkeiten bemächtigt.

Hier also ist *Natur in Sprache der Leidenschaft* und aller Empfindung: die Akzente von diesen und also *Nachahmung* und sympathetische *Wahrheit* in Tönen und Äußerungen des Gefühls und *Ausdruck*.

Hier ist *Anmut* oder wie man die ursprüngliche Empfindung nennen wolle, die unabhängig von Verhältnissen und Proportionen in einfachen Momenten die Seele angenehm beweget.

Hier ist *schöne Folge* im ersten einfachsten Original; die *Melodie* der Töne in ihrer Abwechselung, ihrem Maße und ihrer Art.

Hier ist endlich zu Befestigung von allem *hörbares Verhältnis*, Akkord, Harmonie. Teilklänge stimmen zum Einklange, und mit *einer* Empfindung teilt das Ohr gleichsam das Unteilbare *eines* Augenblicks, der noch immer *ein* Augenblick bleibt. — — Das sind die Gefühle dieses neuen Sinnes. *Eindruck* und *gleichsam Ton auf die Seele*, *Akzent der Empfindung*, *Harmonie* und *schöne Folge*; wo diese sich finde, in Gedanken und Bildern, in Sprache und Farben, da ist sie musikalischer Natur, da ist sie von der Musik entlehnet. Wo aber diese von Symmetrie und Kontrasten, von Anordnung und Licht und Schatten auch in Tönen spreche: da borgt sie von andern Künsten, in denen diese Begriffe original erscheinen, da ist sie Schuldnerin.

Musik als solche hat Nachahmung menschlicher Leidenschaften: sie erregt eine Folge inniger Empfindungen; wahr, aber nicht deutlich, nicht anschauend, nur äußerst dunkel. Du warest, Jüngling! in ihrem dunkeln Hörsaale: sie klagte, sie seufzete, sie stürmte, sie jauchzete; du fühltest *alles*, du fühltest mit jeder Saite mit — aber worüber war's, daß sie und du mit ihr klagtest, seufzetest, jauchzetest, stürmtest? Kein Schatte von Anschauung; *alles* regte sich nur im dunkelsten Abgrunde deiner Seele, wie ein lebender Wind die Tiefe des Ozeans erreget. Wie? wenn ein deutlicherer menschlicher Ausdruck *der* Leidenschaft dazu käme, die die Tonkunst nur so undeutlich sagte? Menschlicher Ausdruck durch die Sprache? ist zwar deutlicher, aber nur gar zu deutlich. Da diese willkürlich, da sie mit der Natur der Empfindungen also nicht so innig verbunden ist: so wird sie zwar aufklären, aber nicht verstärken; sie wird eher abwenden und schwächen. Sollte es also keinen natürlichen menschlichen Ausdruck der Leidenschaft geben, der so unmittelbar und unwillkürlich sei als Akzent, als Ton selbst? Allerdings! Ausdruck in Körper, in Miene, in Stellung, in Bewegung, in Handlung; wie sich in diesen die Seele so natürlich und ganz äußert — welch ein Ausdruck! welche Würkung! Und wenn nun die Musik ihre Töne hinzufügte — doch nein! nicht hinzufügte, sondern jedes von jenem so natürlich belebte, als es die Leidenschaft vorbringt, und es mit jedem Ton tiefer einprägte? und nichts über einander herrschte, nicht Musik über das Anschauliche, als bloß, um es zu beleben, um ihm Energie zu geben; nicht das Anschauliche über die Musik, als bloß, um den Ausdruck derselben durch sichtbare Bewegung und Handlung klärer zu machen? Und wenn nun jede dieser Bewegungen und Handlungen alle Linien und Gestalten und Stellungen des Schönen vereinigte, die sich vereinigen ließen — und in jeder alle Kraft der Leidenschaft und des Wohllauts sichtbar ausdrückte, die sich ausdrücken ließen? Und wenn nun die Musik in ihren Tönen jede derselben allmächtig und alles erfüllend begleitete und verstärkte? und nichts über einander herrscht und *alles eins* wird — fühlbarer Jüngling, welcher Eindruck! Die Kunst schöner Gestalten und malerischer Stellungen und reizender Bewegungen und musikalischer Energie und menschliche Empfindung — alle Künste des Schönen und Entzückenden würken zusammen, und die menschliche Seele belebt sie: sichtbar und hörbar belebt sie sie; durch Auge und Ohr, von allen Seiten wird also die Seele bestürmt — das war die Tanzkunst der Alten!

Ich bin zu blöde, um meiner kleinen Analyse den prächtigen Titel aufzusetzen „Auflösung der Schönheit in ihre Bestandteile“; ich liefre nur Andeutungen, nur Winke. Eine philosophische Theorie des Schönen in allen Künsten muß etwas mehr liefern, Ausführungen, ein zusammenhangendes vollendetes System. Herr Riedel hat in seiner „Theorie der schönen Künste“ eine Abteilung unter dem prächtigen Titel „Auflösung der Schönheit in ihre Bestandteile“; abscheulich ist's aber und weniger als nichts, was er da vom ἄρρητον der Schönheit und von vollkommner Sinnlichkeit und von uninteressiertem Wohlgefallen unbestimmt und kauderwelsch herbetet und nichts weniger unternimmt, als uns alle bessere Entwicklung des Schönen als steril, trocken und unwichtig zu verrufen. Doch was störet uns die barbarische Muse dieses Theoristen; wir gehen unsern Weg fort:

Aus allen Sinnen strömen die Empfindungen des Schönen in die Einbildungskraft und aus allen schönen Künsten also in die Poesie hinüber. Wie Phantasie nichts ohne Sinne, so weiß diese nichts ohne die schönen Künste: sie hat ihre meisten Grundideen des Schönen aus diesen, und ist alles ein zusammengefloßner Ozean von Gestalten und Bildern und Tönen und Bewegungen der Annehmlichkeit – wo soll ich die Ableitung eines solchen Meers anfangen, ohne mich zu verwirren, ohne in ihm zu sinken?

Jede Vorstellung der Phantasie ist schon ihrem Namen nach *Vorstellung*, das ist *Bild*, und aus den Künsten der Anschauung, der Vorstellung, der Bildung muß also die Poesie, die einzig schöne Kunst unmittelbar für die Seele, ihre Urbegriffe herholen. Und woher wird nun die *Größe* und *Schönheit* eines Gedankens, als Bild? die *Ähnlichkeit* desselben mit der Natur? die *Auswahl* desselben aus der Natur und also seine Verschönerung? der schöne *Anschein* desselben im *Zusammenhange* und also seine *Zeichnung*, sein *Charakter*, sein *Kolorit*? aus welchen Künsten werden diese Begriffe anschaulich und ursprünglich erkannt? – Sie sind gezeigt, die Künste des *Gefühls und Augenscheins des Schönen*; hier sind jene also lebendig; hier also auch für die Poesie zu studieren, die ohne diesen Unterricht bloß eine Nachschwätzerin der Künste des Schönen bleibt. Da also sind die Ideen und die Gesetze von *Schönheit* und *Ähnlichkeit* und *Auswahl* und *Zeichnung* und *Charakter* und *Farbe* der Gedanken zu suchen, und so wie man in der Metaphysik einen Begriff abziehet und sondert: so *bildet* man hier eine Vorstellung einzeln, so *zeichnet* und *schildert* man sie im Zusammenhange mit andern; überall wird die Poesie Nachahmerin und die Theorie derselben Schülerin der schönen Künste, oder sie ist Gewäsch, wie fast alle, die wir haben.

Zwo Vorstellungen sollen in *einen* Satz, Gegensatz, Beispiel, Gleichnis zusammengestellt werden; die einfachste Zusammenstellung nach Regeln des Schönen wird architektonisch. Die Festigkeit jeder von beiden Ideen, ihr Maß, ihre Proportion und Symmetrie gegen einander, das Wesentliche und Zierliche ihrer Glieder zu einander, wo hat's in der Kunst sichtbares Vorbild? In der Säulenlehre, und wie diese mit Mechanik und Mathematik, so grenzt jene mit Philosophie und Logik. Wie zwo Säulen gegen einander stehen also diese beiden Ideen des Satzes, der Antithese, des Exempels, der Vergleichung da – haben sie Festigkeit und Wohlordnung? Sind sie, wenn sie aus Gliedern bestehen, auch aus ihnen so regelmäßig und mannigfalt und frei zusammengesetzt, daß auch mit ihnen das Ganze große Würkung tut? Und sind auch diese kleinern Glieder aus der Natur gleichsam ausgeformt, vollkommen an sich und wohl unter einander? die Kleinen und die Großen zu decken und zu unterscheiden – alle unüberhäuft und ohne Wiederholung; in Abwechselung und ohne Verwirrung; in ihrem Aussprung und Einziehung für den Gesichtspunkt schicklich, in ihren Zieraten wohlgereimt und jedesmal nach ihrer Ordnung wohlverhaltend? – – – bis auf so kleine Verhältnisse der Redeteile erstrecket sich das Vorbild der Künste, und wo es auf das kälteste Verhältnis der Anordnung ankommt, das Vorbild der Baukunst – vom kleinen Satz, Gegensatz, Beispiel, bis zur großen Rede, bis zum einfachen Plan des großen Gedichts: sofern es in diesem noch auf bloße Verhältnisse ankommt.

Bloße Verhältnisse aber liebt die Dichtkunst nicht allein: sie sind zu ihrem Hauptzwecke zu kalt, zu trocken, zu gleichförmig; die lebendigere Kunst wird also lieber Lehrerin und Muse. Bildhauerei war's, die in ihrer Zeichnung von den festen geraden Umrissen der Baukunst, die nur durch Simplizität und einige sanfte An- und Abläufe gefallen wollte, sonst aber die harte Linie der Wahrheit liebte; die von dieser abging und sich die eigne Linie der Schönheit in der Natur suchte, Ähnlichkeiten studierte und verschönerte, Ausdruck fürs Gefühl und einfache Handlung lernte. Wenn voraus also Einheit und Ebenmaß herrschte: so fing sich hier schon ein schönes Unebenmaß und Reiz in der Bewegung und Fruchtbarkeit in der Handlung des *einzelnen* Geschöpfs an, das diese Kunst machte. Große Zusammenordnung endlich, Einheit und mannigfaltige Entgegensetzung und Verteilung der Gruppen und schöne Unordnung in Figuren, im Licht und Schatten, im Tone der Farben – alles dies ward im Gemälde sichtbar. Von allen dreien Künsten borgt die Dichtkunst; nur wo sie von jeder borge? ist am schwersten zu bestimmen. Wo und wieweit das Ebenmaß der Baukunst, die einfache Handlung der Skulptur und die zusammengesetzte Mannigfaltigkeit der Malerei herrsche und nicht herrschen müsse? welche Bauarten und Gestalten und Manieren und Farben jedes der merkwürdigsten Zeitalter, Völker und Dichter geliebt? was in jedem nachzuahmen und zu vermeiden? und woher jede Eigenheit und Gestalt und Manier zu erklären sei – das alles sollte die Theorie der Dichtkunst erklären und bestimmen – man urteile, ob wir eine solche haben. Man hat die Poesie lange eine stumme Malerei genannt und ebensolange mit der Bildhauerei verglichen; nur philosophisch verglichen und abgesondert, das hat man noch nicht.

Poesie ist mehr als stumme Malerei und Skulptur; und noch gar etwas ganz anders als beide, sie ist Rede, sie ist Musik der Seele. Folge der Gedanken, der Bilder, der Worte, der Töne ist das Wesen ihres Ausdrucks; hierin ist sie der Musik ähnlich. Nicht bloß, daß ich in einem Wort Bild und Ton und also eine gewisse Harmonie höre, die wie ein Akkord ineinanderfällt und das Wesen der Prosodie ausmacht. In der *Wortfolge* selbst vornehmlich folgt und würkt eine Melodie von Vorstellungen und Tönen: mit jedem Wort und Tone würkt die Energie tiefer in die Seele, und alles würkt auf das Ganze. Ode und Idylle, Fabel und Rede der Leidenschaft sind eine Melodie von Gedanken, wo jeder Ton rührt, indem er geschieht und einem andern Platz macht und sich durch die süße Spur, durch den schönen Nachklang, den er nachläßt, sich in einen andern auflöset und verlieret. Eben aus der Kette also solcher Auflösungen und Verfließungen, die uns den Eindruck immer zweckmäßiger in die Seele hineinbeben, entstehet die Würkung der Musik und durch die Sprache das Ganze der Ode, der Idylle, der Fabel, des Drama, der Epopee, wo jedes einzelne Moment an sich nichts und der Effekt des Ganzen alles ist. Hienach wird eine Theorie der Dichtkunst in der Folge und Kraft ihrer Vorstellungen zum Ganzen möglich.

Endlich aber soll sie lebendige Bewegungen und Empfindungen sinnlich machen, die diese toten Künste alle nur tot und die Musik allein nur dunkel ausdrückte; welch ein großes Muster wäre hier die *Tanzkunst der Alten*, wenn sie uns noch Vorbild sein könnte. Den lebendsten Ausdruck der Leidenschaft und aller Leidenschaften nach einander, durch Miene, Gebärde, Stellung auf und neben und nach einander, was *Leben* und *Reiz* und *Handlung* heißt, hat die Poesie aufgenommen, es geistig in ihr Wesen und ihren Ausdruck und in den Vortrag ihres Ausdrucks, die hohe Deklamation, verpflanzt – Göttliche Poesie! geistige Kunst des Schönen! Königin aller Ideen aus allen Sinnen! ein Sammelplatz aller Zaubereien aller Künste!

Das übrige ist in der Poesie und in den Künsten Nebensache; es gehört in die eigentümlichen speziellern praktischen Anweisungen, nicht in die philosophische Theorie des Schönen überhaupt. So gibt's in jeder der Künste ein Mechanisches und Handwerksmäßiges und auf der andern Seite ein fremdes Wissenschaftliches, was aber nur von fern grenzt. Ein Teil der anschauenden Künste beruht auf Optik und Perspektiv, die Musik auf der mathematischen Akustik und die Baukunst auf wie vielen Künsten der Handarbeit! Ein großer Teil der Dichtkunst stützt sich auf Grammatik, ein andrer auf Logik, wenigstens auf Logik des guten Verstandes, ein dritter auf Metaphysik sogar. Alles dies aber sind Grundlagen, sind Mittel zu Zwecken; wer sie als Zwecke, als Gebäude der Theorie in seine Kunst und gar in die Ästhetik des Schönen bringt, baut an einer Nebensache wie an einem Hauptwerke. Wäre dies nicht mit eine Ursache, warum wir bisher mit der eigentlichen Ästhetik noch so unweit sind? Die Baumgartensche ist ganz Nebenwerk, und die Riedelsche ein Flickwerk von Angebäuden und kleinen Gänsehütten ohne Hauptzweck, Plan und Ordnung.

Der Weg, den ich bezeichnet, dünkt mich die einzige Methode, um eine Wissenschaft aufzuräumen und zu sondern, die noch so verworren daliegt. Durch eine solche Ästhetik würden unsre ästhetische Schwätzer, die über und aus allen Künsten in Bildern und Blumen hinwegreden, belehrt oder wenigstens entlarvt. Durch sie würde die Jugend zu einer Wissenschaft gelockt, die ihnen nicht mit abstrakten Ideen ins Auge fährt, in der sie durch alle Künste hindurch lauter schöne Erscheinungen genießen, bei jedem Schritt mit neuen Phänomenen und Erfahrungen bereichert, sich nur zuletzt der von selbst entkleideten Idee der Schönheit nähern. Durch sie entstünde eine Wissenschaft bildend für den Geschmack in allen Künsten, in allen Dingen des Sinnlichschönen und also eine Führerin zur reizenden, gebildeten Denkart zu leben. Durch sie würde vielleicht die alte Erziehung der Jugend wieder lebendig, da die zarte Seele nicht mit vagen, abstrakten Ideen, sondern mit festen, wesentlichen Begriffen des Schönen genährt und immer weiter geführt, endlich eine Seele voll griechischen Gefühls und griechischer Philosophie würde. Unendlich viele, jetzt schiefangenommene Halbbegriffe würden dadurch bestimmt oder ausgerottet, die jetzt Ästhetik als eine spielende unphilosophische Wissenschaft verrufen; in ihr würde die jüngere, munterere Schwester unsrer Logik und die angenehmste Tochter der Psychologie geboren; wie nützlich, wenn sie in Schulen angefangen und auf Akademien vollendet würde. Sie würde mehr als Logik bilden, denn sie ist Logik der Seelenkräfte, die im Jünglinge erst erwachen und die der Ungelehrte am meisten braucht; sie würde mehr als akademische Geschichtchen reizen, denn sie ist weit und reich und fruchtbar wie die allweite schöne Natur; sie würde nie ermüden, denn sie führt immer weiter, von Augenschein zu Augenschein, von anschauender Kunst zum Ohr und von da in die Seele selbst; sie würde nicht, was oft die Wissenschaften tun, das Genie unter Abstraktionen ermatten, sondern immer Erfahrung bleiben, Auge, Ohr, Hand und Phantasie unvermerkt bilden und der Seele den Reichtum an Ideen, den Geschmack an der Schönheit, die Richtigkeit des Urteils und des Sinnes geben, die allein den schönen Geist machet – ihn, der das Schöne sieht und fühlt und anbetet, wo es sich findet, in jeder Kunst wie im Schoße der großen Natur; ihn, der das Schöne unter allen Völkern und Zeitaltern sucht und, wo er's auch nur in einer kleinen Spur findet, mit Feuer in sich schreibt; ihn, der sich also einen Geist sammlet, groß und reich wie die weite Natur und fein und richtig wie jede Kunst; unermeßlich wie Völker und Jahrhunderte, und doch genau und sicher wie der Zeitpunkt des besten Geschmacks – o menschliche Seele, du Tochter göttlicher Talente, warum wirst du nicht oft und immer so gebildet? und o Wissenschaft, die so bilden kann, warum bist du in alle deinem Licht, Ordnung, Faßlichkeit, Reichtum und Schönheit noch nicht da? – *Theorie der schönen Künste und Wissenschaften!*

Und eben lese ich, daß Sulzers „Wörterbuch" erscheinen werde; auch schon als Wörterbuch angenehme Erscheinung und vielleicht der letzte Vorbereitungsbeitrag zu der Theorie, die ich wünsche und suche! Meine „Kritische Wälder", meine Sorgsamkeit wenigstens in Entwicklung der Begriffe des Schönen, die andre so gern verwirren – dieses möge zeugen, ob ich ein Leser derselben zu sein verdiene oder wenigstens ein gleichgültiger Leser sein würde. – Das Ende von Klopstocks „Messias" und eine pragmatische Übersetzung der Schriften des Orients von Michaelis und eine Geschichte der Wissenschaft, besonders der Dichtkunst des Altertums von einem zweiten Winckelmann und neue Offenbarungen der Wielandschen Muse und Gleimsche altdeutsche Balladen, Barden und Skaldengesänge und einen Ramlerischen Horaz und Meinhardsche Übersetzungen der größten Dichter aller Völker und Heynische Ausgaben der Griechen und Römer und Romeos und Saras für unsre Bühne und Addison-Sonnenfelse in aller

Prose der Deutschen und *neue* Literaturbriefe zur Züchtigung unsrer Mikrologen des Altertums und zur Erneurung der wahren Philosophie und Hagedorne in jeder Kunst des Schönen und denn *eine philosophische Theorie und Geschichte der Künste und Wissenschaften des Schönen* – einige Wünsche von diesen werden erfüllet: unsere Zeit erhebt sich wieder zu einer neuen Periode deutscher Verdienste – kannst du es, göttliche Muse! so laß mich die übrigen erleben!

III

Sollte es nötig sein, mich auf einzelne Abhandlungen im Riedelschen Lehrbuche einzulassen? Nach dem, was gezeigt worden ist, nicht. Da in ihnen alle einzelnen Begriffe abgehandelt sind, ohne einen derselben nach seiner Ursprünglichkeit, Bestimmtheit und Sphäre geordnet zu haben, so kann es nicht anders als die beschwerlichste verworrenste Nachwandelungen in einem Labyrinthe geben, das schrecklicher als eine leere Wüste ist. Höllenstrafe wäre es also, diesen Wald von Kapiteln durchzuarbeiten, die ich, trotz aller Mühe, nicht alle habe durchlesen können. Um indessen mein Urteil über das ganze Riedelsche Werk auch im einzeln zu bestätigen, um im einzeln einigermaßen zu zeigen, wie ein Begriff durch mehr als eine Kunst hindurch zu seinem Ursprunge sollte geführet werden, will ich mich an *einige* Anfangskapitel wagen; es wäre viel, wenn ich zu sieben oder zwölfen aushielte. Zuerst also

1

VOM GROSSEN UND ERHABNEN

Vom Großen und Erhabnen zuerst? ohne alle Voraussetzung? — — — Setzt Größe nicht überall *Vielheit* der Teile und ein *Einförmiges* der Teile, ein *Maß* voraus? Und welches ist nun das Maß des ästhetisch Großen? sein *eines so vielmal* gesetzt, daß eine Größe wird? — — Als ob sich Herr Riedel darum kümmerte! Er fand in Home und Gerard diesen Begriff bald anfangs abgehandelt, Longin und Mendelssohn hatten vorgearbeitet, hier war leicht ein Kapitel zusammenzuschreiben; also weg! zuerst weg mit dem Begriff der Größe! Einheit und Mannigfaltigkeit kann hinten kommen! es bleibt doch eine philosophisch-ordentliche Theorie!

Aber wie nun den Begriff *entwickeln*? wie ihn aus seinem Ursprunge erklären? Da weiß Herr Riedel Rat, ohne solche Mühe nötig zu haben. Er legt in unsre Natur *einen unüberwindlichen Hang gegen das Große, einen blinden Instinkt ge-*

gen das Erhabne; er kleidet diesen Instinkt in eine prächtig verworrene Sprache, vom fast Göttlichen, von Fülle und Schwung der Seele, von höherer Region über der gewöhnlichen Sphäre usw., zitiert gar einen Alten, der ebensolchen Unsinn gesagt haben soll: und so ist *alles* geschehen! Die Begriffe des Großen und Erhabnen sind aus dem Grunde der Seele hervorgeholt: *der Ursprung des Großen* ist der *unüberwindliche Hang unsrer Natur gegen das Große*: die Idee ist entwickelt! — — —

Nun aber, wenn Herr Riedel sogleich fortfährt, die üble Würkung des *zu Großen* zu verexempeln, nun möchte ich wissen, was *zu groß* sei? „Was ich nicht sinnlich übersehen, nicht sinnlich denken kann, was ungeheuer und ohne Proportion ist!" Schön! für *ein* Undeutliches nicht mehr als vier noch verworrenere Undeutlichkeiten! warum nicht lieber gar: „was für den unüberwindlichen Hang meiner Natur gegen das Große zu groß ist!" Da bliebe sich wenigstens die Theorie treu!

Den Begriff der Größe als ein *absolutes Gefühl* zu behandeln: man sage, ob es eine tiefere Philosophie geben kann? — — Ist groß je woanders, als wo ein Eins etlichemal gesetzt und also Maßstab wird? ist's also je anders als ein relativer Begriff der Vergleichung? Die Fama des Virgils und die Zwietracht Homers und Miltons Teufel und der große Engel Mahomets, sind sie anders als relativ groß? und außer dieser Relation, wer kennet nicht die Dichtung des Mikromegas? Ist erhaben nicht ebendasselbe in Beziehung auf *das, was über uns* ist? Liegt hier also nicht auch ein Gesichtskreis, eine Horizontallinie zum Grunde, über die eine Höhenmessung aufgerichtet wird? Und wer ist der Anfänger der Mathematik und Ontologie, der das nicht wüßte? Und siehe! bei Herrn Riedel sind diese Begriffe in ästhetischem Verstande absolute Grundgefühle, die er ohne Einheit und Mannigfaltigkeit, ohne Maßstab und Horizonthöhe abhandeln und erklären kann — der weise Theorist!

2. Man sieht, es müssen Dinge ausgemacht werden, wo sich *Größe* und *Erhabenheit* offenbaret; welche hat Herr Riedel ausgemacht? Welche? Keine! Er redet von großen Objekten

und von erhabnen Gedanken, die ihnen ähnlich sein müßten, und wieder von großen Gedanken als Objekten und mitten inne von komischer Größe und von großen Gedanken, die nicht Objekte sind — — welch Gemisch! welche Verwirrung! welche Unbestimmtheit! Und was ließe sich nicht in solcher Trübe ein ganzes Kapitel durch für Schlamm fischen?

Jeder Anfänger der Metaphysik weiß, daß *Größe, Weite, Erhabenheit* ein Beziehungsbegriff sei, durch eine lange Übung des Urteils am meisten bei *Gegenständen des Gesichts* gebildet. Da dies am klärsten, Teile neben einander und zu einander sich verhaltend, siehet: schnell nimmt's *einen* Teil zum dunkeln Maße an, setzt ihn über oder neben einander — so ist der Begriff von Größe. Je einförmiger und näher zusammen die Teile des Gegenstandes, je leichter das Augenmaß, desto schneller der Begriff von Größe. Je zerstreuter aber, je mannigfaltiger und ungleichartiger, desto langsamer, desto künstlicher. — — Nicht übel gewählter kann also ein Beispiel sein, als das erste und vornehmste des Herrn Riedel vom *Frühlinge*. Das Laub, die Wiese, der Bach, die Blumen, die Vögel, der heitre Himmel, wie einzeln, wie zerstreut und ungleichartig sind diese Gegenstände? welche Mühe der Abstraktion, aus ihnen die Idee des Frühlings zusammenzusetzen! Fällt hier das Große, als solches, sichtlich in die Augen? Die sinnlichen Teile, fallen sie auch sinnlich in die *eine* Idee der Größe zusammen, daß keine natürlicher wäre? Wahrhaftig nicht! Die Idee des Frühlings ist reich, schön, aber kein erstes Beispiel der Größe, und wer dörfte an bessern Beispielen arm sein, der je von einem großen Gegenstande der Natur gerührt gewesen!

Gegenstände des Gesichts! Künste des Anschauens! welche Welt für diese Ideen! — Aufwärts hin *Höhen*! unterwärts hin *Tiefen*! vor sich hin *Weiten*! lauter Ausmessungen *eines* Begriffs, lauter Größen! — — Und wie klein, wenn Herr Riedel aus dieser Welt von Anschauung nichts mitbringt als die elendneue Erfahrung, daß „körperliche Höhe mit proportionierter Breite und Dicke ohne sinnliche Unvollkommenheit groß sei!" Sonach ist *körperliche* Höhe allein groß und eine Fläche, eine Linie als solche nicht? und nur allein mit proportionierter Breite und Dicke groß, ohne das nicht? und ohne sinnliche Unvollkommenheit – als wenn der Popanz hier was beitrage, was helfe oder schade? Armer Philosoph in einer Welt voll Höhen!

Aber Herr Riedel weiß auch etwas von der *Tiefe*. „Die Tiefe, wenn sie sich zuletzt in Dunkelheit verliert, die aber nicht allzu abstechend und schneidend sein darf, bringt ein vermischtes Gefühl von Erstaunen und Ehrfurcht hervor, welches mit demjenigen kann verglichen werden, was wir bei dem Eingange einer geraden und unabsehlichen Allee empfinden." So also allein, wenn Tiefe sich zuletzt mit Dunkelheit mischt? allein, wenn die Dunkelheit nicht allzu abstechend und schneidend ist? Denn allein bringt sie dies Gefühl hervor? und dies Gefühl ist Ehrfurcht? und das nämliche, was wir beim Eintritt einer Allee empfinden? eine dunkle Tiefe und eine helle lange Allee geben einerlei Gefühl? Gefühl der Ehrfurcht? — — Mein Nervengebäude antipathisiert jedem Worte: warum mußte denn Herr Riedel eben damals Lessings „Laokoon" lesen, um so was *Abstechendes* und *Schneidendes* anzubringen?

Es gibt also Größen, die *auf einmal* dasind: *neben, hinter, über, unter* einander, und der britische Philosoph des Erhabnen, Burke, hat manchen einzelnen Gefühlen derselben nachgespürt. Es gibt auch, aber dunklere Größen *hinter* einander, Töne, die gezogen werden, lange dauren, unermeßliche Sprünge insonderheit in die Tiefe tun — — Gefühle, die der Größe ähnlich, intensiv stärker, aber extensiv nicht so klar sind wie die Gegenstände des Lichts. Es gibt endlich auch ein drittes Gefühl von Größen, *Kraft, Wucht, Gewalt*; außerordentlich schnelle oder stürmische Bewegungen, eine Macht, die das Gegengewicht wie ein Donner zu Boden reißt usw., erregen in uns ein Gefühl von Schwachheit und Bewunderung, *Schauder*. Hier ist die Ausmessung schnell, verworren, dunkel; das Gefühl muß überraschen und uns in unser Nichts zurückstürzen; es ist aber auch das innigste und mächtigste. Was gäbe es hier für eine weite Physiologie des Gefühls der Größen in den Sinnen, im *Gesicht*, als dem eigentlichsten und klärsten; im *Gehör*, wo Größe nur durch Dauer und Abstand würkt; im *Gefühl*, wo sie am uneigentlichsten und innigsten, durch die Verbindung vieler Begriffe, bei *Kraft* und *Gewalt* würkt – welches Feld zu physiologischen Erfahrungen, das aber – – Herr Riedel nicht gesehen.

Aller dieser sinnlichen Größen bemächtigt sich die Phantasie, um sich eine eigne Welt zu schaffen, wo noch die sichtlichen Begriffe die klärsten, die hörbaren inniger, die gefühlartigen die innigsten und dunkelsten sind. Es ist natürlich, daß hier eine Theorie der Größe diese Begriffe ordne, zergliedere und wäge und gleichsam eine Philosophie und Mathematik von Größen der Phantasie aus dem Augenschein, dem Gehör und dem Gefühl schaffe. Herr Riedel hat nichts dazu, er hat nicht einmal beide Arten, die *sinnlichen*, wo nur die Phantasie hilft, und die *Phantasien*, wo sich die Gegenstände *eines* Sinnes, von dem sie geborgt werden, auf eigne Weise bilden, beide hat er nicht einmal unterschieden. Er gibt Beispiele durcheinander: zu sinnlichen Größen Beispiele der Phantasie, zu dieser Exempel aus den Sinnen. Miltons Teufel sollen *sinnlich* gemessen werden: ich soll vor sie hintreten, um sie stückweise zu zerlegen; sie bleiben also nicht mehr die Geschöpfe der Phantasie, die als große Rauchwolken mein poetisches Auge vorbeigehn und eben durch dies unsinnliche phantastische Große und Unermeßliche ins Gedicht würken sollen – nein! Die Zwietracht bei Homer und Virgils Fama wird von Herrn Riedel geduldig übersehen, weil ihre Größe endlich doch nur figürlich gefunden wird, weil ihre Ausdehnung doch nur die Würkung *bedeuten* soll; sie bleibt also nicht ein phantasieartig Geschöpf, sondern wird geduldig mit dem körperlichen Auge vermessen. Umgekehrt wiederum muß Klopstock und Homer, ja was Klopstock und Homer? selbst abgezogene Begriffe, von Frühling, Ewigkeit, von Alter, vom Fall Adams und was weiß ich mehr? muß Beispiel zu sinnlichen Größen sein. – – Welche Verwirrung! welche Unordnung! Und so sind Beispiele und so die aus ihnen gezogne Sätze. „Geschwindigkeit und Heftigkeit mit Anstand und ohne Unschicklichkeit ist groß!“ Wer versteht davon ein lebendiges Wort? was Geschwindigkeit mit Anstand, was Heftigkeit mit Anstand, was Anstand und Heftigkeit und Geschwindigkeit

auf sein Kapitel von „Größe in den schönen Künsten und Wissenschaften“ zurück.

Größe in den schönen Künsten und Wissenschaften? ei! was entschlüpft der Feder, wovon sein ganz Kapitel nicht handelt, wovon er nichts als Fratzen und Brocken weiß. Einmal wirft er z. E. wie von ungefähr die Frage auf, woher es komme, daß der Dichter die Größe höher treiben könne als der bildende Künstler? und weil ihm Lessings „Laokoon“ eben den Kopf verwirret, so antwortet er, wider seinen Willen, daraus zu antworten: „Daher, daß der Dichter durch Progression und Kontrast, der Künstler nur durch Kontrast allein; daher jenem mehr Erhabnes!“ Nun, lieber Leser! halte dir den Kopf! nun weißt du alle Arten der Größe in den schönen Künsten und in jeder ihren verschiednen Ausdruck, ihr Maß, ihre Gegenstände, ihre Zwecke!

Hat *Baukunst* keine *Größe*? und Herr Riedel übergehet sie, ohne an sie zu denken. Ist sie nicht die Kunst, die aus dem ganzen Naturgebäude der Schöpfung sich in einen engen Raum zusammenzieht, um da *groß* und *fest* und *schön* zu erscheinen? Welcher Begriff ist bei ihr also ursprünglicher, anschauender, allgemeiner als *Größe* durch *Festigkeit* und *Kraft* und *Dauer*? In ihrem Wesentlichen und ihrer Verzierung, in Säulenstärke und Symmetrie und Zusammen- und Übereinanderordnung, bis auf die kleinsten Kennzeichen, Stellungen und Glieder ist *Größe* durch *Festigkeit* herrschend; Le Roy hat sie als einen der ersten, allgemeinsten Grundsätze entwikkelt; sie ist stark und anstaunend, die nächste nach dem Tempel der *großen Natur* und ganz aus den Materialien derselben errichtet, um diesen Begriff zu geben. Und dem allen ohngeachtet hat sie unser Theorist der schönen Größe nirgends minder als in einem Gebäude gesucht und anerkannt. Er redet vom Frühlinge und vom Falle Adams.

Größe in Bildhauerkunst, das Anstaunende in einer kolossalischen Figur — — mich dünkt, ich habe es ursprünglicher als Herr Riedel erkläret: da es unsre ganze Seele, durchs Auge wie durchs Gefühl, füllen soll. Dies Erstarrende in einem Anblick, der uns ganz an sich heftet und vor Staunen, wenn ich ramlerisch reden darf, uns in das Objekt hineinwurzelt, was hat dies mit der Progression und dem Kontrast des Dichters gemein? ich sehe nicht *weitere* Grenzen allein, sondern eine ganz unterschiedne Würkung, die sehr unrecht durch Kontrast und Progression ausgedrückt wird — — doch wer kann jedes mißlungene Wort verbessern in einem Buch, wo alles mißlungen ist.

Größe in Malerei: Hier ist dieser Begriff weit eingeschränkter, da in der Malerei kein Eindruck einer einzelnen Figur, sondern Zusammenordnung auf einer Fläche Hauptbegriff ist. Sogleich ist hier auf das Problem gewiesen, „warum das Kolossalische in der Bildhauerei von so großer, in der Malerei von keiner Würkung ist". Jene soll durch das Kolossalische dem Auge das Gefühl der Hand ersetzen: sie nimmt also *alle* Ausdehnung zu Hülfe, die zwischen Himmel und Erde für unser Auge erreichbar ist. Bei der Malerei liegt alles auf einer Fläche; je abenteuerlicher die Figur, desto kleiner die Fläche, desto mehr fallen die Schranken der Kunst ins Auge. Zudem, eine unermeßliche Figur auf einer Fläche weicht aus dem schönen Augenschein und wird also häßliche Verzerrung. Und denn zumal eine Komposition von nichts als Riesenfiguren? auf einer zur Vorstellung ausgesonderten kleinen Ebne? lauter Unschickliches und Beleidigung des Auges! Malerei sucht also andre, geistigere Größen, der Phantasie, des menschlichen Urteils, der Bewunderung.

Größe in Musik: Wir haben schon vom Uneigentlichen derselben geredet, und ich verstehe Herrn Riedel nicht, wenn er die Progression für ein vorzüglicher Mittel oder, wie er sagt, Hülfsmittel hält, Größe zu schildern; ich denke, Progression als solche gibt eigentlich gar keine Größe.

Aber die sukzessive und progressive *Dichtkunst*? In ihrem Mittel freilich sukzessiv; aber in ihren Gegenständen und Vorstellungen mehr als Bildhauerin, Malerin; Schöpferin ist sie da! und was für Größen kann sie nicht aus der Vereinigung aller Sinne der Einbildungskraft geben! In jedem einzelnen Moment groß, und in jedem von neuem groß, und durch das, was Longin αὔξησις nennet, hinzutuend; wie hoch kann sie nicht steigen! Wieviel Arten der Größe umfassen! Das große Thema „vom verschiednen Ausdruck der Größe in den Künsten und Wissenschaften“ ist, auch nach dem, was Herr Riedel davon geschrieben, noch ein neues, unberührtes Thema, und es war doch Thema seiner Abhandlung.

Nun lasset uns zurücksehen, was haben wir gefunden? Keine Erklärung und Entwicklung des Begriffs; keine Untersuchung der Arten des Gefühls; keine Bemerkung der Verschiedenheit der Künste in dem, was *Größe* ist; nichts gefunden als unverdauete Kompilation aus Longin, Moses und Gerard.

2

EINFÖRMIGKEIT UND MANNIGFALTIGKEIT

Wenn man in diese beiden Begriffe die Hauptidee der schönen Künste und Wissenschaften, die Schönheit, häufig aufgelöset hat, was sollte man bei diesem Abschnitte erwarten? Nichts minder als das Migniaturgemälde der ganzen Ästhetik und was im Koran der Wahlspruch Mahomets ist. Und wenn beide Begriffe aus der Seelenlehre schon von andern so reich erklärt sind, was sollte man in einer Theorie der Künste eher hoffen, als daß das Auge des Bemerkers von Kunst zu Kunst fliege und in allem aufsuche: *Einheit* und *Mannigfaltigkeit*, d. i. *Schönheit*. Daß es hier nicht geschehen, zeigen durchhin *Regeln* und *Beispiele*, *Beispiele* und *Regeln*.

Der Verfasser will den Satz verbeispielen, daß *Mannigfaltigkeit unterhalte, Einförmigkeit ermüde*, und hebt an: „Ein langes Gedicht in *einem* Tone mit Versen ohne Abwechselung, eine Satire mit einerlei Gemälden, eine Galerie von Gemälden, wo man nur eins sehen darf, um sie alle gesehen zu haben, ein Garten, dessen“ usw. Sind *die* Beispiele und so ausgedrückt nicht die treffendsten, wesentlichsten in einer Theorie der Künste? „Zu viel Mannigfaltigkeit ist widrig!“ Herr Riedel weiß kein Beispiel als Horazens Delphin im Walde und sein humano capiti cervicem etc., die beide nicht auf *eine* Meile hieher gehören! „Der Künstler soll Fruchtbarkeit, Gegenwart des Geistes und, weiß der Himmel, welche Talente mehr haben, um Mannigfaltigkeit in seine Werke zu bringen“, und der Theorist redet in Beispielen von keinem

Künstler, von nichts als Dichtern, von einem Homer und, schönes Paar! von einem Dusch, dem Sänger des Schoßhundes. Welche lächerliche Magerkeit, wenn er bei dem letzten ausruft: „Kann eine Handlung auf keine Art mannigfaltig werden: so ruft man eine Gottheit zu Hülfe!“ Kann Swifts Skribler oder sein Bathos schönere Regeln geben? Was für unausstehlich halbe Ideen, wenn „die ganze Würkung des Mannigfaltigen in schönen Künsten und Wissenschaften“ so verexempelt wird: „Der Maler wird mit der reichen bedeutenden Manier eines Raffael Nachdenken, mit dem gefälligen Kolorit eines Correggio Entzücken und mit der wahrheitsvollen Nachahmung eines Tizian Zufriedenheit — — —“ uswww. „Der Tonkünstler wird die Seele durch vieltönende Harmonien in das Ohr bannen und den übrigen Sinnen Stillschweigen gebieten, oder sie nur da empfinden lassen, wo es das Ohr erlaubt“ usw. Kann ein Tauber, Musikloser unbestimmter schwatzen als dieser Philosoph, der uns das, was Mannigfaltigkeit in den schönen Künsten würkt, genau und theoretisch entwickeln will? „Der Fehler, der der Mannigfaltigkeit entgegenstehet, soll Trockenheit und nüchternes Wesen heißen!“ Heiße er so, nur was sind hierüber die Gottschedischen und die Gelegenheitsdichter für Winkelzeugen? — — So unbestimmt und einseitig sind alle Beispiele und, da Regeln nur aus Beispielen gezogen werden,

zweitens auch *alle Regeln.* Ich bleibe bei dem deutlichsten, dem *objektiven* Teile, zuerst *von dem, der das Objekt liefert.* Der soll *Fruchtbarkeit* und *Gegenwart* des Geistes und *Biegsamkeit* und *Gelenkigkeit* und *Dauer* und *Munterkeit* haben, um *Mannigfaltigkeit* hervorzubringen; und was weiß ich nun zuerst oder zuletzt? Ist hier auch in der Regel Einheit und Mannigfaltigkeit? Keine unnütze Wiederholung? Keine Verworrenheit von Eigenschaften? jede so ausgeführt, daß man überall ihr Produkt, Mannigfaltigkeit, sehe? Nichts weniger, und so ist's *bei der Bestimmung des Objekts selbst.* Was *Einheit* und *Mannigfaltigkeit* sei, weiß ich aus mir selbst; was aber der Riedelsche Erklärungszusatz sei: „Verbergung der Verbindungsregel unter einem Kolorit, wodurch das Mannigfaltige noch sinnlicher und hervorstechender wird als die Regel selbst", weiß ich nicht. Und wenn Herr Riedel wieder hinzusetzt, daß „Kontrast, Progression, Mangel der Übergänge, Auslöschung der Zwischenideen, Umkehrung des Fortgangs, Verändrung der Stellungen, Mischung des Lichts und Schattens, Verschiedenheit des Kolorits usw. die Mittel dazu sind", so weiß ich noch weniger. Und das war der große Abschnitt der beiden Hauptbegriffe der ganzen Ästhetik.

3

NATUR, SIMPLIZITÄT, NAIVETÄT

So wie eine gewisse Natur in der Riedelschen Schreibart, wo diese nicht nachlässig wird, herrschet, so läßt sich auch dieser Abschnitt besser als die vorigen lesen. So wahr ist's, daß jedes Auge die Farben am besten untersucht, die dafür gemacht sind. — — — Nur was Natur, schöne Natur überhaupt in den Künsten und in jeder der Künste sei? die Frage ist hier im Abschnitt nicht beantwortet; der Verfasser kennet nur *eins, das Natürliche in der Bearbeitung, was die Mühe verbirgt*, und auch dies nur im Gesichtspunkt von *Gedichten*. Ist aber ein *Gedanke* allein unnatürlich? und allein unnatürlich, wenn er mit Mühe gesagt wird? Das Gezwungene soll die Ordnung und den Ausdruck der Gedanken betreffen: warum allein Gedanken? warum bloß Ordnung und Ausbildung? und welche Beispiele wieder vom Dichter, Schöpfer, Stümper, Pope? — — — Man siehet überall die enge einförmige Sphäre des Verfassers, die nicht „Theorie der schönen Künste" ist.

Bei dem, was *edle Einfalt, Simplizität* heißt, sagt Herr Riedel manches Gute; nur nichts allgemein gnug, und *das Naive* ist meistens ganz aus Moses. — — Endlich folgt eine Rekapitulation der Fehler dieser Begriffe, und sie ist eine Rekapitulation von Armut. Sind das alle Phänomene des Unnatürlichen, Gezwungnen, Erkünstelten, Überladnen, die der Verfasser anführt? aus allen schönen Künsten und Wissenschaften, zu einer philosophischen Theorie? und alle in der rechten Ordnung und Zusammenstimmung? — Einige Tropfen aus einem Ozean!

Kein Wort in der menschlichen Sprache ist vieldeutiger als Natur: unzählig sind fast die Irrtümer, Mißdeutungen, Zänkereien, die über φύσις, ὄν, ὑπόστἀσις, ἐντελέχεια, natura, forma substantialis, essentia, Natur, Stand der Natur in der Philosophie entstanden sind; und so vieldeutig ist dasselbe Wort auch in der Kunst und den Künsten. *Natur* bei der *Baukunst, schöne Natur* der Bildhauerei und Malerei; *Natur* im Tone, in der Kunst der Gebärden, in der Dichtkunst, welche Verschiedenheit! welche Vielbedeutung! *Natur* einer Kunst und *in* einer Kunst, welche Verschiedenheit — — die in einer Theorie durchaus bestimmt werden muß und hier durchaus nicht bestimmt ist; und das ist wieder Hauptbegriff der Ästhetik.

Über *naiv* will ich nicht streiten; ich bin aber auf Herrn Moses' Seite, daß es der Ausdruck eines Gedankens gleichsam durch Rede sei – auch eine naive Miene ist nur die, die was auf naive Art zu *sagen* scheinet, und also ein assoziierter Begriff. Doch solche Noten zu Noten, wie ekelhaft sind die!

4

LAUNE

Ich komme auf ein lockenderes menschliches Wort, das aber in eine „Theorie der Künste" und an diesen Ort so wenig hingehört als in die Geometrie; denn man sage doch, kommt Laune allen Künsten des Schönen zu? wie hoch schätzt man sie am Baumeister, am Bildhauer, am Maler, am Musikus? Ist sie, wenn sie auch allen zukäme, ein so *erster* Grundbegriff der Theorie, daß er unmittelbar nach Einheit und Mannigfaltigkeit, nach Natur und Einfalt stehen muß? Doch so geht's, wenn man ausschreibt. Simplizität riß aufs Naive hin, wo Herr Moses vorgearbeitet hatte, Naivetät auf Laune, wo andre vorgearbeitet haben, und die Überlegung, ob das hieher gehöre? gibt geduldig der arbeitenden Hand nach.

Laune und Humour, die Worte werden meistens für *eins* gebraucht: so braucht sie auch Herr Riedel und martert sich unter Engländern und Deutschen, Griechen und Römern, um ihnen Äquivalente aufzusuchen. Mich dünkt, die Mühe ist fürs erste unnötig. Ein so komplexes, vielfassendes Wort wird in der Entwicklung noch verworrener, wenn man ihm viele Halbsynonyme zur Seite stellt, deren jedes seine eigne Natur hat. *Humour* z.E. ist offenbar ein Nationalwort der Engländer aus ihrem Charakter, und man muß also, um es in seinen kleinen Nuancen bestimmen zu können, selbst Engländer sein, selbst britisch humorisieren können; kann Herr Riedel das? Sein Freund, Klotz, kann urbanisieren, recht römisch und fein horazisch urbanisieren, und urbanisiert in seiner „Bibliothek" noch alle Tage.

Ich bin ein Deutscher und frage also, was *Laune* ist, und da scheint das Wort in unsrer Sprache ursprünglich eine böse Bedeutung gehabt zu haben. *Launisch* ist noch ein Provinzialausdruck unter dem Volk, der mehr als *unwillig* und weniger als *zornig* und auf eine *eigensinnige Art unaufgeräumt* bedeutet. Allmählich bedeutete es mehr und ward ein Charakterwort eines *Launischen*, der seinen Kopf für sich hat; noch aber, wie man sieht, mehr böse als gut. Mit der Zeit ward's ein gleichgültiges Wort: man konnte *gute und böse Laune haben* oder ursprünglich in *gutem und bösem Laun* sein; und vermutlich, weil eine solche Unbeständigkeit dem beständigen Deutschen fremde vorkam, so ward dies Veränderliche jetzt Hauptbegriff. Man wunderte sich, daß man *launisch wie das Wetter, wetterlaunisch* und von so abwechselnder Art sein könnte, bis endlich, so wie sich diese abwechselnde Art, auch das Wort verfeinerte und einen *eignen Mann in Gesellschaft, in Denkart, in Schriften, im Betragen* usw. bedeutete; der Begriff ist hier zu untersuchen. Man siehet aus dieser Wortfamilie *zuerst*, daß in unsrer ernsthaften Nation und Sprache auch die *ernsthafte* und fast *mürrische* Laune ein früherer Begriff, *zweitens*, daß der Ausdruck eher eine Zeitbezeichnung der Veränderlichkeit — *jetzt* unaufgeräumt, *jetzt* lustig — als ein beständiges Charakterwort gewesen; und *denn*, daß das Wort ganz von gesellschaftlicher Natur und also eher im lebendigen Umgange als in Schriften zu suchen sei.

Ich will über diese Sprachbemerkungen nicht philosophieren, sondern nur hinzusetzen, daß im Englischen gerade das Gegenteil, nicht böse oder mürrische oder veränderliche

Laune, sondern der good humour Hauptbegriff sei – dieser habit of being pleased – – a constant and perennial softness of manner, easiness of approach and suavity of disposition, like that, which every man perceives in himself, when the first transports of new felicity have subsided and his thoughts are only kept in motion by a slow succession of soft impulses – – – a state between gaiety and inconcern – – the act or emanation of a mind at leisure to regard the gratification of another, und wie ein Brite diesen süßen Balsam des Lebens weiter beschreibt. Aus diesem Begriffe scheinen die feinern, rektifizierten Begriffe entstanden zu sein, die so viel Briten untersucht und noch mehrere Briten besessen haben.

Im weitesten Verstande bedeutet also *gute Laune* ein sich mitteilendes, aufgeräumtes Wesen und, in die Schriftstellerei verpflanzt, eine freie Art, allem, was uns in Herz und Sinn kommt, Lauf zu lassen, alles mit der ungezwungenen Leichtigkeit wegzusagen, mit der es uns einfiel. Das nennt Herr Riedel *komische* Laune, und *komisch* ist sie doch wahrhaftig nicht immer; nicht immer *lustig* einmal darf die *gute*, die der *mürrischen* und *ernsthaften* entgegengesetzte Laune sein; und wie weit ist noch *lustig* und *komisch* voneinander? Welches Kind kann hier Herrn Riedel nicht widerlegen?

Aber *komisch* ist noch nicht gnug; er fodert zu ihr *Unschicklichkeiten, Bisarrerien, Eigensinn* – der Mann mag wissen, was Ungezogenheit, nicht aber, was *Laune* ist. Ist nicht schon ein unverhohlnes freies Wesen, das auf seine aufgeräumte Art ohne Decke und Zwang spielet, gute Laune? was brauchen *Unschicklichkeiten, Bisarrerien* dazu? und was gar *Eigensinn* dazu? ich kenne nichts, was die gute und selbst die komische Laune mehr verdirbt! Sobald das Bestrebnis merkbar wird, abstechend vor andern vortreten und seine Rolle spielen zu wollen; sobald gar Unschicklichkeiten und Grobheiten dazukommen, um uns dies Eigentum sichtbar zu machen – weg ist die gute Laune aus Gesellschaft, aus Gespräch, aus Schriften und, ich nehme das Übertreibende, das die Bühne haben *muß*, aus, auch von der Bühne. Die wahre Miene der guten Laune ist, von keinem Eigensinn wissen; es nicht merken, daß sie gute Laune ist: so gefällt sie, so nimmt sie ein. Herr Riedel trifft also recht sehr die *gute Laune*, in seinen Schriften und in seiner Erklärung, wenn er sie in Unschicklichkeiten, in Bisarrerien, in Eigensinn, in einer Art von Komischem findet — recht sehr!

Das *Gegenteil der guten Laune* nennet Herr Riedel *ernsthaft*, und ich finde das Wort ebensowenig passend als sein Contrarium, *komisch*. Sie äußert sich nicht bloß *bei wichtigen Dingen, die uns durch ihre Folgen interessieren*, sondern eben bei gleichgültigen, nicht zu wichtigen am meisten; ja oft gar, daß sie die wichtigsten gleichgültig macht. Überhaupt drittens: was gibt in der Laune den Unterschied, *die Dinge*, über die sie sich, oder *die Denkart, in der* sie sich äußert? und auch was diese betrifft, *nicht in tragischen eigensinnigen Gesinnungen*, wer hat da je das Wort Laune gehört? Sondern kurz, die *unheitre, finstre Laune* ist ein unaufgeräumtes Wesen, was seinen Gedanken auf die eigne Art, wie sie gedacht werden, freien Lauf läßt. Sie ist also mehr als *ernsthaft*; nicht die *Dinge*, sondern die *Denkart*; nicht bloß *wichtige Dinge*, nicht *erhabne tragische Gesinnungen*, nichts minder als *Eigensinn* macht ihr Wesen — wie mißraten ist alles wieder!

So waren die beiden Gattungen, und nun der Hauptbegriff aus beiden gezogen? Der Sohn sieht seinen werten Eltern ähnlich. Herr Riedel fodert durchaus „Unschicklichkeit in den Gesinnungen, eine Art von Linkem in Äußerung derselben, und, was das ärgste, Eigensinn in der Abstechung!" Nichts von allem bei Laune überhaupt! Laß diese eine nicht gemeine eigentümliche Denkart sein, laß sie sich ohne Rückhalt äußern, laß sie nichts Abstechendes, keinen Eigensinn affektieren: laß das Gefallende in ihr nichts als eine sich frei äußernde originale menschliche Seele sein, so ist das nach unsrer Sprache schon *Laune*. Dieser Begriff nachher durch alle seine Arten, Charaktere und Schriftsteller durchgeführt, von einem Kopfe, der selbst Laune hätte und sich jedem Charakter der Laune anschmiegen könnte — ein solches Werk müßte an Lesenswürde gleich hinter einen Montaigne kommen. Ein Versammlungssaal aller eigentümlichen menschlichen Seelen, wo jede auf ihre Weise handelt — muß der nicht den eintretenden Lehrling bilden? und ergötzen? und selbst die Säfte seiner

Laune erregen? und ihm eine freie Seele und freie Hände machen, diese Seele zu äußern? — — — Doch wo gehört das alles hieher in eine Theorie der Künste? Der Humour kann freilich Dichter und auch ein Zaubermaler sein; aber auch ein Künstler in allen Künsten?

5

VOM LÄCHERLICHEN UND BELACHENSWERTEN

Der Theorist kommt immer weiter ab. Wo ist das Lächerliche und Belachenswerte in der Baukunst, Bildhauerei, Malerei, Tonkunst, was Regel des Schönen sei? Wo gehört also der Abschnitt hieher? — — Doch warum soll man es nicht einem Kinde übersehen, wenn es *anzubringen* sucht, was es gelernt hat; habe es nur was Rechts gelernt. — — Herr Riedel hat die Definitionen des Lächerlichen gesammlet und selbst einige lächerliche Definitionen hinzufügen wollen; er hat darauf ein großes Register von Arten aufgezählet, wie sich das Lächerliche äußert, und hinter eine jede wäre hinzuzuschreiben: *auf eine lächerliche Art*, das ist, *so, daß hier gelacht werden soll*; Herr Riedel hat also wenigstens viel Geräusch gemacht, eine Theorie des Lächerlichen zu liefern.

Ich bin des einzelnen Kunstrichtens und Ordnens und Korrigierens müde; ich setze also über den ganzen Schwall dieses Kapitels meine Gedanken überhaupt hin, die vielleicht einem künftigen Theoristen des Lächerlichen dienlich sein können. So wie das Lachen an sich eine Art von Erschlaffung und sanfter Erlassung der Seele ist: so ist seine Theorie schwerer zu finden als über einen angestrengten Zustand. Der Ausdruck einer sanften Bewegung ist schwerer als eines übertriebenen, eines in die Wolken wallenden Meeres.

Ein Teil dieser Theorie ist physisch, das körperliche Lachen, und gehöret nicht hieher. Ein andrer metaphysisch, das Lachen als vermischte Empfindung, wie es Herr Moses betrachtet; dies, sofern es zum Ausdruck der schönen Künste und Wissenschaften beiträgt, ist ästhetisch — hat Herr Riedel den Unterschied beobachtet?

Kein Tier lacht, und jener Philosoph definierte gar: der

Mensch ist ein Tier, was lachen kann. Ein menschliches Lachen soll also wohl nicht ohne Vernunft sein, und hieraus möchte wohl folgen, daß es eigentlich keine lächerlichen *Sachen* gebe, die man *Personen, Eigenschaften, Handlungen, Gedanken, Ausdrücken* gerade entgegensetzen kann. Was lächerlich sein soll, muß einem lebendigen und am meisten einem vernünftig sein sollenden Wesen inhärieren oder in Beziehung darauf gedacht werden. Keine Sache, als Sache, ist, wie nach Herrn Riedels Theorie, lächerlich.

Eine Person, als Person, ebensowenig; Eigenschaften, Handlungen in ihr können's sein – die Unterscheidung ist in unserm Autor wieder auszulöschen.

Das Lächerliche und Belachenswerte bestimmt Herr Riedel mühsam. Ein andrer, besserer Philosoph, bei dem selbst die tiefste Weltweisheit eine lachende Freundin wird, Kästner, macht nichts als eine Affenbetrachtung: „Man lacht über ein Ding, was närrisch ist und närrisch sein soll; man lacht aber ein Ding aus, was närrisch ist und klug sein soll oder will. – Der Affe ist ein Tier, über das man lachen muß; der Mensch ist ein Tier, das man auslachen muß." Hat uns der Affe nicht mehr gelehrt als der langweilige Philosoph?

Nicht alle Künste sind des Lächerlichen gleich fähig. In einigen lachen die Gegenstände; in andern hat der Künstler gelacht, da er sie schuf; beidemal lachen wir mit; aber beidemal sehr verschieden. Es gibt lachende Weise und altkluge Narren – wäre der Unterschied nicht weithinaus zu bestimmen?

Arten vom Lächerlichen herzuregistrieren, ist schwer und unmöglich. Der Humour, dieser böse Zauberer, launet, wie er will; und es wird oft lächerlich, zu bestimmen, wie er gelaunet habe? Riedel hat in seine meisten Artikel dieses Registers das weise Wort mit eingesetzt „auf lustige Art, drollicht, kurzweilig" usw., und in die andern, wo er's nicht gesetzt, muß es noch dazukommen. Hat da der geneigte Leser nicht lachen *gelernt*? Lächerlich ist drollicht und drollicht ist kurzweilig und kurzweilig ist lustig und lachen ist lachen.

Noch weniger können solche aufgezählte Arten „*Kunstgriffe* heißen, deren sich der Artist bedient hat, um das Lächerliche auszubilden". Der wahre Humour tritt Kunstgriffe und Regeln und Gesetze und Vorschriften unter die Füße, mischt Art in Art, Farbe in Farbe, und jetzt ist sein meister Ausdruck – Wurf des Pinsels, bei dem ihm ein Dämon geholfen haben mag! und kein steifer Kunstgriff, der sich in eine Regel auffangen ließe.

Am wenigsten endlich kann ein solches Totenregister für ein „Verzeichnis der Arten des Humours" gelten, wie Herr Riedel es zweimal zu nennen beliebt. *Art des Humours* muß einem Schriftsteller oder Künstler oder Gesellschafter aus dem ganzen Ton seines Werks, seines Gesprächs usw. abgehascht werden und nicht aus einem frostigen Beispiele. Ganze Miene der Person, ganze Gestalt eines Menschen, wer wird sie wohl aus dem kleinen Zehe, der unter der Decke hervorsieht, lernen?

Ja endlich taugt eine solche Topik aus einzelnen Exempeln, und wenn es auch tausend wären, durchaus nichts, um die *Arten des Humours* kennenzulernen. Während der Energie eines Werks klassifizieren und zählen „halt! das war ungereimte Vergleichung! und jenes Vergrößerung der Handlung und dies – – –", o des trocknen Deutschen, der also lieset! Sein Lineal und Senkblei in der Hand, seine feuchte Wasserwaage im Kopfe, mißt er Disproportionen, statt das Lächerliche, das daraus entspringt, zu fühlen. Er lacht also nicht herzlich mit: er entfaltet die lächelnde Miene der bezaubernden Schöne, und siehe! sie wird häßliche Runzel. Die meisten Klassenbeispiele lassen sich bei Herrn Riedel nur mit Gähnen lesen. Man sieht, der lustige Philosoph hat nicht lachen wollen, um zu wissen, was lachen sei? und da er's zu wissen glaubt, da er mit dem lustigen Fachwerk, von Antiklimax, Sneer, Reduktion, Disproportion usw. aufgeschichtet, antrabt: so kitzelt er sich jedesmal wieder mit einem Beispiele, um zu wissen, ob er auch würklich lachen könne?

Nicht anders als eben auf dem entgegenlaufenden Wege können die wahren Arten des Humours bestimmt werden. Sich jedem Eindruck, jeder Laune eines Schriftstellers ganz zu überlassen; nicht bei einzelnen Bilderchen zu klassifizieren, sondern sich ohne kritische Arglist und Gefährde in den Ton desselben von Herzen hineinzulachen; alsdenn auf den ganzen Ton gemerkt, und er wird sich in ein inniges starkes Wort, in einen vielsagenden Ausdruck hineintreiben: der wird Charakter, der ist Art des Humours. So charakterisiert Lessing, Gerstenberg, Sonnenfels: wer wird das aber von unsern Gottscheden und Schönaichen, von unsern Klotzen und Meusels erwarten?

Daß es Herrn Riedeln an einer solchen Charakteristik nicht fehle, zeigt sein Brief über die Schriftsteller des Lächerlichen in seinem Werkchen über das Publikum; das einzige Lesbare im ganzen Buche. Er schichtet und ordnet nicht nach Gemeinörten, sondern nach Klassen der Genies, und soviel ich sonst im einzelnen dagegen hätte, schätze ich ihn an Methode über diese Topik weit über. Nur mein lieber Waser sollte keinen so schiefen Seitenblick bekommen, dessen Laune gewiß nicht unglücklich ist, da wir Deutsche noch immer wenig Schriftsteller von Laune haben. Seine moralischen Urteile haben von Lessing selbst ihr Lob erhalten; sein Paar Briefe in der Langischen Sammlung zeigen, daß Humour Wendung seines Kopfes sei; und denn auch selbst seine Übersetzung des „Hudibras“ in eine fremde Sprache, in eine Prose, in die Sprache eines zierlichern Volks und einer gezwungenern Zeit — — selbst Engländer verwundern sich, daß sie so weit geglückt ist, und uns wird's schon zu lange, in ihr Spuren eines deutschen „Hudibras“ zu loben?

Nicht einen Akzisezettel der Manieren des Lächerlichen — wie? wenn uns jemand in die volle süße Gesellschaft aller lustigen Humoristen führte; eine Versammlung aus allen Zeiten und Nationen und Arten, lachend oder mit verbißnem Lachen ernsthaft; sanftlächelnd oder „die Hände gestemmt in keuchende Seiten“; bäurisch oder bürgerlich oder romantisch; albern kluge oder altkluge Narren, possierliche Gesichter oder ihre Masken — alle unterhaltende Gecken und lachende Musen von der Welt Ende. Die Chöre der Satyre, die ihrem Genius Blumen und Wein opferten, mit den Gaukeleien der Wilden zusammengeschlungen, bei denen der Spott aus dem Schlamm roher Natur wächset wie eine Blume aus dem Fette der gesunden Erde. Die Satyre gesitteter Völker von ihren Leuteschändern, den Aristophanen, bis auf ihre ironische Sokraten und spottenden Lukiane, von ihren lüderlichen Plautus bis zu ihren höflichen Terenzen und den Horazen der Urbanität, von einem riesenmäßigen Ariost bis zu allen kleinen Affen der Komödie, von einem Rabelais bis zum Narren Scarron, von Molière bis zum leutseligen La Fontaine – Britanniens unzählige Humoristen, Swift auf seinem Huynhoum und Tristram auf seinem Steckenpferde, Hudibras auf seinem Gaul und Young auf seinem Centaur, Don Quichotte auf seinem Rosinante und Don Sylvio bei seinem Buttervogel; vom episch komischen Dichter bis zum Romanlügner, zum Harlekin; ich lasse sie alle durcheinanderlaufen; jeder indessen nach seiner Art. Wenn nicht alle gleich belustigend, gleich merkwürdig, gleich artig, gleich für mich, alle aber wert, daß man auf ihre Mienen und Gaukeleien merke und nicht Gedichtarten, Klassen, Regeln, Gemeinörter, sondern Launen, Launen, menschliche Seelen studiere. Wer wird sich da mit dem deutschen Übersetzer des Shakespeare darüber ärgern, daß seine Narren und Totengräber keine Hymnen singen? Wer wird sich da, um den Geschmack eines jungen Herrn von Stande zu bilden, Hudibras in Miltons Silbenmaß übersetzen? Über Wielands komische Erzählungen ein πρότερος ἔξιθι ausrufen, weil sie nicht mehr Empfindungen eines Christen, und mit dem unsterblichen Nachtwächter Young es beklagen, daß Swifts Huynhoums keine frommen Einsiedler sind. Jeder sei, was er ist; im brausenden Getümmel finde ich Unterhaltung, laure in einem Betrachtungswinkel mit der Sternischen Miene: wer jeder sei? wer er sein wolle? sehe Launen, studiere Menschen! Setze dich neben mich, mein Freund, und du wirst hier, winkelaus, Welt, Zeitfolge der Sitten und des Geschmacks, die Falten und Runzeln des menschlichen Herzens, die Steckenpferde der Leidenschaften und Neigungen, die Schattierungen von Völkern, Geschlechten und Ständen mehr kennenlernen als, das versichre ich dich! die Welt aus deinen neunundneunzig deutschen Wochenblättern, das menschliche Herz aus den Nutzanwendungen deiner Postille und den Geschmack der Völker aus Klotzens Münzarchiven – – Mein Scherflein halte ich also für den Eintritt in dies Concilium fertig; wo ist ein Möser, der sich nicht schämt, es uns zu öffnen!

6

ÄHNLICHKEIT UND KONTRAST

Fast gehe ich hier lieber mit Herrn Riedel auseinander. Bei drei Materien, die zum Unglück nicht in seine Theorie gehören, Naivetät, Laune, Lächerliches, war er doch noch zu lesen; nun aber *Ähnlichkeit, Kontrast* — sobald es wieder auf Kunstmaterien, auf wesentliche Begriffe seiner Theorie kommt, sobald ist er kaum mehr erträglich.

Ähnlichkeit will er hier von *Nachahmung*, die er im folgenden Kapitel nimmt, unterschieden wissen, und man sehe, ob er sie unterscheidet? Er will bloß von Vergleichung der zusammengestellten Gegenstände reden und schnappt immer auf Vergleichung mit dem Urbilde über — weiß der Mann, was er schreibt? Zudem, *Ähnlichkeit*, wenn sie von *Nachahmung* unterschieden werden soll, gehört sie hieher oder unter den spätern Abschnitt von Zusammenstellung in einer Komposition oder gar unter den Hauptbegriff der Einheit und Mannigfaltigkeit? Und denn, ist eine solche Ähnlichkeit: „wir haben kaum zwei Objekte empfunden und überdacht, so wissen wir auch schon ihren Unterschied aufs genaueste anzugeben", dies Spiel von Vergleichungen, Ähnlichkeiten und Kontrasten, ist's Hauptquelle des Vergnügens in den schönen Künsten? Hauptbeschäftigung des Virtuosen? Hauptzweck des Künstlers? Ist's also ein Begriff, der hieher, in eine Theorie, noch vor die Abhandlung von Nachahmung und Illusion hingehört? — Elender, elender Theorist! er tritt vor das Gemälde, vor die Bildsäule, nicht um Energie der Kunst, Schönheit, Ausdruck zu fühlen, sich in einen Traum der Täuschung zu versetzen und dem Künstler nachzuempfinden; nein! er jagt kleinen Ähnlichkeiten nach, er hat fremde Vergleichungen im Kopfe: „er hat kaum zwei Objekte empfunden, so weiß er schon ihren Unterschied aufs deutlichste anzugeben"; er macht sich Ehre daraus, die Anstrengung des Geistes zu zeigen, daß er „kleine unmerkliche Unterschiede sinnlich machen könne"; „jemehr Mühe die Vergleichung kostet, desto angenehmer ist sie ihm!" Elender Theorist! er weiß nichts vom ruhigen Kunstgefühl und wesentlichen Kunstgenusse.

Sein Witz sucht Spiele der Vergleichung, sein grübelnder Scharfsinn Punkte des Unterschiedes, er wird Scholastiker, da er Virtuose sein sollte, die Arbeit des Künstlers ist für ihn verloren.

Ich meine jedes Künstlers von *Baukunst bis auf Poesie.* In allen Künsten kann Nachahmung der Natur Zweck gewesen sein; die ist's aber, die unser Theorist nicht abhandelt. Er schreibt Homen ab, der von Aufsuchung fremder Ähnlichkeiten redet, die in einer Theorie gerade alle Würkung der Künste stören. Denn selbst in der Poesie sind die Gleichnisse und Allegorien nicht an sich vergnügend und in der Mühe, die sie geben, entwickelt zu werden, Hauptzweck des Dichters, sondern – und wer weiß das nicht? um diesen und jenen Gedanken anschauend zu geben, lebhafter, sinnlich zu machen; nicht aber einen elenden Witz zu üben, um die Mühe der Anstrengung selbst zum Zwecke zu machen – welche elende Kunst eines Lullius wäre das! Das ganze Kapitel geht also ein: keine Phänomena, die der Autor aus diesem Spiel von Ähnlichkeit erklären will, lassen sich daraus erklären; nicht Myrons Kuh, nicht eine farbichte Statue wie in diesem, nicht die Grenzen zwischen Nachahmung und Ideal, wie im ersten Teil dieser „Wälder“ gezeigt ist. Der Begriff von Kontrast endlich gehört bloß in ein spätes Kapitel von Zusammensetzung vieler Figuren; im ganzen Kapitel ist kein gesunder Begriff wie im ganzen Buch keine Ordnung!

7

NACHAHMUNG UND ILLUSION

Illusion hat zu deutsch den guten Namen *Täuschung*; allein so wie diese dem Künstler und Dichter schwer zu erreichen, so ist auch dem Weltweisen derselben ihre Göttlichkeit schwer zu bestimmen. Und da jeder Künstler und jeder Dichter seine eigne Zauberei hat, in diese Träume zu wiegen, und jedesmal diese Träume anders sind: so versteht sich das, was Riedel nicht verstanden, daß jeder Zustand der getäuschten Seele in jeder täuschenden Kunst aufgesucht werden muß.

Wenn *Baukunst* am wenigsten illudiert, weil sie nichts Lebendiges nachahmt: wie soll ich das Staunen nennen, das ihr erster Anblick gibt, und das lebhafte Bild nennen, das sie zuletzt in der Seele zurückläßt? Das wäre ihre Illusion. Wenn *Bildhauerei* den Anblick einer lebendigen Natur gewährt, wenn ich im Gefühl meiner Einbildungskraft endlich keine Bildsäule mehr, sondern als ein zweiter Pygmalion eine Elise zu umarmen glaube: wie heißt diese Täuschung besser als *Gefühl einer lebendigen Gegenwart*? Nur muß man freilich nicht dies Gefühl durch Bombast ausdrücken wie unser exempelgenaue Theorist, z. E.: „wir sehen Laokoon, und wenn er seinen Schmerz zu verbeißen scheint: so bricht dieser bei uns desto heftiger hervor"; ist das wahr? ist das die eigentliche Täuschung der Skulptur? oder ist's Galimathias: „weint er nicht, so weinen wir! und weinen wir nicht, so weint er"! — — Die Täuschung der *Malerei* ist falsch, wenn sie Anstaunen würken will; sie ist Trug einer kleinen existierenden Schöpfung und vielleicht im eigentlichsten Verstande *Illusion, Äffung*. Die Täuschung der *Musik* endlich ist *Rührung, Entzükkung*; in ihrem höchsten Grade möchte ich's *süßen Wahnsinn* (ich bitte die Witzigen meiner Herren Kunstrichter, es von ihrem *Wahnwitz* zu unterscheiden) und in der *Tanzkunst* der Alten, der höchsten *Täuschung* in der Welt, *Bezauberung* nennen; man untersuche jede Illusion, und man wird sie von andrer Art finden.

Poesie borgt von allen Künsten und also auch von allen Illusionen. Jetzt, bei einem einzelnen ganzen Gegenstande, ist ihr Trug *phantastische Gegenwart*; jetzt, bei einer Malerei von Bildern, *Leben der Anschauung*; jetzt, bei einer Folge und Melodie von Vorstellungen, *Aussichreißung, Entzükkung;* jetzt, bei dem höchsten Grad der Sinnlichkeit, *Bezauberung.* So hat jede der großen Dichtarten eben auch ihre Täuschung: die *Illusion* eines poetischen *Gemäldes*, die phantastische *Gegenwart* des *Drama*, die *hohe anstaunende Anschauung* der *Epopee*, die *singende Entzückung* der wahren *Ode*; jede derselben hat ihre Art, ihre gleichstimmige menschliche Natur und ihre bequemere Zeit gehabt, die sie hervorbrachte — — —

Doch ich träume in meiner philosophischen Täuschung fort und vergesse, daß mein Theorist nichts von alledem gesagt hat: sondern seine Illusion in solcher Verwirrung wie alles abhandelt. — — Und wahrhaftig, weiter kann ich ihm nicht nacharbeiten! Seine Abschnitte vom *Neuen, Unerwarteten, Wunderbaren*, von *Wahrheit, Wahrscheinlichkeit* und *Erdichtung*: wie weit, wie weit müßte ich aufräumen, um diesen Begriffen in einer Theorie der schönen Künste und Wissenschaften ein Gnüge zu tun und eine poetische Rhapsodie zu korrigieren. Und wenn er sich denn mit eins wieder auf *Licht, Schatten und Kolorit* stürzt und gleich anfängt, einen *Firnis* des Plinius (Apelles absoluta opera atramento illinebat ita tenui, ut id ipsum repercussu claritates colorum excitaret), den Apell seinen *vollendeten Gemälden* gab, für ein Beispiel zur Mischung von Licht und Schatten und Kolorit zu erklären und damit beweiset, daß *helle Farben* in einen Kontrast von dunkeln müßten gesetzt werden, und denn eine unverdauete Theorie des Lichts aus der Malerei herlallet und sie in lauter Phöbus und Bombast auf die schönen Künste überhaupt anwendet — wer kann ihm da folgen? „Ohne eine Mischung von Licht soll nichts anschauend gedacht werden können", und das soll Seneca sagen! „Selbst bei Gegenständen, die durch ihre Dunkelheit erhaben werden, ist noch immer ein gewisser Grad der Erleuchtung nötig, wodurch die Dunkelheit *sinnlich und abstechend* wird"; das ist in dem Kapitel von der Erhabenheit bewiesen. „Ohnehin ist jede Empfindung ein Ganzes, aus Licht und Finsternis zusammengesetzt"; wer's nicht glauben will, lese den „Versuch über die Empfindungen". „Und überhaupt selbst die Schönheit besteht in einer Mischung von Klarheit und Dunkelheit", siehe Moses' Briefe „Über die Empfindungen", und man höre die Folge! „So wird sich der Artist gewiß von den allgemeinen Gesetzen der Menschheit nicht ausschließen und — unter das Lebhafte in seinen Werken — immer denjenigen Schatten mischen, welcher — nötig ist, wenn — jenes soll empfunden und mit Vergnügen empfunden werden." Denn „was das Helle für das Gesicht ist, das ist die Klarheit für die Seele, und Finsternis ist der Mangel der Klarheit, und Klarheit in einem hohen Grade ist Lebhaftigkeit, und

Lebhaftigkeit ist in jedem Werke der Kunst nötig — sollte es *auch nur* wegen der Täuschung sein, die ohne Lebhaftigkeit der Ideen nicht erfolgen kann — das Original ist immer schon durch sich selbst lebhafter als die Nachahmung" (das heißt nun nach dem Zusammenhange des Vorigen, es hat in einem größern Grade Licht, Klarheit, und was weiß ich mehr? und nun höre man das Beispiel:) „Denn, wenn ich die geschnittenen Steine des Stoschischen Kabinetts in den Picartschen Stichen betrachte: so wünsche ich wenigstens, die Pasten zu sehen; wenn diese, so das Original; und denn möchte ich immer den Maecenas, Sokrates usw. selbst sehen!" Solch Zeug füllt nun in der „Theorie der schönen Künste" das große Kapitel von Licht und Schatten und Kolorit! Lieber Pasten als Kupferstiche, weil jene mehr Licht, weniger Schatten, folglich mehr Lebhaftigkeit haben; lieber Steine als Pasten, weil jene mehr Licht, weniger Schatten, folglich mehr Lebhaftigkeit haben; lieber Menschen als Steine, weil jene mehr Licht, weniger Schatten, mehr Lebhaftigkeit haben, und Lebhaftigkeit ist jedem Werk der Kunst nötig, sollte es *auch nur* der Täuschung wegen sein, die ohne Lebhaftigkeit nicht erfolgen kann. O Wirrwarr! Wirrwarr! Und so ist das ganze Kapitel, so das ganze Buch. — — „Schicklichkeit und Anstand, Würde und Tugend; Pathos und Interesse, *Grazie* und *Figuren; Zeichnung* und *Folge sinnlicher Ideen; Ausdruck* und *das Mechanische*, Genie und Geschmack" — welcher Schwall, welche Unordnung! wer mag ihn aufräumen? wer mag ihn durcharbeiten? Ich bin die Kapitel nur durchflogen; Leser! danke es mir, daß ich nicht weiter kann: im Innern noch mehr Schwall, noch mehr Unordnung. Herr Riedel mag ein leichter, fähiger, geschickter Kopf sein; er mag auch in diesem Buch gute Sachen hie und da hingestreuet haben: wer mag sie suchen? wer kann sie finden? Ein Lehrer der schönen Künste und Wissenschaften ist er so wenig als Eulenspiegel ein Maler: er kleckt uns eine Menge Begriffe hin, ohne Richtigkeit, ohne Kenntnis, ohne Ordnung, ohne Fruchtbarkeit. Seine ganze Theorie ist *ohne Data des Schönen in Wissenschaft und Kunst, ohne Unterscheidung dieser Erscheinungen, ohne alle Bestimmtheit der Begriffe, ohne gnugsame Weite und Anpassung der Ideen und Beispiele*, ohne *Plan und Ordnung in Teilen* und *im Ganzen, kurz ohne alle Kenntnis und Sinn des Schönen*: unter allen bisherigen Theorien (ich nehme selbst Lindners Lehrbuch nicht aus!) die *elendeste*, die *verderblichste*, und ach für unsre Zeit die gelobteste, die tiefsinnigste, die stolzeste, die vollkommenste!

BESCHLUSS

In Griechenland war's Patriotismus, wenn dieselbe Hand, die die Verdienstvollen des Vaterlandes erhob, die Bildsäulen der Tyrannen niederstürzte, und in einer Zeit des Verfalls ist's ebensowohl Patriotismus, die sinkende Philosophie zu erheben und die schreiende Unwissenheit zu entlarven — was schadet es, wenn diese, die gegen so viele ihre Stimme erhoben, auch meinen Schatten anbellet? Ich sage, meinen *Schatten*, nur schade! daß damit der Name eines ganz andern Schriftstellers gemißbraucht und seine Person, sein Amt, sein Stand von Niederträchtigen niederträchtig mißhandelt wird! Womit kann ich's diesem Unschuldigen ersetzen, daß ich zu solchen Mißhandlungen unschuldigerweise Gelegenheit gegeben?

Meine „Wälder" haben keine Ordnung, keine Methode: und wann wäre dies bei Wäldern eine Schönheit? Nach gewissen „Zeitungen" und „Bibliotheken" hat ihr Verfasser kein kluges Wort darinnen gesagt; und nach gewissen „Briefen" hat er weder Griechisch noch Latein buchstabieren können; die Folge und eine zweite Auflage wird es zeigen. Einige Mißverständnisse, Wiederholungen, Fehltritte und zu rasche Züge ausgelöscht, andre Züge verstärkt, ergänzt, vermehrt, und ich hoffe, daß meine „Wälder" nicht unfruchtbare und unangenehme Sammlungen für den Liebhaber der Philosophie des Schönen sein werden. Das soll meine Antwort, das soll mein Triumph sein! Denn soll die unparteiische Nachwelt gewisse literarische „Briefe" zur Hand nehmen, um mich zu lesen und zu richten.

Bei allem aber stiehlt sich zum Ende meiner Arbeit ein Seufzer hervor! Wie klein ist's, sich zum Werke und noch mehr oft zum Ton kleiner Leute herablassen zu müssen! Wie erniedrigend, sich nach einer schlechten mikrologischen Zeit zu bequemen, um einer bessern Platz zu machen! Was habe ich geliefert, das auch, wenn Zeitverbindungen zerstäuben, noch daure, noch bleibe? Und wieviel hätte ich nicht zu tun, zu liefern? – Muse! das sei also die Laufbahn meiner Arbeiten! Zur Gedankenreihe menschlicher Seelen was hinzuzufügen oder zu schweigen, lebend verdient zu werden und zu sterben. Italien, Frankreich, England haben ihre Jahrhunderte groß und glänzend gemacht, Deutschland fing an, sie zu übertreffen, und wie? es will wieder in antiquarische und scholastische Mikrologie versinken? und ich versinke mit ihm?

PARALIPOMENA

[ÄLTERES WÄLDCHEN]

[I]

Der Plan, nach welchem Herr Winckelmann seine vortreffliche Geschichte der Kunst ausführen wollen, ist nach seiner eignen Angabe dieser, und ich gestehe es, daß in einem neuern Buch solch eine Angabe selten so groß ausgeführet worden. „Die Geschichte der Kunst des Altertums ist keine bloße Erzählung der Zeitfolge und der Veränderungen in derselben, sondern ich nehme das Wort *Geschichte* in der weitern Bedeutung, welche dasselbe in der griechischen Sprache hat, und meine Absicht ist, einen Versuch eines Lehrgebäudes zu liefern."

Ich will es gewissen Philologen meiner Nation überlassen, die Stellen so mancherlei Bedeutung aus einigen Registern und Wörterbüchern zusammenzulesen. Kurz und gut! daß das Wort *Historie* seinem griechischen Ursprunge nach „Besichtigung, Kenntnis, Wissenschaft" heißen kann, und eine solche ist ja auch eine rechte Erzählung geschehener Dinge.

Aber ein Lehrgebäude? Haben die Griechen so etwas an der Geschichte erbauen wollen? Läßt sich so etwas erbauen, so daß das Werk immer Geschichte bleibe? – Zu meinem Zwecke gilt es mir noch bei der Geschichte gleich, ob sie eine Erzählung von verwickelten Begebenheiten oder von einfachen Produktionen, ob von datis oder factis sei? Selbst eine Geschichte der Gedanken, der Wissenschaft, der Kunst eines Volks und vieler Völker ist, so einfach der Gegenstand sein möge, immer eine Geschichte von Begebenheiten, Handlungen, Veränderungen: und wenn also *ein* Geschichtschreiber, so muß auch jeder alsdenn ein Lehrgebäude in seiner Art liefern können.

Und warum sollte er's nicht liefern können? Jede Begebenheit, jedes Factum in der Welt ist auf seine Art *ein Ganzes*, ein Ganzes, das zum Unterricht dargestellt werden kann: was ist also eine solche helle Darstellung, eine vollständige Beschreibung darüber zum Unterricht anderer als ein historisches Lehrgebäude. Jede Begebenheit, jedes Factum in der Welt hat seine Gründe und Ursachen, die sein Wesen gleichsam erzeugten; es hat auch Folgen seines Wesens, und eine Beschreibung dessen, was anders als ein historisches Lehrgebäude? Jede Begebenheit endlich ist bloß ein Glied einer Kette, sie ist in den Zusammenhang mit andern eingeflochten, sie ist in dem Zusammentreffen der Weltdinge durch Anziehung und Rückstoß würksam – ein Plan dieses Zusammenhanges, dieses Weltsystems von Würkungen – er nicht ein historisches Lehrgebäude? Ein Geschichtschreiber von dem Umfange nicht ein Philosoph? ein pragmatischer Systematikus?

Mehr als zu gerne! und unter allen Philosophen, Lehrbaumeistern und Systematikern wäre ein solcher Philosoph der Welt für mich der Erste, der Größte, wenn er wäre. Aber eben seine Größe macht, daß ich sein Gesicht nicht erreichen kann; ich schlage also die Augen nieder und will lieber denken.

Wenn die Geschichte in ihrem einfachsten Sinne nichts als eine Beschreibung einer Begebenheit, einer Produktion wäre: so ist die erste Anfoderung, daß die Beschreibung *ganz* sei, die Sache erschöpfe, sie uns von allen Seiten zeige. Schon der Annalist, der Memoirschreiber wird zu dieser Vollständigkeit verbunden und so also im einzelnen Verstande zu einem „Lehrgebäude“ verpflichtet. Im einzelnen Verstande freilich. Hier ist ein bloß einseitiger Gesichtspunkt fehlerhaft, eine einseitige Abzeichnung desselben verwerflich. Sein historisches Datum sei ihm ein Gebäude, um welches er von allen Seiten umgehe, das er von allen Seiten zeichne. Ich wollte aber den Geschichtschreiber sehen, der auch nur hierin alle Vollkommenheit erreichen *könnte.* So unmöglich ein ganzer Körper ohne Projektion aus einem Gesichtspunkt wahrgenommen, auf einer Fläche vorgestellet werden kann, wie er ist: so unmöglich für den Annalisten und Memoirschreiber, aus seiner Sache, und wenn es auch die wichtigste wäre, und wenn auch seine Auseinandersetzung des Details nichts minder als weitschweifiger Überfluß wäre, ein historisches Lehrgebäude machen zu können. Nur immer, auch nur einzeln, auch nur dem äußern Anschein nach, der *Versuch* eines Lehrgebäudes, und der ist schon gnug!

Gnug für uns einseitig sehende Menschen; aber nicht gnug für seine vielseitige Sache; und wie weniger gnug für das *Innere* derselben, für die Ursachen ihrer Entstehung, für den Zustand des Wesens! Hier hört das historische Sehen auf, und das Weissagen gehet an. Da ich Ursache als Ursache und Würkung als Würkung nie sehen, sondern immer schließen, mutmaßen, erraten muß; da in dieser Schlußkunst nichts als die Ähnlichkeit der Fälle meine Zeugin und also mein Scharfsinn oder mein Witz, diese Ähnlichkeit zwischen einander, diese Folge durch einander zu finden, mein einziger Gewährsmann der Wahrheit ist; da dieser Gewährsmann aber nichts als *mein* Scharfsinn, *mein* Witz, folglich ein trüglicher Zeuge und ein Prophet der Wahrheit vielleicht nur *für mich* und einige meiner Brüder sein kann: so siehet man, daß der Geschichtschreiber und der Philosoph der Geschichte nicht völlig auf einem Boden stehen. Stellet zween Zuschauer mit einerlei Sehrohr an eine Stelle, und sie werden so ziemlich einerlei sehen; aber über das Gesehene urteilen, schließen, mutmaßen – nicht mehr so völlig einerlei. Jener sucht die Ursachen der Begebenheit wer weiß wo? und wie anders? und da und so anders findet er sie auch – Jener und dieser, jedweder nach der Lage seines Kopfs, nach dem Hausrecht seines Scharfsinns und Witzes. Vollends endlich die Würksamkeit der aufgefundnen Ursache, das Mehr und Weniger ihrer Würksamkeit, das kann kein Mensch sehen; das muß jeder schließen, vermuten, raten. Nicht also der eigentliche Geschichtschreiber, nicht der Zeuge des Gesehenen ist's, der die Ursachen angibt und abwäget, warum und wiefern etwas daher entstanden sei? sondern niemand anders als der Raisonneur über die Geschichte, der, mehr oder weniger wahr, mehr oder weniger gewiß, mehr oder weniger wahrscheinlich, Gründe aufsucht und das Band zwischen Grund und Folge abmißt und fortleitet.

So soll also der Geschichtschreiber kein Raisonneur, oder warum so verächtlich? kein Philosoph der Geschichte sein?

Nicht so geschwinde, mein Leser, so weit sind wir noch nicht. Ich will kein historischer Zweifler sein und überlasse unserer neuen Historischen Gesellschaft die wichtige Untersuchung: „wiefern ist in Dingen der Geschichte der sensus communis des Urteilens bei Menschen von verschiednem Stande und Lebensart, noch mehr aber von verschiedner Mischung der Seelenkräfte und am meisten von verschiedener Erziehung und Modifikation derselben noch einerlei? Wie weit kann die Laune eines Kopfes gehen, auch in der Geschichte seine Lieblingsaussichten und Lieblingsursachen zu suchen? Wie viel kann die Laune dazu beitragen, in dem, was ich suchte, auch das zu finden, was ich finden wollte, und je mehr desto besser zu finden? Wie weit die Überredung sein selbst, Erfahrung und Urteil zu verwechseln, zu glauben, als wenn man sähe, und zu vernünfteln, als wenn man das, was Meinung ist, empfände. Wie sehr kann die Eigenheit unseres Denkens uns an diese und jene Aussichten binden und eine gewisse Lage der historischen Seele uns zur bequemsten, nachher zur notwendigen, endlich zur einzigen machen? Hieraus in psychologischem Maß und Gewicht die Bestimmung der historischen Gewißheit und Wahrscheinlichkeit! Hieraus der Unterschied zwischen — (und dies letzte Hieraus ist eigentlich für mich) hieraus *der Unterschied zwischen Geschichte* und *Urteil, Geschichte* und *Lehrgebäude.* Geschichte muß man glauben, was aber auch nur an ihr Lehrgebäude sein möchte, untersuchen."

Was aber an einer Geschichte Lehrgebäude sein kann, ist nicht bloß der Zusammenhang zwischen *einer* Ursache und Würkung, das Abwägen jeder einzeln Ursache und Würkung, sondern endlich drittens das ganze Zusammenordnen vieler Begebenheiten zu einem Plan, zu einer Absicht, das ist Lehrgebäude. Wie nun? ohne diesen Plan, ohne diese Zusammenordnung der Begebenheiten zu einer Absicht, kann da wohl nach unsrer Theorie der Geschichte ein wahrer Historikus par excellence bestehen? Der bloße Erzähler ist ein Annalist, ein Memoir-, ein Zeitungsschreiber; der Vernünftler über die einzelne Erzählung ist ein historischer Raisonneur; aber der Zusammenordner vieler Begebenheiten zu einem Plan, zu einer

Absicht: der ist, sagt unsre historische Kunst, der ist der wahre historische Künstler, der Maler eines großen Gemäldes von der trefflichsten Komposition: der ist historisches Genie, der ist der wahre Schöpfer einer *Geschichte*! Und ist das, so ist Geschichte und Lehrgebäude eins!

Sehr gerne! *Schöpfer, Genie, Maler* und *Künstler* der Geschichte; aber mein einfältiger Verstand, der vom Sokrates gelernt hat, sich zum Begriffe einer Sache Zeit zu nehmen, ist noch so weit hintennach, daß ihm die erste Frage wieder einfällt: der historische Schöpfer, der sich eine Welt von Begebenheiten dachte, ihren Zusammenhang verflochte und nach diesem Plan eine Geschichte schuf, wieweit ist der noch *Geschichtschreiber*? Man siehet, ich bin also wieder beim großen A.

Und da ich nicht Gedächtnis gnug habe, alle historische Regeln von Lukian bis auf Abbt und Gatterer mir gegenwärtig zu machen, da überdem doch Muster der Geschichte eher gewesen sind als Regeln der Geschichte, was gülte es, wenn ich zu einigen der ältesten Muster hinanspazierte und untersuchte, wiefern ihre Geschichte Lehrgebäude war. Da also der Vater aller, wenigstens aller griechischen und römischen Geschichte, Herodot.

Herodots Geschichte, so verworren sie auch scheinen möchte, so ist sie doch mit ihren Episoden und Übergängen ein zusammengeordnetes Gebäude: so künstlich, als nur immer in Ägypten die Hand des Dädalus ein Labyrinth anlegen konnte, das in der Idee des Künstlers gewiß nicht Labyrinth war. Einigermaßen hat Gatterer dies neulich gezeiget und in der Zergliederung (ich rede nicht von der Anwendung auf unsere Zeiten) den Standpunkt sehr wohl getroffen, in dem Herodot schrieb und gelesen werden muß. Noch ein Sohn des Zeitalters, das an Gesänge und Homeriaden gewohnt war, arbeitete er auch seine Geschichte wie ein ineinandergreifendes Carmen hinunter, legt nach Art der Epopeen ein Thema zum Grunde, das er mit Episoden und Einschaltungen, beinahe als ein historischer Rhapsodist ausführt: „Das von den Persern befreiete Griechenland will ich besingen!“ Zu diesem Thema nimmt er so viel aus seiner Vor- und Nebenwelt mit, als zur

Ausführung desselben erforderlich sein mochte. Hat er also nicht seine Geschichte halb als eine historische Epopee und halb als ein historisches Lehrgebäude bearbeitet?

Nicht anders als so! aber wenn er dies nur nach seinem Zeitalter tun mußte? wenn ein solches Gebäude bloß von der Notdurft seiner Zeit herrührte? wenn er eben deswegen unter seinen Nachfolgern keinen Nachahmer hierin gehabt hätte? wenn ihm eben deshalb historische Vorwürfe zuwüchsen? – sollte denn noch das episodische Gebäude seiner Geschichte so sehr Muster für unsre Zeit sein, als der gedachte rühmliche Lehrer der Geschichte meinet? – Herodot hatte keine Geschichtschreiber vor sich: Er, als der erste, mußte also einen weitern Rücksprung tun und in jedem Teil seiner Geschichte immer von uralters zurückholen: das war zu *seinem* historischen Gebäude die Grundlage, nicht aber durchgängig ein Muster des Plans für die, die nicht mehr als Aborigines schreiben dörfen. Herodot schrieb für ein Publikum, das weder in Persien noch in Ägypten gewesen war und diese Länder auch noch nicht aus einem Hübner halb oder ganz kannte: *er* also mußte ein solcher Hübner werden und Reisebeschreibungen einschalten, nicht, weil sie dahin gehörten, sondern weil ohne sie seine Geschichte für *sein* Griechenland unverständlich gewesen wäre und weil *er* auch sonst, warum sollen wir's nicht sagen? umsonst gereiset gewesen wäre, und wer will das gerne? Er ward also mit diesen eingestückten Lappen der Geographie und fremden Geschichte seinem und allen folgenden Zeitaltern so nützlich, so unentbehrlich; aber in dem Zusammensatze seines *einschaltenden* Plans darin noch eben kein Muster. Herodot endlich war ein Asiat, aber ein asiatischer Grieche; daher das Umherstellen seiner neun Musen *rings um sein* Vaterland vorzüglich; daher der nationelle Ton, der durchaus herrschet und den jemand genau untersuchen sollte; daher der Bau seiner Geschichte auf griechische Begriffe, mit denen er in Religion und Staatskunde und Lebensart umhüllt ist; daher, daß sein Werk historisches *Lehrgebäude* für seine Griechen geworden; ja nicht aber das Muster eines Plans für alle Welt.

Nicht einmal für die griechischen Zeitalter nach ihm. Thukydides, eben der Thukydides, den niemand anders als Herodot zum Geschichtschreiber weckte, der Thukydides, der als Knabe Zähren der Nacheiferung weinte, da er die Herodotische Geschichte vorlesen hörte: er, als Mann, als Geschichtschreiber – ahmte sie nicht nach, schrieb nach einem Plane, der von ihr nicht zu wissen schien. „Um desto schlimmer für ihn", wird man sagen. „Darum hat er auch ein nicht so erhebliches Sujet wie Herodot; darum webt er auch so erschrecklich lange Reden ein, von denen Herodot directe nichts weiß; darum hat er auch nicht das sanfte Band zwischen seinen Perioden der Geschichte; darum, es tut uns leid, darum finden wir ihn auch nicht neben Geschichtschreibern, sondern unter – Annalisten." Vielleicht wird es Thukydides nicht eben sehr schmerzen, da gefunden zu werden, weil er sich freiwillig dahin stellte. Seine Geschichte greift nicht so weit im Kreise um sich wie die Herodotische, und seine Einleitung ist nicht eine so prächtige Pforte wie der Vorhof Herodots von asiatischem Umfange; aber wohl! denn seine Einleitung schrieb ein Staatsmann, der aus der alten Geschichte nur so viel hob, als er – – (nicht so viel, als er brauchte, denn Herodot war da; sondern als er) in den herrschenden Vorurteilen vom Altertum Griechenlandes bessern oder erläutern wollte. Er schrieb nach Winter und Sommer: eine natürliche Einteilung des Kriegslaufes seiner Zeit und einem kriegführenden General so anständig, als einer Schäferin, ihr Leben nach Frühlingen zu berechnen. Er schaltete Reden ein: die Dokumente und die Triebfedern der damaligen Zeit, deren Sammlung und Berichtigung ihm so viel kosteten, die aber das Unglück haben, von uns als Rednerexerzitien betrachtet zu werden, in deren Einkleidung sich ein großer General geübt hätte. Er hält sich lange und oft zu lange bei unwesentlichen Stücken auf, hat in seiner Erzählung nach der inliegenden Wichtigkeit fürs Ganze nicht gnug Maß, weil er – warum wollten wir auch dies nicht sagen? – weil er den Begebenheiten noch zu nahe stand, sie noch nicht in der gehörigen Entfernung betrachten konnte, um sie als ein Ganzes zu übersehen, weil sie ihm noch zu andringend und gleichsam *unter*, nicht *vor* dem Auge waren. Gleich bei Anfange des Krieges entschloß er sich, ihn zu schreiben; während desselben sammlete er Materialien und brachte sie in Ordnung; wie also anders, als daß er so teilweise schreiben und seine Geschichte nicht als einen Kreis, wie Herodotus, sondern durchgängig, wie im Detail, aber mit desto mehr *detaillierter* Genauigkeit und Zierde, alles nicht neben einander, wie Herodot, sondern durch und auf einander vollführte. Doch was sage ich? *vollführte:* er hat sie nicht vollführet, und wenn er sie auch vollführet hätte, so hätte alles aus ihr werden können, nur kein „*Lehrgebäude* über den Peloponnesischen Krieg".

Aber jetzt! der erste der Philosophen, der ein Geschichtschreiber ward, der liebenswürdige Schüler Sokrates', der uns die Merkwürdigkeiten aus der Seele seines Lehrers verriet, der Philosoph und Staatsmann von der Pferdezucht, der Jagd, der Haushaltungskunst an bis auf die Erziehung eines Prinzen, bis auf Unterweisungen und Lobreden der Fürsten sein konnte: da der zur Geschichte schritt, was wird aus ihr anders als ein Lehrgebäude der Staatskunst und Philosophie geworden sein? Welche reiche Gelegenheiten, den Staatsmann, den General, den sokratischen Menschenkenner reden zu lassen? Wenn Xenophon zu unserer Zeit gelebt hätte, wie wohl anders? Aber nun schade, daß nach seinen Begriffen Lehrgebäude und Geschichte, wie es scheint, nicht hat bestehen mögen: er sonderte also beide völlig. Wo der Staatsmann, der Ökonom, der Weltweise reden sollte: nun, da ließ er ihn reden; aber nicht in der Geschichte. Biograph oder Kriegesbeschreiber, immer nichts weniger als Baumeister über die Geschichte seines Helden, seines Krieges; immer nichts mehr als der edelste, der sanfteste Geschichtschreiber. Der Geschichtschreiber, der von keinem Plan, von keinen eignen Meinungen zu wissen scheint, dem es nicht einfällt, die Sachen nach diesen Meinungen und Aussichten zu ordnen; bei dem die Begebenheiten sich selbst zu ordnen, die Gedanken aus einander fortzufließen, die Geschichte sich selbst scheint geschrieben zu haben. Ich glaube nicht, daß mich *ein* Lieblingsvorurteil an Xenophon bindet; aber für mich ist er der am meisten klassische der griechischen Prosaisten und auf dem Punkt, wo er zwischen den Umschweifen seiner Vor- und Nachwelt das güldne Mittel hält. Ein Muster also der Geschichte; aber bei wem ist wohl Geschichte und Lehrgebäude mehr auseinander als bei ihm? Und bei wem hätte es vollkommener zusammenstehen können, als bei dem Verfasser der Kyropädie, dem Lehrer des großen Scipio, Lucullus und [Lücke]

So Xenophon; aber seine Nachfolger kaum mehr. Die Schranken dieser historischen Mäßigung wurden ihnen zu enge, sie machten sich also weitere Bahn; aus Geschichtschreibern wurden Philosophen über eine Geschichte. Der klare Fortfluß historischer Begebenheiten und mitinnen einer stillen historischen Weisheit schmeckte ihnen zu wässerig: der Trank ward mit Philosophie gewürzt, immer stärker gewürzt und endlich so stark, daß es nicht mehr Geschichte, sondern Philosophie bei Gelegenheit einer Geschichte heißen kann, und nun war die Geschichte freilich Lehrgebäude. Der Geschichtschreiber nicht mehr Xenophon, sondern Polybius: ich kann kein volleres Beispiel führen. Und damit es nicht scheine, als wenn ich für meine Sache ein Beispiel an ihm suche: so mag sein neuester britischer Dolmetscher reden, der ihn gewiß kannte und noch gewisser mehr für ihn als gegen ihn eingenommen war: „Überall spricht Polybius aus einem unterrichtenden Tone. Überall das Amtsgesicht des Lehrers, zu finster, zu stolz und beleidigend, als daß es Freunde machen könnte. Daher kommt bei ihm die übergroße Geflissenheit, deutlich und deutlich zu werden, die also in ekelhafte Wiederholungen ausartet und den Leser als einen Schüler beschämet. Hätte Polybius bloß für seine Landsleute, die Arkadier, geschrieben: so — aber nun wirft er sich zum Lehrer von ganz Griechenland auf und hält seine Leser für Kinder. Kein Geschichtschreiber seiner und der ältern Zeiten macht es ihm recht, und Fehler, die er selbst begeht, tadelt er an andern mit der äußersten Strenge.“ Hampton fährt fort, und ob er gleich nichts davon wissen will, daß Polybius nebst der Hauptabsicht seiner Geschichte *ausdrücklich* die Nebenabsicht gehabt, die Kriegeskunst zu *befördern*; ob er ihn gleich nachher reichlich gnug lobet: so kann er doch immer nicht die Miene nicht verkennen, die Polybius sich über den Geschichtschreiber herausnimmt. Freilich ein Staatsmann, ein Feldherr, ein Weltwei-

Ich führe einen britischen Schriftsteller an; denn da es unter den Briten über ihre Nationalsachen die merklichste Verschiedenheit von Köpfen und Urteilen gibt: so kann uns die Vergleichung verschiedner und auch verschieden denkender Geschichtschreiber über einen Vorfall zeigen, welche Kluft es sei zwischen Geschichte und Lehrgebäude, zwischen Begebenheit und Urteil.

Unvermutet also bin ich in meinem kritischen Wäldchen da, wo ich ausging, und was bringe ich von meinem Gedankenspaziergange mit? Ungefähr Folgendes:

eine Geschichte kann Lehrgebäude sein, sofern sie uns *eine* Begebenheit, *ganz*, wie ein Gebäude darstellte. Ist aber diese Begebenheit einzeln, so kann eine solche Beschreibung nicht füglich Lehrgebäude heißen.

Also zweitens, daß sie die Ursachen der Begebenheit, das Band zwischen Grund und Folge aufsuche. Dies Band wird nicht gesehen, sondern geschlossen, und die Schlußkunst darüber ist nicht mehr Geschichte, sondern Philosophie.

Vollends zum dritten. Soll eine große Reihe Begebenheiten zu *einer* Absicht, in *einem* Plan mit einer gewissen Übereinstimmung der Teile verknüpft werden: so ist noch mehr Gefahr, daß dies Lehrgebäude nach dem Maßstabe *eines* Verstandes nicht in allem einfache und klare Geschichte sei.

Aus diesen Hauptsätzen, die man, wenn es auf philosophische Sprache ankäme, ziemlich erweislich machen könnte, würde folgen:

daß, wenn man eine rechtmäßige Geschichte glauben, man alles, was an ihr Lehrgebäude sein dörfte, untersuchen müsse;

daß die Grade der historischen Wahrscheinlichkeit und der Wahrscheinlichkeit des systematischen Teiles in ihr nicht müssen verwirret werden;

daß, je planer eine Geschichte ist, je mehr sie auf augenscheinlichen factis oder datis beruhe, um so wahrscheinlicher; je mehr historische Kunst, je pragmatischer; um so lehrreicher vielleicht, aber auch um so mehr zu prüfen;

daß, um einer Nation Geschichte zu geben, nie von dem höchsten, dem historischen Plan, dem Pragmatischen der Geschichte usw. müsse angefangen werden, ehe wir die reine klare Herodotische Schreib- und Denkart innehaben. Geschieht jenes, so wie in allen sechs übrigens nützlichen Bänden der neuen historischen Akademie man noch kaum weiter als beim Plan ist (Untersuchungen, die eben zuletzt hätten bleiben sollen), so kommen wir ebensoweit als mit allen Theaterregeln von den drei Einheiten und dem Plane, ohne für das dramatische Genie dort und hier für das historische Genie mit einem Brosamen zu sorgen;

daß die Historiographie nie mehr ausarte, als wenn sie anfängt, Vernünftelei oder gar System ohne historische Grundlage zu sein. In Deutschland haben wir mit unsern reichlichen pragmatischen Vorschriften schon einen guten Anfang dazu gemacht, zu raisonnieren, ohne beinahe zu wissen, worüber? wovon z.E. Hausens „Geschichte der Protestanten" zeuget;

daß endlich die Geschichte die beste sei, in welcher, was in ihr Geschichte und Lehrgebäude sei, als ganz verschiedenartige Dinge, zwar verbunden, aber auch kenntlich unterschieden, und der Grad angegeben werde, was der Verfasser als Geschichte geschöpfet und als Lehrgebäude hinzugedacht habe. — —

Wenn auch unsere jetzige historische Konjunkturen in Deutschland mich nicht auf diesen Gedankenpfad geleitet hätten: so nehme man ihn als eine Selbstprüfung an, wiefern ein Leser auch bei einer Kunstgeschichte die doppelte Pflicht habe, zu glauben und zu untersuchen. Und nun bin ich also wieder bei Winckelmann.

II

Das Winckelmannische Werk ist ein historisches Lehrgebäude der Kunst, das an Größe ein Palast der Riesen und an Zierlichkeit ein Werk der Götter verdient genannt zu werden. Es legt eine Abhandlung zum Grunde: „vom Ursprunge und Anfange der Kunst unter den Völkern", hierauf das prächtige Gebäude „von der Kunst unter Ägyptern, Hetruriern, Griechen und Römern; unter jedem Volk die Ursachen, die für und gegen die Kunst würkten; unter den Griechen das Ideal derselben beschrieben, als wenn dem Schriftsteller die göttliche

Schönheit selbst erschienen wäre; die Zeiten ihrer Veränderungen und Stile erklärt; die Namen und die Geschichte ihrer Künstler verewigt". Welch ein Gebäude! Die große Aufschrift drüber ist: „Die Geschichte der Kunst soll den Ursprung, das Wachstum, die Veränderung und den Fall derselben nebst dem verschiednen Stile der Völker, Zeiten und Künstler lehren und dieses aus den übriggebliebnen Werken des Altertums, soviel möglich, beweisen."

Nicht lehren, würde der Schüler der Geschichte wünschen, nicht lehren und denn erst beweisen wollen, sondern umgekehrt. Da aber diese Geschichte eigentlich für Schüler der Kunst geschrieben ist, warum kann der Lehrer derselben sich nicht selbst seinen Hauptplan wählen: zu lehren und denn erst historisch zu beweisen; insonderheit wenn seine Lehre, ehe sie bei ihm Lehrgebäude ward, immer unmittelbar aus datis der Geschichte floß. Ich lasse ihm also seinen Plan, nur mit desto behutsamerm Auge trete ich an das vollführte Gebäude; zuerst also an die Grundlage desselben:

„Vom Ursprunge der Kunst und den Ursachen ihrer Verschiedenheit unter den Völkern".

Voll vortrefflicher Grundsätze für alle Geschichte, für alle Philosophie des Schönen; aber demungeachtet, wie mich dünkt, ein unsichres Fundament zu einem so großen Gebäude. Winckelmann ist nicht auf der Seite derer, die alle Kunst, Weisheit und Erfindung aus einer ihrer Lieblingsgegenden wie Diamanten aus Indien holen und damit jedem Volk den eignen Menschenverstand absprechen, der sich das Notwendige selbst erfinde. Ich bin auch nicht auf der Seite dieser historischen Kuppler und wollte nichts, als der Lehrer der Kunst nach der Idee eines Volks wie z. E. der Griechen sein; so lese ich's gerne: „Die Kunst scheint unter allen Völkern, welche dieselbe geübet haben, auf gleiche Art entsprungen zu sein, und man hat nicht Grund genug, ein besondres Vaterland derselben anzugeben; denn den ersten Samen zum Notwendigen hat ein jedes Volk bei sich gefunden." In einem Lehrbuche bauet man auf diese Hypothese sicher fort und kann kritische und historische Untersuchungen über den Ursprung seines Gegenstandes zur Not ersparen.

Kaum aber in einer Geschichte, in einer Geschichte nach griechischem Verstande, und eben in dem Teile, der uns vom Ursprunge der Kunst unter verschiednen Völkern zu unterrichten verspricht. Hier dünkt mich's zu willkürlich und unhistorisch, sich aller Untersuchungen zu überheben, wie die Kette der Mitteilung Völker und Zeiten verknüpft habe. Ja! wenn ein jedes Volk den Bedürfnissen, mithin dem Erfindungsgeist seiner Natur allein überlassen gewesen, wenn es ganz ohne die Mithülfe andrer, für sich hätte erfinden und arbeiten müssen, oder sicherer, wenn nur ein einziges Kunstvolk in der Welt wäre: freilich so könnte die leidliche Hypothese, „auch die Kunst gehöret zum Notwendigen, das sich jede Nation selbst erfinden kann", sie könnte Baugerüst bleiben, und der Kunstschreiber würde dem Weltweisen folgen, der sich einen Zustand der Natur dichtet, um Sprache, Kunst und Wissenschaft entstehen zu lassen.

Ganz anders, wenn ich aus dieser willkürlichen Einsamkeit eines Volks in den wüsten und wilden Zusammenstoß der Nationen eintrete; hier muß ich erwägen, daß jedes Volk, wenn es gleich vorgibt, aus seiner Erde entstanden zu sein, und deswegen wie die Athenienser eine güldne Heuschrecke im Ohr trägt, daß es doch einen Familien- und Populärursprung gehabt, mithin das vielleicht nicht habe erfinden *dörfen*, was es freilich hätte erfinden *können*. Ich muß erwägen, daß außer dem Bande der Völker durch die Natur es bald eins *durch Umgang* gebe, er sei nun gut oder böse, und daß jeder Umgang mit fremden Völkern dem Geschichtschreiber wieder einen Strich durch die Rechnung mache. Ich muß endlich erwägen, daß der Mensch nichts so gern als ein nachahmendes Tier sei, träge, um das zu erfinden, was er nicht notwendig braucht, und geneigt, das nachzuahmen, was ihm auch nur von fern vorgespiegelt wird. Diese dreifache Erwägung von dem Bande zwischen Nationen durch Abstammung, etwannige Gemeinschaft und den Nachahmungsgeist macht mich bei der vorigen Hypothese unruhig.

Dieser Unruhe wird auch nicht durch den neuen Grund abgeholfen, den Herr Winckelmann in seinen „Anmerkungen zur Geschichte der Kunst" hinzusetzt: „daß die Kunst der

Zeichnung und der Malerei wie die Poesie eine Tochter des Vergnügens ist; das Vergnügen aber ist dem Menschen nicht weniger notdürftig als die Notdurft im eigentlichen Verstande." Meine Unzuverlässigkeit wird hiedurch vielmehr erhöhet; denn wie? ist wohl das Vergnügen dem Menschen *so* notdürftig als die Notdurft selbst? Gehört wohl die Kunst zu dem ernsthaften Bedürfnis, das den Erfindungsgeist wecken muß? Schläft dieser nicht in der Brust der Menschen recht ruhig, wenn ihn keine Umstände gleichsam mit sanfter Gewalt wekken? Und ist nicht die Triebfeder zu Erfindung des Schönen und Annehmlichen noch um so unwürksamer, wenn sie in dem äußern Zustande, z. E. bei einer rohen, unsteten Lebensart rückhaltende Hindernisse findet? Unter lauter anpressender Notdurft, wie wird da eine Tochter des Vergnügens geboren werden, die nur von der wollüstigen Ruhe des Geistes erzeuget werden kann? Und endlich, bleiben die vorigen drei Bedenken nicht ebenfalls hier bedenklich: daß, wo ich nicht erfinden *darf*, ich auch nicht erfinden *wolle*, wenn ich gleich *könnte*; daß, wenn mir mein Nationalursprung Bequemlichkeiten aus meines Vaters Hause mitgebe, ich ja dies Erbteil annehmen werde, ob ich mir gleich freilich auch den Besitz *des* Wertes erwerben könnte; daß, wenn der Mensch zur Nachahmung geneigt ist, er vorzüglich darin zur Nachahmung übergehen werde, was ihm nicht andringend, aber doch bequem ist, und daß, wenn schon jedes Kommerz Nachahmer bilde, die dem Menschen und insonderheit dem rohen Menschen natürliche Trägheit am ersten denn in Nachahmung übergehen werde, wenn Geschöpfe von höherer Stufe ihm erscheinen und ihn in Erstaunen; denn nichts ermattet so sehr den Rest eigner Würksamkeit als Bewunderung und Erstaunen.

Doch warum Meinung gegen Meinung, wo historische Beweise auftreten sollen, und wo hat Winckelmann sie auftreten lassen? Da, wo er für die Ursprünglichkeit seiner Griechen redet; allein zu beklagen, daß seine Beweise mir kein Gnüge tun. „Bei den Griechen hat die Kunst, obgleich viel später als in den Morgenländern, mit einer Einfalt ihren Anfang genommen, daß sie, aus dem, was sie selbst berichten, von keinem andern Volke den ersten Samen zu ihrer Kunst geholet, sondern die ersten Erfinder scheinen können. Denn es waren schon dreißig Gottheiten sichtbar verehret, da man sie noch nicht in menschlicher Gestalt gebildet hatte und sich begnügte, dieselbe durch einen unbearbeiteten Klotz oder durch viereckichte Steine anzudeuten. Auf besagte Steine wurden mit der Zeit Köpfe gesetzet. An diese Steine mit einem Kopf merkete man nur auf dem Mittel derselben den Unterschied des Geschlechts an. Endlich fing Dädalus an, wie die gemeinste Meinung ist, die unterste Hälfte dieser Bildsäulen in Gestalt der Beine auseinanderzusondern, und von ihm sollen die ersten Statuen den Namen *Dädali* bekommen haben." Was kann einfältiger sein als diese Beschreibung der werdenden Kunst, ob sie aber auch für die Ursprünglichkeit der Griechen zeuge, wollen wir sehen.

Die dreißig Gottheiten, die man in Steinen verehrte, was sagen sie? Ich schlage Pausanias auf und lasse ihn sprechen: „Nahe bei der Bildsäule stehen dreißig viereckte Steine: diese verehren die Pharenser und legen jedem den Namen eines Gottes bei. In den ältesten Zeiten haben alle Griechen unbearbeiteten Steinen statt der Bildsäulen göttliche Ehre bewiesen." Diese Steine also sagen: daß den alten rohen Griechen ein Symbolum der Gottheit gnug gewesen; daß dies Symbolum, auch ohne Gestaltung der Gottheit, schon das notwendige Bedürfnis der Verehrung erfüllen konnte; daß die Pharenser sie noch verehren konnten, selbst da ihr ganzes Gebiet voll Bildsäulen war. Wie? und so wenig braucht ein Volk in der Religion Bildsäulen? denn Klötze und Steine sind doch wohl keine Statuen, und so wenig ist also die Kunst Religionsbedürfnis gewesen? Ganze Völker und Jahrhunderte haben sich also mit solchem unförmlichen Symbolum begnügen? bei einigen hat es sogar Gesetz werden können, nicht weiter zu gehen und das Bild der Gottheit zu gestalten? So haben selbst die Griechen daran gnug gehabt und sie noch in ihren besten Zeiten so häufig verehren können? Religionsbedürfnis ist also die Erfindung der Kunst wohl nicht gewesen, und dies letzte zeugt also gerade wider Herrn Winckelmann.

Und zeuget nichts vor ihn? ich sehe nichts augenscheinlich.

Alle Beispiele, die er anführt, lassen ja immer unbestimmt: ob nicht die Begriffe dieser Gottheiten von außen überbracht sind und zu der Zeit, da Bacchus und Venus, die Liebe und die Grazien Klotz und Stein waren, die Hände der Griechen noch zu roh gewesen, die überbrachten Begriffe besser zu bilden. Denn das dorfte doch nicht eben ein Grieche sein, der einen Stein behieb, aufrichtete und sagte: „Siehe! da habt ihr einen Gott!“ Alle Beispiele, die er anführt, lassen völlig unbestimmt: ob die Gestaltung *mit der Zeit* so fortschreitend gewesen, die Steine mit der Zeit Köpfe, mit der Zeit ein Geschlecht bekommen, mit der Zeit Dädalen geworden sind; und ist nicht dies Fortschreitende bewiesen, so sehe ich mit allen Induktionen noch nichts dafür, daß diese Einfalt von der Ursprünglichkeit griechischer Kunst zeuge. Sind Klötze und Steine schon ein Anfang und gleichsam ein sichrer Keim der Kunst: warum sollte man alsdenn nicht auch beweisen können, daß die Völker, die Klötze und Steine gehabt, auch Künstler gewesen? „denn den ersten Samen des Notwendigen haben sie bei sich gefunden, und warum sie also auch nicht als Erfinder scheinen“?

Soweit hat mich also Winckelmann noch nicht auf seiner Seite, und ehe ich ihm folge, darf ich nicht einen Zwischengedanken nehmen. Wie? wenn den Griechen ihre Kunst ursprünglich wäre: welchen Mißlaut gäbe dies in dem anderweitigen Ton ihrer ganzen Geschichte der Kultur? Selbst nach dem, was die Griechen, die originalsüchtigen Griechen selbst berichten, sind ja Spuren gnug, daß in dem Lauf ihrer Erfindungen Fremde ihnen oft vorgetreten, Fremde bei ihnen die Kultur erweckt und in den ersten Zeiten des Fortganges mit wiederholten Stößen beschleuniget. Von wem bekamen sie Götter, Gesetze, Wissenschaften, Künste? Die älteste griechische Geschichte ist voll davon, und ich würde mich ja schämen müssen, hier eine leidige Gelehrsamkeit zu häufen. Und wenn nun nach Herodots Zeugnis alle Gottheiten der Griechen, den Neptun ausgenommen, von den Ägyptern sind: wie? konnte die Überbringung derselben ohne etwannige Gestaltung geschehen sein? wie könnte mir ein ungöttisch Volk die schöne Kunst als eine Sache der Notdurft erfunden haben, wenn es sich nicht etwas für ihren Zustand weit Notdürftigers hat erfinden können, die Bildung einer errettenden Gottheit? Wenn ihre Kunst eine Erfindung der Notwendigkeit war, welcher Gebrauch derselben war *ihnen* notwendiger als *der*?

Ich will bloß an das Zeugnis des einzigen Plinius erinnern: und wie unwahrscheinlich, durchaus unwahrscheinlich wird die Ursprünglichkeit der Griechen in der Kunst? Die ersten Gründe der Literatur, die meisten Künste des Lebens und sehr gemeine Erfindungen, die ich nicht herzählen will, haben nach dem eigenmütigen Zeugnis der Skribenten die Griechen sich nicht selbst erfunden, und wie denn allein die entbehrlichere und verstecktere Kunst? Dichter und Philosophen reiseten dahin, um Moral, Regierung, Gottesdienst, Wissenschaft von ihnen zu lernen, und nicht ihre Dädali, ihre ersten Künstler? Ich mag die Geschichte vom Dädalus so fabelhaft, so polynomisch ansehen, als ich will: so zeigen ja selbst diese Fabeln, diese Einkleidungen, daß er seine Kunst fernher geholet?

„Es hätten aber die Griechen nicht viel Gelegenheit gehabt, in der Kunst etwas von den Ägyptern zu lernen; denn vor dem Könige Psammitichus war allen Fremden der Zutritt in Ägypten versagt, und die Griechen übten die Kunst schon vor dieser Zeit." Psammitichus war ein Begünstiger des fremden Handels, das ist wahr; aber wie? für die sich einstehlenden Künstler und Weisen, ist da ein Psammitichus nötig, der ihnen alle Hafen öffne, der die lernende Fremden mit vollen Segeln kommen lasse? Wie? ein Orpheus, ein Pythagoras, warteten die auf die Zeiten Psammitichus'? ließen sich die den Zutritt versagen, oder wußten sie den Ägyptern alle ihre geheimste Weisheit, ihren so verborgnen Gottesdienst abzustehlen? Und wie, das Offenbarste und zugleich das Größeste, das Fremden in die Augen fallen konnte, woraus kein Geheimnis zu machen war und die Ägypter zum Stolz ihres Landes machten, dies wäre unzugänglich und nicht abzulernen gewesen? So könnte ja mit weit mehrerem Schein ein förmlicher Beweis geführet werden, daß die geheime Weisheit der Ägypter, ihr Gottesdienst und Literatur nicht in die Hände der Griechen haben kommen *können*, und wer ist über diese wohl in Zweifel?

„Die Absicht der Reisen ging vornehmlich auf die Regierungsform des Landes“ – *vornehmlich* auf die Regierungsform, und weil *vornehmlich*, so auch *einzig und allein* auf dieselbe – und warum? weil ein Solon in Ägypten gewesen; darum also kein Linus, kein Orpheus, kein Pythagoras, kein Thales, kein Plato, kein Dädalus? Das ganze Altertum spricht wider Winckelmann, und ich betrachte diesen Schritt überhaupt als Probe, wie weit uns die Liebe zum System verführen kann.

Ich will, statt die manchen mißbrauchte Zitationen Winckelmanns durchzugehen, hier nur eine Hauptanmerkung machen. Winckelmanns großer Geleitsmann durch seine ganze Geschichte der Kunst ist Pausanias, dem auch die Geschichte der griechischen Kunst das meiste zu danken hat; allein über den Ursprung griechischer Kunst kann Pausanias kein Zeuge sein. Pausanias ist nicht ein Geschicht-, sondern nur ein Reisebeschreiber, und dazu ein später. Reisebeschreiber für die Kunst. Er beschrieb nur, was er sahe, und natürlicherweise konnte er von dem ersten Ursprunge der Kunst wenig oder nichts sehen: wenig oder nichts sehen, nicht bloß wegen der Gebrechlichkeit der Anfangsstücke, die vor ihm untergegangen waren, sondern auch, weil die Griechen sich in der schönen Mannheit ihrer Kunst ihrer Kindheit natürlich schämen mußten und das Andenken daran also fortschafften. Vollends das Andenken an einen *fremden* Anfang, an die ersten, von andern entlehnten Begriffe: wie sorgfältig suchten die originalsüchtigen Griechen sich dies aus den Augen zu schaffen, sie, denen Caylus mit Recht diese originalsüchtige Eitelkeit als den ersten Nationalfehler schuld gibt. Indessen sind dem ohngeachtet bei Pausanias und andern Griechen Spuren gnug von diesem fremden, insonderheit ägyptischen Altertum; ob sie gleich freilich nicht nach seinem Geschmack sind. Daher treffen auch wenig von seinen häufig eingestreueten Erzählungen und Erklärungen auf diesen Zustand der alten Kunst; ich habe beim Durchlesen bemerkt, daß er als ein Spätling der Griechen lieber bei neuen Sachen und vielleicht am liebsten bei den Zeiten der griechischen Könige und Kaiser bleibet, wenigstens an das hohe Altertum entweder gar nicht reichen kann oder es kaum berühret – Gesichtspunkte, die [man], wie ich glaube, bei dem Lesen und Gebrauch desselben nötig hat, damit man sich an seine Stelle setze und von ihm nicht alles erwarte. Ich habe über die Grenzen des Stillschweigens in diesem Hauptautor der Kunst und bei andern griechischen Geschichtschreibern über die Grenzen ihres Gebrauchs eine gute Anzahl Anmerkungen zusammengeworfen, die wider manche neuere Zitationen derselben viel einwenden möchten, die ich aber hier nicht mitteilen kann.

— — — Und was wäre mit — alle dem wider Winckelmann ausgerichtet? Wider ihn vielleicht nichts; aber für mich, den Leser desselben, Folgendes ungefähr:

Bei einer Kunstgeschichte, wo eine historisch bestimmte Untersuchung von dem Ursprunge der Kunst unter verschiednen Völkern fehlt: jedes einzelne Lehrgebäude unter jedem Volke mag so prächtig als möglich dastehn, die Kette zwischen den Völkern fehlt offenbar. Das Buch fällt alsdenn in so viele Teile, als es Völker beschreibt; wenigstens sehe ich nicht bestimmt und historisch gesprochen den zusammenhangenden strahlenden Gang, den die Kunst über Völker und Zeiten genommen. Zwischen Ägyptern und Griechen, Phöniziern und Griechen, Griechen und Parthern, Griechen und Hetruriern scheint mir das Band historisch gar nicht scharf gnug gezogen, denn alles wird mit dem schleichenden Grundsatz getötet: „Die Kunst scheint unter allen Völkern, welche dieselbe geübet haben, auf gleiche Art entsprungen zu sein, und man hat nicht Grund gnug, ein besonderes Vaterland derselben anzugeben." Mithin entgehet mir bei einem der künstlichsten Geschichtgebäude, das je in der Welt erschienen — bei diesem Werk voll großer historischer Aussichten entgeht mir die größeste von allen: wie ein Volk das andre bildete oder mißbildete? was jedes im zusammenhangenden Faden der Kultur vom andern erhielt, selbst erfand, verderbte, verbesserte, weiter fortpflanzte? — diese Aussicht über den ganzen Lauf der Kunst entgeht uns bei Winckelmann völlig. Wie gern aber wollte ich seine Geschichte für das Ideal einer Kunst-, für das Muster einer Wissenschaftsgeschichte verehren: wenn nicht die genannte Aussicht in einem solchen Werke eben die erste und größeste sein müßte.

III

Gar zu genau auf diese Aussicht ausgehen, immer der Räuber einer Nation für die andere sein wollen – freilich hat dieser Eigensinn zu viel historische Träumer gegeben, die mit ihren Überpflanzungen Völker und Zeiten verwirret und dem eignen Menschengeiste alles vor dem Munde gleichsam weggeschnappet haben. Nichts ging dabei so sehr verloren als das Geheimnis des *Idiotismus* einer Nation, es sei, worin es wolle; denn wenn man jedes Volk zum Lehnsmann, zum Klienten anderer Völker machte, mußte man da nicht immer die *eigne Natur*, den *Genius* desselben verfehlen? Vielleicht haben eben diese unglückliche Spuren Winckelmann bewogen, sich vor diesem verführenden Wege zu hüten und von einem Pfade, wo jeder auf seine Luftbilder zuläuft, abzulenken; ohne Zweifel hat ihm diese Abweichung auch teils viele mühsame Tritte in historischem und kritischen Sande ersparet, teils in dem *Wesen* griechischer Kunst und in den Zeitaltern ihrer Geschichte selbst uns ausschließende Vorteile bringen können –

Aber nichts anders als Vorteile? Kann ich denn das Wesen einer Frucht so ganz völlig kennen, wenn ich mich nicht um den Keim bekümmere? Heißt es denn genau gerechnet, wenn ich, unangemerkt fremder einwirkender Kräfte, bloß nach der Natur der sich bewegenden Sache ihren Lauf bestimmen will? Und ist's Geschichte, wenn ich in den Zeitaltern, in den Stilen nur immer die ursprüngliche Natur zu Rate ziehen und die fremden fortbringenden oder hindernden Hände gar nicht rechnen will – kann das Geschichte werden? Ein schönes Gebäude, das Ideal einer Geschichte freilich, wohlgeordnet und prächtig und ein Lehrgebäude der Kunst; denn sie entfernt die historischen Umwege und bleibt bei dem Plane einer sich ursprünglich bildenden Kunst. Auf diesen Grundsatz, auf diese Zeitfolge der Veränderungen nach der *innern* Natur der Sachen bauet sie, wie Homer auf den Zorn seines Helden, und will, daß die Kunst ursprünglich und auf dem ordentlichen Pfade der Natur fortgegangen, wie solchen der Kunstphilosoph bestimmen würde. Aber der Notdurft der Geschichte, dem eigensinnigen und oft unbändigen Wurf historischer Begebenheiten, geschieht dem damit ein Gnüge? Ist's das erste Gesetz des Geschichtschreibers: was geschehen ist? oder was hat geschehen können und dörfen? Und ist also wohl Winckelmanns Werk, das als historisches Lehrgebäude Auge und Geist füllt, ist's alsdenn überall *auch in wirklichen Zeitfolgen und Veränderungen* der Kunst *Geschichte*?

Ich bin daran, dieses zu zeigen, denn Winckelmann, der in den „Anmerkungen" zu seiner Kunstgeschichte sich selbst den Einwurf zu machen scheint, löset ihn leicht auf: „Wenn man aber zugestehen wollte, daß die Griechen die Kunst von den Ägyptern erhalten, so muß man wenigstens auch bekennen, daß es mit jener wie mit dieser ergangen sei; denn die Fabeln der Ägypter wurden unter dem griechischen Himmel gleichsam von neuem geboren und nahmen eine ganz verschiedne Gestalt und andre Natur an." Und in einem ältern Werk: „— die Griechen als die Erfinder der Malerei und Bildhauerkunst angegeben, welches ganz falsch ist — — unterdessen ist klar, daß *sie* nur allein von dem guten Geschmack in diesen Künsten haben reden wollen, und die erste Erfindung einer Kunst verhält sich mehrenteils zum Geschmack in derselben wie das Samenkorn zu der Frucht." Winckelmann hat also mein Urteil gesprochen; wäre der Anfang griechischer Kunst auch so ägyptisch als möglich: der Einfall ist unerheblich, er gehört nicht zum Wesen, zum guten Geschmack der Kunst. Man kann ohne ihn die Gestalt, die Lebensalter griechischer Kunst so gut bestimmen als mit ihm.

Ohne ihn ebensogut? ebenso historisch sicher? ebenso frei von Hypothesen? Winckelmanns Geschichte der Kunst in den ältesten Zeiten, in den ersten Stilen mag zeugen?

„Die ersten Züge dieser Gestalten" (der Dädalen nämlich) „waren bei den Griechen einfältig und mehrenteils gerade Linien wie bei den Ägyptern.

Es führten also die ersten Linien und Formen in der Kunst zur Bildung einer Art Figuren, welche man insgemein ägyptische nennet.

Die alleräIteste Gestalt der Figuren war bei den Griechen auch in Stand und Handlung den ägyptischen ähnlich, und

Strabo bezeichnet das Gegenteil durch ein Wort, welches eigentlich *verdrehet* heißt (σκολιὸν ἔργον) und bei ihm Figuren bedeutet, welche nicht mehr, wie in den ältesten Zeiten, völlig gerade und ohne alle Bewegung waren, sondern in mancherlei Stellungen und Handlungen standen."

Woher kam nun den ältesten griechischen Bildsäulen jene ägyptische Monogrammenzeichnung, jene ägyptische Gestalt, jene ägyptische Stellung ohne Bewegung, ohne Handlung, kurz, jene große Gleichheit beider Werke, daß das Altertum für beide nur einen Namen hat? – Winckelmann sagt: von der Natur einer rohen *werdenden* Kunst, die unter allen Völkern eine prästabilierte Harmonie macht. – Gut also noch! und ich schlage weiter um:

„Die Kennzeichen und Eigenschaften dieses ältern Stils können wir kürzlich also begreifen: Die Zeichnung war nachdrücklich, aber hart, mächtig, aber ohne Grazie, und der starke Ausdruck verminderte die Schönheit.

Die Eigenschaften dieses ältern Stils führten diesen zur strengen Richtigkeit und zum hohen Ausdruck; denn in der Härte von jenem offenbaret sich der genau bezeichnete Umriß und die Gewißheit der Kenntnis, wo alles aufgedeckt vor Augen liegt.

Was die Ausarbeitung der Werke der Bildhauerei aus dieser Zeit betrifft: so sind dieselbe vermutlich mit dem mühsamsten Fleiße geendigt gewesen.

Der ältere Stil war auf ein Systema gebauet, welches aus Regeln bestand, die von der Natur genommen und nachher idealisch geworden waren."

So Winckelmann, und nun nehme ich dies mit dem Vorigen zusammen und frage:

Wenn die Kunst in ihrem Zeitlaufe den Griechen ursprünglich ist, woher kam ihrem ältern Stil so gleich, wenigstens so bald, jene nachdrückliche, mächtige Zeichnung, jener starke Ausdruck, jene strenge Richtigkeit, jener genau bezeichnete Umriß, die fleißigste Ausarbeitung und insonderheit ein Systema von Regeln, die von der Natur genommen und idealisch geworden waren? Ist dies der Naturweg einer ursprünglichwerdenden Kunst? Von rohen Versuchen auf die strengsten

Regeln, auf den stärksten Ausdruck, auf Richtigkeit, über die nichts geht, auf ein Systema – ist dies der Lauf der Natur?

Winckelmann wird sagen: „Dies alles ist stufenweise zu verstehen, da wir unter dem ältern Stile den längsten Zeitlauf der griechischen Kunst begreifen, so daß die spätern Werke von den ersten sehr verschieden gewesen sein müssen." Noch gut! und ich frage also weiter, teils zurück, teils vorwärts.

Wenn die Griechen durch Beobachtung der Natur so bald auf die strengsten Regeln, die nachdrücklichste Zeichnung, den gewissesten Umriß geraten konnten und geraten mußten, woher denn ihren etwas ältern Figuren jene unnatürliche Stellung, jene ungriechische Formen, jene ägyptische Bildungen und Gestalten? Auch von der Natur? das Ungriechische von der griechischen Art? das Unnatürliche eine Tochter der Natur? Ich frage ferner: Woher mußten die Griechen, die Söhne und Lieblinge der Schönheit, wenn sie nichts als ihrer Natur folgten, woher mußten sie eben diese anfangs so weit vorbei und auf ihnen so unnatürliche Gestalten des Viereckten und Mißgebildeten geraten? die leichten und natürlichen Griechen, statt geradehin auf die Schönheit zu gehen, die vor ihnen lag, die ihnen nachher Kunstgöttin wurde, warum den Weg nicht zu ihr, sondern den Weg zum Mächtigen und Nachdrücklichen, aber hart, strenge, viereckicht, ohne Grazie und Geist und Leben? Woher, daß sie nachher erst wieder von dem Regelmäßigen, von dem Scharfen nachlassen mußten, um die Schönheit zu bilden? Woher also dieser besondre Umweg der Natur: vom rohen Versuch zur strengsten Richtigkeit und wieder ab von ihr; von Anfange an und also bei Betrachtung der Natur auf die unnatürlichste Form, denn aufs System und endlich erst auf die Natur, die die Griechen in sich fühlten? woher diese Umkehrung im Gange der Natur bei einer sich doch natürlich erzeugenden Kunst?

Winckelmann hat in diese Krümme des Umweges einen Grundsatz gestellt, der die Umbiegung bedecken soll, den er oft wiederholt und der in seinem ganzen Gebäude eine Klammer sein soll, um die Lebensalter zusammenzuhalten, die nach seinem System der Zeitfolge sich nicht von selbst zusammenfügen:

„Aus den geraden Linien der ersten Bildungen, bei welchen die Ägypter blieben, lehrte die Wissenschaft die hetrurischen und griechischen Künstler ausgehen. Da aber *die Wissenschaft in der Kunst vor der Schönheit* vorausgehet und als auf richtige strenge Regeln gebauet mit einer genauen und nachdrücklichen Bestimmung zu lehren anfangen muß, so wurde die Zeichnung regelmäßig, aber hart, bedeutend, aber eckicht und vielmals übertrieben." Daß dies bei Griechen und Hetruriern gewesen, gebe ich zu; aber dieses Grundsatzes wegen? und als ob der Grundsatz allgemein wäre? das ist zweifelhafter.

Muß allemal und nach der wahren Naturordnung die Wissenschaft *in aller Strenge*, bis zum Systema *der genauesten Regeln*, bis zu einer *übertriebnen* und *unangenehmen* Richtigkeit vor der Schönheit vorausgehen? Darf sie dies nicht bloß, kann sie es nicht bloß durch ein Zusammentreffen der Umstände, wie im gegenwärtigen Fall, sondern *muß* sie es? nach einem Gesetz der Naturordnung? auch bei dem Volk, das nichts so sehr als übertriebne Genauigkeit hasset und leichte Schönheit liebet? Winckelmann selbst sei Schiedsrichter, der an allen freiern Orten seiner Werke nicht bloß selbst den weiten Unterschied zwischen Wissenschaft der Zeichnung und Bildung der Schönheit voraussetzt; nicht bloß es anderswo selbst behauptet, daß Formen keine Verhältnisse und die Gestalt keine Proportion sei, daß die griechischen Künstler vorzüglich die Schönheit zur Absicht gehabt, daß – doch was häufe ich Induktionen? eben dies Gefühl des Unterschiedes zwischen Schönheit und trockner Proportion, eben dies Gefühl hat ja den besten Teil der Winckelmannischen Werke wie ein Geschöpf der Engel gebildet.

Kunst als Kunst setzt Versuche voraus; Fertigkeit in Versuchen macht ein Handwerk, bei dem aber noch keine Seele ist. Diese kann es nun dadurch erhalten, daß es unter der Hand eines bloßen Nachahmers ihrer Natur und endlich eines toten Proportionisten sich zur genauesten Richtigkeit erheben kann, so bei den Ägyptern; oder daß es durch Bemerkungen des Künstlergenies gleich zur Nachahmung der Form des Schönen wandele, und so bei den Griechen, wenn keine Ägypter vor ihnen gewesen wären. Mich dünkt, daß die Begriffe *der* Schönheit, die in Form und nicht in Proportion besteht, auf dunkeln, aber desto mächtigern Begriffen des Augenscheins beruhe und sich so in Kunst als in Poesie nicht aus der Regelnwissenschaft hervordrängen müsse und dörfe. Der Winckelmannsche Grundsatz verliert also seine Strenge, seine Allgemeinheit und hier seine eigentliche Anwendung. Die Lebensalter schlingen sich kaum aneinander, wenn ich auf Ordnung der Natur sehe, und so prächtig das Gebäude für meine Bewunderung ist „von dem Ursprunge und Wachstum griechischer Kunst nach vier Zeiten und Stilen", so sehr ich wünschte, jede Wissenschaft in solchem Gebäude und mit solchen Anmerkungen unterstützt zu sehen: in den ersten Saalgängen, von dem Ursprunge griechischer Kunst, von ihrem ältesten und hohen Stil, bin ich noch nicht recht zu Hause. Ich sehe Sprünge, Umkehrungen und Anomalien gegen den Pfad einer sich selbst, aus griechischer Natur bildenden Kunst, ich bleibe zweifelnd hier und dort hangen, ich tue mir selbst kein Gnüge.

Alles aber begreiflich und dem Lauf der Natur gemäß, wenn ich – nur kein eignes System bauen will, „die griechische Kunsthistorie in ihrem Gange, als das Ideal einer ursprünglich sich bildenden Kunst, und ihre Geschichte als ein Muster aller Kunsthistorie *nach den unabänderlichen Regeln der Natur* betrachten zu können". Alles wird erklärlich, wenn ich nur dem Wink des gesamten Altertums, der Analogie in dem Ursprunge aller übrigen griechischen Wissenschaften und insonderheit dem Stil der alten Kunstarbeit selbst nicht so durchaus widersprechen will: und so bin ich in Ägypten. Die altgriechischen und ägyptischen Figuren so ähnlich als die altgriechische Mythologie und Weisheit der ägyptischen nicht ist; und wer ist über diese im Zweifel? die Kunst der Ägypter lange nicht so unzugangbar als ihre Götterlehre, ihre Weisheit; und wer ist über diese in Zweifel? Die Dädalen (ein Name, den ich sehr geneigt bin, für ein nomen collectivum der Künstler anzunehmen) ebenso bekannt als die Solons, die Pythagoras, die Orpheus; und wer ist über diese im Zweifel? Ich habe also alle Wahrscheinlichkeit vor mir, die man in einer so dunkeln Geschichte haben kann, daß die Ägypter und nicht die Griechen — —

„Nun! und was ist mit dieser ganzen Ursprünglichkeit erstritten? was ist uns an der Spekulation gelegen?“ Wer dies sagt, dem muß an der ganzen Kunstgeschichte der Alten nichts gelegen sein, die sich aus diesem Keim des Ursprünglichen aufwickelt. Der bloße Streit: wer Erfinder sei? ist Spekulation, aber wer dem andern seine Ideen mitgeteilet? wer einem Volke sein ganzes Systema von Regeln und Kunstarbeit vorgeschoben? das fremde Systema, auf welches eine Nation lange fortgebauet *und eben deshalb diesen und jenen Pfad* genommen: das ist wahrlich keine Spekulation mehr; denn sie erkläret die ganze Geschichte, die ohne sie dunkel war. Mit dieser Annahme sonst weiß ich's schwerlich: warum der altgriechische Stil eben den sonderbaren Weg über unwegsame Höhen genommen, um dahin zu kommen, was vor ihnen auf der Ebne lag? warum die leichten natürlichen Griechen im Anfange auf Ideen, auf Gestalten, auf einen Weg zur Vollkommenheit geraten konnten, der den Ägyptern und nicht ihnen Natur war? warum sie in einigem, z. E. nachdrücklichen Zeichnung, im mächtigen Ausdruck gleich anfangs so weit sein konnten und manches sehr spät erst und mit Mühe übersteigen mußten? Nun, und nun erst ketten sich die Lebensalter der griechischen Kunst und andrer kunstübenden Völker an einander? — —

Kann ich nun aber auch die griechische Kunst in allen Stufen der Veränderung für das Ideal einer sich ursprünglich und natürlich erziehenden Kunst ansehen und bearbeiten? Kann ich nach meinem Gefallen Völker abschneiden, um an der Geschichte eines jeden ein *Lehrgebäude* zu bauen? Kaum! und nun dünkt mich, als wenn das ganze Winckelmannische Gebäude etwas rücke. Das Fundament vom Ursprunge der Kunst werde fester gelegt, die Völkerhistorie mehr im Lande betrachtet, der altgriechische Stil mit dem ägyptischen näher zusammengehalten, wie manche Grundsätze und Lebensalter griechischer Kunst genauer geprüft — und wie viel hängt von diesen Änderungen ab.

Ich würde nicht so ernsthaft sprechen, wenn ich mir nicht

an der Winckelmannschen Geschichte so gern ein Ideal der Geschichte jeder Wissenschaft dächte, und dann, wenn ich an die Nachahmung dieser Stilarten, als Zeitfolgen der Natur, gedenke: wie muß ich für übeln Parallelen der Kunst, Weisheit und Dichtkunst zittern, in denen selbst Winckelmann nicht immer glücklich ist. Zu einer Geschichte griechischer Weisheit und Dichtkunst, die wir noch nicht haben und vielleicht nach Winckelmanns Muster hoffen können, wie ungern wollte ich das Hauptstück missen: was die Griechen von andern Völkern empfangen und wie vortrefflich sie alles in ihr gesunderes Blut zu verdauen gewußt? Ich glaube, wenn jemand auf diese Wahrheit so eigentlich ausginge, als der Engländer Spencer für sein System, nur freilich zu systemartig, ausging — nicht nur, daß manche Wolken sich in einzelnen Stücken des griechischen Altertums verziehen müßten; der ganze Weg würde helle werden, den die Griechen in Bildung ihrer Götterlehre und Wissenschaft gegangen — ein Weg, der nur nach unsern Hülfsmitteln noch sehr unerklärt dünket. Vor allem fiele ihre vortreffliche Nachahmung ins Auge, die über das Geborgte noch immer Eigentumsherrin und selbst im Nachahmen original blieb. Statt alsdenn auf die griechische Eitelkeit zu schimpfen, die den Namen ihrer Lehrer verdrängte, wähle man lieber einen nutzbarern Gesichtspunkt. Eben die Originalsucht, die bei den Griechen alles dem Apollo Patrous aufopferte, die in dieser Opferschale Namen und Fabeln, Gesetze und Weisheit in bessere, in eigne Natur verwandelte, eben sie nehme man insonderheit jetzt zum Muster. Denn nie wird die Nachahmung knechtischer und ungereimter, als wenn sie nach Jahrhunderten und unter andern Zonen das National-, das Lokal- und Zeitschöne nachäffet, wie ein großer Teil unserer Literatur es in heiligen und weltlichen Sachen vielleicht tut, unwissend, Zeiten und Völker zu unterscheiden. Da wird, was dem großen Landesoriginal eine güldne Kette, ein Zeichen der Würde war: das wird dem nachäffenden Toren ein Joch um den Hals. — —

Doch ich greife in Alcäus' strafendes Saitenspiel! Lieber will ich an das Grab des unsterblichen Gesners gehen und auch wegen seines letzten Geschenks, das er der Welt mit

Orpheus' Schriften machte, ihm ein Heroum nach griechischer Art aufrichten; denn mit seinem Werke hat er Raum gemacht, daß ein Weiser über die Kindheit Griechenlandes dies Orphische Zeitalter nutze und erkläre, in dem, wie mich dünkt, der Same zur griechischen Mythologie, Dichtkunst und Weisheit im Keime modert.

IV

Ich lasse bei einer bloß literarischen Materie lieber alle kleinern Erinnerungen weg, die ich noch zu sagen hätte, und eile zu einem philosophischen oder, welches noch lockender ist, zu einem menschlichen Vorwurf: „Von den Ursachen der Verschiedenheit der Kunst unter den Völkern und vorzüglich von dem Einfluß des Himmels in die menschliche Bildung." Hier erscheint mir Winckelmann in der Gestalt eines höhern Wesens, welches auf einer Waage der Weisheit die Schönheit und den Geist der Menschen und Menschengeschlechter abwäget. Darf mein Finger die Waage, wo sie etwas zu tief zu sinken scheint, unterstützen und, wo sie sich etwas zu hoch heraufschwingt, ins Gleichgewicht bringen.

Den großen Einfluß des Klima auf die Säfte und Bestandteile, auf die Gesundheit und mithin auch auf die Bildung der Menschen wäre unnötig beweisen zu wollen, da Hippokrates und Plato, Aristoteles und Galenus, Huarte und Zimmermann sich so sehr darüber erklärt haben; ich will hier bloß von dem Einfluß des Klima auf die Gestalt und Form der Schönheit reden. „Je mehr sich die Natur", sagt Winckelmann, „dem griechischen Himmel nähert, desto schöner, erhabner und mächtiger ist dieselbe in Bildung der Menschenkinder. Es finden sich daher in den schönsten Ländern von Italien wenig halbentworfne, unbestimmte und unbedeutende Züge des Gesichts, wie häufig jenseit der Alpen." Er fährt in diesem Tone der stillen Begeisterung so einnehmend fort, daß ich mich oft in ebenfalls angeglüheter Begeisterung über die Alpen warf und unter dem Himmel wünschte geboren zu sein, der das Vaterland schöner Geister und Körper war. Folgende Anmerkungen indessen sind nicht eine Frucht meines Neides oder meiner Zweifelsucht, sondern einer kältern Überlegung.

So vielen Einfluß das Klima auf die Bildung der Menschen habe: so kann ich doch dasselbe eigentlich nicht für die Bilderin der Schönheit ansehen. Unter einerlei Klima, in einem völlig gleichen Lande kann es so verschiedne Bildungen geben, als es Provinzen und Menschengeschlechter gibt: eine Erfahrung, die in der Geographie menschlicher Bildungen so viele Beweise hat, daß die stärksten Verteidiger und Klienten des Klima ihnen nicht haben entweichen können. Unter einerlei Klima kann es wiederum zu verschiednen Zeiten auch Einwohner von so verschiednen Bildungen geben, daß sie sich unmöglich für Brüder erkennen können. Wie aber anders, wenn das Klima einzig und allein die bildende Göttin der Schönheit wäre? Denn müßte es nach geographischer Abmessung Länder der Schönheit ohne Ausnahmen geben; denn müßten nicht zween Völker zusammen oder gegeneinander wohnen, die ohne Änderung des Klima in ihren Bildungen Antipoden wären; denn müßte man nicht in einem Lande die Schönheit verarten oder durch neue Generationen völlig verschwinden sehen: nichts von allem, wenn das Klima die Menschengestalten *bildete.*

Und wie sollte es dieselbe im eigentlichen Verstande bilden können, da Klima, als Klima, nur *das Medium ist, in dem dieselbe gebildet wird?* Nun kann freilich zum Empfang und Ausbildung einer gewissen Natur, die in dasselbe gelegt wird, ein Medium unendlich zuträglicher sein als das andere; allein das *beste* Medium ist nur immer noch gerade das, was — die Produktion am wenigsten hindert. Hiemit ist aber noch nichts in der Produktion selbst erklärt, und also auch hier noch nichts in der tätig bildenden Ursache der Schönheit selbst.

Wohl! wird man sagen, diese ist, nach Platons schöner Dichtung, die menschliche Seele selbst, die sich in Mutterleibe einen Körper bildet; gebe man nun dieser bildenden Schöpferin ein freies Medium, worin sie ohne Störung und Hindernis würken kann: so hat man das Werk ihrer Hände erklärt; denn sie, die vormalige Bewohnerin seliger Gegenden, würket nach der Idee von Vollkommenheit, welcher sie sich noch aus ihrem vormaligen Zustande erinnert, und ihr Werk, der Abdruck dieser Vollkommenheit, ist also das Gebäude menschlicher Schönheit. — — Ich lasse mir diese Platonische Dichtung gefallen, zumalen Mengs und Winckelmann ebenfalls darin ihre Ursache der Schönheitsbildung einkleiden; allein eben in dieser Einkleidung fahre ich fort:

Die bildende menschliche Seele, hat sie bei ihrer Würksamkeit nicht noch ein weit näheres Medium um sich, in welchem sie würket, aus welchem sie bildet? das sie also auch in ihrem Werke mehr stören oder fördern kann? in welchem sie schon die Formen, die Komplexion der Maße ihrer Bildung vor sich findet? das also ihrer Arbeit die nächste Bestimmung geben muß? Nicht anders! Und dies nähere Medium, diese Maße der Bildung, diese nächste Bestimmung der Gestalt, man nenne es, wie man wolle, ich begreife alles unter dem Namen der *Generation* und sage: wenn das Klima nichts als ein entferntes Medium ist, so ist die nähere Ursache der Schönheit *Generation.*

Darf ich zu dieser vielfassenden Ursache die einzelnen Ursachen auflösen? Das darf nur der Naturlehrer, nicht gleichsam der Geograph der Schönheit, der bloß auf einen verständlichen Begriff bauet, und aus diesem ziehe ich folgende Sätze:

Es kann und muß Geschlechter geben, in denen die Schönheit, und zwar die Schönheit der Bildung, erblich ist. Die Stammältern druckten ihren Abkömmlingen diese Form der Schönheit ein und setzten dieselbe also zu ihrem Geschlechts-, zu ihrem Nationalcharakter fest. Das wurde nun also eine eigne Menschengattung von schöner Bildung, wie so viele Nationen und Geschlechter der Erde und, nach der Ähnlichkeit der Schlußart, Tier- und Pflanzengeschlechter beweisen. Solch ein schönes Menschengeschlecht waren auch die Griechen.

Sollten sie dies nicht angedeutet haben? Sie, die auf den Vorzug ihrer Schönheit so stolz waren und dieselbe so hoch schätzten als, ohne Vorurteil zu sagen, kein Volk der Erde: sollten sie nicht in ihrer Mythologie, Dichtkunst, Geschichte, Philosophie (Wissenschaften, die alle selbst unter dem Hauptgesetz der Schönheit standen) auf diese erste Nationalursache ihrer Bildung gezeiget haben? Ich wollte, daß Winckelmann diesen allgemeinen Wink ihres Altertums nicht übersehen hätte; denn was würde *er* uns darüber gesagt haben!

Die Griechen waren sich (nicht bloß ihres gemäßigten Klima) ihres ädeln Stammes so sehr bewußt, daß sie die Stammväter ihrer Geschlechter nicht häßlicher als von dem Blute der schönen Götter erzeuget besangen. Man weiß aus ihrer Fabelgeschichte der Güldnen Zeit, wieviel Vergnügen Jupiter daran gefunden, Griechenland mit schönem göttlichen Geblüte zu bevölkern, was er zu diesen Zwecken für mancherlei Liebesgestalten borgte und für List brauchte, der Juno nicht bloß seine Umarmungen zu gönnen und bloß ein Vater der Götter zu heißen. Die meisten Heerführer der Griechen in ihren ältesten Zeiten, die meisten Stifter griechischer Kolonien und die Stammväter ihrer Geschlechter waren solche Göttersöhne; ein Name, der endlich ein Beiwort der Könige wurde, die meistens von solchen Göttersöhnen abstammeten: und wie mußte der Stamm sein aus einem Gotte und einer Sterblichen, die einen Gott reizen konnte, die Schönheiten der Juno und aller Göttinnen zu vergessen. Daher ist's Homer, dem Dichter der Schönheit, so gewöhnlich, die Wohlgestalt als eine Ähnlichkeit der Götter zu bezeichnen und zu benennen; so ist Alexander der Liebling der Venus, so ist mehr als ein Heerführer der Griechen den Göttern ähnlich, und bei Agamemnon vereinigen sich sogar von einzelnen Göttern die Schönheitsteile, die er nicht an einem Gotte fand. Sein Achilles ist ein Sohn der silberfüßigen Göttin, und keiner seiner Heroen ist nicht wenigstens in seinen Vorfahren mit dem Geschlecht der Götter verwandt. Der Altvater der Dichtkunst findet in dieser Idee soviel Sangbares, daß er uns den Besuch der Venus, den sie dem Anchises gibt, so ziemlich treu erzählet und in ebendem Lobgesange auf die Göttin der Liebe es ihr zum ersten Ruhm anpreiset, zwischen Göttern und Menschenkindern eine Mutter der Schönheit gewesen zu sein. Von diesen Ideen ist das schönste griechische Altertum voll (denn freilich ein Kallimachus besang nicht mehr so etwas in seinen Hymnen), die griechischen Schönheiten waren Töchter der Sonne oder wurden von der Sonne geliebet, und vom Apollo bis zum

Phosphorus, von Venus bis zur keuschen Liebhaberin Endymions waren alle Schönheiten des Himmels auch bedacht, Schönheiten zu erwecken den Menschen: und von solchem Stamme war das Geschlecht der Griechen.

So lächerlich dieser Ursprung an sich scheinet, für jeden, der darüber zu lachen Lust hat, so bedeutend und scheint ist die Einkleidung der Griechen, die damit auf ihren edlen Stamm von schönem Geblüte sahen, und bei keinem ist dies sichtbarer als bei Pindarus. Wenn dieser die Helden oder die Stadt, die er besinget, bis auf ihre Stammväter zurücklobet: wie gerne mischet sich alsdenn der Dichter, der es überhaupt zu einer seiner Lieblingsideen hat, göttlich zu sein und von Göttern zu reden, unter die Götter! „O Phintis!“ ruft der Böotier aus, „spanne mir denn schnell die Stärke von Mauleselinnen vor meinen Wagen, daß ich auf reinem Wege zum Stamme meiner Helden komme.“ Und nun erzählt er: wie am Ufer des Eurotas Pitana, mit dem göttlichen Neptun vermischt, die schöne Euadne geboren und diese schöne Euadne wiederum unter dem Apollo zuerst die süße Venus geschmekket; wie sie nachher ihren buntgewürkten Gürtel und ihren Silberkrug niederlegt und unter dicken Gebüschen einen Knaben von göttlicher Gemütsart empfing, da ihr der goldhaarichte Apollo Lucina und die Parzen zum Beistande sandte; und so wand sich unter den lieblichen Geburtsschmerzen von ihrem Herzen und trat ans Licht – Jamus, der Vater der Jamiden. Ich will Pindar in seiner Göttergenealogie nicht weiter nachfolgen; denn sie ist seine Lieblingsausschweifung, und in seinen schönsten Stellen leitet er von solchem Ursprunge Mut und Glück und insonderheit die Gestalt seiner Helden.

Sie gebar vom Zeus die ädelste Frucht,
und es erfreute sich der Held – – (der vermeinte Vater),
da er den Sohn erblickte – – – –
der ein Mann ward, über alle berühmt
an Taten und an Gestalt.

Das war der Stammvater des Epharmostus, des edlen Jünglinges, dem Pindar keinen würdigern Gesang zu weihen wußte als über den Satz, „daß das Beste in der Natur göttliche Gabe sein müßte“, und von dem er mit seiner böotischen Stimme kühn und hoch ausrufen konnte, daß er „glücklich, wie ein Geschenk eines guten Dämons geboren, tapfer von Arm, schön und schlank am Gliedergebäu, und tapfren Mut aus dem Auge blicke“. So sangen die Griechen über die schönen Geschlechter schöner Urväter; Dichter und Weltweisen und Geschichtschreiber priesen sie als den edelsten Stamm der Menschen. – Ich sage nochmals, daß es mich unendlich daure, von Winckelmann kein Auge geworfen zu sehen auf diese Herrlichkeit griechisches Stammes, die sie über alles hielten, auch für den Grund ihrer Schönheit ansahen und nichts so gern als sich ihrer Väter rühmeten und dieselbe priesen.

So war ihnen das Geblüt der Schönheit erblich und also die Schönheitsgestaltung ein Nationaleigentum. Nach ihr bildeten sie ihre Schönheits- und Kunstideen so aus, als die Ägypter ihre Mißbildung, die ihnen auch National- und ihnen also Schönheit und alles war, in Gestalten verewigte[n]. Ebenso wählten und bildeten die Griechen die Schönheit nicht aus metaphysischen Gründen, weil sie dieselben für den Abdruck aller Vollkommenheiten, wie Plato, erkannten, oder wie Künstler alle schöne Proportionen oder mit Hogarth alle Schlangen- und Wellenlinien in ihr fanden, oder weil das ihnen eigne Profil den höchsten Grad schöner Gesichtsbildung enthielte, sondern – alles als Nationaleigentum, als griechische Generation. Nun gehört für einen spätern Geographen, ich will nicht sagen, Metaphysikus der Schönheit, ein starker Glaube dazu, unter allen Völkern der Erde und insonderheit der gemäßigten Zonen die Griechen für das einzige Volk der Schönheit zu halten und alle Völker des gemäßigten Asiens und des schönen Teils von Europa auszuschließen, selbst wenn dies Teil nicht eben Griechenland hieße. Ich werde später von metaphysischen Grundsätzen der Schönheit reden, hier lasse man mich dieselbe bloß als Nationalcharakter betrachten.

Winckelmann selbst kann Phöniziern, Persern, Italienern, Levantinern und selbst Juden und Türken ihren Anteil an Schönheit nicht absprechen, und warum wollte er Alpen und das Mittelländische Meer zu Grenzen setzen? Selbst der Kaukasus zeuget ein Volk, das nach dem Bericht aller Reisenden eine Nation der Schönheit war – die Zirkassen. Man setze nach Belieben noch andre Völker dazu, die ihre gute Nationalbildung haben, ohne vielleicht Griechenland als den Mittelpunkt der Natur und seinen Himmel als das Ideal von Klima anzusehen, „wo die Natur, nachdem sie stufenweise gegangen durch Kälte und Hitze, sich hier, wo eine zwischen Winter und Sommer abgewogne Witterung ist, wie in einem Mittelpunkte gesetzt". Immer ist's wahr, daß weder ein eiskaltes noch ein hitzig trockenes Klima das Medium sein könne, wo ein Volk der Schönheit dauret und wohnet; aber dies Medium bloß auf Griechenland einschränken und es daselbst zur einzigen Mutter der Schönheit machen – dies dörfte griechischer Nationalbegriff und schwerlich das Urteil eines Reisenden sein, der, ohne griechische Bildsäulen finden zu wollen, mit bloß unparteiischem und gefühlvollen Auge die *schöne* Welt unsres Erdballs durchstriche. Ich wenigstens, je mehr ich die besten Reisebeschreibungen zusammengehalten, desto mehr habe ich Beweis zu finden geglaubt, daß bei Nationalschönheit nicht bloß Klima, sondern am meisten die Form und Bildung des Geschlechtes würke. Ein Volk von ungestalter Bildung (ich rede nicht von Farbe) bleibt, wenn es das beste Klima einnimmt, ungestalt, wenn es sich nicht vermischt, und wenn es sich mit einem bessern vermischet, so wird unter sie Gestalt und Ungestalt nicht anders als verteilet und durch die Teilung beiderseits vermindert. Auf die Art kann das beste Klima übel besetzt sein und die beste Menschengattung ausarten oder wenigstens verarten, wie das letzte Winckelmann selbst bei den Ägyptern zugibt und das erste aus allen Völkerwanderungen zu erweisen wäre. Das erste, was einem Geographen der Menschheit bei seiner Erdreise aufstößt, sind: Menschengattungen, ungestalt, häßlich, wohlgebildet, schön; nur immer ist bei dieser Wanderung das Siegel der Nation, der Gattung, des Geschlechts ungleich kenntlicher als das Gepräge des Klima, das sich vorzüglich in der Farbe und Gesundheit äußert.

Zweitens: Nichts also, nichts ist so sehr der Genealogie und dem Nationalcharakter der Schönheit oder Eigentümlichkeit eines Volkes entgegen als Wanderung oder fremde Vermischung, und dies ist's eben, was die nordischen Nationen, die selbst nach dem Zeugnis einiger Alten schön waren, ihrer Bildung beraubet. Ein Teil der alten Skythen war aus dem besten Asien und von sehr edler Leibesbildung, so auch die alten Deutschen und andre; allein die ungeheure Vermischung, die alle Völker und Menschengattungen und Gesichtsformen und Leibesbildungen vermischte und ineinanderwarf, die von der Herkulanischen Meerenge bis zur Baltischen See alles in einen Tiegel der Verwüstung brachte – freilich die hat solche Umkehrung in den Menschengestalten erreget als ein öfteres Erdbeben in den Lagen und Erdschichten des Bodens. Indessen wird ein Geschichtschreiber der Menschheit denn auch so etwas übersehen wollen? ungleiche Zustände und Lebensalter vergleichen? und wenn er bei Ägyptern und Griechen zurücktritt, um über sie nicht urteilen zu wollen, weil sie fremde Gewächse, weil sie ein andrer Schlag von Menschen sind, denn über andre ohne diese Rücksicht urteilen? –

Darf ich also diesen ganzen Abschnitt „Verschiedenheit der Nationen in Absicht auf ihre Bildung" historischer und nicht so nationalgriechisch behandelt wünschen. Den alten Griechen war diese Zuversicht auf ihr Klima zu vergeben, denn sie waren Griechen, die nicht die Erde besehen hatten; sie war ihnen auch rühmlich, denn sie stärkte ihren Patriotismus und feierte den Stolz an, das zu erhöhen, was ihnen ihr Vaterland vorzüglich gegeben. Nicht so aber ein Geschichtschreiber, der sich den großen allweiten Satz aufgibt: Verschiedenheit der Bildung unter den Völkern; dieser schreibe als auf einer Wolke, von welcher er die Nationen vor sich wegziehen lasse, um Grundsätze zu fassen. Um so gerechter muß alsdenn das Lob sein, das auf eine vorüberziehende Nation trifft, daß sie vor allen andern ihre Begriffe der Schönheit genutzt, erhöhet und gebildet habe: dies Lob aus Wahl und Prüfung ist mehr als das Lob eines Vorzuges, der bloß aufs Klima trifft und nicht weiter.

Und was haben wir mit dieser Untersuchung bei Winckelmann verloren, „warum unter allen Völkern, die nicht fremde von der Schönheit waren, doch kein einziges in Bildung und

Ideen der Schönheit Griechenland geworden"? Nicht als wenn ich das Kapitel „von den Ursachen der Aufnahme der Kunst unter den Griechen" nicht zu schätzen wüßte, sondern weil ich zu meinem Zwecke die Aussichten über andere Völker allgemeiner wünsche und weil mich alles Verdienst der Griechen nicht schadlos gegen die Frage hält: „Wie vieles von dem Ruhm dieses Volks beruhet auf ihrer vorteilhaften Stelle?" Zwischen Asiaten und Europäern, zwischen Ägyptern und Römern treffen sie in der Kette in der Mitteilung der Kultur eben auf den Platz, wo sie die Größesten werden konnten und bleiben mußten, weil sie sich die Vorwelt zu eigen machten und die Nachwelt mit ihrem Vorbilde erfüllten. Doch diese ganze Aussicht „über den Plan bei Mitteilung der Kunst und Wissenschaft unter den Völkern", die bei einer Geschichte der Kunst Hauptaussicht sein muß, ist bei Winckelmann nicht abgezweckt, und wie hat er also untersuchen können, wie viel bei dieser Kette der Mitteilung auf dem guten Platz an Zeit und Ort beruhe, den ein Volk für vielen andern besessen!

Der Gott Terminus rufet mich zurück, und ich bringe also über die Verschiedenheit der Völker in der Schönheit folgendes nach Hause:

Nichts ist wohl bei dem ersten Blick auf die Geographie der Bildungen unstreitiger als Menschengattungen, die ihre eigne Gestalt oder Ungestalt haben, eine gewisse Einförmigkeit in den Gesichtszügen bei den meisten Subjekten der Nation. So z. E. Chineser, Mungalen, Zirkassen, Juden, Griechen, Negers u. a.

Diese Nationalbildung bleibt ohne fremde Vermischung Jahrtausende dieselbe und würkt am entschiedensten, wenn sie, wie eine Pflanze, an ihrem eigentümlichen Boden klebt. So noch jetzt die Chineser, Japaner und alle unvermischte Völker, und so vormals die meisten Gegenden der Welt, als Vaterlandsliebe und Haß gegen die Fremden noch stärker würkten und noch nicht die ganze Welt ein Vaterland war.

Durch nichts wurden die Originalbildungen schwächer und unentschiedner, als seitdem die Völker aus ihrem Lande und ihrer Natur gingen: daher also die „halb entworfne, unbestimmte und unbedeutende Gesichtszüge", die Winckelmann jenseit der Alpen findet; daher etwa die minder völlige Form des Gesichts und Übereinstimmung der Teile, die unvermischten Schönheiten eigen sein mögen.

Das Klima wird hiebei als ein Medium beträchtlich, in dem die bildende Schönheit würket und sich offenbaret, das aber nicht selbst ausschließende Ursache derselben sein möchte.

Daher können in einerlei Gegend zwei Menschengeschlechter ganz widerwärtig sein in der Bildung, eben weil sie zwei Geschlechter sind und auch immer unter demselben Klima zwei Geschlechter bleiben; so selbst in Griechenland bekannte Beispiele.

Daher, daß ein Geschlecht auch unter verschiednen Himmelsgegenden, unvermischt und in Lebensart ungeändert, noch das Volk bleiben könne, wie z. E. die Juden, es sei denn in Erdstrichen, die ihrer Natur ganz entgegen wären.

Umgekehrt aber, daß eine ganz veränderte, widernatürliche Lebensart, wenn Männer wie Weiber und Weiber wie Männer leben, wenn Nahrungsmittel und hundert schwächende Umstände vor oder nach der Geburt zur unnatürlichen Natur werden – man alsdenn ohne Ketzerei werde sagen können: die Bildung dieser Menschenkinder ist verlorengegangen, und nichts ist so unmöglich einzuholen als die Abweichung von ursprünglicher Gestaltung und Natur.

Daher also, daß ein fremder Schlag von Menschen in ein Klima ganz andre Naturen bringen und sich die Bildung eines Landes durchaus ändern könne, wie z. E. Ägypten und der meiste Teil Europens.

Nach all diesem Vorzüge eines Volks vor dem andern, in Besitz einer glücklichen Natur, in Erhaltung, Erhöhung und Anwendung derselben; und was es endlich im Innern und Äußern sei, das nach unsrer Aussicht die Griechen in Vorzügen dieser Art zum ersten Volk des Altertums gemacht habe.

Das sei eine Winckelmannische Abhandlung über die Verschiedenheit der Nationalbildungen und über den Einfluß dieser Verschiedenheit in die Kunst.

V

Der andre Teil der Winckelmannischen Abhandlung „Über die Verschiedenheit der Völker in der Denkart und den Einfluß dieser Verschiedenheit in die Kunst“ ist nicht bloß für die Kunst vortrefflich, sondern würde selbst dem Weisen über die Geschichte der Menschheit und der Wissenschaft überhaupt schöne Grundsätze leihen. Eine Probe davon sei die „Geschichte des menschlichen Verstandes“, deren Verfasser, ob er gleich nichts als einen Versuch geliefert, sich nicht sollte abschrecken lassen, weiterhin in dem menschlichen Geiste zu lesen.

Die Denkungsart der morgenländischen und mittägigen Völker und die Abstechung der Griechen gegen sie wird gut gezeiget; aber freilich kann eine solche Materie nicht gleich vollständig geliefert werden, wie es jemand tun könnte, der auf Winckelmanns Schultern stünde, und dem gebe ich hier, insonderheit für die Geschichte der Wissenschaft, meinen Fingerzeig auf den Weg.

Da so wie die Kunst so auch die meisten Wissenschaften in Morgenländern entstanden sind: so haben die meisten, es sei denn, die Erfahrungen oder die allgemeine Wahrheiten betreffen, ebensowohl das morgenländische Gepräge: „bei ihnen sind die figürlichen Ausdrücke so warm und feurig als das Klima, welches sie bewohnen, und der Flug ihrer Gedanken übersteiget oft die Grenzen der Möglichkeit.“ Und ist's für einen Geschichtschreiber der Menschheit und Wissenschaft Hauptgeschäfte, sich in die Quelle dieses Ursprunges zu wagen und die orientalischen Ideen genau zu läutern, die sich aus ihrem Vaterlande bis zu uns übergetragen und zum Teil erhalten haben. Alle Wallfahrten nach den Morgenländern in dieser Absicht sind heilig, da in Morgenländern der Same zu Geschichte, Dichtkunst und Weisheit zuerst Boden gefunden. Auch Ägypten, ein sonst so wüstes Land voll Fußstapfen historischer, mystischer und symbolischer Träumer, würde hier immer noch Goldstücke liefern, für den, der es in dieser Absicht durchgrübe: nämlich alles, was ihr ist, Nil und Pyramiden, Landestiere und Menschen, ausgestorbne Torheit und Weisheit, alles, was bloß ihr ist, ihnen zu lassen und nur das, was sie auf andre würkten, was sie bis auf unsere Zeiten durch andere würkten, zu bemerken. Ich führe nur ein Beispiel. Der Herr von Schmidt, vielleicht jetzt der gelehrteste Ägypter in Deutschland, wie manches könnte er in Ägypten suchen, das unsern Lauf der Kunst und Weisheit aufklärte und er allein, so wie unsern Zodiakus, daselbst finden würde, wenn er den Ägyptern ihren Knoblauch und Zwiebeln ließe und die altgriechische Mythologie und Weisheit daselbst suchte.

Selbst das Gebäude unsrer Theologie schließe ich von diesem Studium der Morgenländer nicht aus; denn das Vaterland derselben ist ja ebenfalls in dem Geist und in der Natur der Morgenländer gewesen. In ihrem Stil und für die Denkart derer, an die geredet wurde, sind unsre heiligen Bücher verfasset; in Morgenländern hat unsre Religion lange Zeitalter durchlebt; aus Morgenländern ihre erste Sekten und Erklärungen und Richtungen für die Nachzeit; und je mehr wir also diese morgenländische Ideen abzustreifen suchen, sofern sie bloß national sind, desto mehr erscheint das lautere Wesen derselben, und wieviel Verdienst erwirbt sich hierin unser jetziges deutsches Jahrhundert in mehr als einer theologischen Wissenschaft und für mehr als ein Menschengeschlecht.

Theologie indessen der Theologie und ihren Richtern überlassen, bleibe ich auf einer Stelle, die mir um so weniger strittig gemacht werden kann: *morgenländischer Geschmack, morgenländische Art zu philosophieren.* Hier wird man keinen Geschichtschreiber der Wissenschaft, des Geschmacks über Zeiten und Völker darüber anketzern dörfen, wenn er an Heldengedichten, Liedern, Erzählungen usw. nach morgenländischer Manier eben diese Manier und nichts weiter prüfet; wenn er sie für das Land und die Zeiten prüft, in welche man sie eingeführt hat; wenn er bloß untersucht, wiefern die fremde Sache zuträglich oder schädlich sein könne oder gewesen sei. Ich gebe ein Beispiel, und lieber aus entfernten Jahrhunderten als aus dem unsrigen, denn aus jenen sind wir heraus. Der halb morgenländische Geschmack, der in den mittlern Zeiten sich über Spanien und Italien nach Europa zog, der daselbst, mit dem gotischen und Mönchsgeschmacke vermischt, jenes Ungeheuer bildete, das Ritter- und Riesenromane, Kreuzzüge und Turnierspiele, Mystiker und Scholastiker ausspie – welch ein Phönomenon in der Geschichte des menschlichen Verstandes! Und sollten die Morgenländer nicht mehr als dies auf uns gewürkt haben, was wir jetzt noch nicht sehen wollen, weil es unsre Augen überzogen? Ich werde bei einzelnen Völkern weiterreden.

Der Einfluß des Himmels in die Denkart der *Griechen* ist von Winckelmann geschildert, als wäre er selbst Grieche. Ihre Sprache, ihre Sinne und Einbildung, ihre Erziehung, Verfassung und Regierung ist teils hier, teils in allen Winckelmannischen Schriften gemalet, daß das Gemälde den Wunsch nach der Sache selbst erreget und wir parteiisch werden, alles so gern als Wahrheit finden zu wollen. Hier gehe ihm der Geschichtschreiber über Weisheit und Dichtkunst dicht nach in seinen Fußtapfen, und welch ein Wunsch wäre es, in Weisheit und Dichterei der Griechen mir selbst das sein zu können, was Winckelmann in Absicht auf die Erklärung ihrer Kunst für Welt und Nachwelt geworden. Zwar – – doch wer wird jedes Zwar auffangen? wir kommen ja bald unter einzelne Völker [und] denn auch unter die Griechen.

Auf die Natur und Verfassung der Römer zur Kunst hat Winckelmann hier nur einen Hauptblick ge[worfen] und auch in der Ausführung seiner Geschichte eine eigentliche Untersuchung darüber ausgelassen, [worüb]er er sich bei allen übrigen Völkern zuerst erklärt: „Ursachen der Kunst unter ihnen, aus Denk- [und Gefüh]lsart, Gesetzen, Achtung der Künstler" usw. Da [ich die] Winckelmannische Kunstgeschichte zuerst in die Hände bekam, mit begierigen Augen suchte ich, zunächst [den Gr]iechen, eine solche Abhandlung unter den Römern, „was es denn gewesen, das ihnen in der Kunst [einen eigne]n Stil gegeben?" Zehne von diesen Ursachen, dachte ich, müssen auch in dem Reich ihrer Wissen[schaften sein;] und welche Aussichten hoffentlich über die bei mir noch so unentschiedne Frage vom Wert [der a]lten Römer auch im Reich der Wissenschaften. Begierig also schlug ich hin und her und wollte meinen Augen nicht trauen, da ich — nichts fand. Nichts fand als hie und da eingeschaltete Bemerkungen hierüber und römische Situationen, insonderheit im andern Teil der „Geschichte", und also bei Winckelmann Gründe des Stillschweigens von außen suchte. Ein Winckelmann über die römische Literatur möge dieser enthoben sein.

Endlich über die Fähigkeit der andern Nationen zur Kunst: Hier finde sich ein Herold der Völker, der die Natur derselben wäge. Ich, für den der ganze Nationalcharakter eines Volks ein unabsehliches Bild ist, das immer dunkler dem Auge wird, je näher man an dasselbe herantritt, und welches sich bloß in der Entfernung von diesen Völkern so sicher zeichnen ließ, ich — — halte mich an einigen einzelnen Urteilen:

„In den Fähigkeiten der Italiener zur Kunst herrscht die Einbildung so wie bei den denkenden Briten die Vernunft über die Einbildung."

„Die Dichter jenseit der Gebürge reden durch Bilder, geben aber wenig Bilder. Man muß auch gestehen, daß die erstaunenden, teils schrecklichen Bilder, in welchen Miltons Größe mit bestehet, kein Vorwurf eines edlen Pinsels, sondern ganz und gar ungeschickt zur Malerei sind. Die Miltonischen Beschreibungen sind, die einzige Liebe im Paradiese ausgenommen, wie schön gemalte Gorgonen, die sich ähnlich und gleich fürchterlich sind."

„Bilder vieler andern Dichter sind dem Gehör groß und klein dem Verstande. Im Homero aber ist al[les] gemalet und zur Malerei erdichtet und geschaffen."

„Je wärmer die Länder in Italien sind, desto größere Talente bringen sie hervor und desto feuri[ger] ist die Einbildung, und die sizilianischen Dichter sind voll von seltnen, neuen und unerwarteten Bild[ern."] Ich trage diese Aussprüche hier in mein Gedankenbuch ein, um, wenn ich zu Lessings „La[okoon"] trete, darüber etwas zu versuchen.

Darf ich über das erste Kapitel meine Meinung im ganzen s[agen:] daß ich dies ganze Kapitel hier — wegwünsche. Wegwünsche? ja aber nur weg von hier, [von] dem Anfange der Winckelmannischen „Geschichte". Und warum das? eine so große [Lücke] ganzen Werke? voll so trefflicher Grundsätze? – Alles wohl! nur die hier den Leser nicht ei [Lücke] und ihm nicht zuvor beigebracht werden *sollen.* Wäre dies Kapitel nicht in Form einer abge[Lücke] da: so wäre Winckelmann gleich unter einzelne Völker gestiegen, hätte, so weit [Lücke] den Ursprung der Kunst historisch untersucht [bricht ab] des, noch immer eine Geschichte von Begebenheiten, von Handlungen. Ich will also den Begriff, der vorliegt, nicht zu einem Walde von Begriffen machen. Der Geschichtschreiber überhaupt, frage ich, kann er ein Lehrgebäude liefern? Ob es der Geschichtschreiber besondrer Arten könne, wird sich nachher leicht von selbst beantworten.

Jede Begebenheit, jedes Factum in der Welt ist auf seine Art ein Ganzes: ein Ganzes, das anschaulich dargestellt werden soll, das also auch in der Beschreibung ganz sei und sich von allen Seiten zeige. Schon der Annalist und Memoirschreiber wird hier zu einer gewissen Vollständigkeit verbunden: jeder einseitige Gesichtspunkt, in dem er die Sache nehmen *will*, heißt schielend; jede einseitige Abzeichnung wird verwerflich. Im Bilde gesprochen, hat er also an seinem Gegenstande würklich einen ganzen vielseitigen Körper oder, wenn man will, ein historisches Lehrgebäude zu entwerfen.

Zu meinem Ziele wäre es nur ein Seitenweg, wenn ich hier dem Gedanken nachgehen wollte: wie auch in diesem Verstande ein Lehrgebäude eine schwere und fast unmögliche Sache sei. Jedes menschliche Auge hat immer schon seinen eignen Gesichtswinkel: jedes wirft den vorstehenden Gegenstand auf seine Art in Projektion hin; und überhaupt, sowenig ein vollständiger Körper, so wie er ist, auf einer glatten Fläche erscheinen [kann], so ist vielleicht mit allem Überfluß von detaillierten Memoirs, im idealischen Verstande keine vollkommene Geschichte auch nur von einer *einzigen* Sache oder Begebenheit möglich. Ich sehe von hier aus zu viel Wege in die Kritik und Philosophie, um das Ganze in der Geschichte und Glaubwürdigkeit derselben berechnen zu können, als daß ich *einen* verfolgen könnte. Wir setzen in Regeln und praktischen Untersuchungen schon immer das Mögliche, das Tunliche zum Grunde und sagen übrigens: quae supra nos, nihil ad nos!

Menschlich also gerechnet und die Möglichkeit eines solchen historischen Ganzen zugegeben, siehet man immer beim zweiten Blick, daß das Wort Lehrgebäude in so eingeschränktem Verstande ein bloßes Wortspiel sei. Die Ursachen und Folgen unsres Gegenstandes zu entwickeln, zu forschen, was sein Wesen erzeugte und was dadurch in der Kette der Dinge durch Anziehung und Rückstoß gleichsam ausgerichtet und gewürkt wurde, ein Plan dieses Zusammenhanges, dieses kleinen Weltsystems von Ursachen und Würkungen – das, nur das ist ein historisches Lehrgebäude, was diesen Namen verdienen soll.

Wie nun aber? Ursachen und Folgen entwickeln, dem Zusammenhange einer Begebenheit nachspüren, die Kräfte abwägen, aus denen die Sache und die durch die Sache entstanden – ist das noch das Werk des historischen Sehers oder schon des philosophischen Weissagers? Ursache als Ursache, Würkung als Würkung wird nie gesehen, immer geschlossen, erraten, gemutmaßet – dies hat der philosophische Zweifler, Hume, wie mich dünkt, sehr augenscheinlich ins Licht gesetzt. Nichts als die Ähnlichkeit der Fälle ist bei dieser Schlußkunst unsre geheime Führerin: nichts also als unser Scharfsinn, unser Witz, unser Reflexionsgeist, oder wie das Ding heiße, was die Ähnlichkeit der Fälle zwischen einander und der Folgen durch einander findet, ist hier der Gewährsmann der Wahrheit.

Welcher Wahrheit also? der philosophischen oder der historischen? Keiner andern als jener; mithin ergibt sich's schon, daß der Geschichtschreiber und der Philosoph der Geschichte nicht völlig auf *einem* und gleich festen Boden stehe. Zween historische Zuschauer und Erzähler über eine evidente Sache werden ceteris paribus noch so ziemlich gleich sehen und gleich erzählen; aber über das Gesehene urteilen, schließen, mutmaßen – lange nicht so einerlei. Hier hat jeder seinen eignen Witz, seinen eignen Scharfsinn zum Führer und zum Zeugen: wird das Zeugnis aller auch in allem übereinstimmen? Wird nicht jeder die Ursachen seines Datum und Factum wer weiß wo und wie anders suchen; und da und so anders findet er sie auch – jeder nach der Lage seines Kopfs und nach den Lieblingsgängen seines Reflexionsgeistes. Vollends endlich den Grad der Würksamkeit jeder aufgefundnen Ursache, das Mehr und Weniger derselben auf der Waagschale des historischen Ganzen – das kann niemand sehen, niemand als Augenzeuge berichten; und bloß das zweideutige

Wort *bemerken* faßt zwo so verschiedne Handlungen des menschlichen Geistes in sich.

Ich wünschte, daß ein philosophischer Kopf aus Ihrer Historischen Gesellschaft sich an die Fragen machte, die diesen Unterschied ins Licht setzen müßten. In Dingen der Geschichte nämlich, wiefern ist da noch der sensus communis des Urteils, bei Menschen von verschiednen Ständen und Lebensarten, bei Leuten von verschiedner Mischung der Seelenkräfte und am meisten von verschiedner Erziehung und Ausbildung derselben noch einerlei? Wie weit kann die Laune eines Kopfs gehen, auch in der Geschichte sein Hausherrenrecht beweisen zu wollen und überall Lieblingsideen zu suchen und zu finden? Wieweit kann eine gewisse Überredung unser selbst uns bezaubern, daß wir Wahrheit und Urteil verwechseln, daß wir glauben, als ob wir sähen, und vernünfteln, als ob wir das, was bloß unsre Meinung ist, empfänden? Wie sehr kann Eigenheit und Gewohnheit im Denken uns an diese und andre Aussichten fesseln, andre verschließen, andre ins Schiefe stellen? Woher, daß auch die historische Seele sich in eine gewisse Falte schlagen und eine Lage von Gedanken sich erst zur bequemsten, denn zur notwendigen und endlich zur völlig einzigen machen könne? Proben und Beweise über diese Fragen liegen in der Geschichte aller Völker, aller Zeiten, aller Köpfe, aller Gegenstände so unzählig da, daß eine Abhandlung hierüber, mit philosophischem Geist überdacht und mit historischem Geist ausgeführt, für mehr als einen Teil der Wissenschaften eine reiche Goldgrube werden müßte. Bisher haben nur einige Theologen einige Adern dieses Problems von ihrer Seite berührt; für die ganze Geschichte alter und neuer Zeit, für die ganze noch anzubauende Geschichtskunst, für die Philosophie über das historische Erkenntnis unsrer Seele auf allen seinen Stufen der Wahrheit, Gewißheit und Wahrscheinlichkeit, für die historische Kritik über einzelne Völker und Hauptgeschichten und Hauptgeschichtschreiber, für den feinen Unterschied endlich, von dem ich rede, wie nahe und fern die Geschichte an einem Lehrgebäude liege — — für alle diese Nutzbarkeiten und Zwecke hat man noch wenig versucht. Hier hangt noch ein olympischer Kranz für den, den eine so lange weite Laufbahn nicht abschrecket, sondern aufmuntert, was Nützliches für den Anbau der ganzen historischen Kunst zu wagen. — — Geschichte muß man glauben; aber was auch nur an ihr Lehrgebäude sein möchte, aufs schärfste untersuchen.

Ich tue einen dritten Schritt. Sie haben, mein Herr, in mehr als einem Stück Ihrer „Bibliothek" sich um den Plan, um das Zusammenordnen einer Geschichte zum schönen Ganzen verdient gemacht. Sie haben gezeigt, daß ohne dies Zusammenordnen kein wahrer Geschichtschreiber par excellence werden könne, daß in einer vollkommenen Komposition eines historischen Gemäldes der wahre historische Künstler, das Genie zur Geschichte sichtbar sei, daß ein Meister hierin auf eine gewisse Art der Schöpfer einer Welt von Begebenheiten werde; kurz! Sie haben hierüber mit so vielem Feuer geredet, daß ich nicht weiß, wie noch solche Adelungs und ... hinschmieren können. Aber — — aber — — kurz! ich habe das Zutrauen, daß ein Lehrer der historischen Kunst, bei welchem unparteiische Redlichkeit, scharfsinnige Sorgfalt und philosophische Kälte Lieblingstugenden sind, auch Zweifel hören könne — —

Muster der Geschichte sind eher gewesen als Regeln einer historischen Kunst; erlauben Sie also, mein Herr, Ihrem Beispiel zu folgen und einige der ältesten Muster auch darüber zu befragen: wiefern ihre Geschichte, dem Plane, der historischen Komposition nach, ein Lehrgebäude gewesen oder nicht. Und da ist der Vater aller, wenigstens aller griechischen und römischen Geschichte, der alte *Herodot*, wohl das erste Orakel.

So verworren Herodots Geschichte scheinen möchte: so ist sie doch mit ihren Episoden und Übergängen ein so künstliches Gebäude, als nur immer in Ägypten die Hand des Dädalus ein Labyrinth anlegen konnte, das in seiner Idee gewiß nicht Labyrinth war. Sie selbst, mein Herr, haben diesem Grundriß nachgespüret, ihn ausgezeichnet, ihn zur Nachahmung empfohlen: wäre aber diese Empfehlung so ganz ohne Ausnahme? — — Herodot arbeitete seine Geschichte nach Art einer Epopee hinunter: nach Art der Epopeen legt er ein

Thema zum Grunde, welches er mit Episoden und Einschaltungen, beinahe als ein historischer Rhapsodist ausführt: er nimmt zu seinem Plan so viel von der Vorwelt und der Nebengeschichte mit, als zur Vollständigkeit seines Thema gehörte: er hat also würklich seine Geschichte halb als historische Epopee, halb als historisches Lehrgebäude bearbeitet. Das ist *Herodotische* Manier; ist sie gut? ist sie nachzuahmen? ist sie für uns?

Die Fragen werden sich beantworten, wenn wir auf das Zeitalter des Griechen ein Auge werfen und denn den Stand dagegensetzen, in welchem sich bei uns die Geschichte befindet. Herodot hatte *zuerst* keine Geschichtschreiber vor sich; er war der Vater aller neun historischen Musen: der erste Geschichtschreiber – ein Umstand, der seine Methode sehr erkläret. Er, als der erste in seiner Art, mußte also fast bei jedem Schritt einen Rücksprung tun und die Sache ab ovo von uralters her zurückholen: das gab Episoden über Episoden, das machte ein Gebäude nach seiner Art fast unumgänglich nötig. Er mochte hier- oder dorthin kommen, von Persern oder von Griechen reden wollen: überall fand er die vorläufigen Begriffe, die man bei Hörung seiner Geschichte von dieser und jener Sache haben mußte, durchaus vag und unbestimmt. Meistens Dichter hatten sie gegeben oder vielmehr nur beiläufig ihren Gedichten zu ihrem Zwecke und nach ihrer Art einverleibet, und so waren diese Lappen von Geschichte mitten unter ihren Fabeln selbst mit zur Fabel geworden. Das Publikum hatte noch keine Grundlage von sichern historischen Begriffen, und nur der Pöbel glaubte an die Epopee und an die Tragödie als Geschichten. Nun kam Herodot; mußte er nicht überall erst Ideen fixieren? nicht überall Reisebeschreibungen, Stücke von Sagen, vorläufige Kenntnisse und Ursprünglichkeiten einschalten? mußte er also nicht überall episodisch werden? Allerdings! Aber nicht, als wenn alle die Episoden dahingehörten, nicht, weil dieser Plan für die Geschichte überhaupt der beste wäre, sondern weil er für Griechenland, für sein damaliges Publikum, für die Situation, in welcher *er* schrieb, der beste war. Ist er's deswegen auch für alle Nationen, für alle Zeiten, für uns? Kaum! wir haben Reihen von

Geschichtschreibern vor uns, und wie viel hätten wir bei jeder Sache und jedem Gegenstande nachzuholen und vorzubereiten, wenn wir als Aborigines schreiben wollten! Die Ideen unsres Publikum sind bestimmt oder lassen sich wenigstens durch kleine beiläufige Aufklärungen bestimmen, ohne daß man nötig hätte, die Episode zum Hauptteil seines Plans zu machen, wovon hier die Rede ist. — — Zweitens: Herodot schrieb in einem Zeitalter, das noch keine Geschichte gesehen hatte, das noch ganz an dichterischen Vortrag gewöhnt war: auch diese Situation trug viel bei zur Bildung seines Werks. Er schrieb es für das Ohr eines Publikums, das bei seinen Olympischen Spielen und Versammlungen nur *Homere* [Homern] gehört hatte; und da er um den Beifall dieses Publikum, wie ein olympischer Läufer, buhlte: was Wunder, daß er sich dem Ohr desselben bequemte und also auf gewisse Art ein Nachahmer Homers, ein historischer Homerist wurde. Nun schrieb er im epischen Plane; nun stellet er alle neun Musen rings um sein Vaterland; nun führt er mit langen goldnen Siegsketten alle Neben- und Zwischengeschichten fremder Völker rings um sein prächtiges nationales Thema: „Das von den Persern befreiete Griechenland will ich besingen!"; nun umhüllt er seine Geschichte ganz mit den Begriffen seiner Nation, in Absicht auf sie und auf andre Völker, in Religion und in Staatskunst, in Denkart und Sitten; nun nährte er, noch halb als ein erzählender Ulysses, das Ohr seiner Griechen mit Reisebeschreibungen, mit Erzählungen im Ton eines Fremden, der wunderbare Dinge zu sagen hat, die er selbst gesehen, die er selbst bereiset hat, die er gerne an andre bringen will — — kurz! nun schrieb Herodot so, wie er geschrieben und wie er sich den Beifall seines Griechenlandes öffentlich ersungen hat: er ward auch im Plan ein historischer Homer. — — Ob aber damit auch als Muster für unsre Geschichte? Ich will über die angeführten Stücke keinen Kontrast aus unsrer Zeit machen; wäre indessen nicht eine völlige Ausführung dieses Unterschiedes eine schätzbare Beschäftigung? Wie, wenn ein *Gatterer* selbst zu einer seiner Abhandlungen über Herodot noch die andre, von ihr unzertrennliche hinzutäte: wiefern ist der Herodotische Plan der Geschichte Muster für uns? woher ist er epische Geschichte für die Griechen gewesen? Daß er nur sehr uneigentlich ein Lehrgebäude über den Persischen Krieg heißen könne, ist offenbar; und wenn er's auch wäre, so hängt die Nachahmbarkeit dieses Lehrgebäudes von Beantwortung der vorigen Fragen ab.

Thukydides, eben der Thukydides, den niemand als Herodot zum Geschichtschreiber, der, wie ein Alexander am Bilde Achilles', dem Herodot als Knabe Zähren der Nacheiferung weinte; er, als Mann, als Geschichtschreiber – – ahmte Herodot nicht nach, schrieb nach einem Plan, der von keinem Herodot zu wissen schien. „Um so schlimmer für ihn", wird man sagen: „darum steht er auch jenem so sehr nach; darum hat er auch nicht ein so erhebliches Sujet wie Herodot gewählet; darum webt er auch so erschrecklich lange Reden ein, von denen jener directe nicht weiß; darum fehlt ihm auch das sanfte Band zwischen den Perioden seiner Geschichte; darum, es tut uns leid, finden wir ihn auch nicht neben Geschichtschreibern, sondern unter Annalisten, unter bloßen Annalisten – –" Vielleicht würde es Thukydides nicht schmerzen, da gefunden zu werden, da er sich freiwillig zu ihnen begeben hat. Es ist wahr, seine Geschichte greift nicht so weit im Kreise um sich wie die Herodotische; seine Einleitung ist nicht ein so asiatischer Vorhof als die Episoden seines Vorgängers; wie aber anders, da er als Staatsmann schrieb, der von außen nur soviel mitnehmen wollte, als er (denn Herodot war schon, und die Zeit war anders!), als er etwa an diesem und jenem Vorurteil bessern oder erläutern wollte – welch ein andrer Gesichtspunkt! Er schrieb nach Winter und Sommer: ist diese Einteilung nicht die natürlichste für den Kriegslauf seiner Zeit? ist sie für einen kriegführenden General nicht so ungezwungen, als für eine Schäferin, ihr Leben nach Frühlingen zu berechnen, wenn sie es nicht nach Siegen berechnen kann? – Er schaltet Reden ein, aber Reden, die in der Geschichte eines griechischen Feldherren nicht das sind, wofür sie Schulgelehrte ansehen, Deklamationen [bricht ab]

[ZUM ERSTEN WÄLDCHEN]

Können doch manche nicht anders, als auf Kosten andrer loben, und so haben viele Lessings „Laokoon“ nicht besser zu ehren geglaubt als auf Winckelmanns Kosten; und ich glaube es ihm verdenken zu können, daß *er*, wenn er nichts Wichtigers wider ihn hatte, seinen „Laokoon“ nicht lieber ganz für sich arbeitete. Vor und hinter demselben – was Lessing gegen Winckelmann hat, sind entweder nichts als Parerga, für die sie Lessing und Winckelmann ansehen wird, oder wenigstens trifft nichts auf Winckelmanns Hauptzweck: *die Kunst.* Überhaupt ist der Genius beider Schriftsteller so verschieden, daß ich von mir kein Gegeneinandermessen erlangen kann.

Wo Lessing am vortrefflichsten schreibt, spricht – der *Kritikus*, der Kunstrichter des poetischen Geschmacks, der Dichter. Wie Sophokles' Philoktet leide und die Helden Homers weinen, Virgils Laokoon den Mund öffnen und körperliche Schmerzen auf dem Theater winseln dörfen; wie Virgil, Petron und Sadolet den Laokoon bilden; wie der Dichter den Künstler und vice versa nachahmen könne – überall der Kunstrichter des Poeten. Als solcher gibt er dem Philoktet des Chateaubrun einen Hieb; ein solcher beurteilt Spence's „Polymetis“ und Caylus' „Gemälde“. Als dichterischer Kritikus klassifiziert er Homers Wesen, unterscheidet poetische und malerische Schönheit und die Natur beider – überall das Geschäfte des Kunstrichters. Und sein Zweck? derselbe! Dem falschen poetischen Geschmack entgegenzureden – die Grenzen und die wesentlichen Gesetze beider zu unterscheiden, den Künstler nur dann einzuschränken, wenn er dem Dichter vorarbeiten, zu nahe treten will – das ist sein Zweck, und was er auf diesem Wege von dem Innern der Kunst findet, freilich nimmt er's auf, aber mir noch immer der poetische Kunstrichter, der sich selbst Dichter fühlt.

Winckelmann aber als *Lehrer der Kunst.* Eher als eine Geschichte der Kunst des Altertums will er eine Metaphysik des Schönen aus Alten – sonderlich Griechen liefern und das Wesen der Kunst aufschließen. Um den falschen Geschmack andrer Zeiten und Völker ist ihm nicht eigentlich zu tun: ihn züchtigt er bloß, wenn dieser unmittelbar neben oder vor den Alten ihm zu Gesicht kommt; denn sonst, wie oft hätte Winckelmann nach seiner vornehmen griechischen Idee züchtigen und seine Hand ermüden müssen. Und schreibt er kaum als ein eigentlicher Kritiker des Kunstgeschmacks: wie weit entfernter der Kunstrichter der Dichtkunst. Er, dem wie dem griechischen Künstler die Schönheit erschienen war – mußte er nicht, bezaubert von ihr, ihre Gestalt mit Feuer in seinen Geist gemalt, brennend in seinem Auge, sich in seinem Herzen regend, diese Gestalt der Kunstschönheit überall suchen, auch im bloßen Abglanze sehen wollen, auch in Spuren vermuten, die freilich Fußtritte einer andern, der dichterischen Schönheit sein können. Im Gefühl dieser bildenden Schönheit, als Künstler, las er auch die Dichter, wie sein ganzes Buch zeigt; denn für Künstler schrieb er, und hätte er für sie wohl so schreiben können, wenn er nicht auch die Dichter als Künstler gelesen hätte? Er stand also bei Virgils Laokoon als bei dem Laokoon des Künstlers, nicht aber als Dichter oder als Kritikus seiner Dichterkunst. Das sind die Schranken der menschlichen Natur, auf *einmal* nur *eines* sehen zu können, wie man soll und will; und hätte Lessing soviel als Winckelmann vom Künstler, er wäre kaum das als Dichter, was er ist.

Ich weiß nicht, wie mich Lessing immer fremde dünkt: wenn ich ihn als Kunstlehrer, als eigentlichen Antiquar höre; über Kunstwerke und Lesarten spricht er als Philosoph oder durch einen glücklichen Einfall, trifft er, so trifft er. Ebenso unrecht steht Winckelmann als Vernünftler, als Lehrer der Dichtkunst; sollte ich diesem aber deswegen Philosophie und Kenntnis der Alten absprechen, weil er sie nicht wie Lessing gelesen und nicht wie Lessing philosophiert? Er, der sich ganz nach den Alten gebildet, in ihnen lebet und webet, bis zum Erstaunen in ihnen Künstlerkenntnisse zeigt – er den Homer, sein Morgengebet, nicht gelesen, weil ihn Lessing gelesen, mit muntern Blicken was in ihm aufgefasset und mit muntern Wendungen vorzeigt! So gern mögen die lieben Critici unsrer Nation über Schüler urteilen, über die Kenntnisse, die man zeigt oder nicht zeigt, Examen halten und, was oft am mißlichsten ausschlägt, durch Vergleichungen loben. — Lessing wiederum soll ein Schulästhetiker aus Baumgartens Schule, ein bloß witziger Kopf sein, weil er teils schärfer wie Winckelmann philosophiert, teils nie als Magister schreibt. O ihr unseligen Richter, taub und blödsinnig wie Claudius! Bei wem könnte sich die Baumgartensche Philosophie einfacher, beobachtender, gründlicher, liebenswürdiger zeigen als bei ihm, wenn sie sich bei ihm zeigte.

[ZUM DRITTEN WÄLDCHEN]

[A]

[...] der Welt und Nachwelt vorzuprägen? Oder kann es bei dem besten Geschmack der Nation Hindernisse und Absichten geben, die die Münze hinter den griechischen Geschmack stellen? Dies ist die erste Frage!

Zweitens: kann die Göttin Moneta eine sichere Zeugin über den Geschmack *eines Landes, einer Zeit*, ja auch selbst nur eines *Fürsten* sein!

Drittens: wie weit lassen sich Münzen schmecken? wie weit sind sie des Geschmackes fähig? ihr Geschmack, die Verschlimmerung und Verbesserung desselben der Kultur des Publikums wichtig? – Ich hoffe, daß meine Fragen ein kleiner Beitrag zu dem Beitrage sein werden, der vor mir liegt!

13

Die seligsten Leute auf der Welt sehen die Münzen bloß als *Geldeswert*, die wichtigsten Geheimdenräte als landesherrschaftliche Hoheitszeichen, die Liebhaber von Münzsammlungen als historische Denkmale einer Begebenheit, Altertumskenner als allegorische Symbole an – und endlich nach allen Virtuosen des Geschmacks als eine offne Tafel desselben. Sind die Gesichtspunkte aller vorigen Klassen keine oder unwürdige Gesichtspunkte? – Man nenne mich geschmacklos und barbarisch, wenn ich behaupte, daß der Gesichtspunkt des Geschmacks unter allen meistens der letzte sein *müsse*. Und so schön auch immer die Ereiferungen für den guten Geschmack auf Münzen klingen mögen im Buche, in der großen Welt werden sie oft zurückstehen und, wenn sie sich vor alle vordrängen wollten, sich als pedantisch müssen auszischen lassen.

Die *Religion* kann Zwang auflegen, so wie selbst die griechische Bildungen und Allegorien des Schönen von diesem Zwange nicht frei waren. Wenn sich nun gemeiniglich an sie die Staatskunst insonderheit in den mittlern Zeiten so dichtandrängte, wenn man den Geistlichen und der Kirche Schaumünzen in den Mund warf, sie mit dem Gepräge von Kreuzen, Schlüsseln, Bischofsstäben und Sprüchen befriedigte — wer würde nicht dies lieber tun als Krieg führen, Unruhe haben, sich in den Bann tun lassen, und wie weit mußte hier also der Geschmack des Schönen hintennachtreten! Mit dem besten Geschmack des Schönen mußte der Kluge immer dem Zeitgeschmack des Religiösen nachgeben, dieser verschlang jenen, er war ihm drückender Zwang; und sollte nicht Klotz hierauf merken? Wie kann er alles vom Mangel des Geschmacks herleiten, wo der Geschmack sich nur nicht zeigen dorfte? Lessing ist bei den Griechen gerechter!

Noch bis jetzt ist Dichtern, Malern und Allegoristen unsre Religion lange nicht so bequem, als den Griechen ihre Mythologie voll Allegorien und Schönheitsbilder sein konnte; für die Maler führt Webb hier das Wort, und für die *Allegoristen* auf Münzen hätte es Klotz führen sollen; denn es ist ein Hauptingrediens zur Geschichte des Geschmacks. Wir haben gar kein allegorisches Münzkabinett aus unsren Religionsbegriffen, die teils über das Sinnliche erhaben, teils nicht zum schönen Anblick gebildet sind; und der beste Künstler ist hier, sobald es auch nur an diese Seite streift, in einer dürftigen Wüste, da der Grieche in der reichsten Bildergalerie war. Möchte es nun lohnen, deswegen die Religion zu reformieren, damit wir eine Allegorie bekämen: so werde Klotz und Hausen Reformators, von denen *dieser* mit unsrer jetzigen gar nicht zufrieden ist und jener „den völligen Tag derselben sich immer mehr nähern sieht". Solange dieser Tag noch nicht angebrochen ist, kann Klotz freilich die selige Abfahrt Gustav Adolfs, die Vorstellung der Dreieinigkeit tadeln; allein zeigen auch, woran es liegt? Eine Beherzigung dessen wäre nützlicher als Méry ganze Malertheologie ist — Klotz aber ist nicht darauf gefallen.

Auch *Staatsbedürfnisse* können hindern, der gute Geschmack melde sich, wie er wolle. Da zu den griechischen Zeiten weniger Hofzwang, weniger politisches Cerimoniel Gesetze gab: so konnten die Münzen eher der freien schönen Allegorie geweihet sein; hier also wäre es, statt bloß über die langen Titel, Inschriften, gepanzerten Helden, Bürgermeisterperücken usw., die jedem ins Auge fallen, sich zu ergetzen — hier wäre der sammlende Fleiß willkommen gewesen, was bei Veränderung der Zeit- und Staatsläufte dies Hof- und Völkerinteresse der Kunst für ein drückendes Gewand umgeworfen, wovon die Griechen frei waren — und liegt es hier am Mangel des Geschmacks?

Noch zehn äußere Umstände haben sich zum Nachteil der Kunst geändert, die man anführen muß, wenn man mehr als anständig lachen und vornehm tadeln, wenn man bessern will. Die Griechen lebten überhaupt mehr in einer Bilderwelt als wir: die *Begebenheiten*, die sie durchs Gepräge verewigten, waren meistens eher einer schönen und deutlichen Vorstellung fähig, als die uns oft unsre Zeit aufgibt; ihre Mythologie und Geschichte, mithin die Quelle aller ihrer Allegorien war national, ein eingeführter Codex, durchgängig bekannte Pandekten; wir entbehren dieser Ikonologie, und rufen wir sie aus dem Altertum: so ist sie uns fremde, den wenigsten gegenwärtig, den meisten gar undeutlich. Wie viel sind uns im Altertum ganz unerklärt? Wie viel in Winckelmanns „Allegorie", andrer Bücher zu geschweigen, fast Hieroglyphen? Wie wenige sind, ich meine, im Vergleich mit den Griechen, die anschauendes Leben und offne Bedeutung hätten? — Unsre Zeit, unser Publikum ist jenen an Kenntnissen hintennach — aus Mangel des Geschmacks? der Kultur? — es sei sonst, nur hier nicht! denn hier ist's bloß ein Rückbleiben in Nationalkenntnissen, das uns Ungriechen nicht sowohl zur Schande als zum Nachteil gereicht. Die meisten Fehler der neuern Künstler, selbst von Geschmack, hat die übergroße *Liebe zum Deutlichen* geboren: sie ist's, die Städte und Türme aufprägte, weil die griechischen Symbole von Städten und Ländern unsrer Zeit fremde geworden; sie ist's, die Schlachten und Heere stach, weil die griechische *Victoria* und *Bellona* kaum mehr die unsrige; sie ist's, die, da die Mythologie durch so viele verdrehende Hände gegangen, daß ein großer Teil seine bestimmte und offne Bestandheit verloren, zu fliegenden Zetteln und langen Aufschriften ihre Zuflucht nahm; oder auf der andern Seite sind wir rätselhaft geworden – warum? weil wir nicht mehr Griechen sind. Soll man aber deswegen allein dem Geschmack eine Strafpredigt halten? – Wenn jeder, der Münzen schlagen läßt, erfinden und prägen soll, jeder Fürst, Gelehrter und Künstler sie anhöret, fallen damit die Schwürigkeiten weg, die dem Verfasser in seiner seligen Lieblichkeit gar nicht einkommen – werden wir deswegen Griechen?

Ich muß bei dem Folgenden kürzer sein. Sind die Münzen sichre Zeugen von dem Geschmack einer Zeit, eines Landes? Bei Griechen und Römern mag es endlich noch sein: bei denen sie als eine weit öffentlichere Sache andre Unterstützung, politische Angelegenheit und Zwecke hatten. Ich mag jedes von diesen nicht aus der Geschichte ausführen; die Veränderung des Zeitgeistes ist offenbar. *Jetzt*, einem einzigen witzigen oder rätselhaften Kopf, dem einzigen Einfalle eines Höflinges oder Schulgeistes, dem einzigen Hic volo! eines Königlichen oder Freiherrlichen Residenz- oder Dorfschulzen und dem einzigen Hic puto! seines Schulmeisters überlassen: wie kann dies gute oder böse Stündlein für den Geschmack eines Volks, einer Zeit entscheiden? wo oft auf nichts minder als Geschmack gesehen werden soll und oft keiner als der nämliche Kopf so denken, so schmecken würde. Die französische *Akademie der Aufschriften* macht hier eine Ausnahme, die gewissermaßen ein Publikum waren und ihr Publikum bestimmten oder wenigstens wußten; aber sonst – wundre ich mich, mit welchem kühnen Censorton der Autor über Völker und Zeiten spricht, aus – einer Münze? und wie man ihm diesen befremdenden Non-sense für Patriotismus hat anrechnen können? – Das Heidelbergische Weinfaß, verdient es die hochmütige Unbesonnenheit, mit der der Verfasser – er als ein Deutscher, der sich fast schämet, ein Deutscher zu sein – wider seine ganze Nation redet, eben als wenn ein Grieche sich des Cynischen Weinfasses wegen hätte schämen wollen, Grieche zu sein? Und eben als wenn deswegen unter Anna in Rußland der Geschmack sich so hoch aufgenommen hätte, weil ein — — — unter ihr bessere Münzen angab? — Wo will der Münzmeister hin? —

Er will noch weiter! „*Überhaupt* können wir die bildenden Künste als verborgne Verräterinnen der *Denkungsart* desjenigen ansehen, welcher sich mit ihnen beschäftigt. Ein Werk eines Künstlers ist oft eine *noch* getreuere Abschilderung seines *sittlichen* Charakters *als* eine Schrift das Bild des Schriftstellers. Auf ebenso deutliche Art scheint der Fürst, welcher die Bilder zu Münzen entwirft, seine *Denkungsart* an den Tag zu legen. Ich glaube nicht zu irren, wenn ich den *moralischen* Charakter gewisser *Nationen* und gewisser *Zeiten* auf den Münzen suche und entdecke." Heil dem Manne, der auf einer Münze, in einem Gemälde die *ganze Denkart* des Künstlers, seinen ganzen *sittlichen Charakter*, ja die ganze *Denkungsart des Fürsten*, den ganzen *moralischen* Charakter ganzer *Nationen* und *Zeiten* sehen kann! Heil den gelehrten Augen!

[B]

Geschmack aus Münzen? Ist er in oder auf denselben? Wieweit ist der Geschmack auf ihnen *Zweck*? oder Hauptzweck? Wiefern sind sie des Geschmacks fähig? Ihr Geschmack, die Verschlimmerung und Verbesserung desselben, wieweit ist sie der Kultur des Publikum wichtig.

Geschmack einer Zeit, eines Volks aus Münzen? Kann die Göttin Moneta eine sichere Zeugin über den Geschmack eines *Landes*, einer *Zeit*, eines Fürsten sein?

Geschichte des Geschmacks und der Künste aus Münzen? Ist eine solche möglich und sicher? oder kann es bei dem besten Geschmack der Nation Hindernisse und Absichten geben, die die Münze hinter den griechischen Geschmack stellen. — Ich fange vom letzten an.

Die seligsten Leute auf der Welt sehen die Münzen bloß an als Geldeswert, die wichtigsten Geheimdenräte als landesherrschaftliche Hoheitszeichen, die Münzensammler als historische Denkmale von Begebenheiten, Altertumskenner als allegorische Symbole, der Künstler als ein Kunststück, und hinter allen erst kommt der Mann von Geschmack, der sie als eine Tafel des Geschmacks betrachtet. Wie? werden durch die beiden letzten alle vorigen verdrängt? alle vorigen Gesichtspunkte barbarisch? — Man nenne sie seiten- und bogenlang also; man nenne auch mich so, wenn ich behaupte, daß der Gesichtspunkt des *Geschmacks*, so schön auch die Ereiferungen darüber klingen mögen, nach unserer Welt nicht immer *der erste* sein könne und oft leider! der letzte sein *müsse.*

Zuerst: *Staatsbedürfnisse* können hindern, der gute Geschmack melde sich, wie er wolle. Wenn Klotz das *Innere* der alten, griechischen und römischen Zeiten kennet: so muß er zugeben, daß weniger Hofzwang und politisches Cerimoniel Gesetze gegeben, und so konnten also damals die Münzen eher der freien schönen Allegorie und der kurzen männlichen Inskription gewidmet sein. Jetzt, da das *Historische* der Münzen über die Allegorie eine Übermacht bekommen, da man immer mehr bedacht ist, die Begebenheit *genau* und oft *umständlich* zu verewigen: so ist aus der Tafel des Geschmacks ein Denkmal der Geschichte geworden, und die Nachwelt wird uns unsre barbarische Umständlichkeit oft danken. Die allegorische Münzen der Alten sind wie die Gedichte, die ältsten Behältnisse der Geschichte; schön, aber in Schleier; wir schreiben zum Gedächtnis der Nachwelt nicht Epopeen mehr, sondern — Geschichte.

Die *Staatsläufte* haben sich verändert: an einem Zusatz des Titels, an einem Ehrenzeichen liegt oft zuviel, als daß es dem Geschmack aufgeopfert werden *könnte*, wenn nicht politische Nachteile entstehen sollen. Statt also über die langen Titel, Inschriften und dergleichen bloß zu lachen — ist sammlender Fleiß nötig, „was bei Veränderung der Zeitläufte dies Hof- und Völkerinteresse der Kunst für ein drückendes Gewand umgeworfen, wieweit dies auch noch jetzt abgelegt werden könne" usw. Diese Frage geht also sehr ins politische Detail: Klotz hat sie nicht erörtern wollen, und um so artiger lacht er — über den Mangel des Geschmacks neuerer Zeit. Ich weiß keinen Mittelweg, als daß er aus Longinus den Königen und Fürsten dies Staatsinteresse erlasse oder sich die Untersuchung darüber nicht erlasse.

Zweitens: Die *Religion* kann Zwang auflegen, wie selbst die griechischen Bildungen von diesem Zwange nicht völlig frei waren. Dichtern, Malern, Allegoristen ist unsre Religion lange nicht so bequem, als den Griechen ihre zur Schönheit gebildete Mythologie war. Aus unsern Religionsbegriffen haben wir also kein allegorisches Münzkabinett, weil diese teils über das Sinnliche erhaben, teils ja nicht zum schönen Anblick erfunden sind. Sobald es also hieran streift, ist der beste Künstler in einer Wüste, da der Grieche in einer Bildergalerie war. Die selige Abfahrt Gustav Adolfs ist lächerlich und die Dreieinigkeit ärgerlich vorgestellt; wenn aber keine heidnische Vergötterung, die freilich sinnlicher vorgestellt werden konnte, und kein Triangel, der nicht viel besser ist, vorgestellt werden soll: so gebe Klotz etwas Besseres. Er sieht „bei unserer Religion den völligen Tag sich immer mehr nähern" – ich glaube doch nicht, den völligen Tag, damit wir eine mythologische Allegorie bekommen; denn *die* Reformation möchte nicht lohnen. Jede andre, die die sinnlichen Begriffe geistiger macht, muß ja der sinnlichen Vorstellung immer mehr Eintrag tun und macht sie endlich unmöglich. – Was ist also nötiger als die Betrachtung: „Wiefern können die Religionsvorstellungen unserer Münzen sinnlich sein? wie stehen sie den griechischen nach?" Für die Maler führt Webb das Wort, für die Münzallegoristen hätte es Klotz führen müssen, auch nur zu dem notdürftigsten Beitrag der Münzgeschichte, und siehe! er ist so wenig darauf gefallen als Méry in seiner ganzen Malertheologie.

Nun kann es Zeitalter geben, da die Religion sich dicht an die Staatskunst drängt, da man also dem fodernden Zeitgeschmack Schaumünzen in den Mund wirft, um ihn mit Kreuzen, Schlüsseln, Bischofsstäben, Sprüchen und dergleichen zu befriedigen und Kriege, Bannstrahlen, Unruhen zu verhüten oder große Zwecke zu erreichen. Wie müßte also hier der Geschmack des Schönen dem Zeitgeschmack an Religion nachtreten, der Kluge immer dem Religiösen nachgeben, und wäre es alles so durchhin Mangel an Geschmack, wo der Geschmack sich nicht zeigen kann? Lessing ist hier bei den Griechen gerechter! – Und in unsrer erleuchtetern Zeit [bricht ab]

[ZUM VIERTEN WÄLDCHEN]

[A]

Bei einer „Theorie der schönen Künste und Wissenschaften" sind's Haupterfordernisse: zum Felde seiner Beobachtung nichts minder als alle schöne Künste und Wissenschaften zu nehmen; ihre data zu sammlen und feste Grundsätze daraus zu ziehen; diese so weit zu vereinigen und unterzuordnen, als sich kommen läßt; bei dieser Reihe von philosophischen Bemühungen Ordnung und Methode zu beobachten und uns endlich in einer Schreibart zu lehren, die uns schön und sicher führt – eine Theorie, die keins dieser Stücke besitzet, ist bei allem leichten Gefühl, bei manchem kleinen Funde, bei allen Schnörkeln und Verzierungen keine *Theorie der schönen Künste und Wissenschaften.* Und wenn gar das Gegenteil aller dieser Haupterfordernisse ihre Art ist, ei! so ist sie nichts minder, als was sie sein will.

Jedes Urteil, mit dem man auf einmal vortritt, scheint *gesammelt*: an dem *gesammelten* Urteil denkt man sich zu gerne ein *gesuchtes*, an dem *gesuchten* ein *vorgefaßtes*, und ein *vorgefaßtes* und *falsches* Urteil ist bei vielen einerlei. „Wenn ich aber mein gesammletes oder, wenn Sie belieben, mein *gesuchtes*, mein *vorgefaßtes*, mein *falsches* Urteil mit Proben beweise?" O was kann man nicht alles beweisen, wenn man beweisen will? wenn man wieder Proben *sammlet*, Proben *suchet*, Proben aus ihrem Zusammenhange *reißt.* – – Ist dies, so muß ich schon Herrn Riedeln selbst nachgehen, ich mag wollen oder nicht. Ich wette, auf der Mitte des Weges wird man sehen, daß seine Theorie, ohne *gnugsame data und Kenntnis der schönen Künste*, ohne *feste Grundsätze* und *Zusammenordnung* derselben, ohne *Fortschreitung* und *Methode*, ohne *Sicherheit* und *Bündigkeit*, kurz keine Theorie, sondern eine Homisch-Gerardisch-Baumgartisch-Mendelssohnisch-Lessingisch-Winckelmannisch-Hutchesonisch-Darjesische

Rhapsodie sei: voll Philosophie ohne Ästhetik und voll Ästhetik ohne Philosophie.

„Als ob das etwas Neues wäre! als ob der Verfasser das nicht selbst bekannt hätte!" Hat er's bekannt; ist die Vorrede nicht, nach dem Kunstgriff unsrer neuen berühmten Literatoren, artiger Selbsttadel, um noch artiger zurückgelobt zu werden; hat es der Autor von Herzen gefühlt, daß er die wahren Aussichten, den Zweck und die Ordnung und die gute Schreibart einer solchen Theorie völlig verfehlet — — doch nein! das hat er nicht gefühlt. Er will neue Aussichten, wo ich nur wahre und sichre will; er nennt sein Buch zweckmäßig, wenn es für seine geneigten Herren Zuhörer geschrieben ist; sehr spaßhaft weiß er von keiner Ordnung eines philosophischen Lehrbuchs als Paragraphen und mathematische Methode; er tadelt sich also würklich, um sich selbst Komplimente zu machen. Er hat neue Aussichten, er hat seinen Zweck erreicht, er hat philosophische Ordnung, er hat einen schönen Stil zur Theorie; man lese, wie artig er diese Einwürfe in seiner Vorrede abbieget: er hat's! Aussichten, Zweck, Ordnung — er hat's! was will man mehr?

Allerdings mehr! Er soll sie nicht allein haben: seine Grundsätze, seine Bearbeitung zum Zwecke hinan, seine Methode, sein Stil soll Deutschland, wenigstens dem philosophischen und ästhetischen Deutschlande gemein werden; denn Herr Riedel schreibt ein kritisches Journal! Ja was, *ein* kritisches Journal? Kritische Journäle! Bibliotheken über Bibliotheken, Zeitungen, Briefe an und über das Publikum — das philosophische Werk eines solchen Mannes ist doch wohl zu prüfen? die Riedelsche Philosophie, Ästhetik und philosophische Methode, die so manche andre, wie jene Kühe Pharaons, schon verschlungen und gegen andre schon den Rachen aufgetan, zu prüfen? Der Leser wandle also mit mir in ein Lustwäldchen einer angenehmen Philosophie!

1

Die spaßhafte Einleitung wünscht der Verfasser selbst weg; ich zwar auch. Sie ist meistens Magisterspaß: ein Divertissement für die Herren Zuhörer in der ersten Hör- und Lesestunde; sie gehört also nicht vor eine bündige Theorie der schönen Künste und Wissenschaften, wenigstens nicht für das lesende Deutschland! Sonst aber manchen Herren Zuhörern in der ersten Stunde mag dieser Magisterspaß so wohl tun als ihrem Herrn Vorleser: Er ist also zweckmäßig; was zweckmäßig ist, ist gut – ich lasse jedem sein Gutes. Nur lasse man mir [bricht ab]

[B]

4. Da ich Smith nicht gnug kenne: so nehme ich den, der uns Deutschen zu lange unbekannt geblieben, Burke, „Über den Ursprung des Schönen und Erhabnen"; und da ein Deutscher ebenden Gegenstand, wiewohl auf andern Wegen, verfolgt: so mögen sie nebeneinander. Burke hat seine beiden Ideen tief in unsre Natur, bis gleichsam auf das Faserngewebe unsrer Seele zurückgeleitet, daß ich in vielen Stellen wie durch einen innern Schauder und ein inniges Bewußtsein Wahrheit gefühlt. Die Reduktion des Erhabnen im Gefühl *auf die Anstrengung*, des Schönen auf eine sanfte *Erschlaffung* der Nerven, die Paarung des einen mit den Trieben des Selbstgefühls, des andern mit geselligen Neigungen dünkt mich so wahr und aus der menschlichen Seele eben da gleichsam ausgeschnitten, wo sich das dunkle Gefühl endigt und Klarheit der Begriffe anfängt. Aus einem intellektuellern Gesichtspunkt lassen sich diese Ideen freilich noch sehr rektifizieren; allein ihr Land, woher sie genommen sind, bleibt eigentlich das Land der Entdeckungen – in diese dunkle Gegend des Gefühls müßte man sich wagen, die sich von fern wie eine Wolke und verbannte Zaubergegend zeigt – man durchfahre die Wolke, und siehe! es ist ein blühendes Land, eine Insel Madera. So müssen sich auch im Burkischen System der Fasern und Nerven noch manche dünnere Fäden ablösen lassen, und wir sollten uns weniger unsres sinnlichen Bruders, der nicht bloß unser Teilnehmer, sondern Vorschmecker des Vergnügens ist, des *Leibes*, hierin schämen. Die *Wucht* der Eindrücke, die *Schwingungen* unsrer Nerven, die Mitteilungen und Fortpflanzung der Gefühle, wenn sie mit Klopstocks Ausdruck von Nerve zu

Nerve rauschen, die Zusammenblättrung vieler Fibern endlic zu einer Art des Gefühls — — doch man wird mich für eine lebendigen Quacker halten!

Materialien aus der rohen Natur über Dunkelheit unc Helle, Macht und Privation, Kleinheit und Größe und Unendlichkeit, Folge und Einförmigkeit, Licht und Farbe und Schall und Laut und Geschrei und Bitterkeit und Geruch — Materialien aus der Natur sind im Burkischen Werk häufig; auch die aus der Kunst fehlen nicht ganz. Nur zusammengefaßt diese Perlen, diese rohen Naturbemerkungen bis auf das *Wesentliche* einer einzigen Kunst, geschweige denn aller Künste und aller im Zusammenhange und aller in der Ableitung — nicht! Sein Buch ist ein Blumenkranz, von den wilden Gegenden der Natur und auf steilen Anhöhen gelesen!

Kant ist zu Burke eben der Gegenmann, ganz der gesellschaftliche Beobachter, ganz der gebildete Philosoph. Die bildsame Natur des Menschen, insonderheit in Beziehung mit andern, die gesellschaftliche Welt in ihren feinsten Farben und Schattierungen: das ist sein Beobachtungsfeld. Von hieraus holt er sein Großes und Schönes an Menschen, an Tugend, an Temperament, in Geschlechtertrieben und Nationalcharaktere[n] — überall der bildsame oder gebildete Mensch, das Geschöpf der Gesellschaft. Von dieser Seite hat er fein bemerkt bis auf die Nuancen menschlicher Charaktere, fein zergliedert bis auf die Triebfedern unsrer Handlungen, fein angedeutet bis zu manchem kleinen Eigensinn in Benennung seiner Ideen —

Ist dies der Geist des Kantischen Werkchens: wie weit abgekehrt ist seine Seite der Bemerkung von einer Theorie der Künste? Das Schöne und Erhabne *überhaupt* ist nicht einmal das Thema seiner philosophischen Muse; nur ein kleiner Vortritt — zwischen ihm und Burke ist also noch die vorgezeichnete Laufbahn offen, fest wie eine Ebne und weit wie ein geräumiges Feld.

[C]

7

Was habe ich geliefert? Nur Ideen, nur abgerissene Plane! um den großen Gang durch alle Künste hindurch einigermaßen zu bezeichnen – aber wie mich dünkt, ist dies die einzige Methode, die diese Wissenschaft aufräumen, von andern sondern, an Erscheinungen so reich machen kann als die allweite schöne Natur. Durch sie würden unsere ästhetische Schwätzer, die über uns aus allen Künsten in Blumen und Bildern hinwegreden, belehrt oder entlarvt. Durch sie würde die Jugend zu einer Wissenschaft gelockt, die ihnen nicht mit abstrakten Ideen ins Auge fährt; wo sie lauter schöne Erscheinungen genießen, aus Kunst in Kunst geführt werden und, immer mehr mit Erfahrungen bereichert, sich zuletzt erst der entkleideten Idee der Schönheit nähern. Durch sie würde die Ästhetik das, was sie bisher wohl noch nicht gewesen, bildend für unsern Geschmack in allen Dingen des Sinnlich-Schönen, eine Führerin zur reizenden, gebildeten Denkart zu leben. Durch sie würden so viele jetzt schiefangenommene Halbbegriffe bestimmt oder gerottet, die jetzt die Ästhetik als eine spielende unphilosophische Theorie verrufen; sie würde die jüngere, munterere Schwester unsrer Logik, die angenehmste Tochter der Seelenlehre, eine der ersten Gespielinnen der Jünglinge auf Akademien. Die Baumgartenschen bekannten sechs Zieraten der Erkenntnis, die sich nach den Säulenordnungen richten sollen, sind Spiel: hier *Ordnung* und Licht und Faßlichkeit und Schönheit: Theorie der schönen Künste und Wissenschaften! Die Riedelsche, die von alle diesem nichts weiß, ist [gestrichen: Chaos!] – – –

[D]

8

VOM NEUEN, UNERWARTETEN UND WUNDERBAREN

9

WAHRHEIT, WAHRSCHEINLICHKEIT UND ERDICHTUNG

Wie weit müßten wir sein, um in einer Theorie der Künste und Wissenschaften diesen Begriffen ein Gnüge zu tun und über sie mehr als eine poetische Rhapsodie zu liefern?

10

LICHT, SCHATTEN UND KOLORIT

Der erste Anblick zeuget, daß hier Begriffe aus der Malerei in eine Theorie der Künste zu erhöhen sind: ist ihnen aber gnug geschehen?

Zuerst eine Nebensache. Plinius lobet den Apelles, quod absoluta opera atramento illinebat ita tenui ut id ipsum repercussu claritates colorum excitaret etc., und jeder siehet, daß dies atramentum eine Art Firniß gewesen, den er zuletzt noch seinem Gemälde auftrug. Wo kommt das Beispiel an eine Stelle, wo von Mischung von Licht und Schatten, von hellen Farben im Kontrast mit dunkeln die Rede war? Caylus hat gezeigt, wie oft Plinius gemißdeutet und gemißhandelt sei; geht es ihm hier besser? Apelles verstand die Kunst, *seinen Bildern* – redet Plinius von Bildern von Figuren oder von vollendeten Gemälden mit alle ihren Figuren und Bildern und Licht und Schatten? einen *so hervorstechenden* Glanz zu geben – wovor hervorstechend? Hier ist von keiner Figur, von keinem Lichte, von keiner Farbe die Rede: sondern von allen Farben, vom ganzen Gemälde: das also vermutlich in einer Galerie vor allen Gemälden hervorstechen soll? – und das ist ein Beispiel des Satzes, daß helle Farben in einen Kontrast mit dunkeln müssen gesetzt werden? und das letzte muß Maximus Tyrius sagen? und Plinius sagen, was er nicht sagt? – Schöne Vorausempfehlung aufs ganze Kapitel!

Ich bin bei dem mißverstandnen Plinius und habe über ihn noch ein paar Worte. Caylus, der ihn in Sachen, die die Zeichnung betreffen, mit so vielem Feuer gerettet und in Sachen der Bildhauerei so sehr nebenangesetzt, daß ich mir an dem *einen* Plinius bei so verwandten Künsten eine solche Ungleichheit kaum denken kann: sollte er nicht auf *einer* oder gar auf beiden Seiten zu weit gegangen sein? und sein Nachsprecher Klotz, dem Plinius nichts von der Steinschneiderkunst verstanden, nicht noch weiter? Wo es aufs Auslegen der Alten ankommt, sind Winckelmann und Caylus und Klotz nicht mehr Kunstlehrer, sondern Ausleger.

Ideo, quos pingerent, adscribere institutum. Das heißt nach Caylus, sie malten Personen kennbar, sie malten Porträte: und er beruft sich dabei auf den Zusammenhang: Wie? wenn sich die andern, deren Auslegung er als abgeschmackt verwirft, auch darauf beriefen? und auf die Stelle selbst beriefen? Und sind diese andern mit ihrer Auslegung nicht die Ausleger Alle? Der Zusammenhang ist: Inventam linearem dicunt a Philocle Aegyptio etc. Primi exercuere Ardices Corinthius et Telephanes Sicyonius: sine ollo etiam num colore, iam tamen spargentes lineas intus. Ideo et quos pingerent adscribere institutum. Wie nun? sagt Caylus, weil sie es besser machten als ihre Vorgänger; „weil die Malerei in diesem Zustande der Nachahmung der Natur näher kam, so waren sie genötigt, unter ihre Gemälde zu schreiben, was sie vorstellen wollten; ohne welches man sie nicht gekannt haben würde, weil die Ähnlichkeit gar zu gering war? Dies Urteil schickt sich nicht für den Plinius“; freilich nicht, möchte ich einfallen, wie es Caylus anführt; nicht aber, wie es Plinius sagt? Philokles der Ägypter oder Kleanth der Korinthier sollen die Zeichenkunst erfunden haben: *sollen*; ich kenne sie nicht als bloß vom dunkeln Namensagen. Das ist gewisser, daß Ardices und Telephanes sie zuerst *ausgeübet*; freilich noch ohne Farbe; (doch Linien zu Andeutung der Züge innerhalb dem Umrisse streuèten sie schon ein); Portraits also, noch aber ohne Farben; und so wards Gewohnheit, den Namen dessen (deren) beizuschreiben, die (das) sie vorstellen wollten. Was ist hier Unschickliches, Falsches, Abgeschmacktes, dem Plinius Unwürdiges? So weit war schon die Kunst, daß sie Züge andeutete: sie konnte also schon mit dem Versuche eines Portraits, einer Ähnlichkeit erscheinen; den Namen der angedeuteten Sache unter, daß jeder wisse und beurteile, ob sie getroffen sei. Die Probe darüber ist notwendig, wenn es eine Kunst sein soll, die Ardices und Telephanes neu ausüben; und hält die Probe Stich, so macht ihnen der zugeschriebne Name Ehre: Die Kunst ist schon so weit, daß sie porträtieret. Aber so weit noch nicht, daß das Portrait ohne zugeschriebnen Namen kennbar sei: denn sie schildert noch ohne Farben – also zugeschrieben ideo, quos pingerent, adscribere institutum. Wenn man sich die Mühe nimmt, meine Auslegung zu vergleichen, so wird man sehen, daß sie nicht im Wortsinne, aber im Zusammenhange von den gewöhnlichen abgehe. Diese leiten das adscribere bloß von der Unvermögenheit, von dem Mangel der Kunst her (sine ollo etiam num colore), und da müßte das iam tamen spargentes lineas intus eine Parenthese sein, oder Caylus hätte nicht so ganz unrecht. Ich verbinde es mit dem ganzen Zusammenhange, mit primi exercuere und sine colore und iam tamen lineas spargentes, und das ideo adscribere wird Probe der neuen Kunst, Charakter, und Lobspruch; aber auch damalige Grenzen derselben: quos pingerent, adscribere institutum.

Was macht nun Caylus daraus? Er hat sein System im Kopfe, und Plinius ist doch bloß Geschichtschreiber, der freilich dem Wesen der Kunst nicht widersprechen muß, es aber auch nicht auskramen [?] darf. Er legt dem Wort exercuere also eine Energie bei, die es bei Plinius nicht hat: es heiße die Kunst vollkommen machen, in Regeln bringen, das alles noch ohne Farben tun – wo alles in exercuere? Er weiß von mehrerer Vollkommenheit der Formen, von Verbesserung der Zeichnung – alles gut; ist das aber der Ton, in welchem Plinius das alles sagt? Sind denn das exercuere und iam – iam Hauptfarbe seiner historischen Erzählung? nein! er sagt, was die Kunst geworden und was ihr gefehlet und setzt sein natürliches ideo dazu! Caylus' Erklärung widerspricht also dem Ton des Zusammenhanges. Zudem fehlt ihr eins, eine Kleinigkeit, die hier nichts als Hauptsache ist: ob das Wort adscribere so etwa[s] bedeuten könne? woher hatte es denn Caylus, daß adscribere quem jemand portraitieren bedeu[te] ich weiß nicht bloß keine ähnliche Stellen, sondern die Bedeutung scheint dem Wort seiner Präposition nach ganz zuwider, da diese eben das Gegenteil bedeutet. Und was soll denn nach dieser Erklärung das institutum? Zeigt es nicht, daß von einer Sache die Rede sein muß, die aus einer beliebigen eine Modesache, ein Gebrauch wird?

So fährt Caylus fort und versetzt lieber Worte (die Monochromaten, die vorausgingen, weil Plinius offenbar die pictura und linearis unterscheidet, müssen hintennach folgen) und energisiert lieber Worte (das postquam operosior inventa erat, das bloß auf die Aufkunft des Namens Monochromaten geht, soll überhaupt heißen: nachdem sie sich ins Detail eingelassen), um nur sein System zu erzwingen, von dem Plinius nichts wußte. Ich gebe ein ander Beispiel oder vielmehr ein ander Anekdotchen, was der Natursammler vom Apelles anführt.

Man weiß von dem malerischen Wettstreit, den Protogenes und Apelles mit jenem feinen Zuge einer Linie gehabt, und Caylus hat ihren Wettstreit vortrefflich erklärt; wie schwer ist's aber, Maß zu wissen? Die Tabula ihres Wettstreits ward aufbehalten tanto spatio nil aliud continens, quam tres lineas visum effugientes, inter egregia multorum opera inani similis et eo ipso alliciens, omnique opere nobilior. Ich gestehe es zu, daß die Durandsche Erklärung falsch sei; allein die Caylussche, ist sie nicht ebenfalls in falschem Lichte? Die ganze große Tafel war mitten unter ausgemalten Schildereien: leer, nur mit drei Umrissen, die fast dem Auge entwischten; allein eben die leere Fläche mitten unter den vortrefflichsten Schildereien andrer zog, weil sie sich durch Leere ausnahm, das Auge an sich, und von der Hand solcher Meister war sie schätzbarer als alles — das ist der offenbare Sinn Plinius'. Warum aber nur, daß Caylus nicht gnug mildern kann? „Wenn sich die Züge auf dem Gemälde verloren haben, so ist nicht die Feinheit derselben schuld gewesen, sondern die Zeit, durch welche sie zum Teil ausgelöscht oder die Farben verschossen sind. Es ist wahrscheinlich, daß diese Züge ursprünglich auf einer hellen Gründung gezogen waren — — und es ist also kein Zweifel, daß das Alter allein schuld daran war, daß man sie nicht erkennen konnte — — und ich glaube, man könne die Stelle des Plinius am richtigsten so übersetzen — — und eben dies ist der Zufall, der täglich jenen seltnen Zeichnungen des Raffaels usw. widerfahren muß" usw. — und warum, möchte ich fragen, so viel Winkelzüge? Plinius redet als — — Kunstsammler, und als nichts weiter! Sagt er's nicht deutlich gnug, daß, da die Tafel unter lauter ausgemalten Stükken stand, sie sich so leer und anziehend ausgenommen? Ist's nicht gnug, daß die tenuitas und subtilitas freilich nicht in der simpeln Feinheit des Zuges, als Zug, bestanden, sondern in der Eleganz und Richtigkeit des Umrisses und der Zeichnung; daß jene nicht die Vortrefflichkeit des Gemäldes gewesen, sondern diese? Aber das Anziehende auf der leeren Tafel, war das nicht das Feine, das Unsichtbare im Zuge unter andern? Und ist diese der Eleganz und Richtigkeit entgegen oder nicht vielmehr von ihr unabtrennlich? Und warum muß sie also geleugnet werden und das Gemälde durch die Zeit erloschen sein? Ich denke, Plinius kann nichts Offenbarers als das Gegenteil sagen — wenn man ihn für das nimmt, was er hier ist, Kunstsammler, Galeriengeschichtschreiber.

Auch die Art, wie der Graf Caylus die Stelle rettet, nach der Protogenes sein Gemälde viermal übermalt hat, tut, dünkt mich, dem Text nicht Gnüge. Mag sich der Anekdotensammler eher eine unwahre Geschichte haben aufbinden lassen, als daß man seinen Worten Gewalt antun, mag er sich lieber am Datum geirret haben, als daß wir uns an dem, was er sagt, irren *sollen*. Was ist deutlicher als: huic picturae *quater colorem induxit, subsidio iniuriae et vetustatis, ut decedente superiore inferior succederet*; und was künstlicher als: „er impastierte seine Werke sorgfältig: er kannte die Natur und Würkung der Farben, deren er sich bediente; statt also daß die ersten, die er auftrug, denen, die sie bedecken sollten, Eintrag getan hätten: so dienten sie vielmehr zu ihrer Unterstützung." Plinius mag immer so etwas sollen gesagt haben; man sehe aber seine einfältigen Worte an — hat er's gesagt?

Der folgende feine Charakter des Parrhasius tut, wenigstens der deutschen Übersetzung nach, dem lateinischen Original auch kein Gnüge. Ambire debet se extremitas ipsa, et sic desinere, ut promittat alia post se, ostendatque etiam, quae occultat — das heißt ohne Zweifel mehr als: „die Umrisse müssen so fließend und die Trockenheit so weit entfernet sein, daß, *indem sie den Gegenstand von allen Seiten einschließen, sie glauben lassen, es wäre noch etwas außer der bestimmten Grenze; sie müssen die Teile, die man nicht sieht, anzeigen.*" Ich habe das französische Stück des Caylus nicht bei der Hand; aber kaum konnte ein Caylus so trocken interpretieren und das Latein hinten nach schreiben. Hier ist von keinem „von allen Seiten einschließen", von keinem „außer der bestimmten Grenze", von keinem „sie müssen die Teile, die man nicht sieht, anzeigen" hart und trocken die Rede. Plinius nimmt gleichsam dem Parrhasius den Pinsel, um auch nach seiner Manier zu schildern. „Der Umriß muß sich gleichsam in sich, hinter sich selbst verlieren" (ich sage noch nicht gnug für *ambire se* debet), „sich so verlieren, daß er gleichsam noch hinter sich sehen lasse und auch das zeige, was er (auf einer Fläche) verbergen muß." Kann wohl eine sanfte fließende Rundung besser beschrieben und die Beschreibung trockner übersetzt werden? Doch ich habe auf den Übersetzer auf mehr als einer Stelle Verdacht.

Und was Caylus dem Plinius bei Werken der Zeichnung zu viel Lob gibt, das in seiner Bildhauerei zu wenig: Caylus muß beidemal der Kopf nicht recht gestanden haben, Plinius stand er beidemal gleich — er schrieb nämlich eine Naturaliengeschichte, eine Antiquitätensammlung und nicht eine Kunsthistorie. Er spricht von allem offenbar als Kollektaneensammler, als Kompendiumstipulator, wie ihn uns auch der jüngere Plinius in seinem Leben beschreibt. Überall, in seinem ganzen Werke, sehen wir ex professo den polypragmatischen Schriftsteller, der nicht Zeit zu reisen und zu essen und zu schlafen und zu baden hat, ohne daß er zusammenstoppelt, und freilich müssen sich in seine unsterbliche und unschätzbare Sammlung von Memorialien des Altertums auch viel „schöne Raritäten, schöne Spielwerke, schöne Anekdoten, schöne Historien" eingeschlichen haben. Diese aber verkennen, in jedem Kapitel jedesmal nicht den Naturaliensammler, sondern den Kunstkenner suchen wollen, das heißt den Plan des Plinius verfehlen, das heißt, ihm Gutes und Böses imputieren, was er nicht hat und haben will. — — So Caylus, so Klotz;

doch davon künftig. Ich kehre zu Riedeln zurück: über Licht, Schatten und Kolorit:

Ein Teil seines Kapitels ist unvollkommene, halbverdauete Lichttheorie aus der Malerei, und die Anwendung derselben auf Kunst und Wissenschaft des Schönen überhaupt noch unvollkommner. „Ohne eine Mischung von Licht soll nichts anschauend gedacht werden können", und den Phöbus soll Seneca sagen in seinem: sine mixtura lucis nihil splendidum est. „Selbst bei Gegenständen, die durch ihre Dunkelheit erhaben werden, ist noch immer ein gewisser Grad der Erleuchtung nötig, wodurch die Dunkelheit sinnlich und abstechend wird", und die Unwahrheit soll oben bei Größe und Erhabenheit bewiesen sein. „Wie in der Natur Licht und Schatten zusammen sind: so auch in der Kunst; denn ohnehin" (man höre die erste und schöne Anwendung!), „ohnehin ist jede Empfindung ein Ganzes, aus Licht und Finsternis zusammengesetzt." Und wer's nicht glauben will, lese den „Versuch über die Empfindungen". „Und überhaupt die Schönheit selbst bestehet in einer Mischung von Klarheit und von Dunkelheit, und selbst das dunkle Gefühl befördert unsre Glückseligkeit", siehe die Briefe „Über die Empfindungen" – und nun von allem die Folge: „so wird der Artist sich gewiß von den allgemeinen Gesetzen der Menschheit nicht ausschließen und – – unter das Lebhafte in seinen Werken – immer denjenigen Schatten mischen, welcher – nötig ist, wenn – jenes soll empfunden, und mit Vergnügen empfunden" – O Folge! o Bestimmtheit! „Was das Helle für das Gesicht ist, das ist die Klarheit für die Seele, und Finsternis ist Mangel der Klarheit, und Klarheit in einem hohen Grade ist Lebhaftigkeit, und Lebhaftigkeit ist in jedem Werke der Kunst nötig", quod esset demonstrandum. Und warum nötig? „Sollte es auch nur wegen der Täuschung sein, die ohne Lebhaftigkeit der Ideen nicht erfolgen kann" (wie schön! Sollte es auch nur der Täuschung wegen sein, der Kleinigkeit wegen!). „Das Original ist immer schon durch sich selbst lebhafter als die Nachahmung." Das heißt nun nach allem Vorigen, es hat in größerm Grade Licht, Klarheit und was weiß ich mehr? Man höre das Beispiel: „Wenn ich die geschnittenen Steine des Stoschischen Cabinets in den Picartischen Stichen betrachte, so wünsche ich wenigstens die Pasten zu sehen; wenn diese, so das Original, und denn möchte ich noch immer den Maecenas, Sokrates selbst sehen." Vortreffliches Beispiel: so lieber die Pasten als die Kupferstiche, weil jene mehr Licht und weniger Schatten, folglich mehr Lebhaftigkeit haben? Und die Originale lieber als die Pasten, weil jene mehr Licht und weniger Schatten, folglich mehr Lebhaftigkeit haben? Und die Menschen lieber als die geschnittnen Steine, weil jene mehr Licht und weniger Schatten, folglich mehr Lebhaftigkeit haben? – vortreffliches Beispiel! aufgeräumte Theorie von Kunstbegriffen!

Der Wirrwarr geht durchs ganze Kapitel. Die Aufteilung von Licht und Schatten, die Farben, die Contrarietät derselben, die Hauptfarbe, das Hauptlicht, das Helldunkle – alles ist so helldunkel angewandt, daß man nie recht weiß, von welcher Kunst, von welcher Art Zeichen in der Kunst, ob von natürlichen oder willkürlichen? von welchen ursprünglich? von welchen als Nebenbegriff? Und wie sehr war ihm hier schon vorgearbeitet! Wie leicht hätte hier die Theorie ein kleines Muster der Vollkommenheit werden können! Nichts ist unangenehmer als ein Gemälde ohne Licht und Anordnung, ein Gedicht ohne Gedanken und Melodie und ein philosophisches Kapitel über einen Hauptbegriff ohne Bestimmtheit und Genauigkeit.

[11]

Ich bin zu matt und müde, um den Schwall der nachfolgenden Artikel durchzuarbeiten: Schicklichkeit, Anstand, Würde, Tugend; Pathos; Interesse; Grazie und Figuren; Zeichnung und Folge sinnlicher Ideen; Ausdruck und das Mechanische; Genie und Geschmack – welch ein Schwall! welche Unordnung! Ich habe die Kapitel nur überflogen, und im Innern noch mehr Schwall! noch mehr Unordnung! Wer ist der Herkules, der aufräume!

Und das ist Theorie der schönen Künste und Wissenschaften? Mich dünkt, unser Anfangsurteil werde zu sehr bekräftigt, daß sie ohne gnugsame data des Schönen in Wissenschaft und Kunst, ohne gnugsame Unterscheidung derselben, ohne Bestimmtheit der Begriffe, ohne Plan und Ordnung in Teilen und im Ganzen sei – unter allen bisherigen Theorien der Ästhetik die elendeste, die abscheulichste! und ach! für unsre Zeit die gelobteste, die stolzeste, die superbste!

Und eben lese ich, daß Sulzers „Wörterbuch" erscheinen werde; auch schon als Wörterbuch angenehme Erscheinung und vielleicht der letzte Vorbereitungsbeitrag zu der Theorie, die ich wünsche und suche! Meine „Kritische Wälder", meine Sorgsamkeit wenigstens in Entwicklung der Begriffe des Schönen, die andre so gern verwirren – dieses möge zeugen, ob ich ein Leser derselben zu sein verdiene oder wenigstens ein gleichgültiger Leser sein würde. – Das Ende von Klopstocks „Messias" und eine pragmatische Übersetzung der Schriften des Orients von Michaelis und eine Geschichte der Wissenschaft, besonders der Dichtkunst des Altertums von einem zweiten Winckelmann und neue Offenbarungen der Wielandschen Muse und Gleimsche altdeutsche Balladen, Barden und Skaldengesänge und einen Ramlerischen Horaz und Meinhard [bricht ab]

Inhaltsverzeichnis

KRITISCHE WÄLDER. ERSTES BIS DRITTES WÄLDCHEN

KRITISCHE WÄLDER. VIERTES WÄLDCHEN

PARALIPOMENA